铸造工艺设计与实践

赵成志　张贺新　编著

机械工业出版社

本书系统地介绍了铸钢件、铸铁件和有色合金铸件的铸造工艺设计及相关的技术内容，全书主要内容包括：铸造工艺设计概论、铸造工艺方案和工艺参数的设计、砂芯设计、浇注系统设计、补缩系统设计、冷铁设计、典型铸件铸造工艺设计实例、特种铸造工艺、铸造工艺装备设计、铸造工艺新技术。本书全面贯彻了铸造领域相关的现行技术标准，技术内容新，实用性强。书中工程实践内容丰富，不仅有丰富的应用实例，还对实践中遇到的问题和有效的解决方法进行了详细的介绍，便于读者学习借鉴。

本书可供铸造工程技术人员参考，也可供相关专业的在校师生和科研人员参考。

图书在版编目（CIP）数据

铸造工艺设计与实践/赵成志，张贺新编著. —北京：机械工业出版社，2017.5（2024.7重印）

ISBN 978-7-111-56428-7

Ⅰ. ①铸… Ⅱ. ①赵…②张… Ⅲ. ①铸造-工艺设计 Ⅳ. ①TG24

中国版本图书馆 CIP 数据核字（2017）第 063499 号

机械工业出版社（北京市百万庄大街22号 邮政编码100037）
策划编辑：陈保华 责任编辑：陈保华
封面设计：马精明 责任校对：陈秀丽 刘秀丽
责任印制：李 昂
北京捷迅佳彩印刷有限公司印刷
2024 年 7 月第 1 版·第 4 次印刷
184mm×260mm·33 印张·811 千字
标准书号：ISBN 978-7-111-56428-7
定价：119.00 元

凡购本书，如有缺页、倒页、脱页，由本社发行部调换

电话服务 网络服务

服务咨询热线：010-88361066 机 工 官 网：www.cmpbook.com
读者购书热线：010-68326294 机 工 官 博：weibo.com/cmp1952
010-88379203 教育服务网：www.cmpedu.com
策 划 编 辑：010-88379734
封面无防伪标均为盗版 金 书 网：www.golden-book.com

前　言

　　铸造是机械行业中的重要一环，也是材料学科的重要分支，铸件具有形状的任意性、材料的任意性和大小尺寸的任意性，铸造在一些领域具有不可替代性。人类的文明发展与铸造技术的发展密切相关，我国古代先人创造了辉煌的铸造历史和成就，"铸造"了我国古代文明的灿烂篇章。目前我国铸件的年产量和从业人员均为世界第一，技术和设备水平也步入世界先进的行列。铸造在国民经济中发挥着重要的作用。在科学技术日新月异的今天，铸造这一传统行业面临着新的挑战，适应新兴技术和新形势对铸件的要求是铸造领域的新课题。

　　铸造工艺及其相关技术在铸件的生产中起着至关重要的作用，铸造工艺设计的优劣、铸造方法选择的合理与否均对铸件的质量、生产效率和生产成本等方面产生较大的影响。只有通过科学的计算和长期的工程实践积累，以及科学与工程实践的有机融合，相互促进，协调发展，才能实现铸造领域不断的技术进步。本书在现有铸造理论体系的基础上，引入了新的科学理念、新的技术，进行了知识的更新，全面贯彻了铸造领域相关的现行技术标准，同时兼顾传统的技术传承和积累。结合具体的内容，加入了相关的工程实践经验，收入了一些经过实践检验的案例，并结合生产实践过程加以说明和讲解。根据浇注系统用材料的变化，加入了陶瓷管浇注系统设计的相关资料，包括类别、结构和尺寸等。

　　本书的特点是经典知识与传统技术相结合，科学理念与工程实践相结合，介于高校教材与专业手册之间，侧重讲解和说明。本书面向广大的铸造工程技术人员、相关专业的在校师生及研究人员，为他们进行铸造工艺设计、相关课程的学习和讲解、相关课题研究提供了参考。本书也顺应了当前教育改革的状况，自1998年专业目录调整后，高校实行大专业培养，宽口径模式，使得所培养学生的专业知识与企业对人才知识的需求产生了较大的差异，学生在现有教育体系下所学的专业知识远远不够，他们需要更加系统的专业知识。本书对相关专业在校学生以及刚刚进入铸造领域的毕业生获得系统的专业知识提供了一个理想的学习途径。

　　本书共10章，第1章、第4章、第5章、第6章、第7章和第8章由赵成志编写，第2章、第3章、第9章、第10章由张贺新编写。哈尔滨汽轮机有限责任研究所的段亚芳高级工程师、汪松工程师，哈尔滨电机厂有限责任公司热加工事业部的周佩超高级工程师，宁夏众信机械设备制造有限公司的任江波工程师，浙江长兴恒传耐火材料有限公司的杨和平工程师，哈尔滨工程大学的李志平等人为本书的成稿提供了大力帮助，段亚芳高级工程师参与了本书图稿的绘制，并提供了大量的工艺实例和说明，汪松工程师也提供了部分案例和图稿，在此一并表示衷心的感谢！

　　由于作者水平有限，错误和不足之处在所难免，敬请广大读者批评指正！同时，我们负责对书中所有内容进行技术咨询、答疑。我们的联系方式如下：

　　联系人：赵成志；电话：13895718408；电子邮箱：zcz2261@ sina. com。

作　者

目　　录

第 1 章　铸造工艺设计概论

1.1　铸造技术的发展

　　铸造技术的发展与人类文明有着密切的关系，人类文明已有 6000 余年的悠久历史，而铸造的历史就有 5000 余年。人类社会由石器时代进入到青铜器时代，其标志就是青铜器的制造和使用，制造的主要手段就是铸造。铸造技术发展的 5000 余年历史可分为两个阶段：前 2000 余年是以青铜铸造为主，后 3000 余年是以铸铁铸造为主。

　　早在仰韶文化时期，人类就已经掌握了铸造技术，从甘肃东乡林家村出土的青铜刀就是铸造而成的，距今已经有 5000 余年。殷商时期是青铜器铸造的鼎盛时期，"钟鸣鼎食"是当时青铜文化的一个特征，该时代具有代表性的铸件包括出土于河南安阳的后母戊鼎（见图 1-1），重 700 多千克，长和高都超过 1m，四周饰有精美的蟠龙纹及饕餮纹。1978 年湖北随县（现为随州市）出土的曾侯乙编钟是战国初期所铸，总共有 64 件，分八组，铸造精巧，音律准确，音色优美，钟面有变体龙纹和花卉纹饰，纹饰精美，玲珑剔透，综合地使用了当时最先进的铸造技术，是迄

图 1-1　后母戊鼎

今为止传世和出土的青铜器中最复杂和最精致的。大量精美的古青铜文物表明当时铜合金冶炼和铸造达到了很高的水平。

　　由于青铜铸造技术的发展和积淀，商代的冶炼技术就能获得 1200℃ 以上的炉温，进而在公元前 6 至 7 世纪的春秋时代，我国就发明了生铁和铸铁的铸造冶炼技术，公元前 513 年，晋国铸造了铸铁刑鼎。到了战国中期，生铁铸造的农具、手工工具已经取代青铜成为主要的生产工具。河北兴隆县寿王坟出土了战国时期燕国冶铸作坊的铁范 87 件，包括铁锄、铁镰、铁凿和车具，工艺水平很高。令人惊奇的是，在河南巩县（现为巩义市）铁生沟出土的西汉晚期铸铁铁镢中还出现了球状石墨，河南南阳出土的汉代冶金作坊所做出的 9 件农具中，有 8 件是黑心韧性铸铁，其质量与现代同类产品相当，堪称是铸造技术历史的奇迹。河北沧州铁狮建于公元 10 世纪的五代后周，距今已有一千多年的历史了，身高 5.78m，长 5.34m，宽 3.17m，重约 50t，背负巨盆，相传是文殊菩萨莲座，如图 1-2 所示。湖北当阳铁塔，铸于北宋淳熙年间，建成于 1061 年，即嘉祐六年，塔高 17.9m，十三层，重 38.3t，如图 1-3 所示。

　　近代，得益于现代工业革命，法国人莱翁缪尔于 1722 年研制出了可锻铸铁，英国人莫洛于 1947 年研制出了球墨铸铁。尽管我国在古代在铸造领域创造过辉煌的历史，由于近代

封建社会体制制约了铸造技术的发展，导致了近代铸造技术的落后，目前我国铸造技术经过了几十年的发展，尤其是改革开放以后的高速发展已经达到或接近国际先进水平。

图1-2 河北沧州铁狮

图1-3 湖北当阳铁塔

1.2 我国铸造业在国际上的地位

我国是铸造技术应用和发展最早的国家之一，古代的铸造技术居世界领先的地位。改革开放之后，我国铸造技术突飞猛进，目前我国在基础理论研究、专业人员和操作人员技术水平、工艺设计水平以及生产装备技术含量和先进性等方面步入世界先进行列。原辅材料的制造和供应也形成了比较完备的体系。自 2000 年开始，我国的铸件年产量跃居世界第一，并且一直保持到现在。2014 年，我国主要铸件产量为 4620 万 t，比 2013 年的 4450 万 t 增长了3.8%，年产值约 5710 亿元，产量超过了排在第 2 到第 10 位铸件生产国的产量总和。2014年全世界铸件产量为 10364 万 t，比 2013 年增加了 41 万 t，增长 0.4%，增长趋缓。我国的2014 年铸件年产量占世界铸件年产量的 44.6%。这说明我国目前的铸造生产在世界上占主导地位，也从侧面反映了我国铸造业的技术水平和设备能力。

目前我国已经建立起雄厚的铸造工业基础和铸造人才基础，60 余所高校开设了铸造领域相关的专业课程，大批职业技术院校设立了铸工专业，培养了大批专业工程技术人员和专业技能工人。在铸造机械设计和制造方面也具有完备的体系，国家设有济南铸造锻压机械研究所，设计范围涵盖从熔炼、砂处理到清理等各个工序，并具有悠久的铸造设备研发历史底蕴。在铸造设备生产厂家方面，北有济南和青岛铸造机械生产基地，南有苏州和无锡铸造机械生产基地，此外 GF、迪砂和兰佩等国外先进铸造机械生产厂家以独资、合资、合作等方式，在我国进行铸造设备的生产，提高了我国铸造机械的技术水平。在铸造生产厂家方面，已经形成大型及超大型到小型不同规模的企业，专业范围涵盖砂型铸造、精密铸造、压铸、连续铸造、离心铸造、消失模铸造和其他特种铸造领域，合金种类涵盖铸钢、铸铁和有色金属，形成了规模庞大、门类齐全的铸造生产体系。在大型铸件生产方面，有一重、二重、大重、鞍钢重机、中信重工、共享集团等大型或超大型铸件生产企业。一重投资 50 多亿元建成了世界一流的铸锻钢生产基地，可年产 50 万 t 钢液，生产能力达到世界一流，即一次性提供钢液 700t，最大铸锭为 600t，最大铸件为 500t，最大锻件为 400t，核心铸锻造技术 20 年不落后，吨位等级和产量达到世界第一。东风汽车集团公司的东风（十堰）有色铸件有限公司拥有亚洲最大的压铸车间，生产面积为 10000 多平方米，压铸机有 58 台，最大吨位为 2000t，最小吨位为 63t，总冶炼能力为 10000t，年生产能力按铝当量计算折合 9000t。

图 1-4　国产 AP1000 百万千瓦核电低压转子铸锭

在典型铸件方面，一重生产了 619t 特大铸锭，用于国产 AP1000 百万千瓦核电低压转子上，如图 1-4 所示。二重生产的特大铸件：大型模锻压机活动横梁中梁，铸件所需钢液总量达 758t，毛重约 600t，多炉次冶炼、5 包钢液合浇，由 80t 电炉和 60t 电炉连续冶炼提供钢液，由钢包精炼炉同时精炼。冶炼生产时间为 13h，独冒口设计工艺使浇注总高达到 7.1m，如图 1-5 所示。共享集团成功研制了三峡 700MW 水轮机整铸叶片，该叶片长 5245mm，宽 4705mm，毛重 65t，标志着我国步入能够生产特大型水轮机叶片铸件的世界强国行列，如图 1-6 所示。中信重工机械股份有限责任公司为 18500t 液压机生产的上横梁铸钢件重量高达 520t，冶炼 10 炉 6 包 829.5t 钢液，于 2008 年制成，标志着该公司的铸造能力和水平进入国际先进行列，对我国重大技术装备国产化具有重大的战略意义。

图 1-5　大型模锻压机活动横梁中梁浇注现场

图 1-6　700MW 水轮机整铸叶片

1.3　铸造在国民经济中的重要性

　　铸造是一个基础产业，广泛应用于机械、冶金、电站、汽车、造船、化工和国防等领域。在机床、内燃机和重型机械领域中，铸件重量占设备重量的 70%～90%，在风机、压缩机、动力机械中占 60%～80%，在农业机械中占 40%～70%，在交通、运输车辆中占 15%～70%。从整个铸造领域来看，各行业对铸件的需求所占比重为：汽车铸件约占 26.5%，各类管件的需求量约占 12.6%，其他还有机床、机械装备、发电设备等领域也占有一定的比重。在国民经济以及各个行业中，铸件得到广泛应用，发挥着重要的不可替代的作用。随着国民经济和世界经济的发展，对铸件的需求将越来越多，需求范围将越来越广，铸件的优质化程度将越来越高，铸造工艺设计水平对提高铸件内外质量、提高铸件成品率、降低废品率、提高经济效益等方面，起着非常重要的作用。铸造已经成为现代科学技术三大支柱之一的材料科学的一个重要组成部分。

1.4　铸造工艺设计内容和铸造方法分类

1.4.1　铸造工艺设计内容

　　铸造是采用熔炼方法将金属或合金熔化成液态，在铸型中直接凝固成形，获得具有一定形状、尺寸和性能毛坯的加工制造方法。砂型铸造的铸造工艺设计内容包括：零件的生产批量、技术要求和结构工艺性分析，选择铸造方法，确定浇注位置和分型面，芯子设计，计算和选用工艺参数，浇冒口、冷铁和补贴设计，工艺输出和文件编制，辅助工装设计。

1.4.2　铸造方法分类

1. 一般分类

　　铸造方法一般可分为砂型铸造和特种铸造两种。特种铸造又包括：精密铸造、压力铸造、离心铸造、连续铸造、消失模铸造、金属型铸造、低压铸造、陶瓷型铸造、半固态铸造和磁型铸造。

2. 按铸型寿命的特点分类

（1）一次型铸造　制得的铸型只能浇注一次。属于这一类的铸造方法有砂型铸造、精密铸造、壳型铸造、石膏型铸造、磁型铸造、真空实型铸造等。

（2）半永久型铸造　制得的铸型能多次甚至几十次进行浇注。属于这一类的铸造方法有泥型铸造、陶瓷型铸造、玻璃型铸造、石膏型铸造和石墨型铸造等。

（3）永久型铸造　制得的铸型能浇注 100 次以上。浇注次数最多的如压铸型可浇注几十万次。属于这一类的铸造方法有非金属型铸造，如石头型铸造，金属铸型铸造，如金属型铸造、压力铸造、离心铸造、连续铸造、半固态铸造等。

3. 按浇注时金属液承受的压力分类

（1）常压铸造　液态金属在重力作用下充型并凝固，如砂型铸造、精密铸造、金属型铸造、壳型铸造、石膏型铸造、磁型铸造、陶瓷型铸造和石头型铸造等。

（2）差压铸造　液态金属在较低的压力下，如 20~60kPa，充型并凝固，如差压铸造、真空吸铸。

（3）离心铸造　液态金属被注入高速旋转的铸型中，在离心力的作用下充型并凝固。

（4）真空铸造　金属在 0.013~1.3Pa 的专用设备中熔化后充型凝固，该方法适用于要求较高的铸件的熔炼和铸造，如航空发动机叶片。其特点是能够保持合金不被氧化，但铸造成本高。目前较为先进的真空铸造设备是三室真空熔炼炉。

4. 按模样的几何特点分类

（1）整体模铸造　模样制成整体结构，适用于形状简单的铸件，采用该方法往往需要结合春对箱的造型方法来实施。

（2）分模铸造　模样和芯盒分开，被制成上半部分和下半部分，从而使造型过程更加简便。

（3）刮板铸造　模样被制成板状，造型时以某一点作为轴心，刮板沿该轴心旋转，车成铸型。该方法适用于回转体铸件。

（4）实型铸造　采用聚苯乙烯发泡塑料模样代替普通模样，造好型后不取出模样，或者在铸型焙烧时烧掉，或者在浇注时，在金属液的作用下，塑料模样燃烧、汽化、消失，金属液冷却凝固后获得所需铸件。其特点是无须起模，无分型面，无芯，因而无飞边、毛刺，铸件的尺寸精度和表面粗糙度接近熔模铸造，但是所制得的铸件可远大于熔模铸造，整体成形，减少了加工装配时间，可降低铸件成本，简化了铸件生产工序，缩短了生产周期，使造型效率比砂型铸造提高 2~5 倍。其缺点是实型铸造的模样只能使用一次，且泡沫塑料的密度小、强度低，模样易变形，影响铸件尺寸精度；浇注或焙烧时模样产生的气体污染环境。该方法适用于不易起模等复杂铸件的小批量及单件生产。

（5）消失模铸造　类似实型铸造，消失模铸造是将与铸件尺寸形状相似的泡沫模型黏结组合成模型簇，刷涂耐火涂料并烘干后，埋在干硅砂中振动造型，在负压下浇注，使模型汽化，液体金属占据模型位置，凝固冷却后形成铸件的铸造方法。其特点是铸件尺寸精度高，可达 CT7~9；由于工序的减少和无黏结剂，使生产率提高，生产成本下降；无砂芯。其缺点与实型铸造类似。该方法适用于多品种、单件小批量、大批量中小型铸件。

5. 按合金的种类分类

铸造方法按合金的种类可划分为：铸钢件铸造、铸铁件铸造、铸铝件铸造、铸铜件铸造等。不同种类的铸造工艺，其设计方法有所不同。

第2章 铸造工艺方案和工艺参数的设计

2.1 铸造工艺设计考虑的因素与铸造方法的选择

铸造工艺往往要与企业的铸造工艺规程和生产操作守则配套使用。因此，在铸造工艺设计之前，需要建立指导铸造生产的技术体系，以配套铸造工艺，对生产准备、生产管理、检验验收等环节进行规范。

铸造工艺设计人员在设计铸造工艺之前要掌握两个方面的情况：一个是技术方面的情况，如相关的技术文件、铸件信息、技术要求等；另一个是生产方面的情况，如熔炼设备容量，厂房尺寸，起重设备的承载能力，分析和检测条件，烘干炉和热处理炉的炉膛尺寸、升温速度和温度的均匀性，砂箱尺寸，甚至车间大门尺寸等。在掌握上述两个方面的情况之后，还要进行零件的技术审查，另外还要了解商务信息，如订货批量、生产周期等。

2.1.1 铸造工艺设计考虑的因素

1. 技术条件

（1）零件图样　规定所要生产铸件的尺寸、形状、精度、表面粗糙度和其他技术要求。零件图样必须经过工艺设计人员的技术审查。

（2）技术要求　包括材料牌号、金相组织、力学性能、化学成分和无损检测要求等。

2. 生产条件

（1）产品数量　是指生产批量的大小。

（2）生产周期　是指从订货到发货的时间长短。

（3）订货批次　是指订货的重复次数。对于批量较大、批次较多的产品应尽可能将工艺调整到最佳状态；对于单件小批量产品，要考虑节约制造成本，并采用简单工装。

（4）设备能力　包括熔炼能力、起重能力、炉膛尺寸、造型和制芯设备的承载能力、厂房尺寸、大门尺寸，甚至包括双联浇注时，起重机最小间距与过桥长短的关系。

（5）型砂、芯砂、黏结剂和其他铸造辅助材料的情况　是否有足够的库存，型号等参数是否合适。

（6）铸造工艺装备情况　是否有可用的工装，如果没有，制造周期是否满足生产周期的要求。

3. 技术审查

零件图样审查的内容包括：审查零件的工艺性；审查现有的生产条件能否满足所要铸造零件的生产，如设备能力、原辅材料情况、工装情况等。

零件的工艺性即零件的结构是否合理，如铸件壁厚的分布是否合理，壁厚是否大于最小壁厚，铸件壁的连接处的连接方式是否合理，薄厚壁是否均匀过渡，拐角处是否圆角过渡，是否利于起模，是否利于清砂，是否利于芯子的固定和排气，是否有利于铸件的顺序凝固等。铸件结构的合理性见表 2-1。砂型铸造的最小允许壁厚见表 2-2。

表 2-1　铸件结构的合理性

序号	不合理	合理	说明
1	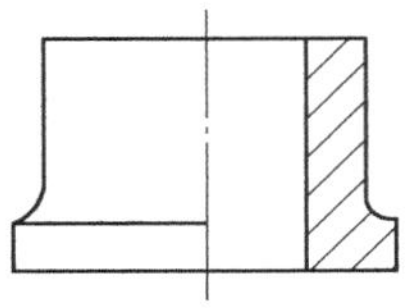	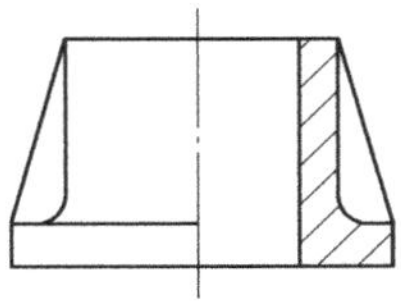	左图中以增加壁厚来增加法兰的强度，壁厚超出了应有的范围。右图以加强筋的方式来增加法兰的强度，方法合理
2	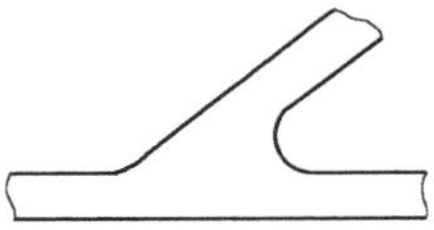	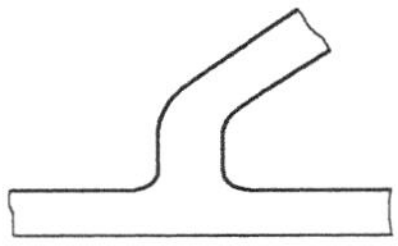	铸件壁交接处应采用逐渐过渡和转变的结构，以免造成应力集中
3	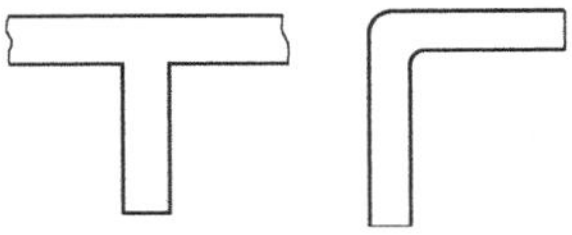	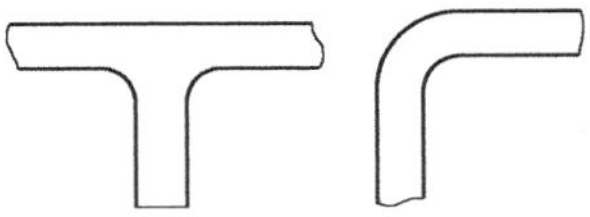	
4	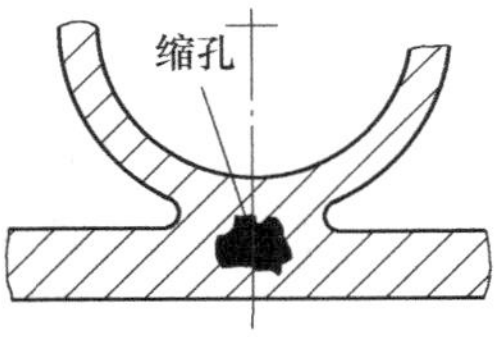	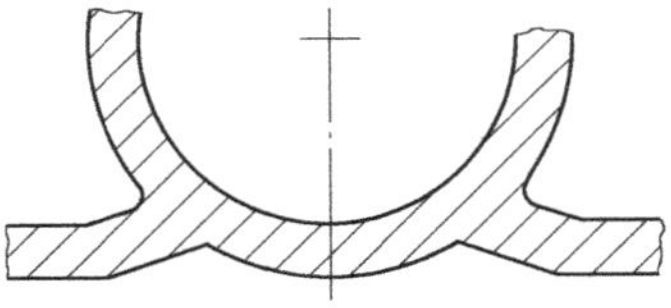	铸件壁交接处应避免集中，以免造成交接处热节增大而产生缩孔
5	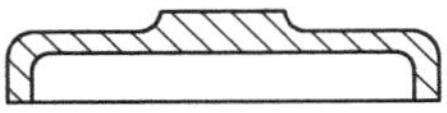	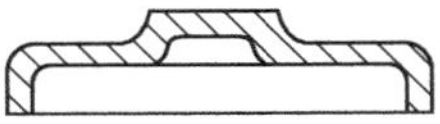	
6	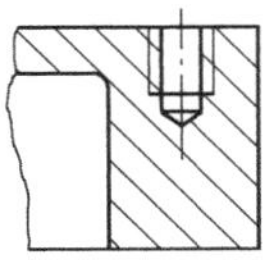	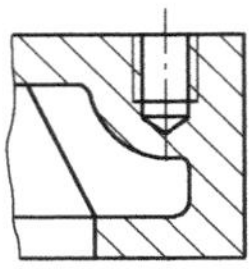	壁厚力求均匀
7	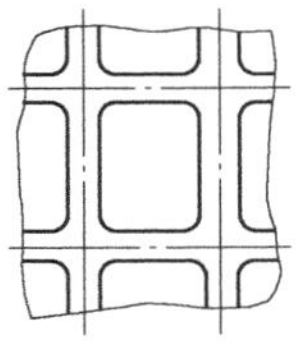	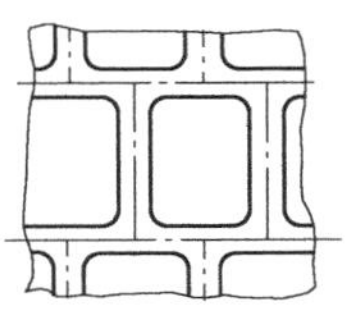	

（续）

序号	不合理	合 理	说 明
8	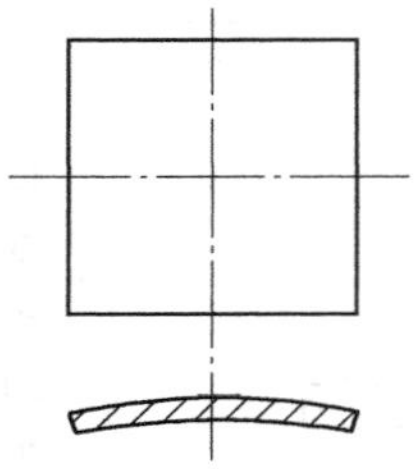	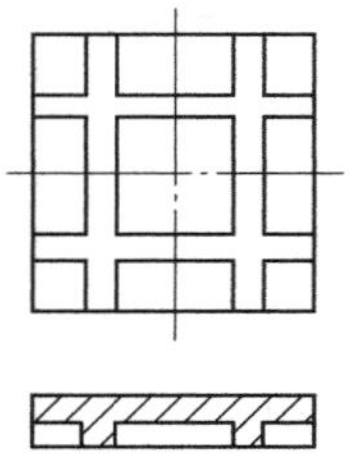	大面积板类铸件为防止翘曲变形，可采用设置加强筋的方法加以解决
9	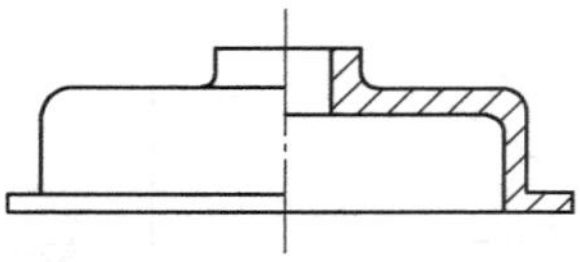	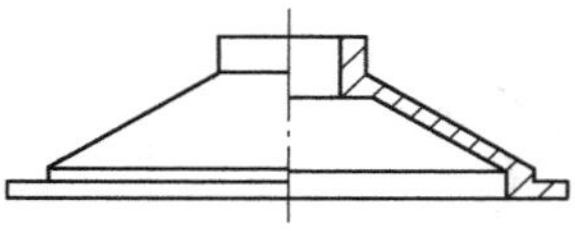	
10	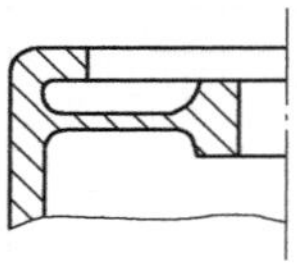	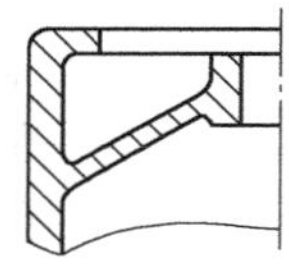	避免大的水平面
11	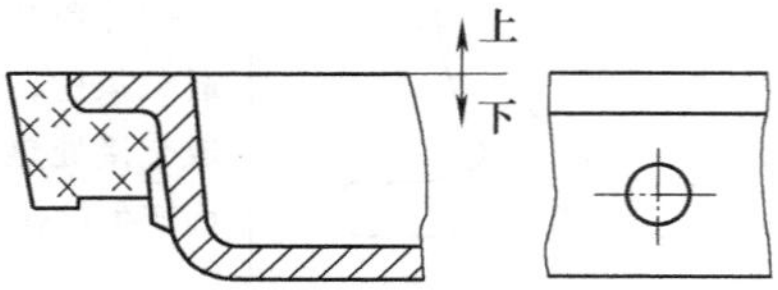	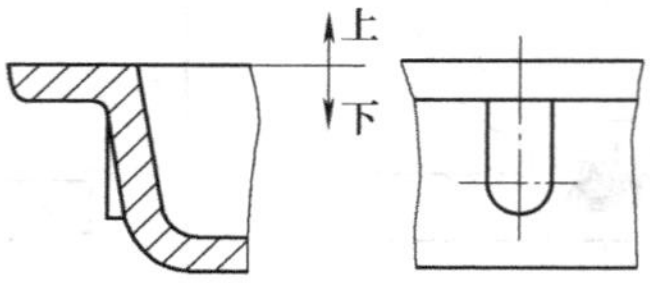	通过改进凸台结构，去除妨碍起模的结构，简化掉左图中的砂芯
12	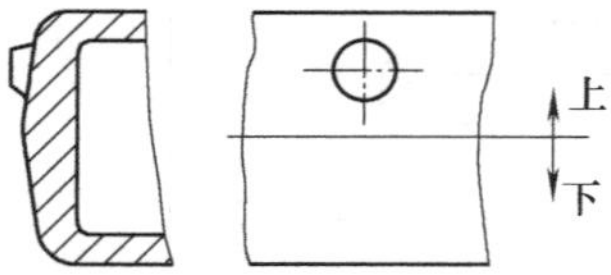	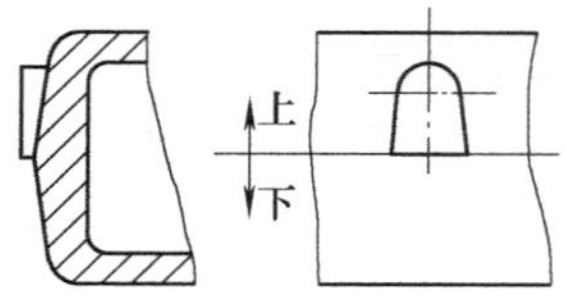	通过改进凸台结构，去除妨碍起模的凸台，可简化为生成凸台而采取的活块或设置砂芯
13	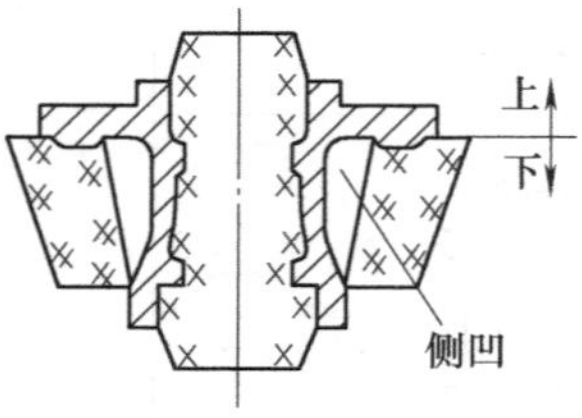	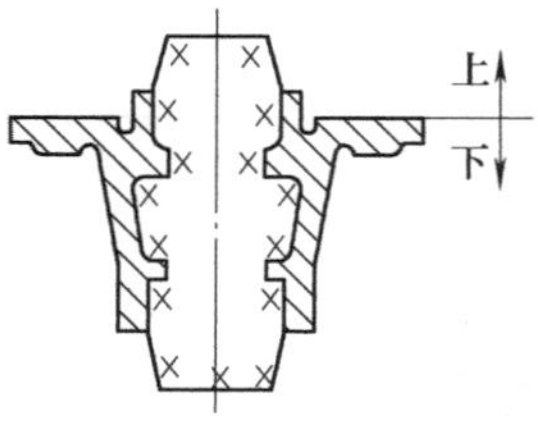	在外侧表面有一处侧凹面，不利于起模，需用砂芯生成，改成右侧结构即可减少该砂芯

（续）

序号	不合理	合理	说　明
14	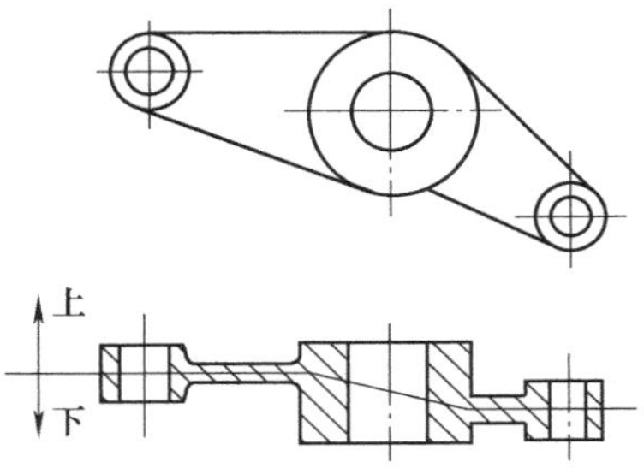	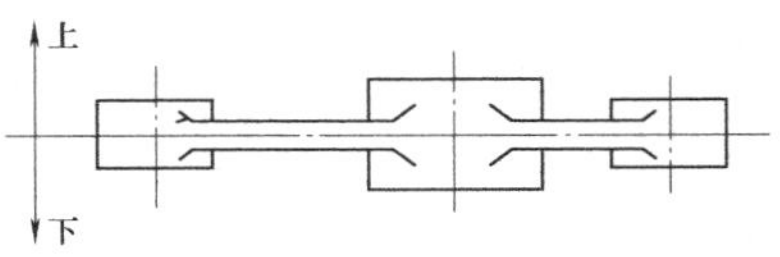	左图采用曲面分型给模样制造造成不便。右图采用平面分型，简化了制造难度
15	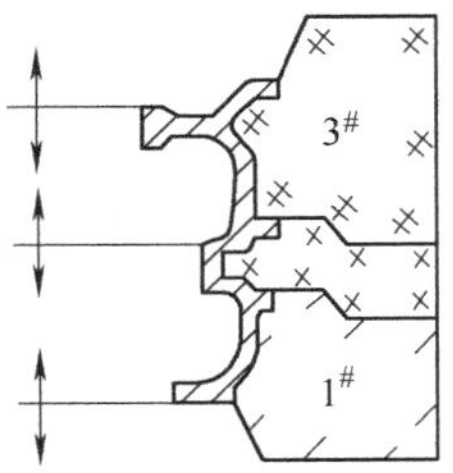	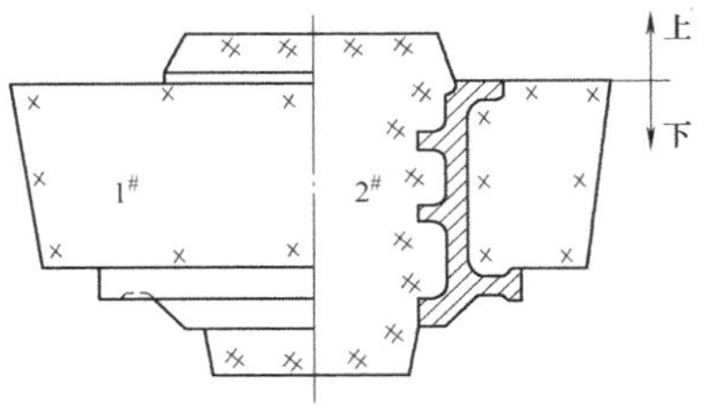	左图采用三分型面，模样需要做成四半，分型面需要设三个，增加了模样制造和合型两工序的劳动量和工时，影响了铸件的尺寸精度。右图采用结构改变，增加外部砂芯加以解决
16	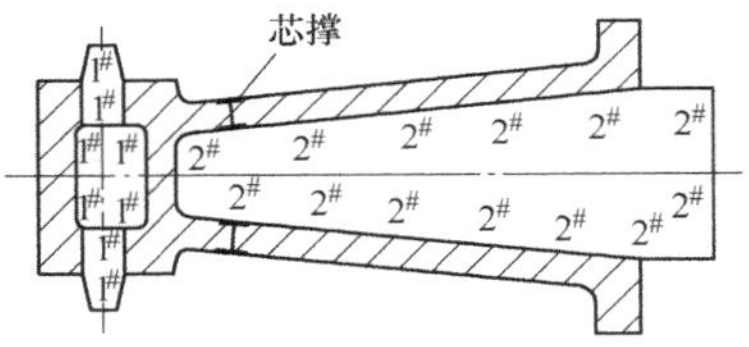	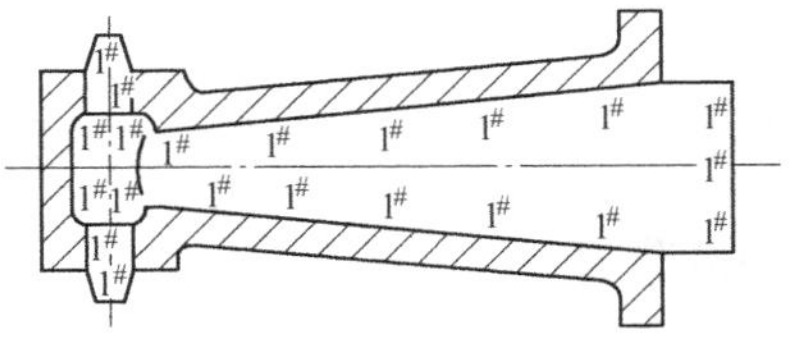	左图 2# 芯是悬臂芯，依靠芯撑支撑，结构不合理。右图避免了不合理的结构，使 1# 芯的支撑得到解决，也有利于尺寸精度的提高
17	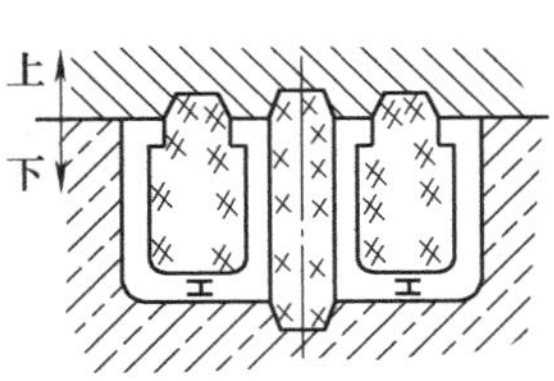	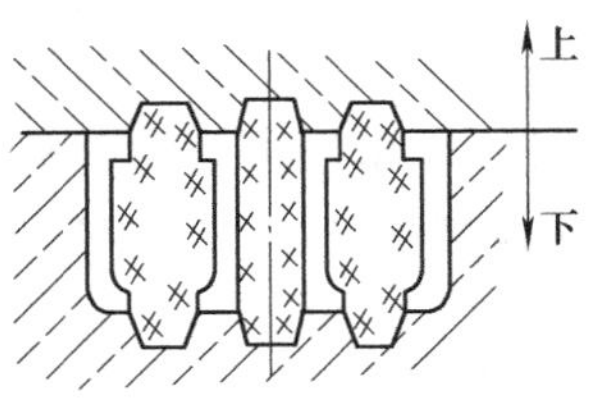	左图采用芯撑来支撑吊芯，对于一些气密性或压力容器件是不允许的，可采用右图方案，铸后补焊
18	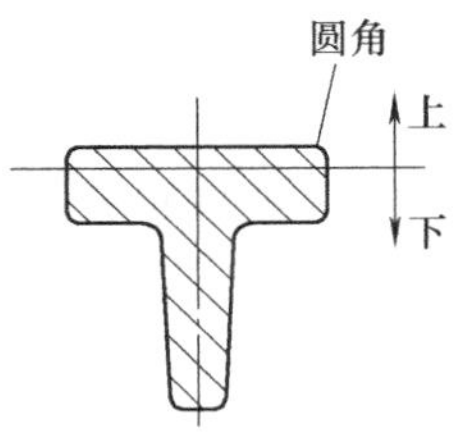	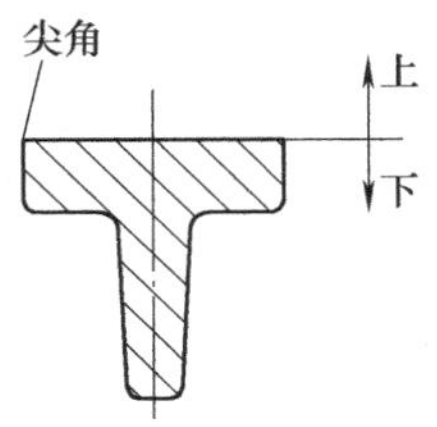	左图由于顶部圆角，导致模样分半。右图顶部圆角改尖角，减少模样的分半

（续）

序号	不合理	合理	说明
19	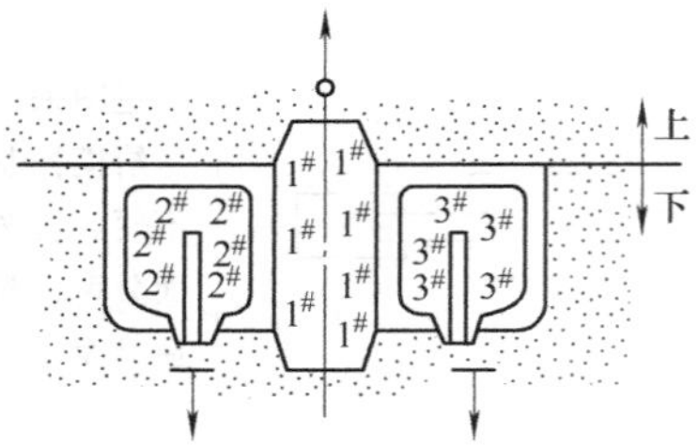	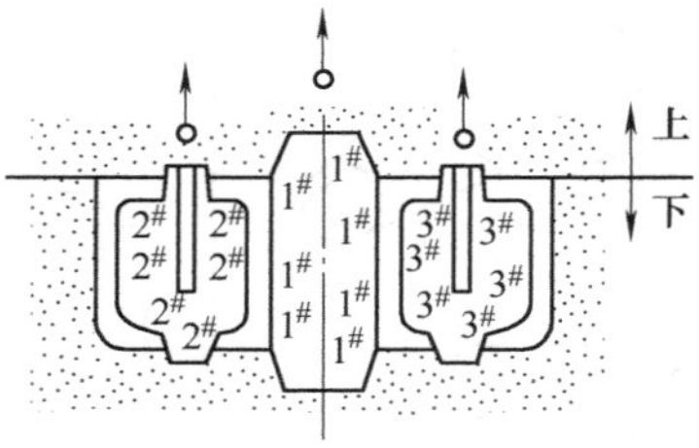	左图不利于砂芯的固定和排气，右图解决了这两个问题

表 2-2　砂型铸造的最小允许壁厚　　　　　　　　　（单位：mm）

铸件轮廓尺寸	铸件材质						
	铸钢	灰铸铁	球墨铸铁	可锻铸铁	铝合金	铜合金	镁合金
200×200 以下	6~8	5~6	6	4~5	3	3~5	3
200×200~500×500	10~12	6~10	12	8	4	6~8	
500×500 以上	14~20	10~12	—	—	6	—	

注：铸件结构复杂、铸造合金流动性差时，应取上限值。

对于工艺性不好的铸件，工艺审查人员应及时与零件设计人员进行沟通，提出修改意见，使铸件的工艺性趋于合理。对于现有生产条件不具备而不能生产的铸件，应考虑能否将不具备的具体条件加以解决，如果不能解决，就不能进行铸件的生产。

4. 商务信息

商务信息包括铸件的订货数量、价格、生产周期、货运方式、保护和包装要求等。

2.1.2　铸造方法的选择

铸造方法一般根据铸件的尺寸精度、表面粗糙度、合金种类、结构特点和生产的批量等方面的因素来选择。例如：尺寸精度和表面粗糙度要求较高的铝、镁合金铸件，一般采用压铸方法；尺寸精度和表面粗糙度要求较高的铸钢件可采用精密铸造的方法；铸铁件一般采用砂型铸造，特殊的铸铁件可以采用离心铸造和连续铸造的方法，如铸铁管和铸铁型材；一般精度的铝铜合金可以采用砂型铸造方法，对于轴瓦和套筒等铜铸件可以采用离心铸造法。

2.2　铸造工艺方案设计

铸造工艺方案通常包括下列内容：造型和制芯方法、铸型种类的选择、浇注位置和分型面的确定、砂芯的构成、浇注系统的布局、补缩系统的分布、冷铁的设置部位等。

确定合理的铸造工艺方案，是获得良好铸造工艺的最基本但又是最重要的步骤。好的铸造方案能使铸件质量提高，节约模样材料，简化铸造工艺，提高生产率。

造型和制芯方法指的是采用机器造型、制芯还是手工造型、制芯，如果采用机械方法，还可继续进行细分，如压实、震击、微震、射砂、抛砂等，而制芯方法中除了与造型相类似的方法外，还包括冷芯盒和热芯盒等方法。

铸型种类的选择包括：干型、湿型、金属型、陶瓷型、石膏型等。其中干型又可分为黏土砂、水玻璃砂、树脂砂等。

2.2.1　浇注位置的设计

浇注位置是指浇注时铸件在铸型中所处的具体位置。浇注位置的设计一般在铸造方法确定之后进行。浇注位置的选择将直接对分型面、芯子的划分、浇注系统的开设和工装等方面产生影响。浇注位置设计的一般原则见表2-3。

表 2-3　浇注位置设计的一般原则

序号	一般原则及说明	示意图
1	应有利于实现顺序凝固和冒口安放 例如气缸，冒口置于最大热节，即法兰面上，缸体开口向上，底部壁厚最薄，为冷端	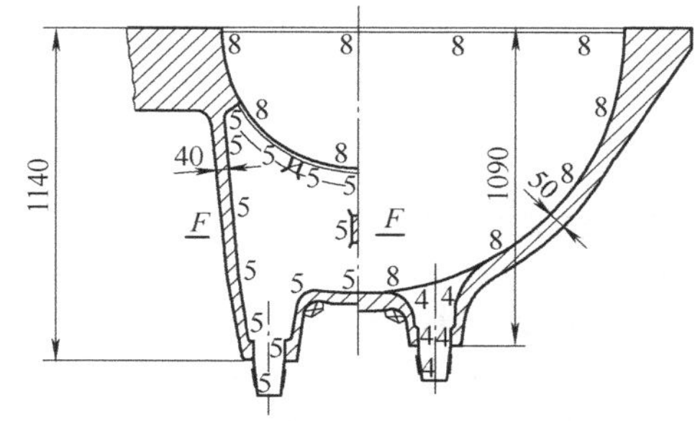
2	质量要求高的铸件表面应朝下或侧立放置 例如锥齿轮，齿是最重要的加工面和工作面，应将齿面朝下，即图 b 所示方案。图 a 所示方案容易使渣、气、砂等上浮至工作面，产生缺陷	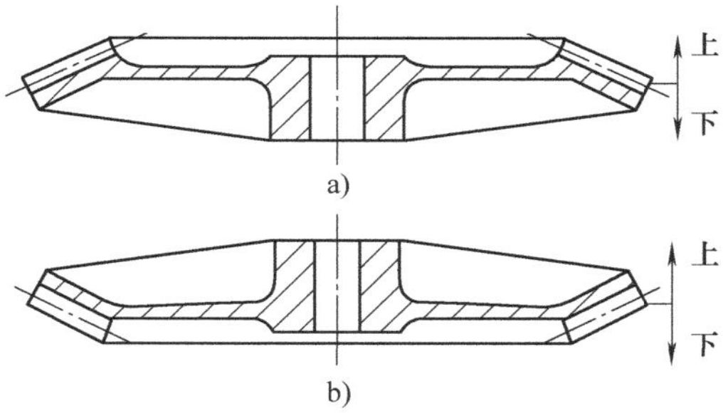
3	尽可能使铸件的大平面朝下（见图 a） 例如机床平台和划线平台，其工作面就是铸件的大平面，将其置于底面以获得良好的质量，避免工作面上产生缺陷。可以采用平作平浇（见图 b）和平作斜浇（见图 c）的方式进行生产	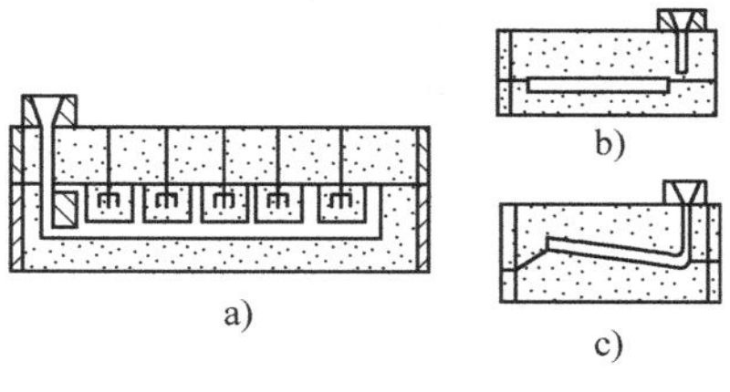
4	应保证砂芯排气顺畅，下芯和检验方便，避免吊砂、吊芯或悬臂芯 方案由图 a 改为图 b，减少了一个砂芯，利于砂芯的下芯和安放、砂芯的排气以及合型时尺寸的检查	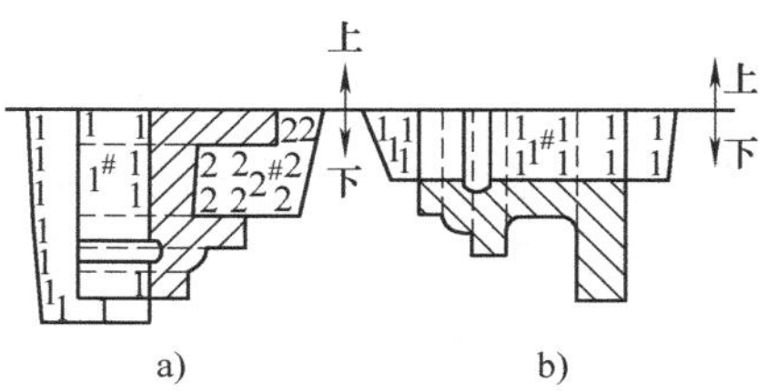

（续）

序号	一般原则及说明	示意图
5	尽量使冒口置于加工面上，以减少清理和打磨的工作量 图 a 中冒口位于法兰及侧壁的非加工面上，铸后需要将冒口下部位打磨至齐平。图 b 改进了这一问题，冒口下仅需用电弧气刨刨至齐平即可	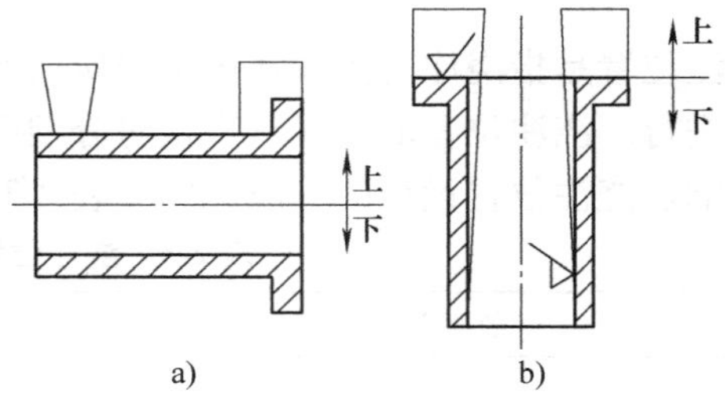 a)　　　b)
6	薄壁处应置于底部，以免产生浇不足和冷隔 右图所示为曲轴箱，图 a 所示方案不合理，图 b 所示方案合理。图 b 所示方案可使薄壁处置于浇注位置底部，较厚的法兰位于上部	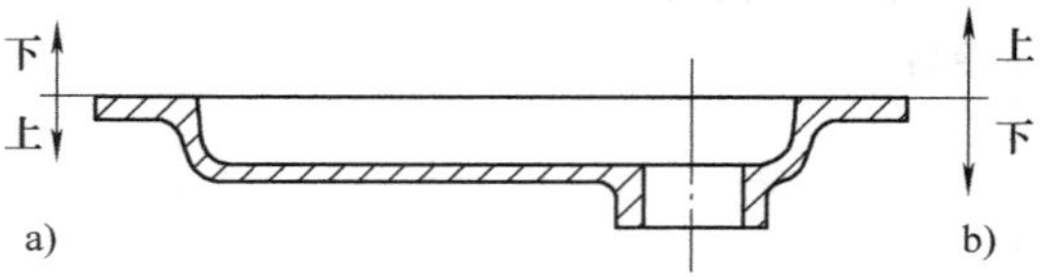 a)　　　b)
7	利于合型和下芯 右图中砂芯很高，不利于下芯。图 a 所示方案砂芯在金属液浮力作用下不稳固，吊芯的安装也很不方便。图 b 所示方案要好于图 a 所示方案，并且利于下芯与合型	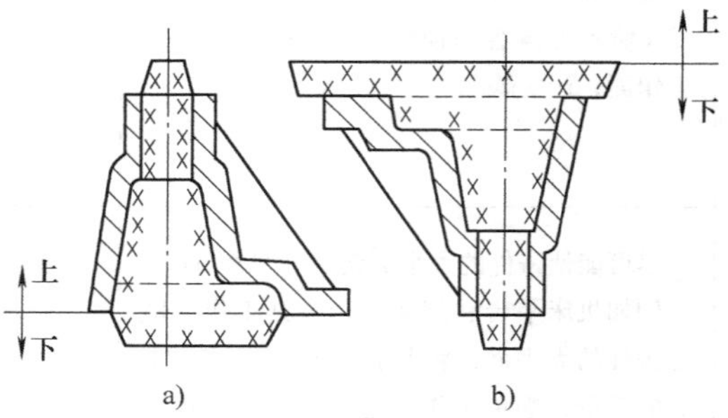 a)　　　b)

2.2.2　分型面的选择

分型面是指两半铸型相互接触的表面。除了实型铸造和一些特种铸造外，都要进行分型面的设计。分型面的设计一般在浇注位置设计之后进行，其设计的优劣将直接关系到铸件的尺寸精度、合型和下芯的工作量、清理飞边和毛刺的工作量等。分型面的设计中需要考虑的原则和要点见表 2-4。

表 2-4　分型面的确定原则和要点

序号	确定原则及说明	示意图
1	尽量使铸件的全部或大部分置于同一半铸型内 右图所示为轮毂工艺方案，如果在 2# 芯的底部分型，虽然可以减少一个砂芯，但是却增加了一个分型面，模样需要分半制作，上下型内外圆难保同轴，分型面处会产生错型和飞边，增加了清理的工作量	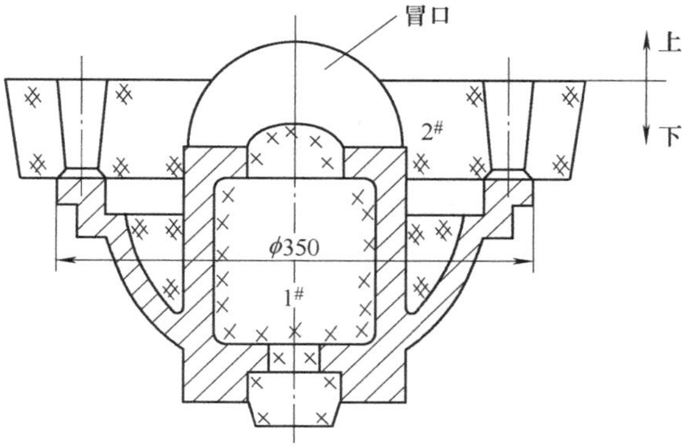
2	尽量减少分型面数量 图 a 采用四箱造型，三个分型面，铸件的尺寸精度低，易产生飞边等缺陷。图 b 尽管多两个砂芯，由于减少了两个分型，合型工时得以减少，因而该方案更合理	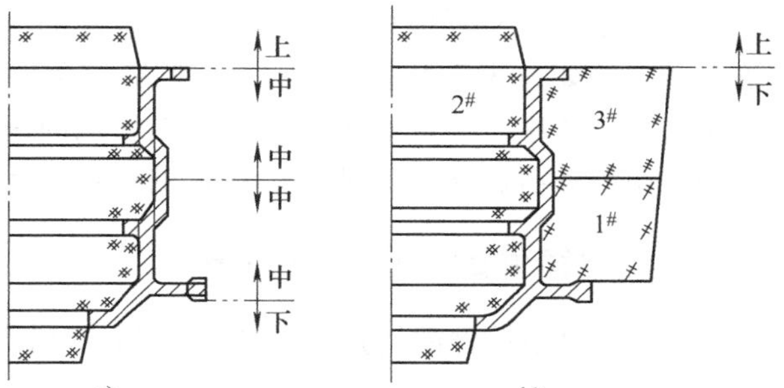
3	尽量使用平面分型面 图 a 使用曲面分型给模样制造、造型和合型等工序造成极大的不便。将浇注位置旋转 90°，如图 b 所示，使用平面分型，避免了上述问题，操作更简便	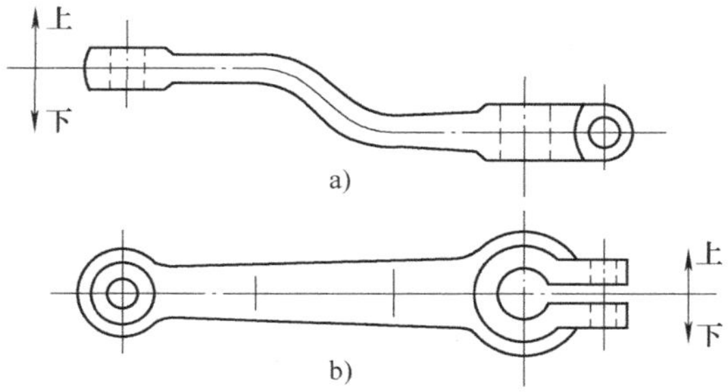
4	便于下芯、合型和检查尺寸 右图所示为减速器盖，采用该方案利于尺寸检查、下芯和合型	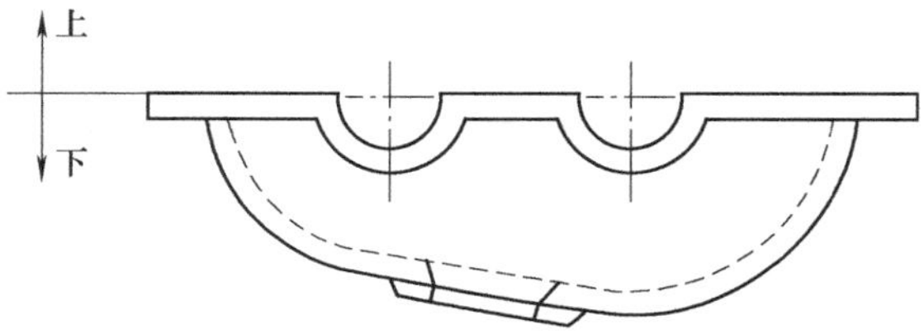

（续）

序号	确定原则及说明	示意图
5	尽量减少落砂、清理和机械加工的工作量 右图所示为摇臂的两个工艺方案。图 a 所示方案由于分型面处铸件的外轮廓周长较长，清理工作量相对较大。改用图 b 所示方案可减少打磨和切割飞边的工作量	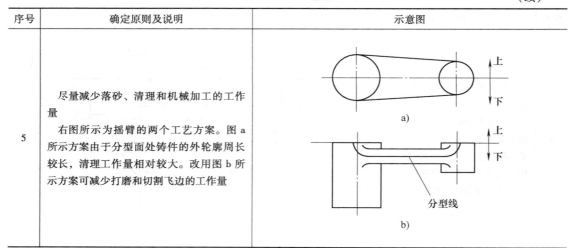

上述各原则在实际应用中，应该根据具体的应用情况，权衡利弊来使用，使用中应避免教条主义。例如，表 2-4 中的原则 3 强调应避免使用曲面分型面，而原则 5 则使用了曲面分型，在这一矛盾中，原则 5 中的例子是以使用曲面分型来换取切割和打磨飞边等清理工作量的减少，切割和打磨飞边等清理工作量的权重要大一些。

2.2.3　典型铸件的铸造工艺方案

表 2-5 为典型铸件的铸造工艺方案实例，对铸造工艺设计人员进行铸造工艺方案的选择具有参考意义。

表 2-5　典型铸件的铸造工艺方案实例

铸件名称	铸造工艺方案	说　明
齿轮	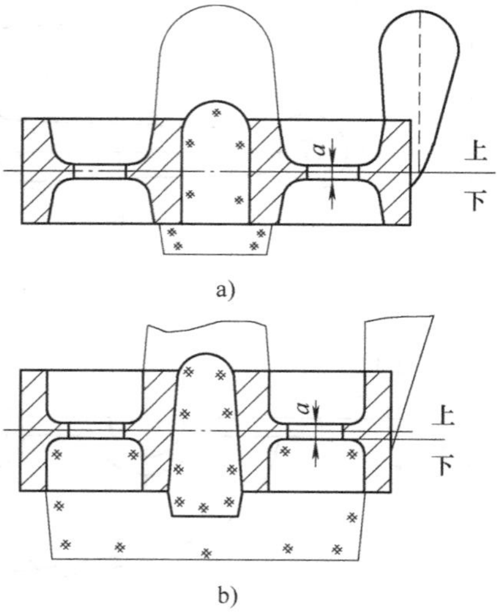 a) b)	齿轮铸件一般采用"平作平浇"，可以采用机器造型，也可以采用手工造型等方式生产。如果厚度为 a 的中间辐板厚度较大，其强度能够保证上下半模样在造型和型板装配等工序中具有足够的强度而不损坏，可以采用图 a 所示的工艺方案，从辐板的中间分型。如果辐板的厚度较薄，其强度不足以支撑上下半模样的造型和型板装配等工序，可将辐板置于分型面的一侧，如置于上型，如图 b 所示，下部凹进部分可由砂芯生成

（续）

铸件名称	铸造工艺方案	说　明
气缸	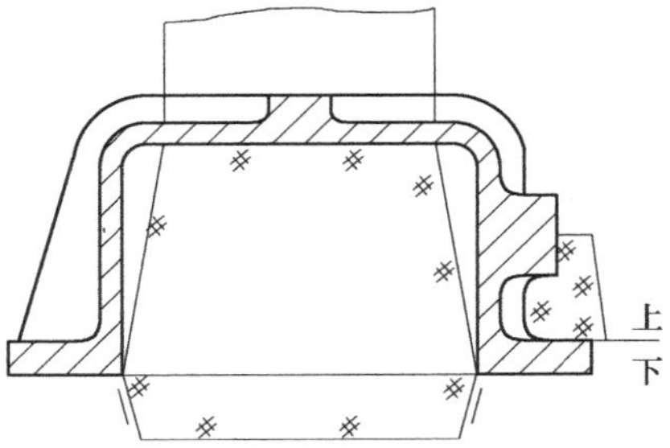	左图所示气缸的法兰面处需要加工，并且要加工出螺纹孔，因此要保证质量，将法兰面朝下，有利于提高该面的内在质量，同时对顺序凝固也无大的影响
密封环	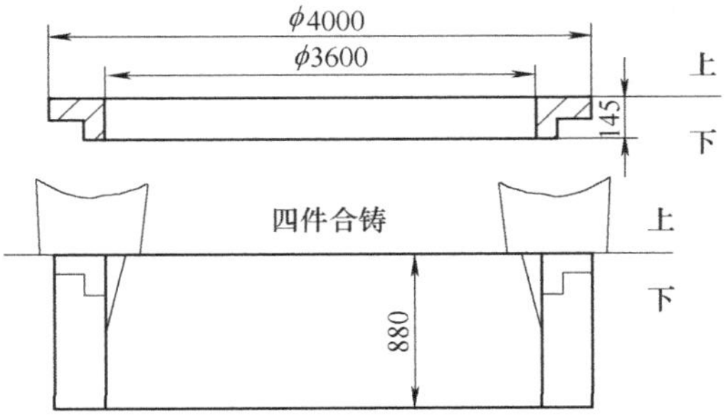	该铸件较薄，如果单件铸造，易产生变形，铸件成品率也较低。使用四件套铸，或者多件套铸，然后用机械加工的方法切取铸件，可以避免上述问题
联轴器	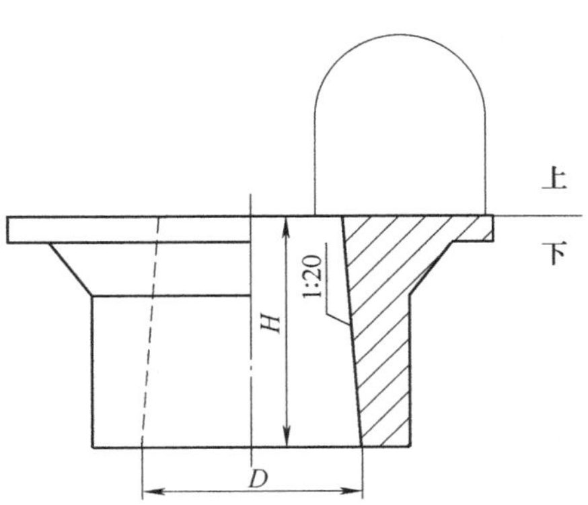	分型面取法兰面的上表面，其上部安放冒口，铸件全部在下型。当内孔直径 $D \geqslant 1.5H$ 时，可不设芯，此时，内孔的起模斜度为 1:20

（续）

铸件名称	铸造工艺方案	说　明
柴油机飞轮	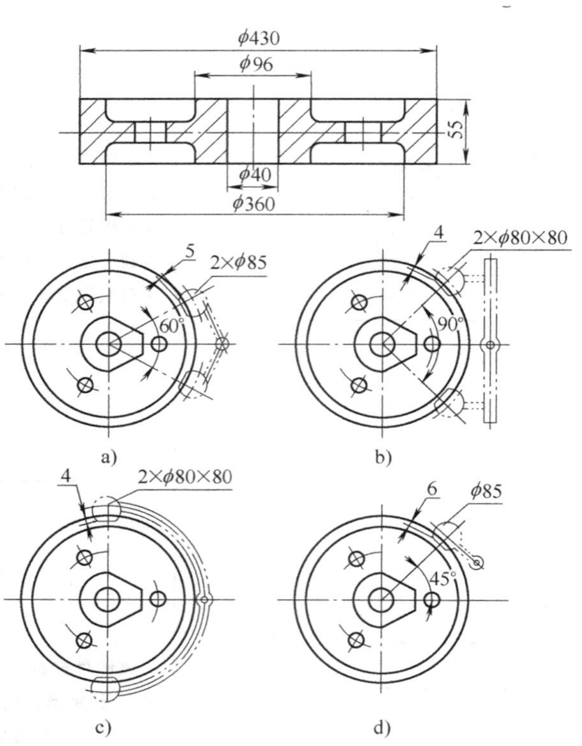	左图所示为柴油机飞轮，材质为 HT200。工艺方案为水平中心线分型，飞轮的上表面的圆周处放置冒口，冒口为压边冒口。下部四个分图为四种压边冒口方案，除图 d 外均为双压边冒口方案，另外还有在中心孔处设置顶冒口方案。中心顶冒口方案属于单冒口方案，冒口下有缩孔等缺陷。图 a、b、c 和 d 四个方案均通过生产厂家的试验验证，前三个方案为双压边冒口，铸件成品率略低，图 d 所示方案为单压边冒口方案，铸件成品率有所提高

2.3　铸造工艺参数设计

铸造工艺参数一般是指铸造工艺设计过程中需要确定的工艺数据，具体包括：铸造线收缩率、机械加工余量、起模斜度、最小铸出孔尺寸、工艺补正量、分型负数、分芯负数和反变形量等。工艺参数设计得是否合适将直接关系到铸件的尺寸精度，合适的铸造工艺参数可以保证铸件的尺寸和壁厚处于尺寸公差范围之内，确保铸件的质量。

2.3.1　铸件尺寸公差

铸件的尺寸公差是指铸件公称尺寸的上下偏差所允许值的范围，也就是最大允许尺寸与最小允许尺寸之差。铸件的尺寸公差直接影响到铸件的尺寸精度，影响铸件的使用。反过来铸件的使用要求即零件技术条件又限制了铸件的尺寸精度，从而限制了铸件的尺寸公差。铸件的图样标注如图 2-1 所示，尺寸公差与极限尺寸如图 2-2 所示。按照 GB/T 6414—1999《铸件　尺寸公差与机械加工余量》，铸件的尺寸公差等级分为 16 级，表示为 CT1 ~ CT16，见表 2-6。铸件尺寸公差等级的选取可参考表 2-7 和表 2-8，这两个表是实际生产中各铸造方法所能达到的公差等级，或者说是根据具体的生产条件来确定铸件的尺寸公差等级。

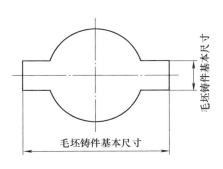

图 2-1　铸件的图样标注

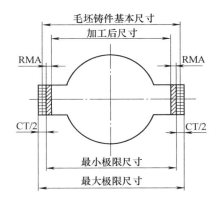

图 2-2　尺寸公差与极限尺寸

表 2-6　铸件尺寸公差值　　　　　　　　（单位：mm）

铸件基本尺寸	公差等级 CT															
	1	2	3	4	5	6	7	8	9	10	11	12	13	14	15	16
≤10	0.09	0.13	0.18	0.26	0.36	0.52	0.74	1.0	1.5	2.0	2.8	4.2				
>10~16	0.1	0.14	0.20	0.28	0.38	0.54	0.78	1.1	1.6	2.2	3.0	4.4				
>16~25	0.11	0.15	0.22	0.30	0.42	0.58	0.82	1.2	1.7	2.4	3.2	4.6	6	8	10	12
>25~40	0.12	0.17	0.24	0.32	0.46	0.64	0.90	1.3	1.8	2.6	3.6	5.0	7	9	11	14
>40~63	0.13	0.18	0.26	0.36	0.50	0.70	1.0	1.4	2.0	2.8	4.0	5.6	8	10	12	16
>63~100	0.14	0.20	0.28	0.40	0.56	0.78	1.1	1.6	2.2	3.2	4.4	6	9	11	14	18
>100~160	0.15	0.22	0.30	0.44	0.62	0.88	1.2	1.8	2.5	3.6	5.0	7	10	12	16	20
>160~250		0.24	0.34	0.50	0.70	1.0	1.4	2.0	2.8	4.0	5.6	8	11	14	18	22
>250~400			0.40	0.56	0.78	1.1	1.6	2.2	3.2	4.4	6.2	9	12	16	20	25
>400~630				0.64	0.90	1.2	1.8	2.6	3.6	5	7	10	14	18	22	28
>630~1000				0.72	1.0	1.4	2.0	2.8	4.0	6	8	11	16	20	25	32
>1000~1600				0.80	1.1	1.6	2.2	3.2	4.6	7	9	13	18	23	29	37
>1600~2500						2.6	3.8	5.4	8	10	15	21	26	33	42
>2500~4000							4.4	6.2	9	12	17	24	30	38	49
>4000~6300								7.0	10	14	20	28	35	44	56
>6300~10000									11	16	23	32	40	50	64

注：在等级 CT1~CT15 中，对壁厚采用宽一级公差。对于不超过 16mm 尺寸的铸件，不采用 CT13~CT16 的一般公差，应该个别标注这些公差。等级 CT16 仅适用于一般公差为 CT15 的壁厚。

表 2-7　大批量生产铸件的尺寸公差等级

铸造方法	公差等级 CT							
	铸件材料							
	钢	灰铸铁	球墨铸铁	可锻铸铁	铜合金	锌合金	轻金属合金	镍、钴基合金
砂型手工造型	11~14	11~14	11~14	11~14	10~13	10~13	9~12	11~14
砂型机器造型和壳型	8~12	8~12	8~12	8~12	8~10	8~10	7~9	8~12
金属型铸造		8~10	8~10	8~10	8~10	7~9	7~9	
压铸					6~8	4~6	4~7	
精铸 水玻璃	7~9	7~9	7~9		5~8		5~8	7~9
精铸 硅溶胶	4~6	4~6	4~6		4~6		4~6	4~6

注：本表指在大批量生产条件下，铸件尺寸精度的因素已经得到充分改进时铸件通常能够达到的公差等级。

表2-8　小批量或单件生产的毛坯铸件的公差等级

方法	造型材料	公差等级 CT							
		铸件材料							
		钢	灰铸铁	球墨铸铁	可锻铸铁	铜合金	轻金属合金	镍基合金	钴基合金
砂型铸造 手工造型	黏土砂	13～15	13～15	13～15	13～15	13～15	11～13	13～15	13～15
	化学黏结剂砂	12～14	11～13	11～13	11～13	10～12	10～12	12～14	12～14

注：1. 表中所列出的公差等级是小批量或单件生产的砂型铸件通常能够达到的公差等级。
　　2. 表中的数值一般适用于大于25mm 的基本尺寸。对于较小的尺寸，可按下列三种情况处理：①基本尺寸≤10mm 时，公差等级提高3 级；②基本尺寸 >10～16mm 时，公差等级提高2 级；③基本尺寸 >16～25mm 时，公差等级提高1 级。

　　铸件的尺寸公差等级一般是由铸件零件设计人员根据铸件的使用条件来规定的，铸造工艺设计人员在零件图审核过程中，应考虑图样或技术条件所规定的尺寸公差等级在本企业能否实现。铸件的尺寸公差不需要铸造工艺设计人员进行设计，其等级值的大小将直接决定铸造方法的选择，在选择了铸造方法后，具体的公差等级值仍然决定了该铸造方法中的一些具体的细节。手工砂型铸造生产铸钢件时，尺寸公差一般为CT11～CT14 级。当尺寸公差为CT11 级时，模样和芯盒的材质要选用金属或树脂，黏结剂要选用树脂黏结剂，如碱酚醛硅砂。当尺寸公差为CT14 级时，模样和芯盒可选用木质的，黏结剂可选用水玻璃，如水玻璃硅砂或水玻璃石灰石砂。对于熔模铸造铸钢件，一般的尺寸公差等级是CT4～CT9 级。当尺寸公差为CT4 级时，可选中温蜡料与硅溶胶黏结剂相搭配。当尺寸公差为CT7～CT9 级时，可选低温蜡料与水玻璃黏结剂相搭配。

2.3.2　机械加工余量

　　机械加工余量是指毛坯状态铸件在加工表面上留出的、准备用机械加工的方法去除的铸件表层厚度。机械加工余量由 GB/T 6414—1999《铸件　尺寸公差与机械加工余量》进行规范，机械加工余量值应处于一个适宜的范围，过大则耗费机加工时间，过小则容易出现黑皮现象。机械加工余量由两部分构成，一部分是 CT 分值，另一部分是 RMA，即"要求的铸件机械加工余量"，如图 2-3～图 2-5 所示，分别为内表面、外表面和单侧机械加工余量示意图。在这三幅图中，R 为铸件毛坯的基本尺寸，F 为最终形成的机械加工后的尺寸，CT 为铸件尺寸公差，RMA 为要求的机械加工余量，具体值见表 2-6 和表 2-9。表 2-9 涉及铸件具体的机械加工余量等级，该等级可分为由 A 至 K 的 10 个等级，可根据表 2-10 来确定。

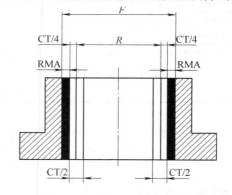

图 2-3　内表面机械加工余量示意图

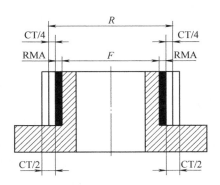

图 2-4 外表面机械加工余量示意图

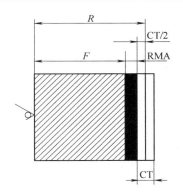

图 2-5 单侧机械加工余量示意图

表 2-9 要求的铸件机械加工余量（RMA）　　　　　　（单位：mm）

铸件最大尺寸	机械加工余量等级									
	A	B	C	D	E	F	G	H	J	K
≤40	0.1	0.1	0.2	0.3	0.4	0.5	0.5	0.7	1	1.4
>40~63	0.1	0.2	0.3	0.3	0.4	0.5	0.7	1	1.4	2
>63~100	0.2	0.3	0.4	0.5	0.7	1	1.4	2	2.8	4
>100~160	0.3	0.4	0.5	0.8	1.1	1.5	2.2	3	4	6
>160~250	0.3	0.5	0.7	1	1.4	2	2.8	4	5.5	8
>250~400	0.4	0.7	0.9	1.3	1.4	2.5	3.5	5	7	10
>400~630	0.5	0.8	1.1	1.5	2.2	3	4	6	9	12
>630~1000	0.6	0.9	1.2	1.8	2.5	3.5	5	7	10	14
>1000~1600	0.7	1	1.4	2	2.8	4	5.5	8	11	16
>1600~2500	0.8	1.1	1.6	2.2	3.2	4.5	6	9	14	18
>2500~4000	0.9	1.3	1.8	2.5	3.5	5	7	10	15	20
>4000~6300	1	1.4	2	2.8	4	5.5	8	11	16	22
>6300~10000	1.1	1.5	2.2	3	4.5	6	9	12	17	24

注：铸件最大尺寸是指铸件最终机加工后的最大轮廓尺寸。A 和 B 等级仅用于特殊场合。

表 2-10 毛坯铸件的机械加工余量等级

铸造方法		机械加工余量等级							
		铸件材料							
		钢	灰铸铁	球墨铸铁	可锻铸铁	铜合金	锌合金	轻金属合金	镍、钴基合金
砂型铸造	手工造型	G~K	F~H	F~H	F~H	F~H	F~H	F~H	G~K
	机器造型和壳型	F~H	E~G	E~G	E~G	E~G	E~G	E~G	F~H
金属型铸造			D~F	D~F	D~F	D~F	D~F	D~F	
压铸						B~D	B~D	B~D	
精铸		E	E	E		E		E	E

与铸件的尺寸公差一样，在编写企业铸造工艺设计手册时，铸件的加工余量也可以分别编写，对于铸钢工艺，可选取上述表格中与铸钢件相关的数据来编写。例如对于铸钢件的手工造型砂型铸造，可由表 2-10 选取机械加工等级 G ~ K，然后根据铸件的尺寸公差等级确定 G ~ K 中的具体等级，假如铸件的尺寸公差等级为 CT11 级，可对应选取 G 级，然后在表 2-9 中选取对应的 RMA 值，再加上对应的 CT 值分量，即可得到所求的加工余量。

实例 1 某铸钢件如图 2-2 所示，其中铸件的加工后尺寸为 340mm，为小批量生产，采用手工砂型铸造，要求尺寸公差等级是 CT14 级。确定加工余量的方法如下：首先根据表 2-6，查出其 CT 值为 16mm，根据铸件为小批量生产，采用手工砂型铸造，查表 2-10，确定其机械加工余量等级是 J 级，由表 2-9 查得 RMA 值是 7mm，最后确定该铸件图示尺寸的机械加工余量为 16mm/4 + 7mm = 11mm。

实例 2 某灰铸铁件如图 2-3 所示，其中铸件的加工后尺寸为 270mm，为大批量生产，最大尺寸是 460mm，采用砂型铸造机器造型，要求尺寸公差等级是 CT10 级。确定加工余量的方法如下：首先根据表 2-6，查出其 CT 值为 4.4mm，根据生产要求，确定表 2-10 中的机械加工余量等级是 F 级，由表 2-9 查得 RMA 值是 3mm，最后确定所求的机械加工余量为 4.4mm/4 + 3mm = 4.1mm，取整，最终确定该铸件图示尺寸的机械加工余量是 5mm。

实例 3 某铸铜熔模铸件如图 2-4 所示，其中铸件的加工后尺寸为 190mm，最大尺寸也是 190mm，采用硅溶胶做黏结剂，要求尺寸公差等级是 CT5 级。确定加工余量的方法如下：首先根据表 2-6，查出其 CT 值为 0.7mm，根据生产要求，确定表 2-10 中的机械加工余量等级是 E 级，由表 2-9 查得 RMA 值是 1.4mm，最后确定该铸件图示尺寸的机械加工余量为 0.7mm/4 + 1.4mm = 1.575mm，取整，最终确定该铸件图示尺寸的机械加工余量是 2mm。

实例 4 表 2-11 中图例所示铸件的材料牌号为 ZG230-450，为小批量生产，采用手工砂型铸造，要求尺寸公差等级是 CT14 级。该铸件的机械加工余量设计见表 2-11。

表 2-11 实例 4 机械加工余量设计 （单位：mm）

序号	最大尺寸/加工余量等级	基本尺寸	RMA/CT	加工余量	示意图
①		120	4/12	7	
②		ϕ140	4/12	7	
③	ϕ140/J	100	4/12	7	
④		ϕ80	4/11	7	
⑤		ϕ56	4/10	7	
⑥		120	4/12	7	

2.3.3 铸造线收缩率

铸造线收缩率是指铸件从液相至固相的凝固过程中所产生的长度方面的缩小，其表达式为

$$\varepsilon_l = \frac{L_M - L_C}{L_M} \times 100\% \tag{2-1}$$

式中 ε_l——铸造线收缩率（%）；

L_M——模样长度（mm）；

L_C——铸件长度（mm）。

铸造线收缩率受多种因素的影响，其中包括合金的种类和成分、铸型材料、铸件结构等因素。铸造线收缩率的准确性将直接影响铸件的尺寸精度，铸造工艺设计中所使用的线收缩率是考虑了各种因素的实际收缩率。在工艺设计中，铸件的结构往往比较复杂，从三维角度来看，反映到三个坐标轴上的线收缩率有一定的区别，为了提高所生产铸件的准确性，应采用三维铸造线收缩率。实际工艺设计过程中，往往根据铸件的具体结构，有时可以采用一个铸造线收缩率来描述三维铸件的收缩率，有时可以采用两个或三个线收缩率。例如圆筒形铸件，X 轴和 Y 轴可使用一个铸造线收缩率，Z 轴使用另一个线收缩率。

表 2-12 列出了常用合金的铸造线收缩率，可供工艺设计时参考。表 2-12 所给出的数据可以根据具体的铸件来进行相应的调整，例如，沿某一方向的结构相对简单、平直，有利于该方向上铸件的收缩，那么该方向上的铸造线收缩率可以适当加大，圆柱和圆筒类铸件就是该类铸件的典型代表。

表 2-12   常用合金的铸造线收缩率

铸件种类			铸造线收缩率（%）	
			受阻收缩	自由收缩
灰铸铁	中小型铸件		0.9	1.0
	大中型铸件		0.8	0.9
	特大型铸件		0.7	0.8
	特殊圆筒形铸件	直径方向	0.5	0.7
		长度方向	0.8	0.9
球墨铸铁	珠光体球墨铸铁		0.8 ~ 1.2	1.0 ~ 1.3
	铁素体球墨铸铁		0.6 ~ 1.2	0.8 ~ 1.2
可锻铸铁	珠光体可锻铸铁		1.2 ~ 1.8	1.5 ~ 2.0
	铁素体可锻铸铁		1.0 ~ 1.3	1.2 ~ 1.5
铸钢	碳钢、低合金钢		1.5 ~ 1.7	1.6 ~ 2.2
	双相钢		1.5 ~ 1.9	1.8 ~ 2.3
	奥氏体钢		1.7 ~ 2.0	2.0 ~ 2.4
有色合金	锡青铜		1.2	1.4
	无锡青铜		1.6 ~ 1.8	2.0 ~ 2.2
	普通黄铜		1.5 ~ 1.7	1.8 ~ 2.0
	硅黄铜		1.6 ~ 1.7	1.7 ~ 1.8
特种铸造有色合金	锰黄铜		1.8 ~ 2.0	2.0 ~ 2.3
	铝硅合金		0.8 ~ 1.0	1.0 ~ 1.2
	铝铜合金		1.4	1.6
	铝镁合金 [w （Mg）=10%]		1.0	1.2
	镁合金		1.2	1.6

2.3.4　起模斜度

为了利于起模，避免损坏铸型和砂芯，在模样、芯盒的出模方向设有一定的斜度，即起模斜度。起模斜度与模样或芯盒的高度、造型方法以及黏结剂类型等因素有关。在工艺设计时，可以在零件结构审查时，要求零件设计部门或单位直接在零件的结构中生成，如果这一步没进行，就只能通过采取工艺措施来生成，可通过增加一端的壁厚、减小一端的壁厚或者一端增加壁厚另一端减小壁厚三种方式来实现。起模斜度可由表 2-13 查得。

表 2-13　起模斜度

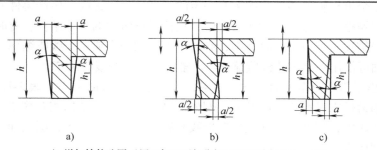

a)　　　　　　　　　b)　　　　　　　　　c)

a）增加铸件壁厚（用于加工面与非加工面壁厚小于 5mm 者）

b）加减铸件壁厚（用于壁厚 5～10mm 的非加工面）

c）减少铸件壁厚（用于壁厚大于 10mm 的非加工面）

测量面高度 h 或 h₁ /mm	黏土砂造型时，模样外表面起模斜度				黏土砂造型时，模样凹处内表面起模斜度				自硬砂造型时，模样表面起模斜度			
	金属模样、塑料模样		木模样		金属模样、塑料模样		木模样		金属模样、塑料模样		木模样	
	α	a/mm	α	a/mm	α	a/mm	α	a/mm	α	a/mm	α	a/mm
≤10	2°20′	0.4	2°55′	0.6	4°35′	0.8	5°45′	1.0	3°00′	0.6	4°00′	0.8
>10～40	1°10′	0.8	1°25′	1.0	2°20′	1.6	2°50′	2.0	1°50′	1.6	2°05′	1.6
>40～100	0°30′	1.0	0°40′	1.2	1°05′	2.0	1°15′	2.2	0°50′	1.6	0°55′	1.6
>100～160	0°25′	1.2	0°30′	1.4	0°45′	2.2	0°55′	2.6	0°35′	1.6	0°40′	2.0
>160～250	0°20′	1.6	0°25′	1.8	0°40′	3.0	0°45′	3.4	0°30′	2.2	0°35′	2.6
>250～400	0°20′	2.4	0°25′	3.0	0°40′	4.6	0°45′	5.2	0°30′	3.6	0°35′	4.2
>400～630	0°20′	3.8	0°20′	3.8	0°35′	6.4	0°40′	7.4	0°25′	4.6	0°30′	5.6
>630～1000	0°15′	4.4	0°20′	5.8	0°30′	8.8	0°35′	10.2	0°20′	5.8	0°25′	7.4
>1000～1600	—	—	0°20′	9.2	—	—	0°35′	—	—	—	0°25′	11.6
>1600～2500	—	—	0°15′	11.0	—	—	0°35′	—	—	—	0°25′	18.2
>2500～10000	—	—	0°15′	—	—	—	—	—	—	—	0°25′	—

注：1. 当凹处过深时，可用活块或砂芯成形。

　　2. 自硬砂造型时，模样凹处内表面起模斜度值允许按其外表面斜度值增加 50%。

　　3. 起模困难时，允许采用较大的起模斜度，但不得超过表中数值的一倍。

　　4. 芯盒起模斜度可参照本表。

　　5. 当造型机工作比压在 700kPa 以上时，允许将本表起模斜度增加，但不得超过 50%。

　　6. 铸件结构本身在起模方向上有足够的斜度时，不再增加起模斜度。

　　7. 对高度较高的大型模样，可采用分块或抽心模样。

　　8. 同一铸件，上下两个起模斜度应在分型面上同一点。

2.3.5　最小铸出孔和槽

最小铸出孔和槽是指一些较小的孔和槽，如果采用铸造方法生成，往往会产生尺寸精度和粘砂等问题，最好的处理方法是直接铸死再进行机加工。只有大于临界数值的孔和槽才铸出，那么这一临界值的孔和槽就是最小铸出孔和槽。最小铸出孔尺寸可由表 2-14～表 2-16 查出。

最小铸出孔和槽及以下的孔和槽如果要铸出，不是一个好的方案，因为该类孔和沟槽如果要铸出，势必要增加芯盒和砂芯，工序上要制芯，还要进行下芯，包括砂芯的定位和固定，铸后还要进行砂芯的清理。这样一来无论是材料的消耗，还是工序和工时方面都是不合算的，结果也不一定理想，可能会出现偏差、清砂难等问题，机械加工出该类孔和槽是最好的方法。

无法用机械加工生成的内孔，如弯孔、方孔和不规则孔，应该用铸造方法生成，即使是属于最小铸出孔范围之内的孔，可采用水溶芯和陶瓷芯生成。清理时，水溶芯在水中清理掉；陶瓷芯在除芯时，先尝试一般的清理方法，如果一般方法无法去除时，可采用专门的陶瓷芯去除方法去除，具体的工序包括：预热、碱槽或压力碱釜内脱芯、清洗和中和。

表 2-14　铸钢件的最小铸出孔尺寸　　　　　（单位：mm）

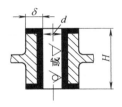

孔深 H	孔壁厚度 δ							
	≤25	26～50	51～75	76～100	101～150	151～200	201～300	>300
	最小铸出孔直径 d							
≤100	60	60	70	80	100	120	140	160
101～200	60	70	80	90	120	140	160	190
201～400	80	90	100	110	140	170	190	230
401～600	100	110	120	140	170	200	230	270
601～1000	120	130	150	170	200	230	270	300
>1000	140	160	170	200	230	260	300	330

表 2-15　铸铁件的最小铸出孔尺寸　　　　　（单位：mm）

铸件厚度		≤50	51～100	101～200	>200
最小铸出孔直径	灰铸铁	30	35	40	另行规定
	球墨铸铁	35	40	45	

表 2-16　有色合金铸件的最小铸出孔尺寸　　　　　（单位：mm）

铸件材质	最小铸出孔直径
铝合金、镁合金	20
铜合金	25

2.3.6　工艺补正量

工艺补正量是指用于防止铸件由于收缩而产生的局部尺寸不符，而从工艺上对铸件相应部位非加工面上增加或减少的用于调整该部位尺寸的金属厚度。铸造过程中常常发生这样的情况，有时模样和芯盒的尺寸准确无误，但是铸出工件的尺寸仍不符合图样要求，对这种情况通常采用工艺补正的方法来解决。工艺补正量值可由表 2-17 和表 2-18 查出。

表 2-17　一般铸件的工艺补正量　　　　　　　　　（单位：mm）

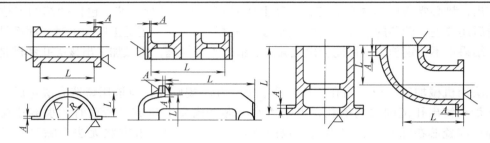

被补缩面间距或至基准面距离 L	工艺补正量 A		被补缩面间距或至基准面距离 L	工艺补正量 A	
	铸铁件	铸钢件		铸铁件	铸钢件
≤100	1.0 ~ 2.0	1.5 ~ 2.5	1601 ~ 2500	6.0 ~ 7.5	7.5 ~ 8.5
101 ~ 160	1.5 ~ 2.5	2.0 ~ 3.0	2501 ~ 4000	8.0 ~ 9.0	9.0 ~ 11.0
161 ~ 250	2.0 ~ 3.0	2.5 ~ 3.5	4001 ~ 6500	9.0 ~ 11.0	11.0 ~ 13.0
251 ~ 400	2.5 ~ 3.5	3.0 ~ 4.0	6501 ~ 8000	11.0 ~ 13.0	13.0 ~ 15.0
401 ~ 650	3.0 ~ 4.0	3.5 ~ 4.5	8001 ~ 10000	13.0 ~ 15.0	15.0 ~ 17.0
651 ~ 1000	3.5 ~ 4.5	4.0 ~ 5.0	10001 ~ 12000	15.0 ~ 17.0	17.0 ~ 19.0
1001 ~ 1600	4.5 ~ 6.0	5.0 ~ 6.5			

表 2-18　铸件凸台的工艺补正量　　　　　　　　　（单位：mm）

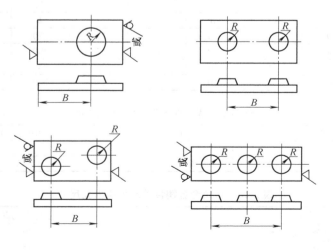

（续）

间距 B	半径 R	半径增大量		间距 B	半径 R	半径增大量	
		铸铁件	铸钢件			铸铁件	铸钢件
≤500	≤25	1.5	2.0	1501~2000	51~100	5.5~6.5	6.0~7.0
	26~50	1.5~2.5	2.0~3.0	2001~2500	≤25	5.5	6.0
	51~100	2.5~3.5	3.0~4.0		26~50	5.5~6.5	6.0~7.0
501~1000	≤25	2.5	3.0		51~100	6.5~7.0	7.0~8.0
	26~50	2.5~3.0	3.0~4.0	2501~3000	≤25	6.5	7.0
	51~100	3.5~4.5	4.0~5.0		26~50	6.5~7.5	7.0~8.0
1001~1500	≤25	3.5	4.0		51~100	7.5~8.5	8.0~9.0
	26~50	3.5~4.5	4.0~5.0	3001~5000	≤25	7.5	8.0
	51~100	4.5~5.5	5.0~6.0		26~50	7.5~8.5	8.0~9.0
1501~2000	≤25	4.5	5.0		51~100	8.5~9.5	9.0~10.0
	26~50	4.5~5.5	5.0~6.0				

2.3.7　分型负数

在造型和合型过程中往往会因为修整、焙烧和烘烤等原因，以及为防止跑火在合型时分型面上铺垫石棉绳、泥条或油灰条等，导致分型面处增加了铸件尺寸，为了保证铸件尺寸精度，通常采用的方法是在分型面处减去相应的模样尺寸，这个被减去的尺寸就是分型负数。分型负数与铸件的大小、工艺习惯以及铺垫材料有关，可由表 2-19 查得，设计时应注意以下几点：

1）如果模样分成对称的上下两半，则上半和下半模样各取分型负数的 1/2，见表 2-19 中图 b；否则，分型负数应取自上半模样，见表 2-19 中图 a。

2）多箱造型时，每个分型面处的两半模样都要留分型负数，一般各取分型负数的 1/2。

3）湿型一般不留分型负数，但是砂箱的宽度尺寸大于 1.5m 时，也需要留分型负数，其值应小于与干型所对应的值。

4）在分型面处有砂芯时，见表 2-19 中图 c，砂芯的上间隙 b 不能小于分型负数 a，即 $b \geqslant a$。

表 2-19　模样的分型负数　　　　（单位：mm）

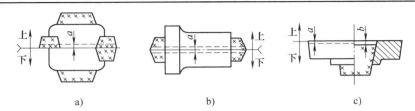

a)　　　　　　　　b)　　　　　　　　c)

砂箱长度	分型负数 a		砂箱长度	分型负数 a	
	干型	表干型		干型	表干型
≤1000	2	1	3501~5000	5	4
1001~2000	3	2	>5000	7	6
2001~3500	4	3			

2.3.8　分芯负数

由于分芯面在制造过程中的修整、烘烤变形，在合芯或下芯过程中芯子的尺寸会增加，需要在工艺设计时减去这个增加量，这个被减去的尺寸就是分芯负数，也称为砂芯负数。造型中常常会遇到分芯，如回转体状砂芯在制芯时往往采用分半的方式进行，一般是沿中心线分盒，这样既节约制造芯盒的木材，又方便制芯。分芯负数值可由表2-20选取。图2-6所示为分芯负数的应用。

表2-20　分芯负数　　　　　　　　　　　　（单位：mm）

砂芯长与宽的平均尺寸	舂砂方向的砂芯高度							
	≤300	301~400	401~650	651~1000	1001~1500	1501~2000	2001~2500	≥2500
300~400	0~1	1.5						
401~650	1.5	2	2.5					
651~1000	2	2.5	3	4				
1001~1500	2.5	3	4	5	5			
1501~2000	3	4	5	6	6	7		
2001~2500	4	5	6	7	7	8	8	
2501~3200	5	6	7	8	8	9	10	10
>3200	6	7	8	9	9	10	11	11

注：1. 采用脱落式芯盒或加固的芯盒时，减量可取表值的1/2。
　　2. 垂直于舂砂方向的芯盒上、下面的减量总值取表值的1/2或不取。
　　3. 表中的减量数值是该方向减量数值的总和。
　　4. 被减面上如有工艺补正量时，应将砂芯减量与工艺补正量合并。

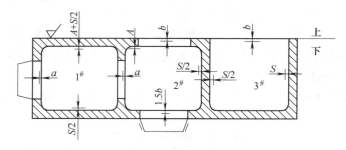

图2-6　分芯负数的应用
A—工艺补正量　a、b—砂芯负数　S—砂芯减量

2.3.9　反变形量

铸件在造型以及成形过程中发生翘曲、收缩等现象，使得铸件产生变形。在工艺设计时，需要设置一个与铸造变形相反的变形量，使铸件在成形后减少乃至抵消变形，这个预设的变形量就是反变形量。反变形量一般与铸件的结构、材质、造型材料和浇注温度等因素有关，往往根据实践经验来选取，对于特定的铸件，当生产条件相对固定的时候，变形量是有规律的，以此可以确定反变形量。表2-21~表2-23分别是箱形、半圆环和机床床身铸件的

反变形量。图 2-7 ~ 图 2-10 所示为四种反变形量的具体应用。

表 2-21　箱形铸件的反变形量　　　　（单位：mm）

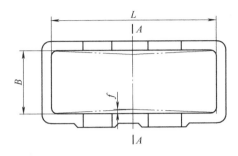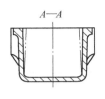

壁厚	$L \times B$	反变形量 f	壁厚	$L \times B$	反变形量 f
10 ~ 20	（500 ~ 700）×（150 ~ 300）	1.5	10 ~ 20	（1100 ~ 1500）×（150 ~ 300）	2.5
	（500 ~ 700）×（300 ~ 400）	2.0		（1100 ~ 1500）×（300 ~ 400）	3.0
	（700 ~ 900）×（150 ~ 300）	2.0		（1500 ~ 2000）×（150 ~ 300）	3.0
	（500 ~ 700）×（300 ~ 400）	2.5		（1500 ~ 2000）×（300 ~ 400）	3.5
	（900 ~ 1100）×（150 ~ 300）	2.5		（2000 ~ 2500）×（150 ~ 300）	3.5
	（900 ~ 1100）×（300 ~ 400）	3.0		（2000 ~ 2500）×（300 ~ 400）	4.0

表 2-22　半圆环铸件的反变形量　　　　（单位：mm）

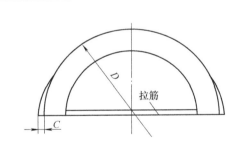

半圆环外径 D	补正量 C
<2000	10 ~ 15
2000 ~ 3200	15 ~ 18
>3200	18 ~ 22
拉筋厚度为设置拉筋处铸件的厚度的 40% ~ 60%，宽度为拉筋厚度的 1.5 ~ 2.0 倍	

表 2-23　机床床身铸件的反变形量　　　　（单位：mm）

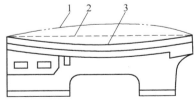

1—模样上做出的反变形曲线
2—铸件的变形趋势
3—模样未放反变形量时的变形趋势

铸件的类型及尺寸	每 1m 铸件长度应留的反变形量
床身长度大于 5m	1.0 ~ 2.0
床身长度小于 5m，或一般工作台	1.5 ~ 2.5

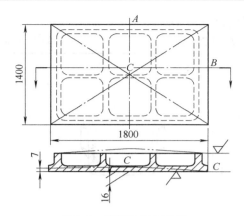

图 2-7　模板的反变形量

注：a 点变形量为：$1800\text{mm} \times 0.5\% = 9\text{mm}$；$b$ 点变形量为：$1400\text{mm} \times 0.5\% = 7\text{mm}$；$c$ 点变形量为：$9\text{mm} + 7\text{mm} = 16\text{mm}$。

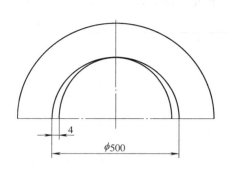

图 2-8　半圆环状铸件的反变形量

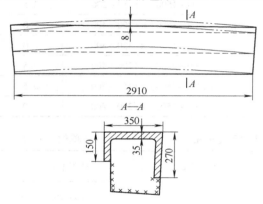

图 2-9　槽形铸件的反变形量

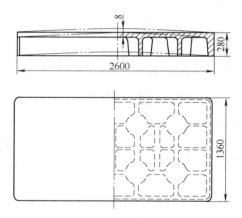

图 2-10　平台底座的反变形量

2.3.10　工艺筋

工艺筋可分为两种：一种是为了防止铸件产生热裂而设置的，称为收缩筋；另一种是为了防止铸件产生变形而设置的，称为拉筋。

1. 收缩筋

铸件在凝固和冷却收缩时，由于受砂型和砂芯的阻碍，在受拉应力的主壁上，或接头处容易产生裂纹。在该处设置收缩筋后，凝固和冷却过程中，收缩筋先于主壁或接头凝固，承受凝固和冷却时的拉应力，起到防止裂纹产生的作用。主壁、接头等容易产生热裂的铸件结构如图 2-11 所示。并不是所有类似上述结构之处都要设置收缩筋，在满足以下结构条件下，即 $a/b > 1 \sim 2$，$l/b < 2$ 时，或 $a/b > 2 \sim 3$，$l/b < 1$ 时，可不设置收缩筋。常用的收缩筋形式与尺寸见表 2-24。

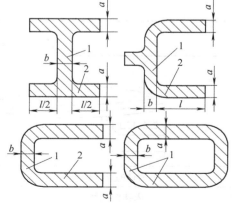

图 2-11　容易产生热裂的铸件结构
1—主壁　2—邻壁

表 2-24　收缩筋的形式与尺寸

序号	简　图	t	l	d	h
1			$(8 \sim 12)t$		
2	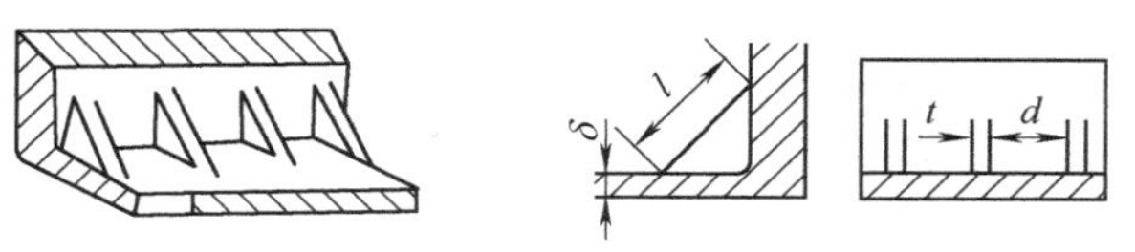				
3			$(15 \sim 20)t$		
4		$(1/4 \sim 1/3)\delta$			
5			$(5 \sim 7)t$		
6					
7	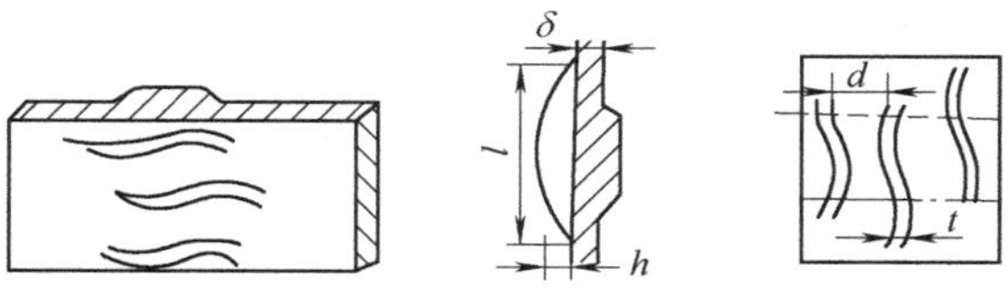		$(2 \sim 3)t$	$(10 \sim 15)t$	$(5 \sim 7)t$
8	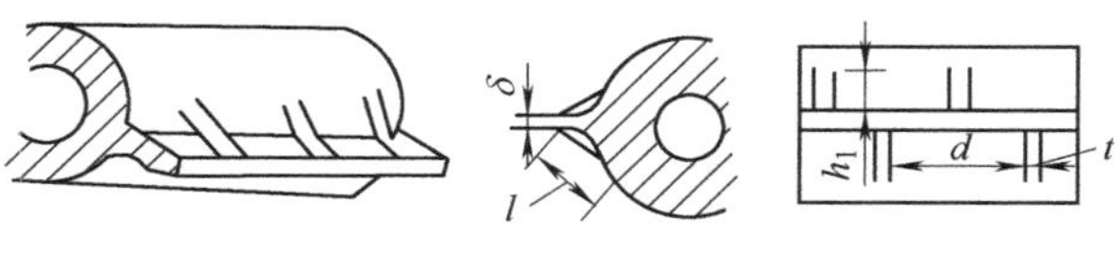		$(10 \sim 14)t$	$(15 \sim 20)t$	

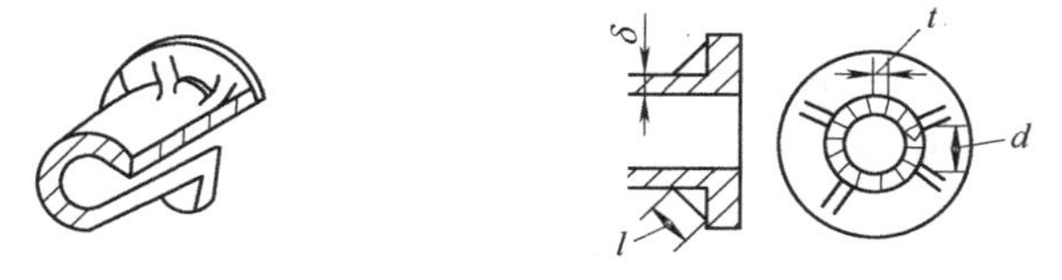

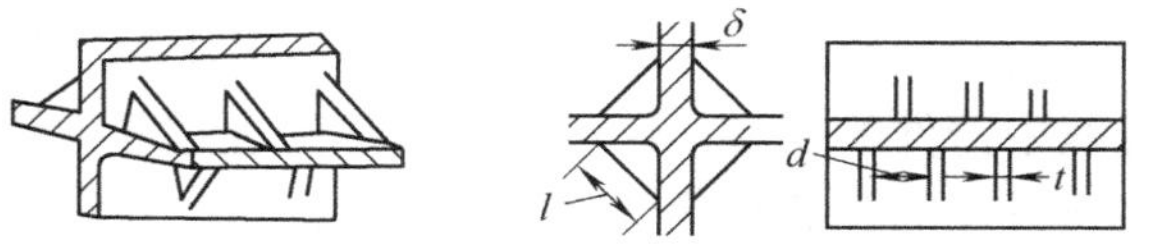

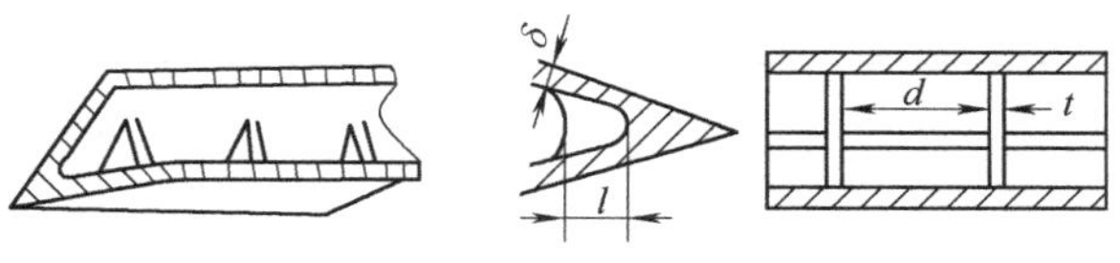

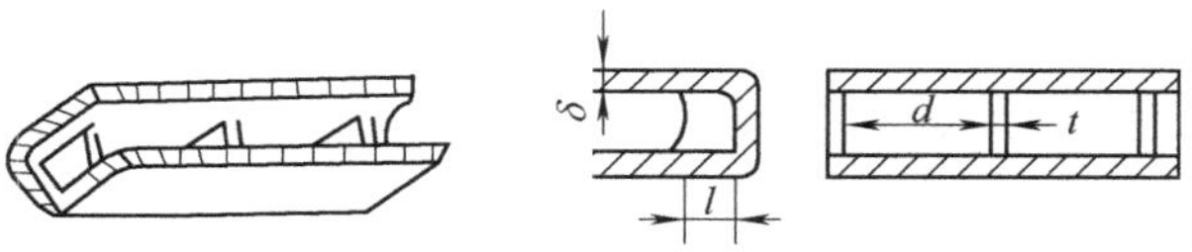

（续）

序号	简 图	t	l	d	h
9	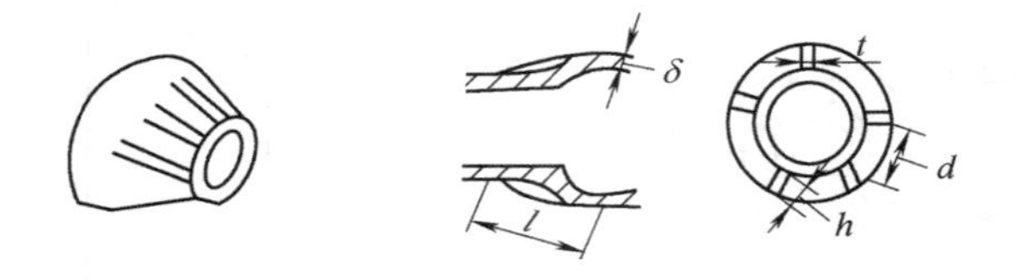	$(1/4 \sim 1/3)\delta$	$(2 \sim 3)t$	$(15 \sim 20)t$	$(5 \sim 7)t$
10	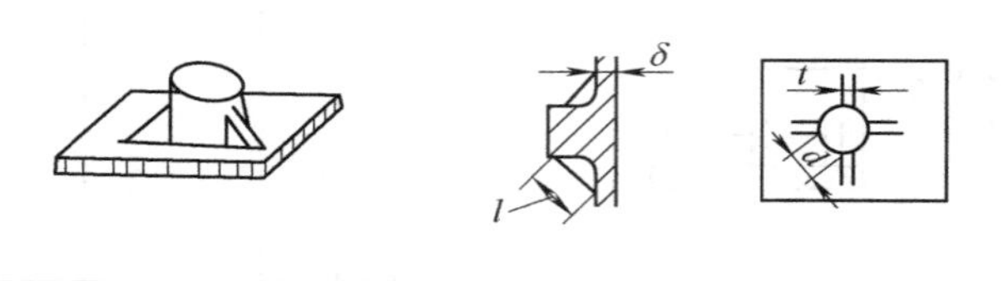		$(8 \sim 12)t$		

注：1. δ 为交接壁中的最小壁厚。

　　2. 收缩筋厚度范围的上限为 15mm，下限为 4mm。

　　3. 对于易产生大裂纹的铸件，序号 4 简图与序号 7 简图并用。

　　4. 序号 5 简图接头角度大的铸件以序号 2 简图为标准。

　　5. 序号 6 简图的 $l > 50$mm 时，以序号 3 简图为标准。

2. 拉筋

铸件在铸造过程中，由于收缩，往往会产生变形，为了防止变形，工艺上设置拉筋是最有效的方法。拉筋不仅可以防止铸造过程中铸件的变形，还可以防止热处理过程中铸件的变形，在经过铸造和热处理工序之后，将所设置的拉筋割除，并修整齐平即可。拉筋的设置位置、类型及其尺寸可由表 2-25 查得。

表 2-25　铸钢件拉筋的类型和尺寸　　　　　　　　　　（单位：mm）

	a	I 型		II 型	
		ϕ	S	δ	W
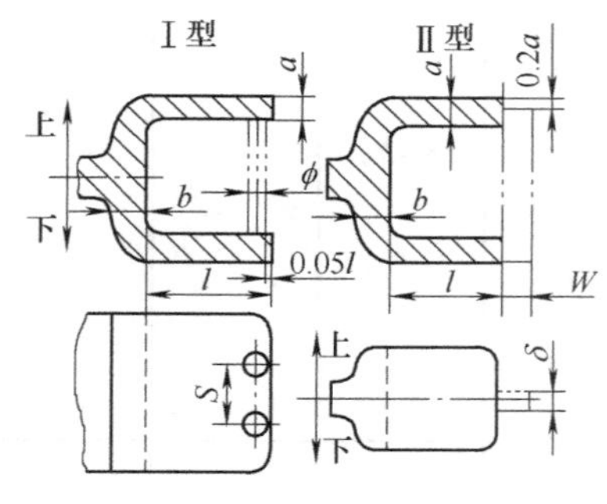 小型铸钢件	$10 \sim 15$	$5 \sim 7$	$20 \sim 30$	$4 \sim 6$	$(3 \sim 4)\delta$
	$15 \sim 20$	$7 \sim 10$	$30 \sim 40$	$4 \sim 6$	$(3 \sim 4)\delta$
	$20 \sim 25$	$10 \sim 13$	$40 \sim 50$	$4 \sim 8$	$(3 \sim 4)\delta$
	$25 \sim 30$	$13 \sim 15$	$50 \sim 60$	$4 \sim 8$	$(3 \sim 4)\delta$

	拉筋的厚度为设置拉筋处铸件厚度的 40% ~ 60%，宽度为拉筋厚度的 1.5 ~ 2 倍	
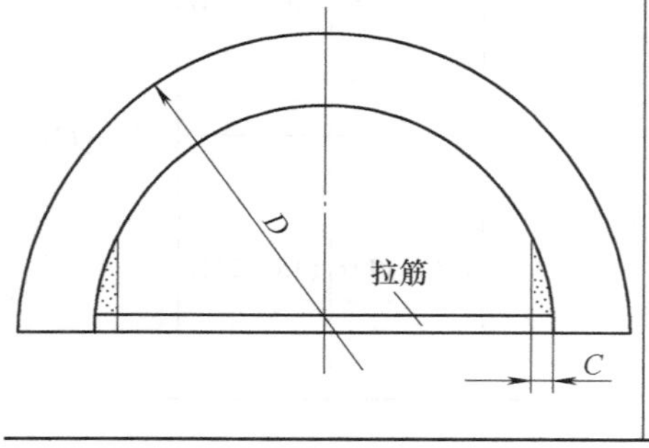 中大型铸钢件	半环形外径 D	补正量 C
	< 2000	$10 \sim 15$
	$2000 \sim 3200$	$15 \sim 18$
	> 3200	$18 \sim 22$

2.3.11　落砂时间

落砂时间是指砂型浇注后直至落砂所持续的时间，通常等于铸件的型冷时间。落砂时间选择过短，容易使铸件产生变形、裂纹等缺陷，过长则会降低铸件的生产效率和生产周期，因此合理选择落砂时间是非常必要的。影响铸件落砂时间的主要因素包括铸件的材质及化学成分、重量、壁厚和结构等。铸件的落砂时间取决于铸件的落砂温度，研究表明铸件的落砂温度宜控制在 300℃ 以下。结构简单的中小型铸件的落砂温度可控制得高一些，结构复杂的大型铸件的落砂温度可控制得低一些；碳素钢的落砂温度可控制得高一些，合金钢的落砂温度可控制得低一些；高碳钢的落砂温度可控制得低一些；低碳钢的落砂温度可控制得高一些。

1. 铸钢件的落砂时间

根据上述影响因素和落砂温度控制原则，铸钢件的落砂温度一般应控制在 250～450℃，并根据前述原则上下浮动。具体铸件的落砂时间可根据图 2-12～图 2-14 来选取。

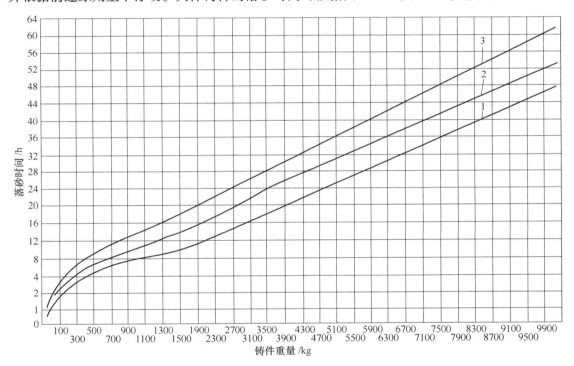

图 2-12　中小型碳素钢铸件的落砂时间
1—大多数壁厚≤35mm 和局部较厚的铸件　2—大多数壁厚＞35～80mm 和局部较厚的铸件
3—大多数壁厚＞80～200mm 和局部较厚的铸件

在使用图 2-12～图 2-14 时，应注意以下几点：

1）重量超过 110t 的大型铸件，其落砂时间按图 2-13 查取，然后再加上一个追加值，追加值按下述方法计算：每增加 1t 铸件重量，需要追加落砂时间 1～3h。

2）ZG310-570 碳素钢和合金铸钢件的重量超过 8.5t 时，其落砂时间为图 2-12 或图 2-13 查出的具体值再增加一倍。

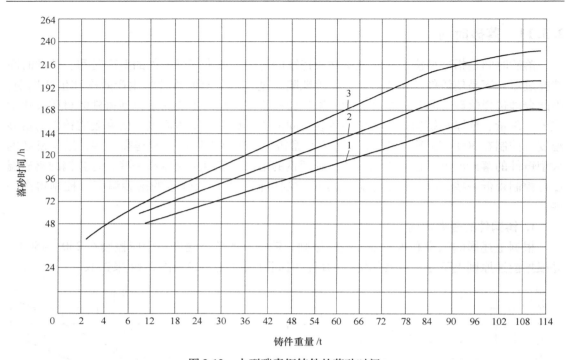

图 2-13　大型碳素钢铸件的落砂时间
1—大多数壁厚为 36～80mm 的铸件　2—大多数壁厚 >80～200mm 的铸件　3—大多数壁厚 >200mm 的铸件

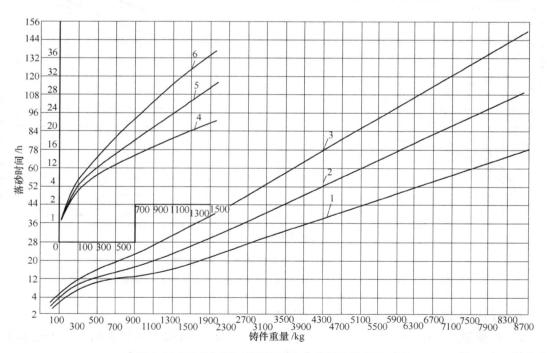

图 2-14　ZG310-570 碳素钢和合金铸钢件的落砂时间
1、4—大多数壁厚≤35mm 和具有局部较厚的铸件　2、5—大多数壁厚 >35～80mm 和
具有局部较厚的铸件　3、6—大多数壁厚 >80～150mm 和具有局部较厚的铸件
注：1、2、3 为碳素钢铸件；4、5、6 为合金钢铸件。

3）形状简单、壁厚均匀的不易变形类大型铸件（如砧座），可在以上三幅图中查得相应的落砂时间，按该时间的 20% ~ 30% 提前开箱或撬松砂箱，此类铸件也可以不入炉热处理，而在浇注坑内自然冷却，以 12 ~ 16h/t 计算保温时间。

4）形状复杂、壁厚差较大、易产生裂纹的铸件（如齿轮、大料斗、平锻机机架等），落砂时间应比以上三幅图中规定的数值增加 30% 左右。

5）有些地坑造型的铸件，需提前吊走盖箱或撬松铸型，由于这样能加速铸型及型内铸件的冷却，所以落砂时间可缩短 10% 。

2. 铸铁件的落砂时间

铸铁件的落砂温度一般应控制在 300 ~ 500℃，易产生冷裂和变形的铸件为 200 ~ 300℃，易产生热裂的铸件为 800 ~ 900℃。开箱后立即去除浇冒口并清除砂芯，再放入热砂坑或进炉缓冷。铸铁件的落砂时间可查表 2-26 ~ 表 2-28。

表 2-26　中小型铸铁件的落砂时间

铸件重量/kg	<5	5 ~ 10	10 ~ 30	30 ~ 50	50 ~ 100	100 ~ 250	250 ~ 500	500 ~ 1000
铸件壁厚/mm	<8	<12	<18	<25	<30	<40	<50	<60
落砂时间/min	20 ~ 30	25 ~ 40	30 ~ 60	50 ~ 100	80 ~ 160	120 ~ 300	240 ~ 600	480 ~ 720

注：薄壁、重量轻、结构简单的铸件，落砂时间取低值，反之取高值。

表 2-27　大型铸铁件的落砂时间

铸件重量/t	1 ~ 5	5 ~ 10	10 ~ 15	15 ~ 20	20 ~ 30	30 ~ 50	50 ~ 70	70 ~ 100
落砂时间/h	10 ~ 36	36 ~ 54	54 ~ 72	72 ~ 90	90 ~ 126	126 ~ 198	198 ~ 270	270 ~ 378

注：地坑造型时，铸件的落砂时间约需增加 30%。

表 2-28　中小型铸铁件在生产线上的落砂时间

铸件重量/kg	<5	5 ~ 10	10 ~ 30	30 ~ 50	50 ~ 100	100 ~ 250	250 ~ 500
落砂时间/min	8 ~ 12	10 ~ 15	12 ~ 30	20 ~ 50	30 ~ 70	40 ~ 90	50 ~ 120

注：1. 铸件重量是指每一铸型中铸件的总重。

　　2. 铸件在生产线上常采用通风强制冷却，落砂时间较短。

2.3.12　压铁及其计算

一般在合型过程中，分型面上下的砂箱之间都需要紧固，通常采用螺栓或专用卡具来进行紧固，以防止抬型和跑火等现象的发生。但是在有些情况下往往采用压铁来代替上述螺栓和专用卡具，如地坑造型、特大型铸件的铸造、临时无卡具砂箱的铸造，以及为了提高合型效率的一些批量型小型铸件的生产。

1. 压铁的放置方法

对于中小型铸件，压铁直接放置于砂箱的上部即可，但是对于地坑造型和特大型铸件组芯造型的情况，一般不直接放置于铸型或砂芯的上部，以防止压坏铸型或砂芯，可先放置垫铁，垫铁上放置压梁，压梁上再放置压铁，如图 2-15 所示。

2. 压铁重量的计算

金属液充型后，上型所受到的抬型力主要是浮力 F，其计算公式为

$$F = \rho AHg \tag{2-2}$$

式中　F——上型所受到金属液的浮力（N）；

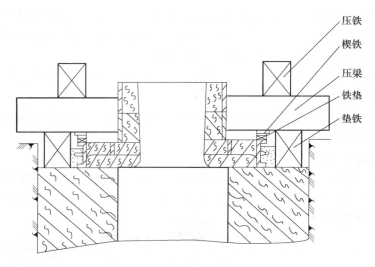

图 2-15　压铁的放置

ρ——金属液密度（kg/m³）；

A——上型接触金属液的垂直投影面积（m²）；

H——浮力承受面（一般可选分型面）至金属液最高处（如冒口顶面）距离（m）；

g——重力加速度（m/s²），$g = 9.8$ m/s²。

实际充型过程后期，金属液对上型有一个冲击的作用，因此实际抬型力要大于 F，用 Q 来表示抬型力，压铁的质量等于 Q/g，为了保险起见，在考虑 Q 的时候，上型的自重可以不计算在压铁重量之中，计算浮力时，明冒口的水平断面也纳入到上型承受浮力的面积之内，则有

$$Q = KF = K\rho AHg \tag{2-3}$$

式中　K——安全系数，取 1.3～1.5，明冒口取 1.3，暗冒口取 1.5。

对于不同的型腔结构，抬型力有所不同，表 2-29 给出几种情况下抬型力的计算公式。

表 2-29　抬型力的计算公式

例　图	计算公式
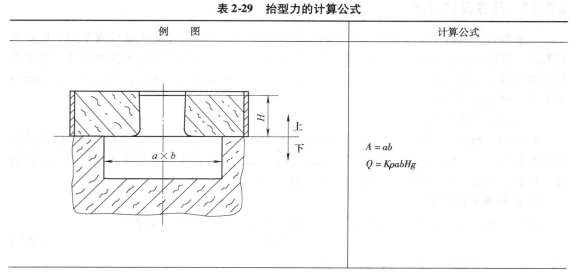	$A = ab$ $Q = K\rho abHg$

（续）

例　　　图	计算公式
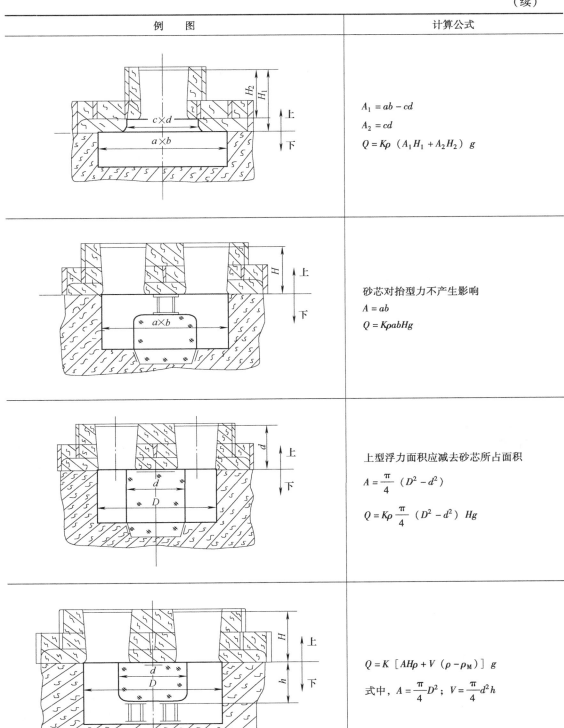	$A_1 = ab - cd$ $A_2 = cd$ $Q = K\rho \ (A_1 H_1 + A_2 H_2) \ g$
	砂芯对抬型力不产生影响 $A = ab$ $Q = K\rho abHg$
	上型浮力面积应减去砂芯所占面积 $A = \dfrac{\pi}{4} \ (D^2 - d^2)$ $Q = K\rho \dfrac{\pi}{4} \ (D^2 - d^2) \ Hg$
	$Q = K \ [AH\rho + V \ (\rho - \rho_M)] \ g$ 式中，$A = \dfrac{\pi}{4} D^2$；$V = \dfrac{\pi}{4} d^2 h$

（续）

例　　图	计算公式
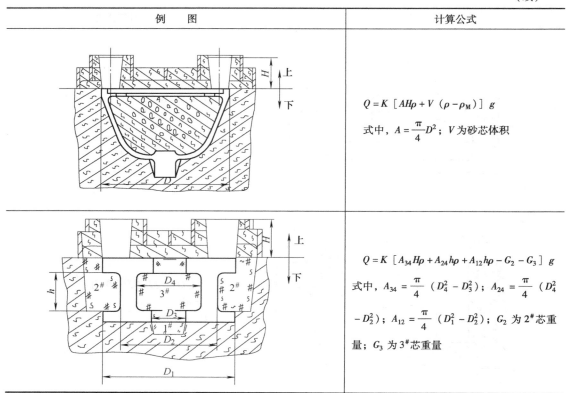	$Q = K\ [AH\rho + V\ (\rho - \rho_M)]\ g$ 式中，$A = \dfrac{\pi}{4}D^2$；V 为砂芯体积
	$Q = K\ [A_{34}H\rho + A_{24}h\rho + A_{12}h\rho - G_2 - G_3]\ g$ 式中，$A_{34} = \dfrac{\pi}{4}\ (D_4^2 - D_3^2)$；$A_{24} = \dfrac{\pi}{4}\ (D_4^2 - D_2^2)$；$A_{12} = \dfrac{\pi}{4}\ (D_1^2 - D_2^2)$；$G_2$ 为 $2^\#$ 芯重量；G_3 为 $3^\#$ 芯重量

3. 压铁卸载时间的计算

铸件浇注后，应按一定的时间卸载压铁，卸载时间太迟，会增加铸件在凝固冷却中的内应力，产生裂纹。这对结构复杂的薄壁铸件和合金钢铸件尤为重要。卸载时间太早，铸件容易抬型和跑火。大型铸件卸载压铁的时间见表 2-30。

表 2-30　大型铸件卸载压铁的时间

铸件壁厚/mm	卸载时间/min	铸件壁厚/mm	卸载时间/min
≤40	10 ~ 15	151 ~ 300	40 ~ 60
41 ~ 80	15 ~ 25	>300	60 ~ 120
81 ~ 150	25 ~ 40		

注：1. 需要补浇冒口的铸件，按较满冒口后开始计算时间。
　　2. 如果铸件壁厚不均，有局部厚大处，或铸件上型较高，应适当延长卸载时间。

2.3.13　铸件表面粗糙度

铸件表面粗糙度是衡量铸件表面粗糙等级的指标，是铸件质量等级的构成，也是需方考核或验收铸件的内容。目前铸件的表面粗糙度主要是由 Ra 值来衡量，Ra 值是国际上通用的评定参数，是指在基本长度内铸件表面被测轮廓上各点至轮廓中线距离的平均值，单位是 μm。GB/T 6060.1—1997 对铸件表面粗糙度进行了分级和归类，该标准将各种铸件的表面粗糙度分成如表 2-31 所示的 12 个等级和不同的合金种类，并提供相应的对比样块，评定方法按 GB/T 15056—1994 执行。

　　铸件的表面粗糙度一般在需方提供的技术条件标准中进行规定，特定的铸件可在相应图样的技术要求中规定，如上述两个方面均无规定，可按供货方的企业标准执行。表 2-31 中规定了铸件表面的粗糙度范围，可供制造方制定企业标准以及供需双方签订供货合同时参考。

表 2-31　铸造合金表面粗糙度值及其分类

| 铸型类型 | 砂型类 | | | | | | | | | 金属型类 | | | | | |
| 铸造合金种类 | 钢 | | | 铁 | | 铜 | 铝 | 镁 | 锌 | 铜 | | 铝 | | 镁 | 锌 |
铸造方法　表面粗糙度 Ra/μm	砂型铸造	壳型铸造	熔模铸造	砂型铸造	壳型铸造	砂型铸造	砂型铸造	砂型铸造	砂型铸造	金属型铸造	压力铸造	金属型铸造	压力铸造	压力铸造	压力铸造
0.2														×	×
0.4													×	×	×
0.8			×								×		※	※	※
1.6		×	×								×		※	※	※
3.2		×	※	×	×	×	×	×	×	×	※	×	※	※	※
6.3		※	※	※	※	※	※	※	※	※	※	※	※	※	※
12.5	×	※	※	※	※	※	※	※	※	※	※	※	※	※	※
25	×	※		※		※	※	※	※	※		※			
50	※			※		※	※	※	※						
100	※			※		※	※	※							
200	※			※		※									
400	※														

　　注：×表示采取特殊措施才能达到的铸造金属及合金的表面粗糙度；※表示可以达到的铸造金属及合金的表面粗糙度。

2.4　铸造工艺的输出及其表示方法

2.4.1　铸造工艺的输出方式

　　编制好的铸造工艺必须通过特定的方式进行输出，以使后序的技术人员、操作人员、质检人员和生产调度人员能够执行。根据以往的习惯，工艺输出方式主要包括两大类：一类是红蓝线输出，另一类是黑线输出。主要的输出方法包括：①在蓝图或者打印图上用红蓝铅笔绘制输出，相关的工艺信息在图的空白处或者背面由工艺设计人员书写；②规范化输出，即铸造工艺卡，把工艺图和零件图两者合一，印制在透明纸上晒图或者直接打印出来，工艺卡的幅面一般为 A3，格式比较规范，以利于工艺卡的集中装订，使用时往往需要与铸件的原始零件图或者是粗加工图配合使用。

　　目前办公系统的现代化相对于传统的工艺输出方式而言，使铸造工艺的输出更加规范和便捷，产生了另一大类的两种输出方式：屏幕输出和纸质输出。对于一些条件和工作环境比较好的企业，可以实现无纸化屏幕输出，输出的内容与纸质输出相对应，但是功能更强大，例如可以局部放大、三维显示、任意剖切显示等。目前新的工艺符号规范已经颁布，即JB/T 2435—2013《铸造工艺符号及表示方法》。该标准将输出方法一律定为红蓝线输出，但是就目前企业的实际情况而言，许多工厂的绘图机和打印机都是单色的，还有许多工厂，其中包括一些大型企业仍采用蓝图，这样单色黑线输出仍然具有存在的必要。因此在本书中，铸造工艺的输出方式仍然归纳为两大类和四种具体形式，两大类就是红蓝线类和黑线类，四种具体的输出形式如下：

1. 红蓝铅铸造工艺图

红蓝铅铸造工艺图属于红蓝线类，沿用传统的输出方式，底图可使用传统的零件蓝图，也可以使用计算机打印的零件图，铸造工艺的绘制以及工艺信息的编制方法不变，由人工方式用红蓝铅生成。

2. 铸造工艺卡

铸造工艺卡属于黑线类，在规定的幅面、规定的格式下，以前多采用人工绘制，而现在多采用计算机绘制，将零部件图与工艺图合一，强调工艺特征，将全部工艺内容和工艺信息输出到该卡上。幅面的规格一般是 A3，以利于分类和装订成册。图面线条的颜色都是黑色，如果条件允许，局部充填可用特定的颜色以半透明的方式生成。该工艺卡可用细实线、粗实线、点画线、双点画线、虚线等构成，辅以规定格式的表格。该卡既可以将图打印或绘制到透明纸上，采用晒图法出图，也可以直接打印成图，标题栏由工艺设计人员设计并填写。该卡在生产中不能单独使用，一般要与零件图配套使用。

3. 红蓝线铸造工艺图

红蓝线铸造工艺图属于红蓝线类，类似红蓝铅铸造工艺图，是用计算机代替人工红蓝铅绘制，采用与计算机相连接的彩色打印机打印的铸造工艺图。红蓝线铸造工艺图的幅面设置、线条颜色、表达方式等与红蓝铅铸造工艺图相同。该图包含了零件的绝大部分信息，未包含的零件信息一般是模样制造中不需要的信息，如铸死孔和槽等。工艺设计人员在绘制该类铸造工艺图时，可直接利用原零件图的原始图形文件，在此基础上将工艺图素及信息绘制上，如果有必要可去除上述模样制造中不需要的零件信息。

4. 黑线铸造工艺图

黑线铸造工艺图属于黑线类，与上一种方式有一定的区别，不用红蓝线表示工艺设计结果，全部使用单色黑色线，工艺的表达方式类似于铸造工艺卡，标题栏由工艺设计人员填写。同样可直接利用原零件图的原始图形文件，在此基础上将工艺图素及信息绘制上，零件信息可根据上述原则进行取舍。

2.4.2 铸造工艺的表示方法

铸造工艺的表示方法是对前文铸造工艺输出文件中的具体内容进行规范，这一规范不仅利于企业内不同工序人员准确无误地理解和传递工艺信息，也有利于企业与企业之间的信息交流甚至企业间争议的解决与仲裁。根据 JB/T 2435—2013《铸造工艺符号及表示方法》，铸造工艺符号及表示方法见表 2-32。鉴于该标准统一规定采用红蓝线条表达法。为了贯标，在表 2-32 中只采用红蓝线条表达法。对于该标准中未给出的符号，在本节中给出了建议符号，以完善铸造符号标准体系。

表 2-32　铸造工艺符号及表示方法

名称	工艺符号	示例	说明
分型面	两开箱 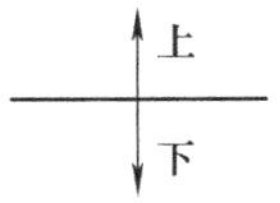　上／下 三开箱 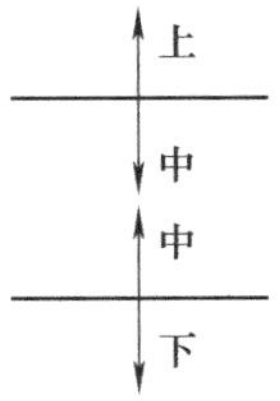　上／下／中／中／下	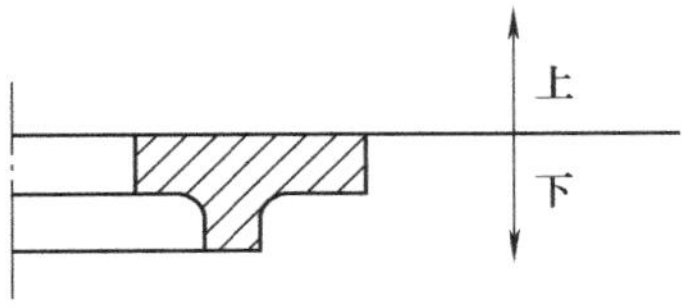	分型面用红色线表示，用红色箭头及红色字标明"上、中、下"字样，分别代表上箱、中箱和下箱
分模面		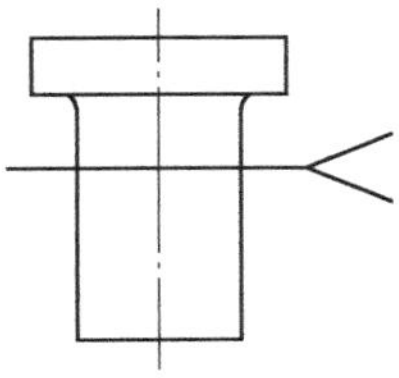	分模面用红色线表示，在线的任一端画"<"或">"符号，表示模样分开的界面
分型分模面	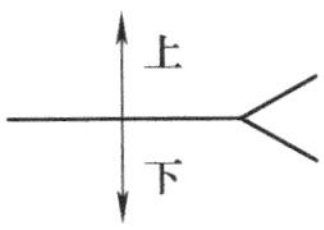 上／下	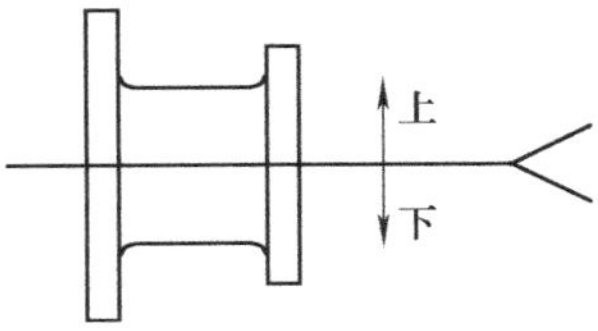	分型分模面用红色线表示
分型负数	上减量 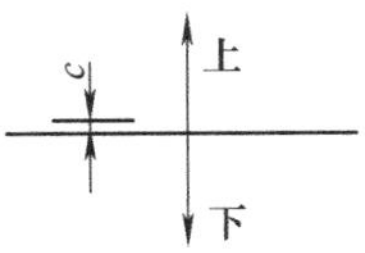　c　上／下 下减量 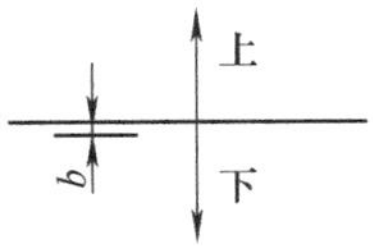　b　上／下 上、下减量 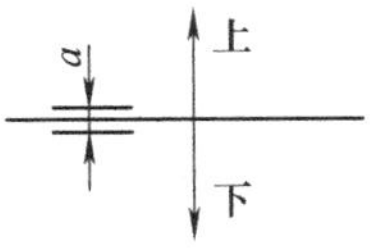　a　上／下	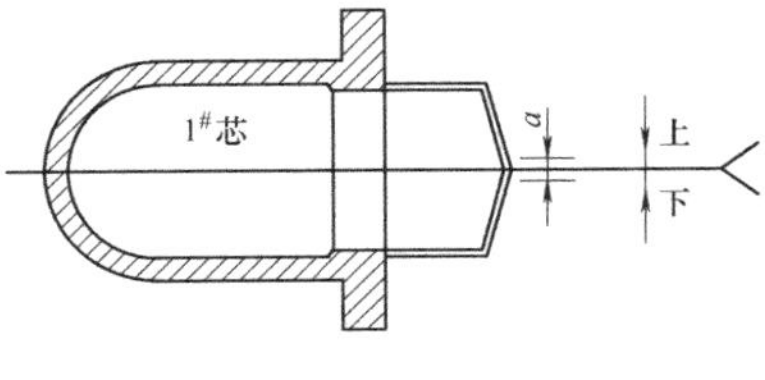 1#芯　a　上／下	分型负数用红色线表示，并注明减量数　上减量位于分型面的上部，相当于在上半模样的中分面处减去所标注的减量；下减量与上减量类似；上下减量分别在上下半的中分面处减去减量的一半

（续）

名称	工艺符号	示　例	说明
加工余量	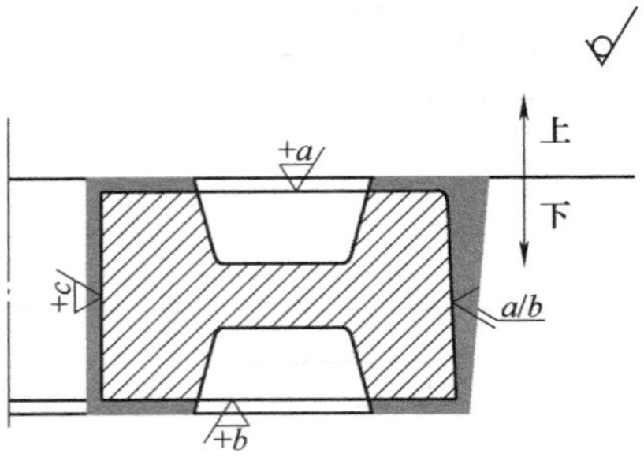		加工余量分两种表示，可任选其一 　1）加工余量用红色线表示，在加工符号附近注明加工余量数值 　2）在工艺说明中写出上、侧、下字样注明加工余量数值，特殊要求的加工余量可将数值标在加工符号附近 　凡带斜度的加工余量应注明斜度
不铸出的孔和槽	 ×	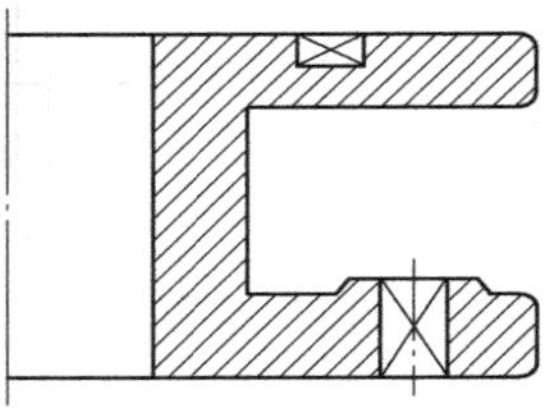	不铸出的孔和槽用红色线打叉
工艺补正量	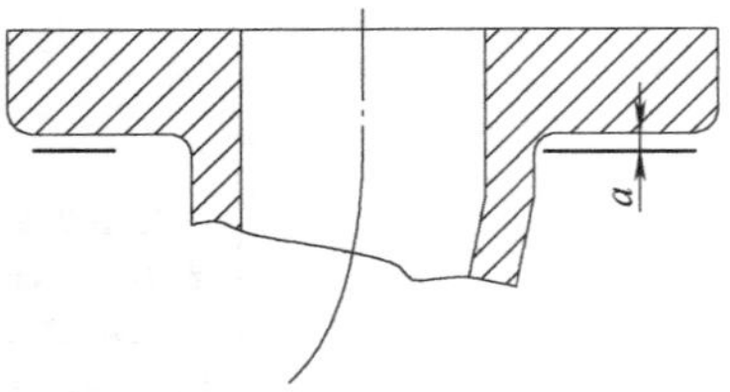	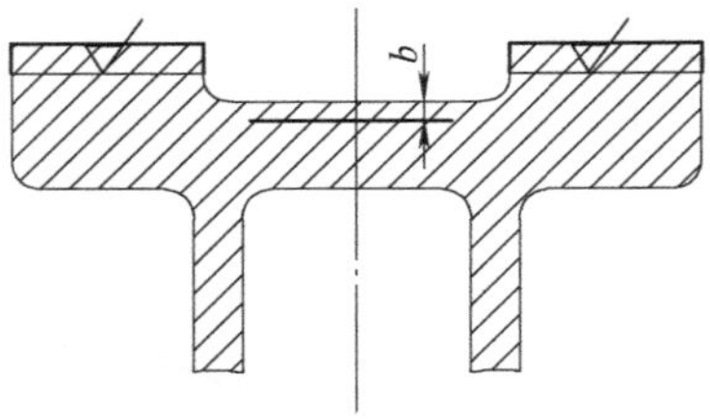	工艺补正量用红色线表示，并注明正、负工艺补正量的数值
冒口	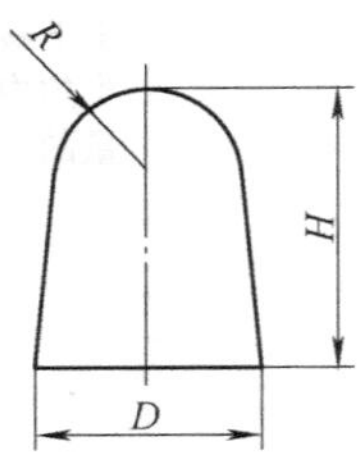	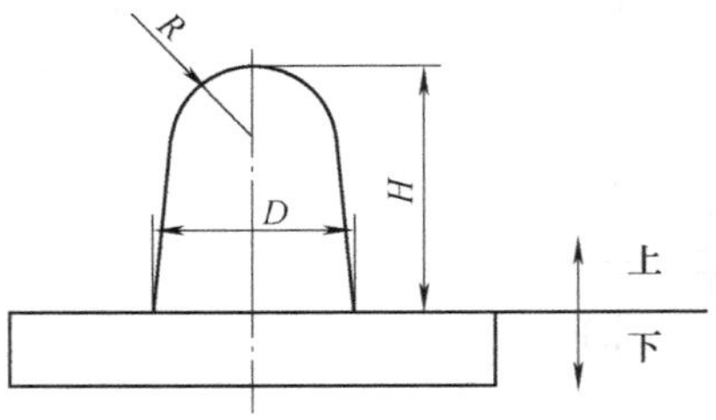	各种冒口用红色线表示，注明斜度和各部分尺寸，并用序号 $1^\#$、$2^\#$ 等区分

（续）

名称	工艺符号	示　例	说明
冒口	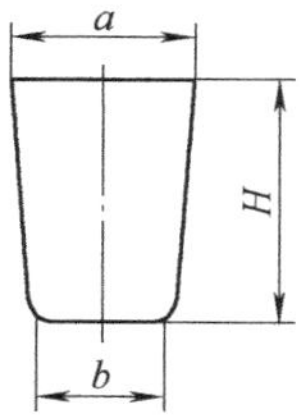	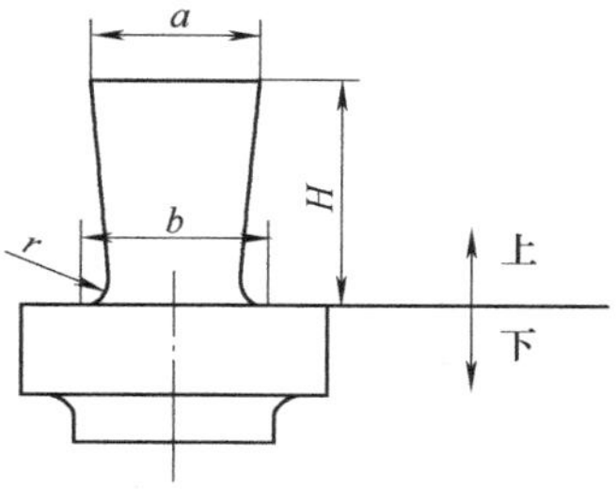	各种冒口用红色线表示，注明斜度和各部分尺寸，并用序号1#、2#等区分
补贴	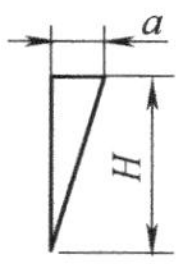	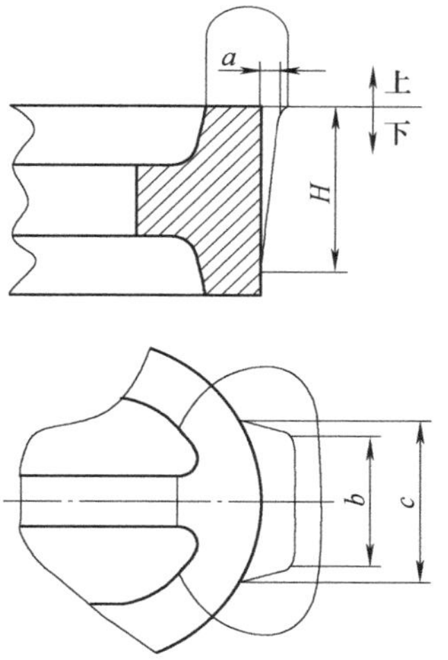	补贴用红色线表示并注明各部分尺寸
冒口切割余量	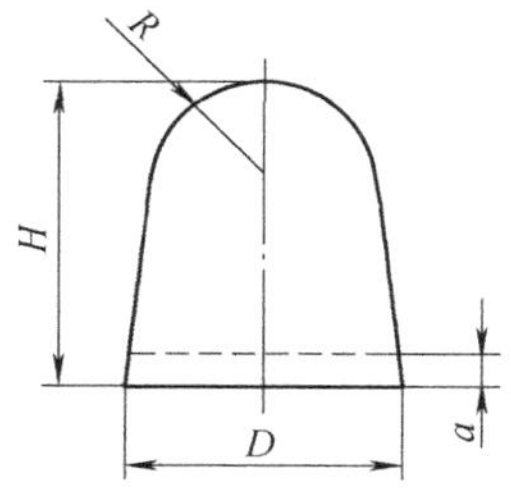	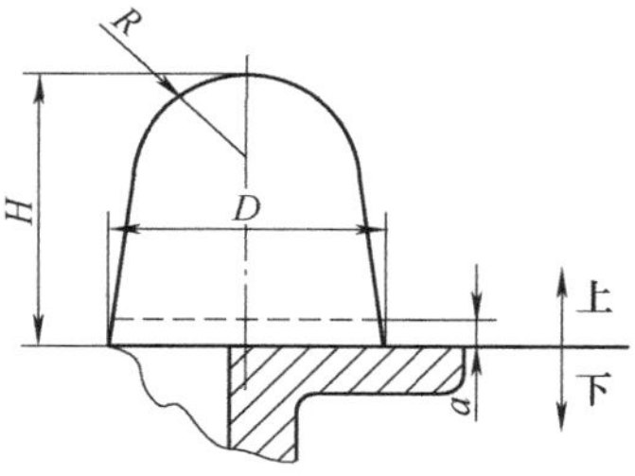	冒口切割余量用红色虚线表示，注明切割余量数值
出气孔	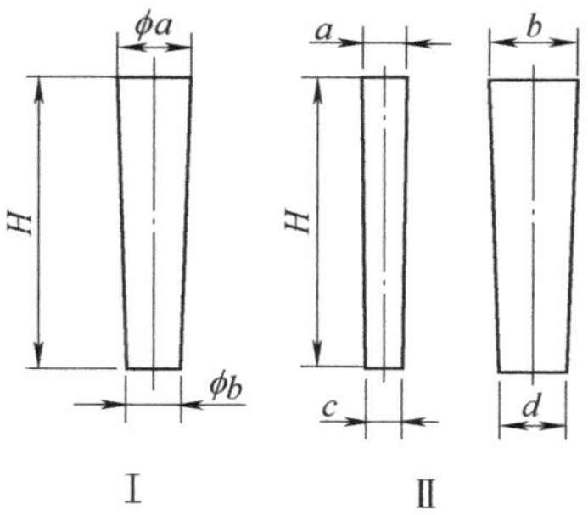 　Ⅰ　　　Ⅱ Ⅱ可画一个视图，上端标注 $a \times b$，下端标注 $c \times d$	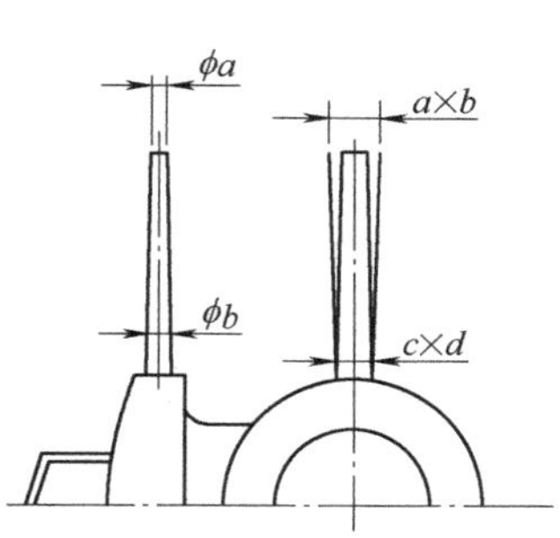	出气孔用红色线表示，注明各部分尺寸

（续）

名称	工艺符号	示　　例	说明
砂芯编号、边界符号及芯头边界	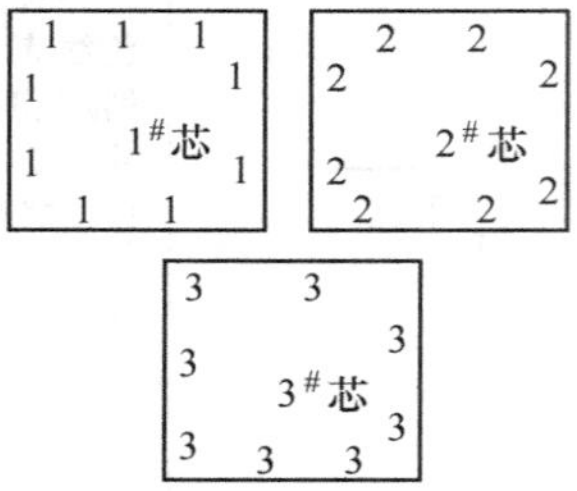	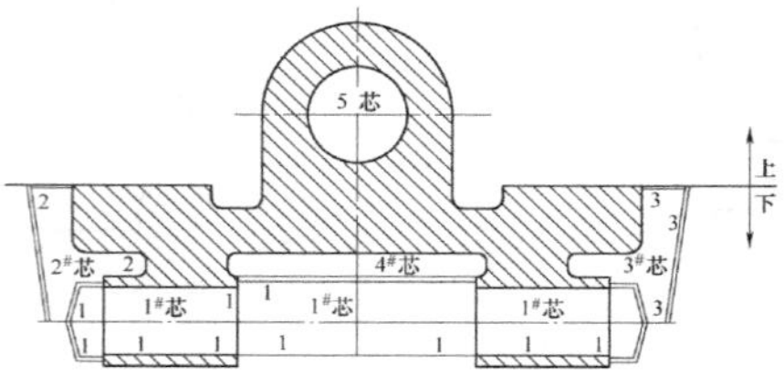	砂芯边界用蓝色线表示，砂芯编号用阿拉伯数字 $1^{\#}$、$2^{\#}$ 等标注，边界符号一般只在芯头及砂芯交界处用与砂芯号相同的小号数字表示，铁芯必须写出"铁芯"字样。如果能表达清楚，也可以不标明砂芯边界
芯头斜度与芯头间隙	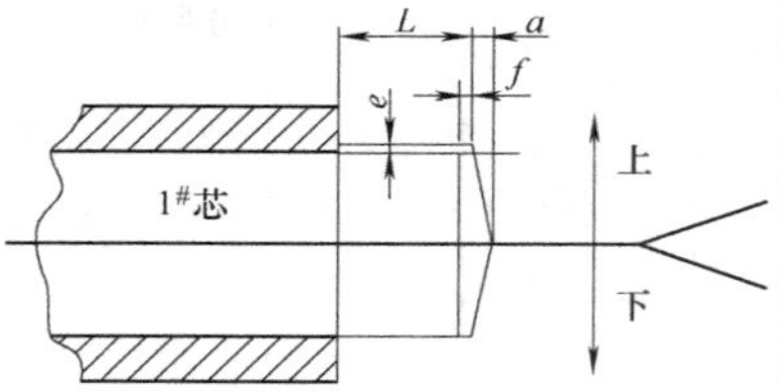	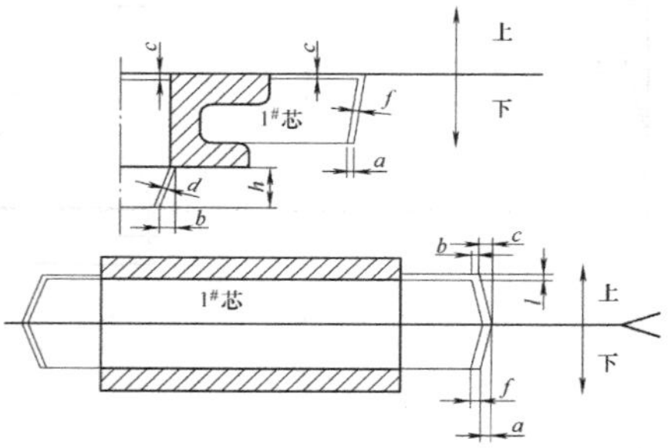	外型芯头斜度、芯头间隙及有关芯头部分所有工艺参数全部用蓝色线和字表示
砂芯增、减量与砂芯间的间隙	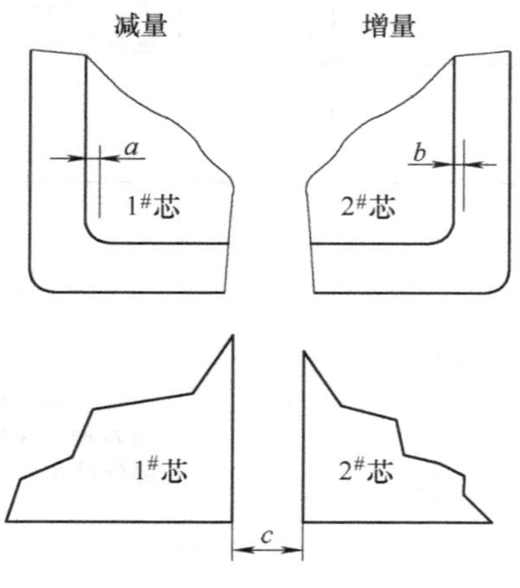	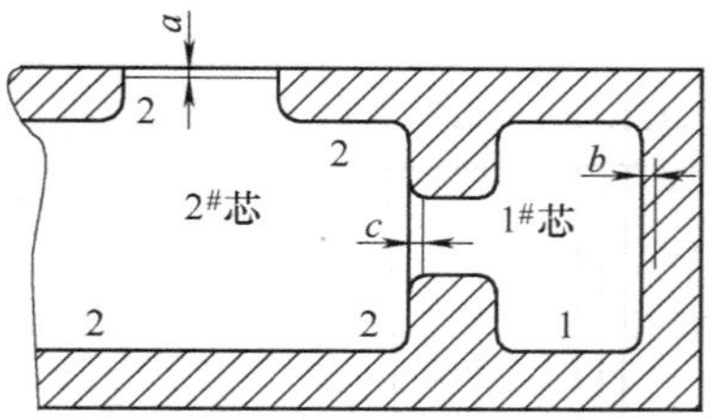	砂芯增减量与砂芯间的间隙用蓝色线和字表示，并注明增减量、间隙数值。如果在图面上表示不全，可在工艺技术要求中说明

（续）

名称	工艺符号	示例	说明
填砂方向、出气方向、紧固方向	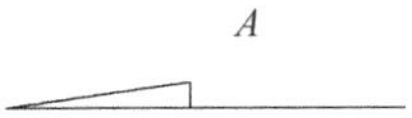 填砂方向 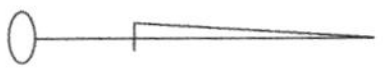 出气方向  紧固方向	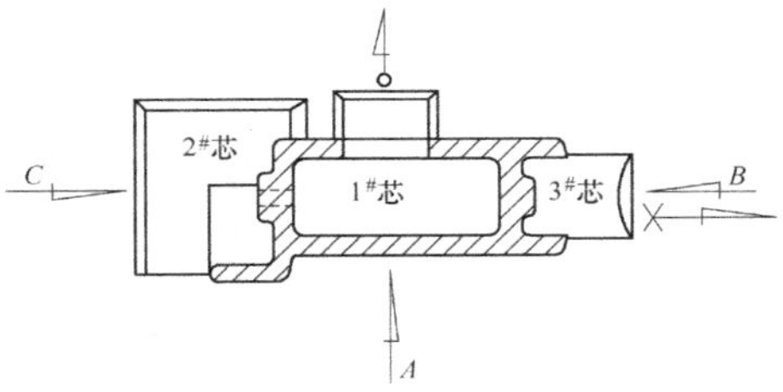	填砂方向、出气方向、紧固方向用蓝色线半箭头表示，并在其箭头一侧标注大写英文字母，箭尾划出不同符号。如果几块砂芯填砂方向一致，则选出适宜视图，在适当位置标划一个公用箭头即可
芯撑	 Ⅰ　Ⅱ	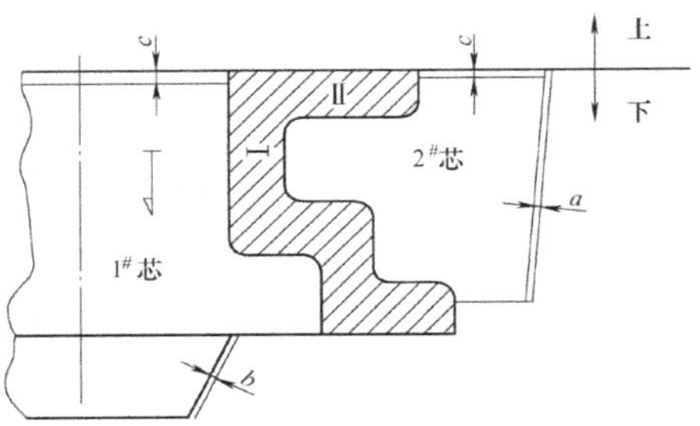	芯撑用红色线表示，特殊结构的芯撑写出"芯撑"字样
模样活块	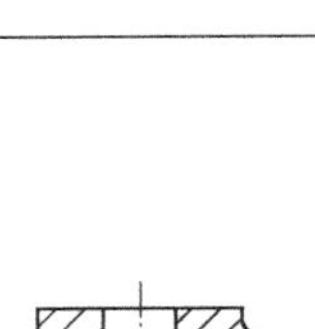	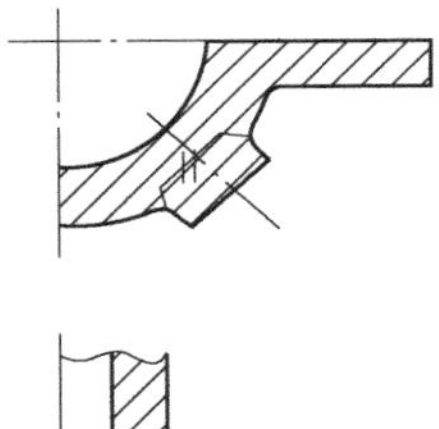 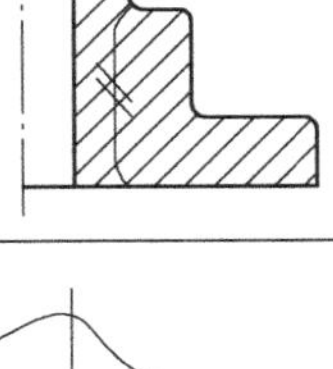	模样活块用红色线表示，并在此线上画两条平行短线
冷铁	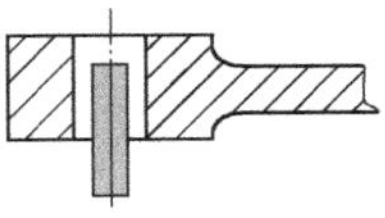 内冷铁	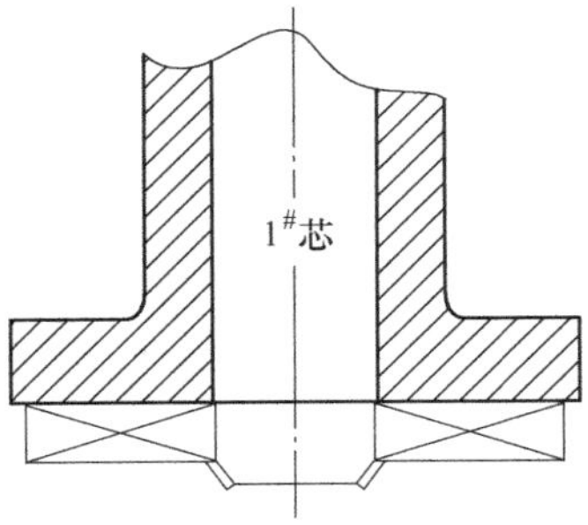 外冷铁	冷铁用蓝色线表示，内冷铁涂淡蓝色，外冷铁打叉

（续）

名称	工艺符号	示　例	说明
拉筋、收缩筋	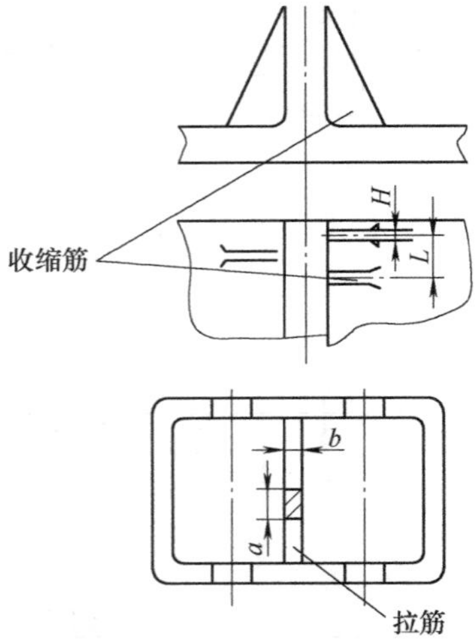		拉筋、收缩筋用红色线表示，注明各部分尺寸，并写出"拉筋"或"收缩筋"字样
浇注系统	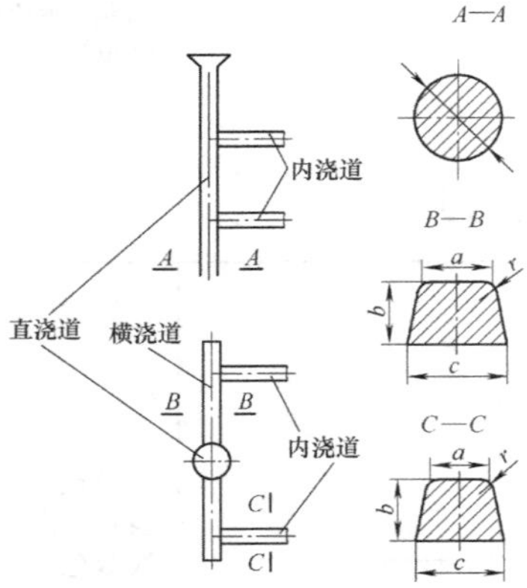	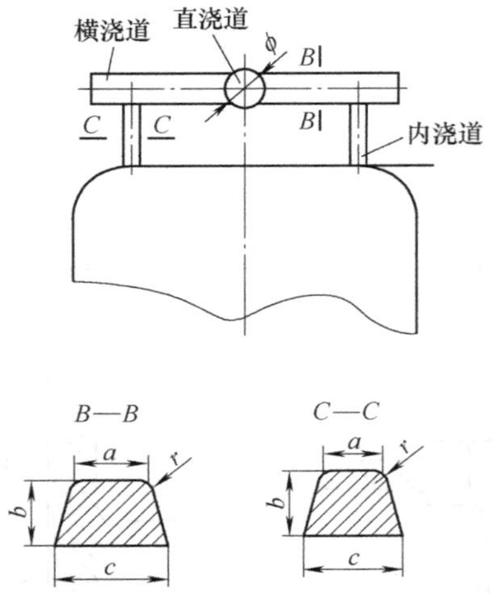	浇注系统用红色线表示，并标明各部分尺寸

（拉筋、收缩筋示例图：收缩筋，标注 H、L、b、a，拉筋）

（浇注系统示例图：A—A、B—B、C—C 截面，标注 a、b、c、r；内浇道、直浇道、横浇道、ϕ）

（续）

名称	工艺符号	示　例	说明
附铸试块	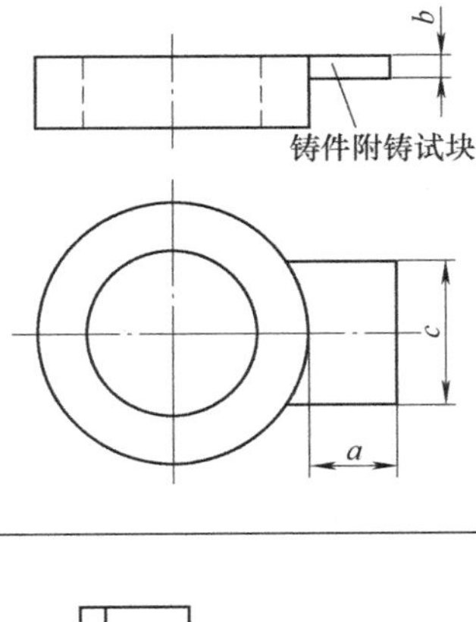		铸件附铸试块用红色线表示，注明各部分尺寸，并写出"铸件附铸试块"字样
工艺夹头	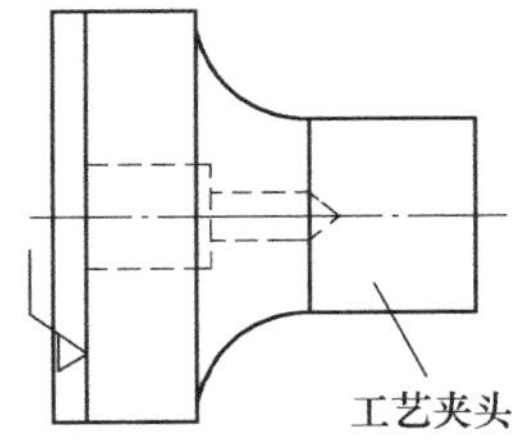		用红色线描（划）出工艺夹头的轮廓，并写出"工艺夹头"字样
样板	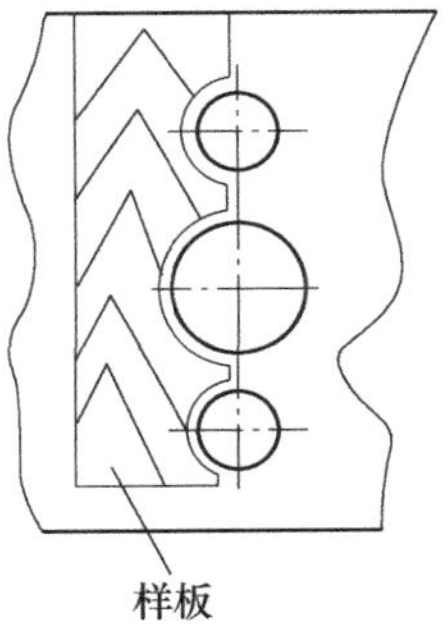		用蓝色线划出样板轮廓及木材剖面纹理，并写出"样板"字样。专门绘制样板图时，应在检验位置注明样板标记
反变形量		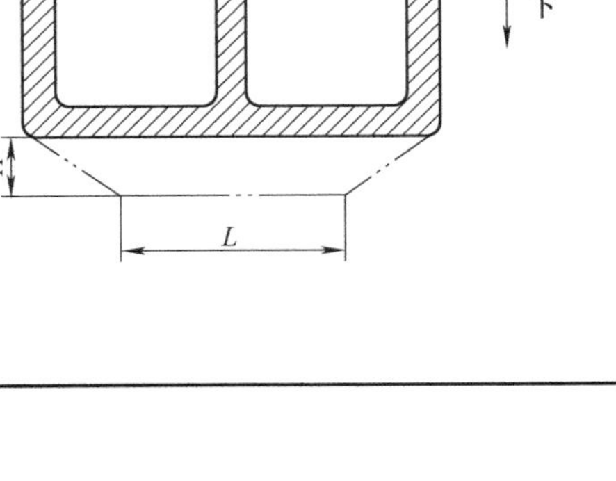	反变形量用红色双点画线表示，并注明反变形量的数值

2.4.3　铸造工艺的输出内容

铸造工艺的输出内容主要包括：铸件的图样内容、工艺设计内容、相关工装内容、铸件的相关参数和相关的生产操作信息。

1）铸件的图样内容包括铸件的结构、尺寸、尺寸精度等级、表面粗糙度、表面加工状态和铸件的技术要求等。

2）工艺设计内容包括铸造工艺方案及参数、芯子的轮廓及芯头结构和尺寸以及相关的间隙与斜度、排气系统相关信息、浇注系统的布局及尺寸、冒口的形式及尺寸、补贴的形状和尺寸、冷铁的形状及数量与尺寸等。

3）相关工装内容包括相关的工装信息等，如芯骨、排气系统、过桥、紧固等。

4）铸件的相关参数包括铸件的毛重、总重等。

5）相关的生产操作信息包括每箱中铸件的数量、模样的借用或通用情况、芯盒的借用或通用情况和冒口的相关信息，如模样制造、保温冒口套、保温覆盖剂、发热冒口覆盖剂等信息。

第3章 砂芯设计

砂芯主要用来形成铸件内腔、孔和外形等不易起模的部分，一般在芯盒内完成芯砂的制造。有时为了适应地坑造型的需要，将整个铸型用砂芯组成，该方法称为组芯造型。砂芯一般都要烘干，以提高强度和减少发气量。砂芯内通常设有排气设施，通过芯头将气体排出。砂芯通过芯头、芯座及芯撑等牢固地支撑和固定在砂型内。砂芯的分类，如果按黏结剂的类型进行分类，可分为黏土芯、水玻璃芯和树脂芯等；如果按制芯工艺进行分类，可分为普通砂芯、自硬砂芯、热芯盒砂芯、冷芯盒砂芯和壳芯等。

砂芯设计的内容包括：砂芯的划分和春砂（或射砂）方向，芯头、芯撑、排气系统及芯骨的设计等。砂芯的设计与制造与制芯方法有着密切的关系，例如，采用热芯盒、壳芯和冷芯盒等制芯方法，在设计中主要考虑砂芯能否被射紧和硬化，能否在现有的射芯机上制芯等因素。

3.1 砂芯的划分

砂芯的划分就是考虑在何处设置砂芯、设置多少块砂芯、每块砂芯的具体边界。在划分过程中总体上要考虑使制芯到下芯的整个过程操作方便容易，铸件内腔尺寸更加精确，尽量减少气孔掉砂等缺陷，芯盒结构简单等因素。具体的原则如下：

1) 保证铸件内腔的尺寸精度。对于内腔结构尺寸要求较严的铸件，尽可能把该内腔设置成同一个整体芯，使得芯内的几何尺寸得以保证，另外为了保证主芯的尺寸精度，可以将影响主芯尺寸精度的其他内腔结构设置成独立的小芯。如图3-1所示，位于1#芯处的腔体结构，其尺寸如发生误差将影响主芯2#芯的尺寸精度，将其分芯后，可消除该腔体对主腔体尺寸的影响，并且分芯后，也利于1#芯的尺寸检查，保证了1#芯的尺寸精度，也使得下芯操作更加方便。

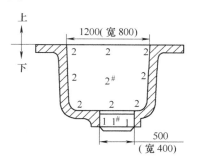

图3-1　为保证铸件内腔
的尺寸精度而分芯

2) 利于制芯、下芯和合型操作方便。如图3-2所示，从砂芯出盒的角度上看，1#芯与2#芯不必分芯，但是该工件的下部窗口位置及尺寸要求精确，因此分芯后，由1#芯来保证窗口尺寸，同时由于分芯，2#芯的下芯比整体芯下芯更加便利。

3) 尽量减少砂芯的数量。如果不牵扯到上述分芯问题，芯盒的数量应尽可能少，以减少芯盒及平板的制作数量，节省材料和工时。图3-3所示为一个减少砂芯的实例，在下部法兰处采用活块，避免了下部法兰的勾砂，减少了该处砂芯的设置。

4) 砂芯的分芯面或底平面最好是平面。砂芯在烘干时需要在平板上进行烘干，在设计与平板相接触的底平面时，一般选择最大平面，或两半芯的对开中分面。图3-4给出了三种烘干及支撑方式：图 b 为中心线处分芯平面支撑，特点是烘干底板结构简单，芯盒的制造以及砂芯的制芯相对简单，砂芯在烘干时不易变形；图 c 为砂胎支撑方式，烘干时容易变形导致尺寸不精确，砂胎的制造也需要增加一道工序，操作要复杂一些；图 d 为成形底板烘干法，需要制造成形底板，增加了制造工序和成本，另外制芯操作也不便捷。

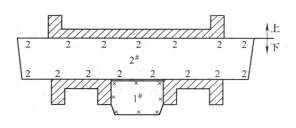

图 3-2　为下芯方便而分芯

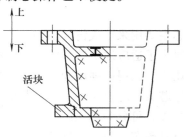

图 3-3　用活块减少砂芯

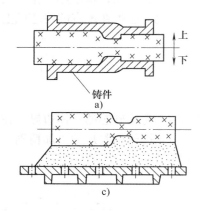

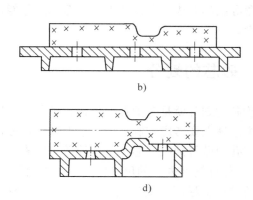

图 3-4　砂芯的烘干与支撑面

a）中心线分型　b）中心线平面分芯　c）砂胎支撑烘干　d）成形底板烘干

5）尽量使砂芯的分芯面与分型面相一致。这两个面的一致有利于下芯和合型，减少皮缝，也利于排气设施的设置和排气。图 3-5 所示阀盖砂芯的分芯面与分型面相一致，这有利于下芯和合型，砂芯的排气系统可置于砂芯中心附近，由两端芯头排出。

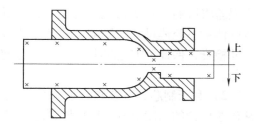

图 3-5　阀盖砂芯的分芯面与分型面相一致

6）尽量避免较长的悬臂芯。较长的悬臂芯在下芯和合型过程中，由于重力的作用要下垂，在浇注后，由于金属液的浮力作用而造成砂芯的上倾，影响内腔的尺寸精度。如果一定要用悬臂芯，可以采用开工艺孔的办法来解决，如图 3-6 右侧的上下两个孔，这两个工艺孔起到支撑的作用，同时也利于清砂。

7）为了减少砂芯的复杂程度或者减少下芯的操作难度，可进行分芯。有时因为砂芯尺寸太大，制芯和下芯的难度增加，分芯反而是更好的解决办法，如图 3-7 所示。

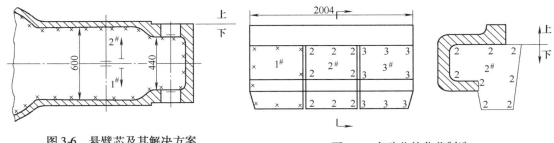

图 3-6　悬臂芯及其解决方案　　　　　　　　图 3-7　大砂芯的分芯制造

8）尽量考虑分芯后砂芯芯盒相互之间的借用。对于相同或相似的内腔结构，可考虑芯盒之间的相互通用或借用，这样可以节约材料和工时，另外还可以保证对应芯盒及砂芯的一致性。图 3-7 中的大砂芯在分芯后可以考虑芯盒相互间的借用或通用。图 3-8 所示后梁支座有 5 个内腔，其中①与⑤类似，②与④相同，因此在设计芯盒时，可以考虑将①号与⑤号芯盒借用，将②与④号通用。

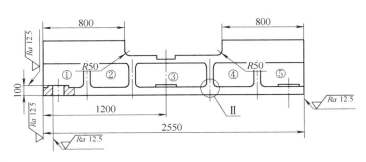

图 3-8　后梁支座中芯盒的通用和借用

3.2　砂芯的舂砂方向

砂芯的舂砂方向是指制芯时，风枪或工具的捣砂方向。在设计芯盒时，需要考虑砂芯的舂砂方向，以利于制芯时操作方便。设计舂砂方向时，应考虑以下原则：

1）对于体积大且不易翻转的砂芯，其舂砂方向应尽可能与浇注位置中砂芯的摆放位置相一致。这样便可以保证砂芯在修整、烘干、硬化和组装过程中不需要翻转。图 3-9 中 1# 芯为向下舂砂，紧实后盒内硬化，然后出盒、下芯，避免了砂芯和芯盒的翻转。图 3-10 中 1# 芯高度为 2.7m，给制芯时的舂砂带来困难，制芯时舂砂方向如图所示，砂芯保持直立，芯盒制成三节，先制最下面那一节，然后套上一节芯盒继续舂制第二节，最后套上第三节芯盒，再舂制第三节砂芯，可选用自硬砂，下芯时仍然保持直立状态。

2）对于容易翻转的小砂芯，可以选择利于添砂和舂砂的方向摆放芯盒，并确立舂砂方向，舂砂方向一般指向铸型型面。如图 3-11 所示，几个不同的砂芯中，型面各不相同，可根据具体的铸型型面确定舂砂方向，以利于铸型型面的舂实。

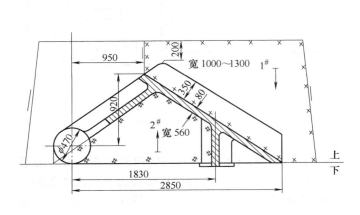

图 3-9　大支架 1# 芯的舂砂方向

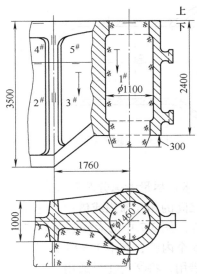

图 3-10　缸体 1# 芯的舂砂方向

3）对于形状对称的回转体或者复杂不利于舂砂的腔体，可将砂芯分半制芯，干燥后将分半的砂芯胶合成整体。如图 3-12 所示，该铸件的内腔砂芯设计时，将其分半，芯盒只做一半芯的芯盒，制芯时做两个相同的半芯，然后胶合形成正芯，这样可以节约芯盒材料，砂芯烘干时变形少，也降低了制芯的难度。舂砂方向如图 3-12 所示，指向两半芯的外表面。

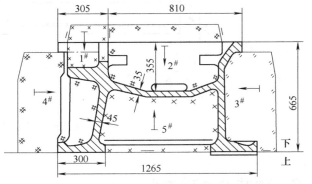

图 3-11　床身中几个小砂芯的舂砂方向

4）对于细长的砂芯，可做成整体，不分半，芯盒沿水平中心线分半，做一半，另一半做成一段，制芯时该段与舂砂段同步向前滑动，舂砂方向平行于砂芯的中心线，指向先舂砂的一端。如图 2-13 所示，先从左端开始制芯，舂实一段，上芯盒移动一段，直至左端。舂砂方向如图 2-13 中所示。

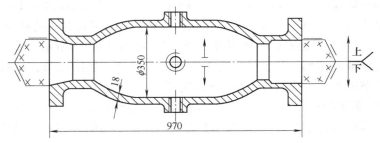

图 3-12　壳体内腔砂芯的分半

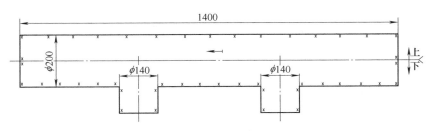

图 3-13　细长芯的制芯及舂砂方向

3.3　芯头的设计

芯头是指芯子中伸出铸件，且不与铸件相接处的部分。芯头的作用是定位并固定芯子，承受芯子本身重力及浇注时液体金属对芯子的浮力，排除浇注时芯子所产生的气体。芯头设计的内容包括：芯头结构、芯头长度、芯心斜度、芯头间隙、补砂档等。

1. 芯头结构

芯头的定位结构是指芯头在铸型中固定砂芯时所具有的特定结构，砂芯的定位和固定主要是由芯头通过上述定位结构来实现的，其他固定芯头的方式包括芯撑和特殊固定方式。芯头根据砂芯的放置位置分为水平芯头和垂直芯头。典型的芯头结构如图 3-14 所示。水平芯头的定位结构见表 3-1，垂直芯头的定位结构见表 3-2。

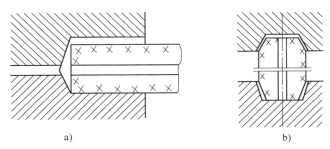

图 3-14　典型的芯头结构
a）水平芯头　b）垂直芯头

表 3-1　水平芯头的定位结构

序号	定位结构	用途	适用范围
1		防止砂芯绕水平轴旋转	$D = 100 \sim 250mm$
2		防止砂芯绕水平轴旋转	$D > 300mm$

（续）

序号	定位结构	用途	适用范围
3	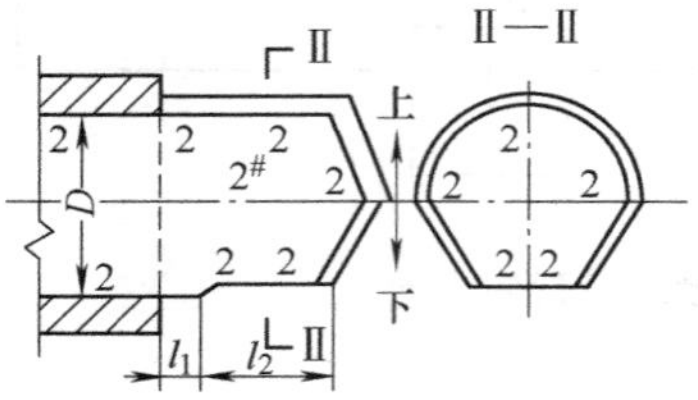	防止砂芯绕水平轴旋转	$D > 300\text{mm}$
4	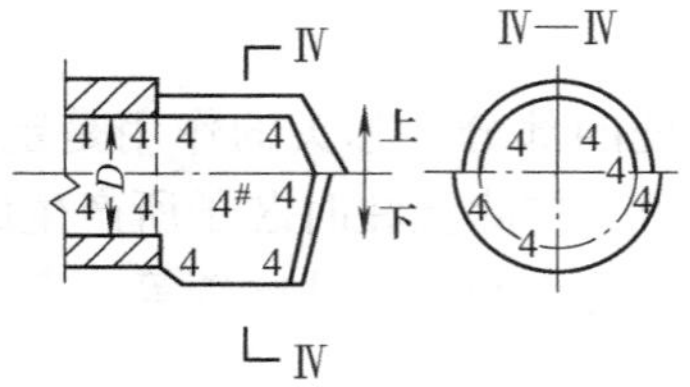		$D = 10 \sim 100\text{mm}$
5	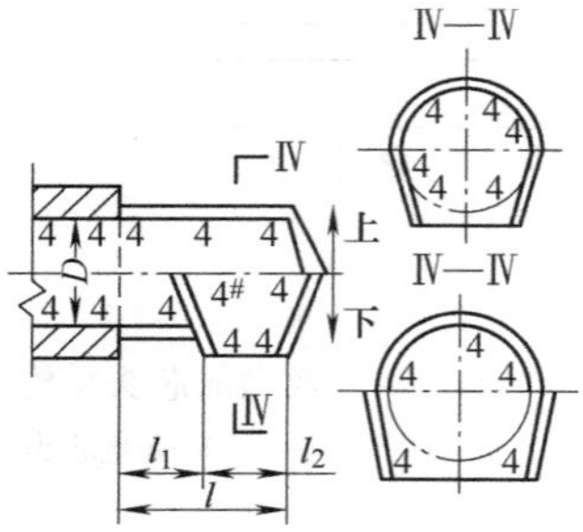	防止砂芯绕水平轴旋转及沿水平方向移动	$D > 70\text{mm}$ / $D > 10\text{mm}$
6	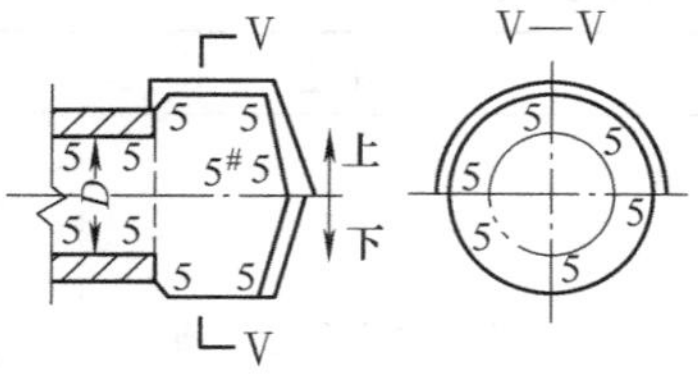	防止砂芯沿水平方向移动	$D > 10\text{mm}$
7	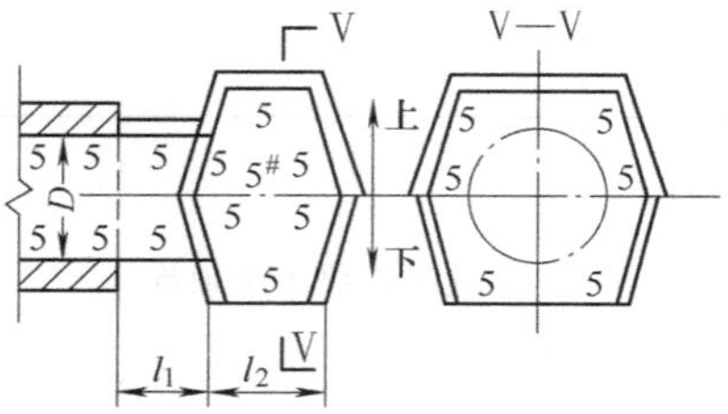	防止砂芯绕水平轴旋转及沿水平方向移动	$D > 10\text{mm}$

表 3-2　垂直芯头的定位结构

序号	定位结构	用途	适用范围
1	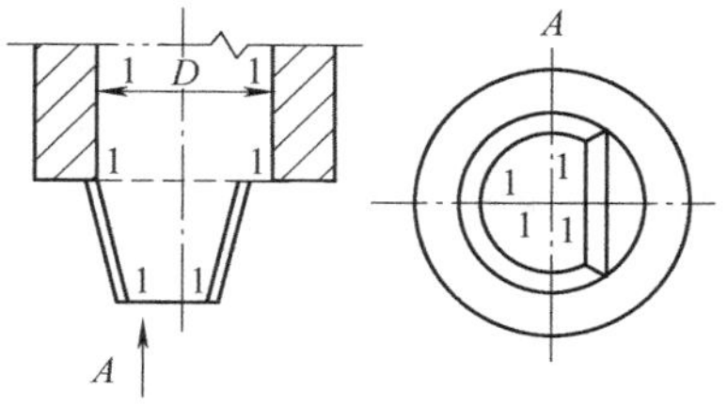	防止砂芯绕垂直轴旋转，并防止异形砂芯下错方向	尺寸较小芯头
2	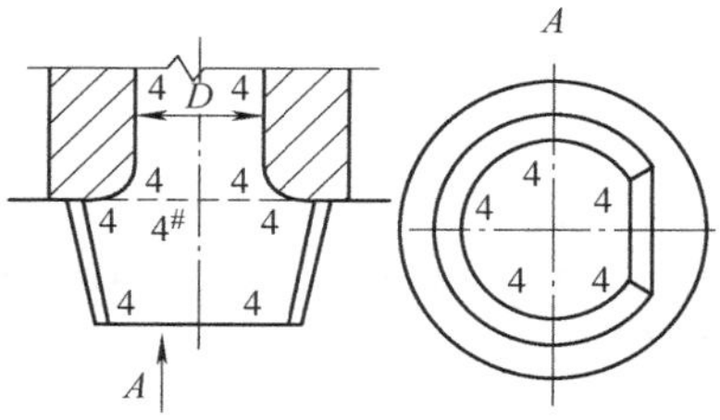	防止砂芯绕垂直轴旋转，并防止异形砂芯下错方向，垂直方向也有下芯标识	较小尺寸芯头
3	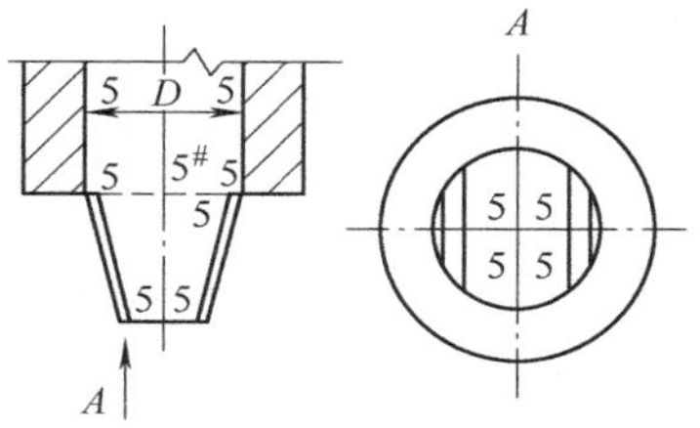	防止砂芯绕垂直轴旋转，并防止异形砂芯下错方向	较大尺寸芯头
4	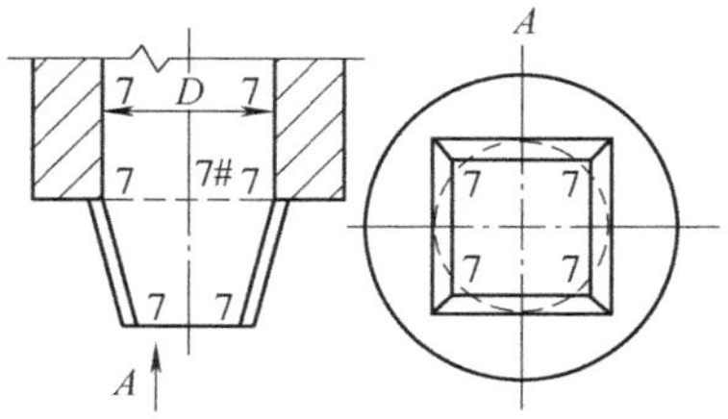	防止砂芯绕垂直轴旋转，并防止异形砂芯下错方向，垂直方向也有下芯标识	较大尺寸芯头
5	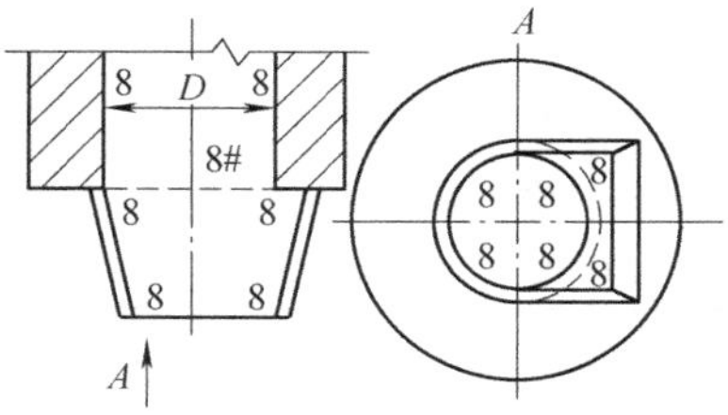	防止砂芯绕垂直轴旋转，并防止异形砂芯下错方向，垂直方向也有下芯标识	各种尺寸芯头

2. 芯头长度或高度

芯头的长度或高度是指砂芯伸入铸型芯座内，起到固定或定位砂芯作用的那部分砂芯的长度或高度。芯头除了上述作用外，还要求砂芯能够承受自身的重力或金属液的浮力。

（1）水平芯头　其芯头长度由表 3-3 查得。水平芯头中的悬臂芯如图 3-15 所示，其芯头长度可由表 3-4 查得。

表 3-3　水平芯头的长度 l　　　　　　　　　　　　　（单位：mm）

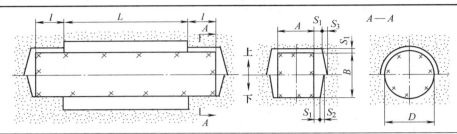

L	砂型类别	D 或 (A+B)/2									
		≤40	41~63	64~100	101~160	161~250	251~400	401~630	631~1000	1001~1600	1601~2500
≤100	湿型	25~30	30~35	35~40	40~45	45~55	—	—	—	—	—
	干型	20~30	25~35	30~40	35~45	45~50	—	—	—	—	–
	自硬	20~30	25~35	30~40	35~45	45~50	—	—	—	—	—
101~160	湿型	30~40	35~45	40~50	45~55	50~60	60~70	—	—	—	—
	干型	25~35	30~40	35~45	40~50	45~55	60~70	—	—	—	—
	自硬	25~35	30~40	35~45	40~50	45~55	55~65	—	—	—	—
161~250	湿型	35~45	40~50	45~55	50~60	55~65	65~75	75~85	—	—	—
	干型	30~40	35~45	40~50	45~55	50~60	60~70	70~80	—	—	—
	自硬	30~40	35~45	40~50	45~55	50~60	55~65	60~75	—	—	—
251~400	湿型	—	45~55	50~60	55~65	60~75	65~85	75~90	—	—	—
	干型	—	40~50	40~50	50~60	50~60	55~70	60~80	70~90	80~100	—
	自硬	—	40~50	40~50	50~60	50~60	55~65	60~75	65~85	75~95	—
401~630	湿型	—	50~60	55~65	60~75	65~85	75~95	85~110	100~170	—	—
	干型	—	50~65	50~65	55~70	60~80	70~90	80~100	95~120	—	—
	自硬	—	50~65	50~65	55~65	65~75	65~85	75~95	85~100	—	—
631~1000	湿型	—	—	60~70	75~90	90~100	100~120	110~170	130~250	—	—
	干型	—	50~60	55~70	70~85	80~100	85~110	110~130	130~150	150~180	—
	自硬	—	50~60	55~70	60~80	70~90	80~100	85~115	115~140	140~160	—
1001~1600	干型	—	—	70~90	90~100	100~110	110~130	130~150	150~180	180~200	200~260
	自硬	—	60~80	80~90	90~100	100~120	120~140	140~160	160~190	190~230	—
1601~2500	干型	—	—	90~100	100~110	110~130	130~150	150~180	180~200	200~260	260~320
	自硬	—	—	80~90	90~100	100~120	120~140	140~160	160~180	180~230	230~290

注：1. 芯头长度如果受砂箱尺寸的限制，可按表中的数值减小 20%～25%，同时采取措施增加芯座相应部位的强度，以提高芯座的抗压能力。

　　2. 多支点芯头的长度可适当减少。

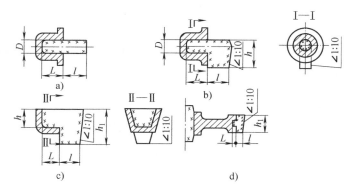

图 3-15　悬臂芯

a) 直芯悬臂芯　b) L 形悬臂芯　c) L 形顶面为分型面的悬壁芯　d) 立芯附带的悬壁芯

表 3-4　悬臂芯的芯头长度 l　　　　　　　（单位：mm）

L	H_1								
	≤100	101~200	201~300	301~400	401~600	601~800	801~1000	1001~1200	>1200
≤50	50	60	70	80	90	100			
51~100	60	80	80	100	100	120	120	150	150
101~150	70	100	100	120	120	140	140	150	150
151~200	80	120	120	140	140	160	160	180	180
201~250	100	140	140	160	160	180	180	200	200
251~300	150	160	160	180	180	200	200	250	250
>300	200	200	200	200	200	250	250	300	300

（2）垂直芯头　其芯头高度由表 3-5 查得，其中 h_1 由表 3-6 查得。

表 3-5　垂直芯头的高度 h　　　　　　　（单位：mm）

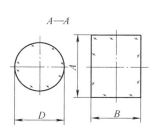

L	D 或 $(A+B)/2$								
	≤30	31~60	61~100	101~150	151~300	301~500	501~700	701~1000	1001~2000	>2000
≤30	15	15~20	—	—	—	—	—	—	—	—
31~50	20~25	20~25	20~25	—	—	—	—	—	—	—
51~100	25~30	25~30	25~30	20~25	20~25	30~40	40~60	—	—	—

（续）

L	D 或 (A+B) /2									
	≤30	31~60	61~100	101~150	151~300	301~500	501~700	701~1000	1001~2000	>2000
101~150	30~35	30~35	30~35	25~30	25~30	40~60	40~60	50~70	50~70	—
151~300	35~45	35~45	35~45	30~40	30~40	40~60	50~70	50~70	60~80	60~80
301~500	—	40~60	40~60	35~55	35~55	40~60	50~70	50~70	80~100	80~100
501~700	—	60~80	60~80	45~65	45~65	50~70	60~80	60~80	80~100	80~100
701~1000	—	—	—	70~90	70~90	60~80	60~80	80~100	80~100	100~150
1001~2000	—	—	—	—	100~120	100~120	80~100	80~100	80~120	100~150
>2000	—	—	—	—	—	—	—	80~120	80~120	100~150

注：1. 一般情况下，上下芯头的高度取同值，尤其是大批量生产时。

　　2. 如果采用上下芯不同值，可由 h 查 h_1，见表 3-6。

　　3. 对于大且高度不大的砂芯，可不用上芯头，这时下芯头可适当加高。

　　4. 如果芯头的高度与直径之比大于 2.5，可加大芯头的直径。

表 3-6　由 h 查 h_1　　　　　　（单位：mm）

上芯头高度 h	15	20	25	30	35	40	45	50	55	60	65	70	80	90	100	120	150
下芯头高度 h_1	15	15	15	20	20	25	25	30	30	35	35	40	45	50	55	65	80

3. 芯头斜度

芯头斜度是为了利于下芯、合型及便于起模和脱芯，在芯头和芯座部位做出的斜度，可分为水平芯头的芯头斜度和垂直芯头的芯头斜度。一般情况下，上芯头的芯头斜度要比下芯头的芯头斜度要大一些。水平芯头的芯头斜度由表 3-7 查得，垂直芯头的芯头斜度由表 3-8 查得。

表 3-7　水平芯头的间隙与芯头斜度　　　　　（单位：mm）

D 或 (A+B) /2		≤50	51~100	101~150	151~200	201~300	301~400	401~500	501~700	701~1000	1001~1500	1501~2000	>2000
湿型	S_1	0.5	0.5	1.0	1.0	1.5	1.5	2.0	2.0	2.5	2.5	3.0	3.0
	S_2	1.0	1.5	1.5	1.5	2.0	2.0	3.0	3.0	4.0	4.0	4.5	4.5
	S_3	1.5	2.0	2.0	2.0	3.0	3.0	4.0	4.0	5.0	5.0	6.0	6.0
干型	S_1	1.0	1.5	1.5	1.5	2.0	2.0	2.5	2.5	3.0	3.0	4.0	5.0
	S_2	1.5	2.0	2.0	3.0	3.0	4.0	4.0	5.0	5.0	6.0	8.0	10.0
	S_3	2.0	3.0	3.0	4.0	4.0	6.0	6.0	8.0	8.0	9.0	10.0	12.0

注：表中符号见表 3-3 中的图。

表 3-8　垂直芯头的芯头斜度

	h	15	20	25	30	35	40	50	60	70	80	90	100	120	150	a/h	α/(°)
	上	2	3	4	5	6	7	9	11	12	14	16	19	22	28	1/5	10
	下	1	1.5	2	2.5	3	3.5	4	5	6	7	8	9	10	13	1/10	5

4. 芯头间隙

芯头间隙是指为了利于下芯，在芯头与芯座之间留出的配合间隙，水平芯头的芯头间隙以及芯头斜度可由表3-7查得。垂直芯头的芯头间隙可由表3-9查得。需要注意的是表中所给定的芯头间隙，是一个参考值，在实际生产中，还要结合现有的生产条件来调整和修改。影响芯头间隙大小的因素有：芯盒的材质、芯盒活板的紧固方式和春砂的方向及紧实度等。

表 3-9 垂直芯头的芯头间隙（单位：mm）

铸型种类	D 或 (A + B) /2											
	≤50	51 ~ 100	101 ~ 150	151 ~ 200	201 ~ 300	301 ~ 400	401 ~ 500	501 ~ 700	701 ~ 1000	1001 ~ 1500	1501 ~ 2000	>2000
湿型	0.5	0.5	1.0	1.0	1.5	1.5	2.0	2.0	2.5	2.5	3.0	3.0
干型	0.5	1.0	1.5	1.5	2.0	2.5	3.0	3.5	4.0	5.0	6.0	7.0

5. 补砂档

对于较大的水平芯头，为了利于下芯，在制芯过程中由于膨胀和变形，使得芯头的尺寸变化较大，需要较大的空间来调整砂芯在铸型中的位置，在芯座的端部留出的超出芯头长度的这段空腔就是补砂档，如图3-16所示。补砂档的长度 b 要远大于芯头间隙，一般为 100 ~ 200mm。补砂档一般在合型时，在相应的砂芯下芯后，用背砂或干砂充填。

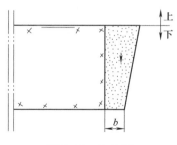

图 3-16 补砂档

3.4 芯撑的设计

芯撑是用来对悬臂芯或其他芯头难以固定砂芯进行支撑的浇注后留在铸件内的辅助工装。芯撑材料一般采用同质或钢质，其结构和类型如图3-17所示。芯撑一般可以采购，有专门制造和销售芯撑的企业。芯撑在使用时应确保表面无油、水、潮气、锈和污，表面最好是镀（或浸）铝或锌。芯撑的大小应保持适度，过大则造成芯撑的浪费，芯撑表面与铸件的熔合不好；过小则没有足够的强度来支撑砂芯，或者提前熔化而不能起到支撑砂芯的作用。对于普通铸件只需要考虑有足够的支撑即可。对于需要防渗漏铸件，则要考虑芯撑与铸件之间的焊合，并且芯撑的芯轴表面最好具有螺纹或花纹和凹槽等结构或专用结构，如图3-18所示。对于承压铸件，只要考虑芯撑具有足够的支撑即可，铸后需要用电弧气刨将铸件中的芯撑去除，然后采用规定的焊条将铲刨后的缺肉焊补上。

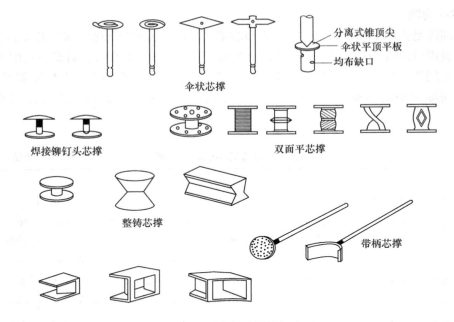

图 3-17　几种芯撑的结构与类型

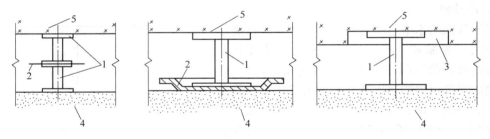

图 3-18　芯撑中防止铸件出现渗漏的结构
1—芯撑　2—薄钢板　3—铸件凸台　4—砂型　5—砂芯

3.4.1　强度法计算芯撑

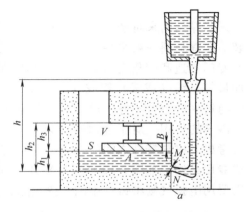

图 3-19　浇注过程中芯撑所受压力

计算芯撑主要是计算芯撑芯轴的直径。如图 3-19 所示，将金属液视作全流体，在铸型中稳定流动，铸型中芯撑所受压力 F（N）为

$$F = \frac{A\rho_{L}gVa^{2}(h-h_{1})}{S^{2}h_{3}} + A(h-h_{1})\rho_{L}g + AB(\rho_{L}-\rho)g$$

$$(3-1)$$

式中　A——砂芯面积在水平面上的投影面积（cm^{2}）；

ρ_{L}——金属液的密度（g/cm^{3}）；

V——被支撑砂芯底面至芯撑顶面的截断体

积（cm^3），$V = Sh_3$；

    a——内浇道 MN 面积（cm^2）；

    S——型腔的水平断面面积（cm^2）；

    h——从内浇口重心 MN 到浇口杯顶面的高度（cm）；

    h_1——从内浇口重心 MN 到砂芯底面的高度（cm）；

    h_2——从内浇口重心 MN 到型腔上顶面的高度（cm）；

    h_3——从砂芯底面到芯撑的顶面的高度（cm），$h_3 = h_2 - h_1$；

    B——砂芯高度（cm）；

    ρ——砂芯密度（g/cm^3）；

    g——重力加速度（m/s^2），$g = 9.8 m/s^2$。

式（3-1）中第一项是金属液上升流动对砂芯产生的动压力，第二项是金属液接触下表面时，砂芯下表面受到的静压力，第三项是砂芯浸没在金属液中，砂芯受到的浮力和重力的差值。表 3-10 是芯撑芯轴直径与抗压力的关系，表 3-11 是砂型的抗压强度，可供参考。

表 3-10　芯撑芯轴直径与抗压力的关系

芯撑芯轴直径/mm	3	5	6	10
抗压力/N	49	196	294	784

表 3-11　砂型的抗压强度

铸型种类	湿型	黏土干型	水玻璃干型
抗压强度/MPa	0.14	0.7	1.0

3.4.2　热平衡法计算芯撑

芯撑可分为两种情况：一种是熔合型芯撑，另一种是不熔合型芯撑。

1. 熔合型芯撑

熔合型芯撑在铸件凝固过程中，与铸件熔合良好，铸后两者有良好的结合强度。该类芯撑在充型后表面温度应接近金属液的温度，对于铸钢件，芯撑的表面温度应达到 1450℃ 以上。根据热平衡原理，熔合型芯撑芯轴直径 d（cm）的计算公式为

$$d = 4.54 \times 10^{-5} \delta_C^{1.8} \Delta t \tag{3-2}$$

式中　δ_C——铸件壁厚（cm）；

    Δt——钢液过热度（℃）。

由式（3-2）导出的列线图如图 3-20 所示，根据这个图可查得铸钢件砂型铸造用熔合型芯撑的芯轴直径。

2. 非熔合型芯撑

非熔合型芯撑在铸件凝固过程中，不与铸件熔合，铸后两者的结合强度不高。该类芯撑在充型后表面温度应该被加热到 1400 ~ 1450℃。根据热平衡原理，非熔合型芯撑芯轴直径 d（cm）的计算公式为

$$d = 1.32 \times 10^{-4} \delta_C^{1.8} \Delta t \tag{3-3}$$

式（3-3）中符号的含义与式（3-2）相同，由该式导出的列线图如图 3-21 所示，根据

这个图可查得铸钢件砂型铸造用非熔合型芯撑的芯轴直径。

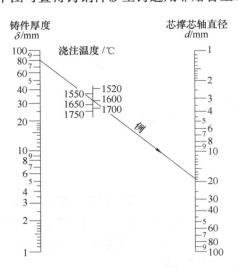

图 3-20　求解熔合型芯撑列线图

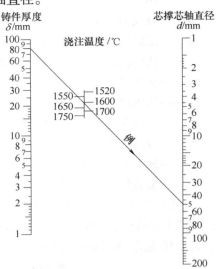

图 3-21　求解非熔合型芯撑列线图

3.5　排气系统的设计

　　砂芯在浇注后，金属液的灼烧会使砂芯中的黏结剂产生气体，砂芯中的水分也会产生气体，这些气体如果没能从所设计的通道排出，则将会排入金属液中，使铸件产生气孔。因此需要在砂芯中设计排气系统，以使上述气体排出。砂芯的排气方法及设施见表3-12。

表 3-12　砂芯的排气方法及设施

方法	图　例	说　明
扎排气孔	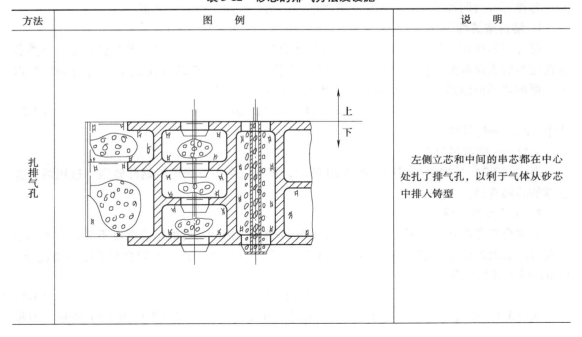	左侧立芯和中间的串芯都在中心处扎了排气孔，以利于气体从砂芯中排入铸型

（续）

方法	图　例	说　明
挖排气道	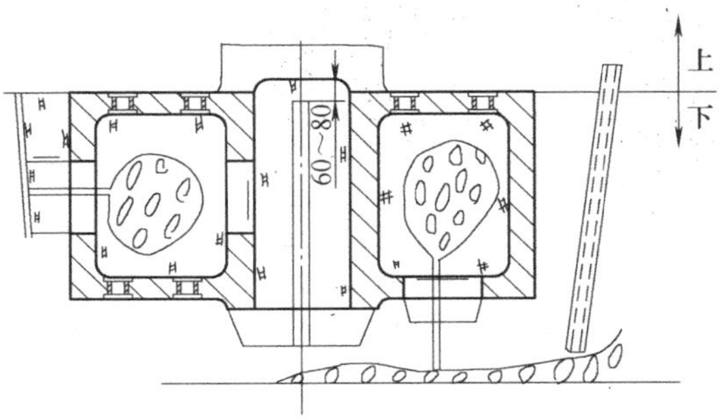	中部立芯采用挖排气道的方法，将气体从下端芯头导出至铸型，同样右侧砂芯也是通过挖排气道将砂芯产生的气体导出至铸型
用蜡线或石棉绳	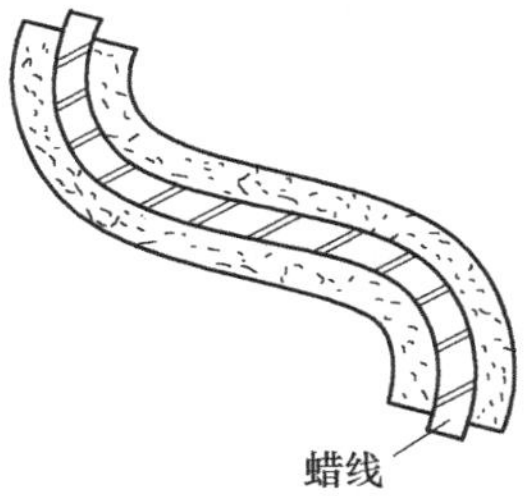 蜡线	在形状弯曲或不规则的砂芯中埋入蜡线、石棉绳或纸绳，如果是蜡线或纸绳，则可在砂芯焙烧时去除，形成排气孔。蜡线的蜡料配方可查表3-13
放排气填料	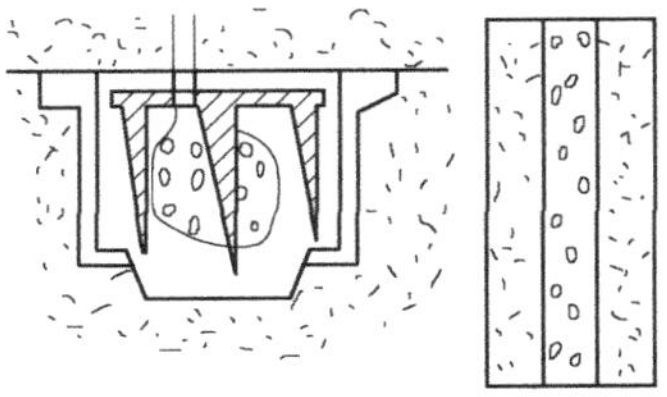 a)　　　b)	用于大中型砂芯。砂芯中心放焦炭或炉渣，再挖排气道，如图 a 所示；或者用带有孔眼的钢管引出气体，如图 b 所示
专用排气装置	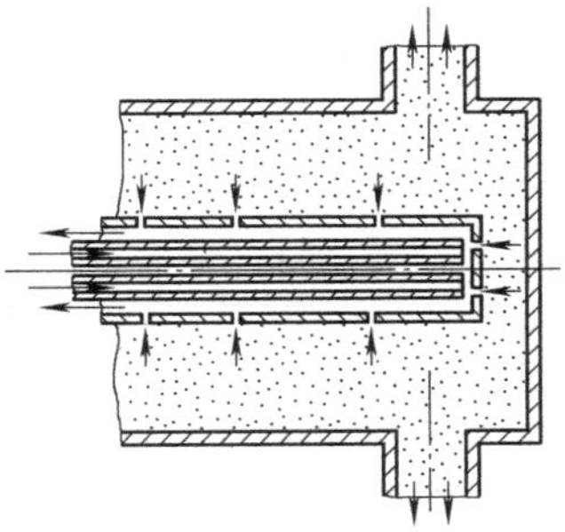	外剖面线实体为砂芯套管，内剖面线为强制冷却 + 排气系统套管，外套管为封闭套管直通左侧芯头，上下出口也通往芯头，内套管管壁上均部一系列排气孔。砂芯产生的气体通过内套管排往左侧芯头，通过上下出口排往芯头，如图箭头所示

表 3-13　蜡线的蜡料配比

使用温度/℃	成分配比（质量份）		
	石蜡	松香	全损耗系统用油
-5 ~ 5	60	40	10
6 ~ 15	60	40	8
16 ~ 25	50	50	6
26 ~ 30	40	60	3
31 ~ 35	40	60	2
>35	40	60	1

注：1. 将石蜡、松香加热至 100 ~ 150℃ 熔化后，徐徐加入全损耗系统用油，搅拌均匀，稍冷后用棉纱绳制成蜡线。
　　2. 制成的蜡线在室温小于 30℃ 时，可保存在黏土粉中，室温大于 30℃ 时，应存放于冷水中。

3.6　芯骨的设计

　　芯骨是设置于砂芯中起着提高砂芯强度、刚度作用的工装，以确保砂芯的制造、搬运、装配、下芯和浇注等工序中不产生变形、开裂和折断等现象。芯骨根据相应砂芯尺寸的不同所采用的材料也不相同，大中型芯骨一般采用铸钢、铸铁或型钢制成，这里既可以整铸，又可以装焊制成。其结构一般由框架、芯骨齿和吊环组成，可反复使用。铸铁芯骨如图 3-22 所示。

　　水玻璃砂和树脂砂的中小型砂芯可采用铸铁芯骨，或用带有均布 φ3mm 钻孔的钢管做芯骨。较小的砂芯可以不用芯骨。

　　芯骨的形状、大小及材料应与砂芯的形状相适应，并均匀地分布于砂芯的断面上，其尾端应伸入芯头，同时应注意防止芯骨阻碍逐渐收缩。芯骨的框架断面尺寸、芯骨齿直径及吊环直径和芯骨吃砂量可由表 3-14 ~ 表 3-17 查得。

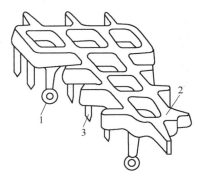

图 3-22　铸铁芯骨
1—吊环　2—骨架
3—芯骨齿

表 3-14　芯骨框架截面尺寸（高×宽）　　　　　　　（单位：mm）

砂芯尺寸（长×宽）	砂芯高				
	≤100	101 ~ 200	201 ~ 500	501 ~ 1500	>1500
≤500 × 500	25 × 20	25 × 20	30 × 25	45 × 35	55 × 40
500 × 500 ~ 1000 × 1000	30 × 25	30 × 25	30 × 25	45 × 35	55 × 40
1000 × 1000 ~ 1500 × 1500	30 × 25	45 × 35	45 × 35	45 × 35	55 × 40
1500 × 1500 ~ 2500 × 2500	45 × 30	45 × 30	45 × 30	55 × 40	70 × 50
>2500 × 2500	45 × 30	45 × 30	55 × 40	55 × 40	70 × 50

表 3-15　芯骨齿直径　　　　　　　（单位：mm）

砂芯高度	芯骨齿直径	砂芯高度	芯骨齿直径
<300	10 ~ 15	500 ~ 800	20 ~ 25
300 ~ 500	15 ~ 20	800 ~ 1200	25 ~ 30

表 3-16　芯骨吊环直径　　　　　　　　（单位：mm）

砂芯尺寸（长×宽）	砂芯高				
	≤100	101～200	201～500	501～1500	>1500
≤500×500	25×20	25×20	30×25	45×35	55×40
500×500～1000×1000	30×25	30×25	30×25	45×35	55×40
1000×1000～1500×1500	30×25	45×35	45×35	45×35	55×40
1500×1500～2500×2500	45×30	45×30	45×30	55×40	70×50
>2500×2500	45×30	45×30	55×40	55×40	70×50

注：吊环用铁丝、钢筋或圆钢弯制成，用于砂芯的吊装与搬运。

表 3-17　芯骨吃砂量　　　　　　　　（单位：mm）

砂芯尺寸（长×宽）	吃砂量	砂芯尺寸（长×宽）	吃砂量
<300×300	15～25	1000×1000～1500×1500	30～50
300×300～500×500	20～40	1500×1500～2000×2000	40～60
500×500～1000×1000	25～40	2000×2000～2500×2500	50～70

　　图 3-23 所示水泵曲管可拆卸芯骨由两部分组成，制芯时先将带有方锥的芯骨 1 所处部位砂芯打紧，连接上芯骨 2，再打紧芯骨 2 部位砂芯，清理时，先清理芯骨 1，取出，再清理芯骨 2，取出。图 3-24 所示混流泵蜗壳芯骨也是可拆卸式的。可拆卸式芯骨具有可反复使用的特点，可减少芯骨的准备，节约工时和能源，适合于批量生产。

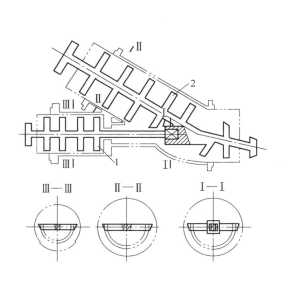

图 3-23　水泵曲管可拆卸芯骨

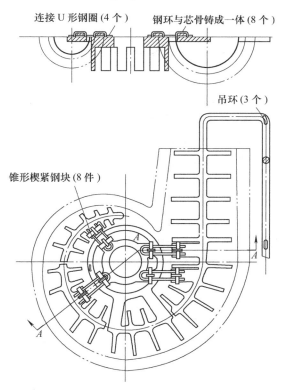

图 3-24　混流泵蜗壳可拆卸式芯骨

3.7　砂芯的特殊固定和预装配

1. 砂芯的特殊固定

砂芯的特殊固定包括两种方式：一种是拉牢；另一种是湿下。

（1）拉牢　一般砂芯依靠芯头和芯座之间的配合即可实现砂芯的固定。但是有时仅仅依靠这两者之间的配合还不够，这时候就需要特殊固定了，这样的砂芯有：吊芯、单芯头立芯、悬臂芯等。该类砂芯的固定除了正常的芯头与芯座之间的配合之外，必须额外施加一个拉牢的措施，拉牢就是将芯头中的芯骨用铁丝或相当的钢筋等连接至铸型，并在铸型处加以固定。具体的措施是将上述铁丝或钢筋，捆绑到或者焊接到砂芯带或砂箱壁上。图 3-15d 中的侧悬臂芯可以采用拉牢的方式固定于砂箱壁上。图 3-25 所示为一个吊芯的拉牢，可先将吊芯下入上型，拉牢固定后再进行合型。

（2）湿下　湿下也称为潮下，是指预先将砂芯制好，将其放入刚造好的铸型中，利用尚未固化的黏结剂将砂芯固化于铸型中。该方法尤其适用于水玻璃黏结剂的砂型。吊轴上部砂芯的湿下是这一情况的典型应用，如图 3-26 所示。造型时首先将图中的砂芯制成并固化，然后行进造型，起模即刻将砂芯下入，然后在进行修型等下面的工序。

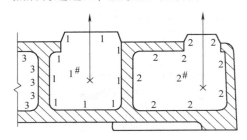

图 3-25　吊芯的拉牢

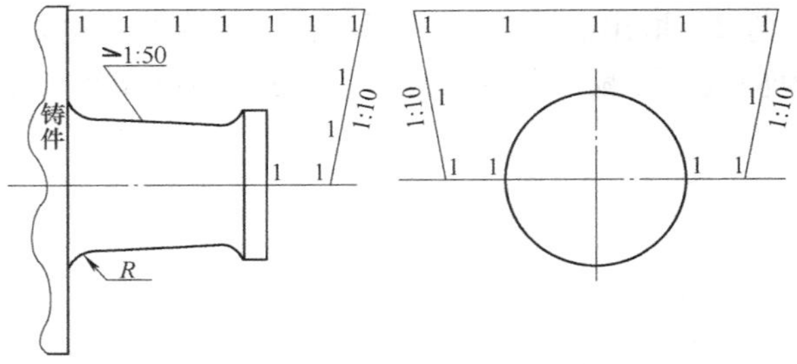

图 3-26　吊轴上部砂芯的湿下

2. 砂芯的预装配

根据工艺需要所进行的分芯以及多段组成的组合芯都需要进行预装。砂芯的预装配分成三种情况：湿芯与湿芯之间的预装配、湿芯与干芯之间的预装配、干芯与干芯之间的预装配。

（1）湿芯与湿芯之间的预装配　常用于对开式芯盒制芯。其优点是不需要对磨砂芯接合面，易保证砂芯尺寸精度；缺点是砂芯烘干时，须采用成形烘干托座支撑。

（2）湿芯与干芯之间的预装配　如图 3-27所示，$1^{\#}$ 芯为干芯，$2^{\#}$ 芯为湿芯。制芯时先将 $1^{\#}$ 芯制成并烘干或固化，然后制 $2^{\#}$ 芯，制成后在湿态时将 $1^{\#}$ 芯放入芯座，然后固化。

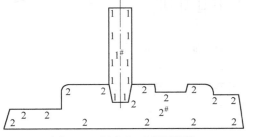

图 3-27　湿芯与干芯预装配

（3）干芯与干芯之间的预装配　有些对开芯需要干态预装配，那么烘干后必然要进行干态预装配。装配式需要对磨中分面，小型砂芯直接在接合面上涂抹胶合剂，对合后皮缝处抹上修补膏，用煤气烘干即可；大中型砂芯需要将两砂芯的芯骨用钢筋焊连上，之后的工序与小型砂芯相同。

第4章 浇注系统设计

4.1 浇注系统的组成与类型

4.1.1 浇注系统的组成

浇注系统是铸型中引导金属液进入铸件型腔的通道系列总称，通常由浇口杯、直浇道、横浇道和内浇道等组元组成，如图4-1所示。

1. 浇口杯

浇口杯是承接来自浇包的金属液并引入直浇道的外部辅助腔室。其作用是：防止金属液飞溅和溢出，便于浇注；减轻液流对型腔的冲击；分离渣滓和和气泡并阻止其进入型腔；增加充型压头。浇口杯分为漏斗形和盆形两大类。前者挡渣效果差，但是结构简单，金属消耗量小，适用于铸钢件；后者挡渣效果好，是利用底部堤坝形成涡流使渣和气泡上浮至表面，金属液平稳流入直浇道，顶部挡渣芯可使渣和气泡留在浇口杯，如图4-2所示。在图4-2b中，上部的挡渣芯可以挡住大部分上浮的渣和气泡以及其他不纯净物，该图中上部的浇口杯及挡渣芯可提前制好，合型时装配上。

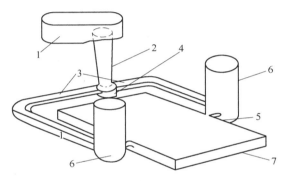

图4-1 典型的浇注系统
1—浇口杯 2—直浇道 3—横浇道 4—直浇道窝
5—内浇道 6—冒口 7—铸件

2. 直浇道

直浇道是连接浇口杯与横浇道的通道，其作用是从浇口杯处引导金属液向下，进入横浇道，并传导金属液压头至铸件。直浇道的结构可分成三种：上大下小的锥形结构、等截面结构和上小下大结构，前两种是比较常见的结构。截面的形状多为圆或矩形。圆形截面常用于铸钢件，铸铁件两者都用。对于铸钢件一般采用陶瓷管制成浇注系统，而铸铁件有时根据工艺需要，由模样做出，尤其是湿型情况下。

3. 横浇道

横浇道是连接直浇道与内浇道的通道，其作用是引导金属液从直浇道通往内浇道，使卷入的气体上浮，同时对于铸铁件，横浇道还具有一定的阻渣和挡渣作用。横浇道的截面形状根据合金种类的不同而不同，铸钢件一般采用圆形截面形状。铸铁件横浇道的截面形状如图4-3所示。横浇道可以由模样做出，也可以采用陶瓷管制成。图4-4所示为横浇道的充型情况。在浇道充满的情况下，渣和气泡在流动过程中，由于密度轻于金属液，被收集或阻滞于横浇道的上表面，如图4-4a所示。在横浇道未充满的情况下，渣和气泡则比较容易流入型

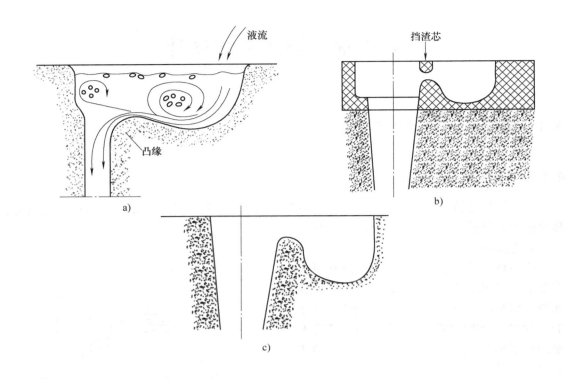

图 4-2   浇口杯及其涡流与挡渣

a）浇口杯中涡流与渣气   b）干砂型及其挡渣结构   c）湿砂型浇口杯结构

腔，如图 4-4b 所示。对于开放式浇注系统，横浇道不易充满，其挡渣的能力较弱；而封闭式浇注系统，横浇道易于充满，其挡渣能力也相对较强。有时为了更进一步提高横浇道的挡渣能力，在横浇道上设置锯齿式结构，如图 4-5 所示，其中图 4-5b 逆齿状横浇道的挡渣效果更好一些，主要应用于铸铁件。

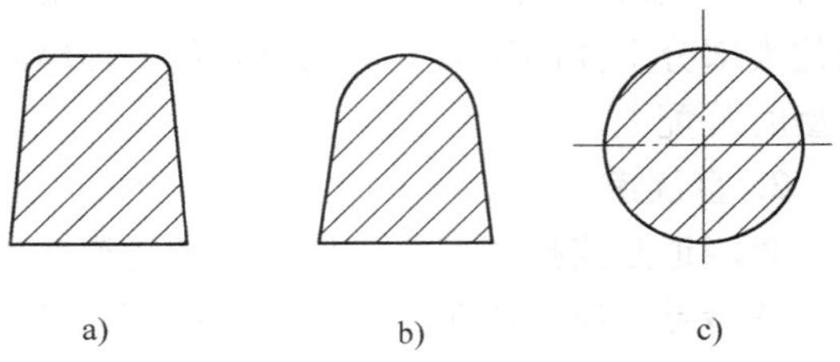

图 4-3   横浇道的截面形状

a）梯形   b）上部圆顶下部梯形形状   c）圆形

4. 内浇道

内浇道是浇注系统的末端部分，是连接横浇道与铸件的通道。其作用是引导金属液从横浇道进入铸件，控制充型速度和方向，挡渣，分配金属液流量，调节铸件中不同部位的温度分布和凝固顺序。内浇道的形状根据合金的不同而不同，铸钢件一般采用圆形截面内浇道，这样利于造型，由陶瓷管即可制成。铸铁件一般采用如图 4-6 所示的内浇道截面形状，其中圆形截面可以由陶瓷管制成，其他形状由浇注系统模样制成。

5. 直浇道窝

如图 4-1 所示，直浇道窝是位于直浇道的底部的壶形结构，其作用是缓冲直浇道金属液对直浇道底部铸型的冲击，缩短该区域紊流区以改善横浇道内的压力分布，改善内浇道的流量分布，减少拐弯处的局部阻力系数和压头损失。直浇道窝一般由模样制成。

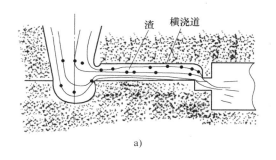 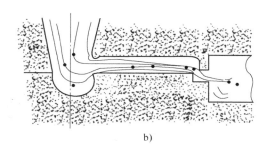

图 4-4 横浇道的充型情况

a) 横浇道充满　b) 横浇道未充满

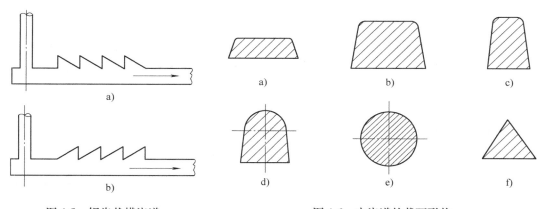

图 4-5 锯齿状横浇道

a) 顺齿　b) 逆齿

图 4-6 内浇道的截面形状

a) 扁梯形　b) 梯形　c) 立梯形　d) 上部圆
顶下部梯形形状　e) 圆形　f) 三角形

6. 集渣包与集渣槽

如图 4-7 所示，集渣包与集渣槽设于横浇道上。集渣包是设于横浇道上的杯状体，如图 4-7a 所示。熔体流经时，会在熔体内产生旋转涡流，熔体中的渣和夹杂物等在旋转过程中上浮至体的上部，而横浇道在熔体的下部穿过，从而避免了渣和夹杂物等随熔体从集渣包流出。集渣包常用于铸铁件的浇注系统。集渣槽如图 4-7b 所示。不同于集渣包，熔体流经集渣槽后，截面面积突然增大，流速降低，并在集渣槽内产生旋涡，将渣和夹杂物等带入集渣槽的顶部滞留下来，纯净的熔体在槽的下部流出集渣槽。集渣槽常用于铝、镁等合金。

4.1.2　浇注系统的类型

浇注系统的分类方法有两种：一种是按组元截面面积的比例关系分类；另一种是按金属液导入铸型的位置分类。前一种分类可分为封闭式、开放式和半封闭式浇注系统；后一种分类可分为顶注式、底注式、中间注入式和阶梯注入式浇注系统。

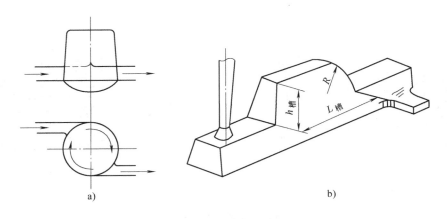

图 4-7　集渣包与集渣槽

a）集渣包　b）集渣槽

1. 按组元截面面积的比例关系分类

按组元截面面积的比例关系分类主要是按直浇道、横浇道和内浇道之间的比例关系分类。各组元之间比例关系的变化将影响系统内金属液流动情况，进而应用于不同的合金，下面将分别进行说明。

（1）封闭式浇注系统　封闭式浇注系统是指直浇道出口截面面积大于横浇道截面面积总和，横浇道出口截面面积总和大于内浇道截面面积总和的浇注系统，即 $\sum A_\text{直} > \sum A_\text{横} > \sum A_\text{内}$。阻流截面在内浇道处，浇注时金属液容易充满浇注系统，呈有压流动状态。该类浇注系统的特点是挡渣能力较强，内浇道出口处的流速较快，因而对铸型及砂芯的冲刷力较大，易产生喷溅，金属液在充型过程中，易产生氧化。封闭式浇注系统适用于铸铁件。如果采用湿型，可用于小件；如果采用干型，可用于大中件；如果采用树脂砂造型，大中小件均可。

（2）开放式浇注系统　开放式浇注系统是指直浇道出口截面面积小于横浇道截面面积总和，横浇道出口截面面积总和小于内浇道截面面积总和的浇注系统，即 $\sum A_\text{直} < \sum A_\text{横} < \sum A_\text{内}$。阻流截面在直浇道处，浇注时横浇道和内浇道往往处于未充满状态，流动的驱动压力较小。该类浇注系统的特点是流速较小，充型过程平稳，冲刷力较小，挡渣能力差。开放式浇注系统适用于铸钢件和有色合金件，有时也用于球墨铸铁件。

（3）半封闭式浇注系统　半封闭式浇注系统是指直浇道出口截面面积小于横浇道截面面积总和，横浇道出口截面面积总和大于内浇道截面面积总和的浇注系统，即 $\sum A_\text{直} < \sum A_\text{横} > \sum A_\text{内}$。阻流截面在直浇道处，直浇道呈上大下小的锥形结构，横浇道的截面面积最大，浇注时浇注系统能够充满，但是比封闭式慢。该浇注系统的特点是充型平稳，有一定的挡渣能力，对型芯的冲刷小于封闭式。半封闭式浇注系统适用于各类铸铁尤其是球墨铸铁及干型，铝合金和镁合金铸件也有应用。

2. 按金属液导入铸型的位置分类

按金属液导入铸型的位置分类主要是指按内浇道的导入位置分类。内浇道的导入位置不同将影响到金属液的充型方式、充型后铸件温度场的温度分布等，因而设计导入位置时应根据铸件的具体情况进行设计。按金属液导入铸型的位置分类情况见表 4-1。

表 4-1 按金属液导入铸型的位置分类情况

类型		图 例	特点及应用
顶部注入式	一般类型	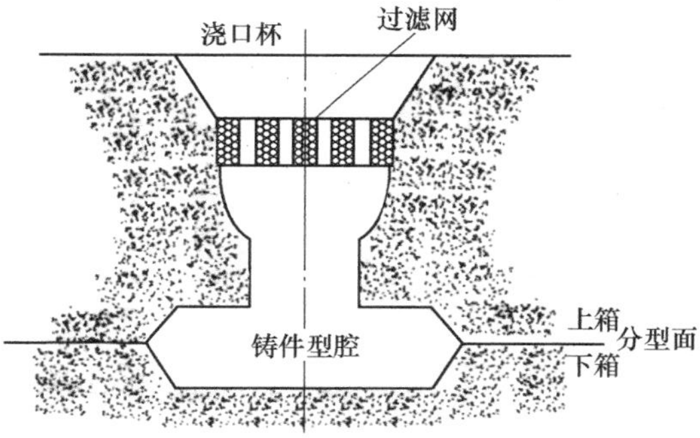 浇口杯 过滤网 上箱 分型面 下箱 铸件型腔	有利于形成自下而上的顺序凝固。对下部型芯的冲击较大，易产生飞溅。液流滞空时间长，与空气接触面积较大，易产生氧化、铁豆、气孔氧化夹杂渣等缺陷 适用于结构简单、压头高度不大的中小型铸件。对于铝合金，其铸件的高度最好不超过 100mm
	雨淋式	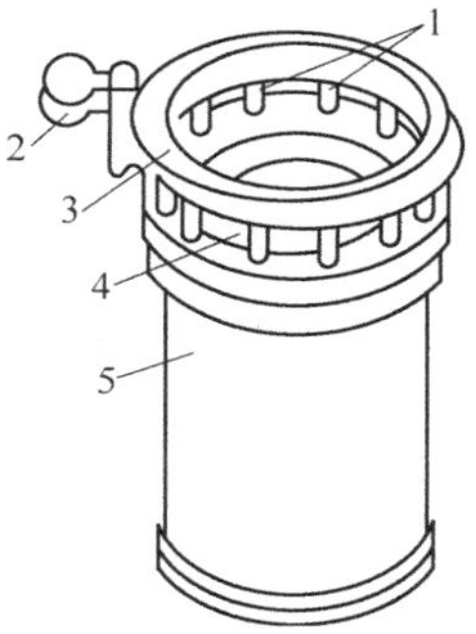 1—内浇道 2—浇口杯 3—横浇道 4—冒口 5—铸件	横浇道是截面最大的组元，内浇道位于铸件的上部。金属液分成多股细流连续流入铸件，对铸型的冲刷减轻，利于排气。浇注系统的挡渣效果好，减小了夹杂物上浮的阻力。温度分布均匀，能形成自下而上的顺序凝固，利于获得致密组织 适用于均匀壁厚的筒类铸件。在合金方面，可用于锡青铜和薄壁铸铁件，不用于铸钢件和易氧化合金，如铝合金等
	压边式	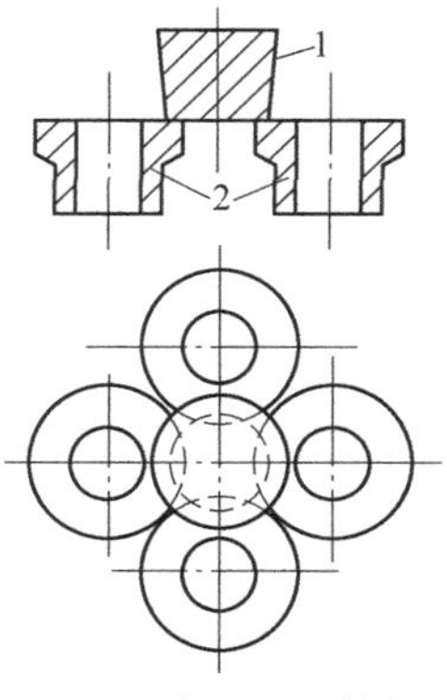 1—压边浇口 2—铸件	无横浇道和内浇道。压边缝隙较小，使得金属液沿缝隙充型时流量和对型壁的冲刷也比较小，充型平稳，边浇注、边补缩，有利于顺序凝固，补缩效果好。压边的宽度一般为 2~7mm 适用于中小型铸铁件，也适用于有色合金铸件，但是不适宜于轻合金件。既可用于湿型也可用于干型
	楔形式	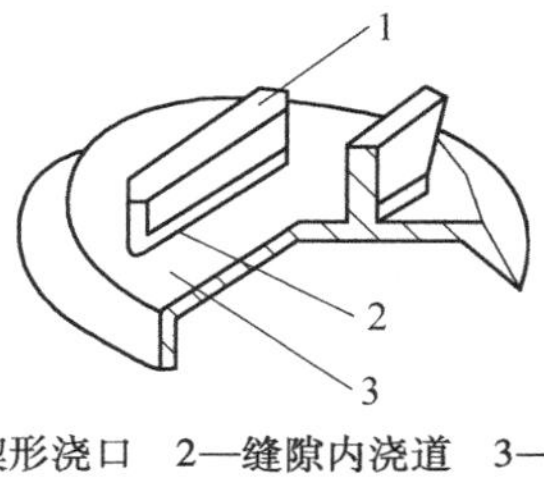 1—楔形浇口 2—缝隙内浇道 3—铸件	金属流程短，根部狭长，能迅速充满型腔。结构简单，造型、清理方便。缝隙与铸型相交处，应具有较好的紧实度 适用于薄壁铸件，如铸铁锅等

（续）

类型		图　例	特点及应用
中间注入式	一般类型	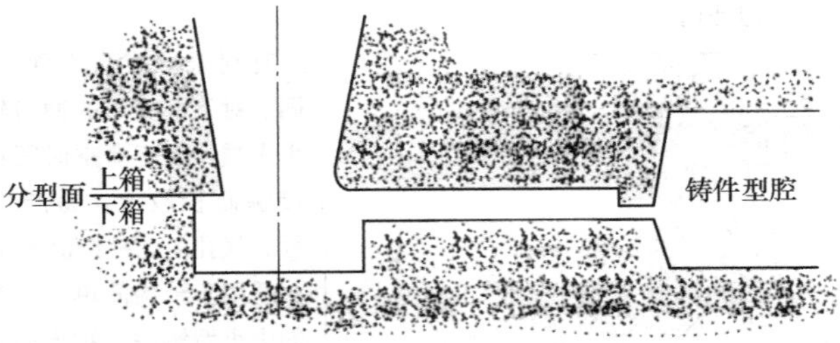 分型面　上箱／下箱　　　铸件型腔	该类型是两箱造型中常用的浇注系统，一般在分型面处开设，造型方便。兼有顶注式和底注式的优缺点 　　实际应用比较广泛，适用于各种合金，尤其是阀类铸件、筒类铸件
	缓流式	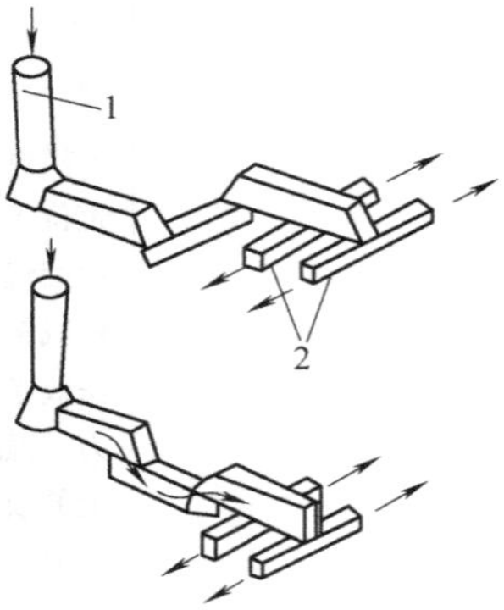 1—直浇道　2—内浇道	在分型面处，上型设置横浇道，下型设置内浇道。金属液在浇道中流动的起伏，增强了横浇道的挡渣能力，同时使充型阻力增加，因而充型更加平稳 　　适用于批量或大批量生产的、重要的、复杂的中小件
	纤维过滤网	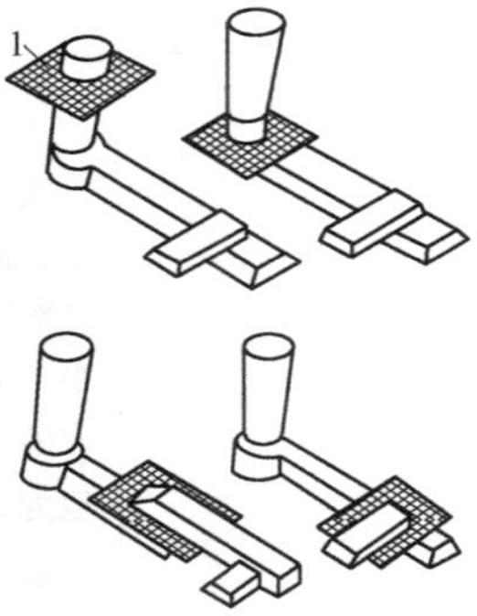 1—过滤网	过滤网可设置在分型面上，横浇道与横浇道或者横浇道与内浇道之间的搭接处，使熔体中的渣和夹杂物被过滤掉 　　过滤网可用于中小型铸铁件、铝合金件、无锡青铜和黄铜类铸件
底部注入	一般类型	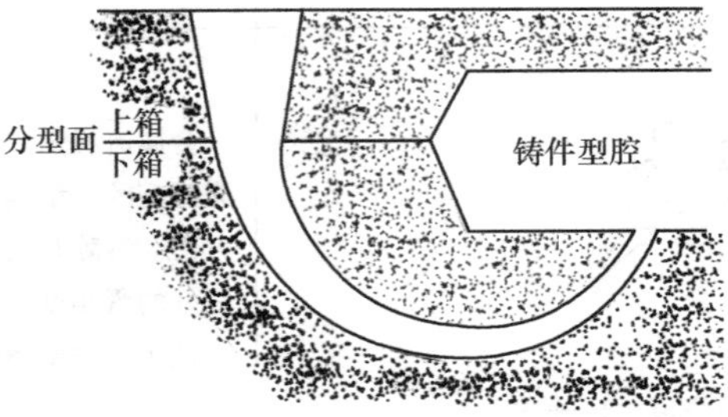 分型面　上箱／下箱　　铸件型腔	内浇道从铸件的底部导入，金属液充型平稳，冲击力小，利于排气。底部温度高，不利于顺序凝固，也不利于补缩 　　适用于铸钢件及有色合金件

（续）

类型		图　例	特点及应用
底部注入	底雨淋式	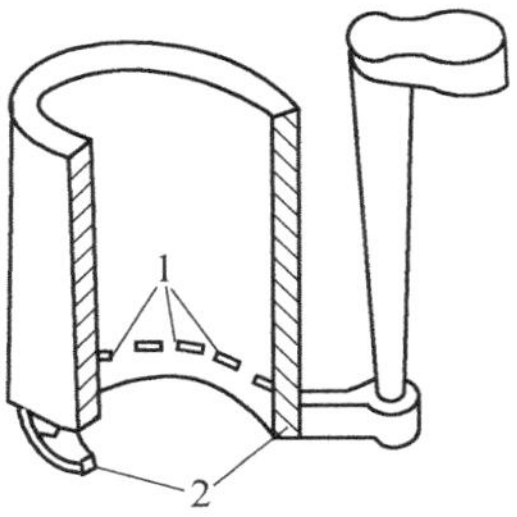 1—内浇道　2—横浇道	充型均匀平稳，可减少金属液氧化和飞溅，温度底高上低，不利于顺序凝固和补缩 适用于要求较高、形状复杂的筒类和板类铸铁件、黄铜件、无锡青铜件，如床身、蜗轮、活塞、轴衬等
	牛角式	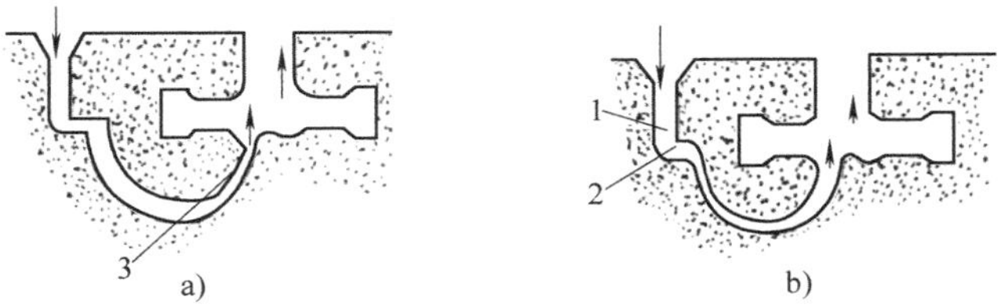 a）正牛角形　b）反牛角形 1—直浇道　2—横浇道　3—牛角浇道	常与过滤网配合使用，对型芯的冲击较小，充型平稳。该类型可分为正牛角形和反牛角形两种。反牛角形可避免出现喷泉现象，以减少冲击和氧化 常用于有色合金中齿轮、蜗轮及圆柱形小型铸件
分层注入式	阶梯式	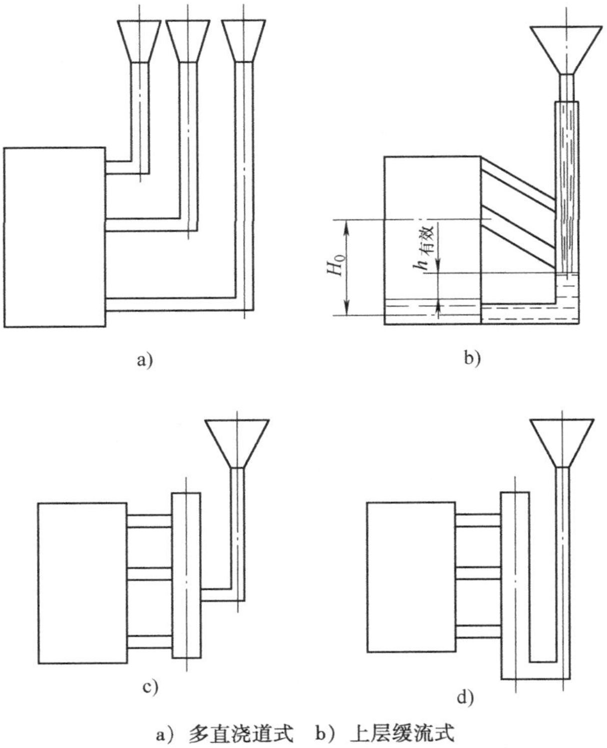 a）多直浇道式　b）上层缓流式 c）缓冲直浇道式　d）反直浇道式	图 a 可依次对各直浇道进行浇注，进而控制各直浇道的充入次序和时间，实现逐层充型；缺点是占用砂箱面积较大，浇注时需停流移包，如果采用多包浇注可避免这一问题。图 b 充型时先充入底层，然后充入上层，实现逐层充入。图 c 先由底部充入，并防止金属液提前从上部充入，实现逐层充入。图 d 与图 c 相类似。总体上说，阶梯式浇注系统能够实现逐层充入，充型平稳，有利于顺序凝固和补缩；缺点是造型和浇注比较复杂 适用于大中型高度较大铸件

（续）

类型		图　　例	特点及应用
分层注入式	垂直缝隙式	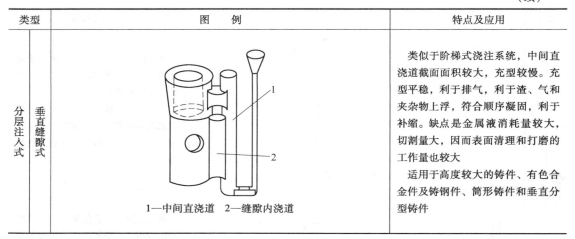 1—中间直浇道　2—缝隙内浇道	类似于阶梯式浇注系统，中间直浇道截面面积较大，充型较慢。充型平稳，利于排气，利于渣、气和夹杂物上浮，符合顺序凝固，利于补缩。缺点是金属液消耗量较大，切割量大，因而表面清理和打磨的工作量也较大 　适用于高度较大的铸件、有色合金件及铸钢件、筒形铸件和垂直分型铸件

4.2　浇注系统的设计内容与原则

4.2.1　浇注系统的设计内容

浇注系统的设计内容如下：

1）选择浇注系统的类型与结构。根据铸件的结构与合金的种类、铸件生产的方式、以及订货批量确定浇注系统的类型与结构。例如，铸铁件一般选用封闭式或半封闭式浇注系统，铸钢件一般选择开放式浇注系统。

2）合理地布置浇注系统的具体位置，确定内浇道的引入位置与个数。浇注系统的类型确定后，还要根据铸件的浇注位置、铸件的结构与合金的种类确定浇注系统的具体布局和位置、内浇道的引入位置及数量。

3）计算浇注时间和最小截面面积。根据浇注系统的计算与设计方法由铸件的毛重和浇重计算出浇注系统中组元的最小截面面积和。

4）确定各组元中浇道的面积。根据各组元截面的比例关系、每一组元中的浇道数量，确定各浇道的面积。

5）生产验证及优化。浇注系统设计完成后，根据生产的具体情况对原浇注系统的设计进行优化，优化的具体内容包括上述任务中的各个方面。对于批量生产铸件，优化后即可完成工艺定型。

4.2.2　浇注系统的设计原则

浇注系统设计过程中，要遵循如下原则：

1）引导金属液平稳、连续地充型，避免由于湍流过度强烈而造成夹卷空气、产生金属氧化物、冲刷型芯，也利于渣、夹杂物、掉砂和气泡的上浮。

2）充型速度尽可能快，或者控制在合理的范围之内，以免形成冷隔、皱皮、浇不足，以及掉砂等缺陷。

3）应具有良好的挡渣性，尤其是铸铁件，以避免渣、夹杂物、掉砂等进入铸型型腔，避免空气卷入型腔。

4）合理调控金属液进入型腔时的流速、流量、方向和导入位置，以避免过度冲刷型芯，局部过热，调节铸型内的温度场尽可能符合顺序凝固或均衡凝固，减少收缩缺陷和变形。

5）浇注系统的设置不应阻碍铸件收缩而加剧裂纹的产生，设计时应避开易产生裂纹的部位。

6）应保证有足够的压头，以使铸件能够充满，避免浇不足，使铸件表面轮廓清晰。

7）内浇道的引入位置不应位于冷铁、芯撑、芯头和铸件质量要求较高的部位，以避免由于金属液的冲刷而影响冷铁、芯撑的工艺功能，避免冲刷芯头而带入砂，避免质量要求较高部位处产生晶粒粗大、收缩缺陷和夹杂物等，影响该处的质量。

8）筒形铸件的内浇道应沿切线方向设置，使金属液能够在型腔内形成旋转，以利于渣、夹杂物和气泡上浮至冒口。

9）应考虑经济性，在结构上、类型上合理设计，提高冒口的补缩效率，利于切割、打磨等清理工作。

10）应有利于提高生产率。在结构上、类型上合理设计，尤其对于机械化生产，应减少工时的消耗，降低制造的难度，以提高生产率。制造时可考虑使用各式陶瓷管，以提高生产率，提高铸件质量。

对于铸造工艺设计人员来说，在设计过程中，有时很难同时满足上述所有或大部分原则，这时就需要设计人员合理地权衡和取舍，以满足铸件质量和经济等方面的要求。

4.3　各种合金的浇注系统设计

进行了浇注系统的类型选择、在砂箱中的分布布局、内浇道的导入位置等设计之后，需要对个各组元中每一个浇道的面积进行计算，目前浇注系统的设计方法有四大类：基于流体力学原理推导出的公式法、基于实践经验总结出的经验法、基于大孔出流理论的大孔出流法，以及基于理论计算和实践经验设计的图表法。其中公式法又可细分为：阻流截面设计法和截面比设计法。

浇注系统的计算完成后还要进行校核，校核时主要采用液面上升速度法、剩余压头高度法和铸件成品率法三种方法校核。

4.3.1　灰铸铁件的浇注系统设计

1. 公式法

这里主要是采用阻流截面设计法，该方法以阿暂（Osann）公式为基础进行，是由流体力学原理演化而来的。阿暂公式如下：

$$A_{\min} = \frac{G}{0.31 \times 10^5 \mu t \sqrt{H_p}} \tag{4-1}$$

式中　$A_{\min}$——组元中最小截面面积（m^2）；

　　　G——流过最小截面组元的铸铁液总重量（kg）；

　　t——浇注时间（s）；

　　μ——流量损耗系数；

　　H_{p}——平均静压头（m）。

　　对式（4-1）进行求解即可得到具有最小截面面积组元的截面面积和。求解之前需要确定式中各参量，具体处理方法如下：

　　（1）铸铁液总重量 G　可根据铸造工艺设计的结果求得，其中包括：铸铁件毛重、冒口重量、补贴重量、浇注系统重量。需要注意的是，在浇注中有时需要点冒口，那么通过点冒口浇入到铸型中的重量应不予计入。这里还有一个问题，就是浇注系统设计到此尚未完成，还无法给出浇注系统重量，那么可由表4-2求出。

表4-2　铸铁件浇注系统占铸件重量的百分比

铸件重量/kg	浇注系统占铸件重量的百分比（%）		
	大批量流水线生产	批量生产	单件小批量生产
<100	20	20 ~ 30	25 ~ 35
100 ~ 1000	15 ~ 20	15 ~ 20	20 ~ 25
>1000		10 ~ 15	10 ~ 20

　　（2）浇注时间 t　可分成四种情况求出，即重量≤500kg，重量 >500 ~ 1000kg，重量 >1000 ~ 10000kg 和重量 >10000kg。在本节中计算出的浇注时间最后还要经过校核才能采用，具体的校核方法在后文中说明。

　　1）首先求解铸件重量≤500kg 情况下的浇注时间 t。当铸件为形状复杂，壁厚为 2.5 ~ 15mm 的形状复杂的铸铁件时，浇注时间 t（s）计算公式为

$$t = S_1 \sqrt{G} \tag{4-2}$$

式中　S_1——系数，取决于铸件的主要壁厚，由表4-3查得；

　　　　G——浇入到铸型内的总重量（kg）。

表4-3　系数 S_1 与铸件壁厚的关系

铸件壁厚/mm	2.5 ~ 3.5	3.5 ~ 8.0	8.0 ~ 15
S_1	1.63	1.85	2.2

　　注：壁厚指铸件的主要壁厚，实心体时取铸件当量壁厚的2倍，当量壁厚 = 铸件的体积/铸件的对应面积。

　　2）铸件重量 >500 ~ 1000kg 时，浇注时间 t 可按 Dietert 公式及图表计算，Dietert 公式如下：

$$v = \left(A + \frac{\delta}{25.4B}\right) \sqrt{2.25G} \tag{4-3}$$

式中　v——浇注速度（kg/s）；

　　　　G——浇入到铸型内的总重量（kg）；

　　　　δ——铸铁件的主要壁厚（mm）；

　　　　A——系数（铸铁件取 0.9）；

　　　　B——系数（铸铁件取 0.833）。

　　对于厚度为 3.7 ~ 38mm 的铸铁件，其浇注速度还可以从图4-8查得。

以上述两种方法求出浇注速度后，由式 $t = G/v$ 即可求出浇注时间。

3）铸件的重量 >1000~10000kg 时，属于中大型铸件，其浇注时间 t（s）按下式计算：

$$t = S_2 \sqrt[3]{\delta G} \qquad (4\text{-}4)$$

式中　S_2——系数，一般情况下 $S_2 =$ 2，在铁液含硫量较高，碳的质量分数小于 3.3%，流动性较差，或者浇注温度较低，或者用底注式浇注而冒口在顶部，或者有内外冷铁而需要快浇等情况下，取 $S_2 = 1.7 \sim 1.9$；

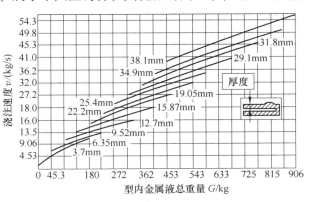

图 4-8　Dietert 浇注时间计算图

δ——铸铁件的平均壁厚（mm），对于宽度大于厚度 4 倍的铸件，δ 可取壁厚，对于圆形或正方形铸件，δ 可取半径或边长的一半。

4）对于重量 >10000kg 的重型铸铁件，其浇注时间 t（s）按下式计算：

$$t = S_3 \sqrt{G} \qquad (4\text{-}5)$$

式中　S_3——系数，取决于铸件的主要壁厚，由表 4-4 查得。

表 4-4　系数 S_3 与铸件壁厚的关系

铸件壁厚/mm	≤10	>10~20	>20~40	>40~80
S_3	1.1	1.4	1.7	1.9

（3）流量损耗系数 μ　与浇注系统的结构、浇注方式、砂型情况以及合金的特性等因素有关，由于各个因素处于动态变化状态，因而理论上很难精确计算。实际应用中根据经验确定，可先由表 4-5 选取初值，再按表 4-6 修正。

表 4-5　铸铁件的 μ 值

铸型种类	铸型阻力		
	大	中	小
湿型	0.33	0.42	0.50
干型	0.41	0.48	0.60

表 4-6　μ 值的修正

μ 值的影响因素	μ 的修正值
从 1280℃ 起，每提高浇注温度 50℃ 时	+0.05 以下
有出气口和明冒口，可以减少砂型内的气体压力，能使 μ 值增大，当（$\Sigma A_{出} + \Sigma A_{明}$）/ $\Sigma A_{内} = 1 \sim 1.5$ 时	+ （0.05~0.20）
直浇道和横浇道的截面面积比内浇道的截面面积大得多时，可减小阻力损失，并缩短封闭前的时间，使 μ 值增大，当 $A_{直}/A_{内} > 1.6$，$A_{横}/A_{内} > 1.3$ 时	+ （0.05~0.20）

（续）

μ 值的影响因素		μ 的修正值
浇注系统的狭小截面（阻流截面）之后截面有较大的扩大时，阻力减小，μ 值增加		+ （0.05～0.20）
内浇道总截面积相同，而数量增加时，阻力增大，μ 值减小	2 个内浇道时	- 0.05
	4 个内浇道时	- 0.10
型砂透气性差，且无出气口和明冒口时，μ 值减小		- 0.05 以下
顶注式（相对于中间注入式）能使 μ 值增大		+ （0.10～0.20）
底注式（相对于中间注入式）能使 μ 值减小		- （0.10～0.20）

注：1. 封闭式浇注系统中，μ 的最大值为 0.75，如计算结果大于该值，仍取 0.75。

2. $A_{出}$ 为出气口下端截面积，$A_{明}$ 为明冒口底面面积。

（4）平均静压头 H_p　工程上常采用经验公式来计算和处理静压头 H_p，见表 4-7。计算中应注意 H_p 不是孤立的，而是受剩余压头 H_M 制约的。

表 4-7　不同类型浇注系统的平均静压头计算

浇注系统类型	图　　例	计算公式
底注式	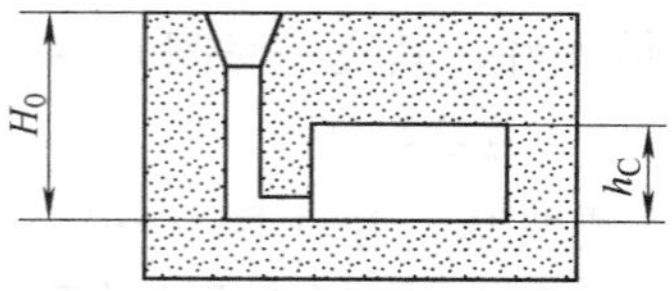	$P = h_C$ $H_p = H_0 - 0.5h_C$
中间注入式	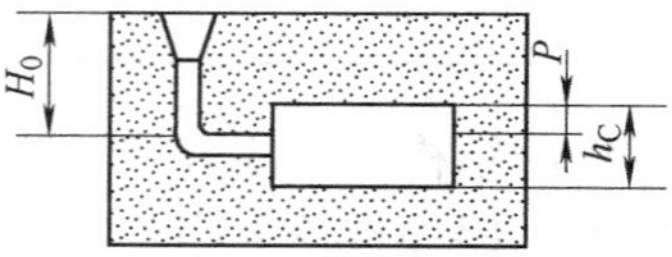	$P = 0.5h_C$ $H_p = H_0 - 0.125h_C$
顶注式	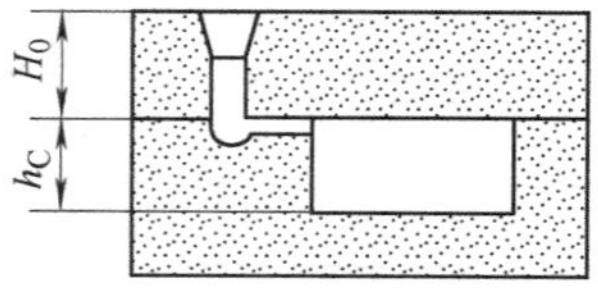	$P = 0$ $H_p = H_0$

为了保证金属液能够充满距离直浇道最远的铸件最高部位，金属液的静压头 H_0 必须足够大，剩余压头 H_M 必须大于或等于某一临界值。只有保证 $H_0 \geqslant H_M + H_C$，才能确保金属液完全充满铸型，H_C 为浇注位置中铸件的高度。剩余压头 H_M 是指浇口杯内的液面与铸件浇注位置中的最高点之间的高度差，由下式计算：

$$H_M = L\tan\alpha \tag{4-6}$$

式中　L——铸件相对直浇道而言的最远处的最高点到直浇道中心线之间的水平距离（mm）；

α——压力角（°），由表 4-8 查取。

表 4-8　压力角最小值

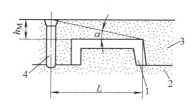 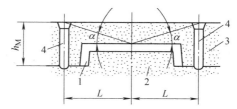

1—铸件　2—下型　3—上型　4—直浇道

L/mm	铸件厚度/mm							使用范围
	3 ~ 5	>5 ~ 8	>8 ~ 15	>15 ~ 20	>20 ~ 25	>25 ~ 35	>35 ~ 45	
	压力角 α/ (°)							
4000	根据具体情况确定	6 ~ 7	5 ~ 6	5 ~ 6	5 ~ 6	4 ~ 5	4 ~ 5	用两个或更多的直浇道浇注
3500		6 ~ 7	5 ~ 6	5 ~ 6	5 ~ 6	4 ~ 5	4 ~ 5	
3000		6 ~ 7	6 ~ 7	5 ~ 6	5 ~ 6	4 ~ 5	4 ~ 5	
2800		6 ~ 7	6 ~ 7	6 ~ 7	6 ~ 7	5 ~ 6	4 ~ 5	
2600		7 ~ 8	6 ~ 7	6 ~ 7	6 ~ 7	5 ~ 6	4 ~ 5	
2400		7 ~ 8	6 ~ 7	6 ~ 7	6 ~ 7	5 ~ 6	5 ~ 6	
2200		8 ~ 9	7 ~ 8	6 ~ 7	6 ~ 7	5 ~ 6	5 ~ 6	
2000		8 ~ 9	7 ~ 8	6 ~ 7	6 ~ 7	5 ~ 6	6 ~ 7	用一个直浇道浇注
1800		8 ~ 9	7 ~ 8	7 ~ 8	7 ~ 8	6 ~ 7	6 ~ 7	
1600		8 ~ 9	7 ~ 8	7 ~ 8	7 ~ 8	6 ~ 7	6 ~ 7	
1400		8 ~ 9	8 ~ 9	7 ~ 8	7 ~ 8	6 ~ 7	6 ~ 7	
1200	10 ~ 11	9 ~ 10	8 ~ 9	7 ~ 8	7 ~ 8	6 ~ 7	6 ~ 7	
1000	11 ~ 12	9 ~ 10	9 ~ 10	7 ~ 8	7 ~ 8	6 ~ 7	6 ~ 7	
800	12 ~ 13	9 ~ 10	9 ~ 10	8 ~ 9	7 ~ 8	7 ~ 8	6 ~ 7	
600	13 ~ 14	9 ~ 10	9 ~ 10	9 ~ 10	8 ~ 9	7 ~ 8	6 ~ 7	

　　阿暂公式中的各个参量均已求解后，就可以计算浇注系统中最小截面面积了。求出最小截面面积后，应该与浇注系统中的具体组元相对应。例如：在封闭式浇注系统中，最小截面对应内浇道截面；在开放式浇注系统中，最小截面对应直浇道最小截面。对应后即可根据组元中浇道的具体数量求出每一个浇道的截面面积。由最小截面面积依据各组元之间的比例关系即可求解出其他组元的截面面积，最后根据每一组元中浇口的数量求出每一浇口的截面面积。铸铁件常用组元间截面面积比见表4-9。需要注意的是上述计算需要进行校核，校核后的数据才能作为最终设计结果，而对于批量和大批量生产，还需要进行生产验证和调整。

表 4-9　铸铁件常用组元间截面面积比

类　　型	应用范围	组元截面面积比 $\Sigma A_内 : \Sigma A_横 : \Sigma A_直$
封闭式	小型薄壁湿型铸件	1:1.06:1.11
	中小型湿型铸件	1:1.1:1.15
	大中型湿型铸件	1:1.2:1.4

（续）

类　　型	应用范围		组元截面面积比 $\Sigma A_{内}:\Sigma A_{横}:\Sigma A_{直}$
封闭式	大型湿型铸件		1:1.5:2
	特大型湿型铸件		1:(1.1~1.15):(1.2~1.25)
	树脂砂型铸件		1:1.25:1.5
	一般球墨铸铁件		1:(1.2~1.3):(1.4~1.9)
	一般件可锻铸铁		1:1.1:1.5
半封闭式	表面干燥型铸件	100~1000kg	1:(1.3~1.5):(1.1~1.2)
		>1000kg	1:1.4:1.2
	干型铸件	100~1000kg	1:(1.1~1.5):(1.2~1.25)
		>1000kg	1:1.1:1.2
	薄壁小型球墨铸铁件		1:(1.5~1.9):1.25
开放式	厚壁球墨铸铁件		(1.5~4):(2~4):1
缓流式	质量要求较高的中小型铸件		1:1.4:1.2 下型段 $A_{横}$ 略小于上型段 $A_{横}$，但大于 $A_{内}$，大于 $A_{直}$；上下横浇道搭接的面积可略小于 $A_{横}$
雨淋式	筒形铸件（上雨淋） 大型机床床身（下雨淋）		1:(1.2~1.5):1.2 雨淋孔 $\phi 5 \sim \phi 16$mm，孔径向铸件方向扩张 1~3mm，孔间距 30~40mm，均匀分布
控流式	质量要求较高的中小型铸件		(2.86~1.87):(2.57~1.87):(2~1.87):1 最后一项是控流面积
纤维过滤网	质量要求较高的铸件		通流面积不小于设置过滤网处浇道截面面积的 1.3~1.4 倍

（5）校核　校核内容分为三个方面：液面上升速度 v_r、剩余压头 H_M 和铸件成品率。

1）液面上升速度 v_r 的校核。在前文中通过计算得出的浇注时间 t 未考虑实际应用中对浇注速度的要求，因此需要校核。浇注开始后，铁液在型腔中上升，如果过慢将产生两方面的问题：一方面高温铁液烘烤其上部的型芯表面，如果时间超长，则易产生夹砂等缺陷；另一方面铁液的上表面在充型中如果时间超长，则易产生氧化和表层粥状凝固，形成表面氧化和褶皱等缺陷。因此，对铁液的上升速度有一个要求，具体见表 4-10。

表 4-10　液面最小上升速度与铸件壁厚的关系

铸件壁厚/mm	≤4	>4~10	>10~40	>40
最小液面上升速度/(m/s)	0.03~0.1	0.02~<0.03	0.01~<0.02	0.008~<0.01

实际型腔中的液面上升速度 v_r(m/s) 为

$$v_r = \frac{h_C}{t} \tag{4-7}$$

式中　h_C——铸件浇注位置中的实际高度（m）。

v_r 计算出来后与表 4-10 中的最小液面上升速度进行对比。如果大于等于后者则校核通过，浇注时间 t 可以采用；如果小于后者，则校核不通过，需要将浇注时间 t 调整到大于等于最小液面上升速度的数据点，然后按调整之后的数据点取值则可通过校核。

2）剩余压头 H_M 的校核。由式（4-6）和表4-8计算得出的 H_M 值即为最终校核数据。采用经验法和图表法时，需要按式（4-6）和表4-8得出的数据进行校核。

3）铸件成品率的校核。在浇冒口计算完成后可以算出铸件的铸件成品率，计算公式见式（4-8）。所计算出的铸件成品率与表4-11中的数据进行比较，以评价所设计的浇注系统是否合适，如果数据不理想，可根据具体情况做适当调整。

$$铸件成品率 = \frac{铸件重量}{铸件重量 + 浇冒口重量} \times 100\% \tag{4-8}$$

表 4-11　铸铁件的铸件成品率

铸件重量/kg	铸件成品率（%）		
	大批量流水线生产	批量生产	单件小批量生产
<100	75~80	70~80	65~75
100~1000	80~85	80~85	75~80
>1000	—	85~90	80~90

2. 经验法

通常以流体力学公式为基础，进行简化与合并，结合生产实践经验归纳出三种方法，即大型和重型铸件的设计方法、中小型复杂铸件的设计方法和简单小型铸件的设计方法。

（1）大型和重型铸件的设计方法　对于大型或重型铸铁件，阻流截面面积可用浇注比速法确定。浇注比速是指单位时间内通过阻流截面的金属液重量。阻流截面面积 A_b （cm^2）可由下式求解：

$$A_b = \frac{G}{tkS} \tag{4-9}$$

式中　G——流经 $A_{阻}$ 截面的金属液重量（kg）；

　　　　t——浇注时间（s）；

　　　　k——浇注比速 $[kg/(cm \cdot s)]$；

　　　　S——金属液流动系数。

浇注比速 k 主要取决于铸件的假密度 ρ'（kg/ dm^3），其计算公式如下：

$$\rho' = \frac{G_C}{V} \tag{4-10}$$

式中　G_C——铸件的重量（kg）；

　　　　V——铸件的轮廓体积（dm^3）。

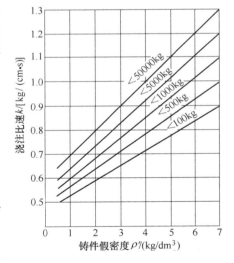

图 4-9　铸件浇注
比速与假密度的关系

ρ' 值越大，表明铸件结构就越简单，壁厚就越厚；ρ' 值越小，则铸件结构就越复杂，壁厚就越薄。浇注比速 k 与 G_C 和 ρ' 之间的关系如图4-9所示。由铸件的假密度 ρ 和重量，即可求出浇注比速 k。

当铸件为浇注壁厚 $\delta < 35mm$ 的简单平板时，k 可由 δ 查表4-12求出。

表 4-12 k 与 δ 的关系

平板厚度 δ/mm	<10	10 ~ 15	15 ~ 25	25 ~ 30
浇注比速 k/ [kg/ (cm·s)]	0.6	0.7	0.8	0.9

浇注时间 t 由下式计算：

$$t = 1.11S_1 \sqrt{G} \tag{4-11}$$

式中 S_1——系数，取决于铸件壁厚，由表 4-13 查得。

表 4-13 S_1 与铸件壁厚 δ 的关系

铸件厚度 δ/mm	10	10 ~ 20	21 ~ 40	>40
S_1	1.0	1.3	1.5	1.7

金属液流动系数 S 与合金的种类及化学成分有关，对于铸铁可取 1.0。由此可以通过式 (4-9) 求解出 $A_阻$ 值，再按照公式法的具体方法求解各组元中每一个浇道的截面面积。校核方法与公式法相同。

（2）中小型复杂铸件的设计方法 对于形状复杂并且薄壁的中小型铸件（一般指重量小于 400kg 的铸件），内浇道截面面积 $A_内$（cm²）可用下式计算：

$$A_内 = \frac{x \sqrt{G_C}}{\sqrt{H_p}} \tag{4-12}$$

式中 G_C——铸件重量（kg）；

H_p——平均静压头（cm）；

x——经验系数，由表 4-14 查得。

表 4-14 x 与 δ 的关系

铸件平均壁厚 δ/mm	3 ~ 5	6 ~ 8	9 ~ 15
x	5.8	4.9	4.3

$A_内$ 求解出来后，再按照公式法的具体方法求解各组元中每一个浇道的截面面积。校核方法与公式法相同。

（3）简单小型铸件的设计方法 简单小型铸件是指形状简单重量小于 100kg 的铸件，其内浇道或者是雨淋式内浇道的截面总面积 $A_内$（cm²）按下式计算：

$$A_内 = x_1 \sqrt{G_C} \tag{4-13}$$

式中 x_1——经验系数，由表 4-15 查得；

G_C——铸件重量（kg）。

表 4-15 x_1 与 δ 的关系

铸件平均壁厚 δ/mm	≤16	>16 ~ 30	>30 ~ 60
x_1	0.7	0.6	0.5

同样，$A_内$ 求解出来后，再按照公式法的具体方法求解各组元中每一个浇道的截面面积。校核方法也与公式法相同。

3. 大孔出流法

大孔是与小孔相对而言的，经典的铸造理论认为托里拆利（Torricelli）小孔出流定律是计算浇注系统内浇道出流压头和速度的依据，但是根据连续流动定律，浇注系统的内浇道出流已经超出了小孔出流的条件，存在一些问题。为了更好地解析浇注系统中的流动，魏兵等提出了大孔出流理论：在直浇道几何高度一定的条件下，当直浇道、横浇道与内浇道截面面积的比值在小于 5 的范围内变化时，内浇道出流压头和速度变化的幅度较大；当该比值大于 5 且继续增大时，内浇道出流压头和速度变化的幅度逐渐减小，并趋于一个定值。定义直浇道、横浇道与内浇道截面面积的比值在小于 5 的浇注系统出流为大孔出流。而我们通常的浇注系统中的上述比值都小于 5，属于大孔出流的范畴。

（1）四组元浇注系统压头的计算：四组元即浇口杯、直浇道、横浇道和内浇道。采用内浇道中心标准法，即直浇道压头 $H_直$、横浇道压头 $H_横$、内浇道压头 $H_内$，三压头均以内浇道的水平中心线为起点，如图 4-10 所示。图中，$h_内$、$h_横$ 分别为内浇道和横浇道的高度。

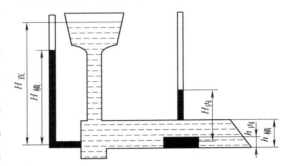

图 4-10　大孔出流浇注系统压头示意图

1）原理及基本计算公式推导。由流体力学原理及实验和回归分析有：

$$v_直 = \varphi_直 \sqrt{2g(H_直 - H_横)} \tag{4-14}$$

$$v_横 = \varphi_横 \sqrt{2g(H_横 - H_内)} \tag{4-15}$$

$$v_内 = \varphi_内 \sqrt{2gH_内} \tag{4-16}$$

$$q_直 = \mu_直 \, v_直 \, A_直 \tag{4-17}$$

$$q_横 = \mu_横 \, v_横 \, A_横 \tag{4-18}$$

$$q_内 = \mu_内 \, v_内 \, A_内 \tag{4-19}$$

式中　　$v_直$、$v_横$、$v_内$——直浇道、横浇道和内浇道的流速；

$\varphi_直$、$\varphi_横$、$\varphi_内$——直浇道、横浇道和内浇道的流速系数；

$q_直$、$q_横$、$q_内$——直浇道、横浇道和内浇道的流量；

$A_直$、$A_横$、$A_内$——分别为直浇道、横浇道和内浇道的截面面积；

$\mu_直$、$\mu_横$、$\mu_内$——分别为直浇道、横浇道和内浇道的流量损耗系数；

$H_直$——直浇道压头，为浇口杯液面到内浇道水平中心线的垂直距离；

$H_横$——横浇道压头，为安装在直浇道窝处的测压管内液面顶端到内浇道水平中心线的垂直距离；

$H_内$——内浇道压头，为横浇道顶面安装的测压管内液面的顶端到内浇道水平中心线的垂直距离。

根据液体流动的连续方程，浇注系统处于稳态流动时，$q_直 = q_横 = q_内$，也就是说，式（4-17）～式（4-19）的等式右端三项建立相等的关系，即

$$\mu_直 \, A_直 \, \varphi_直 \sqrt{2g(H_直 - H_横)} = \mu_横 \, A_横 \, \varphi_横 \sqrt{2g(H_横 - H_内)} \tag{4-20}$$

$$\mu_{直} A_{直} \varphi_{直} \sqrt{2g(H_{直} - H_{横})} = \mu_{内} A_{内} \varphi_{内} \sqrt{2gH_{内}} \qquad (4\text{-}21)$$

设 $k_1 = \dfrac{\mu_{直} A_{直} \varphi_{直}}{\mu_{横} A_{横} \varphi_{横}}$, $k_2 = \dfrac{\mu_{直} A_{直} \varphi_{直}}{\mu_{内} A_{内} \varphi_{内}}$

k_1 和 k_2 分别为直浇道与横浇道和内浇道的有效截面积比，流速系数 φ 一般取 0.96 ~ 1.0，为了简化计算取 $\varphi = 1$。联立式（4-20）和式（4-21）有

$$H_{横} = \frac{k_1^2 + k_2^2}{1 + k_1^2 + k_2^2} H_{直} \qquad (4\text{-}22)$$

$$H_{内} = \frac{k_2^2}{1 + k_1^2 + k_2^2} H_{直} \qquad (4\text{-}23)$$

式（4-22）和式（4-23）就是横浇道和内浇道实际作用压头的解析式。

2）$H_{横}$ 的物理意义。当直浇道底部截面积小于顶部时，决定直浇道流速的压力头为 $H_{直}$ $- H_{横}$。$H_{横}$ 越大，直浇道流速就越小，有利于渣、气在直浇道中的分离和上浮。

在 $H_{横}$ 高度范围的直浇道内，直浇道一定是正压状态，不管直浇道是上大下小，还是上小下大，在上述范围内的直浇道壁不会产生吸气现象。

3）$H_{内}$ 的物理意义。在 $H_{内}$ 一定时，调整浇注系统有效截面积比 k_1 和 k_2，则可以调整 $H_{内}$ 的大小，从而达到控制内浇道出流速度、流量和平稳性的目的。

$H_{内}$ 是金属液在 $H_{横}$ 压头作用下流入横浇道的反压头。$H_{横} - H_{内}$ 的大小决定横浇道的流速，凡是有利于减小 $H_{横} - H_{内}$ 值的行为，都可以降低横浇道流速，减小紊流程度，提高金属液在横浇道中流动的平稳性，减轻氧化，有利于熔渣上浮。

4）$H_{内}$ 作为横浇道充满与否的判据，具体情况可分为三种：①当 $H_{内} < h_{横} - h_{内}/2$ 时，横浇道未充满，未充满的程度用 $h_{横} - h_{内}/2 - H_{内}$ 来表示；②当 $H_{内} = h_{横} - h_{内}/2$ 时，横浇道临界充满，金属液已与横浇道顶部接触，但对顶部型壁无压力；③当 $H_{内} > h_{横} - h_{内}/2$ 时，横浇道充满，且横浇道顶部型壁有压力，用 $H_{内} - h_{横} - h_{内}/2$ 来表示横浇道充满有余的程度。

$H_{内}$ 用来作判据，有两层含义：①未充满程度；②充满有余程度。

用 $h_{欠}$ 来表示未充满程度，则有

$$h_{欠} = h_{横} - \frac{h_{内}}{2} - H_{内} \qquad (4\text{-}24)$$

用 $h_{余}$ 来表示充满有余的程度，则有

$$h_{余} = H_{内} - h_{横} + \frac{h_{内}}{2} \qquad (4\text{-}25)$$

（2）浇注系统充型过程动态参数的确定　浇注过程中，当型腔中的金属液没过内浇道后，会对浇注系统的流动产生反压作用，横浇道压头 $H_{横}$ 和内浇道压头 $H_{内}$ 都将发生变化。下面根据流体力学模拟的结果及规律对充型中的具体参数进行计算，如图4-11所示。

1）顶注式浇注系统。浇注开始后，金属液充满浇注系统，并开始充型，型腔中液面上升对浇注系统中的铁液无反作用，内浇道内的流速、流量保持稳定。横浇道压头 $H_{横}$ 用式

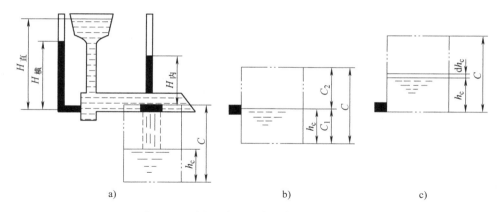

图 4-11　顶注、底注、中注高度标注示意图
a）顶注　b）中注　c）底注

（4-22）计算，内浇道压头用式（4-23）计算，型腔液面上升速度 v 由下式计算：

$$v = \frac{q_{内}}{A} \tag{4-26}$$

式中　A——型腔的水平截面面积。

由式（4-16）、式（4-19）、式（4-23）和上式得

$$v = \frac{\mu_{内} A_{内}}{A} \sqrt{2g \frac{k_2^2}{1 + k_1^2 + k_2^2} H_{直}} \tag{4-27}$$

设 $B_1 = \dfrac{\mu_{内} A_{内}}{A} \sqrt{2g \dfrac{k_2^2}{1 + k_1^2 + k_2^2}}$，$B_1$ 称为型腔液面上升速度系数，则有

$$v = B_1 \sqrt{H_{直}} \tag{4-28}$$

浇注时间为 t 时的型腔液面高度为

$$h_{C} = B_1 \sqrt{H_{直}} \, t \tag{4-29}$$

型腔充满的时间 t_f 为

$$t_f = \frac{C}{B_1 \sqrt{H_{直}}} \tag{4-30}$$

式中　C——型腔的总高度，如图 4-12 所示。

2）底注式浇注系统。当型腔中的金属液上升至淹没内浇道以后，随着型腔中液面的升高，横浇道和内浇道压头 $H_{横}$ 和 $H_{内}$ 也相应升高。

横浇道和内浇道压头 $H_{横}$ 和 $H_{内}$ 与型腔液面高度 h_C 之间的关系为

$$\mu_{直} A_{直} \sqrt{2g \, (H_{直} - H_{横})} = \mu_{横} A_{横} \sqrt{2g \, (H_{横} - H_{内})}$$

$$\mu_{直} A_{直} \sqrt{2g \, (H_{直} - H_{横})} = \mu_{内} A_{内} \sqrt{2g \, (H_{内} - h_C)}$$

联立上两式，推得

$$H_{横} = \frac{k_1^2 + k_2^2}{1 + k_1^2 + k_2^2} H_{直} + \frac{1}{1 + k_1^2 + k_2^2} h_C \tag{4-31}$$

$$H_{内} = \frac{k_2^2}{1 + k_1^2 + k_2^2} H_{直} + \frac{1 + k_1^2}{1 + k_1^2 + k_2^2} h_C \tag{4-32}$$

型腔液面高度 h_C 与浇注时间之间的关系如下：

设 dt 时间内型腔液面上升高度 dh_C，则

$$A dh_C = \mu_{内} A_{内} \sqrt{2g(H_{内} - h_C)} dt \tag{4-33}$$

将式（4-32）代入式（4-33），并引入前文所述系数 B_1，推得

$$t = -\frac{2}{B_1} \sqrt{H_{直} - h_C} + C_3$$

代入初始条件，即当 $t = 0$ 时，$h_C = 0$，则有

$$C_3 = \frac{2}{B_1} \sqrt{H_{直}}$$

则 $t = \frac{2}{B_1} \left(\sqrt{H_{直}} - \sqrt{H_{直} - h_C} \right)$，型腔充满时间为 $t_f = \frac{2}{B_1} \left(\sqrt{H_{直}} - \sqrt{H_{直} - C} \right)$。

横浇道和内浇道压头 $H_{横}$ 和 $H_{内}$ 与浇注时间 t 之间的关系如下：

$$H_{横} = \frac{k_1^2 + k_2^2}{1 + k_1^2 + k_2^2} H_{直} + \frac{1}{1 + k_1^2 + k_2^2} \left(B_1 \sqrt{H_{直}} t - \frac{1}{4} B_1^2 t^2 \right) \tag{4-34}$$

$$H_{内} = \frac{k_2^2}{1 + k_1^2 + k_2^2} H_{直} + \frac{1 + k_1^2}{1 + k_1^2 + k_2^2} \left(B_1 \sqrt{H_{直}} t - \frac{1}{4} B_1^2 t^2 \right) \tag{4-35}$$

型腔液面的上升速度为

$$v = -\frac{1}{2} B_1^2 t + B_1 \sqrt{H_{直}} \tag{4-36}$$

3）中间注入式浇注系统。内浇道从型腔中部引入，内浇道下部型腔高度为 C_1，内浇道上部型腔高度为 C_2。充填下半行腔时，相当于顶注充填，可以用顶注公式；充填上半型腔时，相当于底注充填，可用底注公式。两者结合，可以求出中间注入式充填动态参数的理论计算公式。

（3）工程计算　工程计算的目的是确定各组元的截面面积，保证在预定的时间内充满铸型型腔，控制各组元中熔体的流速、流量和充满与否的状态，实现大流量、低流速、平稳和洁净的充填。

1）计算平均压头。按照做功法推导的大孔出流条件下的平均压头计算公式为

$$h_p = H_{内} - \frac{p^2}{2C} \tag{4-37}$$

式中　p——内浇道以上型腔的高度。

顶注时，$p = 0$，$h_p = H_内$；中注时，$p = \dfrac{C}{2}$，$h_p = H_内 - \dfrac{C}{8}$；底注时，$p = C$，$h_p = H_内 - \dfrac{C}{2}$。

在顶注条件下有

$$h_p = H_内 = \frac{k_2^2}{1 + k_1^2 + k_2^2} H_直 \tag{4-38}$$

在底注条件下分两种情况，即浇注开始和浇注终了两种情况。对于浇注开始的情况，$h_C = 0$，则有

$$H_内 = \frac{k_2^2}{1 + k_1^2 + k_2^2} H_直$$

对于浇注终了的情况，$h_C = C$，则有

$$H_内 = \frac{k_2^2}{1 + k_1^2 + k_2^2} H_直 + \frac{1 + k_1^2}{1 + k_1^2 + k_2^2} C$$

从浇注开始到浇注浇注终了的平均值为

$$h_3 = \frac{k_2^2}{1 + k_1^2 + k_2^2} H_直 + \frac{\left(1 + k_1^2\right) C}{2 \left(1 + k_1^2 + k_2^2\right)}$$

$$h_p = H_内 - \frac{C}{2} = \frac{k_2^2}{1 + k_1^2 + k_2^2}\left(H_直 - \frac{C}{2}\right) \tag{4-39}$$

在中注条件下，分为冲满内浇道下部型腔和冲满内浇道上部型腔两种情况，对于冲满内浇道下部型腔有

$$h_{pU} = \frac{k_2^2}{1 + k_1^2 + k_2^2} H_直$$

对于冲满内浇道上部型腔有

$$h_{pL} = \frac{k_2^2}{1 + k_1^2 + k_2^2}\left(H_直 - \frac{C}{2}\right)$$

当内浇道从铸件高度一半处引入时，$C_2 = \dfrac{C}{2}$，有

$$h_p = \frac{k_2^2}{1 + k_1^2 + k_2^2}\left(H_直 - \frac{C}{8}\right) \tag{4-40}$$

综合分析可知，大孔出流条件下的平均压头与小孔出流相比只差一个系数，即

$$h_p = \frac{k_2^2}{1 + k_1^2 + k_2^2} H_p$$

2）流量损耗系数 μ。一般情况下，μ 值是在稳定出流条件下测定的，考虑到实际生产过程的复杂性，μ 值会产生波动，使 μ 值小于稳定出流模拟值，一般可取模拟试验值的 70% 作为工程计算 μ 值，具体的选取见表 4-16。

表 4-16　工程计算中 μ 值的选取

名称		取值
直浇道的流量损耗系数 $\mu_\text{直}$		0.50 ~ 0.65
横浇道的流量损耗系数 $\mu_\text{横}$		
内浇道的流量损耗系数 $\mu_\text{内}$	顶注时	0.50 ~ 0.64
	中注时	0.55
	底注时	0.55
	横浇道长度 >1000mm 或转向弯曲时	0.45
	底注时浇注温度不高的情况下	0.35 ~ 0.45

3）浇注系统截面尺寸的计算步骤如下：

①浇注系统类型为 L 型或 T 型。L 型是指直浇道位于横浇道的端部；T 型是指直浇道位于横浇道的中间，两侧横浇道上的内浇道呈对称分布。横浇道和内浇道的截面面积分别为两侧截面面积的总和。

②选择内浇道的引入位置，即顶注式、中注式和底注式。

③制定出浇注系统的工艺方案，进而确定直浇道压头 $H_\text{直}$。

④根据合金的种类、铸件的结构以及铸型条件选择浇注系统的截面面积比，即 $\Sigma A_\text{直} : \Sigma A_\text{横} : \Sigma A_\text{内}$。

⑤选取流量损耗系数 $\mu_\text{直}$、$\mu_\text{横}$ 和 $\mu_\text{内}$，计算有效截面比 k_1 和 k_2。

⑥计算内浇道的实际出流压头 $H_\text{内}$ 和平均压头 h_p。

⑦计算浇注时间 t。

⑧计算阻流截面面积，通常是内浇道截面面积，可用阿暂公式计算。

⑨根据浇注系统截面面积比计算出 $A_\text{直}$ 和 $A_\text{横}$。

⑩校核浇注系统，可利用前文所述的三种校核方法，以判断所做设计是否可行。如果可行，可进行下一步；如果不可行，则重新计算和选择各组元截面面积，直至通过校核。

⑪确定浇口杯等其他组元的结构和尺寸。

⑫生产考核与验证，对发现的问题进行最终的工艺调整。

（4）大孔出流浇注系统的查表法　根据大孔出流理论的截面比设计法，整理出基本的阻流截面面积设计数据，见表 4-17。

表 4-17　大孔出流阻流截面面积

铸件重量 /kg	浇注时间 /s	内浇道截面面积/cm^2							
		截面面积比 $\Sigma A_\text{直} : \Sigma A_\text{横} : \Sigma A_\text{内}$							
		2:1.5:1		1.4:1.2:1		1.2:1.4:1		1:1.1:1.2	
		H_p 值/cm							
		40	50	30	40	15	25	10	20
10	5			3.0	2.6	4.3	3.9	5.5	4.7
20	7			4.3	3.8	6.2	5.5	7.8	6.8
30	8			5.7	4.9	8.1	7.3	10.2	8.9

（续）

铸件重量/kg	浇注时间/s	内浇道截面面积/cm²							
		截面面积比 $\Sigma A_{直}:\Sigma A_{横}:\Sigma A_{内}$							
		2:1.5:1		1.4:1.2:1		1.2:1.4:1		1:1.1:1.2	
		H_p值/cm							
		40	50	30	40	15	25	10	20
50	10			7.6	6.6	10.8	9.7	13.7	11.8
80	13			9.3	8.1	13.4	11.9	16.8	14.6
100	14			10.8	9.4	15.5	13.9	19.5	16.9
120	15			12.1	10.5	17.4	15.5	21.8	18.9
150	17	10.1	9.0	13.4	11.6	19.1	17.1	24.1	20.9
200	19	12.0	10.8	16.0	13.8	22.8	20.4	28.7	24.9
250	22	13.0	11.6	17.3	14.9	24.7	22.1	31.0	26.9
300	24	14.3	12.8	19.0	16.4	27.1	24.3	34.1	29.6
		H_p值/cm							
		40	50	30	40	40	50	30	40
400	27	16.9	15.1	22.5	19.5	32.1	28.7	40.4	35.0
500	30	19.0	17.0	25.3	21.9	36.2	32.3	45.5	39.4
700	35	22.8	20.4	30.4	26.3	43.4	38.8	54.6	47.3
800	37	24.7	22.1	32.8	28.4	46.9	42.0	59.0	51.1
1000	41	27.9	24.9	37.0	32.1	52.9	47.3	66.6	57.7
1200	45	30.5	27.2	40.5	35.1	57.9	51.7	72.8	63.1
1500	50	34.3	30.7	45.5	39.4	65.1	58.2	81.9	70.9
2000	57	40.1	35.9	53.3	46.1	76.1	68.1	95.8	83.0
2500	63	45.3	40.5	60.2	52.2	86.1			
3000	69	49.7	44.4	66.0	57.2	94.3			
3500	74	54.0	48.3						
4000	79	57.8	51.7						
4500	83	61.9	55.4						
5000	87	65.7	58.7						

4. 图表法

相对于公式法和经验法而言，图表法减少了前两者计算量大、步骤繁多的特点，使设计过程大大简化。图表法主要包括：索伯列夫列线图法、阻流截面列线图法、查表法、控流式浇注系统法和雨淋式浇注系统法等。

（1）索伯列夫列线图法 索伯列夫列线图（见图 4-12）是根据流体力学公式计算绘制的，适用于大中型铸件（重量大于 200kg）的湿型铸造。当采用干型铸造时，可将查到的阻流面积减少 15%～20%。

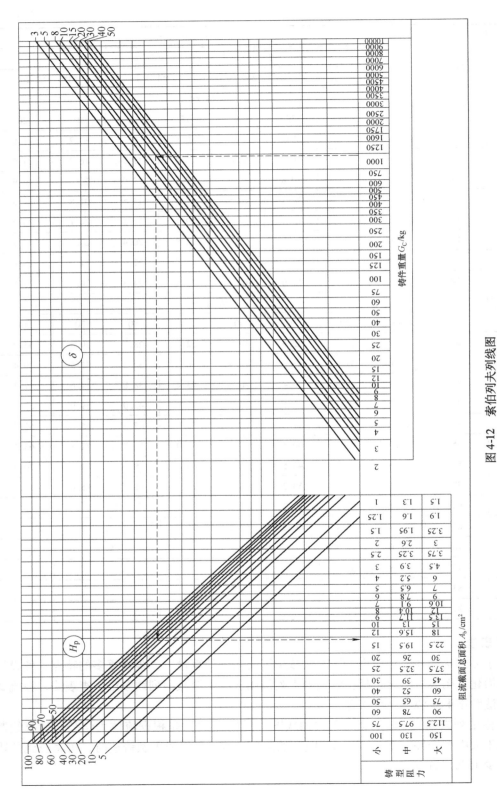

图 4-12　索伯列夫列线图

H_p—平均压力头高度（mm）　δ—铸件主要壁厚（mm）

　　具体方法如下：根据该图 4-12，首先由铸件的重量从图右下水平轴上确定具体的坐标点，根据该点向上引一条垂直线，相较于壁厚斜线，由相交点开始，向左引一条水平线，相交于左侧静压头斜线，从相交点处开始，向下引一条垂直线相交于左下的水平轴交点即为内浇道的组元截面面积和。

　　实例　已知铸件的重量是为 900kg，$\delta = 15mm$，$H_p = 60mm$。求解过程是：先从图的右下水平轴查得铸件重量是 900kg 之处，也就是图中虚线的起点，开始向上引线，与 $\delta = 15mm$ 斜线相交，从交点处向左引线，与 $H_p = 60mm$ 斜线相交，从交点处向下引线，与水平轴相交于一点，该点对应大中小三种铸型阻力，三种阻力下的阻流组元截面面积分别为 $22.5cm^2$、$19.5cm^2$ 和 $15cm^2$。根据铸件的结构和复杂程度确定铸型阻力，即可确定阻流组元截面面积。如果是封闭式浇注系统，该面积就是内浇道截面面积的总和。

　　（2）阻流截面列线图法　该法根据我国铸件生产厂家以及拉宾诺维奇和卡塞等提供的数据做出列线图，如图 4-13 所示。该方法用于 5t 以下铸件。

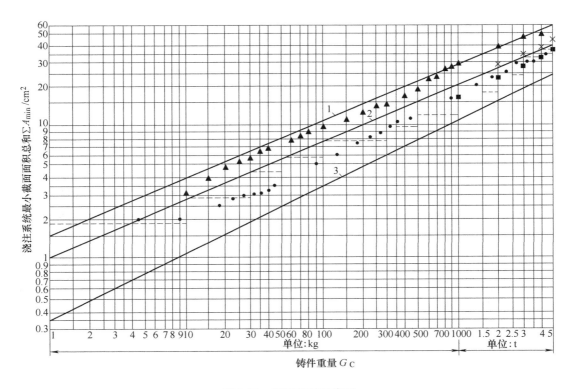

图 4-13　阻流截面列线图
1—快浇　2—中速　3—慢浇
实线—拉宾诺维奇　▲—上海造纸机械厂　虚线—无锡柴油机厂　●—卡塞
■—辽宁地区（$\delta = 31 \sim 60mm$）　×—辽宁地区（$\delta = 16 \sim 30mm$）

　　（3）查表法　查表法是指通过查阅经验表格得到阻流截面面积。一般情况下，对于铸铁件而言，阻流截面面积就是内浇道截面面积之和。表 4-18 ~ 表 4-25 等是一些企业长年积累的经验数据，自成体系，可各自独立地进行浇注系统设计，供设计人员参考。

表 4-18　重型及机械类铸铁件内浇道截面面积

铸件重量/kg	铸件壁厚/mm						
	≤5	>5 ~ 10	>10 ~ 15	>15 ~ 25	>25 ~ 40	>40 ~ 60	>60 ~ 100
	内浇道截面面积总和/cm²						
1 ~ 3	0.8	0.8	0.6 ~ 0.8				
>3 ~ 5	1.6	1.6	1.2 ~ 2.2	1.2 ~ 2.0	1.0 ~ 1.8		
>5 ~ 10	2.0	1.8 ~ 3.0	1.6 ~ 2.6	1.6 ~ 2.4	1.2 ~ 2.2		
>10 ~ 15	2.6	2.4 ~ 3.7	2.0 ~ 3.0	2.0 ~ 3.2	1.8 ~ 2.7		
>15 ~ 20	4.0	3.8 ~ 4.2	3.2 ~ 3.6	3.0 ~ 3.4	2.7 ~ 2.8		
>20 ~ 40	5.0	4.4 ~ 5.2	4.0 ~ 5.0	3.6 ~ 4.2	3.2 ~ 4.0		
>40 ~ 60	7.2	5.8 ~ 7.0	5.6 ~ 6.4	5.2 ~ 6.0	4.2 ~ 5.0		
>60 ~ 100		7.0 ~ 8.0	6.5 ~ 7.4	6.2 ~ 6.5	5.0 ~ 6.0		
>100 ~ 150		8.0 ~ 12.0	8.0 ~ 10.0	8.0 ~ 8.6	6.0 ~ 7.6	6.0	
>150 ~ 200		10.0 ~ 15.0	9.0 ~ 12.0	9.0 ~ 10.0	7.0 ~ 8.8	7.5	
>200 ~ 250		13.0 ~ 18.0	12.0 ~ 14.0	10.0 ~ 11.0	9.4 ~ 10.0	8.0	
>250 ~ 300		14.0 ~ 22.0	12.4 ~ 15.0	11.0 ~ 12.0	10.0	8.6	
>300 ~ 400		15.0 ~ 23.0	13.0 ~ 15.4	12.0 ~ 13.0	10.0 ~ 12.0	9.0	
>400 ~ 500		16.0 ~ 25.0	14.0 ~ 18.0	13.0 ~ 14.0	11.0 ~ 13.0	10.0	
>500 ~ 600		20.0 ~ 28.0	18.0 ~ 22.0	15.0 ~ 16.0	14.0	12.0	10.0
>600 ~ 700		28.0 ~ 30.0	19.0 ~ 23.0	16.0 ~ 18.0	15.0 ~ 16.0	14.0 ~ 15.0	11.0 ~ 12.0
>700 ~ 800		30.0 ~ 35.0	22.0 ~ 24.0	17.0 ~ 20.0	17.0 ~ 18.0	15.0 ~ 16.0	12.0 ~ 13.0
>800 ~ 900		35.0 ~ 38.0	24.0 ~ 26.0	20.0 ~ 22.0	19.0 ~ 21.0	17.0 ~ 18.0	14.0 ~ 15.0
>900 ~ 1000		36.0 ~ 40.0	25.0 ~ 28.0	24.0 ~ 25.0	21.0 ~ 23.0	19.0 ~ 20.0	15.0 ~ 17.0
>1000 ~ 1500			28.0 ~ 36.0	26.0 ~ 30.0	23.0 ~ 25.0	20.0 ~ 25.0	18.0 ~ 20.0
>1500 ~ 2000			31.0 ~ 48.0	28.0 ~ 40.0	26.0 ~ 30.0	25.0 ~ 30.0	21.0 ~ 25.0
>2000 ~ 3000			54.0 ~ 60.0	34.0 ~ 50.0	30.0 ~ 34.0	28.0 ~ 32.0	24.0 ~ 28.0
>3000 ~ 4000				37.0	34.0 ~ 38.0	29.0 ~ 36.0	27.0 ~ 29.0
>4000 ~ 5000				38.0	36.0 ~ 42.0	30.0 ~ 38.0	28.0 ~ 30.0
>5000 ~ 6000				42.0	42.0 ~ 46.0	32.0 ~ 40.0	29.0 ~ 32.0
>6000 ~ 8000				46.0	48.0	42.0	36.0
>8000 ~ 10000				50.0	50.0	44.0	40.0
>10000 ~ 15000				57.0	54.0	51.0	49.0
>15000 ~ 20000				67.0	63.0	59.0	56.0
>20000 ~ 30000				83.0	79.0	74.0	70.0
>30000 ~ 40000					93.0	87.0	81.0

注：薄壁、轮廓尺寸相对较大、外形曲折、结构复杂的铸件，其内浇道截面面积取上限。

表 4-19　大型灰铸铁件内浇道截面面积　　　　　　（单位：cm^2）

铸件重量 /kg	铸件壁厚/mm			铸件重量 /kg	铸件壁厚/mm		
	≤15	16～30	31～60		≤15	16～30	31～60
1000	22	19	16	18000	94	81	67
2000	31	27	22	20000	99	85	71
3000	38	33	27	22000	104	89	74
4000	44	38	32	24000	108	93	77
5000	49	42	35	26000	113	97	81
6000	54	47	39	28000	117	100	84
7000	59	50	42	30000	121	104	87
8000	63	54	45	32000	125	107	89
9000	66	57	47	34000	129	111	92
10000	70	60	50	36000	133	114	95
12000	77	66	55	38000	136	117	97
14000	83	71	59	40000	140	120	100
16000	88	76	63				

表 4-20　中型灰铸铁件内浇道截面面积

铸件重量 /kg	铁液流动最大 水平距离/mm	铸件壁厚/mm			
		5～8	>8～15	>15～25	>25～40
		内浇道截面面积/ cm^2			
200～250	≤200	12.0	9.6	9.0	7.5
	>200～500	12.8	10.5	9.6	8.0
	>500～1000	14.4	11.2	11.2	9.0
	>1000～1500	16.2	12.6	11.9	9.6
>250～300	≤200	12.8	11.5	9.0	8.0
	>200～500	13.6	12.0	9.6	8.5
	>500～1000	15.3	12.8	11.2	9.6
	>1000～1500	16.2	13.6	11.9	10.2
>300～350	≤200	13.6	11.2	9.6	8.0
	>200～500	14.4	12.6	10.8	8.5
	>500～1000	16.2	12.8	11.2	9.6
	>1000～1500	17.1	13.6	11.9	10.2
	>1500～2000	18.0	14.4	12.6	—
>350～400	≤200	14.4	11.2	9.6	8.5
	>200～500	15.2	12.6	10.8	9.0
	>500～1000	16.2	12.8	11.2	10.2
	>1000～1500	17.1	13.6	11.9	10.8
	>1500～2000	18.0	14.4	12.6	—

（续）

铸件重量 /kg	铁液流动最大 水平距离/mm	铸件壁厚/mm			
		5 ~ 8	> 8 ~ 15	> 15 ~ 25	> 25 ~ 40
		内浇道截面面积/ cm²			
> 400 ~ 450	≤200	18.0	11.2	9.6	8.5
	> 200 ~ 500	18.0	12.6	10.8	9.0
	> 500 ~ 1000	18.9	13.6	11.2	10.2
	> 1000 ~ 1500	20.0	14.4	11.9	10.8
	> 1500 ~ 2000	21.0	16.2	12.6	11.4
> 450 ~ 500	≤200	18.9	12.6	10.8	9.0
	> 200 ~ 500	19.8	13.3	10.8	9.0
	> 500 ~ 1000	20.7	14.0	11.4	9.5
	> 1000 ~ 1500	21.0	14.4	12.6	10.8
	> 1500 ~ 2000	22.0	15.2	13.3	11.4
	> 2000	23.0	16.0	13.3	
> 500 ~ 600	≤200	19.8	14.4	12.6	10.8
	> 200 ~ 500	20.7	15.2	12.6	10.8
	> 500 ~ 1000	21.6	16.0	13.3	11.4
	> 1000 ~ 1500	23.0	16.2	14.4	12.6
	> 1500 ~ 2000	24.0	17.1	16.2	13.3
	> 2000	25.0	18.0	16.2	
> 600 ~ 700	≤200	22.5	15.2	12.6	10.8
	> 200 ~ 500	24.3	16.0	12.6	10.8
	> 500 ~ 1000	25.0	16.8	13.3	11.4
	> 1000 ~ 1500	26.0	17.1	14.4	12.6
	> 1500 ~ 2000	27.0	18.0	16.2	13.3
	> 2000	28.0	18.9	16.2	
> 700 ~ 800	≤200	23.4	16.0	13.3	11.4
	> 200 ~ 500	25.2	16.8	13.3	11.4
	> 500 ~ 1000	26.0	17.6	14.0	12.0
	> 1000 ~ 1500	27.0	18.9	15.2	13.3
	> 1500 ~ 2000	28.0	19.8	16.0	14.0
	> 2000	29.0	20.7	16.0	
> 800 ~ 1000	≤200	26.0	18.0	14.0	12.0
	> 200 ~ 500	27.0	18.9	14.0	12.0
	> 500 ~ 1000	29.0	19.8	14.7	12.6
	> 1000 ~ 1500	30.0	21.0	16.0	14.0
	> 1500 ~ 2000	31.9	22.0	16.8	14.7
	> 2000	33.0	23.0	16.8	

（续）

铸件重量 /kg	铁液流动最大水平距离/mm	铸件壁厚/mm			
		5~8	>8~15	>15~25	>25~40
		内浇道截面面积/cm²			
>1000~1200	≤200				12.0
	>200~500		18.9	14.7	12.0
	>500~1000		19.8	15.4	12.6
	>1000~1500		21.0	16.8	14.0
	>1500~2000		22.0	17.6	14.7
	>2000		23.0	18.4	14.7
>1200~1400	≤200				12.6
	>200~500		20.7	15.4	12.6
	>500~1000		21.6	16.1	13.2
	>1000~1500		22.5	17.6	14.7
	>1500~2000		24.0	18.4	15.4
	>2000		25.0	19.2	15.4
>1400~1600	200~500		22.5	17.5	13.2
	>500~1000		24.3	18.9	13.8
	>1000~1500		26.0	20.8	15.4
	>1500~2000		27.0	21.6	16.1
	>2000		28.0	22.4	16.1
>1600~1800	200~500		24.3	17.5	14.4
	>500~1000		26.7	18.9	15.0
	>1000~1500		28.0	20.8	16.8
	>1500~2000		29.0	21.6	17.5
	>2000		30.0	22.4	17.5
>1800~2000	200~500		27.0	18.9	16.8
	>500~1000		28.8	20.8	17.5
	>1000~1500		31.0	22.4	19.2
	>1500~2000		32.0	23.0	20.0
	>2000		33.0	24.0	22.0

注：1. 此表可用于黏土砂干、湿型，水泥自硬型。

　　2. 对于湿型小件，$\Sigma A_内 : \Sigma A_横 : \Sigma A_直 = 1 : 1.3 : (1.05 \sim 1.20)$；对于湿型中大件，$\Sigma A_内 : \Sigma A_横 : \Sigma A_直 = 1 : 1.2 : (1.35 \sim 1.50)$。

表 4-21　中小铸铁件内浇道截面面积

铸件重量 /kg	铸件壁厚/mm				
	≤5	>5~10	>10~15	>15~25	>25~40
	内浇道截面面积总和/cm²				
≤1	0.6	0.6	0.4	0.4	0.4

（续）

铸件重量 /kg	铸件壁厚/mm				
	≤5	>5~10	>10~15	>15~25	>25~40
	内浇道截面面积总和/cm²				
>1~3	0.8	0.8	0.6	0.6	0.6
>3~5	1.6	1.6	1.2	1.2	1.0
>5~10	2.0	1.8	1.6	1.6	1.2
>10~15	2.6	2.4	2.0	2.0	1.8
>15~20	4.0	3.6	3.2	3.0	2.8
>20~40	5.0	4.4	4.0	3.6	3.2
>40~60	7.2	6.8	6.4	5.2	4.2
>60~100		8.0	7.4	6.2	6.0
>100~150		12.0	10.0	8.6	7.6
>150~200		15.0	12.0	10.0	9.0
>200~250			14.0	11.0	9.4
>250~300			15.0	12.0	10.0
>300~400			15.4	13.0	12.0
>400~500			16.0	14.0	13.0
>500~600			18.0	15.0	14.0
>600~700			20.0	17.0	15.0
>700~800			24.0	20.0	19.0
>800~900			26.0	22.0	19.0
>900~1000			28.0	24.0	21.0

表 4-22 小型铸铁件内浇道截面面积

铸件重量 /kg	铸件壁厚/mm					内浇道长度 /mm
	3~5	>5~8	>8~10	>10~15	>15~20	
	内浇道截面面积/cm²					
1	0.5~0.8	0.5~0.8	0.5~0.8	0.5~0.8	0.5~0.8	10~15
>1~2	0.7~1.0	0.7~1.0	0.7~1.0	0.7~1.0	0.7~1.0	20~25
>2~3	0.8~1.2	0.8~1.2	0.8~1.2	0.8~1.2	0.8~1.2	20~25
>3~5	2.0~3.0	2.0~3.0	1.0~1.5	1.0~1.5	1.0~1.5	25~30
>5~10	3.0~4.5	3.0~4.5	2.0~3.0	2.0~3.0	2.0~3.0	25~30
>10~15		3.0~4.5	2.0~3.0	2.0~3.0	2.0~3.0	25~30
>15~20		4.0~6.0	4.0~6.0	3.0~4.5	3.0~4.5	25~30
>20~30		4.0~6.0	4.0~6.0	3.0~4.5	3.0~4.5	30~35
>30~40		5.0~7.5	4.0~6.0	3.0~4.5	3.0~4.5	30~35
>40~60		5.0~7.5	4.0~6.0	3.0~6.0	3.0~4.5	30~35
>60~100		5.0~9.0	5.0~7.5	4.0~7.5	4.0~6.0	30~35

表 4-23　机床类铸铁件内浇道截面面积

铸件重量 /kg	铸件壁厚/mm				
	≤5	>5~10	>10~15	>15~25	>25~40
	内浇道截面面积总和/cm²				
≤2	0.8	0.8	0.6	0.6	0.6
>2~5	1.6	1.6	1.2	1.0	0.8
>5~10	1.8	1.8	1.6	1.4	1.2
>10~20	3.2	3.0	2.6	2.2	2.0
>20~40	5.0	4.6	4.0	3.4	3.0
>40~60	6.0	5.4	4.6	4.0	3.6
>60~100		7.5	6.5	5.5	5.0
>100~150		8.0	7.0	6.4	6.0
>150~200		10.0	9.0	8.0	7.0
>200~300			13.0	11.0	9.0
>300~400			14.0	12.0	10.0
>400~500			16.0	14.0	12.0
>500~600			18.0	16.0	14.0
>600~700			19.0	17.0	15.0
>700~800			21.0	18.0	16.0
>800~1000			23.0	19.0	17.0
>1000~1500				24.0	22.0
>1500~2000				27.0	25.0
>2000~4000				37.0	34.0
>4000~7000				45.0	40.0
>7000~10000				60.0	50.0

注：各浇道截面比例一般取 $\Sigma A_{直} : \Sigma A_{横} : \Sigma A_{内} = 1.2 : 1.5 : 1.0$。

表 4-24　内燃机类铸铁件内浇道截面面积

铸件重量 /kg	铸件壁厚/mm					
	≤5	>5~10	>10~15	>15~25	>25~40	>40
	内浇道截面面积/cm²					
≤5	2.0	1.5	1.2	1.0	0.8	0.5
>5~10	3.0	2.5	2.0	1.5	1.0	0.8
>10~20	4.0	3.5	3.0	2.5	2.0	1.5
>20~40	5.0	4.5	4.0	3.5	3.0	2.5
>40~60	8.0	7.0	6.0	5.0	4.0	3.5
>60~100		8.0	7.0	6.0	5.0	4.0
>100~150		12.0	10.0	8.0	6.0	5.0
>150~200		15.0	12.0	10.0	8.0	6.0

（续）

铸件重量 /kg	铸件壁厚/mm					
	≤5	>5~10	>10~15	>15~25	>25~40	>40
	内浇道截面面积/cm²					
>200~300		20.0	15.0	12.0	10.0	8.0
>300~500		25.0	20.0	15.0	12.0	10.0
>500~700		30.0	25.0	20.0	15.0	12.0
>700~1000		40.0	30.0	25.0	20.0	15.0
>1000~1500			40.0	30.0	25.0	20.0
>1500~2000			50.0	40.0	30.0	25.0
>2000~3000			60.0	50.0	40.0	30.0

注：对于100kg以下的铸件，一般选取 $\Sigma A_直:\Sigma A_横:\Sigma A_内 = 1:1.5:(0.5~0.8)$；对于1000kg以上的铸件，一般选取 $\Sigma A_直:\Sigma A_横:\Sigma A_内 = 1:2:(1~3)$。

表4-25　纺织机械类铸铁件内浇道截面面积

铸件重量 /kg	铸件壁厚/mm							
	≤3	>3~5	>5~8	>8~12	>12~16	>16~20	>20~35	>35~50
	内浇道截面面积/cm²							
≤0.2	0.4	0.3~0.4	0.3~0.4	0.3~0.4				
>0.2~0.5	0.4~0.7	0.4~0.7	0.4~0.7	0.4~0.7	0.4~0.6			
>0.5~1	0.7~1	0.7~1	0.6~0.9	0.5~0.8	0.4~0.7	0.4~0.7		
>1~1.5	1~2	1~1.5	0.8~1.2	0.7~1	0.7~1	0.7~1		
>1.5~2	2~3	1.5~2	1~1.8	0.8~1.8	0.8~1.5	0.8~1.2	0.6~1.2	
>2~3	3~4	2~3	1.5~2.5	1.5~2	1~1.5	1~1.5	0.8~1.5	0.6~1
>3~4		3~4	2.5~3.5	2~3	1.5~2.5	1.5~2.5	1~2	0.8~1.5
>4~5		4~5	3~4	3~4	2~3.5	2~3.5	1~2	1~2
>5~7			3~4	3~4	2~3.5	2~3.5	1~2	1~2
>7~10			3.5~4.5	3.5~4.5	3~4.5	2~3.5	1.2~2	1.2~2
>10~15			3.5~4.5	3.5~4.5	4~5	2~3.5	1.2~2	
>15~20				4~6	4~5	2~3.5	1.2~2	
>20~30				7~10	4.5~6	2~3.5	1.5~2.5	
>30~45				8~12	5.5~7	2.5~4	2~3	
>45~60				10~14	6.5~8	4.5~8	4~8	
>60~80				10~14	9~10	7~10	7~10	
>80~100				12~15	12~15	10~14	10~14	
>100~150				12~15	12~15	10~14	10~14	
>150~200				25~35				

注：一般选取 $\Sigma A_直:\Sigma A_横:\Sigma A_内 = 1.3:1.15:1$。

（4）控流式浇注系统法　控流式浇注系统是指在直浇道的下部或横浇道的前端有一被

称为控流片的几何腔体，如图 4-14 所示。控流片是该类浇注系统中截面面积最小的通道，用它来控制铁液流量，增加流动阻力。垂直控流片的结构复杂，一般用于机器造型；水平控流片的结构相对简单，可用于手工造型。控流片类型的选择见表 4-26。

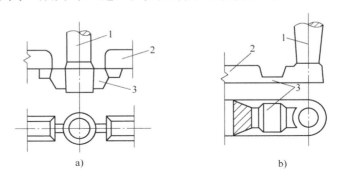

图 4-14 控流式浇注系统

a) 垂直式控流片 b) 水平式控流片

1—直浇道 2—横浇道 3—控流片

表 4-26 控流片类型的选择

单个铸件重量/kg	砂型中铁液总重量/kg	控流片类型
0.5 ~ 5	5 ~ 30	单片单向或单片双向
>5 ~ 100	>30 ~ 120	单片双向 T 型
>100 ~ 300	>120 ~ 400	单片双向 2T 型

控流片截面积按以下步骤计算：

1）由下式计算出重量速度 v（kg/s）：

$$v = \mu \sqrt{G} \tag{4-41}$$

式中 G——浇注重量（kg）；

μ——重量流速损耗系数，由表 4-27 查得。

表 4-27 重量流速损耗系数

砂型中铁液重量 /kg	μ 的分级							
	1 级		2 级		3 级		4 级	
	μ_1	μ_2	μ_3	μ_4	μ_5	μ_6	μ_7	μ_8
1 ~ 5	0.240	0.280	0.320	0.360	0.400	0.440	0.480	0.520
>5 ~ 10	0.245	0.285	0.325	0.365	0.405	0.445	0.485	0.525
>10 ~ 15	0.250	0.290	0.330	0.370	0.410	0.450	0.490	0.530
>15 ~ 20	0.255	0.295	0.335	0.375	0.415	0.455	0.495	0.535
>20 ~ 25	0.260	0.300	0.340	0.380	0.420	0.460	0.500	0.540
>25 ~ 30	0.265	0.305	0.345	0.385	0.425	0.465	0.505	0.545
>30 ~ 35	0.270	0.310	0.350	0.390	0.430	0.470	0.510	0.550
>35 ~ 40	0.275	0.315	0.355	0.395	0.435	0.475	0.515	0.555
>40 ~ 45	0.280	0.320	0.360	0.400	0.440	0.480	0.520	0.560

（续）

砂型中铁液重量 /kg	μ 的分级							
	1 级		2 级		3 级		4 级	
	μ_1	μ_2	μ_3	μ_4	μ_5	μ_6	μ_7	μ_8
>45 ~ 50	0.285	0.325	0.365	0.405	0.445	0.485	0.525	0.565
>50 ~ 55	0.290	0.330	0.370	0.410	0.550	0.490	0.530	0.570
>55 ~ 60	0.295	0.335	0.375	0.415	0.555	0.495	0.535	0.575
>60 ~ 65	0.300	0.340	0.380	0.420	0.560	0.500	0.540	0.580
>65 ~ 70	0.305	0.345	0.385	0.425	0.565	0.505	0.545	0.585
>70 ~ 75	0.310	0.350	0.390	0.430	0.570	0.510	0.550	0.590
>75 ~ 80	0.315	0.355	0.395	0.435	0.575	0.515	0.555	0.595
>80 ~ 85	0.320	0.360	0.400	0.440	0.580	0.520	0.560	0.600
>85 ~ 90	0.325	0.365	0.405	0.445	0.585	0.525	0.565	0.605
>90 ~ 95	0.330	0.370	0.410	0.450	0.490	0.530	0.570	0.610
>95 ~ 100	0.335	0.375	0.415	0.455	0.495	0.535	0.575	0.615
>100 ~ 105	0.340	0.380	0.420	0.460	0.500	0.540	0.580	0.620
>105 ~ 110	0.345	0.385	0.425	0.465	0.505	0.545	0.585	0.625
>110 ~ 115	0.350	0.390	0.430	0.470	0.510	0.550	0.590	0.630
>115 ~ 120	0.355	0.395	0.435	0.475	0.515	0.555	0.595	0.635
>120 ~ 125	0.360	0.400	0.440	0.480	0.520	0.560	0.600	0.640
>125 ~ 130	0.365	0.405	0.445	0.485	0.525	0.565	0.605	0.645
>130 ~ 135	0.370	0.410	0.450	0.490	0.530	0.570	0.610	0.650
>135 ~ 140	0.375	0.415	0.455	0.495	0.535	0.575	0.615	0.655
>140 ~ 145	0.380	0.420	0.460	0.500	0.540	0.580	0.620	0.660
>145 ~ 150	0.385	0.425	0.465	0.505	0.545	0.585	0.625	0.665
>150 ~ 155	0.390	0.430	0.470	0.510	0.550	0.590	0.630	0.670
>155 ~ 160	0.395	0.435	0.475	0.515	0.555	0.595	0.635	0.675
>160 ~ 165	0.400	0.440	0.480	0.520	0.560	0.600	0.640	0.680
>165 ~ 170	0.405	0.445	0.485	0.525	0.565	0.605	0.645	0.685
>170 ~ 175	0.410	0.450	0.490	0.530	0.570	0.610	0.650	0.690
>175 ~ 180	0.415	0.455	0.495	0.535	0.575	0.615	0.655	0.695
>180 ~ 185	0.420	0.460	0.500	0.540	0.580	0.620	0.660	0.700
>185 ~ 190	0.425	0.465	0.505	0.545	0.585	0.625	0.665	0.705
>190 ~ 195	0.430	0.470	0.510	0.550	0.590	0.630	0.670	0.710
>195 ~ 200	0.435	0.475	0.515	0.555	0.595	0.635	0.675	0.715
>200 ~ 205	0.440	0.480	0.520	0.560	0.600	0.640	0.680	0.720
>205 ~ 210	0.445	0.485	0.525	0.565	0.605	0.645	0.685	0.725
>210 ~ 215	0.450	0.490	0.530	0.570	0.610	0.650	0.690	0.730

（续）

砂型中铁液重量 /kg	μ 的分级							
	1 级		2 级		3 级		4 级	
	μ_1	μ_2	μ_3	μ_4	μ_5	μ_6	μ_7	μ_8
>215~220	0.455	0.495	0.535	0.575	0.615	0.655	0.695	0.735
>220~225	0.460	0.500	0.540	0.580	0.620	0.660	0.700	0.740
>225~230	0.465	0.505	0.545	0.585	0.625	0.665	0.705	0.745
>230~235	0.470	0.510	0.550	0.590	0.630	0.670	0.710	0.750
>235~240	0.475	0.515	0.555	0.595	0.635	0.675	0.715	0.755
>240~245	0.480	0.520	0.560	0.600	0.640	0.680	0.720	0.760
>245~250	0.485	0.525	0.565	0.605	0.645	0.685	0.725	0.765
>250~255	0.490	0.530	0.570	0.610	0.650	0.690	0.730	0.770
>255~260	0.495	0.535	0.575	0.615	0.655	0.695	0.735	0.775
>260~265	0.500	0.540	0.580	0.620	0.660	0.700	0.740	0.780
>265~270	0.505	0.545	0.585	0.625	0.665	0.705	0.745	0.785
>270~275	0.510	0.550	0.590	0.630	0.670	0.710	0.750	0.790
>275~280	0.515	0.555	0.595	0.635	0.675	0.715	0.755	0.795
>280~285	0.520	0.560	0.600	0.640	0.680	0.720	0.760	0.800
>285~290	0.525	0.565	0.605	0.645	0.685	0.725	0.765	0.805
>290~295	0.530	0.570	0.610	0.650	0.690	0.730	0.770	0.810
>295~300	0.535	0.575	0.615	0.655	0.695	0.735	0.775	0.815
>300~305	0.540	0.580	0.620	0.660	0.700	0.740	0.780	0.820
>305~310	0.545	0.585	0.625	0.665	0.705	0.745	0.785	0.825
>310~315	0.550	0.590	0.630	0.670	0.710	0.750	0.790	0.830
>315~320	0.555	0.595	0.635	0.675	0.715	0.755	0.795	0.835
>320~325	0.560	0.600	0.640	0.680	0.720	0.760	0.800	0.840
>325~330	0.565	0.605	0.645	0.685	0.725	0.765	0.805	0.845
>330~335	0.570	0.610	0.650	0.690	0.730	0.770	0.810	0.850
>335~340	0.575	0.615	0.655	0.695	0.735	0.775	0.815	0.855
>340~345	0.580	0.620	0.660	0.700	0.740	0.780	0.820	0.860
>345~350	0.585	0.625	0.665	0.705	0.745	0.785	0.825	0.865
>350~355	0.590	0.630	0.670	0.710	0.750	0.790	0.830	0.870
>355~360	0.595	0.635	0.675	0.715	0.755	0.795	0.835	0.875
>360~365	0.600	0.640	0.680	0.720	0.760	0.800	0.840	0.880
>365~370	0.605	0.645	0.685	0.725	0.765	0.805	0.845	0.885
>370~375	0.610	0.650	0.690	0.730	0.770	0.810	0.850	0.890
>375~380	0.615	0.655	0.695	0.735	0.775	0.815	0.855	0.895
>380~385	0.620	0.660	0.700	0.740	0.780	0.820	0.860	0.900

（续）

砂型中铁液重量 /kg	μ 的分级							
	1 级		2 级		3 级		4 级	
	μ_1	μ_2	μ_3	μ_4	μ_5	μ_6	μ_7	μ_8
>385 ~ 390	0.625	0.665	0.705	0.745	0.785	0.825	0.865	0.905
>390 ~ 395	0.630	0.670	0.710	0.750	0.790	0.830	0.870	0.910
395 ~ 400	0.635	0.675	0.715	0.755	0.795	0.835	0.875	0.915

注：1 级指慢浇，多用于小件（5 ~ 30kg）以及有砂垛或易冲砂的铸件；2 级指正常浇注，多用于中件（30 ~ 120kg），较复杂的铸件可选用 μ_4；3 级指快浇，多用于大中件（120 ~ 250kg）或复杂的中件；4 级指特快浇，多用于大件（250 ~ 400kg）以及形状非常复杂的铸件。

2）按下式计算控流片截面面积 A_{con}（cm^2）：

$$A_{con} = \frac{v}{K} \qquad (4-42)$$

式中　v——重量流速（kg/s），按式（4-41）计算；

K——浇注比速度［kg/（cm·s）］，按下式计算：

$$K = 0.022H_p \qquad (4-43)$$

浇注时间按下式计算：

$$t = \frac{G}{KA_{con}} = \frac{G}{0.022H_pA_{con}} \qquad (4-44)$$

（5）雨淋式浇注系统法　雨淋式浇注系统分为上雨淋式和下雨淋式两种类型。上雨淋式可用于圆筒类铸件，下雨淋式多用于要求组织与硬度都均匀的大平面铸件。上、下雨淋式浇注系统如表 4-1 所示，下雨淋式浇注系统的另一种方式如图 4-15 所示。

圆筒类灰铸铁件雨淋式内浇道面积用图 4-16a 确定，其他类型灰铸铁件雨淋式内浇道总面积按图 4-16b 确定。

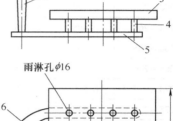
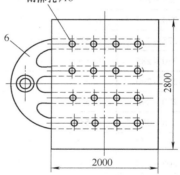

图 4-15　大型平板件的下雨淋式浇注系统

1—浇口杯　2—直浇道　3—铸件
4—内浇道　5—分横浇道　6—横浇道

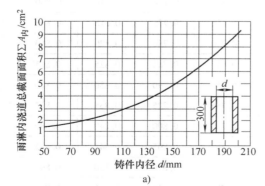

a)

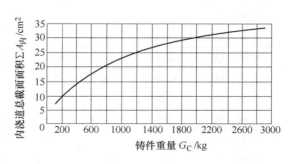

b)

图 4-16　雨淋式内浇道总面积与铸件的关系

a）与筒形铸件内径的关系　b）与铸件重量的关系

5. 各组元尺寸的查表求解

通过经验数据表格可以求得组元中浇口杯、直浇道、横浇道、内浇道等的具体数量和尺寸。

（1）浇口杯　不同类型浇口杯的尺寸见表 4-28 ~ 表 4-32，可根据具体的参数（如铸件重量）来选取浇口杯的具体尺寸。

表 4-28　普通漏斗形浇口杯尺寸

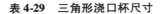

	浇口杯下端直径 d/mm	D_1/mm	D_2/mm	H/mm	铁液容量/kg
	≤16	56	52	40	0.5
	>16 ~ 18	58	54	42	0.6
	>18 ~ 20	60	56	44	0.7
	>20 ~ 22	62	58	46	0.8
	>22 ~ 24	64	60	48	0.9
	>24 ~ 26	66	62	50	1.0
	>26 ~ 28	68	64	52	1.2
	>28 ~ 30	70	66	54	1.3

表 4-29　三角形浇口杯尺寸

	L/mm	H/mm	h/mm	C/mm	R_1/mm	R_2/mm	R_3/mm	α/(°)
	120	150	10	5	375	150	20	80
	180	200	10	5	375	200	30	80
	250	300	30	10	375	300	50	60
	400	400	30	10	375	400	150	40

表 4-30　盆形浇口杯尺寸

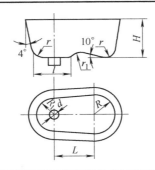

铸件重量/kg	浇口杯容量/kg	浇口杯尺寸/mm							
		L	R	R_1	r	r_1	H	l	d
50 ~ 100	30	110	70	40	25	13	110	78	27
>100 ~ 200	50	140	83	47	31	15	130	96	32
>200 ~ 300	80	160	90	56	35	17	150	110	38

（续）

铸件重量 /kg	浇口杯容量 /kg	浇口杯尺寸/mm								
		L	R	R_1	r	r_1	H	l	d
>300~600	170	210	125	70	50	22	200	145	45
>600~1000	260	260	150	105	60	25	240	170	53
>1000~2000	368	290	170	110	70	30	250	190	65

注：d 可以根据选定的直浇道尺寸做适当调整。

表 4-31　方盆形浇口杯尺寸

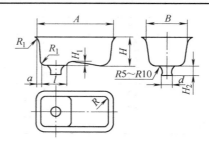

铸件重量 /kg	铁液消耗量/kg	浇口杯尺寸/mm									
		A	B	l	H	H_1	d	a	R	R_1	H_2
50~100	17.5	200	120	70	120	10	30	10	20	15	30
>100~200	29	250	140	90	140	12	38	15	25	20	35
>200~600	59	320	200	110	155	15	50	20	30	25	45
>600~1000	125	450	250	130	185	20	60	25	40	25	65
>1000~2000	245	600	300	170	225	25	70	25	50	30	75
>2000~4000	430	800	400	200	260	30	85	30	60	35	90

注：铁液消耗量是指浇注结束后，残留于浇口杯中的剩余铁液量。d 值可以根据直浇道上端尺寸调整。

表 4-32　闸门式浇口杯尺寸

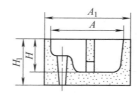

铸件重量 /kg	浇口杯尺寸/mm						直浇道尺寸/mm
	A_1	A	B_1	B	H_1	H	
500~2000	550	450	450	280	300	220	φ50 （1 个）
>2000~3500	650	520	500	320	350	240	φ60 （1 个）
>3500~10000	850	700	650	450	450	320	φ70~φ90 （1 个）
>10000	900	750	750	550	550	400	φ70~φ80 （2 个）

（2）直浇道　直浇道尺寸见表4-33。

表 4-33　直浇道尺寸

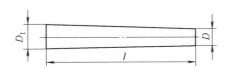

D 端面积 /cm²	D /mm	D₁ /mm	l /mm	每厘米长重量/kg	D 端面积 /cm²	D /mm	D₁ /mm	l /mm	每厘米长重量/kg
1.8	15	19	200	0.013	33.2	65	73	400	0.243
		21	300				75	500	
		23	400				77	600	
3.1	20	28	400	0.023	38	70	78	400	0.279
		30	500				80	500	
		32	600				82	600	
4.9	25	33	400	0.036	44	75	83	400	0.320
		35	500				85	500	
		37	600				87	600	
7.1	30	38	400	0.052	50.3	80	88	400	0.364
		40	500				90	500	
		42	600				92	600	
9.6	35	43	400	0.069	56.7	85	93	400	0.411
		45	500				95	500	
		47	600				97	600	
12.6	40	48	400	0.092	63.7	90	98	400	0.46
		50	500				100	500	
		52	600				102	600	
15.9	45	53	400	0.117	71	95	103	400	0.512
		55	500				105	500	
		57	600				107	600	
19.6	50	58	400	0.144	78.5	100	108	400	0.567
		60	500				110	500	
		62	600				112	600	
23.7	55	63	400	0.174	86.5	105	113	400	0.625
		65	500				115	500	
		67	600				117	600	
28.2	60	68	400	0.206	95.2	110	118	400	0.686
		70	500				120	500	
		72	600				122	600	

（3）横浇道　横浇道面积确定后，可由表4-34查得横浇道截面尺寸。

表 4-34　横浇道类型与截面面积及尺寸

截面面积 /cm²	A/mm	B/mm	C/mm	A/mm	B/mm	R/mm
1	11	9	10	18	10	6
2	15	10	16	20	13	8
2.4	16	11	18	22	14	10
3	17	13	20	24	15	11
3.6	19	14	22	28	17	12
4	20	15	23	30	18	13
5	24	16	25	35	20	15
6	27	17	28	36	22	16
7	28	18	30	38	24	17
8	30	20	32	40	26	18
9	32	22	34	42	28	19
11	36	24	37	45	30	21
13	38	27	40	52	32	24
13.8	38	28	42	55	33	25
17	44	30	46	60	36	28
19.5	46	32	50	65	39	30
24	52	36	54	72	43	33
28	56	40	58	78	46	36
34	60	44	66	86	51	40
38.5	65	45	70	90	54	43
48	65	55	80	102	60	48
56	75	65	80	110	65	52
66.5	75	65	95	120	70	57
70	75	65	100	124	72	59
80	85	75	100	130	78	62
96	85	75	120	145	84	69
100	85	75	125	146	86	70
140	105	95	140	176	101	84
157.5	110	100	150	185	108	88
188	125	110	160	200	118	96

（4）内浇道　内浇道面积确定后，可由表4-35查得内浇道的类型和截面尺寸。扁形扩散式内浇道尺寸见表4-36。半圆形截面内浇道尺寸见表4-37。雨淋式内浇道截面尺寸见表4-38。

表4-35　内浇道类型与截面面积及尺寸

内浇道截面面积/cm²	I			II			III			IV			V	VI
	a	b	c	a	b	c	a	b	c	a	b	R	d	a
0.3	11	9	3	6	4	6	4	3	9	9	5	3	6.5	8.5
0.4	11	9	4	7	5	7	5	3	10	9	6	4	7	9.5
0.5	11	9	5	8	6	7	6	4	10	10	7	4	8	10.5
0.6	11	9	6	8.5	6.5	8	6.5	4.5	11	11	7	5	9	12
0.8	14	12	6	10	8	9	8	5	12	13	8	6	10	13.5
1.0	15	13	7	11	9	10	9	5	14	14	9	7	11.5	15
1.2	18	14	7.5	12	10	11	10	6	15	16	10	7	12.5	16.5
1.5	20	18	8	14	11	12	11	7	17	18	11	8	14	18.5
1.8	21	19	9	16	12	13	12	8	18	20	12	9	15	20.5
2.2	23	21	10	17	13	15	13	9	20	22	14	9	17	23
2.6	25	23	11	17.5	13.5	17	13	9	24	24	15	10	18.5	24.5
3.0	28	24	12	18	14	19	14	10	26	27	16	11	20	26
3.4	32	25	12	19	15	20	15	10	28	28	17	12	21	28
4.0	38	30	12	21	15	22	16	10	30	30	18	13	22.5	30.5
4.5	40	36	12	22	16	24	17	11	32	30	20	14	24	32.5
5.0	42	38	12.5	23	17	25	18	11	34	35	20	15	25.5	34
5.4	44	40	13	24	18	25.5	19	12	35	35	21	15	26	35
6.0	45	41	14	25	21	26	20	12	37	36	22	16	27.5	37
9.0	56	50	17	30	23	34	24	16	45	42	28	19	34	45.5
12.0	58	52	22	37	28	36	28	20	50	48	32	22	39	50

表 4-36　扁形扩散式内浇道尺寸

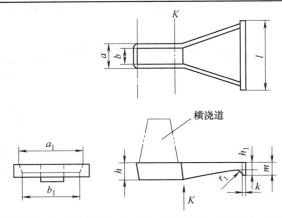

计算面积 /cm²	扩大面积 /cm²	结构尺寸/mm									
		a	b	h	a_1	b_1	h_1	r_1	k	l	m
1.0	1.25	10.7	8.1	10.7	37	35	3.6	4	1.5	44	6.6
1.2	1.50	11.7	8.9	11.7	40	38	3.8	4	1.5	47	6.8
1.4	1.75	12.6	9.6	12.6	42	40	4.2	4	1.5	49	7.2
1.6	2.00	13.5	10.3	13.5	47	45	4.4	4	1.5	54	7.4
1.8	2.25	14.3	10.9	14.3	51	49	4.6	4	1.5	58	7.6
2.0	2.50	15.1	11.5	15.1	53	51	4.8	4	1.5	60	7.8

表 4-37　半圆形截面内浇道尺寸

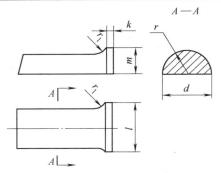

截面面积 /cm²	截面尺寸/mm					截面面积 /cm²	截面尺寸/mm				
	d	k	r_1	l	m		d	k	r_1	l	m
0.6	12.4	1	3	17.4	8.7	1.4	18.8	1.5	4	25.6	12.4
0.7	13.4	1	3	18.4	9.2	1.5	19.6	1.5	4	26.6	12.8
0.8	14.4	1	3	19.4	9.7	1.6	20.2	1.5	4	27.2	13.1
0.9	15.2	1	3	20.2	10.1	1.7	20.8	1.5	4	27.8	13.4
1.0	16.0	1	3	21.0	10.5	1.8	21.4	1.5	4	28.4	13.7
1.1	16.6	1	3	21.6	10.8	1.9	22.0	1.5	4	29.0	14.0
1.2	17.4	1.5	4	24.4	11.7	2.0	22.6	1.5	4	29.6	14.3
1.3	18.2	1.5	4	25.2	12.1						

表 4-38　雨淋式内浇道截面尺寸

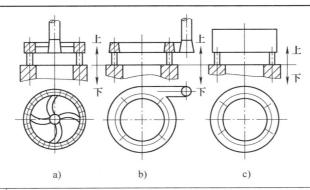

a)　　　　　　　　b)　　　　　　　　c)

铸件重量 /kg	铸件壁厚/mm				内浇道数量 /个
	≤15	>15～30	>30～60	>60	
	内浇道截面面积和/cm²				
≤100	4.1	4.7	5.5	6.5	4～8
>100～500	9.13	10.5	12.3	14.5	6～12
>500～1000		14.8	17.4	20.5	6～16
>1000～2000		21.0	24.6	29.0	8～24
>2000～3000		25.6	30.2	35.5	8～24
>3000～5000			38.8	45.8	8～24
>5000～7000			46.0	54.3	8～24
>7000～10000			55.0	65.0	8～24
>10000～15000			67.5	79.5	12～36
>15000～20000				91.5	12～36
>20000～25000				102.5	12～36
>25000～30000				112.0	12～36

（5）离心式集渣包　离心式集渣包几何尺寸见表 4-39。

表 4-39　离心式集渣包几何尺寸

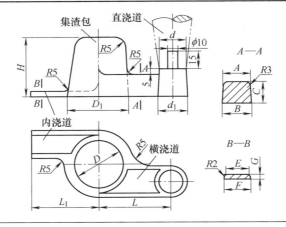

（续）

铸件重量 /kg	截面面积/cm²			直浇道直径/mm	d_1 /mm	d /mm	横浇道尺寸		
	直浇道	横浇道	内浇道				A/mm	B/mm	C/mm
≤10	3.1	2.7	0.85	20	25	22	14	16	18
>10~20	4.9	3.4	2.0	25	30	26	16	18	20
>20~30	7.1	4.0	2.6	30	37	32	16	20	22
>30~40	9.6	6.2	3.8	35	43	37	20	24	28

铸件重量 /kg	内浇道			D /mm	D_1 /mm	H /mm	L /mm	L_1 /mm
	E/mm	F/mm	G/mm					
≤10	20	22	4	40	50	50	60	50
>10~20	24	26	8	45	55	55	70	60
>20~30	24	28	10	50	60	60	80	65
>30~40	27	35	12	55	65	65	90	70

6. 各组元截面面积之间的关系

各组元截面面积之间的关系主要是指各类浇注系统中直浇道、横浇道和内浇道之间面积的比例关系。

（1）普通封闭式浇注系统　浇注系统的截面面积选择与组元间关系见表4-40。中小型铸件浇注系统中各组元之间截面面积的关系见表4-41。

表4-40　浇注系统的截面面积选择与组元间的关系

铸件重量 /kg	内浇道			横浇道				直浇道		
	数量	面积 /cm²	总面积 /cm²	单通道		双通道		数量	直径/mm	面积/cm²
				数量	面积/cm²	数量	面积/cm²			
≤2	1	0.5	0.5							
>2~5	1	0.8	0.8		2.4					
	2	0.5	1.0							
>5~10	1	1.5	1.5						20	3.1
	2	0.8	1.6							
	3	0.5	1.5							
>10~20	1	2.25	2.25	1	3.6	1	2.4	1		
	2	1.15	2.3							
	3	0.8	2.4							
	5	0.5	2.5							
>20~50	1	3.1	3.1		4.8				25	4.9
	2	1.5	3.0							
	4	0.8	3.2							
>50~100	2	2.25	4.5		7.2		3.6		30	7.1
	4	1.15	4.6							
	6	0.8	4.8							

（续）

铸件重量 /kg	内浇道			横浇道				直浇道		
	数量	面积 /cm²	总面积 /cm²	单通道		双通道		数量	直径/mm	面积/cm²
				数量	面积/cm²	数量	面积/cm²			
>100~200	2	3.1	6.2		9.5		4.8		35	9.6
	4	1.5	6.0							
	6	1.15	6.9							
>200~300	2	4.55	9.1		13.8		7.2		40	12.5
	4	2.25	9.0							
	6	1.5	9.0							
	8	1.15	9.2							
>300~600	2	6.0	12.0		19.5		9.5		45	15.9
	4	3.1	12.4							
	6	2.25	13.5							
	8	1.5	12.0							
>600~1000	2	9.2	18.4	1	28	1	13.8	1	55	23.8
	4	4.55	18.2							
	6	3.1	18.6							
	8	2.25	18.0							
>1000~2000	4	6.0	24.0		38.5		19.5		65	33.1
	6	4.55	27.3							
	8	3.1	24.8							
>2000~4000	4	9.2	36.8		56		28		75	44
	6	6.0	36.0							
	8	4.55	36.4							
>4000~7000	4	12.0	48.0		72		38.5		90	63.6
	6	9.2	55.2							
	8	6.0	48.0							
>7000~10000	6	12.0	72.0	2	112	2	56	2	75	88
	8	9.2	73.6							
	12	6.0	72.0							
>10000~15000	8	12.0	96.0		144		77		90	127
	12	9.2	110.4							
	16	6.0	96.0							

表 4-41 中小型铸件浇注系统各组元之间截面面积的关系

铸件重量 /kg	内浇道			横浇道		直浇道	
	数量	面积/cm²	总面积/cm²	通道数	总面积/cm²	直径/mm	面积/cm²
≤2	1	2.0	2.0	1	3.0	20	3.14

（续）

铸件重量 /kg	内浇道			横浇道		直浇道	
	数量	面积/cm²	总面积/cm²	通道数	总面积/cm²	直径/mm	面积/cm²
>2 ~ 5	1	2.5	2.5	1	3.0	25	4.9
	2	1.25	2.5	2	4.0		
>5 ~ 10	1	3.0	3.0	1/2	5.0/4.0		
	2	1.5	3.0				
	3	1.0	3.0				
>10 ~ 20	1	4.0	4.0	1	5.0	30	7.06
	2	2.0	4.0				
	3	1.25	3.75	2	6.0		
	4	1.0	4.0				
>20 ~ 50	1	5.0	5.0	1	7.5		
	2	2.5	5.0				
	3	1.5	4.5	2	6.0		
	4	1.25	5.0				
>50 ~ 100	1	7.0	7.0	1	10.0	40	12.56
	2	4.0	8.0				
	3	2.5	7.5	2			
	4	2.0	8.0				
>100 ~ 200	2	5.0	10.0	1	12.5	45	15.9
	3	3.0	9.0				
	4	2.5	10.0	2			
	6	1.5	9.0				
>200 ~ 300	2	6.0	12.0	1	15.0		
	3	4.0	12.0				
	4	3.0	12.0	2			
	6	2.0	12.0				
>300 ~ 600	2	8.0	16.0	1	20.0	50	19.6
	3	5.0	15.0				
	4	4.0	16.0	2			
	6	2.5	15.0				
>600 ~ 1000	2	10.0	20.0	1	25.0	60	28.2
	3	7.0	21.0				
	4	5.0	20.0	2			
	6	4.0	24.0			65	33.2
>1000 ~ 2000	2	12.5	25.0	1	40.0		
	3	9.0	27.0			70	38.5
	4	7.0	28.0	2			
	6	5.0	30.0				

（续）

铸件重量 /kg	内浇道			横浇道		直浇道	
	数量	面积/cm²	总面积/cm²	通道数	总面积/cm²	直径/mm	面积/cm²
>2000~3000	2	15.0	30.0	1	45.0	80	50.0
	3	12.5	37.5			60×2	56.4
	4	9.0	36.0	2	50.0		
	6	6.0	36.0				
	8	5.0	40.0				

（2）雨淋式浇注系统　雨淋式浇注系统的截面面积选择与组元间的关系见表 4-42。根据内浇道的面积，可由表 4-43 查得相匹配的横浇道和直浇道截面面积和尺寸。在铸造工艺设计中，可由图 4-16 或表 4-38 查得 $A_{内}$，再按表 4-9、表 4-42 或 4-43 查得三组元各自的面积总和，以及各组元中浇道的数量和每个浇道的几何尺寸。

表 4-42　雨淋式浇注系统的截面面积选择与组元间的关系

铸件重量 /kg	$\Sigma A_{内} : \Sigma A_{横} : \Sigma A_{直} = 1 : 1.5 : 1.2$					
	内浇道			横浇道	直浇道	
	数量	面积/cm²	总面积/cm²	面积/cm²	直径/mm	面积/cm²
20~50	6	0.5	3.0	4.8	22	3.8
	4	0.8	3.2			
>50~100	10	0.5	5.0	7.2	27	5.7
	6	0.8	4.8			
>100~150	12	0.5	6.0	9.5	31	7.55
	8	0.8	6.4			
>150~200	10	0.8	8.0	12	35	9.6
	7	1.13	7.9			
>200~300	12	0.8	9.6	13.8	38	11.3
	8	1.13	8.0			
>300~400	14	0.8	11.2	16.8	42	13.8
	10	1.13	11.3			
>400~500	12	1.13	13.5	19.5	45	15.9
	9	1.53	13.8			
>500~600	14	1.13	15.8	23.4	48	18.1
	10	1.54	15.4			
>600~700	15	1.13	17.0	25.5	50	19.6
	11	1.54	17.4			
>700~800	16	1.13	18.0	28.0	53	22.0
	12	1.54	18.5			
>800~900	17	1.13	19.2	30.0	56	24.6
	13	1.54	20.0			

（续）

铸件重量/kg	内浇道			横浇道	直浇道	
	数量	面积/cm²	总面积/cm²	面积/cm²	直径/mm	面积/cm²
>900~1000	14	1.54	21.5	33.0	58	26.4
	11	2.0	22.0			
>1000~1500	20	1.13	22.6	35.0	42（2个）	27.6
	45	1.54	23.0			
	12	2.0	24.0			
>1500~2000	16	1.54	24.5	38.5	42（2个）	31.8
	13	2.0	26.0			
	8	2.55	20.4			
>2000~2500	18	1.54	28.0	43.0	48（2个）	36.2
	14	2.0	28.0			
	10	2.55	25.5			
>2500~3000	16	2.00	32.0	47.0	50（2个）	39.2
	12	2.55	30.6			
	10	3.14	31.4			
>3000~3500	18	2.00	36.0	56.0	53（2个）	44.0
	14	2.55	36.0			
	12	3.14	37.5			
>3500~4000	16	2.55	40.0	64.0	56（2个）	49.2
	14	3.14	44.0			
	12	3.80	45.0			

表中最上方标注：$\Sigma A_{内} : \Sigma A_{横} : \Sigma A_{直} = 1 : 1.5 : 1.2$

表 4-43　雨淋式浇注系统组元间的截面面积及相互关系与尺寸

$\Sigma A_{内} : \Sigma A_{横} : \Sigma A_{直}$					1 : 1.5 : 1.2	
内浇道		横浇道			直浇道	

d/mm	$A_{内}$/cm²	A/mm	B/mm	C/mm	$A_{横}$/cm²	D/mm	$A_{直}$/cm²
8	0.5	23	15	25	4.8	22	3.8
		28	19	31	7.2	27	5.7
10	0.8	32	22	35	9.5		
		35	25	40	12.0	31	7.55

（续）

d/mm	$A_内/cm^2$	A/mm	B/mm	C/mm	$A_横/cm^2$	D/mm	$A_直/cm^2$
12	1.13	38	28	42	13.8	35	9.6
12	1.13	42	30	47	16.8	38	11.3
14	1.54	46	32	50	19.5	38	11.3
14	1.54	50	35	55	23.4	42	13.8
16	2.0	53	38	56	25.5	45	15.9
16	2.0	56	40	58	28.0	48	18.1
18	2.55	58	41	60	30.0	48	18.1
18	2.55	60	42	64	33.0	50	19.6
20	3.14	62	44	66	35.0	50	19.6
20	3.14	65	45	70	38.5	53	22.0
22	3.8	70	50	72	43.0	53	22.0
22	3.8	75	55	74	47.0	56	24.6
24	4.5	80	60	80	56.0	56	24.6
24	4.5	85	65	85	64.0	58	26.4

注：本表是根据铁液在套筒型铸型内上升速度为 15～30mm/s 而计算出的，因此选浇道时，必须校验上升速度值。

（3）控流式浇注系统 控流式浇注系统包括单通道控流式浇注系统和双通道控流式浇注系统。

1）单通道控流式浇注系统中各组元的截面面积和尺寸见表4-44、表4-45。

表4-44 单通道控流式浇注系统中各组元的截面面积

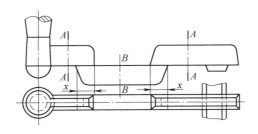

铸件重量 /kg	内浇道			横浇道			直浇道	
	数量	截面面积 /cm²	总截面面积 /cm²	A—A 截面面积 /cm²	B—B 截面面积 /cm²	搭接尺寸 x/mm	直径 d /mm	截面面积 /cm²
≤5	1	0.8	0.8	1.48	1.35	11	13.5	1.43
≤5	2	0.5	1.0	1.48	1.35	11	13.5	1.43
>5～10	1	1.5	1.5	1.92	1.76	12.6	15.5	1.86
>5～10	2	0.8	1.6	1.92	1.76	12.6	15.5	1.86
>5～10	3	0.5	1.5	1.92	1.76	12.6	15.5	1.86

（续）

铸件重量 /kg	内浇道			横浇道			直浇道	
	数量	截面面积 /cm²	总截面面积 /cm²	A—A 截面面积 /cm²	B—B 截面面积 /cm²	搭接尺寸 x/mm	直径 d /mm	截面面积 /cm²
>10~20	1	2.25	2.25	2.96	2.68	15	19	2.83
	2	1.15	2.3					
	3	0.8	2.4					
	4	0.5	2.0					
>20~50	1	3.1	3.1	3.74	3.3	17	21	3.46
	2	1.5	3.0					
	4	0.8	3.2					
>50~100	2	2.25	4.5	5.6	5.09	22	26	5.3
	4	1.15	4.6					
	6	0.8	4.8					
>100~200	2	3.1	6.2	7.56	6.86	25	30.5	7.31
	4	1.5	6.0					
	6	1.15	6.9					
>200~300	2	4.45	8.9	11.11	10.15	31	37	10.75
	4	2.25	9.0					
	6	1.5	9.0					
	8	1.15	9.2					
>300~600	2	6.0	12.0	15.6	14.4	38	43	14.5
	4	3.4	13.6					
	6	2.25	13.5					
	8	1.5	12.0					
>600~1000	2	9.2	18.4	23.1	20.6	46	53	22
	4	4.55	18.2					
	6	3.1	18.1					
	8	2.25	18.0					
>1000~2000	4	6.0	24.0	31.3	28	50	62	30.2
	6	4.55	27.3					
	8	3.1	24.8					

表 4-45　单通道控流式浇注系统中各组元的截面尺寸

内浇道												直浇道	

a/mm	b/mm	c/mm	截面面积/cm²	a/mm	b/mm	c/mm	截面面积/cm²	a/mm	b/mm	c/mm	截面面积/cm²	d/mm	截面面积/cm²
11	9	5	0.5	8	6	7	0.5	6	4	10	0.5	13.5	1.43
14	12	6	0.8	10	8	9	0.8	8	5	12	0.8	15.5	1.85
18	15	7	1.15	11	8	12	1.14	10	6	15	1.2	19	2.83
20	18	8	1.5	14	11	12	1.5	11	7	17	1.5	21	3.46
24	21	10	2.25	17	13	15	2.25	13	9	21	2.25	26	5.3
30	26	11	3.1	18	14	19	3.1	14	10	26	3.1	30.5	7.31
40	36	12	4.55	22	16	24	4.55	17	11	33	4.55	37	10.75
45	41	14	6.0	25	21	26	6.0	20	12	37	6.0	43	14.5
56	52	17	9.2	30	24	36	9.2	24	16	46	9.2	53	22.0
												62	30.2

横浇道								搭接尺寸	

A—A				B—B					
a/mm	b/mm	c/mm	截面面积/cm²	a/mm	b/mm	c/mm	截面面积/cm²	x/mm	截面面积/cm²
12	8.5	14.5	1.48	12	8.5	13	1.35	10	1.2
14	10.5	16.5	1.92	14	9.5	15	1.76	12	1.68
17	12	20.5	2.96	17	12	18.5	2.68	15	2.55
19	13.5	23	3.74	19	14	20	3.3	17	3.23
23.5	16.5	28	5.6	23.5	18	24.5	5.09	22	5.17
27	20	32	7.56	27	22	28	6.86	25	6.75
33	24	39	11.11	33	29.5	32.5	10.15	31	10.23
38	30	46	15.6	38	32	41	14.4	38	14.44
44	33	60	23.1	44	34	53	20.6	46	20.24
56	45	62	31.3	56	48	54	28	50	28

注：1. B—B 截面面积宜比 A—A 截面面积小 10%。

　　2. 搭接面积宜比 B—B 截面面积小 10% ～15%。

2）双通道控流浇注系统中各组元的截面面积和尺寸见表4-46和表4-47。

表4-46 双通道控流式浇注系统的截面面积

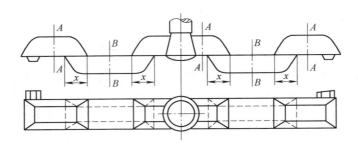

铸件重量 /kg	内浇道			横浇道			直浇道	
	数量	截面面积 /cm²	总截面面积 /cm²	A—A 截面面积 /cm²	B—B 截面面积 /cm²	搭接尺寸 x /mm	直径 /mm	截面面积 /cm²
100 ~ 200	2	3.1	6.2	3.94	3.5	20	30.5	7.3
	4	1.5	6.0					
	6	1.15	6.9					
>200 ~ 300	2	4.55	9.1	5.4	4.95	22	37	10.75
	4	2.25	9.0					
	6	1.5	9.0					
	8	1.15	9.2					
>300 ~ 600	2	6.0	12.0	7.52	6.86	25	43	14.5
	4	3.1	12.4					
	6	2.25	13.5					
	8	1.5	14.0					
>600 ~ 1000	2	9.2	18.4	11.11	10.15	30	53	22.05
	4	4.55	18.2					
	6	3.1	18.6					
	8	2.25	18.0					
>1000 ~ 2000	4	6.0	24.0	15.08	13.8	36	60	28.26
	6	4.55	27.3					
	8	3.1	24.8					
>2000 ~ 4000	4	9.2	36.8	22.22	20.3	30	75	44.16
	6	6.0	36.0					
	8	4.55	36.4					

表 4-47 双通道控流式浇注系统中各组元的截面尺寸

内浇道												直浇道	

$h \approx 0.2a$ ｜ $h \approx 0.5a$ ｜ $h \approx a$

a /mm	b /mm	c /mm	截面面积 /cm²	a /mm	b /mm	c /mm	截面面积 /cm²	a /mm	b /mm	c /mm	截面面积 /cm²	d /mm	截面面积 /cm²
11	9	5	0.5	8	6	7	0.5	6	4	10	0.5	18	2.54
14	12	6	0.8	10	8	9	0.8	8	5	12	0.8	21	3.46
18	15	7	1.15	11	8	12	1.15	10	6	15	1.2	26	5.3
20	18	8	1.5	14	11	12	1.5	11	7	17	1.5	30.5	7.3
24	21	10	2.25	17	13	15	2.25	13	9	21	2.25	37	10.75
30	26	11	3.1	18	14	19	3.1	14	10	26	3.1	43	14.5
40	36	12	4.55	22	16	24	4.55	17	11	33	4.55	53	22.05
45	41	14	6.0	25	21	26	6.0	20	12	37	6.0	60	28.26
56	52	17	6.2	30	24	34	9.2	24	16	46	9.2	75	44.16

横浇道								搭接尺寸	

$A—A$ ｜ $B—B$

a /mm	b /mm	c /mm	截面面积 /cm²	a /mm	b /mm	c /mm	截面面积 /cm²	x /mm	截面面积 /cm²
11.5	8.5	13.5	1.39	11.5	8.5	12	1.2	10	1.15
13.5	9.5	16	1.84	13.5	9	14.5	1.65	12	1.62
17	12	19.5	2.82	17	11	18	2.52	15	2.55
19.5	14	23.5	3.94	19.5	14.5	20.5	3.5	20	3.9
23	16	28	5.4	23	18	24	4.95	22	5.0
27	20	32	7.52	27	22	28	6.86	25	6.75
33	24	39	11.11	33	29.5	32.5	10.15	30	9.9
37	30	45	15.08	37	32	40	13.8	36	13.3

注：1. $B—B$ 截面面积宜比 $A—A$ 截面面积小 10%。

　　2. 搭接面积宜比 $B—B$ 截面面积小 10% ~ 15%。

（4）大孔出流浇注系统　　大孔出流浇注系统各组元的截面面积见表4-48。

表4-48　大孔出流浇注系统各组元的截面面积　　　　　　　　（单位：cm²）

铸件重量 /kg	浇注时间 /s	$\Sigma A_直 : \Sigma A_横 : \Sigma A_内$ 1:1.5:1.2								
		$H_直 = 25mm$			$H_直 = 30mm$			$H_直 = 40mm$		
		直浇道	横浇道	内浇道	直浇道	横浇道	内浇道	直浇道	横浇道	内浇道
10	5	3.3	4.9	3.9	3.1	4.6	3.7	2.6	3.9	3.1
15	6	4.1	6.1	4.9	3.8	5.8	4.6	3.3	4.9	3.9
20	7	4.7	7.0	5.6	4.4	6.6	5.3	3.7	5.5	4.4
25	8	5.1	7.6	6.1	4.8	7.1	5.7	4.0	6.0	4.8
30	9	5.4	8.1	6.1	5.1	7.6	6.1	4.3	6.5	5.2
40	10	6.5	9.8	7.8	6.2	9.3	7.4	5.2	7.8	6.2
50	11	7.4	11.1	8.9	7.0	10.5	8.4	5.8	8.8	7.0
60	12	8.2	12.3	9.8	7.7	11.5	9.2	6.4	9.6	7.7
70	12	9.5	14.3	11.4	8.9	13.4	10.7	7.5	11.3	9.0
80	13	10.1	15.1	12.1	9.4	14.1	11.3	7.9	11.9	9.5
90	14	10.5	15.8	12.6	9.8	14.8	11.8	8.3	12.5	10.0
100	15	10.9	16.4	13.1	10.3	15.4	12.3	8.6	12.9	10.3
150	18	13.6	20.4	16.3	12.8	19.1	15.3	10.8	16.1	12.9
200	20	16.3	24.5	19.6	15.3	23.0	18.4	12.9	19.4	15.5
250	22	18.6	27.9	22.3	17.4	26.1	21.0	14.7	22.0	17.6
300	24	20.4	30.6	24.5	19.2	28.8	23.0	16.1	24.1	19.3
350	26	22.0	33.0	26.4	20.6	31.0	24.7	17.3	26.0	20.8
400	27	24.2	36.3	29.0	22.7	34.0	27.2	19.1	28.6	23.0
450	29	25.3	38.0	30.4	23.8	35.6	28.5	20.0	30.0	24.0
500	30	27.3	40.9	32.7	25.5	38.3	30.6	21.5	32.3	25.8
600	33	29.8	44.6	35.7	27.8	41.8	33.4	23.4	35.1	28.1
700	35	32.7	49.0	39.2	30.7	46.0	36.8	25.8	38.8	31.0
800	37	35.3	53.0	42.2	33.1	49.6	39.7	28.0	42.0	33.5
900	39	37.7	56.6	45.2	35.3	53.0	42.4	29.8	44.6	35.7
1000	41	39.8	59.8	47.8	37.3	56.0	44.8	31.5	47.3	37.8
1100	43	41.8	62.8	50.2	39.2	58.8	47.0	33.0	49.5	39.6
1200	45	43.6	65.4	52.3	40.8	61.3	49.0	34.4	51.6	41.3
1300	47	45.2	67.8	54.2	42.3	63.5	50.8	35.7	53.5	42.8
1400	48	47.7	71.5	57.2	44.7	67.0	53.6	37.6	56.4	45.1
1500	50	49.0	73.5	58.8	46.0	69.0	55.1	38.7	58.0	46.4
1600	51	51.3	77.0	61.5	48.1	72.1	57.7	40.5	60.8	48.6
1700	53	52.4	78.6	63.0	49.2	73.8	59.0	41.4	62.1	49.7
1800	54	54.5	81.8	65.4	51.1	76.6	61.3	43.0	64.5	51.6

注：$H_直$为直浇道压力头，如图4-10所示。

4.3.2　球墨铸铁件的浇注系统设计

　　球墨铸铁件的生产过程中，铁液需要进行球化处理和孕育处理，处理后温度下降较大，所以要求大流量迅速浇注。因此，要求浇注系统具有两个功能：①能够大流量输送铁液；②具有比灰铸铁更好的挡渣能力。球墨铸铁件浇注系统常采用封闭式浇注系统，使充型平稳，并具有较强的挡渣能力，其组元的截面面积比例关系见表4-49。

表 4-49　球墨铸铁件浇注系统各组元的截面面积比例关系

类型	$\Sigma A_{内} : \Sigma A_{横} : \Sigma A_{直}$	应用范围
封闭式	$1 : (1.2 \sim 1.3) : (1.4 \sim 1.9)$	一般球墨铸铁件
开放式	$(1.5 \sim 4) : (2 \sim 4) : 1$ $(1.2 \sim 2) : (1.2 \sim 2) : 1$	厚壁球墨铸铁件
半封闭式	$0.8 : (1.2 \sim 1.5) : 1$ $3 : 8 : 4$	薄壁小型球墨铸铁件

球墨铸铁件浇注系统的设计方法分为两种，即公式法和查表法。

1. 公式法

以阿暂公式为基础求解系统中阻流截面面积，即 $A_{\min} = \dfrac{G}{0.31 \times 10^5 \mu t \sqrt{H_p}}$。式中 G 取铸

件重量的 $1.2 \sim 1.4$ 倍，流量损耗系数 μ 的选取可分两种情况：湿型取 $0.35 \sim 0.50$，干型取 $0.41 \sim 0.60$。浇注时间 t（s）按下式计算：

$$t = (1.17 \sim 1.63)\sqrt[3]{G} \tag{4-45}$$

式中　G——铁液浇注总重量（kg）。

对于大型球墨铸铁件也可以按图 4-17 来查得浇注时间。

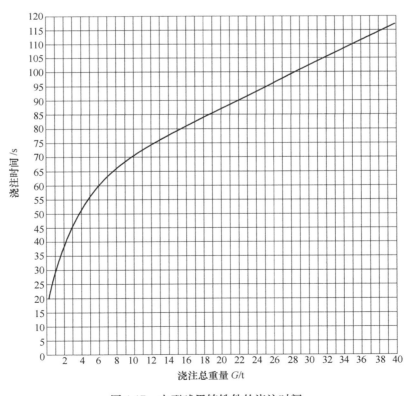

图 4-17　大型球墨铸铁件的浇注时间

阻流截面面积求解出后,其他组元的截面面积、浇道数量和浇道尺寸等设计内容可按灰铸铁件的设计方法设计。

2. 查表法

查表法包括常规方法和大孔出流法。

(1) 常规方法　球墨铸铁件浇注系统中各组元的截面面积和尺寸见表 4-50 和表 4-51。

表 4-50　浇注系统中各组元的截面面积

铸件重量 /kg	内浇道			横浇道	直浇道	
	数量	截面面积 /cm²	总截面面积 /cm²	截面面积 /cm²	直径 /mm	截面面积 /cm²
≤2	1	1.0	1.0	3.0	20	3.1
>2~5	1	1.92	1.92			
	2	1.0	2.0			
>5~10	1	2.9	2.9	3.6	23	4.2
	2	1.5	3.0			
	3	1.0	3.0			
>10~20	1	3.8	3.8	4.8	27	5.7
	2	1.92	3.84			
	3	1.5	4.5			
	4	1.0	4.0			
>20~50	1	4.8	4.8	5.4	29	6.3
	2	2.4	4.8			
	5	1.0	5.0			
>50~100	3	2.4	7.2	8.4	35	9.8
	4	1.92	7.68			
	5	1.5	7.5			
>100~200	2	4.8	9.6	11.4	41	13.3
	4	2.4	9.6			
	6	1.5	9.0			
>200~300	5	2.9	14.5	16.2	50	19.0
	6	2.4	14.4			
	9	1.5	13.5			
>300~600	4	4.8	19.2	22.0	57	25.5
	5	3.8	19.0			
	6	2.9	17.4			
	8	2.4	19.2			
>600~1000	4	6.7	26.8	32.5	50×2 个	38
	5	5.6	28.0			
	6	4.8	28.8			
	9	2.9	26.1			

（续）

铸件重量 /kg	内浇道			横浇道	直浇道	
	数量	截面面积 /cm²	总截面面积 /cm²	截面面积 /cm²	直径 /mm	截面面积 /cm²
>1000~2000	5	7.5	37.5	43	57×2 个	51
	8	4.8	38.4			
	10	3.8	38.0			
>2000~4000	6	7.5	45.0	56.5	64×2 个	64.4
	8	5.6	44.8			
	10	4.8	48.0			
>4000~7000	10	7.5	75.0	86	77×2 个	93
	11	6.7	73.7			
	13	5.6	72.8			
>7000~10000	9	10.8	97.2	113	64×4 个	128.8
	12	7.5	90.0			
	14	6.7	93.8			

表 4-51　浇注系统中各组元的截面尺寸

内浇道	横浇道	直浇道

a /mm	b /mm	c /mm	截面面积 /cm²	a /mm	b /mm	c /mm	截面面积 /cm²	d /mm	截面面积 /cm²
18	16	6	1.0	18	12	20	3.0	20	3.1
23	21	7	1.5	19	14	22	3.6	23	4.2
25	23	8	1.92	23	15	25	4.8	27	5.7
28	26	9	2.4	24	18	26	5.4	29	6.3
30	28	10	2.9	30	22	32	8.4	35	9.8
38	35	11	3.8	34	23	40	11.4	41	13.3
42	38	12	4.8	40	30	46	16.2	50	19.0
46	40	13	5.6	50	38	50	22.0	57	25.5
50	45	14	6.7	56	45	64	32.3	64	32.2
52	48	15	7.5	64	50	75	43.0	77	46.5
63	58	18	10.8	80	60	80	56.5		

（2）大孔出流法　先按表4-52选取浇注系统的流量损耗系数和截面面积比，该表是铸造工艺设计人员和研究人员长期工作经验的总结。选取后再按灰铸铁件大孔出流法设计球墨铸铁的浇注系统，直到满意为止。也可以按表4-53选取内浇道截面面积，然后按灰铸铁件浇注系统的设计方法设计其余部分。

表4-52　球墨铸铁件浇注系统的参数

铸件大小等级	铸件重量/kg	$\Sigma A_直:\Sigma A_横:\Sigma A_内$	$\mu_直$	$\mu_横$	$\mu_内$
中型件	400	1:2:1	0.65	0.65	0.60
	95	1:1.2:1.4	0.60	0.60	0.50
	90	1.4:1:1.25	0.60	0.60	0.55
	54	1.15:1.8:1	0.60	0.60	0.50
小型件	11	4:8:5.3	0.65	0.63	0.57
	9	1:2:1.5	0.65	0.65	0.55
	<9	1:3:2	$0.31\mu_内=0.17\sim0.2$		
		1:2:1.5	$A_内=\dfrac{G}{(0.17-0.2)\,t\,\sqrt{H_p}}$		
		1.2:1.5:1			
		1.5:2:1	$A_内$单位为 cm^2		

表4-53　球墨铸铁件大孔出流法内浇道的截面面积　　　　（单位：cm^2）

铸件重量 /kg	浇注时间 /s	$\Sigma A_直:\Sigma A_横:\Sigma A_内$							
		1:3:2		1:2:1.5		1.2:1.5:1		1.5:2:1	
		$H_p=40cm$	$H_p=50cm$	$H_p=30cm$	$H_p=40cm$	$H_p=15cm$	$H_p=25cm$	$H_p=10cm$	$H_p=20cm$
10	5			4.0	3.4	3.6	3.3	3.7	3.2
20	7			5.7	4.9	5.2	4.6	5.3	4.6
30	8			7.4	6.4	6.8	6.1	7.0	6.0
50	10			9.9	8.6	9.1	8.1	9.3	8.0
80	13			12.2	10.6	11.2	10.0	11.5	10.0
100	14			14.2	12.3	13.0	11.6	13.3	11.6
120	15			15.9	13.7	14.5	13.0	15.0	13.0
150	17	18.1	16.2	17.5	15.1	16.0	14.4	16.5	14.3
200	19	21.6	19.3	20.9	18.1	19.1	17.1	19.7	17.0
250	22	23.3	20.9	22.5	19.5	20.7	18.5	21.2	18.4
300	24	25.7	23.0	24.8	21.5	22.7	20.3	23.4	20.2
400	27	30.4	27.2	29.4	25.5	26.9	24.1	27.7	24.0
500	30	34.2	30.6	33.0	28.6	30.3	27.1	31.0	27.0
700	35	41.1	36.7	39.6	34.3	36.4	32.5	37.4	32.4
800	37	44.4	39.7	42.9	37.1	39.3	35.2	40.4	35.0
1000	41	50.1	44.8	48.3	41.9	44.3	39.7	45.6	39.5
1200	45	54.7	49.0	52.9	45.8	48.5	43.4	49.8	43.2
1500	50	61.6	55.1	59.5	51.5	54.5	48.8	56.0	48.6

（续）

铸件重量 /kg	浇注时间 /s	ΣA直:ΣA横:ΣA内							
		1:3:2		1:2:1.5		1.2:1.5:1		1.5:2:1	
		$H_p=40cm$	$H_p=50cm$	$H_p=30cm$	$H_p=40cm$	$H_p=15cm$	$H_p=25cm$	$H_p=10cm$	$H_p=20cm$
2000	57	72.0	64.4	69.5	60.2	63.8	57.1		
2500	63	81.5	72.9	78.7	68.1	72.2	64.5		
3000	69	89.3	79.8	86.2	74.6	79.1	70.7		
3500	74	97.1	86.8	93.7	81.2	86.0	76.9		
4000	79	103.9	93.0	100.4	86.9	92.1	82.3		
4500	83	111.3	99.6	107.5	93.1	98.6	88.2		
5000	87	118.0	105.5	113.9	98.6	104.5	93.5		

3. 型内球化设计

型内球化是 20 世纪 70 年代发展起来的球化工艺，方法是将球化剂放置到浇注系统中的反应室，与流经反应室的铁液反应后使铁液得到球化处理，如图 4-18 所示。反应室的入口与出口布置方案如图 4-19 所示。几种类型反应室的侧视图如图 4-20 所示。

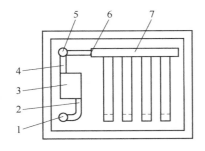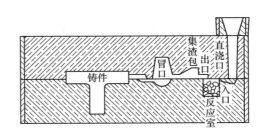

图 4-18　型内球化处理工艺

1—直浇道　2—入口　3—反应室　4—出口　5—集渣包　6—缩颈浇道　7—横浇道

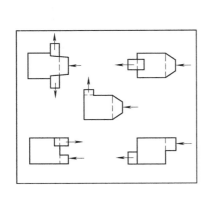
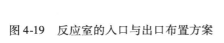

图 4-19　反应室的入口与出口布置方案

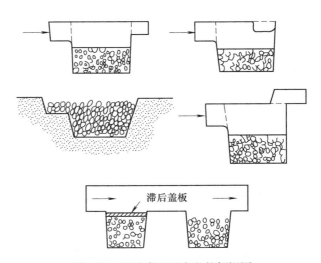

图 4-20　几种类型反应室的侧视图

型内球化设计主要是反应室设计，包括以下步骤：

（1）求解浇注速度　可根据铸件的重量 G 与铸件的浇注时间 t 来求解，以便进行下一步计算。浇注速度 v 公式为

$$v = \frac{G}{t} \tag{4-46}$$

（2）反应室截面面积的求解　根据 Mc. Caulay 公式，利用球化剂的溶解系数值，计算出反应室截面面积 A，该面积为水平截面的面积。反应室截面面积 A（cm^2）的计算公式为

$$A = \frac{v}{f} \tag{4-47}$$

式中　v——浇注速度（kg/s）；

　　　f——球化溶解系数 [kg/（s·cm）]。

（3）计算球化剂的堆积高度　可根据球化剂的加入量和反应室截面面积进行求解，反应室中球化剂的堆积高度 $H_{堆}$（cm）的计算公式为

$$H_{堆} = \frac{V_{球}}{A} \tag{4-48}$$

式中　$V_{球}$——球化剂体积（cm^3）。

（4）反应室深度　反应室深度一般为堆积高度加上反应室的上部空间，再加上反应室内铁液的进口高度。反应室上部空间就是反应室的反应空间，一般取 1.27cm。进口高度一般取 2.54cm。

（5）反应室的长度和宽度　即反应室水平截面的长度和宽度，可根据水平截面面积求出。反应室的结构应该满足两个要求：①必须使铁液稳定地在球化剂上流过，以便于球化剂能逐渐地与铁液发生球化反应；②必须使铁液带入到型内的未反应的球化剂保持最低限度。因此在反应室的设计和实际工程应用中，应注意以下几点：

1）应避免流入反应室的铁液剧烈的冲击反应室的某一固定位置。

2）应避免铁液以大于 20mm 的落差流入反应室，反应室的出口应高于反应室的入口，如图 4-20 所示。

3）反应室出口截面面积应至少比入口截面面积小 10%，以形成阻流，促进球化剂的溶解。

4）如果可能，尽量不将入口和出口设置成一条直线，如图 4-19 所示，以迫使铁液流出出口之前，在球化剂上部形成一定的环流。

一般情况下，反应室可设在下型，入口也在下型，出口在上型，如图 4-21 所示。大件及一箱多件可采用双反应室结构，也可以采用台阶式结构。

4. 球墨铸铁浇注系统设计的示例

选取主轴缸体的浇注系统设计来说明球墨铸铁浇注系统的设计过程。

主轴缸体的材料牌号：HT600-3，铸件重量：400kg，浇注重量：430kg，最大轮廓尺寸：530mm × 530mm ×

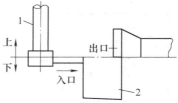
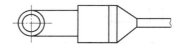

图 4-21　型内反应室的布置及与分型面的关系

1—直浇道　2—反应室

672mm，铸件最大壁厚 δ_{max}：120mm，最小壁厚 δ_{min}：50mm。铸件技术要求：水压试验压力为 25MPa，持续 10min 无渗漏。

工艺方案如图 4-21 所示。按照均衡凝固顶注优先，冒口靠边的原则，采用半封闭式浇注系统，一侧内浇道搭边，另一侧设置一个侧冒口溢流、补缩。设计过程如下：

1）直浇道有效高度：$H_直 = H_{砂箱} + H_杯 = 150mm + 50mm = 200mm$。

2）浇注时间 t：采用平均值计算法计算，$t = \sqrt{G} + 2\sqrt[3]{G} = (\sqrt{430} + 2\sqrt[3]{430})\ s = 35.8s$。

3）浇道截面面积比：根据表 4-52 选取 $\Sigma A_直 : \Sigma A_横 : \Sigma A_内 = 1:2:1$，同时查得 $\mu_直 = 0.65$，$\mu_横 = 0.65$，$\mu_内 = 0.60$。

4）计算 k_1、k_2：

$$k_1 = \frac{\mu_直 A_直}{\mu_横 A_横} = \frac{0.65 \times 1}{0.65 \times 2} = 0.5 \qquad k_2 = \frac{\mu_直 A_直}{\mu_内 A_内} = \frac{0.65 \times 1}{0.60 \times 1} = 1.08$$

5）计算平均压头 h_p：

$$h_p = H_内 = \frac{k_2^2}{1 + k_1^2 + k_2^2} H_直 = \frac{0.5^2}{1 + 1.08^2 + 0.5^2} \times 200mm = 96.54mm$$

6）计算内浇道截面面积：

$$\Sigma A_内 = \frac{G}{0.31\mu t \sqrt{h_p}} = \frac{430}{0.31 \times 0.60 \times 35 \times \sqrt{9.654}}cm^2 = 21cm^2$$

因 $\Sigma A_内 = 4A_内$，则 $A_内 = 21cm^2/4 = 5.25cm^2$，再查表 4-51，确定内浇道的截面尺寸为 38mm/42mm × 12mm（扁平形）。

横浇道的截面面积 $A_横 = \Sigma A_横/2 = 2\Sigma A_内/2 = 21cm^2$，再查表 4-51，确定横浇道的截面尺寸为 50mm/38mm × 50mm（梯形）。

直浇道的截面面积 $A_直 = \Sigma A_内 = 21cm^2$。据此选取直浇道的直径为 $\phi50mm$。

7）浇道充满判别：

$$A'_直 = \frac{1}{4}\pi \times 5^2 cm^2 = 19.6cm^2$$

$$\Sigma A'_横 = 2 \times \frac{1}{2}(5.0 + 3.8) \times 5cm^2 = 44cm^2$$

$$\Sigma A'_内 = 4 \times \frac{1}{2}(3.8 + 4.2) \times 1.2cm^2 = 19.2cm^2$$

又 $k_1'^2 = 0.25$，$k_2'^2 = 1.17$，则有

$$H'_直 = \frac{1.17}{1 + 0.25 + 1.17} \times 200mm = 96mm$$

$$h_横 - \frac{h_内}{2} = \left(50 - \frac{8}{2}\right)mm = 46mm$$

$$H_内 - \left(h_横 - \frac{h_内}{2}\right) = (96 - 46)\ mm = 50mm$$

由上式及其结果判断，浇注系统处于充满有余状态，余量是 50mm。

4.3.3　可锻铸铁件的浇注系统设计

可锻铸铁是由白口铸铁经过石墨化热处理后获得的，其基体组织为铁素体或铁素体＋珠光体，其上分布着团絮状石墨。可锻铸铁的性能优于灰铸铁，与同基体的球墨铸铁相近，多用于中小型壁厚不大的铸件。

可锻铸铁铁液收缩较大，流动性比灰铸铁差，氧化倾向较大，易产生氧化渣，也易产生缩孔、缩松和裂纹等缺陷，因此要求浇注系统具有良好的挡渣能力。同时浇注系统不能对铸件的收缩产生较大的阻碍，以免产生裂纹。

汽车后桥是典型的可锻铸铁件，其浇注系统如图 4-22 所示。

可锻铸铁件的浇注系统设计方法包括：公式法和查表法。

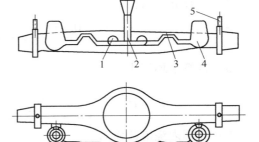

1. 公式法

内浇道截面面积 $A_内$（cm^2）的计算公式为

$$A_内 = \frac{x\sqrt{G}}{\sqrt{H_p}} \qquad (4\text{-}49)$$

式中　G——流入铸型内的铁液重量（kg）；

　　　H_p——平均压头（cm）；

　　　x——系数，取决于铸件壁厚及铁液流动性，其值见表 4-54 和图 4-23。

图 4-22　汽车后桥的浇注系统
1—集渣包　2—直浇道　3—水封装置
4—侧冒口　5—出气孔

表 4-54　x 值与铸件壁厚及铁液流动性的关系

铸件壁厚 /mm	铁液流动性/mm					
	>1000~1200	>800~1000	>600~800	>400~600	>200~400	50~200
	x 值					
≤5	3.6	4.0	4.3	4.5	4.8	5.1
>5~10	3.2	3.5	3.7	3.9	4.2	4.5
>10~15	2.8	3.0	3.2	3.5	3.8	4.1
>15	2.3	2.5	2.8	3.1	3.5	3.8

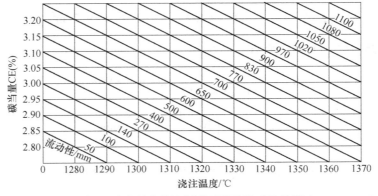

图 4-23　碳当量和浇注温度对铁液流动性的影响

图 4-23 中碳当量 CE（%）的计算公式为

$$CE = w(C) + 0.3w(Si + P) + 0.4w(S) - 0.03w(Mn) \qquad (4-50)$$

内浇道截面面积确定后可根据各组元截面面积的比例关系计算出其他组元的截面面积，可锻铸铁常用的组元截面面积比例关系为：$\Sigma A_{直} : \Sigma A_{横} : \Sigma A_{内} = (1.5 \sim 2.0) : (2 \sim 3) : 1$。

2. 查表法

表 4-55 为可锻铸铁浇注系统内浇道的截面面积。根据表 4-55 再通过表 4-56 可查得可锻铸铁浇注系统各组元的截面尺寸和面积。

表 4-55　可锻铸铁浇注系统内浇道的截面面积

| 铸件重量 /kg | 铸件主要壁厚/mm | | | | 铸件重量 /kg | 铸件主要壁厚/mm | | | |
| | 3 ~ 5 | >5 ~ 8 | >8 ~ 12 | >12 ~ 30 | | 3 ~ 5 | >5 ~ 8 | >8 ~ 12 | >12 ~ 30 |
	$\Sigma A_{内}$/cm²					$\Sigma A_{内}$/cm²			
0.3 ~ 0.5	1.5	1	1	1	>2.0 ~ 3.0		2.5	2	2
>0.5 ~ 0.7	2	1.5	1.5	1	>3.0 ~ 5.0		3	2.5	2.5
>0.7 ~ 1.0		1.5	1.5	1.5	>5.0 ~ 10.0		3	3	3
>1.0 ~ 1.5		2	1.5	1.5	>10.0 ~ 30.0		4	4	4
>1.5 ~ 2.0		2	2	2	>30.0 ~ 50.0			5	5

注：1. 当一个内浇道同时供给两个或两个以上铸件时，$A_{内}$ 按两个或两个以上铸件总重量查得。

　　2. 内浇道长度如达到 200 ~ 300mm 时，$A_{内}$ 应增大 1/3 左右。

　　3. 直浇道高度如达到 120 ~ 200mm 时，$A_{内}$ 可减少 1/3 左右。

表 4-56　可锻铸铁浇注系统各组元的截面尺寸和面积

内浇道	横浇道	直浇道

a /mm	b /mm	c /mm	截面面积 /cm²	a /mm	b /mm	c /mm	截面面积 /cm²	D /mm	截面面积 /cm²
13	11	8	1	16	12	18	2.5	18	2.5
16	13	10	1.5	19	15	18	3	21	3.5
18	15	12	2	22	18	18	3.6	24	4.5
20	16	14	2.5	22	16	22	4.2	27	5.7
22	18	15	3	26	20	22	5	30	7

注：1. 当 $A_{内}$ >3cm² 时，内浇道应多于 1 个。

　　2. 取 $\Sigma A_{直} : \Sigma A_{横} : \Sigma A_{内} = (2.0 \sim 2.5) : (1.5 \sim 2.5) : 1$。

　　3. 一般将横浇道置于上型，内浇道置于下型，并且内浇道应带有圆角。

3. 大孔出流法

其内浇道截面面积可以采用查表求得，见表4-57。通过表4-57也可以查到的浇注系统各组元截面面积比，从而推算其他组元的截面尺寸。

表4-57　大孔出流内浇道的截面面积

直浇道压力头/cm		$H_直=25$	$H_直=20$	$H_直=25$	$H_直=20$	$H_直=20$	$H_直=15$	$H_直=10$	$H_直=8$
铸件重量/kg	浇注时间/s	ΣA直:ΣA横:ΣA内							
		2:1.5:1		1.5:1.3:1		1.2:1.4:1		1:1.1:1.2	
		$A_内/\mathrm{cm^2}$							
1	2							2.0	2.2
2	3					2.0	2.5	2.7	3.0
3	3			2.2	2.5	3.0	3.7	4.0	4.5
5	4			2.8	3.2	3.8	4.6	5.0	5.6
8	6			2.9	3.4	4.0	4.9	5.5	6.0
10	6			3.7	4.2	5.0	6.1	6.7	7.5
12	7			3.8	4.4	5.2	6.3	6.9	7.7
15	8	3.3	3.6	4.1	4.8	5.6	6.9	7.5	8.4
20	9	3.9	4.3	4.9	5.7	6.7	8.2	8.9	10.0
25	11	3.9	4.4	5.0	5.8	6.8	8.4	9.1	10.2
30	12	4.3	4.8	5.5	6.4	7.5	9.2	10.0	11.2
35	13	4.7	5.2	5.9	6.9	8.1	9.1	10.7	12.1
40	13	5.3	6.0	6.8	7.8	8.2	11.3	12.3	13.8
45	14	5.6	6.2	7.1	8.2	9.7	11.8	12.9	14.4
50	15	5.8	6.5	7.4	8.5	10.0	12.3	13.4	15.0
55	16	6.0	6.7	7.6	8.8	10.3	12.7	13.8	15.4
60	17	6.1	6.8	7.8	9.0	10.6	13.0	14.2	15.8
70	18	6.7	7.5	8.6	9.9	11.7	14.3	15.6	17.4
75	19	6.8	7.7	8.7	10.1	11.9	14.5	15.8	17.7
80	19	7.3	8.2	9.3	10.7	12.7	15.5	16.9	18.9
85	20	7.4	8.2	9.4	10.8	12.8	15.6	17.1	19.1
90	20	7.8	8.7	9.9	11.5	13.5	15.6	18.1	20.2
95	21	7.8	8.8	10.0	11.5	13.6	16.7	18.2	20.3
100	22	7.9	8.8	10.0	11.6	13.7	16.7	18.2	20.4

4.3.4　铸钢件的浇注系统设计

铸钢的浇注温度高，流动性差，氧化倾向大，因此要求其浇注系统结构简单，充型平稳且快速，并且应有利于顺序凝固。铸钢件的浇注除一些小型铸件和生产线情况使用转包外，一般要使用底注包，也称为漏包浇注。采用转包浇注时，由于钢包的挡渣能力较差，因此浇注系统要具有较好的挡渣能力，常采用封闭式或半封闭式浇注系统；采用漏包浇注时，钢包的挡渣能力较强，往往采用开放式浇注系统。

1. 转包浇注的浇注系统设计

为了保证浇注系统具有良好的挡渣效果，一般采用封闭式或半封闭式浇注系统。其组元截面面积比可取为：$\Sigma A_内 : \Sigma A_横 : \Sigma A_直 = 1 : (0.8 \sim 0.9) : (1.1 \sim 1.2)$。

（1）内浇道计算的公式法　内浇道总截面面积 $\Sigma A_内$（cm^2）的计算公式为

$$\Sigma A_内 = \frac{G}{tKL} \tag{4-51}$$

式中　G——注入的钢液总重量（kg）；

　　　t——浇注时间（s）；

　　　K——浇注比速 [kg/（$cm^2 \cdot s$）]，可由表 4-58 查得；

　　　L——钢液流动因数，碳钢取 1.0，低合金钢取 0.9，高合金钢取 0.8。

浇注时间 t 由下式计算：

$$t = S\sqrt{G} \tag{4-52}$$

式中　S——经验系数，由表 4-58 查得。

表 4-58　K 和 S 的取值

ρ_v/（t/m^3）		0~1.0	1.1~2.0	2.1~3.0	3.1~4.0	4.1~5.0	5.1~6.0	>6.0
S		0.8	0.9	1.0	1.1	1.2	1.3	1.4
K /[kg/（cm·s）]	湿型	0.6	0.65	0.7	0.75	0.8	0.9	0.95
	干型	0.95	1.0	1.15	1.2	1.3	1.4	1.5

注：ρ_v 为铸件的假密度，$\rho_v = G_C/V_L$，G_C 为铸件重量（t），V_L 为铸件的轮廓体积（m^3），即铸件长、宽、高三个方向最大尺寸的乘积。

为了计算方便，可根据式（4-51）及浇注的钢液总重 G、浇注时间 t、K 和 L 等计算出内浇道的总截面面积 $\Sigma A_内$，列表备查，见表 4-59。内浇道确定后，可按照组元间的比例关系以及浇注系统的标准化推算其他组元的截面面积和尺寸，见表 4-60。

表 4-59　内浇道的总截面面积

注入钢液总重/kg	ρ_v/（t/m^3）						
	≤1.0	>1.0~2.0	>2.0~3.0	>3.0~4.0	>4.0~5.0	>5.0~6.0	>6.0
	$\Sigma A_内/cm^2$						
1	2.2	2.0	1.8	1.6	1.4	1.2	1.0
2	2.4	2.2	2.0	1.8	1.6	1.4	1.2
4	2.7	2.4	2.2	2.0	1.8	1.6	1.4
6	3.0	2.8	2.6	2.4	2.2	2.0	1.8
8	3.4	3.2	3.0	2.8	2.6	2.4	2.2
10	4.0	3.7	3.4	3.1	2.9	2.7	2.5
13	5.2	4.8	4.4	4.0	3.5	3.0	2.7
16	6.3	5.9	5.2	4.6	3.9	3.4	3.0
20	7.5	7.7	6.2	5.4	4.5	4.0	3.4
25	9.1	8.7	7.0	6.1	5.1	4.5	3.8

（续）

注入钢液总重/kg	$\rho_V/$ (t/m³)						
	≤1.0	>1.0~2.0	>2.0~3.0	>3.0~4.0	>4.0~5.0	>5.0~6.0	>6.0
	$\Sigma A_{内}/cm^2$						
30	10.2	9.3	7.5	6.7	5.6	5.0	4.2
35	11.7	9.8	8.3	7.2	6.1	5.3	4.5
40	12.5	10.6	8.8	7.7	6.4	5.6	4.8
45	13.4	11.2	9.4	8.9	6.9	5.9	5.1
50	14.2	12.0	9.4	9.0	7.2	6.2	5.3
60	14.8	12.8	10.9	9.4	7.9	6.9	5.9
70	15.6	13.9	11.5	10.2	8.6	7.2	6.4
80	17.6	14.9	12.3	10.9	9.1	7.8	6.9
90	19.4	16.3	13.1	11.5	9.7	8.3	7.3
100	21.2	17.8	13.9	12.1	10.2	8.8	7.7
120	22.6	18.5	15.4	12.4	10.8	9.4	8.2
140	24.4	20.0	16.6	13.2	11.4	10.0	8.8
160	25.5	21.0	17.7	13.9	12.1	10.5	9.2
180	26.5	22.0	18.4	14.6	12.6	11.0	9.7
200	29.8	24.0	20.3	16.3	14.0	12.2	11.4

表 4-60　内浇道及横浇道的截面面积与尺寸　　　　（单位：mm）

截面面积/cm²	d	a	b	h	a	b	h	a	b	h
0.6		18	16	3.5	11	9	6	8.5	6.5	8.0
0.8		20	18	4.0	13	11	7	9.5	7.5	9.5
1.0		23	21	4.5	15	12	7.5	11.0	8.5	10.5
1.2		25	23	5.0	16	13	8.5	12.0	9.0	11.5
1.4		27	25	5.5	18	14	9	13.0	9.5	12.5
1.6		29	27	6.0	19	15	10	13.5	10.5	13.5
1.8		31	28	6.0	20	16	10	14.5	10.5	14.5
2.0		33	30	6.5	22	18	10	15.5	11.0	15.5
2.3		35	33	7.0	23	19	12	16.5	12.5	16.5
2.6		37	34	7.5	24	20	12	17.5	13.0	17.5
3.0	20	40	36	8.0	26	21	13	19.0	14.0	19.0

（续）

截面面积 /cm²									
	d	a	b	h	a	b	h	a	b	h

截面面积 /cm²	d	a	b	h	a	b	h	a	b	h
3.4		42	39	8.5	28	23	14	20.0	15.0	20.0
3.8		44	42	9.0	29	24	15	21.0	15.5	21.0
4.2	23	47	43	9.5	31	26	15	22.0	16.5	22.0
4.6		49	45	10.0	32	27	16	23.0	17.5	23.0
5.0	25	51	47	10.0	33	28	17	24.0	18.0	24.0
5.5	27	53	49	10.5	35	30	17	25.0	18.5	25.0
6.0		56	52	11.0	36	31	18	26.0	20.0	26.0
6.5		58	54	11.5	37	32	19	27.0	21.0	27.0
7.0	30	60	56	12.0	38	32	20	27.5	22.0	27.5
7.5		62	58	12.5	40	33	20	29.0	23.0	29.0
8.0		64	60	13.0	42	35	21	30.0	24.0	30.0
9.0		68	62	14.0	44	38	22	32.0	25.0	32.0
10.0	35	73	65	14.5	46	40	23	32.0	26.0	34.0

（2）校核 采用液面上升速度校核。钢液的允许最小上升速度见表4-61，浇注时间 t 由式（4-52）确定。

表4-61 钢液的允许最小上升速度

铸件重量/t 铸件结构	≤5	>5~15	>15~35	>35~65	>65~100	>100
	钢液允许的最小上升速度/（mm/s）					
复杂	25	20	16	14	12	10
一般	20	15	12	10	8	7
简单	15	10	8	6	5	4

表4-61中的数据适用于一般铸钢件。对于浇注位置较高的铸钢件，上升速度应适当增加；对于浇注位置较低的铸钢件，如板形铸钢件，上升速度应适当减少。立浇砧座的上升速度可按表4-61中的复杂件选取。齿轮类的上升速度可按表4-61中的简单件选取。平板、平台类铸件的钢液上升速度可按表4-61中简单铸件的数值低20%～30%选取。大型合金钢铸件（如汽轮机气缸铸件）以及耐压铸件的上升速度可按表4-61中复杂件的数值增加30%～50%。

2. 漏包浇注的浇注系统设计

一般采用开放式浇注系统，包孔与浇注系统的截面面积的比例关系为：$\Sigma A_包 : \Sigma A_直 : \Sigma A_横$

$:\sum A_内 = 1 : (1.8 \sim 2.0) : (1.8 \sim 2.0) : (2.0 \sim 2.5)$。浇注系统通道一般采用圆形截面，以利于陶瓷管浇注系统管道的采用。漏包浇注的浇注系统设计方法一般采用上升速度法。

1）浇注时间 t（s）可用下式计算：

$$t = \frac{G}{Nnq} \tag{4-53}$$

式中　G——充入铸型的钢液总量（kg）；

　　　N——浇包的数量（个）；

　　　n——包孔的数量（个）；

　　　q——单个包孔的钢液重量流速（kg/s）。

其中钢液重量流速的计算比较复杂，通常采用经验法求解。表 4-62 列出了包孔直径与钢液重量流速的关系，可供参考。

表 4-62　包孔直径与钢液重量流速的关系

包孔直径/mm	30	35	40	45	50	55	60	70	80	100
钢液重量流速/（kg/s）	10	20	27	42	55	72	90	120	150	195

2）钢液上升速度 v（mm/s）计算公式为

$$v = \frac{C}{t} \tag{4-54}$$

式中　C——铸件的浇注高度（mm）；

　　　t——浇注时间（s）。

由计算的上升速度 v 与表 4-61 中的允许最小上升速度相对比，如果大于后者，说明所选的钢包数量、包孔数量和包孔直径是合适的，以此进一步确定浇注系统中各组元的截面面积（见表 4-63）。根据截面面积以及标准化要求，再确定浇道截面的尺寸（见表 4-64），截面尺寸标准化后利于浇道的预制。对于一些尺寸较小的浇注系统，采用非圆形截面组元，其截面尺寸见表 4-65。

表 4-63　浇注系统各组元截面面积的确定

包孔直径 /mm	包孔面积 /cm²	各组元截面面积/cm²			
		直浇道	横浇道		内浇道
			对称	不对称	
35	9.6	17.3 ~ 19.2	8.7 ~ 9.6	17.3 ~ 19.2	19.2
40	12.6	22.6 ~ 25.2	11.3 ~ 12.6	22.6 ~ 25.2	25.2
45	15.9	28.6 ~ 31.8	14.3 ~ 15.9	28.6 ~ 31.8	31.8
50	19.6	35.3 ~ 39.2	17.7 ~ 19.6	35.3 ~ 39.2	39.2
55	23.8	42.7 ~ 47.6	21.4 ~ 23.8	42.7 ~ 47.6	47.6
60	28.3	50.0 ~ 56.6	25.0 ~ 28.3	50.0 ~ 56.6	56.6
70	38.5	59.3 ~ 77.0	34.6 ~ 38.5	59.3 ~ 77.0	77.0
80	50.3	90.5 ~ 101.6	45.2 ~ 50.3	90.5 ~ 101.6	101.6
100	78.5	142.0 ~ 157.0	71.0 ~ 78.5	142.0 ~ 157.0	157.0

注：对称是指直浇道位于横浇道的中间，横浇道在直浇道中心线两侧呈对称分布。

表4-64　各组元截面标准化尺寸　　　　　　（单位：mm）

包孔直径	直浇道直径	横浇道直径		内浇道直径			
		非对称	对称	40	60	80	100
				每层内浇道数量/个			
35	60	60	40	2	1		
40	60	60	40	2	1		
45	60	60	40	3	1		
50	80	80	60	3	2	1	
55	80	80	60	4	2	1	
60	100	100	60	5	2	1	
70	100	100	80	6	3	2	1
80	120	120	80	8	4	2	1
100	140	140	100	13	6	3	2

表4-65　非圆形截面组元的截面尺寸　　　　　　（单位：mm）

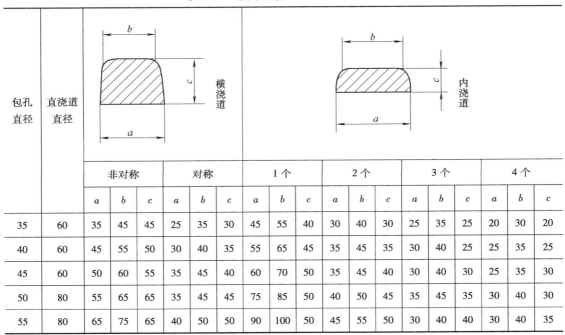

包孔直径	直浇道直径	非对称			对称			1个			2个			3个			4个		
		a	b	c	a	b	c	a	b	c	a	b	c	a	b	c	a	b	c
35	60	35	45	45	25	35	30	45	55	40	30	40	30	25	35	25	20	30	20
40	60	45	55	50	30	40	35	55	65	45	35	45	35	30	40	25	25	35	25
45	60	50	60	55	35	45	40	60	70	45	40	50	40	30	40	30	25	35	30
50	80	55	65	65	35	45	45	75	85	50	40	50	45	35	45	35	30	40	30
55	80	65	75	65	40	50	50	90	100	50	45	55	50	40	50	40	30	40	35

注：当包孔直径大于55mm时，浇注系统一般采用陶瓷管。

3. 铸钢件浇注系统设计的应用示例

铸件名称：200MW 汽轮机高压外缸下半部，铸件净重：14.3t，浇注重量：28t，材料牌号：ZG20CrMo。铸件结构、尺寸及工艺如图 4-24 ~ 图 4-28 所示。技术要求：磁粉检测、超声波检测，尺寸精度等级：CT14。该铸件属于高温、高压件，因而技术要求比较高。

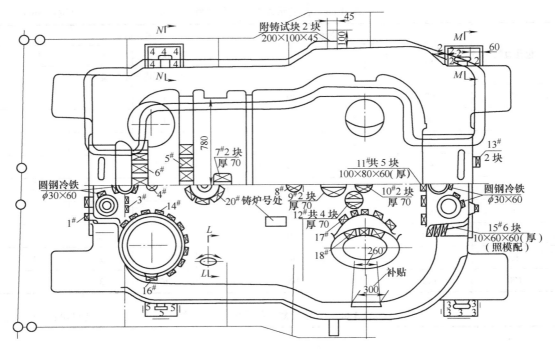

图 4-24 200MW 汽轮机高压外缸下半铸造工艺简图一

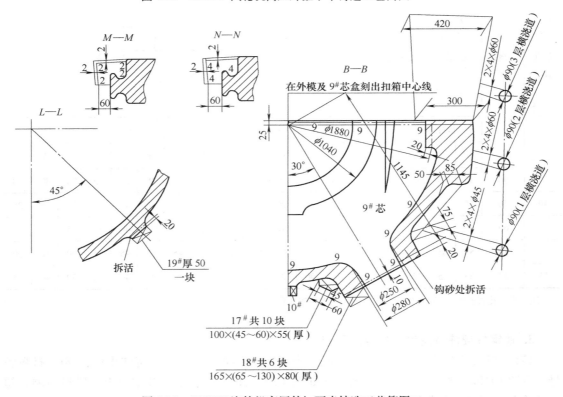

图 4-25 200MW 汽轮机高压外缸下半铸造工艺简图二

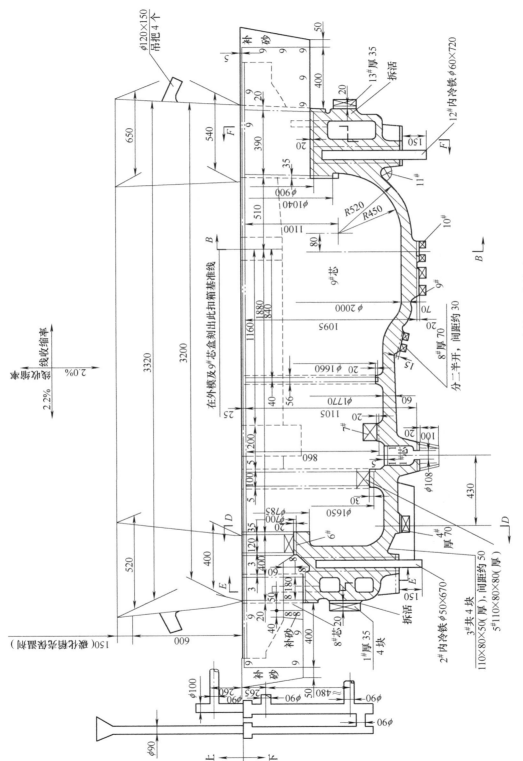

图 4-26　200MW 汽轮机高压外缸下半铸造工艺简图三

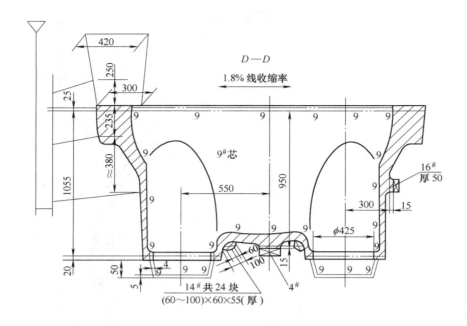

图 4-27   200MW 汽轮机高压外缸下半铸造工艺简图四

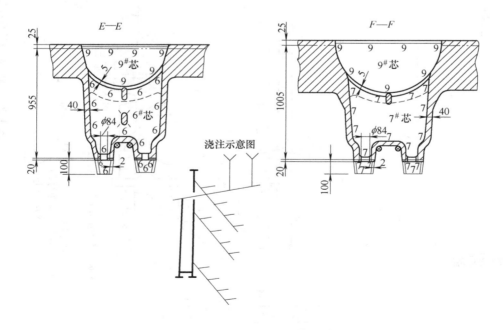

图 4-28   200MW 汽轮机高压外缸下半铸造工艺简图五

根据铸件的结构以及生产条件，设计的浇注系统结构如图 4-24 ~ 图 4-28 所示。采用单包双包孔浇注，包孔直径为 60mm，单孔包孔面积 $A_包 = 28.3\text{cm}^2$，$\Sigma A_包 = 56.6\text{cm}^2$。由表 4-62 查得重量流速为 90kg/s，则浇注时间为

$$t = \frac{G}{Nnq} = \frac{28000}{2 \times 90}\text{s} = 155\text{s}$$

钢液在铸型内的上升速度为

$$v = \frac{C}{t} = \frac{1700\text{mm}}{155\text{s}} = 11\text{mm/s}$$

考虑到充填浇注系统使得充型滞后，实际上的上升速度选取为 $v = 15\text{mm/s}$。由图 4-24 ~ 图 4-28 中浇注系统的分布情况，内浇道从铸件两侧同时注入，单侧浇注系统尺寸和面积为：直浇道 $\phi90\text{mm}$，$A_直 = 63.6\text{cm}^2$；分配直浇道 $\phi100\text{mm}$，$A'_直 = 78.5\text{cm}^2$；横浇道 $\phi90\text{mm}$，$A_横 = 63.6\text{cm}^2$；底层内浇道 $\phi45\text{mm}$，$\Sigma A_内 = 15.9 \times 4\text{cm}^2 = 63.6\text{cm}^2$；二层内浇道 $\phi60\text{mm}$，$\Sigma A'_内 = 28.3 \times 4\text{cm}^2 = 113.2\text{cm}^2$；三层内浇道 $\phi60\text{mm}$，$\Sigma A''_内 = 28.3 \times 4\text{cm}^2 = 113.2\text{cm}^2$。第二层和第三层内浇道截面面积各为底层的 1.77 倍，有利于铸件上部温度高于下部温度。

各组元浇道截面面积比为：底层 $A_包 : A_直 : A'_直 : A_横 : \Sigma A_内 = 1 : 2.25 : 2.77 : 2.25 : 2.25$，第二和第三层：$A_包 : A_直 : A'_直 : A_横 : \Sigma A_内 = 1 : 2.25 : 2.77 : 2.25 : 4$。

所设计浇注系统，由于分配直浇道的压力头低于直浇道压力头，因此初始流入分配直浇道的钢液会多于底层内浇道流入到型腔内的钢液，分配直浇道内钢液水平面会不停地上升，当上升到第二层内浇道时，第二层内浇道开始向型内注入钢液。为了使第二层内浇道不过早地开始充型，可将内浇道向上倾斜设置。

浇注系统的校核，根据前文计算的结果 $v = 15\text{mm/s}$，查表 4-61，刚好与查表值相吻合，校核结果表明浇注系统设计结果可行。

4.3.5　铝合金与镁合金铸件的浇注系统设计

铝合金与镁合金具有密度小、熔点低、热容量小、热导率大、极易氧化和吸气等特点。常见的缺陷有：非金属夹杂物、浇不足、冷隔、气孔、缩孔、缩松以及裂纹变形等。对浇注系统的要求是挡渣、快速平稳充型、不飞溅和有利于顺序凝固。设计中常采用开放式底注浇注系统，必要时可采用垂直缝隙式和带立缝的底注式浇注系统。常见的浇注系统中各组元的截面面积比例关系见表 4-66。

表 4-66　浇注系统中各组元的截面面积比例关系

铸件重量等级及合金种类		$\Sigma A_直 : \Sigma A_横 : \Sigma A_内$
大型铸件	铝合金	1 : (2 ~ 5) : (2 ~ 6)
	镁合金	1 : (3 ~ 5) : (3 ~ 8)
中型铸件	铝合金	1 : (2 ~ 4) : (2 ~ 4)
	镁合金	1 : (2 ~ 4) : (3 ~ 6)
小型铸件	铝合金	1 : (2 ~ 3) : (1.5 ~ 4)
	镁合金	1 : (2 ~ 3) : (1.5 ~ 4)

铝合金与镁合金浇注系统的设计也是从阻流截面计算开始的，采用公式法计算，详见表 4-67。也可以根据经验由表 4-69 选取。根据阻流截面面积的大小，可根据表 4-70 和表 4-71

来选取直浇道的形式和截面尺寸。铝合金与镁合金梯形横浇道的截面尺寸由表 4-72 选取。铝合金与镁合金内浇道的截面尺寸及数量由表 4-72 ~ 表 4-76 选取。

表 4-67　铝合金与镁合金浇注系统阻流面积的计算

计算式	浇注重量 G/kg		流量系数 K		浇注时间 t（s）：$t = S'\sqrt[3]{G}$	
	铸件无冒口	铸件有冒口	铝合金	镁合金	铸件平均壁厚 /mm	经验系数 S'
$A_b = \dfrac{G}{Kt\sqrt{H_p}}$ （单位：cm²）	$G = (1.1 \sim 1.3)$ $G_件$	$G = (1.1 \sim 1.3)$ $G_件$	$0.04 \sim 0.07$[①]	$0.025 \sim 0.04$[①]	≤6	3.0
					>6 ~ 10	3.2
					>10 ~ 15	3.6
					>15	4.0

注：表 6-67 中，H_p 为平均压头，按表 4-7 计算。对于重量小于 20kg 的铸件，可采用下式计算浇注时间：$t = S_1\sqrt{G}$，S_1 按表 4-68 选取。如果计算结果与实践经验相差很大时，应予以适当调整。
① 当铸型内阻力大时取下限。

表 4-68　S_1 的取值

浇注重量/kg	≤2	>2 ~ 3	>3 ~ 5	>5 ~ 20
S_1 值	2.3	2.8	3.2	3.5

表 4-69　铝合金铸件的浇注重量与直浇道截面面积

浇注重量 /kg	≤5	>5 ~ 10	>10 ~ 15	>15 ~ 30	>30 ~ 50	>50 ~ 100	>100 ~ 250	>250 ~ 500	>500
直浇道面积/cm²	1.5 ~ 3	>3 ~ 4	>4 ~ 5	>5 ~ 7	>7 ~ 10	>10 ~ 15	>15 ~ 20	>20 ~ 30	>30
直浇道直径/mm	14 ~ 20	>20 ~ 22	>22 ~ 25	>25 ~ 30	>30 ~ 35	>25 ~ 30 （×2）	>30 ~ 35 （×2）或 >22 ~ 25 （×4）	>35 ~ 45 ×2，或 >25 ~ 30 ×4	>45（×2） 或 >30（×4）

表 4-70　直浇道的形式

形式	图例	特点与应用
圆锥形	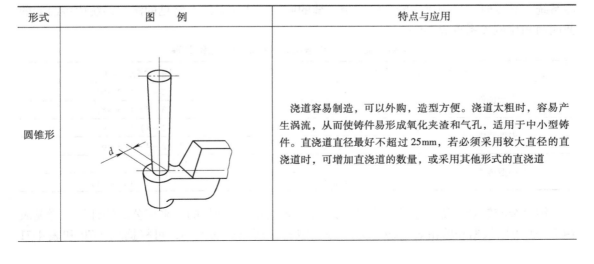	浇道容易制造，可以外购，造型方便。浇道太粗时，容易产生涡流，从而使铸件易形成氧化夹渣和气孔，适用于中小型铸件。直浇道直径最好不超过 25mm，若必须采用较大直径的直浇道时，可增加直浇道的数量，或采用其他形式的直浇道

（续）

形式	图例	特点与应用
片形		能使金属液流动平稳，不易引起涡流。有利于防止铸件形成氧化夹渣和气孔。常用于大中型铸件。片状浇道冷却快，故选取截面面积时，应比圆形略大一些
蛇形		浇道阻力由浇道曲折来控制，阻力使液流平稳，无冲击力，无涡流产生。须做专用的浇道芯盒。多用于大中型铸件

表 4-71　直浇道的截面尺寸

截面面积 /cm²	圆锥形	片状				蛇形						
						c /mm	e /mm	曲折数[②]				
								直浇道高度/mm				
	d/mm	a/mm	b/mm	n[①]	s/mm			300	400	500	600	700
0.8	10					13	6	2/3	3/4	4/6	5/7	6/8
1.0	12					14	7	2/3	3/4	4/6	5/7	6/8
1.5	14	16	5	2	18	19	8	2/3	3/4	4/6	5/7	6/8
2.0	16	20	5	2	18	22	9	2/3	3/4	4/6	5/7	6/8
2.5	18	22	6	2	20	25	10	2/3	3/4	4/6	5/7	6/8
3.0	20	20	5	3	18	27	11	2/3	3/4	4/6	5/7	6/8
3.5	21	20	6	3	20	29	12	1/2	2/4	3/5	4/6	5/8
4.0	23	22	6	3	20	31	13	1/2	2/4	3/5	4/6	5/8
5.0	25	22	6	4	20	36	14	1/2	2/4	3/5	4/6	5/7
6		25	8	3	25	38	16	1/2	2/4	3/5	4/6	5/7
7		30	8	3	25	41	17	1/2	2/4	3/5	4/6	5/6
8		25	8	4	25	45	18	1/2	2/4	3/5	4/6	5/6
10		30	8	4	25	50	20	1/2	2/4	3/5	4/6	5/6

（续）

截面面积 /cm²	圆锥形	片状				蛇形						
						c /mm	e /mm	曲折数②				
								直浇道高度/mm				
	d/mm	a/mm	b/mm	n①	s/mm			300	400	500	600	700
12		25	8	6	25							
14		30	8	6	25							
16		25	8	8	25							
20		30	8	8	25							
22		25	8	12	25							
25		25	8	12	25							
28		30	8	12	25							

① 表中 n 为片状浇道数量。

② 分子为铝合金蛇形直浇道的曲折数，分母为镁合金蛇形直浇道的曲折数。

表 4-72　梯形横浇道的截面尺寸

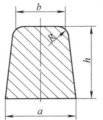

$b = 0.8a$

$h = a$、$1.2a$、$1.5a$

$R = 3 \sim 5mm$

h = a			h = 1.2a				h = 1.5a			
a/mm	b/mm	截面面积 /cm²	a/mm	b/mm	h/mm	截面面积 /cm²	a/mm	b/mm	h/mm	截面面积 /cm²
15	12	2.0	16	13	19	2.8	16	13	24	3.5
18	14.5	2.9	17	13.5	20.5	3.2	17	13.5	25.5	3.9
19	15	3.2	18	14.5	21.5	3.5	18	14.5	27	4.4
20	16	3.6	19	15	23	3.9	19	15	28.5	5
21	17	4.0	20	16	24	4.2	20	16	30	5.4
22	17.5	4.4	21	17	25	4.8	21	17	31.5	6
23	18.5	4.8	22	17.5	26.5	5.2	22	17.5	33	6.5
24	19	5.2	23	18.5	27.5	5.7	23	18.5	34.5	7.2
25	20	5.6	24	19	29	6.2	24	19	36	7.2
26	21	6.1	25	20	30	6.8	25	20	37.5	8.5
27	21.5	6.5	26	21	31	7.3	26	21	39	9.2
28	22.5	7.1	27	21.5	32.5	7.9	27	21.5	40.5	9.8
29	23	7.5	28	22.5	33.5	8.5	28	22.5	42	10.6
30	24	8.1	29	23	35	9.1	29	23	43.5	11.3
32	25.5	9.2	30	24	36	9.7	30	24	45	12.2
34	27	10.4	32	25.5	38.5	11.1	32	25.5	48	13.8
36	29	11.5	34	27	41	12.5	34	27	51	15.5

（续）

$h=a$			$h=1.2a$				$h=1.5a$			
a/mm	b/mm	截面面积 /cm²	a/mm	b/mm	h/mm	截面面积 /cm²	a/mm	b/mm	h/mm	截面面积 /cm²
38	30.5	13	36	29	43	14	35	28	52.5	16.5
40	32	14.4	38	30.5	45.5	15.5	36	29	54	17.3
44	35	17.4	40	32	48	17.3	38	30.5	57	19.5
48	38.5	20.8	45	36	54	21.8	40	32	60	21.6

表 4-73　铝合金铸件内浇道的截面面积及数量

铸件重量 /kg	铸件水平面积/cm²											
	≤30		30~70		70~120		120~200		200~500		500~1000	
	内浇道截面面积及数量											
	$\Sigma A_内$ /cm²	数量 /个	$\Sigma A_内$ /cm²	数量 /个	$\Sigma A_内$ /cm²	数量 /个	$\Sigma A_内$ /cm²	数量 /个	$\Sigma A_内$ /cm²	数量 /个	$\Sigma A_内$ /cm²	数量 /个
≤0.1	0.5~1.0	1	0.8~1.5	1								
>0.1~0.2	0.7~1.5	1	1.0~2.0	1	1.2~2.3	1~2	1.8~3.0	1~2				
>0.2~0.35			1.2~2.3	1~2	1.5~2.7	1~2	2.0~3.2	2				
>0.35~0.50			1.5~2.5	1~2	1.8~3.0	1~2	2.3~3.6	2				
>0.50~0.65					2.0~3.2	2	2.5~4.0	2	2.7~4.5	2~3		
>0.65~0.80					2.5~3.8	2	3.0~4.5	2~3	4.0~5.5	2~3		
>0.80~1.0							3.5~5.0	2~3	4.0~5.5	2~3	6.0~7.5	3~4
>1.0~1.5							4.0~5.5	2~3	4.7~7.0	2~4	6.8~8.0	3~4
>1.5~2.5									5.0~8.0	2~4	7.5~10.0	3~6
>2.5~5.0									6.5~10.0	3~6	9.0~15.0	4~6

表 4-74　镁合金铸件内浇道的截面面积及数量

铸件重量 /kg	铸件水平面积/cm²											
	≤30		30~70		70~120		120~200		200~500		500~1000	
	内浇道截面面积及数量											
	$\Sigma A_内$ /cm²	数量 /个	$\Sigma A_内$ /cm²	数量 /个	$\Sigma A_内$ /cm²	数量 /个	$\Sigma A_内$ /cm²	数量 /个	$\Sigma A_内$ /cm²	数量 /个	$\Sigma A_内$ /cm²	数量 /个
≤0.1	0.4~1.0	1	1.0~1.8	1~2								
>0.1~0.2	0.6~1.2	1	1.9~2.3	1~2	2.0~2.4	1~2						
>0.2~0.35			2.0~2.5	1~2	2.3~3.0	1~2	2.5~3.0	2				
>0.35~0.50			2.4~3.0	1~2	2.5~3.2	2	2.8~3.5	2				
>0.50~0.65					2.5~3.5	2	3.0~4.0	2~3				
>0.65~0.80					3.0~4.0	2~3	3.2~4.5	2~3	3.5~4.8	2~3		
>0.80~1.0							3.4~4.8	2~3	3.8~5.5	2~3	4.0~6.5	3
>1.0~1.5							3.8~5.5	2~3	4.0~6.5	2~4	5.5~10.0	3~4
>1.5~2.5									4.5~9.5	3~6	6.0~15.0	4~6
>2.5~5.0									5.5~10.0	3~6	6.5~20.0	4~8

表 4-75　扁形内浇道的截面尺寸　　　　　　　　　　（单位：mm）

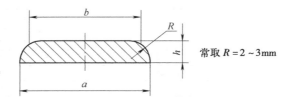

常取 $R = 2 \sim 3$mm

截面面积/cm²	h=a/5			h=4		h=5		h=6		h=7		h=8		h=9		h=10		h=12	
	a	b	h	a	b	a	b	a	b	a	b	a	b	a	b	a	b	a	b
0.6	18	16	3.5	18	16	13	11												
0.7	19	17	4	19	17	15	13												
0.8	21	19	4	21	19	17	15												
0.9	22	20	4.5	24	22	19	17	16	14										
1.0	23	21	4.5	26	24	21	19	18	16										
1.2	25	23	5	31	29	25	23	21	19	18	16								
1.4	27	25	5.5	36	34	29	27	25	22	21	19								
1.6	29	27	6			33	31	29	27	24	22	21	19						
1.8	31	28	6			37	35	31	28	27	24	24	22						
2.0	33	30	6.5			41	39	35	32	30	27	26	24						
2.2	34	32	7					39	35	34	32	29	26	25	24				
2.5	36	34	7.5					44	40	38	34	33	30	29	27				
2.8	38	36	7.5							42	38	37	33	32	30	29	27		
3.0	39	37	8							45	41	39	37	35	33	31	29		
3.3	41	38	8							50	47	41	38	38	36	34	32		
3.6	43	40	8.5									47	43	41	39	37	35		
3.8	44	41	9									50	47.5	44	41	39	37		
4.2	47	43	9.5									55	52.5	48	45	43	41	36	34
4.8	50	46	10											55	52	50	46	41	39
5.4	53	49	10.5											62	58	56	52	47	43
6.0	56	53	11													63	57	52	48
6.7	59	57	11.5													69	65	58	54
8.2																		70	66

注：1. 扁形内浇道能有效防止金属液吸渣入型，并常以分散、均布以及增加其数目等途径来调节温差和凝固顺序。根据需要，常取其厚度为 4 ~ 10mm（约为流入处铸件壁厚的 50% ~ 100%，对于薄壁处可取比其壁厚小2mm），常用宽厚比为 4 ~ 6，即表中折线框内所示数据。表内除"$h \approx a/5$"一栏外，各栏自上而下所列截面尺寸的宽厚比依次增大。

2. 内浇道入口处应倒圆，并且最好采取向型腔方向逐渐加宽的扩张式引入方法。

3. 内浇道长度应视具体情况而定，常取 20 ~ 50mm。

表 4-76 梯形内浇道的截面尺寸

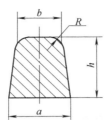

$h = a$、$1.2a$、$1.5a$
$R = 2 \sim 3\,\text{mm}$

$h = a$			$h = 1.2a$				$h = 1.5a$			
a/mm	b/mm	截面面积 /cm²	a/mm	b/mm	h/mm	截面面积 /cm²	a/mm	b/mm	h/mm	截面面积 /cm²
10	8	0.9	10	8	12	1.1	10	8	15	1.4
12	10	1.3	12	10	14	1.5	12	10	18	2.0
15	12	2.0	15	12	18	2.4	15	12	23	3.1
18	15	3.0	18	15	22	3.6	18	15	27	4.5
20	16	3.6	20	16	24	4.3	20	16	30	5.4
22	18	4.4	22	18	26	5.2	22	18	33	6.6
25	20	5.7	25	20	30	6.8	25	20	38	8.6

注：梯形截面内浇道主要用于金属液从铸件最后凝固处引入，并需内浇道有补缩作用的场合，此时常于内浇道前部
设补缩暗冒口。

缝隙式浇道的形式如图 4-29 所示，其尺寸见表 4-77。

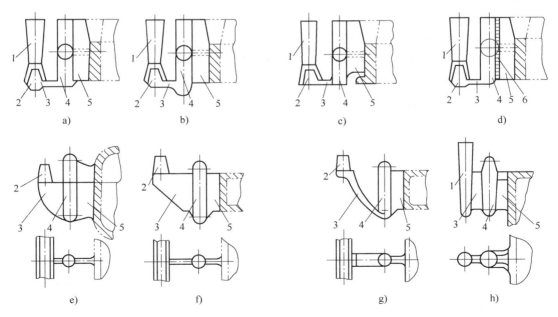

图 4-29 缝隙式浇道的形式

1—直浇道 2—横浇道 3—过度浇道 4—集渣包 5—缝隙 6—过滤网

表 4-77　缝隙式浇道的尺寸

部位名称	尺寸关系	示例图
缝隙厚度 a	缝隙浇道处铸件壁厚为 δ $\delta \geqslant 10mm$，取 $a = (0.8 \sim 1)\ \delta$ $\delta < 10mm$，取 $a = (1.0 \sim 1.5)\ \delta$ 有时为了将热节引向集渣筒与冒口，可取 $a > 1.5\delta$，并可考虑在缝隙对面放适宜的冷铁激冷	
缝隙长度 b	视具体情况而定，常取 $15 \sim 35mm$	1—外浇道　2—直浇道
集渣筒直径 D	$D = (4 \sim 6)\ a$	3—集渣筒　4—缝隙浇道
缝隙数目 n	$n = 0.024P/D$，P 为铸件外围周长	5—铸件　6—顶冒口
过渡浇道截面面积 $A_{过}$	$A_{过} = (2 \sim 5)\ A_{直}$，$A_{直}$ 为直浇道截面面积	

4.3.6　铜合金铸件的浇注系统设计

常用的铜合金有锡青铜、铝青铜和黄铜。锡青铜的结晶温度范围宽，易产生缩松，氧化倾向轻，可采用雨淋式、压边式等顶注式浇注系统。对于大中型复杂铸件，常设过滤网除渣，并使流动趋于平稳。铝青铜结晶温度范围窄，易产生集中缩松，易氧化生成氧化膜和夹杂物，多采用底注式、开放式浇注系统，常使用过滤网和集渣包。黄铜的铸造性能接近铝青铜等无锡青铜，形成氧化膜及析出性气孔的倾向较小，可依据顺序凝固的原理及铝青铜的设计方法来设计浇注系统。

铜合金铸件浇注系统中各组元的截面面积比见表 4-78。铜合金的浇注系统设计主要是以经验图表法为主，设计步骤包括：直浇道或阻流截面的计算与设计，根据表 4-78 推算其他组元的截面面积，查表求出各组元的截面尺寸。

表 4-78　铜合金铸件浇注系统中各组元的截面面积比

合金类型	$\Sigma A_{直} : \Sigma A_{横} : \Sigma A_{内}$	适用范围
锡青铜	$1 : (1.2 \sim 2) : (1.2 \sim 3)$	复杂的中大型铸件，内浇道处不设暗冒口，采用底注式浇注系统。0.9 为过滤网通流面积项
	$1 : 0.9 : (1.2 \sim 2) : (1.2 \sim 3)$	
	$1.2 : (1.5 \sim 2) : 1$	适用于阀类铸件，内浇道处设暗冒口补缩，用于雨淋式浇道
	$1.2 : 1.1 : 1.5 : (2 \sim 3)$	适用于阀件，采用过滤网浇道。1.1 为过滤网通流面积项
无锡青铜及黄铜	$1 : 0.9 : 1.2 : (3 \sim 10)$	适用于复杂的大型铸件。0.9 为过滤网通流面积项
	$1 : 0.9 : 1.2 : (1.5 \sim 2.0)$	适用于小型简单件。0.9 为过滤网通流面积项
特殊黄铜	$1 : 0.8 : (2 \sim 2.5) : (10 \sim 30)$	适用于螺旋桨。0.8 为过滤网通流面积项

1. 直浇道或阻流截面的计算与设计

根据图 4-30 和表 4-79 来选取直浇道或阻流截面的面积与尺寸。

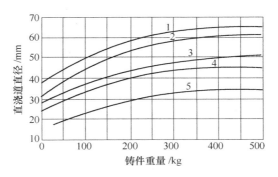

图 4-30　铜合金铸件重量与直浇道直径

1—适用于锡青铜壁厚为 3～8mm 的铸件　2—适用于锡青铜壁厚 >8～30mm 的铸件

3—适用于锡青铜壁厚 >30mm 的铸件　4—适用于无锡青铜和黄铜铸件

5—适用于特殊黄铜铸件

表 4-79　铜合金铸件浇注系统的阻流截面面积

浇注重量 /kg	阻流截面面积/cm²		浇注重量 /kg	阻流截面面积/cm²	
	锡青铜	无锡青铜及黄铜		锡青铜	无锡青铜及黄铜
≤0.5	0.2～0.3		>15～30	2.8～3.0	4.7
>0.5～1	0.4	2.2	>30～50	3.6	
>1～3	0.7～0.8		>50～70	3.6～4.2	6.7
>3～5	1.4		>70～100	5.4～6.0	
>5～8	1.8	3.0	>100～200	7.2～9.0	9.2
>8～15	2.5～2.7		>200～300	12.0～12.6	12

2. 浇注系统各组元的截面面积与尺寸

根据表 4-80～表 4-87 可查得浇注系统各组元的截面面积与尺寸。

表 4-80　直浇道和横浇道的截面面积与尺寸

横浇道								直浇道	
截面面积 /cm²	a /mm	c /mm	h /mm	截面面积 /cm²	a /mm	c /mm	h /mm	截面面积 /cm²	d /mm
1.6	15	12	12	1.6	13	10	14	3.14	20
2.4	18	14	15	2.0	14	11	16	4.90	25
3.5	21	17	18	2.5	16	12	18	7.07	30
4.5	25	20	20	3.0	17	13	20	9.62	35
5.6	28	23	22	3.5	18	14	22	12.56	40

（横浇道左图：$h = 0.8a$；中图：$h = (1～1.2) a$）

（续）

截面面积/cm²	a/mm	c/mm	h/mm	截面面积/cm²	a/mm	c/mm	h/mm	截面面积/cm²	d/mm
6.6	30	25	24	4.0	19	15	24	15.9	45
7.6	32	26	26	4.5	22	18	22	19.63	50
8.7	34	28	28	5.0	23	18	25	23.76	55
9.8	36	30	30	6.0	25	20	27	28.27	60
11	38	33	31	7.0	27	23	28	33.18	65
12.3	40	34	33	8.0	29	24	30	38.48	70
13.7	43	37	34	10	32	26	35	44.18	75
15.2	45	39	36	11	35	28	35	50.27	80
17	48	42	38	13	36	28	40	56.75	85
19	50	45	40	15	40	30	41	63.62	90
21.5	54	48	42	16	41	33	42	70.88	95
24	57	50	45	17	43	36	43	78.54	100
27	61	54	47	19	46	39	45		
29.5	63	57	49	22	46	42	50		
35	68	62	54	30	56	44	60		

表 4-81　内浇道的截面面积与尺寸　　　　　　　　　（单位：mm）

截面面积/cm²	a	c	h	a	c	h	a	c	h	a	c	h	a	h	d
	h=1.5a			h=0.75a			h=0.5a			h=0.2a			h=0.5a		
0.6	8	6	10	10	8	7	12	8	6	16	14	4	12	5	8
0.8	8	6	12	11	9	8	13	10	7	21	19	4	12	7	10
1.1	10	7	14	13	10	10	16	13	8	23	21	5	15	8	12
1.5	11	8	16	15	12	12	18	15	9	26	24	6	17	9	14
2.0	12	9	19	17	14	13	22	18	10	30	27	7	20	10	16
2.6	14	10	22	19	16	15	24	20	12	35	31	8	22	12	18
3.2	16	12	23	22	18	16	26	23	13	38	34	9	25	13	20
3.8	17	13	25	24	21	17	29	26	14	44	40	9	28	14	22
4.5	18	14	28	26	22	19	32	28	15	47	43	10	30	15	24
5.2	20	15	30	28	24	20	34	31	16	50	46	11	33	16	26
5.9	21	16	32	29	25	22	35	32	18	52	47	12	35	17	27

（续）

截面面积/cm²	$h=1.5a$			$h=0.75a$			$h=0.5a$			$h=0.2a$			$h=0.5a$		
	a	c	h	a	c	h	a	c	h	a	c	h	a	h	d
6.6	23	17	33	31	26	23	37	33	19	57	53	12	37	18	29
7.4	24	18	35	33	28	24	39	35	20	59	55	13	39	19	31
8.2	25	20	37	34	29	26	41	37	21	65	61	13	41	20	
9.0	26	21	39	36	31	27	44	38	22	66	62	14	43	21	
10	28	22	40	38	32	29	46	41	23	74	70	14	44	23	
11	29	24	42	40	34	30	48	44	24	76	72	15	46	24	
12	30	24	45	43	35	31	50	46	25	77	73	16	48	25	
13	32	26	45	44	36	32	52	48	26	80	75	17	51	26	
14	33	27	47	45	38	34	54	50	27	82	76	18	52	27	

表 4-82　锡青铜铸件用浇注系统尺寸

铸件重量/kg	内浇道			横浇道面积/cm²	直浇道	
	数量	面积/cm²	总面积/cm²		直径/mm	面积/cm²
≤0.5	1	0.2	0.2	1.6	17	
	1	0.3	0.3	1.6		
0.5~1	1	0.4	0.4	1.6	17	
>1~3	1	0.7	0.7	2.0	17	2.3
	2	0.4	0.8		17	
>3~5	1	1.4	1.4	2.0	17	
	2	0.7	1.4		17	
>5~8	1	1.8	1.8	3.6		
	2	0.9	1.8			
	3	0.6	1.8		21	3.5
>8~15	1	2.5	2.5	3.6		
	2	1.4	2.8		21	3.5
	3	0.9	2.7			
>15~30	2	1.4	2.8	4.2		
	4	0.7	0.8			
	5	0.6	3.0			

a/mm	b/mm	c/mm	面积/cm²	a/mm	b/mm	c/mm	面积/cm²	d/mm	面积/cm²
8	6	3	0.2	3	2	7	0.2	5	0.2
11	9	3	0.3	5	3	7.5	0.3	6	0.3
11	9	4	0.4	6	4	8	0.4	7	0.4
13	11	5	0.6	6	4	12	0.6	9	0.6
15	13	5	0.7	6	4	14	0.7	9.5	0.7

（续）

铸件重量/kg	内浇道 数量	内浇道 面积/cm²	内浇道 总面积/cm²	横浇道面积/cm²	直浇道 直径/mm	直浇道 面积/cm²	a/mm	b/mm	c/mm	面积/cm²	a/mm	b/mm	c/mm	面积/cm²	d/mm	面积/cm²
>30~50	2	1.8	3.6	5.4	24	4.5	16	14	6	0.9	6	5	16	0.9	10.5	0.9
	4	0.9	3.6													
	6	0.6	3.6				21	19	7	1.4	8	6	20	1.4	13.5	1.4
>50~70	2	1.8	3.6													
	3	1.4	4.2				24	21	8	1.8	9	6	24	1.8	15	1.8
	4	0.9	3.6													
>70~100	2	3.0	6.0	8.4	30	7.0	26	24	10	2.5	11	8	26	2.5	18	2.5
	3	1.8	5.4													
	4	1.4	5.6				27	23	12	3.0	13	9	27	3.0	20	3.0
	6	0.9	5.4													
>100~200	3	2.5	7.5				35	32	12	4.0	15	11	31	4.0	22.5	4.0
	4	1.8	7.2													
	5	1.8	9.0													
	6	1.4	8.4													

横浇道　　　　　　　　　　直浇道

铸件重量/kg	内浇道 数量	内浇道 面积/cm²	内浇道 总面积/cm²	横浇道面积/cm²	直浇道 直径/mm	直浇道 面积/cm²	a/mm	b/mm	c/mm	面积/cm²	d/mm	面积/cm²
>200~300	3	3.0	9.0	15	40	12.6						
	4	2.5	10.0									
	5	1.8	9.0									
	6	1.8	10.8									
	8	1.4	11.2									
>300~400	3	4.0	12.0	20	45	15.9	13	10	14	1.6	17	2.3
	4	3.0	12.0									
	5	2.5	12.5				14	11	16	2.0	21	3.5
	7	1.8	12.6									
	8	1.4	12.6									
>400~500	5	3.0	15.0				18	15	22	3.6	24	4.5
	6	2.5	15.0									
	8	1.8	14.4				19	16	24	4.2	30	7.0
	10	1.4	14.0									
>500~700	4	4.0	16.0	28	53	22.0	24	18	26	5.4	40	12.6
	6	3.0	18.0									
	9	1.8	16.2				30	22	32	8.4	45	15.9
	10	1.8	18.0									

（续）

铸件重量 /kg	内浇道			横浇道面积 /cm²	直浇道		a /mm	b /mm	c /mm	面积 /cm²	d /mm	面积 /cm²
	数量	面积 /cm²	总面积 /cm²		直径 /mm	面积 /cm²						
>700 ~1000	5	4.0	20.0	28	53	22.0	38	30	44	15	53	22.0
	7	3.0	21.0									
	8	2.5	20.0				46	34	50	20.0	61	29.2
	11	1.8	19.0									
>1000 ~1400	6	4.0	24.0	36	61	29.0	56	40	58	28.0		
	8	3.0	24.0									
	10	2.5	25.5				62	44	68	36.0		
	14	1.8	25.2									

注：浇注系统各单元总截面面积比为 $\Sigma A_{直} : \Sigma A_{横} : \Sigma A_{内} = 1.2 : 1.5 : 1.0$。

表 4-83　黄铜及无锡青铜铸件浇注系统中各组元的截面面积

铸件重量 /kg	直浇道截面面积 /cm²	过滤网截面面积 /cm²	横浇道截面面积 /cm²	内浇道截面面积 /cm²
≤1	2.2	1.3	1.8	2.4
>1~3	2.2	1.3	1.8	2.4
>3~5	3.0	1.9	2.5	3.2
>5~8	3.0	1.9	2.5	3.2
>8~15	3.0	2.2	3.0	3.6
>15~30	4.7	3.3	1.3	5.5
>30~50	4.7	3.8	5.0	6.4
>50~70	6.7	4.4	6.0	7.2
>70~100	6.7	5.4	7.4	9.0
>100~200	9.2	7.4	10.0	12.0
>200~300	12.0	9.6	12.8	16.0
>300~400	12.0	9.6	12.8	16.0
>400~500	15.0	12.0	16.0	20.0
>500~700	15.0	12.0	16.0	20.0
>700~1000	19.0	15.0	20.0	25.0
>1000~1400	23.0	18.0	24.0	30.0
>1400~7000	27.0	22.0	30.0	36.0

注：浇注系统各单元总截面面积比为 $\Sigma A_{直} : \Sigma A_{滤} : \Sigma A_{横} : \Sigma A_{内} = 1.0 : 0.9 : 1.2 : (1.5 \sim 2.0)$。

表 4-84　锡青铜套类铸件雨淋式浇道的截面面积与尺寸

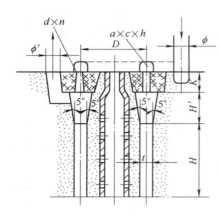

H'—冒口高度　H—铸件高度
D—铸件内外径的平均值
K—雨淋浇道的芯子高度
d—雨淋浇道的孔眼直径　n—孔眼的数量
ϕ—直浇道直径　ϕ'—出气孔直径

铸件	内浇道		横浇道		直浇道		出气孔	雨淋芯
D/mm	$d \times n$	截面面积 /cm^2	$a \times c \times h$	截面面积 /cm^2	ϕ/mm	截面面积 /cm^2	ϕ'/mm	K/mm
90～110	6×8	2.3	18×15×18	5.9	25	4.9	30	40
120～140	6×10	2.8	18×15×20	6.6	28	6.1	30	40
150～170	6×12	3.4	19×15×24	8.1	30	7.1	35	40
180～200	7×14	5.4	22×18×25	10	35	9.6	40	60
210～230	7×16	6.2	27×23×28	14	40	12.6	45	60
240～260	8×18	9.1	32×26×35	20.3	45	15.9	50	60
270～290	8×20	10.1	34×26×36	21.6	50	19.6	55	70
300～320	9×20	12.7	36×28×40	25.6	55	23.8	60	70
330～360	10×22	17.3	40×30×46	32.2	60	28.3	65	70
370～400	10×24	18.8	42×34×46	35	65	33.2	70	80
410～440	11×24	22.8	42×36×48	37.4	70	38.5	75	80
450～480	11×26	24.7	44×36×48	39.4	75	44.2	80	80
490～520	11×28	26.6	46×40×50	43	80	50.3	85	90
530～560	11×30	28.5	48×42×50	45	85	56.8	90	90
570～600	11×32	30.4	50×44×50	47	90	63.6	95	90
610～630	11×34	32.3	52×46×52	50.8	95	70.9	100	100
640～670	11×36	34.2	54×48×54	55.1	100	78.5	105	100
680～700	11×38	36.1	58×50×58	62.6	105	86.6	110	100

表 4-85　黄铜和无锡青铜蜗轮铸件浇注系统各组元的截面面积与尺寸

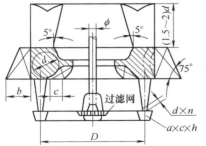

冷铁尺寸：$b = 0.8d$, $c = b/3$
冷铁间距约为 5mm

铸件热节中心直径 D/mm	直浇道		横浇道		内浇道	
	ϕ/mm	截面面积/cm²	$a \times c \times h$	截面面积/cm²	$d \times n$	截面面积/cm²
300 ~ 400	25	4.9	$19 \times 15 \times 24$	8	16×6	12
> 400 ~ 500	25	4.9	$19 \times 15 \times 24$	8	16×6	16
> 500 ~ 600	30	7.1	$22 \times 18 \times 25$	10	18×8	20
> 600 ~ 700	30	7.1	$22 \times 18 \times 25$	10	18×10	25
> 700 ~ 800	35	9.6	$27 \times 23 \times 28$	14	18×12	30
> 800 ~ 900	35	9.6	$27 \times 23 \times 28$	14	18×14	35
> 900 ~ 1000	40	12.6	$29 \times 24 \times 30$	16	18×16	40
> 1000 ~ 1100	40	12.6	$29 \times 24 \times 30$	16	20×18	55.8

表 4-86　小型蜗轮铸件浇注系统各组元的截面面积与尺寸

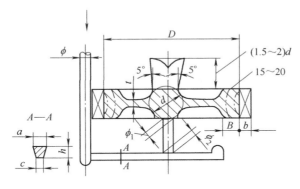

冷铁厚度：$b = 0.8B$
冷铁间距约为 5mm

铸件直径 D/mm	直浇道		横浇道		内浇道		
	ϕ/mm	截面面积/cm²	$a \times c \times h$	截面面积/cm²	ϕ_1/mm	ϕ_2/mm	截面面积/cm²
100 ~ 150	17	2.3	$14 \times 11 \times 16$	2.6	25	20	3.1
> 150 ~ 200	20	3.1	$17 \times 13 \times 20$	3.0	30	25	4.9
> 200 ~ 250	20	3.1	$17 \times 13 \times 20$	3.0	30	25	4.9
> 250 ~ 300	25	4.9	$22 \times 18 \times 25$	5.0	35	30	7.1
> 300 ~ 400	25	4.9	$22 \times 18 \times 25$	5.0	35	30	7.1

　注：1. 本表适用于 $B：t < 2$ 的小型蜗轮铸件。

　　　2. 在浇注系统中采用过滤网进行过滤。

表 4-87　阀壳类铸件浇注系统各组元的截面面积与尺寸

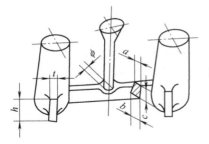

内浇道尺寸：t 为法兰厚度；$h = D/4$；D 为法兰外径

阀门口径 d/mm	铸件重量/kg	铸件壁厚/mm	直浇道		横浇道	
			ϕ/mm	截面面积/cm²	$a \times c \times h$	截面面积/cm²
<15	1 ~ 2	5	18	2.54	13 × 15 × 14	3.9
20 ~ 25	3 ~ 5	5	20	3.14	14 × 16 × 15	4.5
32		5				
40	5 ~ 12	5	22	3.78	16 × 18 × 17	5.8
50		5 ~ 7				
65		6 ~ 8				
80	6 ~ 16	6 ~ 9	25	4.91	18 × 21 × 19	7.4
100	12 ~ 31	6 ~ 10	28	6.15	20 × 23 × 21	9.0
125	20 ~ 46	7 ~ 11				
150	27 ~ 67	7 ~ 13	30	7.5	22 × 25 × 23	10.8
175	45 ~ 53	8 ~ 10				
200		8 ~ 11	31	8.16	23 × 26 × 25	12.5
225		8 ~ 12				
250		9 ~ 13				
275		9 ~ 13	34	8.34	24 × 27 × 25	12.7
300		9 ~ 15				

注：1. 本表适用于锡青铜阀门。

　　2. 表中所列横浇道截面面积为双向面积之和。

4.4　浇注系统用材料及其结构与熔体过滤技术

4.4.1　浇注系统用材料及其结构

在铸造生产中，浇注系统的形成包括两种方式：一种是采用浇注系统模样，以造型或者制芯的方式形成；另一种是用耐火材料制成的预制件在造型或合型过程中装配形成。本小节主要是针对后一种形成方法进行说明。

预制浇注系统构件，在以往的铸造生产中是采用耐火砖制成的预制构件，其中包括：漏斗砖、直管砖、二分道八角中心砖、四分道八角中心砖、流钢砖、二通流钢砖、三通流钢砖、四通流钢砖、流钢尾砖、弯砖等。由于耐火砖的重量较大，价格较高，操作不方便，目前在铸造生产中逐渐被陶瓷管所代替。

陶瓷管是近年来新兴的浇注系统用预制件，其特点是重量轻，耐高温，价格便宜，并且利于造型过程中的连接、安装和摆放等操作，因而得以广泛应用。在本小节中，以浙江长兴恒传耐火材料有限公司、哈尔滨汽轮机厂有限责任公司和哈尔滨电机厂有限责任公司的相关数据为基础，根据标准化、系列化的需要进行归纳和整理，这三个厂家中，前者是预制件——陶瓷管的生产厂家，后两者是该产品的使用用户。由于在本领域没有相关的标准进行规范，因此在本小节中尽可能详尽地给出相应的分类、结构以及标准化尺寸系列。

1. 直管

直管包括等径直管、变径直管以及相应的管接头等。直管的相关结构与尺寸见表 4-88，该直管段在表中给出 5 个标准长度。表 4-89 为直管等径接头的结构与尺寸，表 4-90 为直管变径接头的结构与尺寸。实际生产中还可以根据需要，用瓷砖切割设备对直管段进行切割，以获得所需长度的直管段。两直管的连接除用接头外，还可以用透明胶带连接，连接时将管的接口对齐，然后用透明胶在管的外表面粘接即可，造型时埋入砂型中。

表 4-88　直管结构与尺寸　　　　　　　　　　（单位：mm）

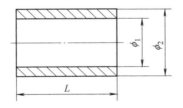

型号	ϕ_1	ϕ_2	L				
ZG20-X	20	28	20	50	100	200	300
ZG30-X	30	40	20	50	100	200	300
ZG40-X	40	50	50	100	200	300	400
ZG50-X	50	62	50	100	200	300	400
ZG60-X	60	74	50	100	200	300	500
ZG70-X	70	86	50	100	200	300	500
ZG80-X	80	96	50	100	200	300	500
ZG90-X	90	108	50	100	200	300	500
ZG100-X	100	120	50	100	200	500	1000
ZG110-X	110	132	50	100	200	500	1000
ZG120-X	120	142	50	100	200	500	1000
ZG140-X	140	164	50	100	200	500	1000

注：型号中 X 代表长度，如 ZG50-100 表示长度为 100mm 的 ϕ50mm 直管。

表 4-89 直管等径接头结构与尺寸 （单位：mm）

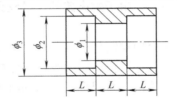

型号	ϕ_1	ϕ_2	ϕ_3	L
ZJT20	20	30	40	15
ZJT30	30	42	53	15
ZJT40	40	52	65	15
ZJT50	50	64	76	15
ZJT60	60	76	90	15
ZJT70	70	88	104	20
ZJT80	80	99	117	20
ZJT90	90	111	131	20
ZJT100	100	123	146	30
ZJT110	110	135	159	30
ZJT120	120	145	172	30
ZJT140	140	168	188	30

表 4-90 直管变径接头结构与尺寸 （单位：mm）

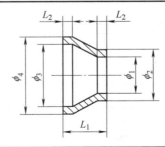

序号	ϕ_1	ϕ_2	ϕ_3	ϕ_4	L_1	L_2
BJT20-40	20	28	40	50	80	30
BJT20-50			50	62	90	30
BJT30-50	30	40	50	62	90	30
BJT30-60			60	74	90	30
BJT40-60	40	50	60	74	90	30
BJT40-70			70	86	100	30
BJT40-80			80	96	110	40
BJT50-70	50	62	70	86	100	30
BJT50-80			80	96	110	40
BJT50-90			90	108	120	40

（续）

序号	ϕ_1	ϕ_2	ϕ_3	ϕ_4	L_1	L_2
BJT60-80			80	96	110	40
BJT60-90	60	74	90	180	120	40
BJT60-100			100	120	120	40
BJT70-90			90	108	120	40
BJT70-100	70	86	100	120	120	40
BJT70-110			110	132	130	40
BJT80-100			100	120	120	40
BJT80-110	80	96	110	132	130	40
BJT80-120			120	144	140	40
BJT90-110			110	132	130	40
BJT90-120	90	108	120	144	140	40
BJT90-140			140	164	150	40
BJT100-120	100	120	120	144	140	40
BJT100-140			140	164	150	40
BJT110-140	110	132	140	164	150	40

2. 弯头管

弯头管包括：15°弯头管、90°弯头管和120°弯头管。表4-91～表4-93分别为15°、90°和120°弯头管的结构与尺寸。

表4-91 15°弯头管的结构与尺寸 （单位：mm）

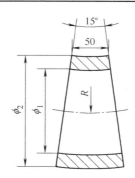

型 号	ϕ_1	ϕ_2	R
15WT30	30	40	380
15WT40	40	50	380
15WT50	50	62	380
15WT60	60	74	380
15WT70	70	86	380
15WT80	80	96	380
15WT80-1			1500

（续）

型　　号	ϕ_1	ϕ_2	R
15WT90	90	108	380
15WT90-1			1500
15WT100	100	120	380
15WT100-1			1500
15WT110	110	132	380
15WT110-1			1500
15WT120	120	144	380
15WT120-1			1500

表 4-92　90°弯头管的结构与尺寸　　　　　（单位：mm）

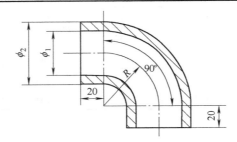

型　　号	ϕ_1	ϕ_2	R
90WT20	20	28	30
90WT30	30	40	40
90WT40	40	50	50
90WT50	50	62	60
90WT60	60	74	70
90WT70	70	86	80
90WT80	80	96	90
90WT90	90	108	100
90WT100	100	120	120
90WT110	110	132	130
90WT120	120	142	140
90WT140	140	164	160

表 4-93　120°弯头管的结构与尺寸　　　　　（单位：mm）

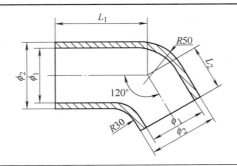

（续）

型号	ϕ_1	ϕ_2	L_1	L_2
120WT30	30	40	100	50
120WT40	40	50	100	50
120WT50	50	62	100	50
120WT60	60	74	100	50
120WT70	70	86	100	50
120WT80	80	96	100	50
120WT90	90	108	100	50
120WT100	100	120	100	50
120WT110	110	132	100	50
120WT120	120	142	100	50

3. 尾管

尾管的结构与尺寸见表4-94。

表 4-94　尾管的结构与尺寸　　　　（单位：mm）

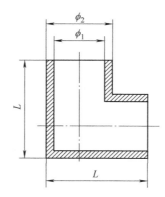

型　号	ϕ_1	ϕ_2	L
WG20	20	28	60
WG30	30	40	70
WG40	40	50	80
WG50	50	62	90
WG60	60	74	100
WG70	70	86	120
WG80	80	96	130
WG90	90	108	140
WG100	100	120	160
WG110	110	132	170
WG120	120	142	180
WG140	140	164	200

4. 漏斗

漏斗用于浇口杯。漏斗的结构与尺寸见表4-95。

表 4-95　漏斗的结构与尺寸　　　　　　（单位：mm）

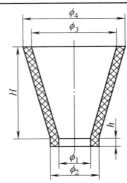

型号	ϕ_1	ϕ_2	ϕ_3	ϕ_4	H	h
JKB20	20	28	140	148	240	20
JKB30	30	40	150	160	240	20
JKB40	40	50	170	180	240	20
JKB50	50	62	190	202	270	25
JKB60	60	74	210	224	270	25
JKB70	70	86	245	261	270	25
JKB80	80	96	270	286	300	30
JKB90	90	108	270	288	300	30
JKB100	100	120	270	290	300	30
JKB110	110	132	285	307	300	30
JKB120	120	142	300	322	300	30
JKB140	140	164	300	324	300	30

5. 内浇道管

内浇道管的结构与尺寸见表4-96。

表 4-96　内浇道管的结构与尺寸　　　　　　（单位：mm）

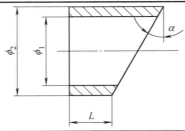

型号	ϕ_1	ϕ_2	L	α
NJD20	20	28	30	60°
NJD30	30	40	35	60°

（续）

型号	ϕ_1	ϕ_2	L	α
NJD40	40	50	40	60°
NJD50	50	62	45	60°
NJD60	60	74	50	60°
NJD70	70	86	55	60°
NJD80	80	96	60	60°
NJD90	90	108	65	60°
NJD100	100	120	70	60°
NJD110	110	132	80	60°
NJD120	120	142	90	60°
NJD140	140	164	100	60°

6. 特殊内浇道

　　根据工艺需要有时需要特殊结构的内浇道。特殊内浇道的结构与尺寸见表 4-97 ~ 表 4-99。

表 4-97　变径内浇道的结构与尺寸　　　　（单位：mm）

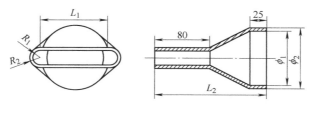

型号	ϕ_1	ϕ_2	R_1	R_2	L_1	L_2
B1NJD20	20	28	6	10	30	110
B1NJD30	30	40	9	13	40	120
B1NJD40	40	50	11	16	50	130
B1NJD50	50	62	13	19	65	150
B1NJD60	60	74	16	23	75	160
B1NJD70	70	86	18	26	90	170
B1NJD80	80	96	21	29	100	180
B1NJD90	90	108	23	32	110	190
B1NJD100	100	120	26	35	120	190
B1NJD110	110	132	28	39	130	210
B1NJD120	120	142	31	42	140	230
B1NJD140	140	164	36	48	160	240

表 4-98　变径下偏内浇道结构与尺寸　　　　　　　　（单位：mm）

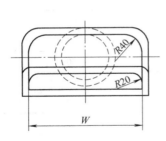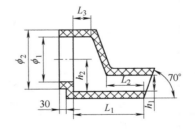

注：未注圆角为 $R20$。

型号	ϕ_1	ϕ_2	L_1	L_2	L_3	h_1	h_2	W
B2NJD20	20	28	55	20	25	7	25	60
B2NJD30	30	40	75	30	30	10	30	90
B2NJD40	40	50	90	40	30	13	40	120
B2NJD50	50	62	105	50	35	16	45	150
B2NJD60	60	74	120	60	35	19	55	180
B2NJD70	70	86	140	70	40	22	65	210
B2NJD80	80	96	150	80	40	25	70	240
B2NJD90	90	108	165	90	40	29	80	270
B2NJD100	100	120	180	100	45	32	90	300
B2NJD110	110	132	195	110	45	35	95	330
B2NJD120	120	142	215	120	50	38	105	360
B2NJD140	140	164	240	140	50	44	120	420

表 4-99　变径斜口内浇道结构与尺寸　　　　　　　　（单位：mm）

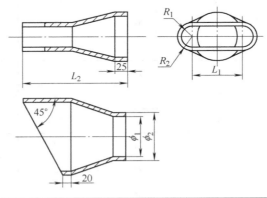

型号	ϕ_1	ϕ_2	R_1	R_2	L_1	L_2
B3NJD20	20	28	6	10	30	110
B3NJD30	30	40	9	13	40	120
B3NJD40	40	50	11	16	50	130

（续）

型号	ϕ_1	ϕ_2	R_1	R_2	L_1	L_2
B3NJD50	50	62	13	19	65	150
B3NJD60	60	74	16	23	75	160
B3NJD70	70	86	18	26	90	170
B3NJD80	80	96	21	29	100	180
B3NJD90	90	108	23	32	110	190
B3NJD100	100	120	26	35	120	190
B3NJD110	110	132	28	39	130	210
B3NJD120	120	142	31	42	140	230
B3NJD140	140	164	36	48	160	240

7. 三通

三通分为等径三通和变径三通，两种三通均包括两种情况：一种是其中一个管道与另两个呈直通状管道之间相互垂直，其结构类似 T 形结构，为直角三通；另一种情况是其中一个管道与另两个呈直通状管道之间以一定的角度相交。等径直角三通的结构与尺寸见表 4-100，60°角等径三通的结构与尺寸见表 4-101，变径直角三通的结构与尺寸见表 4-102，60°角变径三通的结构与尺寸见表 4-103。

表 4-100　等径直角三通的结构与尺寸　　　　　　　（单位：mm）

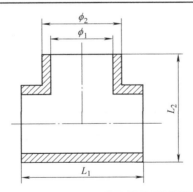

型　　号	ϕ_1	ϕ_2	L_1	L_2
Z3T20	20	28	110	60
Z3T30	30	40	130	70
Z3T40	40	50	150	80
Z3T50	50	62	160	90
Z3T60	60	74	170	100
Z3T70	70	86	180	110
Z3T80	80	96	190	120
Z3T90	90	108	200	130
Z3T100	100	120	220	140

（续）

型　号	ϕ_1	ϕ_2	L_1	L_2
Z3T110	110	132	240	150
Z3T120	120	144	250	160
Z3T140	140	164	270	170

表 4-101　等径 60°角三通的结构与尺寸　　　　（单位：mm）

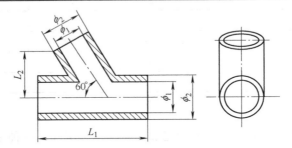

型　号	ϕ_1	ϕ_2	L_1	L_2
60-3T20	20	28	110	70
60-3T30	30	40	130	80
60-3T40	40	50	150	90
60-3T50	50	62	160	100
60-3T60	60	74	170	110
60-3T70	70	86	180	120
60-3T80	80	96	190	130
60-3T90	90	108	200	140
60-3T100	100	120	220	150
60-3T110	110	132	240	160
60-3T120	120	144	250	170
60-3T140	140	164	270	180

表 4-102　变径直角三通的结构与尺寸　　　　（单位：mm）

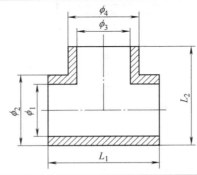

型号	水平段		垂直段		L_1	L_2
	ϕ_1	ϕ_2	ϕ_3	ϕ_4		
ZB3T20-30	20	28	30	40	120	70
ZB3T20-40			40	50	130	80

（续）

型号	水平段		垂直段		L_1	L_2
	ϕ_1	ϕ_2	ϕ_3	ϕ_4		
ZB3T30-20	30	40	20	28	130	70
ZB3T30-40			40	50	140	80
ZB3T30-50			50	62	150	90
ZB3T40-20	40	50	20	28	150	70
ZB3T40-30			30	40	150	80
ZB3T40-50			50	62	160	90
ZB3T40-60			60	74	170	100
ZB3T50-30	50	62	30	40	150	80
ZB3T50-40			40	50	160	90
ZB3T50-60			60	74	170	100
ZB3T50-70			70	86	180	110
ZB3T60-40	60	74	40	50	160	90
ZB3T60-50			50	62	170	100
ZB3T60-70			70	86	180	110
ZB3T60-80			80	96	190	120
ZB3T70-50	70	86	50	62	170	100
ZB3T70-60			60	74	180	110
ZB3T70-80			80	96	190	120
ZB3T70-90			90	108	200	130
ZB3T80-60	80	96	60	74	180	110
ZB3T80-70			70	86	190	120
ZB3T80-90			90	108	200	130
ZB3T80-100			100	120	210	140
ZB3T90-70	90	108	70	86	190	120
ZB3T90-80			80	96	200	130
ZB3T90-100			100	120	210	140
ZB3T90-110			110	132	220	150
ZB3T100-80	100	120	80	96	210	130
ZB3T100-90			90	108	220	140
ZB3T100-110			110	132	230	150
ZB3T100-120			120	144	240	160
ZB3T110-90	110	132	90	108	230	140
ZB3T110-100			100	120	240	150
ZB3T110-120			120	144	250	160
ZB3T110-140			140	164	270	170

（续）

型号	水平段		垂直段		L_1	L_2
	ϕ_1	ϕ_2	ϕ_3	ϕ_4		
ZB3T120-100			100	120	240	150
ZB3T120-110	120	144	110	132	250	160
ZB3T120-140			140	164	270	170
ZB3T140-120	140	164	120	144	260	170

表 4-103　变径 60°角三通的结构与尺寸　　　　（单位：mm）

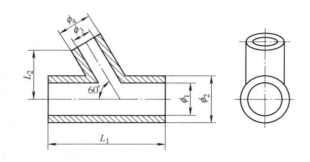

型　　号	水平段		垂直段		L_1	L_2
	ϕ_1	ϕ_2	ϕ_3	ϕ_4		
60B-3T20-10	20	28	10	18	110	72
60B-3T30-10	30	40	10	18	130	85
60B-3T30-20			20	28		83
60B-3T40-20	40	50	20	28	150	95
60B-3T40-30			30	40		92
60B-3T50-30	50	62	30	40	160	105
60B-3T50-40			40	50		103
60B-3T60-40	60	74	40	50	170	116
60B-3T60-50			50	62		113
60B-3T70-50	70	86	50	62	180	126
60B-3T70-60			60	74		123
60B-3T80-60	80	96	60	74	190	135
60B-3T80-70			70	86		132
60B-3T90-70	90	108	70	86	200	145
60B-3T90-80			80	96		143
60B-3T100-80	100	120	80	96	220	156
60B-3T100-90			90	108		153
60B-3T110-90	110	132	90	108	240	166
60B-3T110-100			100	120		163

（续）

型号	水平段		垂直段		L_1	L_2
	ϕ_1	ϕ_2	ϕ_3	ϕ_4		
60B-3T120-100	120	144	100	120	250	176
60B-3T120-110			110	132		173
60B-3T140-110	140	164	110	132	270	188
60B-3T140-120			120	144		185
60B-3T140-130			130	154		182

8. 四通

四通分为等径四通、变径四通、T形等径四通和T形变径四通。等径四通的结构与尺寸见表4-104，变径四通的结构与尺寸见表4-105，T形等径四通的结构与尺寸见表4-106，T形变径四通的结构与尺寸见表4-107。

表 4-104 等径四通的结构与尺寸 （单位：mm）

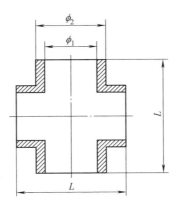

型号	ϕ_1	ϕ_2	L
4T20	20	28	80
4T30	30	40	90
4T40	40	50	100
4T50	50	62	110
4T60	60	74	130
4T70	70	86	140
4T80	80	96	150
4T90	90	108	160
4T100	100	120	180
4T110	110	132	190
4T120	120	144	200
4T140	140	164	220

表 4-105　变径四通的结构与尺寸　　　　　　　　　（单位：mm）

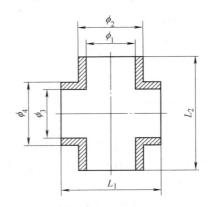

型　　号	ϕ_1	ϕ_2	ϕ_3	ϕ_4	L_1	L_2
B4T20-30	20	28	30	40	80	90
B4T20-40			40	50	90	100
B4T30-40	30	40	40	50	90	100
B4T30-50			50	62	100	110
B4T40-50	40	50	50	62	100	110
B4T40-60			60	74	110	130
B4T50-60	50	62	60	74	110	130
B4T50-70			70	86	120	140
B4T60-70	60	74	70	86	130	140
B4T60-80			80	96	140	150
B4T70-80	70	86	80	96	140	150
B4T70-90			90	108	150	160
B4T80-90	80	96	90	108	150	160
B4T80-100			100	120	160	180
B4T90-100	90	108	100	120	160	180
B4T90-110			110	132	170	190
B4T100-110	100	120	110	132	180	190
B4T100-120			120	144	190	200
B4T110-120	110	132	120	144	190	200
B4T110-140			140	164	200	220
B4T120-140	120	144	140	164	200	220

表 4-106　T 形等径四通的结构与尺寸　　　　　　　　　（单位：mm）

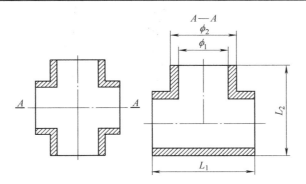

型号	ϕ_1	ϕ_2	L_1	L_2
T4T20	20	28	80	60
T4T30	30	40	90	70
T4T40	40	50	100	80
T4T50	50	62	110	90
T4T60	60	74	130	100
T4T70	70	86	140	110
T4T80	80	96	150	120
T4T90	90	108	160	130
T4T100	100	120	180	140
T4T110	110	132	190	150
T4T120	120	144	200	160
T4T140	140	164	220	170

表 4-107　T 形变径四通的结构与尺寸　　　　　　　　　（单位：mm）

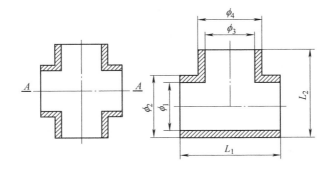

型号	ϕ_1	ϕ_2	ϕ_3	ϕ_4	L_1	L_2
BT4T20-30	20	28	30	40	120	70
BT4T20-40			40	50	130	80

（续）

型号	ϕ_1	ϕ_2	ϕ_3	ϕ_4	L_1	L_2
BT4T30-40	30	40	40	50	140	80
BT4T30-50			50	62	150	90
BT4T40-50	40	50	50	62	160	90
BT4T40-60			60	74	170	100
BT4T50-60	50	62	60	74	170	100
BT4T50-70			70	86	180	110
BT4T60-70	60	74	70	86	180	110
BT4T60-80			80	96	190	120
BT4T70-80	70	86	80	96	190	120
BT4T70-90			90	108	200	130
BT4T80-90	80	96	90	108	200	130
BT4T80-100			100	120	210	140
BT4T90-100	90	108	100	120	210	140
BT4T90-120			110	132	220	150
BT4T100-110	100	120	110	132	230	150
BT4T100-120			120	144	240	160
BT4T110-120	110	132	120	144	250	160
BT4T110-140			140	164	270	170
BT4T120-140	120	144	140	164	270	170

4.4.2　熔体过滤技术

熔炼过程中尽管经过反复除渣，仍然有一定量的渣和夹杂物存在于熔体中。有些铸造工艺无法设置浇注系统除渣组元，有些铸件要求较严，不允许有超量的渣和夹杂物的存在，由此过滤技术就承担起了除渣的主要作用。常用的过滤器包括三大类：板状筛孔过滤器、泡沫陶瓷过滤器和纤维过滤网。过滤器的孔隙率与通过率之间的关系见表4-108。

表4-108　过滤器的孔隙率与通过率

过滤器种类	孔隙率（%）	通过率（%）
板状筛孔过滤器	25～40	40～70
泡沫陶瓷过滤器	70～85	25～40
纤维过滤网	50～60	50～80

1. 板状筛孔过滤器

该类过滤器包括三种类型：板状筛孔砂芯过滤器、板状筛孔陶瓷过滤器和薄钢板筛网状过滤器。

（1）板状筛孔砂芯过滤器　预先用芯砂将该砂芯制成，硬化后即可使用。该砂芯可以用树脂砂制成。筛网芯及对应的浇注系统尺寸见表4-109。

表 4-109　筛网芯及对应的浇注系统尺寸

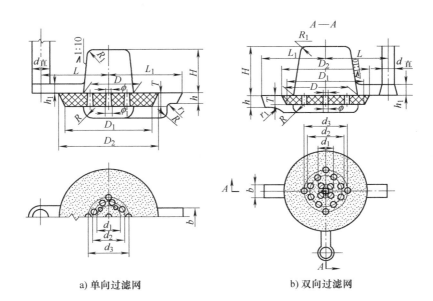

a) 单向过滤网　　　　　　　　b) 双向过滤网

G /kg	$\Sigma A_{网}$ /cm²	轮廓尺寸/mm				筛网芯尺寸/mm								浇注系统尺寸/mm						
		D/H	L	R	R_1	D_2	D_1	d_3	d_2	d_1	T	ϕ	n	$d_直$	单向		双向		r_1	L_1
															b	h/h_1	b	h/h_1		
5 ~ 10	1.65	62	71	14	10	84	82		48	25	15	5	8	17	17	14	14	12	5	70
>10 ~ 20	2.60	70	79	17	10	100	98	56	32	5	15	5	13	20	21	17	15	12	5	85
>20 ~ 50	3.41	72	86	19	12	110	106		60	25	15	6	12	23	24	20	17	14	6	100
>50 ~ 100	5.12	96	106	24	12	136	132	80	44	7	20	7	13	27	30	24	20	18	7	110
>100 ~ 200	7.00	96	113	27	14	144	140	80	54	24	20	7	20	32	35	28	24	20	8	120
>200 ~ 300	10.00	114	126	33	14	158	154	94	64	30	20	8	20	38	40	34	29	24	9	140
>300 ~ 600	13.60	122	140	38	16	166	162	100	70	32	25	9	20	45	48	40	35	28	10	150
>600 ~ 1000	20.10	132	155	44	16	176	172	108	75	34	25	11	20	53	62	45	41	34	11	180
>1000 ~ 2000	27.70	140	180	56	16	188	184	118	82	36	30	13	20	65	65	57	50	38	12	190

注：1. G 为铸件重量，$\Sigma A_{网}$ 为网孔总面积，$\phi_1 = \phi + 1mm$。

2. 适用于要求水压试验（压力 > 0.5MPa 以上）质量要求较高的铸件。

3. 其他组元的截面面积可参考以下比例关系确定：$\Sigma A_{内}$：$\Sigma A_{网}$：$\Sigma A_{横}$：$\Sigma A_{直}$ = 1：1.1：1.5：1.2。

（2）板状筛孔陶瓷过滤器　该过滤器预先按规定的结构和尺寸用耐火材料烧结制成，具体的结构与尺寸见表 4-110 和表 4-111。

表 4-110　方形筛网芯的结构与尺寸

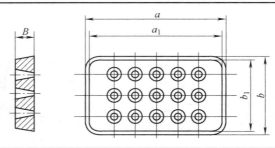

厚度	规格尺寸/mm				滤孔直径	滤孔个数	备　注
B/mm	a	a_1	b	b_1	/mm	/个	
5	84	83	46	45	5	15	用于小型铸铁件
8	96	94	51	49	6	18	用于中型铸铁件
10	110	108	51	49	7	21	用于中型铸铁件
12	85	82	66	63	8	24	用于大型铸铁件
15	106	103	66	63	8	28	
20	115	111	66	62	8	32	
20	115	111	66	62	8	36	
20	125	121	80	76	10	36	

注：筛网芯与砂型搭接的宽度为 10 ~ 20mm，小型铸件取下限，大件取上限。

表 4-111　圆形筛网芯的结构与尺寸

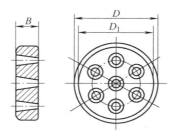

厚度	外径尺寸/mm		滤孔直径	滤孔个数	备　注
B/mm	D	D_1	/mm	/个	
5	36	35	3	6	用于小型铸铁件
8	46	44	5	8	用于小型铸铁件
10	56	53	6	12	用于中型铸铁件
12	66	63	7	16	用于中大型铸铁件
15	78	74	8	28	
20	84	80	9	28	用于大型铸铁件
20	100	96	10	28	

（3）薄钢板筛网状过滤器　该过滤器用薄钢板冲制而成，孔隙率一般为 30% ~ 40%，网孔直径为 1.5 ~ 2.5mm，常用于铝合金、镁合金铸件的浇注系统。使用前应进行除锈和脱脂处理。其结构与尺寸见表 4-112。

表 4-112　薄钢板筛网状过滤器的结构与尺寸

示　　图	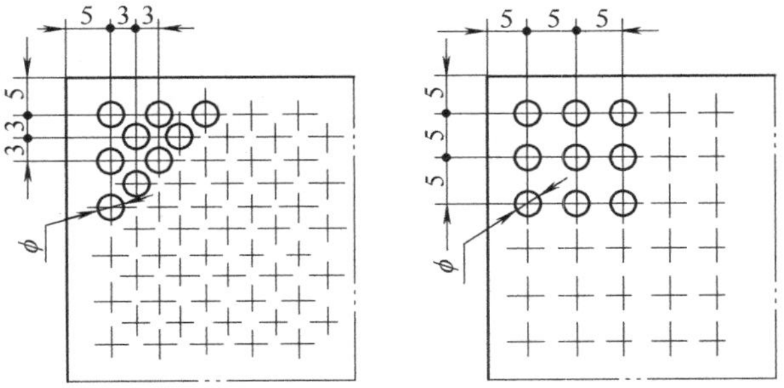
材料	Q235 或铸铁
厚度	0.3 ~ 0.8mm
网眼直径	$\phi1.5 \sim \phi2.5$mm（最大不得超过 3mm）
孔隙率	>30%

2. 泡沫陶瓷过滤器

　　泡沫陶瓷过滤器具有较强的滤渣能力，但是也容易造成过滤网堵塞，影响浇注系统的流量和充型速度。选择时要考虑该类过滤器的特点和使用中需要注意的事项。圆形泡沫陶瓷过滤片的尺寸见表 4-113，方形泡沫陶瓷过滤片的尺寸见表 4-114。特殊规格的过滤片可以根据工艺要求对尺寸进行调整。泡沫陶瓷过滤片的安放方式如图 4-31 所示。陶瓷过滤器的安装见表 4-115。铸铁件过滤器的尺寸与浇注参数见表 4-116。带过滤器浇注系统各组元的截面面积比见表 4-117。

表 4-113　圆形泡沫陶瓷过滤片的尺寸

滤孔类型	厚度/mm	外径尺寸/mm	备　　注
细孔	15	45	主要放置于浇口杯的下部或者是直浇道的下端
	20	50	
粗孔	15	45	
	20	50	

表 4-114　方形泡沫陶瓷过滤片的尺寸

滤孔类型	厚度/mm	外径尺寸/mm		备　　注
		长　　度	宽　　度	
细孔	15	45	45	主要放置于横浇道之间的搭接处或者是横浇道与内浇道之间的搭接处
	15	60	45	
	20	45	45	
	20	60	45	
粗孔	15	45	45	
	15	60	45	
	20	45	45	
	20	60	45	

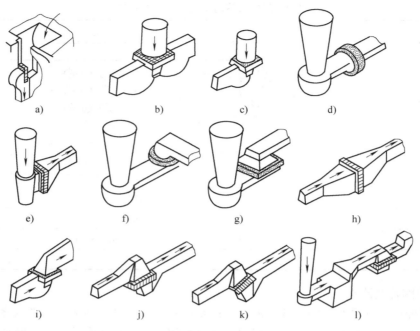

图 4-31　泡沫陶瓷过滤器的安放方式

a）浇口盆底部垂直安放　b）直浇道底部水平安放　c）直浇道底部水平安放　d）单向
横浇道垂直安放　e）单向横浇道垂直安放　f）单向横浇道内水平冲顶安放
g）横浇道内水平冲顶安放　h）横浇道内垂直安放　i）横浇道内水平冲顶安放
j）横浇道内水平冲底安放　k）水平横浇道内倾斜安放
l）单向横浇道内设孕育或球化系统水平冲底安放

表 4-115　陶瓷过滤器的安装　　　　　　　　（单位：mm）

	过滤器 厚度	过滤器 长度	X	Y	Z
	12.5 ± 0.9	38 ± 1.3	31	40	13.5
	12.5 ± 0.9	55 ± 1.3	48	57	13.5
	12.5 ± 0.9	67 ± 1.3	60	68	13.5
	12.5 ± 0.9	83 ± 1.3	76	84	13.5
	19 ± 1.6	133 ± 2.3	125	136	20.6

表 4-116　铸铁件过滤器的尺寸与浇注参数

过滤器尺寸 /mm	过滤器面积 /mm²	最大浇注速度/（kg/s）		最大浇注重量/kg	
		灰铸铁	球墨铸铁	灰铸铁	球墨铸铁
38	960	1.5 ~ 3.75	1.0 ~ 2.5	23 ~ 45	9 ~ 23
55	2300	3.75 ~ 5.5	2.5 ~ 3.75	68 ~ 135	23 ~ 68

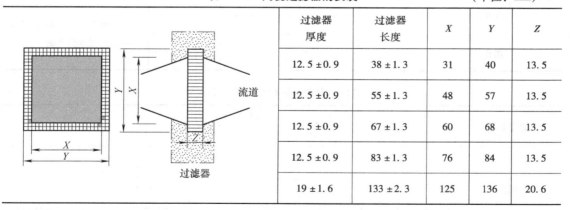

（续）

过滤器尺寸 /mm	过滤器面积 /mm²	最大浇注速度/（kg/s）		最大浇注重量/kg	
		灰铸铁	球墨铸铁	灰铸铁	球墨铸铁
67	3600	5.5 ~ 8.0	3.75 ~ 5.5	110 ~ 275	45 ~ 110
83	5800	8.0 ~ 14.0	5.5 ~ 10.0	180 ~ 450	68 ~ 180
133	15600	27 ~ 40	18 ~ 23	450 ~ 4800	225 ~ 680

表 4-117　带过滤器浇注系统各组元的截面面积比

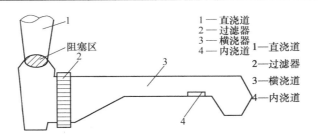

截面面积比				
合金种类	直浇道	过滤器	横浇道	内浇道
灰铸铁	1	4	1.1	1.2
球墨铸铁	1	6	1.1	1.2
铝合金	1	4 ~ 6	1.1	1.2
铜合金	1	2 ~ 3	1.1	1.2

注：过滤器面积的大小与孔洞率、孔径、滤器厚度、金属液黏度、浇注温度、金属液压头、充型速度等有关。

3. 纤维过滤网

纤维过滤网用耐高温玻璃纤维制成，其耐高温性能优于砂芯过滤器。由于其具有使用方便、价格便宜等特点，因而得到广泛的应用。耐高温玻璃纤维过滤网的尺寸见表 4-118。某公司生产的过滤网的性能参数见表 4-119。

表 4-118　耐高温玻璃纤维过滤网的尺寸

网孔尺寸/mm	过滤网厚度/mm	孔隙率（%）	备注
1.6 × 1.6	0.35	50	用于一般灰铸铁件
2.0 × 2.0	0.35	60	用于球墨铸铁及大中型灰铸铁件
2.5 × 2.5	0.35	60	

注：过滤网在使用中，可根据需要裁剪，过滤网与砂型的搭接宽度一般为 15 ~ 20mm。

表 4-119　某公司生产的过滤网的性能参数

型号	工作温度 /℃	持续工作时间 /min	室温抗拉强度 /（N/根）	发气量 /（cm³/g）	适用范围
BXF-1	1450	10	>80	<60	铸铁
BXF-2	850	20	>60	<30	有色合金

纤维过滤网在浇注系统中的安放如图 4-32 所示。

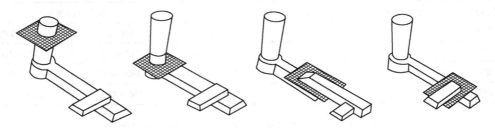

图 4-32　　纤维过滤网在浇注系统中的安放

第 5 章　补缩系统设计

补缩系统是指冒口和补贴等对铸件液态收缩提供补缩液和补缩通道单元的统称。该系统设计与计算得合理与否将直接关系到铸件是否健全，即铸件质量是否满足设计要求，因而补缩系统设计是铸造工艺设计的极为重要的环节。铸件材料种类的不同，铸造工艺的设计方法也不同。因此，根据铸造合金的不同，补缩系统的设计可分为：铸钢件的补缩系统设计、铸铁件的补缩系统设计和有色合金铸件的补缩系统设计。

5.1　铸钢件的补缩系统设计

铸钢件的补缩系统设计包括冒口设计和冷铁设计。对于冒口设计，在设计之前需要掌握铸件的一些基本信息才能进行，这些信息包括：铸件的体收缩率、铸件的体积及分区域体积、几何信息、模数信息等。

5.1.1　铸钢件的体收缩

作为冒口计算的基础数据，在铸件工艺设计之前需要计算铸件的体收缩率。体收缩是指铸件在凝固过程中体积的缩小，可分为液态收缩、凝固收缩和固态收缩。需要冒口补缩的是前两者，即液态收缩和凝固收缩。如果这两个阶段铸件的收缩得不到冒口的补缩将会产生缩孔、缩松等缺陷。铸件体收缩率的计算公式为

$$\varepsilon_V = \frac{V_0 - V_S}{V_0} \times 100\% \qquad (5\text{-}1)$$

式中　ε_V——铸件的体收缩率（%）；

V_0——铸件在充型刚刚结束时的体积（cm^3）；

V_S——铸件在凝固结束时的体积（cm^3）。

实际生产中往往采用测量或者是经

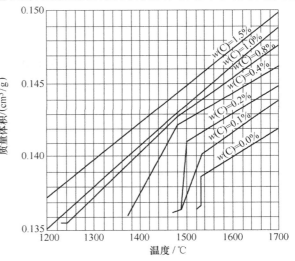

图 5-1　铁碳合金的质量体积与浇注温度的关系

验法来解决。铁碳合金的质量体积与浇注温度之间的关系如图 5-1 所示。碳素钢的体收缩率与碳含量的关系见表 5-1。

表 5-1　碳素钢的体收缩率与碳含量的关系

碳含量 $w(C)$（%）	0.10	0.25	0.35	0.45	0.70
凝固体收缩率（%）	2.0	2.5	3.0	4.3	5.3

由图 5-1 和表 5-1 可知，随着浇注温度的升高，合金的质量体积也随之增加；随着碳含量的增加，合金的体收缩率增加。不同碳含量铸钢的凝固体收缩率与浇注温度的关系如图 5-2 所示。1600℃ 时各种合金元素质量分数与质量体积的关系如图 5-3 所示。合金元素对铸钢凝固体收缩率的影响见表 5-2。ZG06Cr19Ni10 体收缩率的计算实例见表 5-3。几种牌号铸钢的凝固体收缩率见表 5-4。

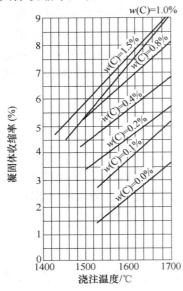

图 5-2　铸钢的凝固体收缩率与
浇注温度的关系

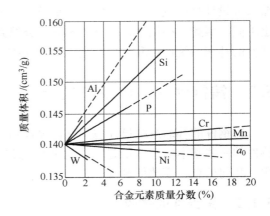

图 5-3　1600℃ 时各种合金元素质量
分数与质量体积的关系

表 5-2　合金元素对铸钢凝固体收缩率的影响

合金元素	W	Ni	Mn	Cr	Si	Al
影响系数	− 0.53	− 0.0354	0.0585	0.12	1.03	1.7

注：1. 影响系数是指合金元素的质量分数为 1% 所引起铸钢体收缩率的变化率。

　　2. 只适用于低于 1600℃ 时的收缩。

表 5-3　ZG06Cr19Ni10 体收缩率的计算实例

合 金 元 素	质量分数（%）	影 响 系 数	体收缩率（%）
C	0.08	查图 5-2	3.50
Si	1.00	1.03	1.03
Mn	2.00	0.0585	0.117
Cr	19.0	0.12	2.28
Ni	9.5	− 0.0354	− 0.336
合计			6.591

注：1. 浇注温度约为 1600℃。

　　2. 为安全起见，体收缩率取 7.0%。

表 5-4　几种牌号铸钢的凝固体收缩率

牌　　号	ZG230-450 ZG20MnSi	ZG270-500	ZG310-570 ZG40Mn	ZG42SiMn	ZG35CrMo	ZGMn13	ZG5CrMnMo
凝固体收缩率（%）	4.2	4.7	5.2	5.6	5.0	6.3	5.8

5.1.2　冒口的补缩距离

　　冒口的有效补缩距离是指冒口周围能够获得致密组织的距离，通常由冒口区与末端区构成。冒口的有效补缩距离是确定冒口数量的重要参考依据。冒口区是指冒口周围直接由冒口进行补缩而获得的致密组织区。末端区是指远离冒口的铸件端部，由于端部的边角效应，该区域的补缩通道扩张角比较大，易于补缩，所形成的致密区域称为末端区。补缩通道是指铸件在凝固过程中，冒口中的金属液对铸件的体收缩进行补偿，该补偿过程中金属液所流经的空间就是补缩通道。超出冒口有效补缩区域的铸件部位，有可能产生缩孔和缩松缺陷。均匀壁厚铸件各区域与轴线缩松的形成如图 5-4 所示。

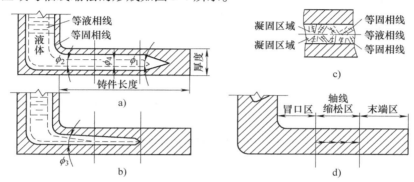

图 5-4　均匀壁厚铸件各区域与轴线缩松的形成

a)、b)　等液相线和等固相线异动情况　c)　中间凝固区域放大　d)　凝固结束后的三个区域

ϕ_1—末端扩张角　ϕ_2、ϕ_3—冒口区扩张角　ϕ_4—0°中间区扩张角

1. 水平补缩距离

　　工艺设计中冒口的有效补缩距离主要是指水平补缩距离。图 5-5 ~ 图 5-8 与表 5-5 所给出的补缩距离是参考值，可根据铸件的结构、对铸件质量等级的要求和合金的具体成分等因素进行调整。

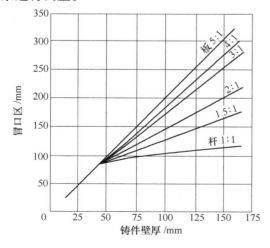

图 5-5　冒口区长度与铸件厚度

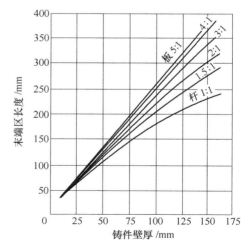

图 5-6　末端区长度与铸件厚度

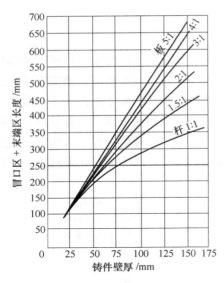

图 5-7 冒口区 + 末端区的长度与铸件厚度

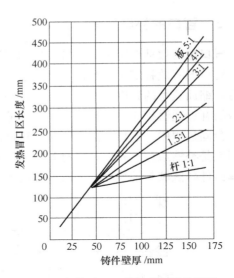

图 5-8 发热冒口区的长度与铸件厚度

表 5-5 平板件及杆件的补缩距离

铸件几何状况		补 缩 距 离
平板铸件 ($\delta \leqslant 100mm$)	（冒口区，冒口区，末端区，δ 示意图）	冒口区 $= 2\delta$ 末端区 $= 2.5\delta$ 冒口区 + 末端区 $= 4.5\delta$ 两个冒口之间的距离 $= 4\delta$
	（冒口区 + 人为末端区，冒口区 + 末端区，δ 示意图）	冒口区 + 末端区 $= 5\delta$ 冒口区 + 人为末端区 $= 5\delta$ 两个冒口区 + 两个人为末端区 $= 10\delta$
阶梯板 ($\delta_2/\delta_1 \approx 1.4$)	（阶梯板示意图，δ_2，δ_1，L_2，L_1）	$L_1 = 3.5\delta_2$ $L_2 = 3(\delta_2 - \delta_1) + 110mm$
	（阶梯板示意图，δ_3，δ_2，δ_1，L_3，L_2，L_1）	$L_1 = 3.5\delta_2$ $L_2 = 3(\delta_3 - \delta_1)$ $L_3 = 3(\delta_3 - \delta_2) + 110mm$

（续）

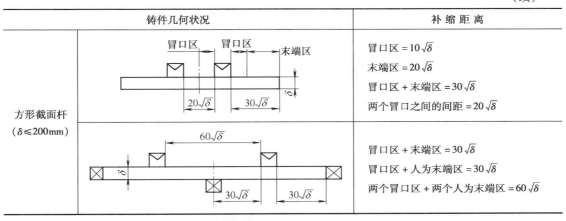

铸件几何状况	补缩距离
方形截面杆（$\delta \leqslant 200mm$）冒口区　冒口区　末端区　$20\sqrt{\delta}$　$30\sqrt{\delta}$　δ	冒口区 = $10\sqrt{\delta}$ 末端区 = $20\sqrt{\delta}$ 冒口区 + 末端区 = $30\sqrt{\delta}$ 两个冒口之间的间距 = $20\sqrt{\delta}$
$60\sqrt{\delta}$　δ　$30\sqrt{\delta}$　$30\sqrt{\delta}$	冒口区 + 末端区 = $30\sqrt{\delta}$ 冒口区 + 人为末端区 = $30\sqrt{\delta}$ 两个冒口区 + 两个人为末端区 = $60\sqrt{\delta}$

注：本表适用于 $w(C) = 0.20\% \sim 0.30\%$ 的铸钢件。

2. 冒口延续度

冒口延续度是指冒口根部尺寸中的长度与同方向铸件的长度之比。根据冒口延续度同样可以推算冒口的补缩距离。普通铸钢件和轮形铸件的冒口延续度见表 5-6 和 5-7。

表 5-6　普通铸钢件的冒口延续度

铸件厚度/mm	冒口延续度（%）
≤100	38 ~ 40
>100 ~ 150	35 ~ 38
>150	30 ~ 35

表 5-7　轮形铸件的冒口延续度

铸件类别	轮缘最大直径/mm	冒口延续度（%）
单幅板齿轮	≤450	35
	>450 ~ 650	42 ~ 45
	>650 ~ 1000	45
	>1000	42
双幅板齿轮	≤1500	48
	>1500 ~ 2000	46
	>2000	44
三幅板齿轮	≤1200	50
	>1200 ~ 1600	48
	>16000	47
齿式半联轴套和半联轴器	≤500	25
	>500 ~ 1500	25 ~ 30
	>1500	30 ~ 32
齿圈	—	42
制动轮	600 ~ 1000	42 ~ 45

5.1.3　补贴的设计

有时冒口的补缩距离不够，增加一个冒口又有些浪费，这时可用补贴来解决。

1. 水平补贴的设计

　　水平补贴是指在冒口的临近部位设置的楔形凸肩，在铸件与冒口之间形成逐渐过渡，进而使冒口的补缩距离增加。水平补贴的计算可按图5-9和公式（5-2）计算。

$$M_{\text{I-I}} = \frac{ab}{2(a+b-c)} = M_{\text{N}} \qquad (5-2)$$

式中　　$M_{\text{I-I}}$——Ⅰ-Ⅰ截面处凸肩体的模数；

　　　　M_{N}——冒口颈的模数；

　　a、b、c——Ⅰ-Ⅰ截面处的几何参数。

　　水平补贴的最大长度为冒口模数的4.7倍，其他结构尺寸参数可根据冒口的模数计算，其中补贴的宽度a等于冒口的宽度。

2. 垂直补贴的设计

　　铸件在垂直方向的高度超出补缩距离时，为了获得致密组织的铸件，需要设置补贴，如图5-10所示（铸件为板状铸件，即铸件的宽厚比≥5:1）。对于图5-10c，补贴高度区及其以下区域的定义有不同的观点，对于补贴

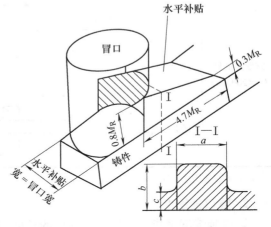

图5-9　水平补贴的尺寸结构
M_{R}—冒口的模数

区有观点将该区域定义为冒口区，也有观点认为该区域相当于冒口，其下面才是冒口区＋末端区；而补贴区以下的区域，对应的观点是该区域属于末端区，另一观点是该区域属于冒口区＋末端区。作者倾向于后一种观点，即补贴区相当于冒口，其下段为冒口区＋末端区，但是补贴毕竟不能等同于冒口，可将冒口区＋末端区的总高度加以调整，即适当缩减其高度。

　　垂直板状铸件的补贴设计还可以由图5-11来进行，该图是以壁厚≤100mm的碳素钢的顶注试验为参照获得的结果，可供垂直补贴设计时参考。

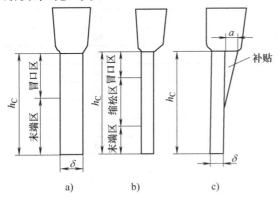

图5-10　垂直补缩距离及补贴

a）h_{C}=冒口补缩距离　　b）h_{C}>冒口补缩距离
c）用补贴消除缩松区
h_{C}—铸件高度　　a—补贴厚度　　δ—铸件厚度

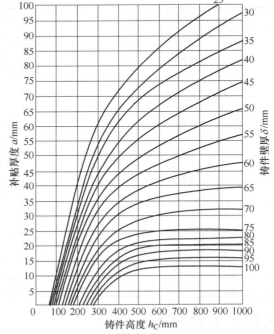

图5-11　板状铸件的补贴值

对于杆状类铸件、底注以及合金钢铸件等情况，可以进行修订和补偿，见表5-8。设计时以补偿后的补贴值为准。

表5-8　垂直补贴的补偿

补偿原因	补偿条件		补偿系数
杆状铸件	铸件截面的宽厚比	4:1	1.0
		3:1	1.25
		2:1	1.5
		1.5:1	1.7
		1.1:1	2.0
		1.0:1	2.0
浇注条件及合金种类	碳钢及低合金钢	顶注	1.0
		底注	1.25
	中高合金钢	顶注	1.25
		底注	1.56 ~ 1.58

注：使用时，以图5-11查得的数据 a 乘以补偿系数，所得值即为补偿后的补贴值。

3. 绘图法

绘图法也称为滚圆法或热节圆补贴设计法，如图5-12所示。绘图法的步骤是首先画出需要补缩的热节处热节圆直径 d_y，然后向冒口方向滚出第一个圆，其直径是 d_1，圆心位于前一个圆的圆周上，即直径为 d_y 的圆周上，依此类推直到做出最后一个圆。各个圆的量值符合以下关系：$d_1 = (1.05 \sim 1.10)d_y$，$d_2 = (1.05 \sim 1.10)d_1$。图中铸件的内外圆补贴的做法是相同的，同时该方法不仅适用于垂直补贴设计，也适用于水平补贴和其他补贴的设计。滚圆的扩大系数一般取1.05，特殊情况下可适当加大，直到1.10。补贴的外轮廓以滚圆的轨迹为基础，进行几何规定，并圆滑过渡。

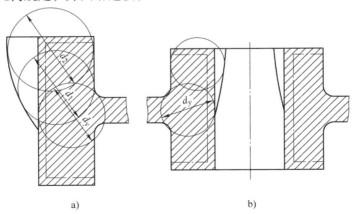

a)　　　　　　　　　　　　　　b)

图5-12　绘图法求解补贴尺寸

a) 外圆的求解　b) 内圆的求解

4. 经验法

表5-9是根据实践经验总结出的几种补贴设计方法，可供设计时参考。

表 5-9　补贴尺寸的设计

铸件名称及部位	图　例	补贴尺寸/mm
双辐板齿轮及轮缘	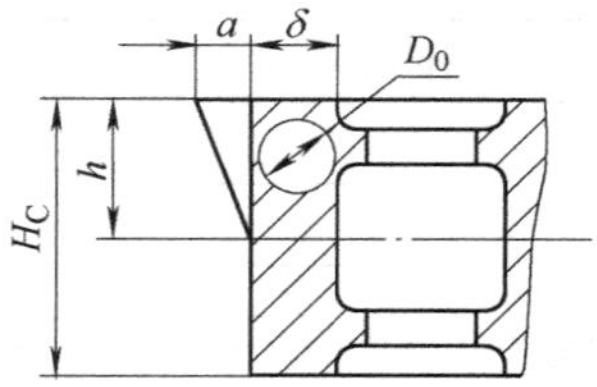	$a = (D_0 - \delta) + H_C/6$ $h = H_C/2$
三辐板齿轮的轮缘	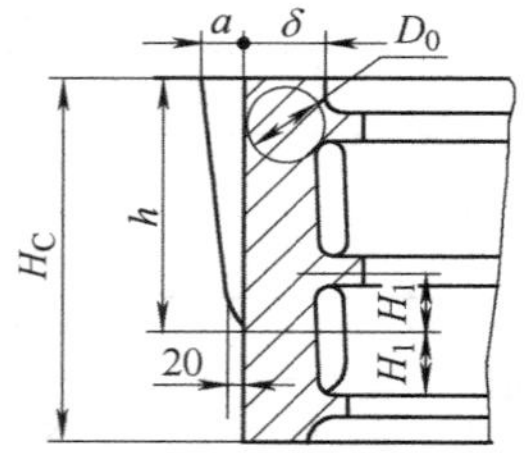	$a = (D_0 - \delta) + H_C/6$ $h = H_C/2 + H_1$
加工余量以外的补贴	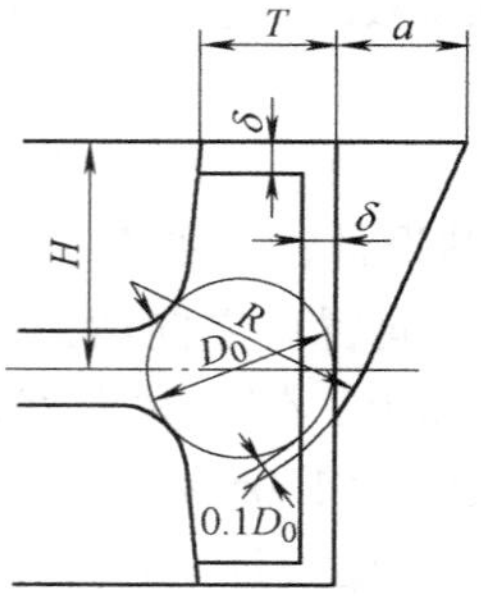	$a = 1.1D_0 + 0.3H - T$ $R = r + 1.1D_0$ 下端与 R 所画圆弧相切
端法兰	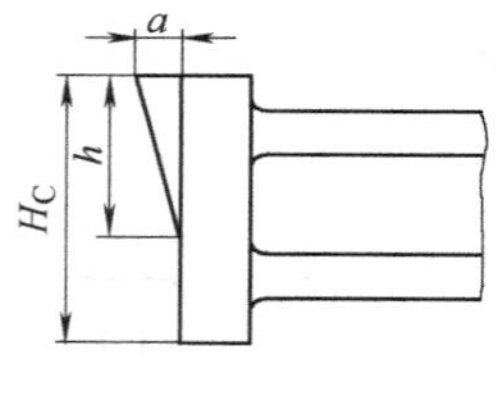	$a = 0.15H_C$ $h = (3 \sim 5)a$
圆管法兰	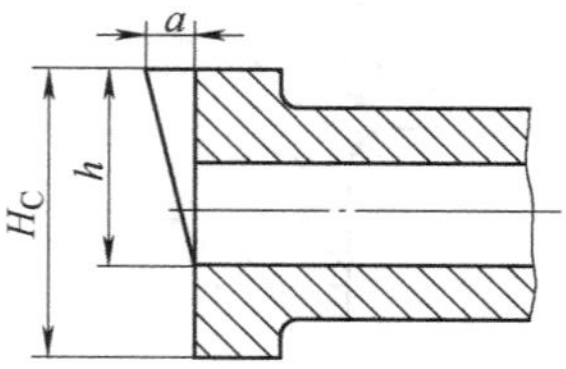	$a = 0.15H_C$ $h = (3 \sim 5)a$

5. 补贴设计的实例

实例 1　筒形铸件的补贴设计如图 5-13 所示。设计步骤如下：首先按比例绘出含加工余量的铸件图，以初始厚度 $\delta = 35\text{mm}$，查图 5-11 得到铸件在高 $h_C < 85\text{mm}$ 的范围内不需要设置补贴，那么需要设置补贴的高度范围是 $440\text{mm} - 85\text{mm} = 355\text{mm}$，即从铸件的顶端开始向

下 355mm 范围以内都是需要设置补贴的。以 $\delta = 35$mm 和 $h_c = 440$mm 继续查图 5-11，查到的补贴厚度是 $a = 64$mm。

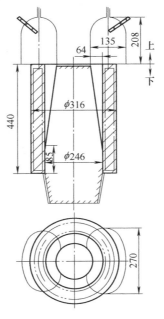

图 5-13　筒形铸钢件的补贴设计

实例 2　某汽轮机喷嘴室的补贴设计如图 5-14 所示。其材料牌号为 ZG20CrMoV。首先按比例绘制出含加工余量的铸件图，将铸件的圆周壁视作板状体，铸件的壁厚取 $\delta = 70$mm，以壁厚中心处为准做圆，其周长即为铸件的高度 h_c，$h_c \approx 500$mm。以 h_c 和 δ 的数据差图 5-11，得到 $a = 28$mm，由此确定了补贴顶部厚度，底部补贴为 0，该两点确定后用圆滑过渡的弧线相连，确定补贴的轮廓曲线。

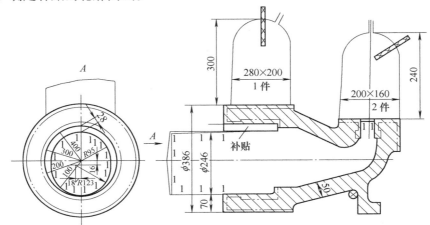

图 5-14　喷嘴室的补贴设计

实例 3　阀体法兰的补贴设计如图 5-15 所示。首先按比例绘制出含加工余量的铸件图，然后绘制热节圆，根据铸件的结构，需要考虑尖角及凹槽效应，所绘制的热节圆如图 5-15

所示，直径为 ϕ65mm。以热节圆直径作为法兰的壁厚，按杆状件处理，宽厚比约为1:3，查表5-8得补偿系数为1.25。取中心处直径 ϕ = 420mm，周长为1318.8mm，则折合高度为659.4mm，取660mm。查图5-11得 a = 37mm，乘以补偿系数得 a = 46.25mm，取47mm。最终补贴设计结果如图5-15所示。为了增加冷端的激冷效果，在法兰的底部设置冷铁。

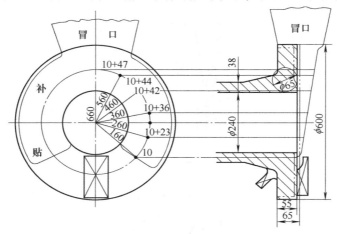

图5-15　法兰的补贴设计

实例4　燃气轮机中气缸的补贴设计如图5-16所示。首先按比例画出含加工余量的铸件图，用外冷铁形成人工末端区，计算出末端热节圆直径为 δ = 33mm，中心线弧长约670mm，查图5-11得 a = 76mm。从两侧顶面开始沿内圆向下做等分线，两线间隔弧长为100mm，等分线与圆心相连，按12%斜度计算出等分线上各补贴厚度点分别为76mm、64mm、52mm、40mm、28mm和16mm。沿各补贴厚度点做曲线，并圆滑过渡。

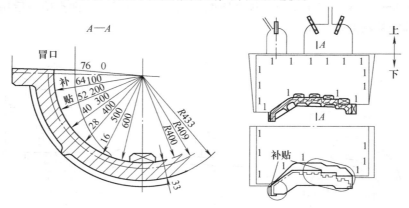

图5-16　燃气轮机中气缸补贴设计

实例5　套筒的补贴设计如图5-17所示。首先按比例绘制出加工余量，在铸件的底部设置2#和3#冷铁各一圈，并且两者位置错开，设置后可适当减少铸件高度 h_C。以 δ = 30mm，$h_C \approx$ 1000mm查图5-11得 a = 97mm。由于铸件是底注式浇注系统，因而需要补偿，查表5-8取补偿系数为1.25，补偿后的补贴厚度 = 97mm × 1.25 = 120mm。

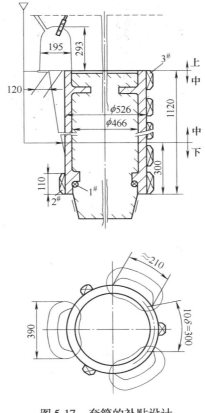

图 5-17　套筒的补贴设计

5.1.4　冒口的分类、结构及安放原则

冒口是铸型内存储金属液的腔体，用于补充铸件冷却和凝固过程中的液态收缩，还起到排气和浮渣作用。冒口还有其他作用，包括调节铸件温度场、观察充型过程、尺寸及结构检查等作用。工艺设计人员在冒口设计时，应尽量使用标准冒口。标准冒口就是其尺寸按一定的规则进行系列化的冒口。

1. 冒口的分类

冒口的分类方法和划分结果见表 5-10。表中的分类是单一的简单分类，还普遍存在复合分类法，如腰形明冒口、圆柱形暗顶冒口等。

表 5-10　冒口的分类方法和划分结果

分 类 依 据	划 分 结 果
冒口顶部结构	明冒口、暗冒口
冒口的安放位置	顶冒口、侧冒口、压边冒口
冒口的传热特点	普通冒口、保温冒口、发热冒口、加热冒口
冒口的几何特点	圆柱形冒口、腰形冒口、球形冒口、异形冒口
冒口的压力状态	压力冒口、大气压力冒口、发气压力冒口
其他划分方法	易割冒口、离心集渣冒口、出气冒口

2. 冒口的结构特点、参数及尺寸

冒口的结构是指冒口的几何形状。对于圆柱形冒口和腰形冒口并不是严格意义的圆柱形和腰形，一般在侧表面上都设有起模斜度，其中也包括异形冒口。球形冒口一般是主体结构为球，下部设有圆柱形冒口颈。

冒口的结构参数包括冒口的斜度、长宽比和高宽比。明冒口的斜度一般为 1:10，暗冒口的斜度一般为 1:20；对于大型明冒口和暗冒口，冒口的斜度可取 1:40。明冒口呈上大下小状，暗冒口呈上小下大状。冒口的长宽比一般为 1:1、1.5:1、2:1，冒口的高宽比一般为 1.2:1、1.5:1、2:1。对于明冒口，一般其顶面需要放保温覆盖剂，在标注模样尺寸时，应在高度上额外加上一个高度，一般为 50~100mm，以便于覆盖剂的撒放。

标准冒口就是将冒口的结构和尺寸等参数标准化，具体说就是冒口结构尺寸比例关系的标准化、冒口斜度的标准化和冒口尺寸的标准化和系列化。在结构方面，冒口的长宽比和高宽比、冒口的斜度，上文给出了标准的比例关系和斜度。在尺寸方面，某种冒口的宽度尺寸以 100mm 起步，按尾数圆整和规律增加，有 105mm、110mm、115mm 等，依此类推。采用标准冒口的好处是，冒口可以反复使用，按尺寸选择，并辅以冒口库，从而可节约生产周期和成本。

3. 冒口的安放原则

冒口的安放主要是指安放位置的选择，遵循以下原则：

1）应安放于最后凝固处，即热节或者被补缩处。

2）应安放于铸件的最高处。

3）应尽量置于加工面上。

4）不同高度的冒口之间应用冷铁隔开。

5）尽量用一个冒口补缩多个热节。

6）尽量不要使冒口置于质量要求较严的部位。

5.1.5 模数法冒口设计

模数是指凝固体体积与散热表面面积之比，用符号 M 表示，计算公式如下：

$$M = \frac{V}{A} \tag{5-3}$$

式中　M——模数（cm）；

　　　V——凝固体体积（cm^3）；

　　　A——凝固体散热表面面积（cm^2）。

1. 简化模数法冒口设计

简化模数法冒口设计就是利用冒口与铸件以及冒口颈与铸件之间的模数比值关系求解冒口。使用该方法设计冒口，必须要用液量补缩法进行校核。

（1）冒口与铸件之间的模数比值　冒口的模数包括冒口颈的模数和整个冒口的模数，而铸件的模数是指与冒口颈相连接处铸件的模数。一般关系表达式为

$$M_R = f M_C \tag{5-4}$$

式中　M_R——冒口的模数（cm）；

　　　f——模数放大系数；

M_C——铸件与冒口连接部位处的模数（cm）。

上式中 f 的一般取值范围为 $1.1 \sim 1.2$，明冒口为 $f = 1.2$，暗顶冒口为 $f = 1.1$。

（2）铸件模数的简化求解　铸件的模数一般是采取简化法计算，即将复杂的结构简化为简单的基本几何形体进行计算，见表 5-11 和表 5-12。

表 5-11　基本几何体的模数

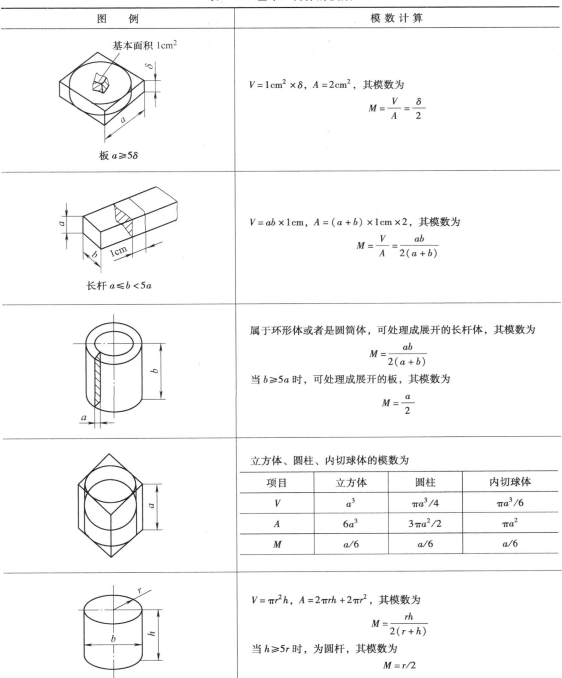

图　　例	模　数　计　算
基本面积 $1\mathrm{cm^2}$　板 $a \geqslant 5\delta$	$V = 1\mathrm{cm^2} \times \delta$，$A = 2\mathrm{cm^2}$，其模数为 $$M = \frac{V}{A} = \frac{\delta}{2}$$
长杆 $a \leqslant b < 5a$	$V = ab \times 1\mathrm{cm}$，$A = (a + b) \times 1\mathrm{cm} \times 2$，其模数为 $$M = \frac{V}{A} = \frac{ab}{2(a + b)}$$
（环形体／圆筒体图）	属于环形体或者是圆筒体，可处理成展开的长杆体，其模数为 $$M = \frac{ab}{2(a + b)}$$ 当 $b \geqslant 5a$ 时，可处理成展开的板，其模数为 $$M = \frac{a}{2}$$

立方体、圆柱、内切球体的模数为

项目	立方体	圆柱	内切球体
V	a^3	$\pi a^3/4$	$\pi a^3/6$
A	$6a^3$	$3\pi a^2/2$	πa^2
M	$a/6$	$a/6$	$a/6$

图　　例	模　数　计　算
（圆柱图）	$V = \pi r^2 h$，$A = 2\pi rh + 2\pi r^2$，其模数为 $$M = \frac{rh}{2(r + h)}$$ 当 $h \geqslant 5r$ 时，为圆杆，其模数为 $$M = r/2$$

表 5-12　连接处几何体的模数

图　例	模　数　计　算
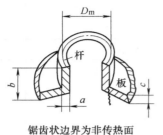 锯齿状边界为非传热面	环形体可看成是杆，法兰可看成是板 设 $D_m = na$（n 为直径 D_m 折合成圆筒壁厚 a 的倍数），则有 $V = \pi D_m ab = \pi a^2 bn$，$A = 2\pi a^2 n + \pi a(n+1)(b-c) + \pi a(n-1)b = \pi a(2an + 2bn - cn - c)$，其模数为 $$M = \frac{V}{A} = \frac{ab}{2(a+b) - \dfrac{c + (n+1)}{n}}$$
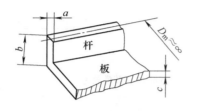	杆和板连接的 L 形接头，其模数为 $$M = \frac{ab}{2(a+b) - c}$$
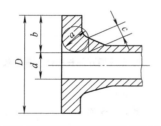	杆和板连接的 L 形接头，其模数为 $$M = \frac{ab}{2(a+b) - c}$$
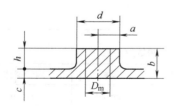	板上凸台，其模数为 $$M = \frac{ab}{2(a+b-c)} = \frac{d(h+c)}{2(d+2h)}$$
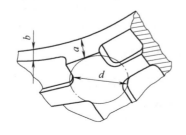	杆和板连接，其模数为 $$M = \frac{da}{2(d+a-b)}$$

（续）

图　例	模 数 计 算
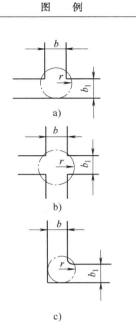	考虑到铸型的尖角效应，将热节圆适当扩大 图 a 为 T 形板接头，其模数为 $$M = \frac{2b_1^2 + bb_1 + b^2}{4b_1 + 3b}, \text{ 当 } b = b_1 \text{ 时, } M \approx r$$ 图 b 为十字形板接头，其模数为 $$M = \frac{2b_1^2 + bb_1 + 2b^2}{4(b_1 + b)}, \text{ 当 } b = b_1 \text{ 时, } M \approx r$$ 图 c 为 L 形板接头，其模数为 $$M = \left(\frac{1}{1.957} \sim \frac{1}{1.738} \right) b_1 \approx r$$
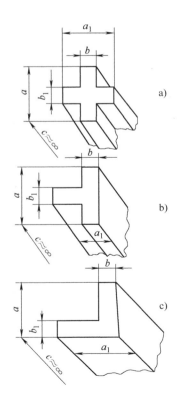	十、T、L 形杆的复合体 $a < 5b,\ a_1 < 5b_1,\ c \rightarrow \infty$ 三种杆接头的模数均为 $$M = (1 \sim 1.125) M_{主}$$ 式中　$M_{主}$——模数最大的一根杆的模数 　两个模数相等，且宽度为厚度 2 倍的杆状复合后的模数最大，它等于杆状体模数 $M_{杆}$ 的 1.125 倍

（续）

图　例	模 数 计 算
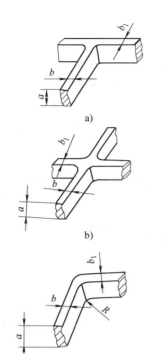	T、十、L 形杆接头（不同于上一类型杆接头） 图 a 为 T 形杆接头，其模数为 $$M = \frac{(2b_1^2 + b^2 + bb_1)a}{(4b_1 + 3b)a + 2(2b_1^2 + b^2 + bb_1)}$$ 当 $b = b_1 = a$ 时，$M = 1.066M_{杆}$ 当 $b = b_1$，$a = 2b$ 时，$M = 1.091M_{杆}$ 当 $b = b_1$，$a = 3b$ 时，$M = 1.103M_{杆}$ 当 $b = b_1$，$a = 4b$ 时，$M = 1.111M_{杆}$ 当 $0.5b_1 \leqslant b \leqslant 1.236b_1$ 时，$M = (1 \sim 1.111)M_{杆}$ 图 b 为十字形杆接头，其模数为 $$M = \frac{(2b^2 + 2b_1^2 + bb_1)a}{4(b + b_1)a + 2(b^2 + 2b_1^2 + bb_1)}$$ 当 $b = b_1 = a$ 时，$M = 1.111M_{杆}$ 当 $b = b_1$，$a = 2b$ 时，$M = 1.154M_{杆}$ 当 $b = b_1$，$a = 3b$ 时，$M = 1.176M_{杆}$ 当 $b = b_1$，$a = 4b$ 时，$M = 1.191M_{杆}$ 当 $0.5b_1 \leqslant b \leqslant b_1$ 时，$M = (1 \sim 1.191)M_{杆}$ 图 c 为 L 形接头，其模数为 $$M = \frac{(b^2 + 2bR + 0.2146R^2)a}{(3.571R + 2b)a + 2(b^2 + 2bR + 0.2146R^2)}$$

　　图 5-18 所示筒形铸件在凝固过程中，铸件内壁的散热受砂芯的制约，充型后砂芯很快达到热饱和，从而影响内壁的散热，相当于内壁的凝固时间延长，应将壁厚适当增大，以使增大后的模数与实际凝固时间相匹配。计算处理上常将壁厚乘以修正系数 k 来加以处理，其模数计算时也需要乘以壁厚增大系数 k 来修正。k 值由式（5-5）计算，也可按表 5-13 来选取。

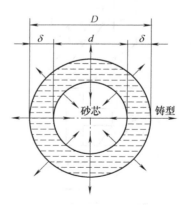

$$k = 2\left(1 - \frac{d}{2D}\right) \qquad (5\text{-}5)$$

式中　d——筒形铸件内径（cm）；

　　　　D——筒形铸件外径（cm）。

图 5-18　筒形铸件的传热

表 5-13　k 值的选取

砂芯直径 d/cm	$\delta/2$	δ	1.5δ	2δ	3δ	4δ	5δ
壁厚增大系数 k	1.8	1.67	1.57	1.50	1.40	1.33	1.28

　　注：1. δ 为铸件壁厚（cm）。

　　　　2. 当 $d < 27\% D$ 时，可将该空心筒形件处理成实心圆柱体来计算。

图 5-19 所示为矩形截面杆状体铸件的模数网络图，由该图可直接查到矩形截面杆状体铸件的模数。

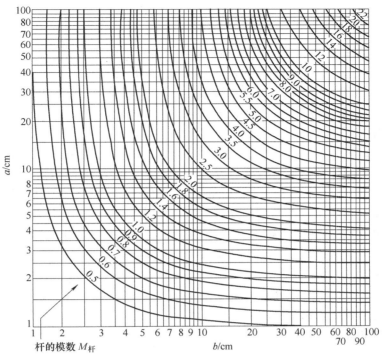

图 5-19　杆状体铸件的模数网络图

（3）模数计算的实例

实例 1　轴承壳的模数计算如图 5-20 所示。图 5-20 中阴影面处为非导热面，应从方形体传热表面面积中减去。最大模数部位位于箱体轴承壳及与之相切的简单方形体交汇处。方形体尺寸：300mm × 300mm × 250mm，其体积为 $V = 22500 \text{cm}^3$。总表面积为 $A = 2 \times (30 \times 30 + 30 \times 25 \times 2) \text{cm}^2 = 4800 \text{cm}^2$

与箱体壁的相交面为：$3 \times 25 \text{cm}^2 + 3 \times 15 \text{cm}^2 = 120 \text{cm}^2$

与法兰的相交面为：$30 \times 15 \text{cm}^2 = 450 \text{cm}^2$

与轴承的相交面为：$30 \times 18 \text{cm}^2 = 540 \text{cm}^2$

非散热面面积合计：$120 \text{cm}^2 + 450 \text{cm}^2 + 540 \text{cm}^2 = 1110 \text{cm}^2$

实际传热面积：$4800 \text{cm}^2 - 1110 \text{cm}^2 = 3690 \text{cm}^2$

热节处模数：$M = 22500 \text{cm}^3 / 3690 \text{cm}^2 = 6.1 \text{cm}$

实例 2　电站阀体的模数计算如图 5-21 所示。图 5-21 中热节①可视作具有梯形截面的杆，48mm

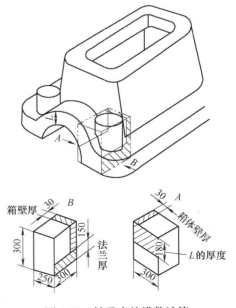

图 5-20　轴承壳的模数计算

处为非散热面，按筒类铸件处理，由式（5-5）计算得 $k = 1.415$。考虑到 D 由 414mm 向下变小，则 k 值修正为 $k = 1.36$。

$$A = \frac{(8.6cm \times 1.36) + (6.2cm \times 1.36)}{2} \times 23.3cm = 234.5cm^2$$

$$L = 23.3cm + 11.6cm + (8.4 - 4.8)cm + 24.8cm = 63.3cm$$

$$M = A/L = 234.5cm^2/63.3cm = 3.7cm$$

图 5-21 中热节②可视作板，修正系数取 $k = 1.26$，其修正厚度为 48mm × 1.26 = 60mm，$M = 6.0cm/2 = 3.0cm$

图中热节③可视作 L 形板接头。根据表 5-12 中 L 形板接头的计算公式进行推导（推导过程略）得：$M = 1.15M_{主} = 1.15 \times 3.0cm = 3.45cm$。考虑到相邻部位阀座处的增厚影响，将 M 增大约 10%，最后取 $M = 3.8cm$。

图中热节④可视作 44mm 厚的板，$M = 4.4cm/2 = 2.2cm$。

图中热节⑤可将其视为杆-板连接的 L 形接头，考虑到尖角效应的影响，将杆的内切圆进行修正，即 80mm × 1.25 = 100mm。根据表 5-12 有 $M = \dfrac{10cm \times 10cm}{2(10cm + 10cm - 4.8cm)} = 3.29cm$。

图中热节⑥可视为板 + 凸台。根据表 5-12 有 $M = \dfrac{3cm \times 6.3cm}{2(3cm + 6.3cm - 4.8cm)} = 2.1cm$。

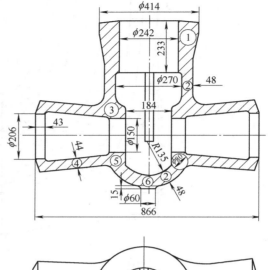

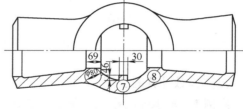

图 5-21 电站阀体的模数计算

图中热节⑦可视为杆-板连接，考虑到尖角效应的影响，将截面尺寸中的 30mm 进行修正，即 30mm × 1.25 = 38mm。杆的截面尺寸可视为 38mm × (46mm + 48mm)。根据表 5-12 有 $M = \dfrac{3.8cm \times 9.4cm}{2(3.8cm + 9.4cm - 4.8cm)} = 2.13cm$。

图中热节⑧可将其视为杆-板连接，考虑到尖角效应的影响，将杆的内切圆直径进行修正，增至 80mm × 1.25 = 100mm。根据表 5-12 有 $M = \dfrac{10cm \times 10cm}{2(10cm + 10cm - 4.8cm)} = 3.29cm$。

实例 3　阀体的模数计算如图 5-22 所示。将 $\phi269mm$ 法兰视作视为杆-板连接的 L 形接头。考虑到铸型的尖角效应，取杆的截面尺寸为：74mm × 50mm × 1.2mm，非传热面 $c = 26mm$。根据表 5-12 有 $M = \dfrac{ab}{2(a+b) - c} = \dfrac{7.4cm \times 6cm}{2(7.4cm + 6cm) - 2.6cm} = 1.83cm$。

将 $\phi244mm$ 法兰视作杆-板连接的 L 接头，考虑到铸型的尖角效应，取杆的截面尺寸为：82mm × 50mm × 1.2mm，非传热面 $c = 20mm$。根据表 5-12 有 $M = \dfrac{8.2 \times 6cm}{2(8.2cm + 6cm) - 2cm} = 1.86cm$。

14mm 厚的壳壁可视作板，$M = 1.4\text{cm}/2 = 0.7\text{cm}$。

壳壁与外肋的连接处，热节圆直径为 $\phi20\text{mm}$，$M = r = 2\text{cm}/2 = 1\text{cm}$。

图 5-22 中热节 $\phi27\text{mm}$ 的计算，可将其视为板-杆连接，由于尖角效应的影响，需要修正，修正后为 $27\text{mm} \times 1.25 = 34\text{mm}$。$M = r = 3.4\text{cm}/2 = 1.7\text{cm}$。

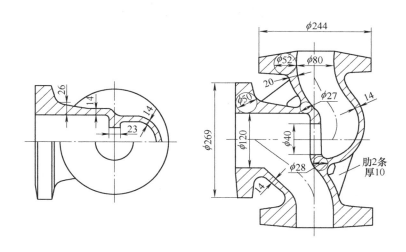

图 5-22　阀体的模数计算

实例 4　电站阀体的模数计算如图 5-23 所示。热节①$\phi364\text{mm}$ 法兰可视作杆-板连接的 L 形接头。考虑到铸型的尖角效应，杆的截面做如下处理：$107\text{mm} \times (62\text{mm} \times 1.2) = 107\text{mm} \times 75\text{mm}$。非传热面 $c = 32\text{mm}$。根据表 5-12 有 $M = \dfrac{10.7\text{cm} \times 7.5\text{cm}}{2(10.7\text{cm} + 7.5\text{cm}) - 3.2\text{cm}} = 2.42\text{cm}$。

热节②$\phi324\text{mm}$ 法兰可视作杆-板连接的 L 形接头。考虑到铸型的尖角效应，杆的截面做如下处理：$77\text{mm} \times (52\text{mm} \times 1.2) = 77\text{mm} \times 6.3\text{mm}$，非传热面 $c = 32\text{mm}$。根据表 5-12 有 $M = \dfrac{7.7\text{cm} \times 6.3\text{cm}}{2(7.7\text{cm} + 6.3\text{cm}) - 3.2\text{cm}} = 1.96\text{cm}$。

阀座处热节③可视作杆-板连接，考虑到铸型的尖角效应，杆的截面做如下处理：$50\text{mm} \times (50\text{mm} \times 1.55) = 50\text{mm} \times 78\text{mm}$，非散热面 $c = 20\text{mm}$。根据表 5-12 有 $M = \dfrac{5\text{cm} \times 7.8\text{cm}}{2(5\text{cm} + 7.8\text{cm} - 2\text{cm})} = 1.8\text{cm}$。

热节④可视作杆-板连接，考虑到铸型的尖角效应，杆的截面做如下处理：$59\text{mm} \times (24\text{mm} \times 1.25) = 59\text{mm} \times 30\text{mm}$，非散热面 $c = 20\text{mm}$。根据表 5-12 有 $M = \dfrac{5.9\text{cm} \times 3\text{cm}}{2(5.9\text{cm} + 3\text{cm} - 2\text{cm})} = 1.3\text{cm}$。

热节⑤可视作板接头，考虑到铸型的尖角效应，对接头内切圆直径处理如下：$32\text{mm} \times 1.2 = 38\text{mm}$，$M = r = 3.8\text{cm}/2 = 1.9\text{cm}$。

阀体的主壁厚可视作 20mm 厚的板，$M = 2\text{cm}/2 = 1\text{cm}$。

阀体下部的凸台可视作板上凸台。根据表 5-12 有 $M = \dfrac{2.5\text{cm} \times 2.8\text{cm}}{2(2.5\text{cm} + 2.8\text{cm} - 2\text{cm})} = 1.06\text{cm}$。

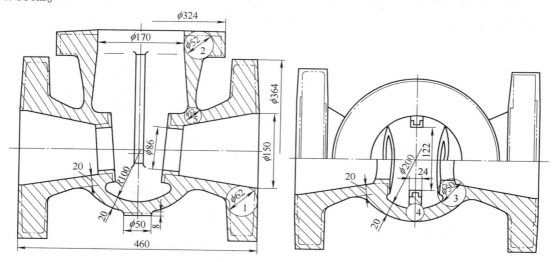

图 5-23　电站阀体的模数计算

实例 5　电站阀盖的模数计算如图 5-24 所示。热节①底法兰可视作 $100\text{mm} \times 60\text{mm}$ 的杆，$c = 30\text{mm}$。该杆为回转体，故需要按式(5-5)进行处理，经计算 $k = 1.1$，则 60mm 尺寸的虚拟壁厚为 $60\text{mm} \times 1.1 = 66\text{mm}$。$M = \dfrac{10 \times 6.6}{2(10 + 6.6) - 3}\text{cm} = 2.19\text{cm}$。

热节②可视作 30mm 厚的板，$M = 3\text{cm}/2 = 1.5\text{cm}$。

热节③可视作 $\phi105\text{mm} \times 122\text{mm}$ 的圆柱体，外加 2 个凸耳的组合体。未放置内冷铁前的模数计算如下：

$$V = \frac{\pi \times 10.5^2}{4} \times 12.2\text{cm}^3 + 3.6 \times 6.4 \times 5\text{cm}^3 = 1171.6\text{cm}^3$$

$$A_1 = 10.5\pi \times 12.2\text{cm}^2 + 2(3.6 \times 6.4 + 3.6 \times 5 + 6.4 \times 5)\text{cm}^2 = 548.5\text{cm}^2$$

$$A_2 = 10.5\pi \times 3\text{cm}^2 + 2(2.2 \times 7.5)\text{cm}^2 + 2(6.4 \times 5)\text{cm}^2 = 196\text{cm}^2$$

$$M = \frac{V}{A_1 - A_2} = \frac{1171.6\text{cm}^3}{548.5\text{cm}^2 - 196\text{cm}^2} = 3.3\text{cm}$$

热节④可视作 22×75 的杆，$M = 0.85\text{cm}$。

热节⑤可视作板状筒形体，查表 5-13 取 $k = 1.4$，故将筒壁厚视为 $30\text{cm} \times 1.4 = 42\text{cm}$，则 $M = 4.2\text{cm}/2 = 2.1\text{cm}$。

热节 ⑥ 可视作 $40\text{mm} \times 47\text{mm}$ 的杆，取 $c = 42\text{mm}$。根据表 5-12 有 $M = \dfrac{4\text{cm} \times 4.7\text{cm}}{2(4\text{cm} + 4.7\text{cm}) - 4.2\text{cm}} = 1.42\text{cm}$。

热节⑦的计算：可将 $\phi245\text{mm}$ 法兰视作 $78\text{mm} \times (54\text{mm} \times 1.25) = 78\text{mm} \times 67.5\text{mm}$ 的杆，$c = 42\text{mm}$。根据表 5-12 有 $M = \dfrac{7.8\text{cm} \times 6.75\text{cm}}{2(7.8\text{cm} + 6.75\text{cm}) - 4.2\text{cm}} = 2.11\text{cm}$。

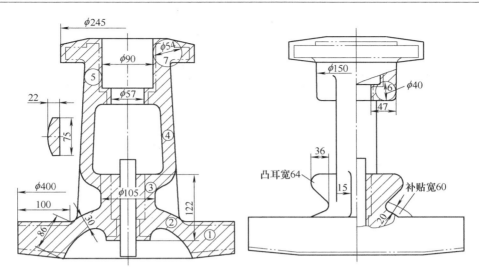

图 5-24　电站阀盖的模数计算

实例 6　汽轮机侧部蒸汽室的模数计算如图 5-25 所示。热节①可视作截面为 155mm × 100mm 的杆状体，查表 5-13 得，$k = 1.4$，则该截面尺寸可修正为：155mm × (100mm × 1.4) = 155mm × 140mm，$c = 45$mm。根据表 5-12 有 $M = \dfrac{15.5\text{cm} \times 14\text{cm}}{2(15.5\text{cm} + 14\text{cm}) - 4.5\text{cm}} = 3.98$cm。

热节②可视作 45 厚的板，$M = 4.5\text{cm}/2 = 2.25$cm。

热节③可视作杆-板连接，考虑到尖角效应，并查表 5-13 得 $k = 1.57$，则截面可修正为：111mm × (7mm × 1.57) = 111mm × 11mm，$c = 45$mm，根据表 5-12 有 $M = \dfrac{11.1\text{cm} \times 11\text{cm}}{2(11.1\text{cm} + 11\text{cm} - 4.5\text{cm})} = 3.47$cm。

热节④可视作板，考虑到板的两侧都受砂芯的热影响，取 $k = 1.5$，厚度 45mm，修正为 45mm × 1.5 = 67.5mm，$M = 6.75\text{cm}/2 = 3.38$cm。

热节⑤可视作 T 形板接头，根据表 5-12 中计算公式进行推导（推导过程略）得：$M = 1.143 M_{主} = 1.143 \times 3.38\text{cm} = 3.85$cm。

热节⑥可视作板接头，根据表 5-12 中计算公式进行推导（推导过程略）得：$M = 1.143 M_{主} = 1.143 \times 3.38\text{cm} = 3.85$cm。

热节⑦可视作杆接头，查表 5-13 得 $k = 1.57$，杆的截面可处理为：113mm × (85mm × 1.57) = 113mm × 133mm，$c = 40$mm。根据表 5-12 有 $M = \dfrac{11.3\text{mm} \times 13.3\text{mm}}{2(11.3\text{mm} + 13.3\text{mm}) - 4\text{mm}} = 3.33$cm。

热节⑧可视作 T 形板接头，根据表 5-12 有 $M = 1.1 M_{主} = 1.1 \times 4.1\text{cm} = 4.5$cm。

热节⑨可视作 62mm 厚的板，查表 5-13 得 $k = 1.33$，修正处理为：62mm × 1.33 = 82mm，$M = 8.2\text{cm}/2 = 4.1$cm。

热节⑩可视作杆状体，考虑到尖角效应，取 $k = 1.57$，修正处理为：58mm × (85mm × 1.57) = 58mm × 133mm，$c = \dfrac{295\text{mm} - 170\text{mm}}{2} \times 1.33 = 82$mm。根据表 5-12 有 $M =$

$$\frac{5.8cm \times 13.3cm}{2(5.8cm + 13.3cm) - 8.2cm} = 2.57cm。$$

热节⑪可视作板上凸台。根据表5-12有 $M = \dfrac{9.5cm \times (4.5cm + 1.5cm)}{2(5.8cm + 13.3cm) - 8.2cm} = 1.9cm。$

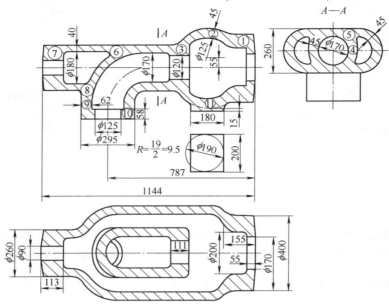

图5-25　汽轮机侧部蒸汽室的模数计算

实例7　蒸汽室的模数计算如图5-26所示。热节①可视作梯形截面的杆，考虑到砂芯的热影响，查表5-13，取 $k = 1.67$。计算过程如下：

$$A = \frac{(11.2 + 1.67) + (8.4 + 1.67)}{2} \times 17.7cm^2 = 203cm^2$$

$$L = 18.7cm + 17.7cm + (14 - 4.5)cm + 17.7cm = 63.6cm$$

$$M = A/L = 3.19cm$$

热节②可视作45mm厚的板，$M = 4.5cm/2 = 2.25cm。$

热节③视作如下组合体：$300mm \times 240mm \times \left(\dfrac{135mm + 190mm + 232mm}{3}\right) = 300mm \times 240mm \times 185mm$，简化为圆柱体，尺寸为 $\phi270m \times 185m$，$r = 135mm$，$h = 185mm$。根据表5-11有 $M = \dfrac{13.5cm \times 18.5cm}{2(13.5cm + 18.5cm)} = 3.9cm。$

热节④可视作尺寸为 $162mm \times 112mm$ 的杆，其中162mm是由 $252mm - 180mm/2$ 计算得到的，112mm是由 $(400mm - 220mm)/2 + 110mm - 88mm$ 计算得到的，$c = 45mm$。根据表5-12有 $M = \dfrac{16.2cm \times 11.2cm}{2(16.2cm + 11.2cm) - 4.5cm} = 3.61cm。$

热节⑤可视作杆状体，查表5-12得 $k = 1.67$，杆的截面可处理为：$108mm \times (87mm \times 1.67) = 108mm \times 145mm$，$c = 45mm$。根据表5-12有 $M = \dfrac{10.8cm \times 14.5cm}{2(10.8cm + 14.5cm) - 4.5cm} =$

3.4cm。

热节⑥可视作板状体，考虑到砂芯的热影响，取 $k = 1.33$，板的尺寸可处理为：45mm ×1.33 =60mm，$M = 6\text{cm}/2 = 3\text{cm}$。

热节⑦可视作杆-板连接，考虑到铸型的尖角效应，将杆的截面处理为：80mm × (80mm ×1.2) =80mm ×96mm。根据表 5-12 有 $M = \dfrac{8\text{cm} \times 9.6\text{cm}}{2(8\text{cm} + 9.6\text{cm} - 4.6\text{cm})} = 2.95\text{cm}$。

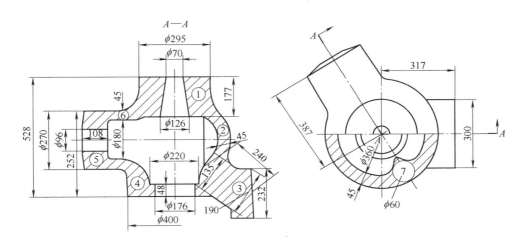

图 5-26　蒸汽室的模数计算

实例 8　汽轮机前汽封外壳的模数计算如图 5-27 所示。热节①可视作 56mm 厚的板，$M = 5.6\text{cm}/2 = 2.8\text{cm}$。考虑到非散热表面的影响，取 $M = 2.8\text{cm} \times 1.1 = 3.1\text{cm}$。

热节②因两侧均为非散热面，可视作 35mm 厚的板。考虑到砂芯的热影响，查表 5-12 取 $k = 1.45$，则 $M = 3.5\text{cm} \times 1.45/2 = 2.55\text{cm}$。

热节③可视作杆。考虑到砂芯的热影响，查表 5-12 取 $k = 1.67$。根据表 5-12 有 $M = \dfrac{23\text{cm} \times (7.05\text{cm} \times 1.67)}{2[23\text{cm} + (7.05\text{cm} \times 1.67)] - (3.5\text{cm} + 4.6\text{cm})} = 4.4\text{cm}$。

热节④可视作杆。考虑到砂芯的热影响，查表 5-12 取 $k = 1.67$。根据表 5-12 有 $M = \dfrac{15.8\text{cm} \times (7\text{cm} \times 1.67)}{2[15.8\text{cm} + (7\text{cm} \times 1.67)] - (3.5\text{cm} + 4.5\text{cm})} = 3.9\text{cm}$。

热节⑤可视作 46mm 厚的板。考虑到砂芯的热影响，查表 5-12 取 $k = 1.5$，则 $M = (4.6\text{cm} \times 1.5)/2 = 3.45\text{cm}$。

热节⑥可视作板上凸台。根据表 5-12 有 $M = \dfrac{2.75\text{cm} \times 9.1\text{cm}}{2 \times (2.75\text{cm} + 9.1\text{cm} - 5.6\text{cm})} = 2\text{cm}$。

热节⑦可视作 T 形板接头，根据表 5-12 取 $M = 1.14M_主 = 1.14 \times 3.45\text{cm} = 3.94\text{cm}$。

热节⑧可视作杆，考虑到铸型的尖角效应，将接头尺寸进行修正：$\phi90\text{mm} \times 1.15 = \phi104\text{mm}$。根据表 5-12 有 $M = \dfrac{10\text{cm} \times 10.4\text{cm}}{2(10\text{cm} + 10.4\text{cm}) - 7\text{cm}} = 3\text{cm}$。

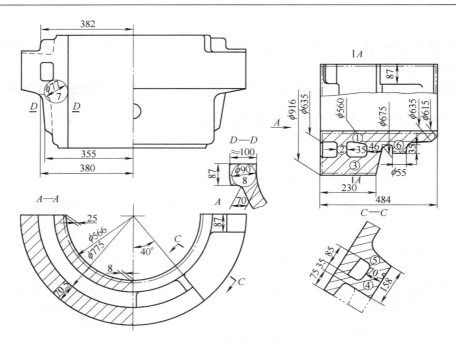

图 5-27　汽轮机前汽封外壳的模数计算

实例 9　基板的模数计算如图 5-28 所示。热节①可视作截面为 400mm × 1000mm 的杆，$c = 100mm$。根据表 5-12 有 $M = \dfrac{40 \times 100}{2(40 + 100) - 10}cm = 14.8cm$。由于中心砂芯具有热饱和作用，故需要进行修正，$d = (2 \sim 4)\delta$，则取 $k = 1.06$，$M = 14.8cm \times 1.06 = 15.7cm$。

热节②可视作截面为 500mm × 250mm 的杆，$c = 100mm$。根据表 5-12 有 $M = \dfrac{50cm \times 25cm}{2(50cm + 25cm - 10cm)} = 9.6cm$。

热节③可视作柱状体，$V = 70cm \times 80cm \times 90cm = 504000cm^3$

$A_1 = 2(70cm \times 80cm + 70cm \times 90cm + 80cm \times 90cm) = 38200cm^2$

$A_2 = 90cm \times 80cm \times 3 = 21600cm^2$（肋）

$A_3 = (70cm + 80cm) \times 10cm = 1500cm^2$（板）

$$M = \frac{V}{A_1 - (A_2 - A_3)}$$

$$= \frac{504000cm^3}{38200cm^2 - (21600cm^2 - 1500cm^2)}$$

$$= 27.8cm$$

热节④可视作柱状体，尺寸为 1000mm × 500mm × 900mm，$c = 100mm$，$V = 100cm \times 50cm \times 90cm =$

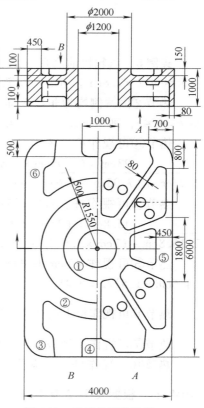

图 5-28　基板的模数计算

450000cm^3，$A_1 = 90\text{cm} \times 100\text{cm} = 9000\text{cm}^2$，$A_2 = 50\text{cm} \times 100\text{cm} = 5000\text{cm}^2$，$A_3 = 10\text{cm} \times 100\text{cm}$

$= 1000\text{cm}^2$，$M = \dfrac{V}{2(A_1 + A_2 - A_3)} = \dfrac{450000\text{cm}^3}{2(9000\text{cm}^2 + 5000\text{cm}^2 - 1000\text{cm}^2)} = 17.3\text{cm}$。

热节⑤可视作 $450\text{mm} \times 900\text{mm} \times 180\text{mm}$ 的柱状体，$V = 45\text{cm} \times 90\text{cm} \times 18\text{cm} = 72900\text{cm}^3$

$A_1 = 2(45\text{cm} \times 90\text{cm} + 45\text{cm} \times 180\text{cm} + 90\text{cm} \times 180\text{cm}) = 56700\text{cm}^2$

$A_2 = 80\text{cm} \times 90\text{cm} \times 4 = 28800\text{cm}^2$

$A_3 = (45\text{cm} + 180\text{cm}) \times 10\text{cm} = 2250\text{cm}^2$

$M = \dfrac{V}{A_1 - (A_2 + A_3)} = \dfrac{72900\text{cm}^3}{56700\text{cm}^2 - (28800\text{cm}^2 + 2250\text{cm}^2)} = 2.84\text{cm}$

（4）冒口的补缩效率　冒口的补缩效率是冒口能够提供的补缩液量占冒口总液量的百分比，即补缩量与冒口的体积比（或质量比），用符号 η 表示，由下式计算

$$\eta = \frac{V_R - V_{Re}}{V_R} \times 100\% \qquad (5\text{-}6)$$

式中　　V_R——冒口的原始体积；

　　　　V_{Re}——冒口在凝固结束后的残余体积。

冒口的补缩效率可由试验测试得到。铸钢件典型冒口的补缩效率见表5-14。该表的数据为经验参考值，可作为冒口计算的初始数据，实现冒口计算连续性，避免计算中因该数据的缺项而中断。实际上冒口的补缩效率受多重因素的影响，其中包括：冒口的几何形状和大小、造型材料、所补缩铸件的模数、大小和材料等，具有不确定性。

表 5-14　铸钢件典型冒口的补缩效率

冒口类型	明冒口	补浇明冒口	球形暗冒口	浇道过冒口	保温冒口	大气压暗冒口
冒口效率 η(%)	12 ~ 15	15 ~ 20	15 ~ 20	20 ~ 35	25 ~ 30	15 ~ 20

（5）冒口的模数及重量计算　由于采用标准冒口，冒口的模数和重量的计算得到简化。各类型冒口的形状参数与模数见表5-15，表中的数据是由推导及 AutoCAD 体积计算功能计算而来。

表 5-15　各类型冒口的形状参数与模数

冒口类型	冒口形状系数		冒口体积/dm³	冒口模数/cm	冒口的表面积/cm²	周界商
球形暗冒口			$\pi d^3/6$	$d/6$	$A = \pi d^2$	113
圆柱形暗冒口	$h = 1.2d$		$0.8116d^3$	$0.1782d$	$4.5553d^2$	144
	$h = 1.5d$		$1.0472d^3$	$0.1905d$	$5.4978d^2$	158
腰形暗冒口	$h = 1.2d, b = 1.5a$		$1.3579a^3$	$0.2076a$	$6.5407a^2$	137
	$h = 1.2d, b = 2a$		$1.9043a^3$	$0.2233a$	$8.5261a^2$	117
	$h = 1.5d, b = 1.5a$		$1.7435a^3$	$0.2240a$	$7.7832a^2$	168
	$h = 1.5d, b = 2a$		$2.4399a^3$	$0.2423a$	$10.0686a^2$	190
圆柱形明冒口	$h = 1.2d$	Ⅰ型	$1.1435d^3$	$0.1881d$	$6.0776d^2$	172
		Ⅱ型	$0.9425d^3$	$0.1765d$	$5.3407d^2$	171
	$h = 1.5d$	Ⅰ型	$1.4294d^3$	$0.2010d$	$7.1115d^2$	176
		Ⅱ型	$1.1781d^3$	$0.1875d$	$6.2832d^2$	179

（续）

冒口类型	冒口形状系数		冒口体积/dm³	冒口模数/cm	冒口的表面积/cm²	周界商
腰形明冒口	$h = 1.2d$ $b = 1.5a$	I 型	$1.8715a^3$	$0.2168a$	$8.6331a^2$	182
		II 型	$1.5425a^3$	$0.2046a$	$7.5407a^2$	180
	$h = 1.2d$ $b = 2a$	I 型	$2.5995a^3$	$0.2323a$	$11.1921a^2$	202
		II 型	$2.1425a^3$	$0.2200a$	$9.7407a^2$	201
	$h = 1.5d$ $b = 1.5a$	I 型	$2.3394a^3$	$0.2341a$	$9.9939a^2$	181
		II 型	$1.9281a^3$	$0.2195a$	$8.7832a^2$	182
	$h = 1.5d$ $b = 2a$	I 型	$3.22494a^3$	$0.2523a$	$12.8792a^2$	197
		II 型	$2.6781a^3$	$0.2374a$	$11.2832a^2$	200

注：1. I 型冒口的斜度：明冒口为 1:10，暗冒口为 1:20。II 型冒口为顶面与底面尺寸相等的冒口，该类冒口多用于保温冒口。

2. h 为冒口高度，b 为冒口根部长度，a 为冒口根部宽度，d 为冒口根部直径。对于球形冒口，d 为球的直径。

3. 明冒口顶部放保温覆盖剂。

（6）简化模数法冒口设计的步骤　简化模数法冒口设计的步骤如下：

1）根据铸件的结构和尺寸以及冒口的有效补缩距离，确定冒口的数量和各个冒口的补缩区域，并计算出每一补缩区域中铸件的体积，计算冒口下铸件热节部位的模数。

2）根据冒口与其下铸件热节之间模数的比例关系 $M_R = fM_C$，计算出各区域冒口的模数。确定冒口的结构，并根据冒口的模数计算出冒口的具体尺寸。

3）用液量补缩法进行校核，如果合格，冒口计算的结果可以通过。如果不合格，则增大冒口参数重新用液量补缩法进行校核，直到合格。

4）对校核合格的冒口数据进行标准化处理，使冒口的尺寸上调至上一档标准尺寸冒口。

（7）简化模数法的查表计算　对于特定的冒口，冒口能够提供的补缩量为 V_F 为

$$V_F = \eta V_R \tag{5-7}$$

式中　η——冒口的补缩效率（%）；

V_R——冒口的体积。

铸件与冒口的总收缩量为 V_S，$V_S = \varepsilon_V(V_C + V_R)$，因 $V_F = V_S$，则有

$$\eta V_R = \varepsilon_V(V_C + V_R) \tag{5-8}$$

式中　ε_V——铸件凝固时的体收缩率（%）；

V_C——冒口所补缩区域铸件的体积。

由式(5-8)得

$$V_C = \frac{\eta V_R - \varepsilon_V V_R}{\varepsilon_V} \tag{5-9}$$

根据式（5-9）可以计算出特定冒口所能够补缩的铸件体积，据此计算并整理出常用的标准冒口所能补缩的铸件体积及重量，见表 5-16～表 5-24。工艺设计人员在设计过程中，不必进行烦琐的计算，可根据必要的参数查表即可求出所需要的冒口。需要注意的是，表中冒口的模数与冒口下铸件热节处的模数比值应符合式（5-4）所规定的比例关系。

表 5-16 球形暗顶冒口的冒口参数及补缩铸件重量

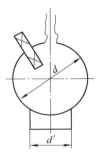

$$d' = 0.61d$$
$$M_R = d/6$$
$$V_R = \pi d^3/6$$
$$\eta = 20\%$$

冒口					铸件: 能补缩的铸件体积 V_C 和重量 G_C							
					$\varepsilon_V = 4.5\%$		$\varepsilon_V = 5\%$		$\varepsilon_V = 6\%$		$\varepsilon_V = 7\%$	
M_R/cm	d/mm	d'/mm	V_R/dm³	G_R/kg	V_C/dm³	G_C/kg	V_C/dm³	G_C/kg	V_C/dm³	G_C/kg	V_C/dm³	G_C/kg
1.66	100	61	0.524	3.67	1.8	14	1.6	12	1.2	9	0.97	7
1.83	110	67	0.69	4.83	2.3	18	2.1	16	1.6	12	1.3	10
2.00	120	73	0.90	6.3	3.1	24	2.7	21	2.1	16	1.67	12
2.16	130	80	1.14	7.8	3.9	30	3.4	26	2.6	18	2.12	16
2.33	140	86	1.43	9.8	4.9	39	4.3	33	3.3	25	2.66	20
2.50	150	92	1.77	12	6.1	47	5.3	41	4.1	32	3.3	25
2.66	160	98	2.14	15	7.3	57	6.4	50	5.1	40	4.0	31
2.83	170	104	2.57	18	8.8	69	7.7	60	6.0	46	4.8	37
3.00	180	110	3.05	21	10.4	81	9.1	71	7.1	55	5.7	44
3.10	190	116	3.59	25	12.3	96	10.8	84	8.4	65	6.6	51
3.33	200	122	4.18	29	14.2	111	12.5	97	9.7	76	7.8	60
3.50	210	128	4.84	34	16.4	126	14.5	113	11.3	88	9.0	69
3.66	220	134	5.57	39	19	148	16.7	130	13	101	10.3	80
3.83	230	140	6.36	44	21.8	170	19.0	148	14.8	116	11.8	92
4.00	240	146	7.2	50	24.5	191	21.6	168	16.8	132	13.4	105
4.16	250	153	8.16	57	27.8	217	24.5	191	19.0	148	15	117
4.33	260	159	9.2	64	31.3	244	27.6	215	21.5	167	17	133
4.50	270	165	10.3	71	35.4	276	31	242	24	187	19	148
4.66	280	171	11.5	80	38.5	300	34.5	270	27	209	21	164
4.83	290	177	12.8	88	44	344	38.5	300	30	234	24	187
5.00	300	183	14.1	96	48.5	379	42	328	33	257	26	203
5.16	310	189	15.6	107	53.5	417	47	366	36	281	29	226
5.33	320	195	17.1	118	59	460	51	398	40	312	32	249
5.50	330	201	18.8	128	64.5	504	56	438	44	342	35	273
5.66	340	208	20.6	140	71	554	62	484	48	374	38	296
5.83	350	214	22.4	153	78	610	67	524	52	406	42	328

（续）

冒口					铸件：能补缩的铸件体积 V_C 和重量 G_C							
M_R/cm	d/mm	d'/mm	V_R/dm³	G_R/kg	$\varepsilon_V = 4.5\%$		$\varepsilon_V = 5\%$		$\varepsilon_V = 6\%$		$\varepsilon_V = 7\%$	
					V_C/dm³	G_C/kg	V_C/dm³	G_C/kg	V_C/dm³	G_C/kg	V_C/dm³	G_C/kg
6.00	360	219	24.6	168	84.5	659	74	576	57	445	45	351
6.16	370	226	26.5	182	91	710	80	624	62	484	49	390
6.33	380	232	28.7	195	98	764	86	670	67	523	53	414
6.50	390	238	31	211	106	828	93	725	72	563	58	452
6.66	400	244	33.5	228	114	890	100	780	78	610	62	485
6.83	410	250	36.1	253	124	970	108	845	84	657	67	523
7.00	420	256	38.8	264	132	1030	116	905	91	706	72	563
7.17	430	262	41.6	291	143	1118	125	973	97	757	77	603
7.33	440	268	44.6	303	152	1180	134	1050	104	812	83	647
7.50	450	275	47.7	334	164	1282	143	1116	111	868	86	691
7.66	460	281	51	346	173	1350	153	1190	119	928	94	741
7.83	470	288	54.4	381	187	1462	163	1273	127	990	101	788
8.00	480	293	58	393	196	1530	173	1350	135	1056	107	835
8.17	490	299	61.6	431	212	1655	185	1441	143	1121	114	892
8.33	500	305	65.4	445	222	1730	196	1530	152	1180	121	945

表 5-17　圆柱形暗顶冒口的冒口参数及补缩铸件重量（$h = 1.2d$）

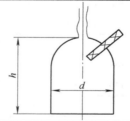

$h = 1.2d$

$M_R = 0.1782d$

$V_R = 0.8116d^3$

$\eta = 15\%$

冒口斜度：1：20

冒口					铸件：能补缩的铸件体积 V_C 和重量 G_C							
M_R/cm	d/mm	h/mm	V_R/dm³	G_R/kg	$\varepsilon_V = 4.5\%$		$\varepsilon_V = 5\%$		$\varepsilon_V = 6\%$		$\varepsilon_V = 7\%$	
					V_C/dm³	G_C/kg	V_C/dm³	G_C/kg	V_C/dm³	G_C/kg	V_C/dm³	G_C/kg
1.75	100	120	0.77	5.6	1.9	15	1.6	12	1.2	9	1.92	7
1.86	105	126	0.93	6.4	2.1	16	1.8	14	1.4	11	1.1	8
1.95	110	132	1.1	7.4	2.5	19	2.1	17	1.6	12	1.2	9
2.04	115	138	1.23	8.5	2.8	22	2.4	19	1.9	15	1.4	11
2.13	120	144	1.4	9.5	3.2	25	2.8	22	2.1	16	1.6	12
2.22	125	150	1.6	11	3.7	29	3.1	24	2.3	18	1.8	14
2.31	130	156	1.8	12	4.1	32	3.5	28	2.6	20	2	15
2.39	135	162	2.0	14	4.6	36	3.9	31	2.9	23	2.2	17

（续）

| | 冒口 | | | | 铸件：能补缩的铸件体积 V_C 和重量 G_C | | | | | | | |
| | | | | | $\varepsilon_V=4.5\%$ | | $\varepsilon_V=5\%$ | | $\varepsilon_V=6\%$ | | $\varepsilon_V=7\%$ | |
M_R/cm	d/mm	h/mm	V_R/dm³	G_R/kg	V_C/dm³	G_C/kg	V_C/dm³	G_C/kg	V_C/dm³	G_C/kg	V_C/dm³	G_C/kg
2.49	140	168	2.2	15	5.2	40	4.4	34	3.3	26	2.5	19
2.58	145	174	2.5	17	5.7	45	4.9	39	3.7	29	2.8	22
2.67	150	180	2.7	19	6.3	49	5.4	42	4.0	32	3.0	24
2.77	155	186	3.0	21	7.0	54	6.0	47	4.5	35	3.4	26
2.84	160	192	3.3	23	7.7	60	6.6	52	5.0	39	3.8	29
2.93	165	198	3.6	25	8.5	66	7.3	57	5.5	43	4.0	32
3.02	170	204	3.9	27	9.3	72	7.9	62	6.0	47	4.5	35
3.11	175	210	4.3	30	10	78	8.7	68	6.5	51	5.0	39
3.20	180	216	4.7	32	11	86	9.4	73	7.0	55	5.4	42
3.29	185	222	5.1	35	12	93	10	78	7.7	60	5.8	45
3.38	190	228	5.5	38	13	101	11	86	8.3	65	6.3	49
3.47	195	234	6.0	41	14	109	12	93	9.0	70	6.8	53
3.56	200	240	6.5	44	15	117	13	100	9.7	75	7.4	58
3.65	205	246	7.0	48	16	127	14	109	10	82	7.9	61
3.73	210	252	7.5	51	17.5	136	15	117	11	87	8.5	66
3.82	215	258	8.0	55	18.7	146	16	125	12	93	9.1	71
3.91	220	264	8.7	59	20	156	17	134	13	101	9.8	76
4.00	225	270	9.2	63	21.5	167	18.5	144	14	107	10.5	82
4.09	230	276	10	67	23	179	19.8	154	15	115	11.3	87
4.18	235	282	10.6	72	24.5	191	21	164	16	123	12	93
4.27	240	288	11.2	76	26	203	22.4	174	16.7	130	13	100
4.36	245	294	12	81	27.7	216	24	185	18	139	13.6	106
4.45	250	300	12.6	86	29.4	229	25.2	196	19	147	14.4	112
4.54	255	206	13.4	92	31.2	243	27	210	20	156	15.4	120
46.2	260	312	14.2	97	33	258	28.4	221	21.3	166	16.2	126
4.71	265	318	15	103	35	273	30.2	235	22.6	176	17.2	134
4.80	270	324	16	108	37	289	32	248	24	185	18	140
4.89	275	330	17	115	39.3	306	33.7	263	25	195	19.2	150
4.98	280	336	17.7	121	41.2	322	35	271	26.2	205	220	155
5.07	285	342	19	128	44	342	37.5	293	28.2	220	21.4	167
5.16	290	348	20	135	46	358	39.5	308	29.7	231	22.6	170
5.25	295	295	354	21	141	48.4	378	41.6	324	31.2	243	23.7
5.34	300	360	22	148	51	398	43.6	340	32.7	255	25	199

表 5-18　圆柱形暗顶冒口的冒口参数及补缩铸件重量（$h = 1.5d$）

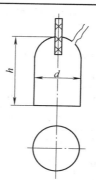

$h = 1.5d$

$M_R = 0.1905d$

$V_R = 1.0472d^3$

$\eta = 15\%$

冒口斜度：1∶20

冒口					铸件：能补缩的铸件体积 V_C 和重量 G_C							
					$\varepsilon_V = 4.5\%$		$\varepsilon_V = 5\%$		$\varepsilon_V = 6\%$		$\varepsilon_V = 7\%$	
M_R/cm	d/mm	h/mm	V_R/dm³	G_R/kg	V_C/dm³	G_C/kg	V_C/dm³	G_C/kg	V_C/dm³	G_C/kg	V_C/dm³	G_C/kg
1.81	100	150	1.05	7.1	2.4	19	2.1	16	1.5	11	1.2	9.3
1.99	105	158	1.2	8.3	2.8	22	2.4	19	1.8	14	1.4	11
2.09	110	165	1.4	9.5	3.2	25	2.8	22	2.1	16	1.6	12
2.19	115	173	1.6	11	3.7	29	3.1	24	2.4	18	1.8	14
2.28	120	180	1.8	13	4.2	33	3.6	28	2.7	21	2.1	16
2.38	125	188	2.0	14	4.7	37	4.1	32	3.0	23	2.3	18
2.47	130	195	2.3	16	5.3	41	4.6	36	3.4	26	2.6	20
2.57	135	203	2.6	18	6.0	47	5.1	40	3.8	29	2.9	23
2.66	140	210	2.8	20	6.7	52	5.7	44	4.3	33	3.3	26
2.76	145	218	3.2	22	7.4	58	6.3	49	4.8	37	3.6	28
2.85	150	225	3.5	24	8.1	63	7.0	54	5.3	41	4.0	31
2.95	155	233	3.9	27	9.1	71	7.8	61	5.8	45	4.4	34
3.04	160	240	4.3	29	9.9	77	8.5	66	6.4	50	4.9	39
3.14	165	248	4.7	32	11	85	9.4	73	7.0	55	5.3	41
3.23	170	255	5.1	35	12	93	10	79	7.7	60	5.8	45
3.33	175	263	5.6	38	12.8	100	11	87	8.4	65	6.4	50
3.42	180	270	6.1	42	14.2	111	12.2	94	9.0	70	6.9	54
3.52	185	278	6.6	45	15.5	121	13.2	103	10	77	7.6	59
3.61	190	285	7.2	49	16.7	130	14	111	11	83	8.0	63
3.71	195	293	7.8	53	18	140	15.5	121	11.6	90	8.8	68
3.81	200	300	8.4	57	19.5	152	16.8	131	12.5	97	9.6	75
3.90	205	308	9.0	61	21	164	18	140	13.5	105	10.3	80
3.99	210	315	9.7	66	23	176	19	149	14.5	113	11	86
4.09	215	323	10.4	71	24	188	21	162	15.6	122	11.8	92
4.18	220	330	11	76	26	203	22	172	16.7	130	12.9	98

（续）

M_R/cm	冒口				铸件：能补缩的铸件体积 V_C 和重量 G_C							
	d/mm	h/mm	V_R/dm³	G_R/kg	$\varepsilon_V = 4.5\%$		$\varepsilon_V = 5\%$		$\varepsilon_V = 6\%$		$\varepsilon_V = 7\%$	
					V_C/dm³	G_C/kg	V_C/dm³	G_C/kg	V_C/dm³	G_C/kg	V_C/dm³	G_C/kg
4.28	225	338	12	81	28	216	24	185	18	138	13.5	105
4.38	230	345	13	87	30	231	25.5	199	19	148	14.5	113
4.47	235	353	13.6	93	32	247	27	212	20	158	15.5	121
4.57	240	360	14.4	98	33.5	261	29	224	21.5	167	16.5	129
4.66	245	368	15.3	104	35.5	277	30.5	248	23	179	17.4	136
4.70	250	375	16.3	114	38	297	32.6	254	24.4	190	18.6	145
4.85	255	383	17.3	118	40	312	34.6	270	26	203	19.7	154
4.95	260	390	18.3	124	42.5	331	36.5	285	27.4	214	21	164
5.04	265	398	18.8	128	43.7	340	37.5	292	28	220	21.5	168
5.14	270	405	20.3	138	47	368	41	317	30.3	236	23	179
5.23	275	413	22	147	50.5	394	43.4	339	32.4	253	25	192
5.33	280	420	23	156	55.5	432	45.7	356	34.3	267	26	203
5.42	285	428	24.2	165	56.3	438	48	375	36	281	27.5	214
5.52	290	435	25.5	174	59.3	462	51	398	39	298	29	226
5.61	295	443	27	182	62.4	485	53	418	40	312	31	238
5.71	300	450	28.2	192	65.6	513	56.5	440	43	333	32	251

表 5-19　腰形暗顶冒口的冒口参数及补缩铸件重量 ($b = 1.5a$, $h = 1.5a$)

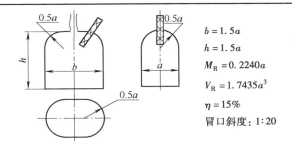

$b = 1.5a$

$h = 1.5a$

$M_R = 0.2240a$

$V_R = 1.7435a^3$

$\eta = 15\%$

冒口斜度：1:20

M_R/cm	冒口				铸件：能补缩的铸件体积 V_C 和重量 G_C							
	a/mm	b、h/mm	V_R/dm³	G_R/kg	$\varepsilon_V = 4.5\%$		$\varepsilon_V = 5\%$		$\varepsilon_V = 6\%$		$\varepsilon_V = 7\%$	
					V_C/dm³	G_C/kg	V_C/dm³	G_C/kg	V_C/dm³	G_C/kg	V_C/dm³	G_C/kg
2.33	100	150	1.6	10.9	4.0	31	3.4	26	2.6	20	2.0	15
2.35	105	158	2.0	14	4.7	37	4.0	31	3.0	23	2.3	18
2.46	110	165	2.3	16	5.4	42	4.6	36	3.5	27	2.6	20
2.57	115	173	2.6	18	6.1	47	5.2	40	3.8	30	3.0	23
2.68	120	180	3.0	21	7.0	54	6.0	47	4.5	35	3.4	26
2.80	125	188	3.4	23	7.9	61	6.8	53	5.0	40	3.9	30

（续）

	冒口				铸件：能补缩的铸件体积 V_C 和重量 G_C							
M_R/cm	a/mm	b、h/mm	V_R/dm³	G_R/kg	$\varepsilon_V=4.5\%$		$\varepsilon_V=5\%$		$\varepsilon_V=6\%$		$\varepsilon_V=7\%$	
					V_C/dm³	G_C/kg	V_C/dm³	G_C/kg	V_C/dm³	G_C/kg	V_C/dm³	G_C/kg
2.91	130	195	3.8	26	9.0	69	8.0	62	5.7	44	4.3	33
3.02	135	203	4.3	29	10	78	8.6	67	6.4	50	4.8	37
3.13	140	210	4.8	33	11	86	9.5	74	7.1	55	5.4	42
3.24	145	218	5.3	36	12.4	97	10.6	82	8.0	62	6.0	47
3.36	150	225	6.0	40	13.6	106	11.7	91	8.8	69	6.7	52
3.47	155	233	6.5	44	15	117	13	100	9.7	75	7.4	57
3.58	160	240	7.1	49	16.6	129	14.2	111	11	85	8	63
3.69	165	248	7.8	53	18	142	15.6	121	12	93	8.9	69
3.80	170	255	8.5	58	20	148	17	132	13	101	9.7	76
3.92	175	263	9.3	64	21.7	169	18.6	145	14.3	111	10.6	82
4.03	180	270	10	69	23.5	184	20	156	15	118	11.5	90
4.14	185	278	11	75	25.6	200	22	172	16.5	124	12.5	97
4.25	190	285	12	81	27.7	216	23.8	185	17.8	139	13.5	105
4.36	195	293	12.9	88	30	232	25.8	201	19.3	150	14.7	115
4.48	200	300	14	95	34.2	252	27.8	217	21	162	16	123
4.59	205	308	15	102	35	273	30	234	22.5	175	17	133
4.70	210	315	16	110	37.6	293	32	250	24	187	18.4	144
4.81	215	323	17.3	118	40.4	315	34.6	270	26	203	19.7	153
4.92	220	330	18.6	127	43.4	339	37	299	28	218	21	165
5.04	225	333	19.8	135	46	359	39.6	309	30	234	22.6	176
5.12	230	345	21	144	49.4	396	42.4	331	32	248	24	189
5.26	235	353	22.6	154	52.5	410	45	351	34	265	26	200
5.37	240	360	24	164	56	437	48	375	36	281	27.5	215
5.48	245	368	25.6	174	59.6	465	51	398	37.4	292	29	228
5.60	250	375	27	185	63.4	494	54	421	41	318	31	242
5.71	255	383	29	197	67.4	525	58	452	43.4	340	34	265
5.82	260	390	31	208	71	554	61	476	46	359	35	273
5.93	265	398	32.4	220	77	605	65	507	49	380	37	288
6.04	270	405	34	232	79.5	620	68	530	51	398	39	304
6.16	275	413	36	246	84.4	658	72	562	54	421	41	320
6.27	280	420	38	260	90	700	76	592	57	444	43.6	340
6.38	285	428	40	275	94	734	81	632	60.6	473	46	359
6.49	290	435	42.5	289	99	774	85	663	63.7	498	48.5	379
6.60	295	443	44.7	304	104	810	89	694	67	524	51	399

（续）

冒口					铸件：能补缩的铸件体积 V_C 和重量 G_C							
M_R/cm	a/mm	b、h/mm	V_R/dm³	G_R/kg	$\varepsilon_V=4.5\%$		$\varepsilon_V=5\%$		$\varepsilon_V=6\%$		$\varepsilon_V=7\%$	
					V_C/dm³	G_C/kg	V_C/dm³	G_C/kg	V_C/dm³	G_C/kg	V_C/dm³	G_C/kg
6.72	300	450	47	320	110	850	94	734	70.5	550	53.6	418
6.83	305	458	49.4	336	115	896	99	794	74	578	56.4	440
6.94	310	465	52	352	121	942	103	804	78	608	59	460
7.05	315	473	54.5	371	127	990	109	850	82	636	62	484
7.16	320	480	57	388	133	1040	114	890	85.5	666	65	507
7.28	325	488	60	406	139	1080	119	927	89.5	698	69	538
7.39	330	495	62.6	426	145	1130	125	974	94	734	71.5	557
7.50	335	503	65.5	446	153	1190	131	1020	98	768	75	585
7.61	340	510	68.5	466	160	1250	137	1070	105	818	78	608
7.72	345	518	71.4	468	166	1290	143	1110	109	850	81	632
7.84	350	525	74.6	507	174	1350	149	1160	114	888	85	664

表 5-20　腰形暗顶冒口的冒口参数及补缩铸件重量（$b=2.0a$，$h=1.5a$）

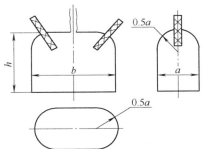

$b=2a$
$h=1.5a$
$M_R=0.2423a$
$V_R=2.4399a^3$
$\eta=15\%$
冒口斜度：1:20

冒口					铸件：能补缩的铸件体积 V_C 和重量 G_C							
M_R/cm	a/mm	h/mm	V_R/dm³	G_R/kg	$\varepsilon_V=4.5\%$		$\varepsilon_V=5\%$		$\varepsilon_V=6\%$		$\varepsilon_V=7\%$	
					V_C/dm³	G_C/kg	V_C/dm³	G_C/kg	V_C/dm³	G_C/kg	V_C/dm³	G_C/kg
2.65	100	150	2.2	15	5.6	44	4.8	37	3.6	28	2.7	21
2.78	105	158	2.8	19	6.5	51	5.6	43	4.1	32	3.2	25
2.91	110	165	3.2	22	7.5	58	6.5	50	4.8	37	3.7	29
3.04	115	173	3.7	25	8.6	67	7.4	58	5.5	43	4.2	33
3.18	120	180	4.2	29	9.8	76	8.4	65	6.3	49	4.8	37
3.31	125	188	4.7	33	11	86	9.5	74	7.1	55	5.4	42
3.44	130	195	5.3	36	12	96	11	85	7.9	61	6.0	47
3.57	135	203	5.9	41	13.9	108	11.9	92	8.9	69	6.7	52
3.70	140	210	6.6	45	15.4	120	13	101	9.9	77	7.6	59
3.84	145	218	7.4	51	17	134	14.8	115	11	85	8.4	65

（续）

冒口					铸件：能补缩的铸件体积 V_C 和重量 G_C							
M_R/cm	a/mm	h/mm	V_R/dm³	G_R/kg	$\varepsilon_V = 4.5\%$		$\varepsilon_V = 5\%$		$\varepsilon_V = 6\%$		$\varepsilon_V = 7\%$	
					V_C/dm³	G_C/kg	V_C/dm³	G_C/kg	V_C/dm³	G_C/kg	V_C/dm³	G_C/kg
3.97	150	225	8.2	57	19	149	16	125	12	93	9.3	72
4.10	155	233	9.1	62	21.2	165	18	140	13.5	105	10.4	81
4.23	160	240	10	68	23	179	20	155	15.1	117	11.3	88
4.37	165	248	11	74	25.4	198	21.8	170	16.3	127	12.5	97
4.50	170	255	11.9	81	27.7	214	23.8	185	17.8	139	14	109
4.63	175	263	13	89	30	234	26	203	19.5	152	15.4	120
4.76	180	270	14	96	33	256	28	219	21	163	16.7	130
4.90	185	278	15.3	104	35.6	278	30.6	238	23	180	18	140
5.03	190	285	16.6	113	38.6	300	33	259	25	193	19.7	153
5.16	195	293	18	122	43	334	36	281	27	211	20.5	160
5.30	200	300	19.4	132	45	352	39	303	29	226	22	172
5.42	205	308	21	142	49	380	42	326	31.4	245	24	185
5.56	210	315	22.5	153	52	408	45	351	33.7	265	24.5	188
5.69	215	323	24	163	56	437	48	375	36	281	27.5	215
5.82	220	330	26	176	60	468	52	405	38.8	290	29.5	230
5.95	225	338	28	189	64	500	55.6	434	41.6	324	31.7	247
6.09	230	345	29.6	201	69	538	59	462	44	346	33.8	263
6.22	235	353	31.6	214	73.5	574	63	492	47	369	36	281
6.35	240	360	33.6	228	78.4	610	67	525	50	392	38	299
6.48	245	368	35.7	243	83	646	71.4	556	53.5	417	40.7	307
6.62	250	375	38	258	88.4	690	75.8	591	56.8	444	43.3	337
6.75	255	383	40	274	94	734	80.6	629	60.4	470	46	359
6.88	260	390	42.5	289	99	774	85	663	63.7	498	48	374
7.01	265	398	45	307	105	820	90.4	705	67.7	528	52	406
7.14	270	405	48.7	332	113	880	97.4	760	73	570	55.6	434
7.28	275	413	50.6	344	118	920	101	787	75.8	592	58	452
7.41	280	420	53	362	124	967	106	830	79.8	625	61	474
7.54	285	428	56.4	384	129	1000	112	872	84.5	658	64.4	500
7.67	290	435	59	402	138	1070	118	920	89	692	67.6	528
7.81	295	443	62	423	145	1130	124	970	93	725	71	554
7.94	300	450	65.6	446	153	1200	131	1020	98	767	75	585
8.07	305	458	70	473	162	1260	139	1090	104	810	79.4	618
8.20	310	465	73	496	170	1320	146	1130	109	850	83.4	650
8.33	315	473	76.7	521	178	1390	154	1200	115	895	87.6	685

（续）

冒口					铸件：能补缩的铸件体积 V_C 和重量 G_C							
					$\varepsilon_V = 4.5\%$		$\varepsilon_V = 5\%$		$\varepsilon_V = 6\%$		$\varepsilon_V = 7\%$	
M_R/cm	a/mm	h/mm	V_R/dm³	G_R/kg	V_C/dm³	G_C/kg	V_C/dm³	G_C/kg	V_C/dm³	G_C/kg	V_C/dm³	G_C/kg
8.47	320	480	80.2	545	187	1460	160	1250	120	935	92	718
8.60	325	488	83.4	577	194	1500	166	1290	125	972	95	740
8.73	330	495	87.3	584	203	1560	174	1360	131	1020	100	780
8.86	335	503	92	625	214	1670	184	1430	137	1070	105	820
9.00	340	510	96.4	665	224	1740	192	1500	144	1120	110	850
9.13	345	518	100	680	233	1820	200	1560	149	1160	114	890
9.26	350	525	105	715	244	1900	210	1640	158	1230	120	935

表 5-21 圆柱形明顶冒口的冒口参数及补缩铸件重量（$h = 1.2d$）

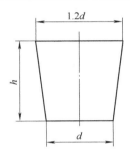

$h = 1.2d$

$M_R = 0.1881d$

$V_R = 1.1435d^3$

$\eta = 14\%$

冒口斜度：1:10

冒口					铸件：能补缩的铸件体积 V_C 和重量 G_C							
					$\varepsilon_V = 4.5\%$		$\varepsilon_V = 5\%$		$\varepsilon_V = 6\%$		$\varepsilon_V = 7\%$	
M_R/cm	d/mm	h/mm	V_R/dm³	G_R/kg	V_C/dm³	G_C/kg	V_C/dm³	G_C/kg	V_C/dm³	G_C/kg	V_C/dm³	G_C/kg
1.90	100	120	1.19	8.31	2.62	20.4	2.14	16.7	1.59	12.4	1.19	9.28
2.09	110	132	1.58	11.1	3.48	27.1	2.84	22.2	2.11	16.4	1.58	12.3
2.28	120	144	2.05	14.4	4.51	35.2	3.69	28.8	2.73	21.3	2.05	16.0
2.47	130	156	2.61	18.3	5.74	44.8	4.70	36.6	3.48	27.1	2.61	20.4
2.66	140	168	3.26	22.8	7.17	55.9	5.87	45.8	4.35	33.9	3.26	25.4
2.85	150	180	4.01	28.0	8.82	68.8	7.22	56.3	5.35	41.7	4.01	31.3
3.04	160	192	4.86	34.0	10.7	83.4	8.75	68.2	4.68	50.5	4.86	37.9
3.24	170	204	5.83	40.8	12.8	100	10.5	81.9	7.77	60.6	5.83	45.4
3.43	180	216	6.92	48.4	15.2	119	12.5	97.2	9.23	72.0	6.92	54.0
3.62	190	228	8.14	57.0	17.9	140	14.7	114	10.9	84.7	8.14	63.5
3.81	200	240	9.49	66.5	20.9	163	17.1	133	12.7	98.7	9.49	74.0
4.00	210	252	11.0	76.9	24.2	189	19.9	154	14.7	114	11.0	85.8
4.19	220	264	12.6	88.5	27.2	216	22.7	177	16.8	131	12.6	98.3
4.38	230	276	14.4	101	31.7	247	25.9	200	19.2	150	14.4	112

（续）

冒口					铸件: 能补缩的铸件体积 V_C 和重量 G_C							
					$\varepsilon_V = 4.5\%$		$\varepsilon_V = 5\%$		$\varepsilon_V = 6\%$		$\varepsilon_V = 7\%$	
M_R/cm	d/mm	h/mm	V_R/dm³	G_R/kg	V_C/dm³	G_C/kg	V_C/dm³	G_C/kg	V_C/dm³	G_C/kg	V_C/dm³	G_C/kg
4.57	240	288	16.4	115	36.1	281	29.5	230	21.9	171	16.4	128
4.76	250	300	18.5	130	40.7	317	33.3	260	24.7	192	18.5	144
4.95	260	312	20.9	146	46.0	359	37.6	290	27.9	217	20.9	163
5.14	270	324	23.4	164	51.5	402	42.1	329	31.2	243	23.4	183
5.33	280	336	26.1	182	57.4	448	47.0	366	34.8	271	26.1	204
5.52	290	348	28.9	203	63.6	496	52.0	406	38.5	301	28.9	225
5.71	300	360	32.0	224	70.4	549	57.6	449	42.7	333	32.0	250
5.90	310	372	35.4	247	77.9	607	63.7	497	47.2	368	35.4	276
6.09	320	384	38.9	272	85.6	668	70.0	546	51.9	405	38.9	303
6.28	330	396	42.6	299	93.7	731	76.7	598	56.8	443	42.6	332
6.47	340	408	46.6	327	103	800	83.9	654	62.1	485	46.6	363
6.66	350	420	50.9	356	112	873	91.6	715	67.9	529	50.9	397
6.85	360	432	55.4	388	122	951	99.7	778	73.9	576	55.4	429
7.04	370	444	60.1	421	132	1031	108	844	80.1	625	60.1	469
7.23	380	456	65.1	456	143	1117	117	914	86.8	677	65.1	508
7.42	390	468	70.4	493	155	1208	127	988	93.9	732	70.4	549
7.61	400	480	76.0	532	167	1304	137	1067	101	790	76.0	593
7.80	410	492	81.8	573	180	1404	147	1148	109	851	81.8	638
7.99	420	504	88.0	615	194	1510	158	1236	117	915	88.0	686
8.18	430	516	94.4	660	208	1620	170	1325	126	982	94.4	736
8.37	440	528	101	708	222	1733	182	1418	135	1050	101	788
8.56	450	540	108	757	238	1853	194	1516	144	1123	108	842
8.75	460	552	116	809	255	1991	209	1629	155	1206	116	905
8.94	470	564	123	862	271	2111	221	1727	164	1279	123	959
9.13	480	576	131	919	288	2248	236	1839	175	1362	131	1022
9.32	490	588	140	977	308	2402	252	1966	187	1456	140	1092
9.56	500	600	148	1038	326	2540	266	2078	197	1539	148	1154

表 5-22　圆柱形明顶冒口的冒口参数及补缩铸件重量（$h = 1.5d$）

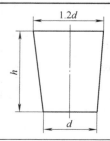

$h = 1.5d$

$M_R = 0.2010d$

$V_R = 1.4294d^3$

$\eta = 14\%$

冒口斜度: 1:10

（续）

冒口					铸件：能补缩的铸件体积 V_C 和重量 G_C							
					$\varepsilon_V = 4.5\%$		$\varepsilon_V = 5\%$		$\varepsilon_V = 6\%$		$\varepsilon_V = 7\%$	
M_R/cm	d/mm	h/mm	V_R/dm³	G_R/kg	V_C/dm³	G_C/kg	V_C/dm³	G_C/kg	V_C/dm³	G_C/kg	V_C/dm³	G_C/kg
2.07	100	150	1.42	10	3	23.5	2.6	20	1.9	15	1.4	11
2.21	110	165	1.9	13	4	31	3.4	27	2.5	20	1.9	15
2.41	120	180	2.4	17	5.2	40	4.4	34.6	3.3	25.6	2.4	19
2.61	130	195	3.1	22	6.6	52	5.6	44	4.2	32.5	3.1	24.5
2.81	140	210	3.9	27	8.3	64.5	7	55	5.2	40	3.9	30
3.01	150	225	4.8	33	10.2	79	8.7	68	6.4	50	4.8	37.6
3.21	160	240	5.85	40	12.4	96	10.5	82	7.8	61	5.85	46
3.41	170	255	7	48	14.8	115	12.6	98.5	9.3	73	7	55
3.61	180	270	8.3	57	17.6	137	15	117	11	86	8.3	65
3.81	190	285	9.8	67	20.7	161	17.6	137	13	101	9.8	76
4.02	200	300	11.4	78	24	188	20.6	160	15.2	118	11.4	89
4.22	210	315	13.2	90	28	218	23.8	186	17.6	137	13.2	103
4.42	220	330	15.2	104	32	250	27.4	213	20.2	158	15.2	118
4.62	230	345	17.4	119	36.7	286	31.3	244	23	180	17.4	135
4.82	240	360	19.7	135	41.7	325	35.5	277	26.3	205	19.7	154
5.02	250	375	22.3	152	47	367	40	313	29.7	231	22.3	174
5.22	260	390	25	171	53	413	45.2	352	33.4	260	25	196
5.42	270	405	28	192	59.3	463	50.6	395	37.4	292	28	219
5.62	280	420	31.4	214	66	516	56.5	440	41.7	325	31.4	244
5.82	290	435	35	237	73.5	573	62.7	489	46.8	361	34.8	272
6.03	300	450	38.6	270	81.4	635	69.4	542	52	400	38.6	300
6.23	310	465	42.6	290	89.8	700	76.6	598	56.6	442	42.6	332
6.43	320	480	46.8	319	98.8	770	84.3	657	62.3	485	46.8	365
6.63	330	495	51.4	350	108	845	92.4	721	68.3	533	51.4	400
6.83	340	510	56	382	118.5	924	101	788	74.7	583	56	438
7.03	350	525	61.3	417	129	1000	110	860	81.5	635	61.3	478
7.23	360	540	66.7	454	141	1090	120	936	88.7	691	66.7	520
7.43	370	555	72.4	492	153	1190	130	1010	96.3	750	72.4	564
7.63	380	570	78.4	533	165.4	1290	141	1100	104	813	78.4	611
7.83	390	585	84.8	577	179	1390	152.6	1190	113	879	84.8	661
8.04	400	600	91.4	622	193	1500	164	1280	122	949	91.4	713
8.24	410	615	98.5	689	208	1622	177	1383	131	1024	98.5	768
8.44	420	630	106	720	223	1740	191	1480	141	1090	106	825
8.64	430	645	114	798	241	1877	205	1601	152	1186	114	889

（续）

冒口					铸件：能补缩的铸件体积 V_C 和重量 G_C							
					$\varepsilon_V = 4.5\%$		$\varepsilon_V = 5\%$		$\varepsilon_V = 6\%$		$\varepsilon_V = 7\%$	
M_R/cm	d/mm	h/mm	V_R/dm³	G_R/kg	V_C/dm³	G_C/kg	V_C/dm³	G_C/kg	V_C/dm³	G_C/kg	V_C/dm³	G_C/kg
8.84	440	660	122	828	257	2000	219	1710	162	1260	122	949
9.05	450	675	130	910	274	2141	234	1825	173	1352	130	1014
9.24	460	690	139	946	293	2280	250	1950	185	1440	139	1080
9.45	470	705	148	1036	312	2437	266	2078	197	1539	148	1154
9.64	480	720	158	1074	333	2600	284	2210	210	1640	158	1230
9.85	490	735	168	1176	355	2766	302	2359	224	1747	168	1310
10.05	500	750	179	1220	377	2940	321	2510	237	1850	179	1390

表 5-23　腰形明顶冒口的冒口参数及补缩铸件重量（$b = 1.5a$，$h = 1.5a$）

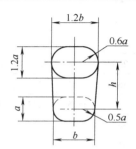

$b = 1.5a$

$h = 1.5d$

$M_R = 0.2341a$

$V_R = 2.3394a^3$

$\eta = 15\%$

冒口斜度：1:10

冒口					铸件：能补缩的铸件体积 V_C 和重量 G_C							
					$\varepsilon_V = 4.5\%$		$\varepsilon_V = 5\%$		$\varepsilon_V = 6\%$		$\varepsilon_V = 7\%$	
M_R/cm	a/mm	b、h/mm	V_R/dm³	G_R/kg	V_C/dm³	G_C/kg	V_C/dm³	G_C/kg	V_C/dm³	G_C/kg	V_C/dm³	G_C/kg
2.38	100	150	2.43	17.0	5.67	44.2	4.86	37.9	3.65	28.4	2.77	21.7
2.65	110	165	3.23	22.6	7.54	58.8	6.46	50.4	4.85	37.8	3.69	28.8
2.89	120	180	4.20	29.4	9.85	76.8	8.40	65.5	6.30	49.1	4.80	37.4
3.13	130	195	5.34	37.4	12.5	97.2	10.7	83.3	8.01	62.5	6.10	47.6
3.38	140	210	6.67	46.7	15.6	121	13.3	104	10.0	78.0	7.62	59.5
3.62	150	225	8.20	57.4	19.1	149	16.4	128	12.3	95.9	9.37	73.1
3.86	160	240	9.95	69.7	23.2	181	19.9	155	14.9	116	11.4	88.7
4.10	170	255	11.9	83.5	27.8	217	23.8	186	17.9	139	13.6	106
4.34	180	270	14.2	99.2	33.1	258	28.4	222	21.3	166	16.2	127
4.58	190	285	16.7	117	39.0	304	33.4	261	25.1	195	19.1	149
4.82	200	300	19.4	136	45.3	353	38.8	303	29.1	227	22.2	173
5.06	210	315	22.5	157	52.5	410	45.0	351	33.8	263	25.7	201
5.30	220	330	25.9	181	60.4	471	51.8	404	38.9	303	29.6	231
5.55	230	345	29.6	207	69.1	539	59.2	462	44.4	346	33.8	264

（续）

M_R/cm	冒口				铸件：能补缩的铸件体积 V_C 和重量 G_C							
	a/mm	$b、h/mm$	V_R/dm^3	G_R/kg	$\varepsilon_V = 4.5\%$		$\varepsilon_V = 5\%$		$\varepsilon_V = 6\%$		$\varepsilon_V = 7\%$	
					V_C/dm^3	G_C/kg	V_C/dm^3	G_C/kg	V_C/dm^3	G_C/kg	V_C/dm^3	G_C/kg
5.79	240	360	33.6	235	78.4	612	67.2	524	50.4	393	38.4	300
6.03	250	375	38.0	266	88.7	692	76.0	593	57.0	445	43.4	339
6.27	260	390	42.7	299	99.6	777	85.4	666	64.1	500	48.8	381
6.51	270	405	47.8	335	112	870	95.6	746	71.7	559	54.6	426
6.75	280	420	53.3	373	124	970	107	835	80.0	624	60.9	475
6.99	290	435	59.3	415	138	1079	119	925	89.0	694	67.8	529
7.23	300	450	65.6	459	153	1194	131	1023	98.4	768	75.0	585
7.47	310	465	72.4	507	169	1318	145	1129	109	847	82.7	645
7.72	320	480	79.6	557	186	1449	154	1200	119	931	91.0	710
7.96	330	495	87.3	611	204	1589	175	1362	131	1021	99.8	778
8.20	340	510	95.5	668	223	1738	191	1490	143	1117	109	851
8.44	350	525	104	729	243	1893	208	1622	156	1217	119	927
8.68	360	540	113	793	264	2057	226	1763	170	1322	129	1007
8.92	370	555	123	861	287	2239	246	1919	185	1439	141	1096
9.16	380	570	133	933	310	2421	266	2075	200	1556	152	1186
9.40	390	585	144	1009	336	2621	288	2246	216	1685	165	1283
9.64	400	600	155	1088	362	2821	310	2418	233	1814	177	1381
9.89	410	615	167	1172	390	3039	334	2605	251	1954	191	1489
10.13	420	630	180	1260	420	3276	360	2808	270	2106	206	1605
10.37	430	645	193	1352	450	3513	386	3011	290	2258	221	1720
10.61	440	660	207	1449	483	3767	414	3229	311	2422	237	1845
10.85	450	675	221	1550	516	4022	442	3448	332	2586	253	1970
11.09	460	690	236	1655	551	4295	472	3682	354	2761	270	2103
11.33	470	705	252	1765	588	4586	504	3931	378	2948	288	2246
11.57	480	720	269	1881	628	4896	538	4196	404	3147	307	2398
11.81	490	735	286	2001	667	5205	572	4462	429	3346	327	2549
12.06	500	750	304	2126	709	5533	608	4742	456	3557	347	2710

表 5-24 腰形明顶冒口的冒口参数及补缩铸件重量（$b = 2.0a$，$h = 1.5a$）

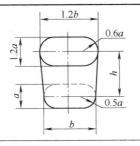

$b = 2.0a$

$h = 1.5d$

$M_R = 0.2523a$

$V_R = 3.2494a^3$

$\eta = 16\%$

冒口斜度：1:10

（续）

M_R/cm	冒口				铸件：能补缩的铸件体积 V_C 和重量 G_C							
					$\varepsilon_V = 4.5\%$		$\varepsilon_V = 5\%$		$\varepsilon_V = 6\%$		$\varepsilon_V = 7\%$	
	a/mm	b/mm	V_R/dm³	G_R/kg	V_C/dm³	G_C/kg	V_C/dm³	G_C/kg	V_C/dm³	G_C/kg	V_C/dm³	G_C/kg
2.56	100	200	3.29	23	6.5	51	5.54	43	4.1	32	3.08	24
2.75	110	220	4.1	28	8.6	67	7.37	58	5.45	43	4.1	32
3.00	120	240	5.32	36	11.2	88	9.57	75	7.1	55	5.32	42
3.25	130	260	6.76	46	14.3	111	12.2	95	9	70	6.76	53
3.50	140	280	8.45	57	17.8	139	15.2	118	11.2	88	8.45	66
3.75	150	300	10.4	71	22	171	18.7	146	14	108	10.4	81
4.00	160	320	12.6	86	26.6	207	23	177	16.8	131	12.6	98
4.25	170	340	15.1	103	32	249	27	212	20	157	15	118
4.50	180	360	17.9	122	38	295	32	252	24	186	18	140
4.75	190	380	21	144	44.6	347	38	296	28	219	21	165
5.00	200	400	24.6	168	52	405	44	346	32	255	24.6	192
5.25	210	420	28.5	194	60	469	51	400	38	296	28.5	222
5.50	220	440	33	223	69	539	59	460	44	340	33	256
5.74	230	460	37.5	255	79	516	67	526	49	289	37.5	292
6.00	240	480	42.6	289	89	700	76	597	56	441	42	332
6.25	250	500	48	327	101	792	86	675	64	499	48	375
6.50	260	520	54	368	114	890	97	759	72	561	54	422
6.75	270	540	60.6	412	128	997	109	850	80	629	60.6	472
7.00	280	560	67.6	460	142	1110	121	949	90	701	67.6	527
7.25	290	580	75	510	158	1230	135	1050	99	779	75	586
7.50	300	600	83	565	175	1360	149	1160	110	862	83	648
7.75	310	620	92	624	193	1510	165	1280	122	951	92	715
8.00	320	640	101	686	213	1660	131	1410	134	1040	101	787
8.25	330	660	111	752	233	1820	199	1550	147	1140	111	863
8.50	340	680	121	823	255	1990	217	1690	161	1250	121	944
8.75	350	700	132	898	278	2170	237	1850	175	1370	132	1020
9.00	360	720	144	977	303	2360	258	2010	191	1490	144	1120
9.25	370	740	156	1060	329	2560	281	2180	207	1610	156	1210
9.50	380	760	169	1150	356	2780	304	2370	224	1700	169	1310
9.75	390	780	183	1240	385	3000	328	2560	243	1890	183	1420
10.00	400	800	197	1340	415	3240	354	2760	262	2040	197	1530
10.25	410	820	212	1485	448	3491	382	2976	283	2205	212	1654
10.50	420	840	228	1550	481	3750	411	3200	303	2360	228	1770
10.75	430	860	245	1714	517	4034	441	3440	327	2548	245	1911

（续）

冒口					铸件：能补缩的铸件体积 V_C 和重量 G_C							
					$\varepsilon_V = 4.5\%$		$\varepsilon_V = 5\%$		$\varepsilon_V = 6\%$		$\varepsilon_V = 7\%$	
M_R/cm	a/mm	b/mm	V_R/dm³	G_R/kg	V_C/dm³	G_C/kg	V_C/dm³	G_C/kg	V_C/dm³	G_C/kg	V_C/dm³	G_C/kg
11.00	440	880	262	1780	553	4310	472	3680	349	2720	262	2040
11.25	450	900	281	1964	593	4627	506	3945	375	2922	281	2192
11.50	460	920	300	2040	632	4930	539	4200	398	3110	300	2330
11.75	470	940	320	2238	676	5269	576	4493	427	3328	320	2496
12.00	480	960	340	2310	718	5600	613	4780	453	3530	340	2650
12.25	490	980	362	2536	764	5961	652	5082	483	3765	362	2824
12.50	500	1000	385	2620	812	6330	692	5400	512	3990	385	3000
12.75	510	1020	408	2859	861	6718	734	5728	544	4243	408	3182
13.00	520	1040	433	2950	913	7120	779	6070	575	4490	433	3370
13.25	530	1060	458	3209	967	7542	824	6430	611	4763	458	3572
13.50	540	1080	485	3300	1023	7970	878	6800	644	5020	485	3780
13.75	550	1100	512	3586	1081	8431	922	7188	683	5325	512	3994
14.00	560	1120	541	3680	1140	8890	973	7590	719	5610	541	4210
14.25	570	1140	570	3991	1203	9386	1026	8003	760	5928	570	4446
14.50	580	1160	601	4090	1267	9880	1081	8430	799	6230	601	4680
14.75	590	1180	632	4427	1334	10407	1138	8873	843	6573	632	4930
15.00	600	1200	665	4520	1403	10940	1197	9330	884	6890	665	5180

采用简化模数查表计算法进行冒口设计，与简化模数公式计算法冒口设计的步骤一样，设计出的冒口数据同样需要校核，经过校核以及数据的标准化和系列化处理即可使用。

2. 动态模数法冒口设计

动态模数是指铸件在凝固过程中，冒口的各种参数处于动态变化之中，模数也是如此，处于动态变化之中。为了更合理地描述模数的动态变化，设计中采用动态模数来进行设计。

（1）动态模数法的理论推导 在冒口对铸件的补缩过程中，由于收缩使冒口中的液体向铸件中补缩，相当于冒口中一定重量的液体充入铸件中，将这部分液体折合成体积即为虚拟体积；该虚拟体积的量值是 εV_C，补缩后铸件的体积最后增加到 $V_C + \varepsilon V_C$，冒口的体积减少为 $V_R - \varepsilon V_C$。此时铸件的模数为 M_{CE}（cm），冒口的模数为 M_{RE}（cm），则有

$$M_{CE} = \frac{V_C + \varepsilon V_C}{A_C} = (1 + \varepsilon)\frac{V_C}{A_C} \tag{5-10}$$

式中 A_C——铸件的表面积（cm²）；

       V_C——铸件的体积（cm³）；

       ε——铸件的体收缩率（%）。

$$M_{RE} = \frac{V_R - \varepsilon V_C}{A_{RE}} \tag{5-11}$$

式中　　A_{RE}——冒口的残余表面积（cm^2）；

　　　　V_R——冒口的原始体积（cm^3）。

当 M_{CE} 和 M_{RE} 两者相等时，残余冒口的凝固时间与铸件的凝固时间相等，如果不考虑在 M_{CE} 前加保险系数 f，此时所设计的冒口是最小的，据此有

$$\frac{V_R - \varepsilon V_C}{A_{RE}} = (1 + \varepsilon)\frac{V_C}{A_C} \tag{5-12}$$

对于明冒口，顶部放置保温覆盖剂，可以与暗冒口一样，可以将 M_{RE} 近似成 M_R，则上式可转换成：

$$\frac{V_R - \varepsilon V_C}{A_R} = (1 + \varepsilon)\frac{V_C}{A_C} \tag{5-13}$$

其中 $M_C = V_C/A_C$，则有

$$V_R - A_R(1 + \varepsilon)M_C - \varepsilon V_C = 0 \tag{5-14}$$

根据目前的生产情况，常用的冒口包括表 5-15 中的 5 大类型，根据该表中的 M_R、V_R 和 A_R 计算公式对式（5-14）中的相应参量进行求解，经整理有

$$x^3 - k_1 M_C x^2 - k_2 V_C = 0 \tag{5-15}$$

式中　　x——冒口尺寸变量，对于圆柱形或球形冒口，$x = d$，对于腰形冒口，$x = a$；

　　　　k_1 和 k_2——与冒口形状和类别相关的系数，见表 5-25。

表 5-25　K_1 和 K_2 的计算公式与取值

冒口类型	冒口形状系数		k_1	k_2
球形暗冒口			$6(1 + \varepsilon)$	$6\varepsilon/\pi$
圆柱形暗冒口	$h = 1.2d$		$5.6117(1 + \varepsilon)$	1.2321ε
	$h = 1.5d$		$5.2493(1 + \varepsilon)$	0.9549ε
腰形暗冒口	$h = 1.2d,\ b = 1.5a$		$4.8170(1 + \varepsilon)$	0.7364ε
	$h = 1.2d,\ b = 2a$		$4.4783(1 + \varepsilon)$	0.5251ε
	$h = 1.5d,\ b = 1.5a$		$4.4643(1 + \varepsilon)$	0.5736ε
	$h = 1.5d,\ b = 2a$		$4.1271(1 + \varepsilon)$	0.4098ε
圆柱形明冒口	$h = 1.2d$	Ⅰ 型	$5.3163(1 + \varepsilon)$	0.8745ε
		Ⅱ 型	$5.6657(1 + \varepsilon)$	1.0610ε
	$h = 1.5d$	Ⅰ 型	$4.9751(1 + \varepsilon)$	0.6996ε
		Ⅱ 型	$5.3333(1 + \varepsilon)$	0.8488ε
腰形明冒口	$h = 1.2d,\ b = 1.5a$	Ⅰ 型	$4.6125(1 + \varepsilon)$	0.5343ε
		Ⅱ 型	$4.8876(1 + \varepsilon)$	0.6483ε
	$h = 1.2d,\ b = 2a$	Ⅰ 型	$4.3048(1 + \varepsilon)$	0.3847ε
		Ⅱ 型	$4.5455(1 + \varepsilon)$	0.4667ε
	$h = 1.5d,\ b = 1.5a$	Ⅰ 型	$4.2717(1 + \varepsilon)$	0.4275ε
		Ⅱ 型	$4.5558(1 + \varepsilon)$	0.5186ε
	$h = 1.5d,\ b = 2a$	Ⅰ 型	$3.9635(1 + \varepsilon)$	0.3077ε
		Ⅱ 型	$4.2123(1 + \varepsilon)$	0.3724ε

根据表 5-25，并根据铸件的材料牌号对表中 ε 取具体的值，式（5-15）即可进行求解。

（2）动态模数法的数值求解　式（5-15）为三次方程式，采用普通的数学计算无法求解，一般采用迭代法进行方程求解，该求解采用编程计算，比较适合于 CAD 等专家系统中的冒口设计，可利用计算机的编程和计算功能进行三次方程的求解。可以采用 C 语言或 Auto Lisp 等语言编程，并嵌入 AutoCAD 或其他系统软件，设计时调入进行计算。

（3）动态模数法的冒口设计　采用编程计算的方式求解三次方程对于大多数铸造工艺设计人员来说存在较大的不便。因为工艺设计设计人员对迭代法求解三次方程的算法不易掌握，对计算机编程不掌握，制约了动态模数法的应用。基于这一情况，作者提出了逆向查表法来解决这一问题，具体的方法如下所述。

方法的基础是式（5-15），根据这一方程进行恒等变换推得式（5-16），根据冒口参数计算出冒口的体积、表面积和模数，见表 5-15。由式（5-15）和表 5-15，计算出方程（5-16）的求解系数 k_1 和 k_2，即可进行下一步的计算。总体思路是，进行逆向计算，以解决三次方程的计算难点，即设定冒口的尺寸，再根据冒口的参量计算出所能够补缩的铸件体积。

$$V_{\mathrm{C}} = \frac{x^3 - k_1 M_{\mathrm{C}} x^2}{k_2} \tag{5-16}$$

由式（5-16）即可求解 V_{C} 值。尽管通过计算式（5-16）可以求得 V_{C}，其含义是某种选定的冒口通过计算求解出其能够补缩的铸件体积。但是在工程应用中，往往以查表的方式进行设计。因此，需要将求解结果以列表的方式输出，以便于在冒口设计中以更为可行的查表方式进行。

（4）动态模数法冒口设计实例　某汽轮机轴承支座的材料牌号为 ZG230-450，铸件厚度约为 174mm，毛重约为 2190kg。计算得 $V_{\mathrm{C}} = 281\mathrm{dm}^3$，$M_{\mathrm{C}} = 8.7\mathrm{cm}$，$\varepsilon$ 取 4.75%。所选取的冒口类型为腰形明顶冒口，$b = 1.5a$，$h = 1.5a$。计算中以式（5-15）为原始方程，恒等变形后建立迭代方程，计算中采用 Aitken 方法进行迭代和加速处理，解得冒口尺寸，最终取为长 × 宽 × 高 $= 563\mathrm{mm} \times 375\mathrm{mm} \times 563\mathrm{mm}$，按此生产出合格铸件。

3. 周界商法冒口设计

周界商法即冒口设计的 Q 参数法，由下式定义：

$$Q_{\mathrm{C}} = \frac{V_{\mathrm{C}}}{M_{\mathrm{C}}^3} \tag{5-17}$$

$$Q_{\mathrm{R}} = \frac{V_{\mathrm{R}}}{M_{\mathrm{R}}^3} \tag{5-18}$$

式中　Q_{C}——铸件的周界商；

　　　Q_{R}——冒口的周界商。

根据前人的数理推导得出下式：

$$(1 - \varepsilon)f^3 - f^2 - \varepsilon \frac{Q_{\mathrm{C}}}{Q_{\mathrm{R}}} = 0 \tag{5-19}$$

式中　ε——铸件凝固的体收缩率（%）；

　　　f——模数扩大系数，$f = M_{\mathrm{R}}/M_{\mathrm{C}}$。

式（5-19）对于已知铸件和选定形状的冒口，ε、Q_{C} 和 Q_{R} 均有确定的值。由该式可

知，冒口的求解，变成系数 f 与 Q_C/Q_R 的求解了。由于式（5-19）中含有三次变量，因而方程的求解变得复杂了，为此该研究者用曲线和图表来解决方程的求解问题。采用周界商法进行冒口设计的具体步骤如下所述。

（1）计算铸件的周界商 铸件的体积和模数均为已知，根据这两个数据，利用式（5-17），可以计算出铸件的周界商。

（2）计算 f 值 首先选定冒口类型，选定后由表 5-15 即可查得 Q_R 值，进而可以计算 Q_C/Q_R 比值。由图 5-29 中该比值与 f 之间的关系曲线查得相应 f 的近似值。f 与 Q_C/Q_R 之间的数值关系还可以通过查表来求得，见表 5-26。

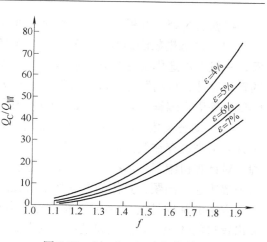

图 5-29　f 与 Q_C/Q_R 之间的关系

表 5-26　f 与 Q_C/Q_R 之间的数值关系

f	$\varepsilon(\%)$				f	$\varepsilon(\%)$			
	4	5	6	7		4	5	6	7
	Q_C/Q_R					Q_C/Q_R			
1.08	1.07	0.61	0.30	0.07	1.56	30.3	23.5	18.9	15.7
1.10	1.69	1.09	0.69	0.40	1.58	32.3	25.0	20.2	16.7
1.12	2.36	1.61	1.10	0.75	1.60	34.3	26.6	21.5	17.9
1.14	3.07	2.16	1.55	1.12	1.62	36.4	28.3	22.9	19.0
1.16	3.82	2.75	2.03	1.51	1.64	38.6	30.0	24.3	20.2
1.18	4.62	3.37	2.53	1.94	1.66	40.9	31.8	25.7	21.4
1.20	5.47	4.03	3.07	2.39	1.68	43.2	33.6	27.3	22.7
1.22	6.37	4.73	3.64	2.86	1.70	45.7	35.6	28.8	24.0
1.24	7.32	5.47	4.24	3.37	1.72	48.2	37.5	30.4	25.3
1.26	8.32	6.26	4.88	3.90	1.74	50.7	39.5	32.1	26.7
1.28	9.37	7.08	5.55	4.64	1.76	53.4	41.6	33.8	28.2
1.30	10.5	7.94	6.25	5.05	1.78	56.1	43.8	35.6	29.7
1.32	11.6	8.85	6.99	5.67	1.80	59.0	46.0	37.4	31.2
1.34	12.9	9.80	7.77	6.32	1.82	61.9	48.3	39.4	32.8
1.36	14.1	10.8	8.58	7.00	1.84	64.9	50.6	41.2	34.4
1.38	15.5	11.9	9.43	7.71	1.86	68.0	53.1	43.2	36.1
1.40	16.9	12.9	10.3	8.46	1.88	71.1	55.6	45.2	37.8
1.42	18.3	14.1	11.3	9.24	1.90	74.1	58.1	47.3	39.6
1.44	19.9	15.3	12.2	10.1	1.92	77.7	60.8	49.5	41.4
1.46	21.4	16.5	13.2	10.9	1.94	81.1	63.5	51.7	43.2
1.48	23.0	17.8	14.3	11.8	1.96	84.7	66.2	53.9	45.2
1.50	24.8	19.1	15.4	12.7	1.98	88.3	69.1	56.3	47.1
1.52	26.5	20.5	16.5	13.7	2.00	92.0	72.0	58.7	49.1
1.54	28.4	22.0	17.7	14.6	2.02	95.8	75.0	61.1	51.2

（3）确定冒口尺寸　可利用公式 $f = M_R / M_C$ 计算出冒口模数，根据冒口的模数和类型由表5-15即可计算出冒口的尺寸。像前文一样计算的冒口尺寸还需要进行标准化和系列化，然后才能得到最终设计结果。

5.1.6　热节圆法冒口设计

热节圆法是目前实际应用较多的冒口设计方法，该设计方法是建立在等温线凝固法与补缩量法两种理论基础之上的。等温线凝固就是指铸件与冒口在凝固时以等厚度逐层从表面向中心推进。等温线就是指一定时间内的某一时间点铸件与冒口的凝固层厚度在剖视时形成的液固线，如图5-30所示。凝固从铸件及冒口的外表面开始，以图5-30所示的状态一层一层地向心部凝固直到凝固完毕，冒口顶部的缩孔就是就是补缩给铸件的部分。上述观点尽管有一定的局限性，但是也具有一定程度的合理性，由此哈尔滨汽轮机厂徐宏伯提出了冒口计算公式，并且以热节圆法和补缩量法相辅。

热节是指凝固过程中，铸件内比周围金属凝固较慢的节点或局部区域。热节圆是指在铸件内的热节处所能做出的最大内切球体，一般通过绘图法确定，热节圆直径就是热节的大小。根据热节的大小，由热节圆冒口设计法即可求出冒口尺寸。

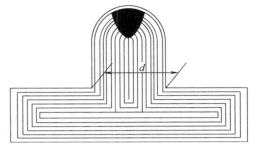

图 5-30　等温线凝固
d—冒口根部直径

1. 设计原理

冒口所能提供的补缩液量 G_F（kg）等于铸件与冒口总的收缩量 G_S（kg），即

$$G_F = G_S \tag{5-20}$$

$$G_S = (G_C + G_R)\varepsilon \tag{5-21}$$

因为在冒口求解之前冒口的重量是未知的，故式（5-21）无法求解。对此可以采用预设冒口重量的方法来解决，先假设冒口的重量等于铸件重量的50%~60%，则式（5-21）可以转化为

$$G_S = (1.5 \sim 1.6) G_C \varepsilon \tag{5-22}$$

总收缩量 G_S 求出后可由式（5-20）分别求解出常用类型冒口的具体尺寸。

各类冒口的保险高度见表5-27。

表 5-27　冒口保险高度

圆柱形冒口		腰形冒口	
冒口直径 d/dm	保险高度 h_b/dm	冒口宽度 a/dm	保险高度 h_b/dm
≤120	0.3	≤120	0.3
125~240	0.45~0.6	125~200	0.45~0.55
245~300	0.65~0.80	205~250	0.55~0.60
		255~300	0.60~0.70

暗冒口一般采用大气压力冒口，设置冒口芯。冒口芯的结构和尺寸见表5-28。

表 5-28　冒口芯的结构与尺寸

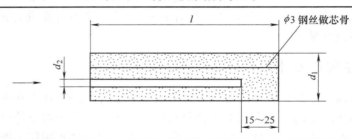

冒口直径或宽度	砂芯直径 d_1		砂芯长度 l		气眼直径 d_2	冒口出气孔直径
	圆柱形冒口	腰形冒口	总长	芯头长		
≤120	$\phi15$	$\phi20$	90	45	3	$\phi20$
>120~200	$\phi20$	$\phi25$	120	50	3~4	$\phi25$
>200~300	$\phi25$	$\phi25\times2$	140	60~70	3~4	$\phi25\times2$
>300	$\phi35\sim\phi50$	$\phi35\times2$	180~250	80~100	4~5	$\phi30\times2$

2. 圆柱形暗顶冒口的计算

该冒口顶部由半球形构成，接下来是圆柱形结构，由于冒口的起模需要一定的斜度，因而根据生产实践以及习惯，将圆柱形段的斜度设为 1:20，该段变为圆台。该类冒口的补缩量计算公式为

$$G_F = \frac{\pi(d-d_0)^2}{4}\left[h-\left(\frac{d_0}{2}-h_b\right)\right]\rho \times 0.77 \tag{5-23}$$

式中　G_F——该冒口在凝固中所能提供给铸件的补缩量（kg）；

　　　d——冒口根部直径（dm）；

　　　d_0——被补缩处热节圆直径（dm）；

　　　h——冒口高度（dm）；

　　　h_b——冒口的保险高度（dm），见表 5-27；

　　　ρ——钢液的密度（kg/dm^3），取 7.2kg/dm^3。

式（5-23）与式（5-20）、式（5-22）联立求解即可得到冒口的参数 d，各参量之间的数量关系如图 5-31 所示。实际应用中，并不是每一次冒口设计都通过解上述方程来获得冒口参数 d 的，而是将上述方程式（5-23）中 d、d_0、h、G_F 之间的数值关系列表给出，见表 5-29。设计时查表即可求出所需数据。

3. 腰形暗顶冒口的计算

腰形暗顶冒口的尺寸见表 5-15，冒口的保险高度由表 5-27 查得。其补缩量可由式（5-24）计算，表 5-30 和表 5-31 是由该式计算得出的，分别对应宽度 $b=1.5a$ 和 $b=2a$ 两种情况。当冒口宽度 $a<100$mm 时，冒口尺寸需要增加 20% 左右。

$$G_F = (a-d_0)(b-d_0)\left[h-\left(\frac{d_0}{2}+h_b\right)\right]\rho \times 0.77 \tag{5-24}$$

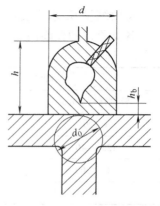

图 5-31　顶冒口的结构
参数与热节圆

式中　a——冒口宽度（dm）；

　　　b——冒口长度（dm）。

4. 圆柱形暗侧冒口的计算

圆柱形暗侧冒口的结构如图 5-32 所示。其补缩量可由式（5-25）计算，由该式计算得出的数据见表 5-32。

$$G_F = \frac{\pi(d-d_0)^2}{4}\left[h-\left(\frac{d_0}{2}+\frac{t}{2}\right)\right]\rho \times 0.72 \tag{5-25}$$

式中　h——冒口上部高度（dm），如图 5-31 所示；

　　　t——冒口颈厚度或直径（dm），$t = \dfrac{d+d_0}{2}$。

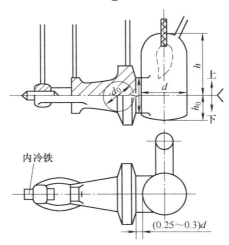

图 5-32　圆柱形暗侧冒口的结构

5. 圆柱形明冒口的计算

圆柱形明冒口的尺寸见表 5-15，冒口斜度为 1:10，冒口顶面放保温覆盖剂，冒口的保险高度由表 5-27 查得。其补缩量 G_F 可由式（5-26）计算，由该式计算得出的数据见表 5-33。

$$G_F = \frac{\pi}{4}(d_m-d_0)^2(h-h_b)\rho k_1 \tag{5-26}$$

式中　d_m——冒口的平均直径（dm）；

　　　k_1——冒口系数，一般取值范围为 0.7～0.8，当 $d \leqslant 400mm$，取 0.75；当 $d > 400mm$，取 0.8。

6. 腰形明冒口的计算

腰形明冒口的尺寸见表 5-15，冒口斜度为 1:10，冒口顶面放保温覆盖剂，冒口的保险高度由表 5-27 查得。其补缩量 G_F 可由式（5-27）计算，表 5-34 和表 5-35 是由该式计算得出的，分别对应宽度 $b=1.5a$ 和 $b=2a$ 两种情况。

$$G_F = (a_m-d_0)(b_m-d_0)(h-h_b)\rho k_2 \tag{5-27}$$

式中　a_m 和 b_m——冒口的平均宽度和长度（dm）；

　　　k_2——冒口系数，当 $a \leqslant 400mm$ 时，取 0.7；当 $a > 400mm$ 时，取 0.75。

表 5-29　圆柱形暗顶冒口的冒口

下表中 d_0/mm 为各分列列头。

d/mm	h/mm	G_R/kg	20	25	30	35	40	45	50	55	60	65	70	75	80	85	90	95	100
80	120	4.0	1.36	1.1	0.88	0.69	0.52	0.5	0.42	0.18	0.11								
85	128	4.8	1.75	1.5	1.2	0.94	0.7	0.68	0.6	0.45	0.2	0.12							
90	135	5.6	2.2	1.8	1.5	1.3	1.0	0.86	0.84	0.64	0.32	0.21	0.14						
95	143	6.7	2.7	2.3	1.9	1.6	1.3	1.1	0.93	0.88	0.68	0.34	0.23	0.15					
100	150	7.8	3.3	2.8	2.4	2.0	1.7	1.5	1.4	1.2	0.93	0.71	0.36	0.25	0.15				
105	158	8.9	4.0	3.5	2.9	2.5	2.1	2.0	1.8	1.4	1.1	0.9	0.75	0.38	0.26	0.16			
110	165	10.3	4.8	4.2	3.6	3.1	2.7	2.2	1.9	1.5	1.2	0.98	0.76	0.56	0.4	0.27	0.17		
115	173	11.8	5.6	5.0	4.3	3.8	3.3	2.8	2.3	1.9	1.6	1.3	1.0	0.78	0.58	0.42	0.29	0.18	
120	180	13.3	6.6	5.8	5.1	4.5	3.9	3.4	2.9	2.4	2.0	1.7	1.4	1.1	0.72	0.61	0.44	0.3	0.19
125	188	15.2	6.7	5.9	5.3	4.6	4.0	3.5	3.0	2.5	2.1	1.8	1.5	1.2	0.93	0.74	0.53	0.38	0.26
130	195	17.0	7.7	6.8	6.1	5.4	4.8	4.2	3.6	3.1	2.7	2.2	1.9	1.5	1.2	0.98	0.75	0.56	0.4
135	203	19.0	8.9	8.0	7.1	6.4	5.6	5.0	4.3	3.8	3.2	2.8	2.3	2.0	1.6	1.3	1.0	0.79	0.59
140	210	21.2	10.0	9.2	8.3	7.4	6.6	5.9	5.2	4.5	3.9	3.4	2.9	2.4	2.0	1.6	1.4	1.1	0.83
145	218	23.6	11.6	10.6	9.5	8.6	7.8	6.8	6.1	5.4	4.7	4.1	3.5	3.0	2.5	2.1	1.8	1.4	1.1
150	225	26.4	13.2	11.9	10.9	9.8	8.9	7.9	7.1	6.3	5.6	4.6	4.2	3.7	3.1	2.6	2.2	1.8	1.5
155	233	29.0	14.0	13.5	12.3	11.2	10.2	9.2	8.2	7.3	6.5	5.7	5.0	4.4	3.8	3.2	2.8	2.3	1.9
160	240	31.6		15.0	13.9	12.7	11.5	10.4	9.4	8.5	7.6	6.7	5.9	5.2	4.5	3.9	3.4	2.8	2.4
165	248	34.8			15.6	14.4	13.1	11.8	10.7	9.7	8.7	7.8	6.9	6.1	5.4	4.6	4.0	3.5	2.9
170	255	38.0				16.1	14.7	13.3	12.2	11.1	10.0	8.9	8.0	7.1	6.3	5.5	4.8	4.0	3.6
175	263	41.6					16.5	15.2	13.8	12.6	11.4	10.3	9.2	8.2	7.3	6.4	5.7	5.0	4.3
180	270	45.0						17.5	15.6	14.2	12.9	11.7	10.6	9.5	8.4	7.6	6.7	5.8	5.1
185	278	49							17.4	15.9	14.6	13.2	12.0	10.8	9.7	8.7	7.8	6.8	6.1
190	285	53								17.8	16.4	15.0	13.6	12.3	11.1	10.0	8.9	7.9	7.1
195	293	57.5									18.3	16.8	15.3	13.9	12.7	11.5	10.1	9.2	8.2
200	300	61.5										18.4	17.2	15.7	14.3	12.9	11.7	10.5	9.4
205	308	66.8											19.1	17.5	16.0	14.6	13.2	12.0	10.7
210	315	71.5												19.5	18.1	16.4	14.9	13.6	12.6
215	323	77													19.9	18.3	16.7	15.3	13.8
220	330	82.3														20.4	18.7	17.1	15.6
225	338	88.5															20.8	19.1	17.5
230	345	94																21.3	19.7
235	353	100																	21.3
240	360	107																	
245	368	114																	
250	375	121																	
255	383	129																	
260	390	136																	
265	398	144																	
270	405	153																	
275	413	161																	
280	420	170																	
285	428	180																	
290	435	189																	
295	443	199																	
300	450	209																	

参量及补缩量（$h = 1.5d$）　　　　　　　　　　　　　　　（单位：kg）

$h = 1.5d$（上部为圆顶矩形断面，下部为圆形断面示意图）

105	110	115	120	125	130	135	140	145	150	155	160	165	170	175	180	185	190	195	200
0.16																			
0.27	0.17																		
0.42	0.29	0.18																	
0.61	0.44	0.3	0.19																
0.86	0.65	0.47	0.32	0.2															
1.2	0.94	0.67	0.49	0.33	0.27														
1.6	1.2	0.94	0.71	0.51	0.35	0.22													
1.9	1.6	1.3	0.98	0.73	0.53	0.36	0.23												
2.4	2.0	1.7	1.3	1.0	0.76	0.55	0.38	0.24											
3.0	2.5	2.1	1.7	1.3	1.1	0.79	0.57	0.39	0.24										
3.7	3.1	2.5	2.2	1.8	1.4	1.1	0.82	0.6	0.41	0.25									
4.4	3.8	3.2	2.7	2.2	1.8	1.4	1.1	0.95	0.61	0.44	0.26								
5.3	4.6	3.9	3.3	2.8	2.3	1.9	1.5	1.2	0.88	0.63	0.43	0.27							
6.2	5.4	4.7	4.0	3.4	2.8	2.4	1.9	1.5	1.2	0.9	0.66	0.45	0.28						
7.3	6.4	5.6	5.0	4.2	3.5	3.1	2.5	2.0	1.6	1.2	0.94	0.68	0.47	0.29					
8.4	7.5	6.6	5.7	5.0	4.3	3.6	3.1	2.5	2.0	1.6	1.3	0.96	0.7	0.48	0.3				
9.6	8.6	7.6	6.7	5.8	5.1	4.4	3.2	3.1	2.6	2.1	1.7	1.3	1.0	0.72	0.5	0.31			
11.0	9.9	8.8	7.8	6.8	6.0	5.2	4.5	3.8	3.3	2.7	2.1	1.7	1.4	1.0	0.7	0.5	0.32		
12.7	11.3	10.1	9.0	8.0	7.1	6.2	5.4	4.6	3.9	3.3	2.7	2.2	1.7	1.4	1.1	0.76	0.52	0.33	
14.2	12.8	11.6	10.4	9.2	8.2	7.2	6.3	5.5	4.7	3.9	3.3	2.8	2.3	1.8	1.4	1.1	0.77	0.54	0.34
15.9	14.5	13.1	11.8	10.6	9.5	8.4	7.4	6.5	5.6	4.8	4.1	3.5	2.9	2.4	1.9	1.5	1.1	0.8	0.55
17.9	16.3	14.8	13.4	12.1	10.8	9.6	8.6	7.6	6.6	5.7	4.9	4.2	3.6	2.9	2.4	1.9	1.5	1.1	0.83
19.3	17.7	16.1	14.8	13.3	11.9	10.7	9.5	8.4	7.4	6.5	5.6	5.1	4.3	3.7	3.0	2.4	2.0	1.5	1.2
21.1	19.3	18.0	16.9	15.4	13.9	12.5	11.3	10.1	9.0	7.9	6.9	6.0	5.3	4.4	3.7	3.1	2.5	2.0	1.6
	21.8	19.4	17.4	16.0	14.5	13.1	11.8	10.6	9.5	8.4	7.4	6.5	5.6	4.9	4.2	3.5	3.0	2.4	1.9
		21.3	19.5	17.8	16.3	14.8	13.4	12.0	10.8	9.7	8.5	7.5	6.6	5.7	5.0	4.2	3.6	2.9	2.4
			21.6	19.9	18.2	16.6	15.1	13.8	12.3	11.0	9.8	8.8	7.7	6.8	5.9	5.1	4.3	3.6	3.0
				22.1	20.3	18.6	17.0	15.4	13.9	12.5	11.3	10.2	9.0	8.3	7.2	6.2	5.4	4.6	3.9
					22.5	20.7	19.0	17.3	15.7	14.2	12.8	11.5	10.3	9.5	8.3	7.4	6.4	5.5	4.7
						23.0	21.0	19.3	17.6	16.0	14.5	13.0	11.7	10.7	10.0	8.6	7.5	6.5	5.6
							23.4	21.5	19.7	18.0	16.4	14.8	13.3	12.4	11.1	10.0	8.8	7.7	6.7
								23.8	21.0	20.0	18.5	16.6	15.0	14.0	12.7	11.3	10.2	8.9	7.8
									24.2	22.4	20.0	18.6	17.0	15.8	14.3	12.9	11.6	10.3	9.1
										24.6	22.8	20.7	19.0	17.7	16.2	14.6	13.2	11.7	10.4
											25.0	23.0	21.0	19.9	18.1	16.5	14.8	13.4	12.0
												25.6	23.4	22.2	20.2	18.4	16.8	15.1	13.6

表 5-30　腰形暗顶冒口的冒口

a /mm	b、h /mm	G_R /kg	d_0/mm																
			20	25	30	35	40	45	50	55	60	65	70	75	80	85	90	95	100
100	150	12.6	6.4	5.7	5.0	4.3	3.7	3.2	2.7	2.2	1.8	1.5	1.1	0.86					
105	158	14.7	7.8	6.9	6.0	5.3	4.7	4.0	3.5	2.9	2.4	2.0	1.7	1.3	0.96				
110	165	16.7	9.2	8.3	7.3	6.5	5.6	5.0	4.3	3.6	3.0	2.6	2.1	1.7	1.4	1.1			
115	173	19.3	10.9	9.8	8.7	7.8	6.9	6.1	5.3	4.6	3.9	3.3	2.8	2.3	1.9	1.5	1.1		
120	180	21.8	12.6	11.4	10.3	9.2	8.2	7.2	6.4	5.6	4.9	4.2	3.5	3.0	2.5	2.0	1.6	1.2	
125	188	24.7	13.2	11.9	10.7	9.7	8.7	7.4	6.9	6.7	5.3	4.6	3.9	3.3	2.8	2.3	1.9	1.5	1.1
130	195	27.6	15.0	13.8	12.6	11.3	10.2	9.2	8.2	7.3	6.4	5.6	4.8	4.2	3.5	3.0	2.5	2.0	1.6
135	203	31.2		16.3	14.6	13.2	12.0	10.8	9.8	8.7	7.7	6.9	6.0	5.2	4.5	3.8	3.3	2.7	2.2
140	210	34.5			16.6	15.2	14.0	12.5	11.5	10.0	9.0	8.1	7.2	6.3	5.5	4.7	4.0	3.4	2.8
145	218	38.6				17.0	16.0	14.6	14.0	12.0	10.8	9.7	8.6	7.7	7.0	5.9	5.0	4.4	3.6
150	225	42.6				19.5	18.3	16.6	15.3	14.0	12.4	11.2	10.0	9.0	8.1	7.1	6.2	5.4	4.6
155	233	47.2					20.0	18.6	17.0	15.0	14.0	12.8	11.5	10.3	9.2	8.2	7.2	6.3	5.5
160	240	51.7						21.3	19.4	17.7	16.0	14.7	13.3	12.0	10.8	9.7	8.6	7.7	6.6
165	248	57							22.0	20.3	18.6	17.0	15.5	14.0	12.7	11.4	10.2	9.1	8.1
170	255	62								23.0	21.0	19.3	17.6	16.0	14.6	13.0	12.0	10.6	9.4
175	263	67.5									24.2	22.3	20.8	18.6	17.3	15.3	14.8	12.3	11.2
180	270	68										23.8	22.3	20.4	18.3	17.0	15.4	14.2	12.6
185	278	278											25.6	23.2	21.2	19.6	18.0	16.3	14.7
190	285	86												26.2	24.0	22.2	20.5	18.5	16.8
195	293	93.6													27.2	25.3	23.0	21.0	19.3
200	300	101														28.0	26.0	24.0	22.0
205	308	109															29.2	26.6	24.8
210	315	116																30.5	28.0
215	323	125																	31.4
220	330	134																	
225	338	144																	
230	345	153																	
235	353	164																	
240	360	174																	
245	368	187																	
250	375	197																	
255	383	210																	
260	390	221																	
265	398	234																	
270	405	248																	
275	413	262																	
280	420	276																	
285	428	292																	
290	435	308																	
295	443	325																	
300	450	341																	

参量及补缩量（$b=1.5a$，$h=1.5a$）　　　　　　　　　　　　　　　　　　　（单位：kg）

$b=1.5a$　　$h=1.5a$　　$r=a/2$

105	110	115	120	125	130	135	140	145	150	155	160	165	170	175	180	185	190	195	200
1.2																			
1.7	1.3																		
2.7	1.9																		
3.1	2.5	2.0																	
3.9	3.2	2.6	2.1																
4.7	4.0	3.3	2.7	2.3															
5.7	4.9	4.2	3.5	3.0	2.3														
7.0	6.0	5.3	4.4	3.8	3.0	2.5													
8.3	7.3	6.4	5.5	4.7	3.9	3.3	2.6												
10.0	9.0	7.7	6.7	5.8	5.0	4.2	3.4	2.8											
11.3	10.0	8.8	7.8	6.8	6.0	5.0	4.2	3.5	2.8										
13.2	12.0	10.7	9.4	8.3	7.2	6.2	5.4	4.5	3.7	3.0									
15.3	13.7	12.3	11.0	9.8	8.7	7.5	6.5	5.6	4.7	4.0	3.2								
17.7	16.0	14.4	13.0	11.6	10.3	9.0	7.2	6.7	5.9	5.0	4.2	3.4							
20.0	18.2	16.6	15.0	13.5	12.0	10.7	9.4	8.5	7.2	6.1	5.2	4.3	3.5						
23.0	21.0	19.2	17.3	15.7	14.0	12.6	11.2	9.8	8.7	7.5	6.5	5.6	4.6	3.8					
25.6	23.5	21.6	19.7	18.0	16.3	14.6	13.0	11.7	10.3	9.0	7.8	6.7	5.7	4.8	4.0				
29.2	26.8	24.7	22.6	20.7	20.0	17.0	15.2	13.7	12.2	10.3	9.5	8.2	7.0	6.0	5.0	4.0			
31.6	29.2	27.2	24.8	22.6	20.7	19.0	17.0	15.4	13.8	12.3	10.8	9.6	8.4	7.2	6.2	5.0	4.2		
	33.0	30.4	28.2	26.0	23.5	21.7	19.6	17.8	16.0	14.3	13.0	11.4	10.0	8.7	7.6	6.4	5.4	4.3	
		33.8	31.5	28.8	26.5	24.2	22.3	20.4	18.3	16.6	14.8	13.3	11.8	10.3	9.0	7.8	6.7	5.5	4.5
			35.0	32.6	30.0	27.5	25.4	23.4	21.2	19.0	17.2	15.5	13.8	12.2	10.8	9.6	8.2	7.0	5.8
				36.0	33.2	31.0	28.4	26.0	23.8	21.8	19.7	17.7	16.0	14.3	12.7	11.2	9.8	8.4	7.2
					37.3	34.6	32.0	29.4	27.0	25.0	22.6	20.6	18.5	16.7	15.0	13.3	13.7	10.3	9.0
						38.4	35.6	33.0	30.4	27.8	25.6	23.3	21.2	19.2	18.0	15.4	14.7	12.0	10.5
							38.8	36.0	33.2	30.8	28.2	25.8	23.7	21.5	19.5	17.5	15.7	14.0	12.4
								40.0	37.0	34.2	32.2	29.3	26.6	24.0	22.0	20.0	18.0	16.0	14.4
									41.5	38.6	35.8	32.8	30.0	27.6	25.2	23.0	20.0	18.8	16.7
										42.0	38.2	36.6	33.6	31.0	28.4	26.0	23.6	21.4	19.3
											43.6	40.7	37.5	34.8	31.8	29.2	26.8	24.8	22.3
												44.7	44.0	38.2	35.0	32.4	29.7	26.2	24.6
													45.4	42.6	39.0	35.3	33.4	30.4	27.7
														46.6	43.7	40.5	37.0	34.3	31.0
															48.0	44.7	41.7	38.2	35.3
																49.3	45.7	42.5	39.2

表 5-31　腰形暗顶冒口的冒口

a/mm	b/mm	h/mm	G_R/kg	d_0/mm																
				20	25	30	35	40	45	50	55	60	65	70	75	80	85	90	95	100
100	200	150	17.6	8.8	7.9	7.0	6.2	5.4	4.7	4.0	3.4	2.8	2.3	1.8	1.5	1.1				
105	210	158	20.3	10.6	9.5	8.5	7.5	6.7	5.8	5.1	4.4	3.7	3.1	2.5	2.0	1.6	1.2			
110	220	165	23.3	12.6	11.4	10.2	9.2	8.2	7.2	6.3	5.5	4.7	4.0	3.4	2.8	2.2	1.8	1.1		
115	230	173	26.6	14.8	13.4	12.3	10.9	9.8	8.8	7.8	6.8	5.9	5.1	4.3	3.7	3.0	2.4	1.9	1.5	
120	240	180	30.2	17.0	15.7	14.2	12.9	11.7	10.5	9.3	8.1	7.3	6.4	5.4	4.7	4.0	3.3	2.6	2.1	1.6
125	250	188	34.4	17.3	15.8	14.3	13.0	11.8	10.6	9.5	8.4	7.5	6.5	5.5	4.9	4.2	3.5	2.9	2.4	1.8
130	260	195	38.3	20.0	18.4	16.7	15.3	13.9	12.5	11.3	10.2	9.1	8.0	7.0	6.2	5.3	4.5	3.8	3.2	2.5
135	270	203	43	23.0	21.2	19.4	17.7	16.3	14.7	13.4	12.0	10.8	9.6	8.5	7.5	6.5	5.7	4.9	4.1	3.4
140	280	210	48	26.0	24.2	22.3	20.6	18.8	17.2	15.7	14.2	12.8	11.5	10.3	9.5	8.1	7.1	6.1	5.3	4.4
145	290	218	53.3	29.8	27.6	25.6	23.6	21.7	19.9	18.2	16.6	15.1	13.6	12.2	10.9	9.7	8.6	7.5	6.6	5.6
150	300	225	59	33.6	31.3	29.0	26.8	24.8	23.0	21.8	19.2	17.6	15.9	14.4	13.0	11.6	10.4	9.2	8.0	7.0
155	310	233	65	37.8	35.2	32.8	30.4	28.3	26.0	24.1	22.2	20.3	18.5	16.8	15.2	13.8	12.3	11	9.8	8.5
160	320	240	71.4	42.3	39.6	36.9	34.4	32	29.7	27.6	25.3	23.2	21.3	19.5	17.8	16.2	14.6	13	11.6	10.3
165	330	248	78.8	47.2	44.4	41.4	38.5	36	33.5	31.1	28.8	26.6	24.5	22.5	20.6	18.8	17	16.3	13.8	12.4
170	340	255	85.6	52.5	49.3	46.1	43.5	40.4	37.7	35	32.6	30.1	27.8	25.8	23.6	21.6	19.8	17.8	16.2	14.6
175	350	263	94	58.2	54.8	51.5	48	45.2	42.3	39.4	36.6	34.1	31.7	29.3	27	24.7	22	20.7	18.9	17
180	360	270	102	64	63.3	57	53.5	50.3	47	44.2	41.2	38.2	34	33.2	30.6	28.2	26	23.8	21.8	20
185	370	278	111	70	66.4	63	59.3	55.6	52.5	49	46	43	40	37.4	34.6	32	29.6	27	25	23
190	380	285	120	77.4	73	69	65	61.6	57.7	54.2	51	47.7	44.8	41.7	38.8	36	33.4	31	28.5	26.2
195	390	293	130	84.3	80	75.5	71.8	67.7	64	60	56.5	53	49.5	46.5	43.5	40.5	37.6	35	32.3	29.7
200	400	300	140										55	52	48.5	45	42.3	39.2	36.4	33.6
205	410	308	151											56	51.2	48	44.8	42	39	36
210	420	315	162												57	53.3	49.8	46.6	43.4	40.5
215	430	323	174													59.2	55.2	52	48.5	45.6
220	440	330	186														61	57.6	53.8	50.4
225	450	338	200															63.2	59.5	56
230	460	345	214																65.2	61.8
235	470	353	228																	68
240	480	360	243																	
245	490	368	257																	
250	500	375	273																	
255	510	383	290																	
260	520	390	308																	
265	530	398	326																	
270	540	405	345																	
275	550	413	364																	
280	560	420	386																	
285	570	428	405																	
290	580	435	429																	
295	590	443	450																	
300	600	450	474																	

参量及补缩量（$b=2.0a, h=1.5a$）　　　　　　　　　　　　　　　　　　　　　　（单位：kg）

$b=2a \quad h=1.5a \quad r=a/2$

105	110	115	120	125	130	135	140	145	150	155	160	165	170	175	180	185	190	195	200
1.4																			
2.0	1.5																		
2.8	2.2	1.7																	
3.7	3.0	2.4	1.8																
4.7	4.0	3.2	2.5	2.0															
6.1	5.0	4.3	3.4	2.8	2.0														
7.4	6.5	5.5	4.5	3.7	3.0	2.3													
9.1	7.9	6.8	5.8	4.8	3.9	3.2	2.4												
11	9.7	8.4	7.3	6.2	5.2	4.2	3.4	2.6											
13	11.6	10.2	8.9	7.7	6.6	5.5	4.5	3.6	2.8										
15.3	13.8	12.3	10.8	9.5	8.2	7.0	5.9	4.8	3.9	3.0									
18	16.2	14.5	13.0	11.4	10	8.6	7.4	6.2	5.0	4.0	3.0								
20.8	18.8	17	15.2	13.5	12	10.5	9.2	7.8	6.6	5.4	4.4	3.4							
24	21.8	19.2	17.6	16	14.2	12.6	11	9.6	8.2	6.9	5.7	4.7	3.7						
26.5	24.2	22.2	20	18	16.2	14.5	12.8	11.3	9.7	8.7	7.3	6.2	5.0	3.7					
30.8	28.6	26.2	23.8	21.7	19.7	17.6	15.8	14	12.4	10.6	9.2	7.8	6.6	5.2	3.8				
33.3	30.7	28.2	26	23.6	21.5	19.4	17.4	15.5	13.8	12	10.5	9.0	8.0	6.3	5.0	3.9			
37.6	34.8	32	29.5	27	24.7	22.5	20.3	18	16.3	14	12.7	11	9.5	8.0	6.7	5.3	4.0		
42	39.2	36.2	33.5	30.8	28.2	25.7	23.4	21	19	17	15	13.3	11.6	10	8.5	7.0	5.6	4.3	
46.6	43.6	40.5	37.6	36.7	32	29.3	26.8	24.4	22	20	18	15.8	14	12	10.4	8.8	7.3	5.9	4.6
52.3	49	45.3	42.2	39	36.3	33.4	30.7	28	25.6	23	20.8	18.6	16.6	14.6	12.8	12	9.3	7.9	6.2
58	54	50.4	47.2	43.8	40.8	37.6	34.6	31.7	29	26.4	24	21.6	19.4	17.6	15.2	13.2	11.5	9.7	8.0
63.5	60	56	52.6	48.7	45.6	42	39.2	36	33	30.4	27.8	25	22.6	20.2	18	16	14	12	10.2
70	65.8	62	58	53.4	50.8	47	43.8	40.5	37.4	34.4	31.5	28.6	26.2	23.6	21.2	18.7	16.6	14.4	12.4
	72.6	68.3	64.3	60	56	52.3	49	45.4	42.3	38.7	35.8	32.8	30	27.2	24.6	22	19.6	17.3	15
		75	70.8	66.3	62.5	58.2	54.3	50.4	47	43.3	40.2	37	34.2	31	28.3	25.6	22.8	20.4	18
			77.8	73	69	63.8	60.2	56.2	52.2	48.8	45.3	41.8	38.4	35.3	32.3	29.3	26.6	23.7	21.2
				80	75	70	66.5	62.3	58.4	54	50.3	46.5	43.3	39.7	37.4	33.4	30.5	27.4	24.8
					82.5	77	73	68.4	64.7	60	55.8	52.5	48.4	45	41.2	38.2	34.8	31.6	28.7
						84	80	75	70.3	66	62.2	57.7	54	49.5	46.3	42.6	39.2	35.8	32.6
							87.2	82.6	78	73	68.7	64	60	55	52	48	44	40.6	37.2
								90	85	79.8	75.2	70.4	66	61.4	57.3	52.7	49.4	45.5	42
									93	87.4	82.3	78.8	73	68	63.4	59.4	55	51	47
										95.5	90	84.8	80	75	70	65.5	61.4	57	53
											98.6	92.8	87.6	82	77	72.3	68	63	59
												101	95.6	90	84.6	79	74	69.6	65

表 5-32　圆柱形侧冒口的冒口

d /mm	h /mm	h_0 /mm	G_R /kg	20	25	30	35	40	45	50	55	60	65	70	75	80	85	90	95	100
																				d_0/mm
80	120	40	5.1	1.4	1.1	0.9	0.7	0.5	0.4											
85	128	43	6.1	1.7	1.3	1.2	0.9	0.7	0.5	0.4										
90	135	45	7.2	2.1	1.8	1.4	1.2	0.9	0.7	0.6	0.4									
95	143	48	8.2	2.6	2.2	1.8	1.5	1.2	0.9	0.7	0.6	0.4								
100	150	50	10	3.1	2.6	2.2	1.8	1.5	1.2	0.8	0.7	0.6	0.5							
105	158	53	11.5	3.7	3.2	2.7	2.3	1.9	1.6	1.2	1.0	0.8	0.6	0.5						
110	165	55	13	4.4	3.8	3.3	2.8	2.3	1.9	1.3	1.2	1.0	0.8	0.6	0.4					
115	173	58	15	5.1	4.5	3.9	3.3	2.8	2.4	1.7	1.6	1.3	1.1	0.8	0.6	0.5				
120	180	60	17	6.0	5.2	4.6	3.9	3.4	2.8	2.1	2.0	1.7	1.3	1.1	0.8	0.6	0.5			
125	188	63	19.4	6.7	6.1	5.4	4.6	4.1	3.5	2.6	2.5	2.1	1.7	1.4	1.1	0.9	0.7	0.5		
130	195	65	21.8	7.8	6.9	6.2	5.4	4.7	4.1	3.1	3.0	2.5	2.0	1.8	1.4	1.1	0.9	0.7	0.5	
135	203	68	24.4	8.9	8.0	7.1	6.3	5.5	4.8	3.7	3.6	3.1	2.6	2.2	1.8	1.5	1.2	0.9	0.7	0.5
140	210	70	27.2	10.2	9.0	8.1	7.2	6.4	5.6	4.4	4.2	3.6	3.3	2.7	2.2	1.8	1.5	1.2	0.9	0.7
145	218	73	30.2	11.4	10.2	9.3	8.3	7.4	6.5	5.2	4.9	4.3	3.7	3.2	2.7	2.3	1.9	1.5	1.2	1.0
150	225	75	33.5	12.7	11.4	10.4	9.4	8.4	7.5	6.6	5.8	5.1	4.4	3.8	3.3	2.8	2.3	1.9	1.5	1.2
155	233	78	37	14.3	12.9	11.8	10.6	9.5	8.5	7.6	6.7	5.9	5.2	4.5	3.4	3.3	2.7	2.3	2.0	1.6
160	240	80	40.7		14.4	13.2	11.9	10.8	9.6	8.7	7.6	6.9	6.0	5.3	4.6	4.0	3.4	2.8	2.4	2.0
165	248	83	44.6			14.8	13.4	12.2	11.0	9.8	8.7	7.9	7.0	6.0	5.3	4.6	4.0	3.4	2.9	2.5
170	255	85	48.6				14.9	13.5	12.4	11.1	9.8	8.9	8.7	7.0	6.2	5.4	4.7	4.0	3.5	3.0
175	263	88	53.4					15.2	13.9	12.5	11.2	10.0	9.0	8.0	7.0	6.2	5.5	4.8	4.2	3.7
180	270	90	57.8						15.3	14.1	12.6	11.0	10.3	9.2	8.2	7.2	6.4	5.6	4.9	4.0
185	278	93	64							15.5	14.2	12.8	11.6	10.4	8.6	8.2	7.4	6.5	5.7	5.5
190	285	95	68.3								16.0	14.4	13.0	11.8	10.5	9.5	8.5	7.5	6.6	5.8
195	293	98	73.4									16.3	14.5	13.5	12.0	10.7	9.5	8.6	7.6	6.7
200	300	100	79.6										16.0	14.2	13.4	12.0	10.6	9.6	8.7	7.7
205	308	103	85.5											16.2	15.0	13.6	12.2	10.8	9.7	8.8
210	315	105	92												16.5	15.0	13.0	12.3	11.0	10.0
215	323	108	98.6													16.8	15.4	14.0	12.4	11.3
220	330	110	106													17.2	15.6	14.0	12.4
225	228	113	111														17.4	15.7	14.2
230	345	115	121															17.6	15.8
235	353	118	129																17.6
240	360	120	137																
245	368	123	146																
250	375	125	154																
255	383	128	164																
260	390	130	174																
265	398	133	185																
270	405	135	195																
275	413	138	206																
280	420	140	218																
285	428	143	229																
290	435	145	242																
295	443	148	254																
300	450	150	268																

参量及补缩量 （单位：kg）

图中标注：上、下、r、d、h、R、h_0、d_0、(0.25～0.3)d

105	110	115	120	125	130	135	140	145	150	155	160	165	170	175	180	185	190	195	200
0.5																			
0.7	0.5																		
1.0	0.7	0.5																	
1.3	1.0	0.8	0.6																
1.6	1.3	1.0	0.8	0.6															
2.1	1.7	1.3	1.0	0.8	0.6														
2.5	2.0	1.7	1.3	1.0	0.8	0.6													
3.0	2.5	2.0	1.7	1.4	1.0	0.8	0.6												
3.6	3.0	2.6	2.0	1.7	1.4	1.0	0.9	0.6											
4.3	3.7	3.0	2.6	2.2	1.8	1.4	1.2	0.9	0.6										
5.0	4.4	3.8	3.2	2.7	2.2	1.8	1.5	1.2	0.9	0.7									
5.9	5.2	4.4	3.8	3.2	2.7	2.3	1.8	1.5	1.2	0.9	0.7								
6.8	6.0	5.2	4.5	4.0	3.3	2.8	2.3	1.9	1.5	1.2	0.9	0.7							
7.3	6.9	6.0	5.3	4.5	4.0	3.3	2.8	2.3	1.9	1.5	1.2	0.9	0.7						
8.9	7.9	7.0	6.0	5.4	4.6	4.0	3.4	2.9	2.4	2.0	1.6	1.2	1.0	0.7					
10.0	9.0	8.0	7.0	6.2	5.5	4.7	4.0	3.4	2.9	2.4	2.0	1.6	1.3	1.0	0.7				
11.4	10.2	9.2	8.0	7.2	6.3	5.5	4.8	4.0	3.5	3.0	2.4	2.0	1.6	1.3	1.0	0.7			
13.0	11.6	10.3	9.3	8.2	7.3	6.4	5.6	5.0	4.2	3.6	3.0	2.5	2.0	1.7	1.3	1.0	0.8		
14.4	13.0	11.6	10.5	9.4	8.4	7.4	6.5	5.7	5.0	4.3	3.6	3.0	2.5	2.1	1.7	1.3	1.0	0.8	
16.0	14.5	13.6	11.7	10.6	9.5	8.5	7.5	6.6	5.8	5.0	4.3	3.7	3.0	2.6	2.1	1.7	1.4	1.0	0.8
17.7	16.2	14.6	13.3	12.0	10.7	9.7	8.6	7.6	6.6	6.0	5.2	4.4	3.7	3.1	2.6	2.1	1.7	1.4	1.1
	18.0	16.3	14.8	13.4	12.0	10.8	9.8	8.7	7.7	6.7	6.0	5.2	4.5	3.8	3.2	2.7	1.8	1.4	1.1
		18.2	16.5	15.0	13.6	12.0	11.0	9.9	8.8	7.8	6.8	6.0	5.3	4.6	3.9	3.2	2.8	2.2	1.8
			18.4	16.7	15.2	13.6	12.2	11.0	10.0	8.9	7.9	7.0	6.0	5.5	4.6	3.9	3.2	2.8	2.3
				18.6	16.8	15.3	13.7	12.4	11.3	10.0	9.0	8.0	7.0	6.2	5.5	4.6	4.0	3.3	2.8
					18.8	17.0	15.4	14.0	12.7	11.4	10.2	9.0	8.2	7.2	6.3	5.5	4.7	4.0	3.4
						19.0	17.0	15.6	14.2	12.8	11.5	10.3	9.3	8.2	7.2	6.3	5.5	4.8	4.1
							19.0	17.3	16.0	14.3	13.1	11.5	10.5	9.4	8.4	7.3	6.4	5.6	4.8
								19.3	17.6	16.0	14.5	13.1	12.0	10.6	9.5	8.5	7.4	6.5	5.8
									19.6	17.7	16.2	14.6	13.2	12.1	10.8	9.5	8.6	7.5	6.6
										19.8	18.0	16.4	15.0	13.6	12.2	11.0	9.7	8.6	7.6
											20.0	18.0	16.7	15.1	13.7	12.3	11.0	9.8	8.8
												20.3	18.5	16.8	15.3	13.7	12.4	11.0	10.0

表 5-33　圆柱形明冒口的冒口

d/mm	h/mm	G_R/kg	d_0/mm 100	105	110	115	120	125	130	135	140	145	150	155	160	165	170	175	180
200	300	101	18.2	16.8	15.5	14.2	13.0	11.9	10.8	9.7	8.7	7.8	6.9						
210	315	118	23.0	21.4	19.8	18.3	16.9	15.6	14.2	13.0	11.8	10.7	9.6	8.6					
220	330	136	28.5	26.6	24.8	23.1	21.5	19.9	18.4	16.9	15.5	14.1	12.9	11.5	10.2				
230	345	155	34.8	32.7	30.7	28.7	26.8	25.0	23.2	21.5	19.9	18.3	15.8	15.4	14.0	12.7			
240	360	176	41.9	39.6	37.3	35.1	32.9	30.9	28.8	26.9	25.0	23.2	21.5	19.6	18.0	16.7	15.2		
250	375	199	50.0	47.4	44.8	42.3	39.9	37.6	35.3	33.0	30.9	28.9	26.9	24.9	23.0	21.3	19.6	18.0	
260	390	224	59.0	56.1	53.3	50.5	47.8	45.0	42.6	40.0	37.3	35.3	33.0	30.9	28.8	26.8	24.8	22.9	21.1
270	405	251	69.0	65.9	62.7	59.6	56.6	53.7	50.8	48.0	45.4	42.7	40.2	37.7	35.0	33.0	30.8	28.6	26.6
280	420	279	80.0	76.7	73.3	69.8	66.5	63.2	60.0	57.0	54.0	51.0	48.0	45.4	42.0	40.0	37.6	35.2	32.8
290	435	310	92.6	88.7	84.8	81.1	77.4	73.8	70.0	67.0	63.6	60.3	57.0	54.0	51.0	48.0	45.4	42.6	40.0
300	450	344	106	102	97.6	93.5	89.5	85.5	81.7	78.0	74.3	70.7	67.0	63.0	60.5	57.4	54.8	51.0	48.0
310	465	379	121	116	111	107	102	98.4	94.2	90.0	85.0	82.0	78.0	74.0	70.9	67.0	63.1	60.0	57.0
320	480	417	137	132	126	122	117	112	108	103	99.0	94.7	90.0	85.0	82.4	78.0	74.7	70.9	67.0
330	495	457	154	149	143	138	133	128	123	118	113	109	104	99.0	95.1	90.0	86.6	82.0	78.6
340	510	500	173	167	161	156	150	145	139	134	128	124	118	113	109	104	99.8	95.0	91.0
350	525	546	193	187	180	175	168	162	157	151	145	140	132	129	124	119	114	109	104
360	540	594	215	208	201	195	188	182	176	170	163	158	154	146	140	135	129	124	119
370	555	645	238	231	224	217	210	203	196	190	183	178	171	164	158	152	146	141	135
380	570	698	263	255	248	240	233	225	218	212	204	197	190	184	177	171	163	159	153
390	585	755		282	273	266	257	250	242	235	227	220	213	205	198	191	185	178	172
400	600	815			301	292	284	276	267	259	251	247	236	228	221	213	206	199	192
410	615	877				342	332	323	314	305	296	283	278	269	268	253	244	236	229
420	630	943					364	355	345	335	325	316	306	297	281	279	271	262	254
430	645	1012						388	377	367	357	347	337	327	317	308	299	290	281
440	660	1084							412	401	390	380	369	359	348	338	329	319	309
450	675	1160								437	426	415	403	392	382	371	360	350	340
460	690	1239									357	451	440	428	417	405	394	383	373
470	705	1322										490	478	466	454	442	430	418	407
480	720	1408											519	506	493	481	468	456	444
490	735	1498												548	534	520	508	495	482
500	750	1591													577	564	554	536	523
510	765	1688														609	590	580	567
520	780	1790															641	620	612
530	795	1895																675	659
540	810	2004																	710
550	825	2118																	
560	840	2235																	
570	855	2357																	
580	870	2484																	
590	885	2614																	
600	900	2949																	

参量及补缩量（$h = 1.5d$）　　　　　　　　　　　　　　　　　　　　　　　　　（单位：kg）

図中标注：1.2d　h　d　$h = 1.5d$

185	190	195	200	210	220	230	240	250	260	270	280	290	300	310	320	330	340	350	360
24.6																			
30.6	28.4																		
37.4	35.0	32.6																	
45.2	42.4	39.7	31.0																
54.0	51.0	47.9	45.0	39.4															
63.8	60.3	57.0	53.7	47.5	41.7														
74.7	70.9	67.2	63.6	56.7	50.0	44.0													
86.7	82.5	78.5	74.5	66.9	59.7	53.0	46.4												
99.9	95.4	91.0	86.6	78.2	70.0	62.8	55.7	49.0											
114	109	104	99.9	90.7	82.0	73.8	66.0	58.6	51.7										
130	125	119	114	104	95.0	86.0	77.0	69.0	61.6	54.4									
147	142	136	130	119	109	99.0	90.0	81.0	72.6	64.6	57.1								
165	159	153	147	135	125	114	103	94.0	84.8	76.0	67.8	60.0							
185	179	172	166	153	141	130	119	108	98.2	88.7	79.6	71.0	62.9						
221	213	206	198	184	170	157	144	132	120	109	98.8	88.7	79.2	70.2					
246	238	229	221	206	191	177	163	150	137	125	114	103	92.6	82.8	73.5				
272	263	254	246	230	214	198	184	170	156	143	131	118	107	96.7	86.5	76.9			
300	291	282	273	255	238	222	206	191	176	162	149	136	123	112	100	90.3	80.3		
330	320	310	301	282	264	247	230	213	198	183	168	154	141	129	116	105	94.1	83.8	
362	351	341	331	311	292	274	256	238	221	205	189	175	160	147	133	121	109	98.0	87.4
396	385	374	363	342	322	302	283	264	246	229	212	197	181	166	152	139	126	113	102
432	420	409	397	375	353	332	312	292	273	255	237	220	203	188	172	158	144	131	118
470	457	445	433	410	387	365	343	322	302	282	263	246	227	210	194	179	164	150	136
510	497	484	471	447	422	399	376	354	333	312	292	272	253	235	218	201	185	170	155
552	539	525	512	486	460	436	411	388	365	343	322	301	281	262	243	226	208	191	176
597	583	569	544	527	500	474	449	424	400	377	354	332	311	290	270	251	233	215	198
644	629	614	599	570	543	515	488	462	437	412	388	365	342	320	300	279	259	240	223
693	678	662	647	616	586	558	529	502	475	450	424	400	376	353	330	309	288	268	249
745	729	712	696	664	633	603	573	544	516	489	462	437	411	387	363	340	318	297	276
	782	765	748	715	682	650	619	589	560	531	503	475	449	423	398	374	350	328	306
		820	803	768	734	700	668	636	605	575	545	517	489	462	436	410	385	361	338
			860	823	788	753	719	685	653	621	590	560	531	502	475	448	421	396	371
				881	844	808	772	737	703	670	637	606	575	545	516	487	460	433	407
					903	865	828	791	756	721	687	654	622	590	560	530	501	472	446

表 5-34　腰形明冒口的冒口

d /mm	b、h /mm	G_R /kg	d_0/mm																
			100	105	110	115	120	125	130	135	140	145	150	155	160	165	170	175	180
200	300	156	38.5	36.0	33.8	31.7	29.6	27.6	25.6	23.7	21.9	20.1	18.4						
210	315	181	47.6	44.9	42.4	39.9	37.5	35.2	32.9	30.7	28.6	26.5	24.5	22.6					
220	330	209	58.2	55.2	52.3	49.5	46.7	44.0	41.4	38.9	36.4	34.0	31.7	29.4	27.3				
230	345	238	70.2	66.9	63.6	60.4	57.3	54.2	51.3	48.4	45.5	42.8	40.1	37.5	35.0	32.6			
240	360	270	83.9	80.1	76.4	72.8	69.3	65.9	62.5	59.2	56.0	52.9	49.9	46.9	44.0	41.2	38.5		
250	375	305	99.1	94.9	90.8	86.8	82.9	79.0	75.3	71.6	68.0	64.5	61.0	57.7	54.4	51.3	48.2	45.2	
260	390	344	116	112	107	103	98.1	93.8	89.6	85.5	81.5	77.6	73.7	70.0	66.3	62.7	59.2	35.8	52.8
270	405	385	135	130	125	120	115	110	106	101	96.6	92.3	88.0	83.8	79.7	75.7	71.8	68.0	64.3
280	420	429	156	150	145	139	134	129	124	119	113	109	104	99.3	94.8	90.3	86.0	81.7	77.6
290	435	476	179	172	166	160	155	149	143	138	132	127	122	117	112	107	102	97.1	92.5
300	450	529	203	197	190	184	177	171	165	159	153	147	141	136	130	125	120	114	109
310	465	583	231	223	216	209	202	195	189	182	176	169	163	157	151	145	139	133	128
320	480	640	260	252	244	237	229	222	215	207	200	194	187	180	173	167	161	154	148
330	495	701	292	283	275	267	259	251	243	235	227	220	213	205	198	191	184	177	171
340	510	769	326	317	308	299	290	282	273	265	257	249	241	233	225	217	210	203	195
350	525	838	363	353	343	334	325	315	306	297	288	280	271	263	254	246	238	230	222
360	540	911	402	392	382	371	361	352	342	332	323	313	304	295	286	277	268	260	251
370	555	989	445	433	422	412	401	390	380	370	359	349	339	330	320	310	301	292	283
380	570	1074		478	466	455	443	432	421	410	399	388	377	367	357	346	336	327	317
390	585	1160			513	500	488	476	464	453	441	430	418	407	396	385	374	364	353
400	600	1250				549	536	524	511	498	486	474	462	450	438	427	415	404	393
410	615	1345					629	615	600	586	572	558	545	531	518	504	491	478	466
420	630	1450						672	657	642	627	612	598	583	569	555	541	527	514
430	645	1554							717	701	685	669	654	639	624	609	594	579	565
440	660	1664								763	747	730	714	698	682	666	650	635	620
450	675	1779									812	794	777	760	743	726	710	694	677
460	690	1904										862	844	826	808	791	773	756	739
470	705	2030											915	896	877	858	840	822	804
480	720	2160												969	949	930	910	891	872
490	735	2297													1025	1005	985	965	945
500	750	2445														1084	1063	1041	1020
510	765	2593															1145	1123	1101
520	780	2747																1208	1185
530	795	2906																	1273
540	810	3080																	
550	825	3252																	
560	840	3431																	
570	855	3616																	
580	870	3816																	
590	885	4015																	
600	900	4220																	

参量及补缩量（$b=1.5a, h=1.5a$）　　　　　　　　　　　　　　　　　　（单位：kg）

图示：$1.2b$，$0.6a$，$1.2a$，h，a，$0.5a$，b；$h = 1.5a, b = 1.5a$

185	190	195	200	210	220	230	240	250	260	270	280	290	300	310	320	330	340	350	360
60.6																			
73.5	69.5																		
88.0	83.6	79.3																	
104	99.3	94.5	89.9																
122	117	112	106	96.4															
142	136	131	125	114	103														
164	158	151	145	133	122	110													
188	181	174	168	154	142	129	118												
214	207	199	192	178	164	151	138	125											
263	235	227	219	203	188	174	160	146	135										
274	265	256	248	231	215	199	184	169	155	142									
307	298	288	279	261	244	227	210	196	179	164	150								
343	333	323	313	294	275	257	239	222	205	189	174	159							
382	371	360	349	329	308	289	270	252	234	216	200	184	168						
453	441	428	416	393	369	347	325	304	283	264	244	226	208	190					
500	487	474	461	436	411	387	364	341	319	298	277	257	238	219	201				
551	537	523	509	482	456	430	405	381	358	335	313	291	270	250	231	212			
604	590	575	560	532	504	477	450	424	399	375	351	328	305	284	263	243	223		
661	646	630	615	584	555	526	498	470	443	417	392	367	343	320	298	276	255	235	
722	705	689	672	640	609	578	548	519	491	463	436	410	384	360	335	312	290	268	247
786	768	751	734	700	667	654	602	572	541	512	483	455	428	402	376	351	327	303	281
854	835	817	798	763	728	693	660	627	595	564	534	504	475	447	420	393	367	342	318
925	905	886	867	829	792	756	721	686	652	619	587	556	525	495	466	438	410	384	358
1000	980	959	939	900	861	823	785	749	713	678	644	611	579	547	516	486	457	428	401
1079	1057	1036	1015	974	933	893	853	815	777	741	705	670	635	602	569	537	506	476	447
1162	1139	1117	1095	1051	1008	967	925	885	845	807	769	732	696	660	626	592	559	527	496
1249	1226	1202	1179	1133	1088	1044	1001	959	917	876	837	798	759	722	686	650	615	581	548
1341	1316	1292	1267	1219	1172	1126	1080	1036	993	950	908	867	827	787	749	711	675	639	604
	1411	1385	1360	1310	1260	1212	1164	1118	1072	1027	983	940	898	857	816	777	738	700	663
		1483	1457	1404	1353	1302	1252	1203	1155	1108	1062	1017	973	930	887	846	805	765	726
			1558	1504	1450	1397	1345	1294	1243	1194	1146	1098	1052	1006	962	918	876	834	793
				1607	1551	1496	1441	1388	1335	1284	1233	1184	1135	1087	1040	995	950	906	863
					1657	1599	1542	1487	1432	1378	1325	1273	1222	1172	1123	1075	1028	983	937
						1707	1648	1590	1533	1477	1421	1367	1314	1262	1210	1160	1111	1062	1015

表 5-35　腰形明冒口的冒口

a /mm	b /mm	h /mm	G_R /kg	d_0/mm																
				100	105	110	115	120	125	130	135	140	145	150	155	160	165	170	175	180
200	400	300	185	55.0	52.1	49.2	46.4	43.7	41.0	38.4	35.9	33.4	31.0	28.7						
210	420	315	210	67.8	64.5	61.2	58.1	54.9	51.9	48.9	46.0	43.1	40.3	37.6	35.0					
220	440	330	243	82.5	78.8	75.1	71.4	67.9	64.4	61.0	57.7	54.4	51.2	48.1	45.0	42.1				
230	460	345	320	99.2	94.9	90.8	86.7	82.7	78.8	74.9	71.1	67.4	63.8	60.3	56.8	53.4	50.1			
240	480	360	363	118	113	109	104	98.5	95.0	90.7	86.5	82.3	78.2	74.2	70.3	66.5	62.7	59.0		
250	500	375	410	139	134	128	123	118	113	109	104	99.2	94.6	90.1	85.7	81.4	77.2	73.0	69.0	
260	520	390	463	162	156	151	145	139	134	129	123	118	113	108	103	98.4	93.6	89.0	84.4	80.0
270	540	405	518	188	181	175	169	163	157	151	145	139	134	128	123	117	112	107	102	97.0
280	560	420	577	216	209	202	195	189	182	176	169	163	157	151	145	139	133	127	122	116
290	580	435	640	247	239	232	224	217	210	203	196	189	182	176	169	162	156	150	144	138
300	600	450	711	281	272	264	256	248	240	233	225	218	210	203	196	189	182	175	168	161
310	620	465	784	317	308	300	291	282	274	265	257	244	241	233	225	217	209	202	195	188
320	640	480	861	357	347	338	328	319	310	301	292	283	274	266	257	249	241	232	224	216
330	660	495	944	400	390	379	369	359	349	339	330	320	311	301	292	283	274	265	257	248
340	680	510	1035	446	435	424	413	402	392	381	371	360	350	340	330	320	311	301	292	282
350	700	525	1128	496	484	472	460	449	437	426	415	404	493	382	371	361	350	340	330	320
360	720	540	1227	549	536	524	511	499	486	474	462	451	439	427	416	404	493	362	371	360
370	740	555	1330	606	592	579	565	552	539	526	513	501	489	476	464	451	439	428	416	404
380	760	570	1445		652	637	623	609	595	582	568	554	541	528	515	502	489	476	464	451
390	780	585	1561			700	685	670	655	641	626	612	598	584	570	556	542	529	515	502
400	800	600	1682				751	735	719	704	688	673	658	645	628	613	599	585	570	556
410	820	615	1810					861	843	826	808	791	774	757	740	723	707	690	674	658
420	840	630	1951						921	910	883	865	847	829	811	793	776	758	741	724
430	860	645	2092							983	963	944	924	905	886	868	849	831	813	794
440	880	660	2239								1047	1026	1006	986	966	947	927	908	888	870
450	900	675	2350									1114	1093	1072	1051	1030	1009	989	969	948
460	920	690	2562										1184	1162	1140	1118	1096	1075	1053	1032
470	940	705	2731											1258	1234	1211	1188	1165	1143	1120
480	960	720	2907												1334	1309	1285	1261	1237	1214
490	980	735	3091													1413	1387	1362	1331	1312
500	1000	750	3290														1495	1468	1442	1416
510	1020	765	3489															1580	1552	1525
520	1040	780	3696																1668	1639
530	1060	795	3911																	1759
540	1080	810	4144																	
550	1100	825	4376																	
560	1120	840	4617																	
570	1140	855	4866																	
580	1160	870	5135																	
590	1180	885	5402																	
600	1200	900	5678																	

参量及补缩量（$b=2.0a, h=1.5a$）　　　　　　　　　　　　　　　　　　　　　　（单位：kg）

图示标注：$1.2b$；$0.6a$；$1.2a$；h；a；$0.5a$；b；$h=1.5a, b=2a$

185	190	195	200	210	220	230	240	250	260	270	280	290	300	310	320	330	340	350	360
92.1																			
111	105																		
132	126	120																	
155	148	142	136																
180	173	166	159	146															
209	201	193	186	171	157														
240	231	223	215	199	183	168													
273	264	255	246	229	212	196	180												
310	300	291	281	262	244	226	209	192											
350	339	329	319	298	279	260	241	223	205										
393	381	370	359	338	316	206	276	256	237	219									
439	427	415	403	380	357	335	313	292	272	252	232								
489	476	463	450	426	401	377	354	332	310	288	267	247							
542	528	515	501	475	449	423	398	374	351	327	305	283	262						
642	626	611	595	565	535	506	478	450	423	396	371	345	321	297					
707	690	674	658	625	594	563	533	503	474	446	418	391	365	339	314				
777	759	741	724	690	656	623	591	560	529	499	469	440	412	385	358	332			
850	832	813	795	758	723	688	654	620	587	555	524	493	463	434	405	377	350		
928	909	889	870	831	794	757	720	685	650	616	583	550	518	487	456	427	397	369	
1011	990	970	949	909	869	830	791	754	717	681	645	611	577	544	511	479	448	418	389
1098	1076	1054	1033	991	949	907	867	827	788	750	712	676	640	605	570	526	503	471	440
1191	1167	1144	1122	1077	1032	990	947	905	864	823	784	745	707	669	633	597	562	528	494
1288	1264	1239	1216	1168	1122	1076	1031	987	944	901	859	818	778	739	700	662	625	589	553
1390	1365	1340	1314	1265	1216	1168	1120	1074	1028	984	940	897	854	812	771	731	692	654	616
1498	1471	1445	1418	1366	1315	1264	1215	1166	1118	1071	1024	979	934	891	847	805	764	723	683
1611	1583	1555	1528	1473	1419	1366	1314	1263	1213	1163	1114	1066	1019	973	928	883	840	797	755
1730	1701	1671	1642	1585	1529	1473	1419	1365	1312	1260	1209	1159	1109	1060	1013	966	920	875	831
1854	1823	1793	1763	1703	1644	1586	1529	1473	1417	1363	1309	1266	1204	1153	1103	1053	1005	958	911
	1952	1920	1889	1826	1765	1704	1644	1585	1527	1470	1414	1359	1304	1251	1198	1146	1095	1045	996
		2053	2021	1955	1891	1828	1765	1704	1643	1583	1524	1466	1409	1353	1298	1244	1190	1138	1086
			2158	2090	2023	1957	1892	1828	1764	1702	1640	1580	1520	1461	1403	1347	1291	1236	1181
				2231	2161	2092	2024	1957	1891	1826	1762	1699	1630	1575	1514	1455	1396	1339	1282
					2306	2234	2163	2093	2024	1956	1889	1823	1758	1694	1631	1568	1507	1447	1388
						2381	2308	2235	2163	2092	2022	1953	1886	1819	1753	1688	1624	1561	1499

7. 热节圆法冒口设计的步骤

前面已经把热节圆法冒口设计的核心内容进行了详细的叙述，其具体设计细节按以下步骤进行：

（1）铸件进行补缩区域划分　中大型铸件往往采用多冒口铸造，这就需要划分冒口的补缩区域，可根据铸件的结构以及与之相对应的冒口补缩距离来划分。

（2）铸件体积及重量的计算　对划分后的每一个补缩区域进行体积和重量的计算，并确定每一个补缩区域所对应冒口的种类、形状和具体位置。

（3）虚拟收缩量的计算　计算中需要求出冒口加铸件总的收缩量，但是冒口重量是未知量，计算中需要进行虚拟处理，即假定 $G_R = 0.5 \sim 0.6G_C$，则根据式（5-22）有：$G_S = 1.5 \sim 1.6G_C\varepsilon$。

（4）冒口补缩量的计算　根据式（5-20）有 $G_F = G_S$，而 G_S 在上一步中已经求出。

（5）铸件热节圆直径的计算　该热节应选择冒口直接接触部位的热节，在画热节圆时，应根据铸件的具体结构及结构的尖角效应进行热节圆的修正和调整。

（6）确定冒口参数　根据步骤（2）所选定的冒口以及上一步计算出来的补缩量查表5-29～表5-35中所对应的具体表，确定冒口参数。需要注意的是在式（5-20）中没有保险系数，所以在查表时可根据查到的冒口参数向上上调一到两档，例如，由式（5-20）中计算出的总的补缩量为155kg，所确定的冒口为：明冒口，$b = 2a$，$h = 1.5a$，冒口斜度为1:10。铸件相应部位热节为105mm，根据表5-35，查得对应的冒口为 $a = 260$mm，考虑到保险系数，最后选取冒口参数为 $a = 270$mm。

（7）冒口的校核　所设计的冒口需要校核，该设计方法可以进行自校核。方法是将所设计的冒口重量代入式（5-21），由该式所计算出的收缩量 G_S 算出冒口的补缩量 G_F，由 G_F 可以查表5-29～表5-35，获得具体的冒口尺寸，再与所设计的冒口相比较。如果校核计算出的冒口小于所设计的冒口，则表明校核通过，否则需要将所设计的冒口尺寸提升一档或两档。

8. 热节圆法补贴设计

与模数法相比，热节圆补贴设计法具有更简单实用、方法直接等特点。热节圆补贴设计法的设计过程分为以下三步：

（1）被补缩处热节圆的绘制　在该铸件部位应包含加工余量、起模斜度、工艺补正量和铸死的孔槽等，还应该考虑型芯的尖角效应，适当修正热节圆的大小。一般采用绘图法来求解，在绘制热节圆时，应严格按比例绘制。

（2）过渡圆的绘制　被补缩处与冒口之间需要由补贴构成，在该方法中由过渡圆构成补贴的过渡段。第一个过渡圆是以被补缩处热节圆的圆心做圆周的一点，圆周与铸件的一个外壁相切，如图5-33所示。第一个过渡圆的直径 d_1 是被补缩处热节圆直径 d 的1.05倍，第二个过渡圆的直径 d_2 是第一个过渡圆的直径 d_1 的1.05倍，依此类推有以下关系式：$d_1 = 1.05d$，$d_2 = 1.05d_1$ 等。过渡圆一直画入冒口内。

（3）绘制过渡圆外轮廓线　沿各过渡圆的外轮廓线绘制曲

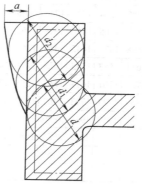

图5-33　热节圆法补贴
设计示意图

线，并与各圆相切，并且圆滑过渡，所生成的这一外轮廓线构成了补贴的外轮廓线。

5.1.7　液量补缩法冒口设计

液量补缩法是根据铸件与冒口之间的收缩与补缩关系而建立的冒口设计方法，更多用作模数法和比例法的校核方法来使用。

1. 基本原理

冒口所能提供的液态补缩量与铸件和冒口总的收缩量之间应处于平衡关系，一旦冒口所能提供的补缩量低于总的收缩量，铸件将产生缩孔或缩松等缺陷。液量补缩法的实质如下式所示：

$$V_F = V_S \tag{5-28}$$

式中　V_F——冒口所能提供的补缩液量体积（dm^3）；

　　　　V_S——铸件 + 冒口总的收缩量体积（dm^3）。

2. 冒口的补缩效率

冒口的补缩效率 η 已由 5.1.5 节给出，即 $\eta = \dfrac{V_R - V_{RE}}{V_R} \times 100\%$。

3. 总收缩量

总收缩量为 V_S，体收缩率为 ε，主要取决于铸件的化学成分和浇注温度，可按 5.1.1 节方法求出，即

$$V_S = \varepsilon(V_C + V_R) \tag{5-29}$$

4. 冒口的补缩量

冒口的补缩量主要取决于冒口的补缩效率，补缩效率越高，所能提供的补缩量就越高，由下式计算：

$$V_F = \eta V_R \tag{5-30}$$

根据液量补缩的基本原理，即式（5-28）得

$$\eta V_R = \varepsilon(V_C + V_R) \tag{5-31}$$

由式（5-31）经恒等变换处理得

$$V_R = \frac{\varepsilon}{\eta - \varepsilon} V_C \tag{5-32}$$

由式（5-32）及补缩区域铸件的体积、铸件的体收缩率和冒口的补缩效率计算出冒口的体积，再由表 5-29 ~ 表 5-35 即可查得冒口的尺寸。需要注意的是，式（5-28）中并未包含保险系数，所求出的冒口尺寸近似于临界冒口尺寸，设计时可上调一档或两档。

5.1.8　比例法冒口设计

1. 设计方法

比例法是指根据冒口的根部尺寸与比邻冒口铸件被补缩处热节圆直径的比例关系来设计冒口的方法。表 5-36 ~ 表 5-40 列出了一些比例法设计冒口的实例。比例法是一种经验性很强的工艺设计方法，采用比例法进行冒口设计之后，一般需用铸件成品率和冒口补缩距离（或冒口延续度）进行校核。校核中发现冒口不当，可根据校核结果进行冒口的调整。几种铸件的铸件成品率见表 5-41 ~ 表 5-44。比例法的优点是计算及方法简单，缺点是可靠性不

好，精确度差，需要丰富的经验。图 5-40 所示为典型的齿轮铸件铸造工艺图，由该图可以看到典型齿轮类的工艺方案、冒口类型、补贴、砂芯和冷铁的设置等。图 5-34 中的冒口设计参照表 5-36 和表 5-37，冒口下补贴的设计方法采用热节圆法，中心冒口和边缘冒口下的补贴是齿轮类铸件常用的补贴类型。

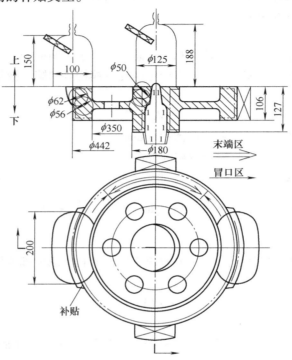

图 5-34　齿轮铸造工艺图

表 5-36　齿轮类冒口尺寸的设计　　　　　　　　　　　　　　　（单位：mm）

轮缘厚度 T	冒口宽度 a	冒口长度 b	轮缘高度 H_C	冒口高度 h
$\leqslant 50$	$T + t + 30$	$(1.5 \sim 2)a$	$\leqslant 150$	暗：$a + (0 \sim 50)$
$> 50 \sim 80$	$T + t + (30 \sim 40)$			
$> 80 \sim 120$	$T + t + (40 \sim 80)$			明：$1.5H_C$
$> 120 \sim 180$	$T + t + (80 \sim 100)$			
> 180	$T + t + (100 \sim 120)$		$> 150 \sim 200$	暗：$a + (0 \sim 50)$
				明：$1.4H_C$
			$> 200 \sim 300$	暗：$a + (0 \sim 50)$
				明：$1.3H_C$
			$> 300 \sim 400$	暗：$a + (0 \sim 50)$
				明：$1.2H_C$

（续）

轮缘厚度 T	冒口宽度 a	冒口长度 b	轮缘高度 H_C	冒口高度 h
			$>400\sim500$	暗：$a+(0\sim50)$
				明：$1.15H_C$
			$>500\sim600$	明：$(1\sim1.1)H_C$
			$>600\sim650$	明：$(0.8\sim0.9)H_C$
			$>650\sim900$	明：$(0.7\sim0.8)H_C$
			>900	明：$0.6H_C$

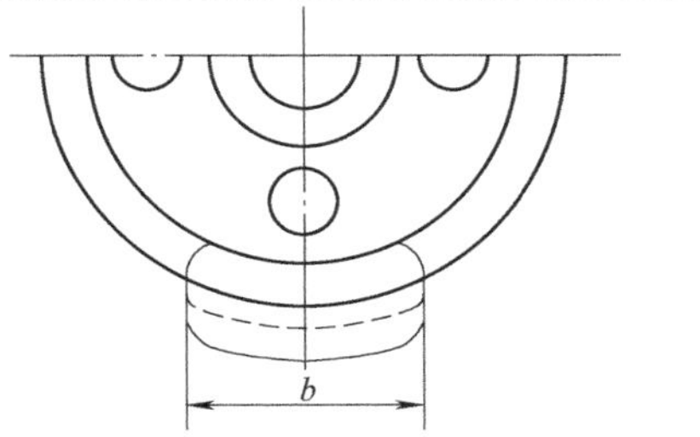

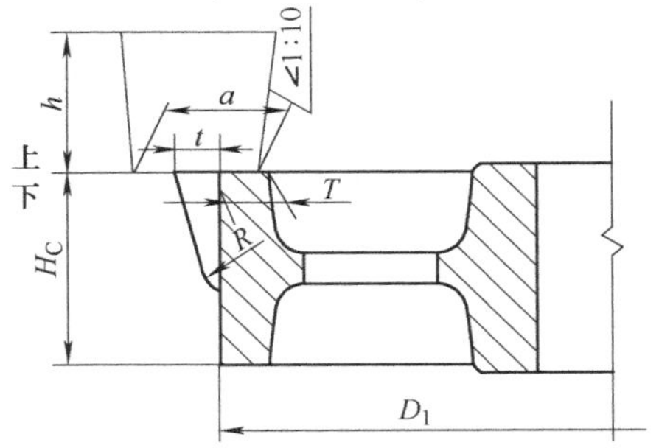

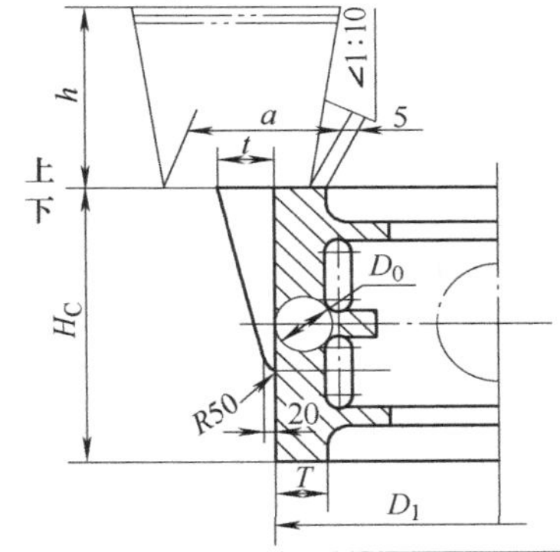

注：1. t 值为补贴厚度。
　　2. 轮缘厚度 T 偏上限时，冒口的宽度 b 也取接近上限值。
　　3. 当 $D_1 > 2500\mathrm{mm}$，且 $H_C > 1000\mathrm{mm}$ 时，h 可按表值降低 $10\%\sim15\%$，但需要点浇冒口。

表 5-37　齿轮轮毂冒口尺寸的设计　　　　　　　　（单位：mm）

简　图	轮毂尺寸范围	冒口直径 d	冒口高度 h
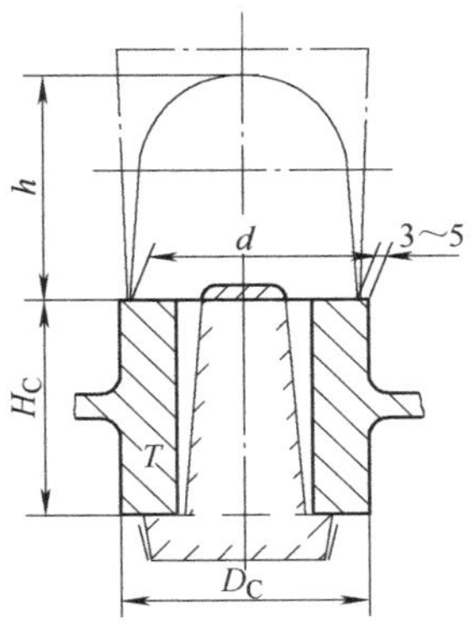	$H_C < D_C \leqslant 180$		$h = D_C - 30$
	$H_C > 1.2D_C$ $D_C > 180$	$d = D_C - (6\sim10)$	$h = d + (0\sim40)$
	$H_C > D_C \leqslant 180$		可设明冒口，其高度与轮缘冒口相同，且 $h \geqslant 1.2d$

（续）

简　图	轮毂尺寸范围		冒口直径 d	冒口高度 h
可设内冷铁	$H_C > 2D_C$		$d > D_C$	可设明冒口，其高度与轮缘冒口相同，且 $h > 1.2d$
			保证轮毂部分的铸件成品率 $<70\%$	
	$D_C > 180$	$H_C < \dfrac{D_C}{2}$	$d = 2T$	$h = d + (0 \sim 40)$
		$H_C = \dfrac{D_C}{2}$	$d = 2.5T$	
		$H_C \approx \dfrac{3D_C}{4}$	$d = 3T$	
		$H_C \approx D_C$	$d = 3.5T$	
	$H_C \geqslant D_C$ 且 T 较小		设 2 个以上冒口，冒口总长度等于轮毂周长的 $25\% \sim 30\%$，冒口尺寸可参考上限	
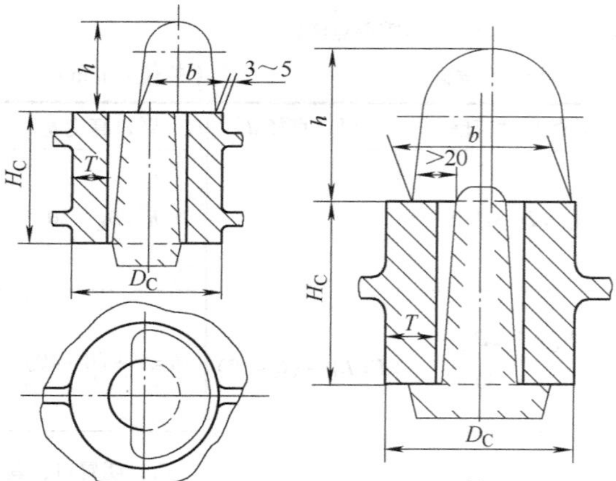 a)　　　　b)	$H_C = (1 \sim 1.2)D_C$		$b = (0.6 \sim 0.7)D_C$	$h = b + (0 \sim 50)$
	$H_C = (1.2 \sim 1.5)D_C$		$b = (0.7 \sim 1.0)D_C$	
	如果 b 压过轴孔时，则砂芯要伸入冒口内，且与冒口一侧立面距离 $>20mm$，如图 b 所示			

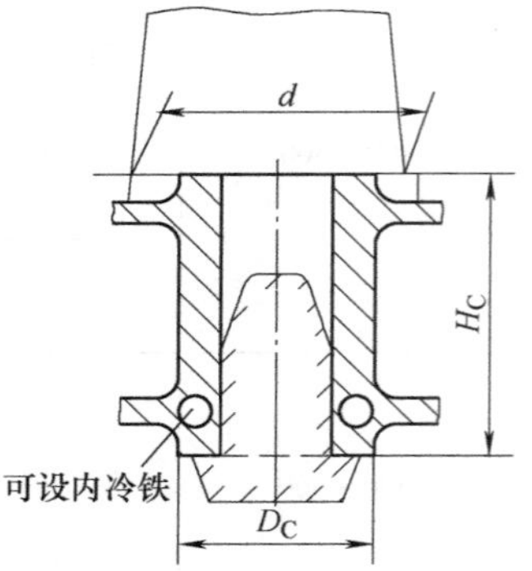

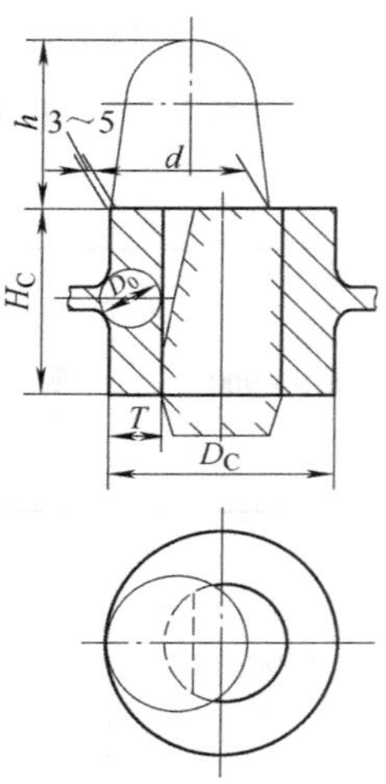

表 5-38　铸件局部与冒口尺寸的设计　　　　　　　　（单位：mm）

简　图	冒口根部尺寸 d	冒口高度 h
	$L/T < 4$ 时，$d = (1.8 \sim 2.2)T$	$h = (1.2 \sim 2.0)d$
	$L/T > 4$ 时，$d = 3T$	
	$d = 2T_1 + T_2$	$h = (1.2 \sim 2.0)d$
	$d = 2T_1 + 1.5T_2$	$h = (1.2 \sim 2.0)d$
	$d = T_1 + T_2 + 2R$	$h = (1.2 \sim 2.0)d$
	$d = 2T_1 + 1.5(T_2 + T_3)$	$h = (1.2 \sim 2.0)d$

表 5-39　普通顶冒口尺寸的设计

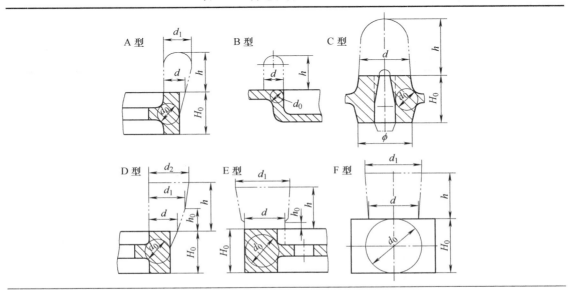

（续）

类型	H_0/d_0	d	d_1	d_2	h_0	h	冒口延续度（%）	应　用
A	≤5	$(1.4 \sim 1.6)d_0$	$(1.5 \sim 1.6)d$			$(1.8 \sim 2.2)d$	35～40	车轮、齿轮、联轴器
	>5	$(1.6 \sim 2.0)d_0$				$(2.0 \sim 2.5)d$	30～35	
B	$d_0 < 50mm$	$(2.0 \sim 2.5)d_0$						瓦盖
C	≤5	$d = \phi$				$(1.3 \sim 1.5)d$	100	
	>5	$d = \phi$				$(1.4 \sim 1.8)d$		
D	≤5	$(1.5 \sim 1.8)d_0$	$(1.5 \sim 1.6)d$	$1.1d_1$	$0.3h$	$(2.0 \sim 2.5)d$	20	车轮
	>5	$(1.6 \sim 2.0)d_0$				$(2.5 \sim 3.0)d$		
E	≤5	$(1.3 \sim 1.5)d_0$	$(1.1 \sim 1.3)d$		$15 \sim 20mm$	$(2.0 \sim 2.5)d$	100	制动臂
	>5	$(1.6 \sim 1.8)d_0$	$(1.3 \sim 1.5)d$			$(2.5 \sim 3.0)d$		
F	—	$(1.4 \sim 1.8)d_0$	$(1.3 \sim 1.5)d$			$(1.5 \sim 2.2)d$	50～100	车轮、立柱
						$(2.0 \sim 2.5)d$		

表 5-40　高锰钢铸件冒口尺寸的设计

图　　例	铸件厚度 δ/mm	d/δ	h/d
	≤60	2.5～3.5	0.9～1.4
	>60～80	2.0～2.6	
	>80	1.8～2.2	
	≤60	2.5～3.0	1.1～1.8
	>60～100	2.3～2.6	1.5～2.0
	>100	1.8～2.0	1.5

注：1. 当应用金属型或大量冷铁时，d/δ 取下限。

　　2. 当采用侧冒口时，h/d 取下限。

表 5-41　碳钢和低合金钢铸件的铸件成品率

铸件重量/kg	铸件主要厚度/mm	加工面所占比例（%）	铸件成品率（%）	
			明冒口	暗冒口
≤100	≤20	>50	58～62	65～69
	>20～50		54～58	61～65
	>50		51～55	58～62
	≤30	≤50	63～67	68～72
	>30～60		59～63	65～69
	>60		50～60	62～66

（续）

铸件重量/kg	铸件主要厚度/mm	加工面所占比例(%)	铸件成品率(%)	
			明冒口	暗冒口
>100~550	≤30	>50	63~67	66~70
	>30~60	>50	61~65	64~68
	>60	>50	58~62	62~66
	≤30	≤50	65~69	68~72
	>30~60	≤50	63~67	66~70
	>60	≤50	61~65	64~68
>550~5000	≤50	>50	64~70	66~72
	>50~100	>50	61~67	64~70
	>100	>50	59~65	62~68
	≤50	≤50	65~71	67~73
	>50~100	≤50	63~69	66~72
	>100	≤50	61~67	65~71
>5000~15000	≤50	>50	65~71	67~73
	>50~100	>50	63~69	65~71
	>100	>50	61~67	63~69
	≤50	≤50	64~72	66~74
	>50~100	≤50	62~70	65~73
	>100	≤50	61~69	64~72
>15000	≤100	>50	64~72	
	>100~300	>50		
	>300	>50		
	≤100	≤50	66~74	
	>100~300	≤50		
	>300	≤50		

表 5-42　齿轮类铸钢件的铸件成品率

铸件名称	铸件重量/kg	铸件成品率(%)		铸件名称	铸件重量/kg	铸件成品率(%)	
		明冒口	暗冒口			明冒口	暗冒口
单辐板齿轮	≤250	43~52	46~55	圆锥齿轮	≤500	≈52	≈55
	>250~500	45~55	48~58		>500~1000	≈56	≈59
	>500~2000	49~59	52~62		>1000~2500	≈59	≈62
	>2000	52~62	55~65		>2500	≈62	
双辐板齿轮	≤500	50~60	53~63	齿圈	≤3000	57~61	
	>500~2000	53~63	56~66		>3000~10000	58~62	
	>2000~10000	54~64			>10000~20000	59~63	
	>10000	56~66			>20000	60~64	

表 5-43　部分铸钢件的铸件成品率

铸件名称	工 艺 简 图	铸件重量/kg	铸件成品率(%)	备　　注
轧钢机辊道架	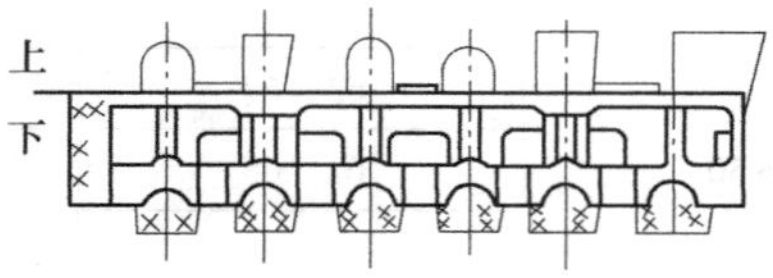	≤5000	70 ~ 74	
		>5000 ~ 10000		
		>10000		
轧钢机盖板	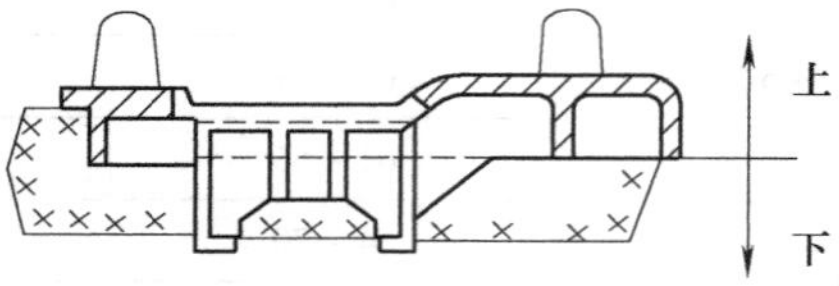	≤3000	78 ~ 80	也适用于铺板及台阶铺板等
轧钢机轴承	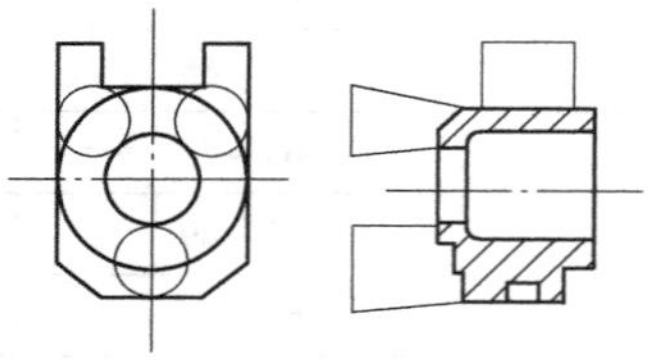	≤10000	58 ~ 61	
		>10000 ~ 15000	61 ~ 62	
		>15000	61 ~ 63	
模锻锤气缸	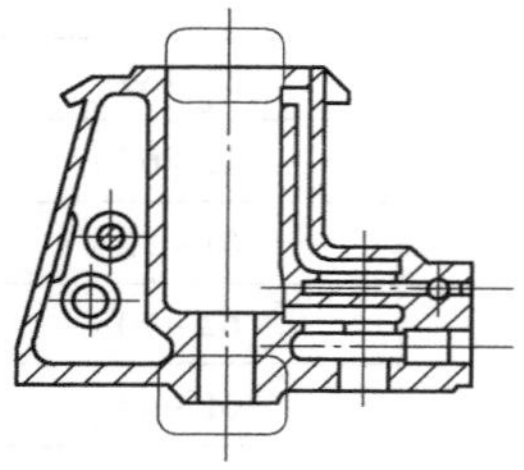	3000 ~ 20000	68 ~ 73	
模锻锤砧座	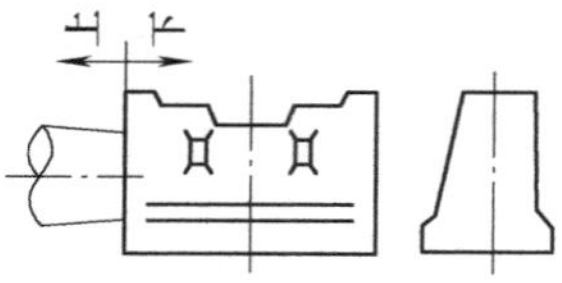	40000 ~ 100000	72 ~ 74	内冷铁占铸件重6% ~8%或补浇冒口1~4次
		>100000	74 ~ 76	
模锻锤机架	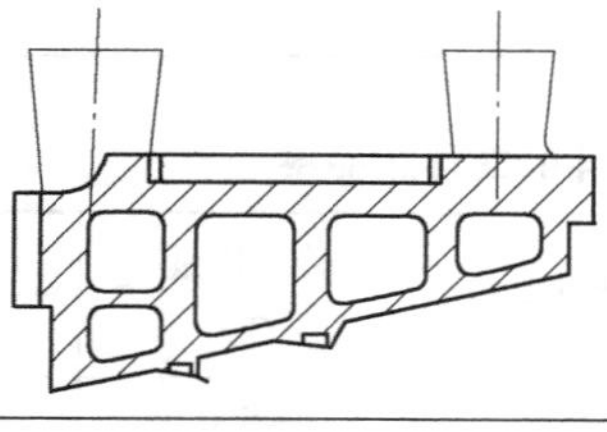	≤7000	≈68	放内冷铁
		>7000 ~ 15000	≈69	
		>15000 ~ 30000	≈70	
V 形砧座 ZG5CrMnMo	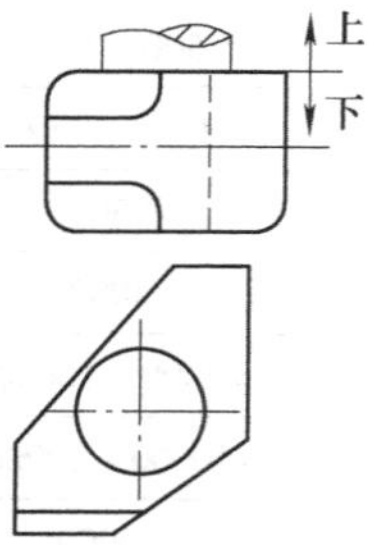	3000 ~ 10000	57 ~ 62	1)放内冷铁 2)补浇冒口一次时,铸件成品率取上限

（续）

铸件名称	工 艺 简 图	铸件重量/kg	铸件成品率（%）	备　注
水压机横梁	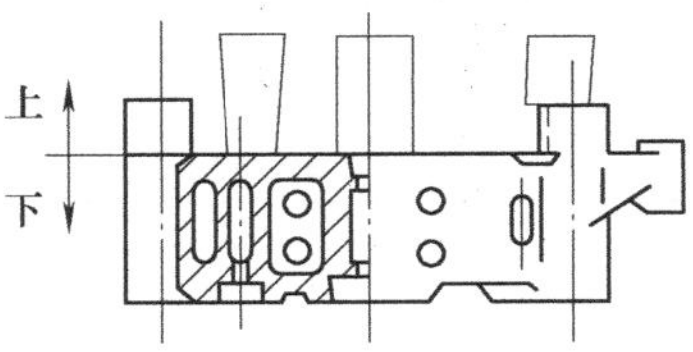	20000～150000	65～72	1）放内冷铁 2）补浇冒口二次 3）上面柱孔高于平面时，铸件成品率可降低5%
平锻机机架	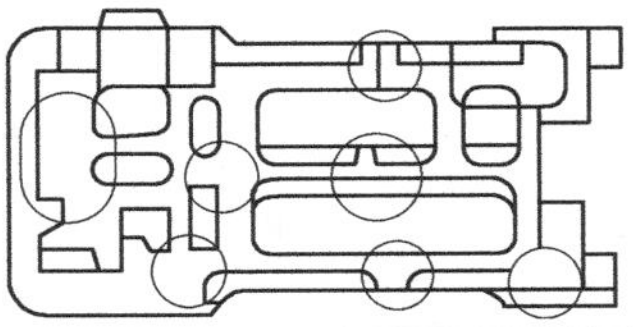	20000～120000	65～72	1）放内冷铁 2）补浇冒口一次
球磨机端盖	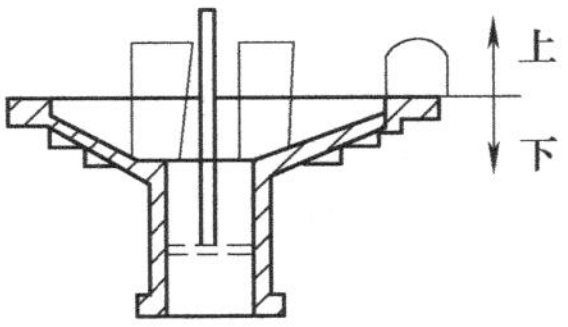	≤10000	64～67	
		>10000	67～70	
破碎机下架体	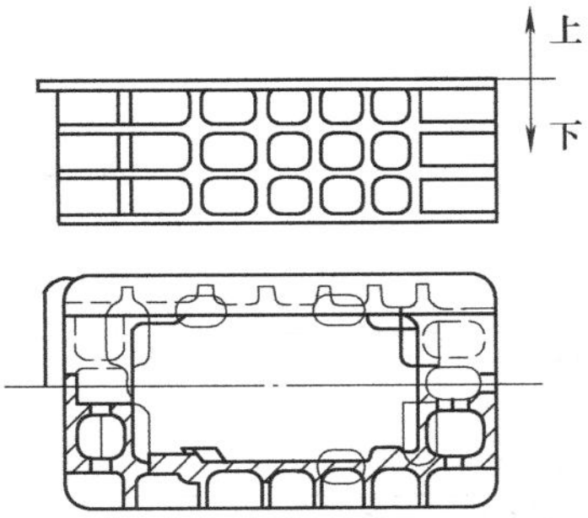	40000～60000	69～73	

表 5-44　高锰钢铸件的铸件成品率

铸 件 类 别		铸件重量/kg	铸件主要壁厚/mm	铸件成品率（%）
挖掘机铸件	其他铸件	≤500		85～89
		>500～1500		90～93
		>1500		94～97
	斗齿	≥50		64
	履带板		壁厚均匀	100
腭式破碎机铸件	插齿	≤120	18～35	100
	齿板	≤200	<35	100
		>200～500	35～50	70
		>500	>50	86
辊式破碎机铸件	辊套	≤400	50～80	70
		>400	>80	60
圆锥破碎机铸件	轧壁	>750	>50	82
	破碎壁	≤750	≤50	100
	上下衬板	≤1000	<75	80
		>1000	<90	86

（续）

铸件类别		铸件重量/kg	铸件主要壁厚/mm	铸件成品率（%）
球磨机铸件	衬板	≤100	<45	100
			45～60	70
		>100～300	<45	100
球磨机铸件	衬板	100～300	45～65	82
			>65	74
	格子板		无局部热节	100
			有局部热节	75
其他铸件	小件	≤200	<40	100
			40～60	78
	中件	>200～500	<40	100
			40～60	84
			<60	80
	大件	>500	<40	100
			40～60	86
			>60	84

注：1. 本表指应用冷铁的铸件成品率，以及没有计入浇道重量而计算的铸件成品率。

　　2. 凡铸件成品率为100%的，均是无冒口铸造。

2. 设计实例

例　大型齿轮铸造工艺简图如图5-35所示。

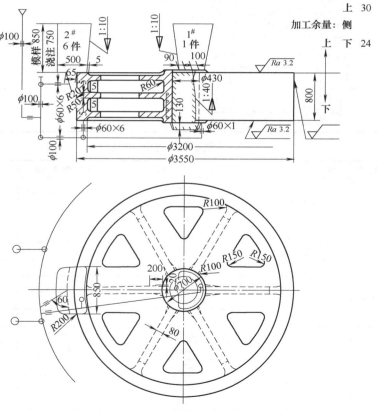

图5-35　大型齿轮铸造工艺简图

（1）补贴设计　①轮缘处的补贴设计：查表 5-9 得 $a=165\text{mm}$，补贴高 $h_{补}=450\text{mm}$，补贴长度与冒口相同。②轮毂处冒口下的补贴设计：在冒口的下端设置补贴，取 $a=100\text{mm}$，放置半圈。

（2）冒口设计　查表 5-36 得 $b\geqslant450\text{mm}$，取 $b=500\text{mm}$。选取冒口尺寸为：$abh=500\text{mm}\times850\text{mm}\times750\text{mm}$，初步设定 6 个冒口，冒口的延续度计算如下：

$$冒口的延续度 = (850\text{mm}\times6)/\pi D = (5100\text{mm}/10603\text{mm})\times100\% = 48\%$$

查表 5-7 进行核算，上面计算的冒口延续度大于表中的要求，故冒口尺寸与数量合适。

轮毂处冒口的设计：冒口形状设计成大半圆，明冒口。按表 5-37 设计，取冒口尺寸为：$a=0.62D=434\text{mm}$，取 440mm，$h=750\text{mm}$，则 $a\times h=440\text{mm}\times750\text{mm}$。

（3）浇注系统设计　全部采用陶瓷管浇注系统，直浇道和缓冲浇道为 $\phi100\text{mm}$，轮毂设 $\phi60\text{mm}$ 底注浇道 1 个，轮缘的每个冒口下设 $\phi60\text{mm}$ 底注浇道 1 个，共 6 个。第二层浇注系统 $\phi60\text{mm}$ 内浇道 6 个，分别向补贴同方向沿切线方向进入。

（4）铸件成品率　浇注总重量 = 冒口重量 + 浇注系统重量 = 26500kg，铸件重量为 44000kg。

$$铸件成品率 = \frac{44000}{26500+44000}\times100\% = 62.5\%$$

（5）校核　查表 5-42，铸件成品率的范围应为 $56\%\sim66\%$，该工艺设计的铸件成品率处于该范围，因而所设计的冒口通过校核。

3. 高锰钢铸件的浇冒口设置

部分高锰钢铸件的浇冒口设计见表 5-45。

表 5-45　部分高锰钢铸件的浇冒口设计

铸件	主要特征	浇冒口设置	实例
齿板	铸件重量≤350kg,主要厚度≤35mm	出气孔 2~4 个,内浇道 2~4 个	180mm × 250mm、240mm × 400mm、250mm × 500mm、400mm ×600mm 腭式破碎机齿板
衬板	铸件重量 > 350kg,主要厚度 > 35mm　应用内、外冷铁	冒口 2~4 个,内浇道每个齿 1 道	600mm × 900mm、1500mm × 1200mm 腭式破碎机齿板
衬板	主要厚度 < 45mm		$\phi956\text{mm}\times1830\text{mm}$ 球磨机衬板
	主要厚度为 45~100mm		$\phi3000\text{mm}\times3000\text{mm}$、$\phi900\text{mm}\times1500\text{mm}$ 球磨机衬板

（续）

铸件	主 要 特 征	浇冒口设置	实　例
履带板	主要厚度为 30 ~ 40mm 应用内、外冷铁,如有局部加厚,则不能用内、外冷铁消除热节	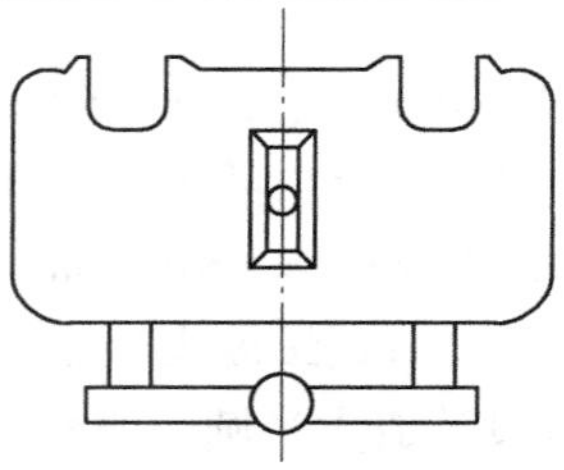	
辊套	主要厚度为 40 ~ 80mm 应用金属型或冷铁	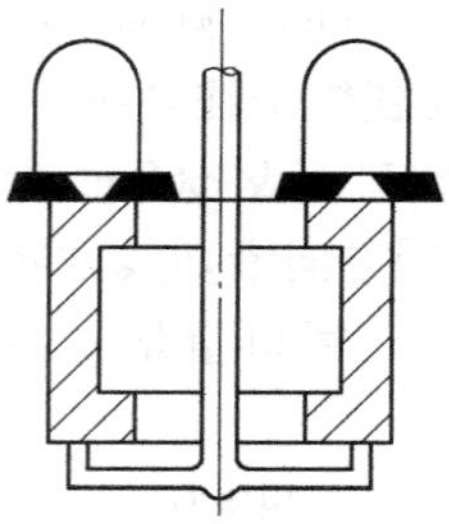	应用易割冒口
	主要厚度 >80mm	易割冒口 2 ~ 4 个,内浇道 4 ~ 6 道	当主要厚度 >100mm 时,必须同时使用外冷铁
破碎、轧壁	主要厚度≤50 铸件不设冒口,只设排气孔,排气孔间距为 150 ~ 200mm	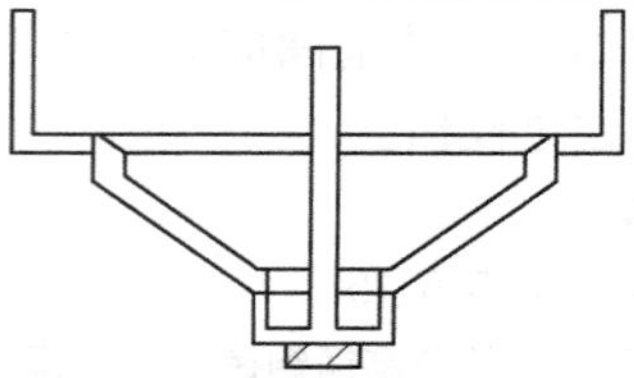 内浇道 4 ~ 6 道	局部厚处下内冷铁
	主要厚度 >50mm	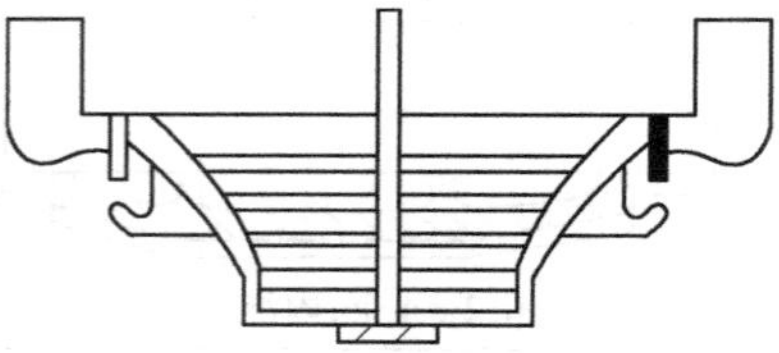 易割冒口 3 ~ 4 个,内浇道 4 ~ 6 道	应用易割冒口
斗前壁	各种斗前壁的浇冒口布置均相同,局部较厚处应用内外冷铁	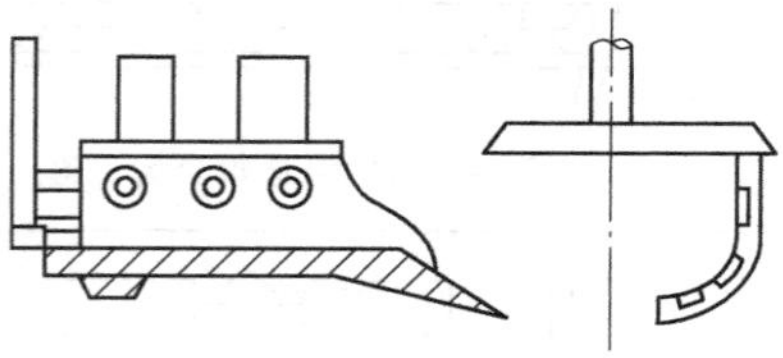 内浇道沿芯头进入	
斗齿	应用易割冒口及外冷铁,浇道通过冒口	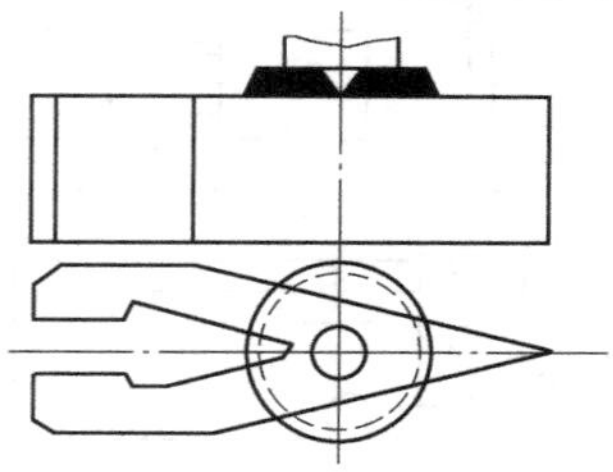	

5.1.9 保温冒口的设计

保温冒口通常分为两种：一种是明冒口顶面撒保温覆盖剂，另一种是在冒口侧壁设置保温冒口套。本节中的计算与设计主要是指后一种情况，但是使用中往往结合前一种方法两者并用。

1. 保温冒口套材料

根据目前的使用情况，保温冒口套材料主要有两大类：空心类保温材料和纤维类保温材料。空心类保温材料包括：膨胀珍珠岩、粉煤灰空心微珠、蛭石、大孔陶粒等。纤维类保温材料包括：矿渣棉、石棉、岩棉和陶瓷棉等。

膨胀珍珠岩是由含硅土的酸性火成岩经粉碎后在 880~1100℃ 焙烧而成的。粉煤灰空心微珠是由煤灰经高温熔融后急冷形成的玻璃质球。

保温冒口一般由采购获得，但是有时在生产中无现成保温冒口的情况下，往往采取自制来解决。自制方法一：大孔陶粒 100 质量份，钒土水泥 15 质量份，水适量制成；自制方法二：电厂烟道灰微珠 38~40 质量份，膨胀珍珠岩 8~10 质量份，铝矾土 27~28 质量份，矾土水泥 23~25 质量份，水适量制成。制成后置干燥环境中存储，使用前烘干。

保温冒口的形状与普通冒口相同，可参照选取。保温套的厚度一般取保温冒口模数的 1~1.5 倍，即 $\delta = (1 \sim 1.5)M$。

2. 保温冒口的计算

根据模数的定义，使用保温冒口相当于延迟了冒口的凝固时间，也就是使冒口的模数增大，设计中往往以此进行设计与计算。

（1）比例法 与传统的设计方法相同，即冒口直径与所补缩处热节呈比例关系，表达式为 $d = kD_0$，其中 d 为冒口直径，k 为比例系数，D_0 为热节圆直径。k 的取值范围见表 5-46。保温冒口的补缩效率为 25%~45%。冒口的保温能力越强，补缩效率就越大。

表 5-46 比例法保温冒口比例系数 k 的取值范围

厚实件	环形件	轮形件	箱体件	板状件
1.0~1.3	1.0~1.8	1.0~1.4	0.9~1.2	1.2~2.5

（2）简易计算法 根据实践经验，相同尺寸的保温冒口与普通冒口相比，模数是后者的 1.3~1.4 倍。当保温冒口直径与高度相等时，模数增大系数约为 1.4。在本简易计算法中，引用到了周界商的概念。冒口的补缩效率同比例法，由上述数量关系，有：

$$M_{RI} = \frac{M_R}{E} = \frac{1.2M_C}{E} = (0.86 \sim 0.92)M_C \tag{5-33}$$

式中　M_{RI}——保温冒口的模数（cm）；

　　　　E——保温冒口的模数扩大系数；

　　　　M_R——同尺寸普通冒口的模数（cm）；

　　　　M_C——被补缩部位铸件的模数（cm）。

根据液量补缩法原理以及式（5-32）有：

$$V_C = \frac{\eta - \varepsilon}{\varepsilon} V_{RI} \tag{5-34}$$

式中　V_C——保温冒口所补缩的铸件体积（dm³）；

　　　V_{RI}——保温冒口的体积（dm³）。

在冒口设计中，需要同时满足式（5-33）和式（5-34），才能设计出通过校核的冒口。式中冒口的补缩效率可根据铸件的周界商来估算，见表5-47。

表 5-47　冒口的补缩效率

铸件的周界商 Q_C	<200	200	300	400	500~1000	>1000
冒口的补缩效率 η（%）	25	30	33	35	40	45

例　如图 5-36 所示，立方体铸件的尺寸为 260mm × 260mm × 260mm，$\varepsilon = 5\%$，则冒口尺寸的计算过程如下：

经计算 $M_C = 4.3$cm，铸件体积 $V_C = 17.6$dm³，所需补缩量 $V_{缩} = 17.6$dm³ × 5% = 0.88dm³，由式（5-33）有 $M_{RI} = 0.85M_C = 0.85 × 4.3$cm = 3.65cm。根据铸件的结构特点，取冒口形状为圆柱形明冒口，无斜度，$h = d$。根据该冒口的结构，经计算求出冒口的尺寸为：$\phi 220$mm × 220mm。冒口的 $M_{RI} = M_R/0.85 = 3.65$cm/0.85 = 4.31cm，该计算值已经大于对冒口模数的要求值 3.65cm，冒口凝固时间大于铸件凝固时间，并具有一定的梯度，满足要求。

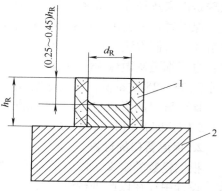

图 5-36　保温冒口对铸件的补缩
1—保温冒口套　2—铸件

下面来看式（5-34），铸件的 Q_C 值为 216，查表5-47，得 $\eta \approx 30\%$。$V_{RI} = 8.36$dm³。由式（5-34）有 $V_C = \dfrac{0.3 - 0.05}{0.05} × 8.36$dm³ = 41.8dm³，而实际上铸件体积为 17.6dm³。因此，冒口所能补缩的体积远大于实际铸件的体积，冒口适用。

（3）三次方程法　与普通冒口计算一样，采用动态三次方程法，能反映出 M_{RI} 与 M_C，V_{RI} 与 V_C 之间变化的动态特征，最终铸件与冒口的残余模数转变为

$$M_{CE} = \frac{V_C + \varepsilon V_C}{A_C} = \frac{V_C(1 + \varepsilon)}{A_C} \tag{5-35}$$

$$M_{RIE} = \frac{V_{RI} - \varepsilon V_C}{A_{RIE}} = \frac{V_{RI} - \varepsilon V_C}{EA_{RI}} \tag{5-36}$$

式中　M_{CE}——铸件的残余模数（cm）；

　　　V_C——铸件的体积（dm³）；

　　　A_C——铸件的散热表面积（dm²）；

　　　ε——合金的凝固收缩率（%）；

　　M_{RIE}——冒口的残余模数（cm）；

　　　V_{RI}——冒口的体积（dm³）；

　　A_{RIE}——冒口的残余散热表面积（dm²）；

　　　E——保温冒口模数放大系数，同前面简易计算法。

只有当 $M_{RIE} = M_{CE}$ 时，所选用的冒口是最小的，但是从理论上看，两者之间应该有一个扩大系数，也就冒口与铸件模数之间的关系式应为 $M_{RIE} = fM_{CE}$，式中 f 为保险系数，因此有下式：

$$\frac{V_{RI} - \varepsilon V_C}{EA_{RIE}} = f \frac{V_C(1 + \varepsilon)}{A_C} \tag{5-37}$$

式（5-37）经整理后如下：

$$V_{RI} - fE(1 + \varepsilon)M_C A_{RI} - \varepsilon M_C = 0 \tag{5-38}$$

式（5-38）中 V_{RI} 和 A_{RI} 属于变量，可由表 5-15 进行处理，处理后有下式：

$$x^3 - k_1 fEM_C x^2 - k_2 V_C = 0 \tag{5-39}$$

式中　x——冒口尺寸变量，对于圆柱形或球形冒口，$x = d$，对于腰形冒口，$x = a$；

k_1 和 k_2——与冒口形状和类别相关的系数，见表 5-25。

可根据前文动态模数法的处理方法求解式（5-39），从而求解出冒口尺寸。处理中应注意系数 f 和 E 的取值，可根据冒口的保温效果、铸件的结构等因素在取值范围内调整。

5.2　铸铁件的补缩系统设计

铸铁件在凝固过程中，不同种类的铸铁合金所表现出来的凝固收缩特征有所不同，因而所采用的冒口设计方法也不同。按铸铁合金种类的不同，铸铁件的冒口设计可分为灰铸铁件的冒口设计、球墨铸铁件的冒口设计、可锻铸铁件的冒口设计等。铸铁件的冒口类型、结构与尺寸等参数见表 5-48。

表 5-48　铸铁件的冒口类型与结构及尺寸

明冒口		暗冒口
顶冒口	边冒口	
$D = (1.2 \sim 1.5)T$	$D = (1.2 \sim 1.5)T$	$D = (1.2 \sim 2.0)T$
$H = (1.2 \sim 2.5)D$	$H = (1.2 \sim 2.5)D$	$H = (1.2 \sim 1.5)D$
$d = (0.75 \sim 0.9)T$	$d = (0.8 \sim 0.9)T$	$h = 0.3H$
$h = (0.25 \sim 0.3)D$	$b = (0.6 \sim 0.8)T$	$d = (1/3 \sim 1/2)T$（浇道通过冒口） $d = (1/2 \sim 2/3)T$（浇道不通过冒口）

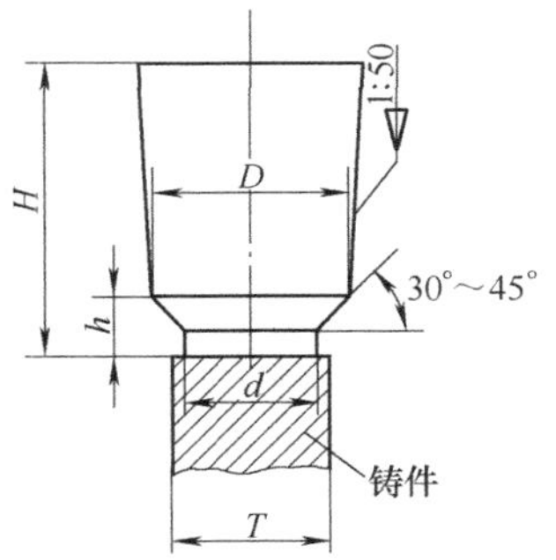

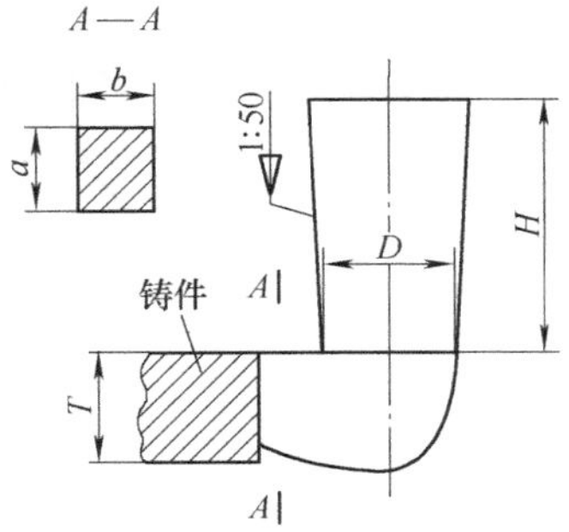

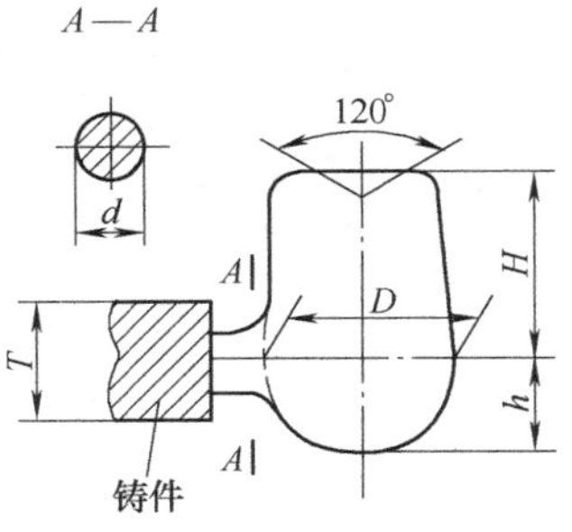

注：1. T 为热节圆直径或截面厚度。

2. 明冒口高度 H 可根据砂箱高度适当调整。

3. 随着明冒口直径 D 的增加，冒口颈处的角度取偏小值，h/D 也取偏小值。

4. 一般铸件越重，铸铁牌号越低时，D、T 应取偏小值。

5.2.1　灰铸铁件的冒口设计

灰铸铁件的结晶范围窄，更接近于逐层凝固。凝固过程中由于石墨析出后产生膨胀，因而在凝固收缩曲线中有一个膨胀峰，其余阶段均为收缩。冒口设计时可考虑这一特征，在总的体收缩量上，石墨的膨胀抵消了一部分液态收缩。灰铸铁件的冒口设计方法可分为经验法和模数法两大类。

1. 经验法

经验法为传统冒口设计法，是指通常使用具有典型灰铸铁冒口结构特征的冒口。对于顶冒口一般采用缩颈顶冒口。

（1）比例法　比例法可用于设计明顶冒口、暗侧冒口及冒口颈，如表5-48和图5-37所示。

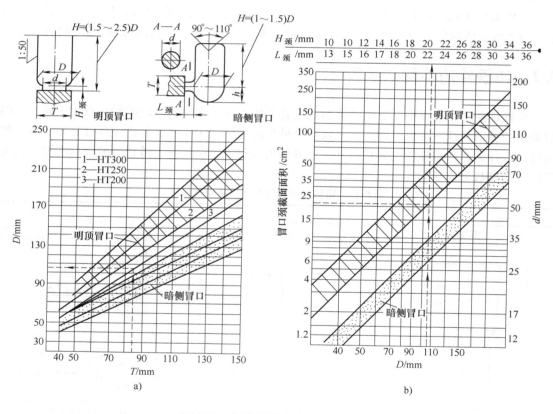

图 5-37　灰铸铁件冒口尺寸计算图

图 5-37 在使用中应注意以下事项：

1）适用范围为灰铸铁件，所得冒口尺寸应根据实际生产情况加以校正。

2）冒口直径可在铸件壁厚和铸铁牌号所决定的范围内，根据铸型条件、铸件重量等影响因素，确定上下限数值。冒口颈截面面积在冒口直径所选定的范围内，根据铸铁牌号和铸型条件选定，但是在一般情况下宜取中、上限。

3）明冒口的 H 值可按砂箱高度适当调整，暗侧冒口的 H 值至少高于铸件80mm。

4）T 为铸件需补缩部位的热节圆直径。

5）暗侧冒口为内浇道通过冒口的浇注方式，浇注时宜慢速浇注。

6）为了便于生产，可将冒口标准化，标准冒口直径（mm）一般为 50、60、70、80、90、100、110 等，依此类推。图 5-37a 中所查得的冒口直径应选上限值，此时图 5-37b 中的明顶冒口颈截面面积取中限，暗侧冒口颈截面面积取上限。

（2）经验数据法 表 5-49～表 5-53 为人们经过长期的技术积累形成的一系列冒口设计数据，可供冒口设计时参考。

表 5-49　缩颈明顶冒口的尺寸

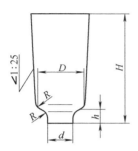

$d = (1.48 \sim 2.5) M_C$

$D = (1.55 \sim 2.0) d$

$H = (2 \sim 4) D$

高牌号铸铁取上限, 低牌号铸铁取下限; 薄壁铸铁件取上限, 厚壁铸铁件取下限

d/mm	D/mm	h/mm	H/mm	R/mm	重量/kg
20	38	15	150	5	1.44
25	45	15	150	6	1.94
30	53	20	200	7	3.70
35	60	20	250	8	4.93
40	68	25	300	9	7.71
45	75	25	300	10	11.5
50	83	30	350	11	16.7
55	90	30	350	12	19.2
60	97	30	400	13	26.2
65	105	35	400	14	29.7
70	115	35	450	15	40.7
75	125	35	450	16	47.0
80	135	40	500	18	61.2
85	143	40	500	20	67.8
90	150	40	500	20	73.8
100	165	45	550	22	98.1
110	180	45	550	22	114.6
120	200	45	550	24	138.6
130	220	50	600	25	182.2
140	240	50	600	26	213.4
150	260	50	600	26	247.1

表 5-50　压边冒口的尺寸

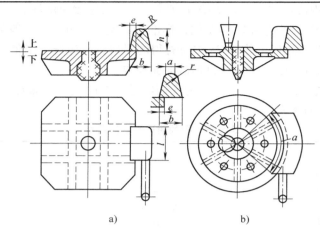

a)　　　　　　　　　　b)

铸件重量 /kg	压边面积 /cm²	冒口尺寸/mm								G_R/kg
		e	b	a	R	r	h	l	$\alpha/(°)$	
≤5	2.2	2～3	50	40	20	5	50	75～100	60～70	1.5
>5～10	2.7	2～3	50	40	20	5	50	40～135	60～70	1.5～3.0
>10～20	3.4	2～3	55	45	22.5	5	60	110～170	45～60	3～5
>20～30	4.3	2～3	55	45	22.5	5	60	140～180	45～60	3～5
>30～50	5.6	3～4	60	50	25	5	70	140～210	45～60	4～5
>50～70	7.1	3～4	65	55	27.5	5	75	170～230	45～60	5.5～7.5
>70～110	9.0	3～4	70	60	30	5	80	220～300	45～60	8～11

注：1. α 与 l 值视铸件情况而定，可以减小，如果两个铸件共用一个冒口，可适当缩小。

　　2. 浇注系统的 $\sum A_直 : \sum A_横 : \sum A_内 = (1.2～1.4) : (1.2～1.4) : 1$。

表 5-51　轮形铸件冒口的尺寸　　　　　　　　　　（单位：mm）

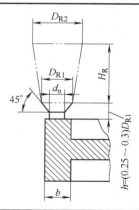

b	d_n	D_{R1}	D_{R2}	$H_R \geqslant$	h
20～50	18	22	29	56	6
50～55	48	58	77	131	15

（续）

b	$d_{\rm n}$	$D_{\rm R1}$	$D_{\rm R2}$	$H_{\rm R} \geqslant$	h
70 ~ 80	73	87	117	194	23
100 ~ 105	98	118	157	256	30
125 ~ 130	123	147	196	318	38
150 ~ 155	148	178	236	381	47
175 ~ 180	172	207	276	443	55
200 ~ 205	198	233	316	506	60
225 ~ 230	223	267	356	568	67

表 5-52　明侧冒口的尺寸　　　　　　　　　　（单位：mm）

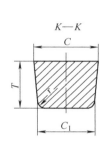

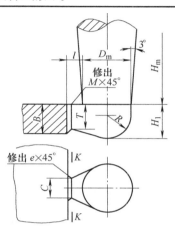

d_0	$T > C_1$			$T < C_1$			$D_{\rm m}$	l	R	M	e	r	H_1	$H_{\rm m}$	重量 /kg
	T	C	C_1	T	C	C_1									
40	35	22	18	25	40	30	60	20	28	10	3	3	45	200	7
50	50	26	22	30	50	40	80	25	38	15	3	3	60	250	15
70	60	36	32	35	60	50	100	30	48	20	3	3	75	300	27
80	70	48	38	45	70	60	120	35	57	25	4	4	90	350	47
90	80	52	48	55	80	70	140	40	67	30	4	4	105	400	71
100	90	61	57	65	90	80	160	45	77	35	4	4	120	450	95
120	105	70	64	75	100	90	180	50	86	40	5	5	135	500	146
130	125	80	70	85	110	100	200	55	96	45	5	5	155	550	197
140	145	85	75	95	130	120	220	60	106	50	5	5	180	600	270
160	165	90	80	110	140	130	240	65	115	55	6	6	200	650	346
180	180	100	90	120	150	140	260	70	125	60	6	6	220	700	445
190	200	105	95	130	160	150	280	75	135	65	6	8	240	750	560
200	220	110	100	140	170	160	300	80	145	70	6	8	260	800	680

注：1. 在特殊情况下，$H_{\rm m}$ 可根据要求而定。

2. $T = (0.8 \sim 1.0)B$，$D_{\rm m} \geqslant 1.5B$，$H_{\rm m} \geqslant 2.5D_{\rm m}$，$l = D_{\rm m}/3$。

3. d_0 为铸件被补缩处热节圆直径，当 B 为板状铸件厚度时，$d_0 = B$。

表 5-53　暗侧冒口的尺寸　　　　　　　　　（单位：mm）

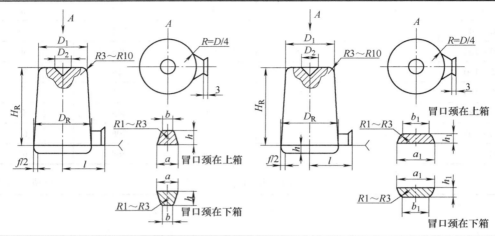

D_R	H_R	D_1	D_2	l	f	a	b	h	a_1	b_1	h_1	G/kg	M_R/cm	M_N/cm
40	60	35	10	35	4	15	13	14	22	20	10	0.6	0.75	0.35
50	75	45	12	40	5	19	16	17	27	25	12	1.1	0.75	0.35
60	90	50	15	45	6	23	19	21	33	30	15	1.9	1.1	0.58
70	105	60	17	55	7	27	23	25	38	35	17	3.0	1.3	0.26
80	120	70	20	60	8	30	26	28	43	40	20	4.6	1.5	0.70
90	135	75	23	65	9	34	30	32	48	45	23	6.5	1.65	0.80
100	150	85	25	75	10	38	32	35	54	50	25	8.5	1.85	0.87
120	170	105	30	85	12	46	38	42	65	60	30	14.1	2.22	1.05
140	190	120	35	95	14	53	45	49	76	70	35	22.0	2.56	1.22
160	210	140	40	110	16	61	51	56	88	80	40	31.7	2.93	1.40
180	230	160	45	120	18	68	58	63	99	90	45	46.0	3.30	1.57
200	250	180	50	130	20	76	64	70	110	100	50	62.0	3.66	1.75

2. 收缩模数法

收缩模数法是利用冒口与铸件之间以及冒口颈与铸件之间的模数关系来计算冒口尺寸的设计方法。根据该理论的建立前提，冒口为明侧冒口，冒口补缩模型如图 5-38 所示，由补缩源、补缩通道和补缩对象构成，分别对应该图中的 O、A、B 和 C。A、B 和 C 均为补缩对象，C 为最大的结构分体，A 和 B 为较小的结构分体，A 同时兼做补缩通道。

（1）基本理论　铸铁件的冒口设计应满足以下条件：

1）冒口要晚于铸件的表观收缩时间 AP 凝固，即冒口的模数 M_R 要大于铸件的收缩模数 M_{CS}。这里涉及两个概念，铸件的表观收缩时间 AP 和收缩模数 M_{CS}。铸件的表观收缩时间 AP 是指凝固过程中铸件

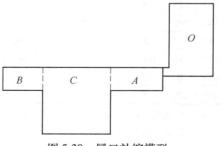

图 5-38　冒口补缩模型

的收缩与膨胀达到均衡点所用时间，如图 5-39 中 AP 所示。图 5-39 中 A 为充型开始点，P 为均衡点，即铸件的收缩量等于铸件的膨胀量时所对应的时间点。铸件的收缩模数 M_{CS} 是指铸铁件在收缩时间内所对应的模数，见式 (5-40)。

$$AP = KM_{CS}^2 \tag{5-40}$$

式中　AP——铸件的表观收缩时间（min）；

　　　　K——凝固系数（min/cm^2），见表 5-54；

　　　　M_{CS}——铸铁件的收缩模数（cm）。

表 5-54　铸铁件凝固系数的取值

浇注温度/℃		1300	1350	1400	1450
$K/(\text{min/cm}^2)$	灰铸铁	4.0 ~ 4.4	4.3 ~ 4.7	4.7 ~ 5.2	4.8 ~ 5.4
	球墨铸铁	5.0 ~ 5.5	5.4 ~ 5.9	5.5 ~ 6.0	5.6 ~ 6.2

注：小件和低碳当量取下限，大件、高碳当量取上限，干砂型取下限，湿砂型取上限。

铸铁件几何模数与收缩模数之间的关系为

$$\frac{M_{CS}^2}{M_C^2} = \frac{AP}{AC} = P_C \tag{5-41}$$

式中　AC——铸件的凝固时间（min），如图 5-39 所示；

　　　　P_C——铸件的收缩时间系数。

由式 (5-41) 经过推导，有

$$M_{CS} = f_2 M_C \tag{5-42}$$

式中　f_2——收缩模数系数。

对于铸铁件，冒口补缩完成后的残余模数、补缩通道的几何模数应该等于或大于铸件的收缩模数。其中冒口的残余模数是指冒口的模数在铸件的凝固过程中是处于动态变化中的，停止补缩时的实际模数就是冒口的残余模数。

2）冒口所能提供的补缩液量应大于铸件的表观收缩量。

3）冒口与铸件连接形成的接触热节要小于被补缩处铸件的几何热节，不要因为设置冒口而延长铸件的收缩时间，不要将冒口开设在铸件的几何热节处。

4）冒口和被补缩铸件或铸件的各个分体之间要建立补缩通道，补缩通道的模数应大于铸件的模数。

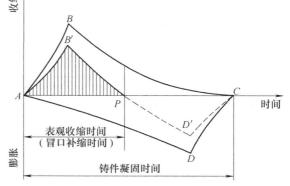

图 5-39　铸铁件收缩与膨胀的叠加

5）冒口体内要有足够的补缩压力，驱使补缩液定向流向被补缩处，保证铸件在凝固过程中一直处于正压状态，即冒口从补缩开始至补缩完成一直有铁液压头。

6）铸铁件的冒口颈要短、薄、宽。

(2) 3f 法冒口设计　可利用上述基础理论中的模数关系确立冒口模数的计算方公式，然后再根据冒口模数计算出冒口的尺寸。冒口模数的计算公式为

$$M_R = f_1 f_2 f_3 M_C \tag{5-43}$$

式中　f_1——冒口平衡系数，与冒口的补缩效率 η 有关，见表 5-55；

　　　f_2——收缩模数系数，与收缩时间系数有关，见式（5-41）和式（5-42）；

　　　f_3——冒口压力系数，是冒口的安全保险量，与被补缩铸件的周界商有关，可按表 5-56 选取。

表 5-55　冒口平衡系数的取值

铸件的周界商 $Q_C/(\text{kg/cm}^3)$	≤10	>10~50	>50
冒口的补缩效率 $\eta(\%)$	14~15	>15~30	>30~45
冒口平衡系数 f_1	1.1~1.2	1.2~1.5	1.5~2.0

表 5-56　冒口压力系数的取值

铸件的周界商 $Q_C/(\text{kg/cm}^3)$	≤2	>2~5	>5~20	>20~50	>50
f_3	1.1	1.2	1.3	1.4	1.5

冒口颈模数的计算公式为

$$M_N = f_p f_2 f_4 M_C \tag{5-44}$$

式中　f_p——流通效应系数，$f_p = 0.45 \sim 0.55$；

　　　f_4——冒口颈长度系数，可由表 5-57 选取。

表 5-57　冒口颈长度系数的取值

冒口颈长度/mm	≤10	>10~20	>20~30	>30~40
f_4	0.8	0.9	1.1	1.3

可根据冒口颈的模数计算出冒口颈的尺寸。

补缩液量校核是根据冒口能够提供的补缩液量要大于铸件所需要的补缩量，或者说要大于铸件总的凝固收缩量来进行的，据此有

$$V_R \eta > (V_C + V_R)\varepsilon \tag{5-45}$$

式中　η——冒口的补缩效率（%）；

　　　ε——铸件的体收缩率（%）。

由式（5-45）可进行铸件冒口的校核，符合该式的冒口可通过校核，不符合该式的冒口需要重新计算直到符合该式。

实际生产中，往往是冒口与浇注系统一同对铸件进行补缩，其中浇注系统提供的补缩量占整个补缩量中相当的比例，此时冒口所提供的补缩只占总补缩量的一部分。浇注系统提供的补缩量可以用浇注系统保持畅通时间占铸件收缩时间的分数来表示。校核冒口平衡系数 f_1^* 用下式计算：

$$f_1^* = 1 + \frac{1 - \dfrac{M_P^2}{M_{CS}^2}}{A_R f_3 M_{CS}} V_C F_C \tag{5-46}$$

式中　M_P——浇注系统中凝固模数中的最小值（cm）；

A_R——冒口的散热表面积（cm^2）；

F_C——铸件的补缩率（%）；

当 $f_1^* \leqslant f_1$ 时，冒口设计是安全的；当 $f_1^* \ll f_1$ 时，冒口设计偏大；当 $f_1^* > f_1$ 时，冒口设计偏小，需要重新调整冒口设计，调整后 f_1 的取值按下式计算：

$$f_1 = \frac{1.2 + f_1^*}{2} \tag{5-47}$$

（3）列表法冒口设计　该方法是以收缩模数法为基础，冒口为单一结构冒口，即选取标准冒口中 $H/D = 1.2$ 的圆柱形冒口，冒口颈采用均衡凝固中的短、薄、宽结构，补缩液完全由冒口提供。

设计步骤：①根据被补缩处的凝固模数 M_C 选定铸件的模数具体在表 5-58 中哪一栏；②根据冒口的质量周界商，查表 5-58，确定在栏中的哪一行；③根据该行所对应的表头，查出具体的 f_1、f_2、f_3、M_{CS}、M_R、M_N 值。

对于数据点之间的中间值，可用线性插值法计算获得。

对于多个冒口共同补缩一个铸件的情况，f_1 可由下式近似计算：

$$f_1 = \frac{f_{1T} - 1}{N_1} + 1 \tag{5-48}$$

式中　f_{1T}——查表得到的独立冒口补缩时的 f_1 值；

N_1——冒口个数。

对于单个冒口同时对多个铸件进行补缩的情况，即一冒双补或一冒多补的情况，f_1 可由下式近似计算：

$$f_1 = (f_{1T} - 1) N_2 + 1 \tag{5-49}$$

式中　N_2——单冒口所补缩铸件的数目。

对于浇冒口联合补缩的情况，f_1 可由下式近似计算：

$$f_1 = (f_{1T} - 1) \left(1 - \frac{M_P^2}{M_{CS}^2}\right) + 1 \tag{5-50}$$

式中　M_P——浇注系统中各组元中的最小模数值。

经过上述 f_1 处理后，冒口的模数应按式（5-43）计算，而不是从表 5-58 中选取。上述处理只对 f_1 和 M_R 有影响，表 5-58 中的其他参量 f_2、f_3、M_{CS}、M_N 则不受上述处理影响。

表 5-58　灰铸铁件独立冒口补缩计算表

M_C/cm	Q_R/(kg/cm³)	f_1	f_2	f_3	M_{CS}/cm	M_N/cm	M_R/cm
	2	1.09	0.87	1.1	0.44	0.15 ~ 0.22	0.52
	5	1.16	0.86	1.2	0.43	0.15 ~ 0.22	0.60
	10	1.22	0.84	1.3	0.42	0.15 ~ 0.21	0.67
0.5	20	1.37	0.80	1.3	0.40	0.14 ~ 0.20	0.71
	40	1.53	0.72	1.4	0.36	0.13 ~ 0.18	0.77
	60	1.63	0.65	1.5	0.33	0.11 ~ 0.16	0.80
	80	1.78	0.59	1.5	0.30	0.10 ~ 0.15	0.79

（续）

M_C/cm	Q_R/(kg/cm³)	f_1	f_2	f_3	M_{CS}/cm	M_N/cm	M_R/cm
1.0	2	1.11	0.77	1.1	0.77	0.27 ~ 0.39	0.94
	5	1.19	0.76	1.2	0.76	0.27 ~ 0.38	0.94
	10	1.27	0.74	1.3	0.74	0.26 ~ 0.37	1.22
	20	1.44	0.70	1.3	0.70	0.25 ~ 0.35	1.32
	40	1.61	0.64	1.4	0.64	0.22 ~ 0.32	1.44
	60	1.72	0.58	1.5	0.58	0.20 ~ 0.29	1.49
	80	1.89	0.52	1.5	0.52	0.18 ~ 0.26	1.48
1.5	2	1.14	0.68	1.1	1.02	0.36 ~ 0.51	1.27
	5	1.23	0.67	1.2	1.01	0.35 ~ 0.50	1.48
	10	1.32	0.65	1.3	0.98	0.34 ~ 0.49	1.68
	20	1.51	0.62	1.3	0.93	0.33 ~ 0.47	1.83
	40	1.70	0.56	1.4	0.84	0.30 ~ 0.42	2.01
	60	1.83	0.51	1.5	0.76	0.27 ~ 0.38	2.09
	80	2.01	0.46	1.5	0.69	0.24 ~ 0.35	2.08
2.0	2	1.17	0.60	1.1	1.20	0.42 ~ 0.60	1.54
	5	1.27	0.59	1.2	1.18	0.41 ~ 0.59	1.80
	10	1.37	0.58	1.3	1.15	0.40 ~ 0.58	2.06
	20	1.59	0.55	1.3	1.10	0.38 ~ 0.50	2.27
	40	1.81	0.50	1.4	0.99	0.35 ~ 0.50	2.51
	60	1.94	0.45	1.5	0.90	0.31 ~ 0.45	2.62
	80	2.14	0.41	1.5	0.81	0.28 ~ 0.41	2.61
2.5	2	1.20	0.53	1.1	1.32	0.46 ~ 0.66	1.75
	5	1.32	0.52	1.2	1.31	0.46 ~ 0.65	2.07
	10	1.44	0.51	1.3	1.27	0.45 ~ 0.64	2.64
	20	1.68	0.48	1.3	1.21	0.42 ~ 0.61	2.38
	40	1.92	0.44	1.4	1.10	0.38 ~ 0.55	2.94
	60	2.07	0.40	1.5	0.99	0.35 ~ 0.50	3.07
	80	2.28	0.36	1.5	0.90	0.31 ~ 0.45	3.07
3.0	2	1.24	0.47	1.1	1.40	0.49 ~ 0.70	1.91
	5	1.38	0.46	1.2	1.38	0.48 ~ 0.69	2.29
	10	1.51	0.45	1.3	1.35	0.47 ~ 0.67	2.65
	20	1.78	0.43	1.3	1.28	0.45 ~ 0.64	2.96
	40	2.04	0.39	1.4	1.16	0.41 ~ 0.58	3.31
	60	2.20	0.35	1.5	1.05	0.37 ~ 0.52	3.47
	80	2.44	0.32	1.5	0.95	0.33 ~ 0.47	3.48

收缩模数法设计冒口的实例如下：

例1　某灰铸铁件 $M_C = 1.0$cm，$Q_R = 30$kg/cm³，查表5-58求解 M_N 和 M_R。具体过程是：

根据 $M_C = 1.0\text{cm}$，选定该栏，再根据 Q_R 值，确定由 20kg/cm^3 与 40kg/cm^3 两档之间进行线性插值。M_N 在两栏值的范围内取上限时，即 0.35cm 和 0.32cm，$M_N = 0.335\text{cm}$；M_N 在两栏值的范围内取下限时，即 0.25cm 和 0.22cm，$M_N = 0.235\text{cm}$。在独立冒口补缩情况下，冒口的模数 $M_R = 1.38\text{cm}$。

例 2　某灰铸铁件 $M_C = 1.2\text{cm}$，重量为 52kg，$Q_R = 30\text{kg/cm}^3$，查表 5-58 求解 M_N 和 M_R。具体过程是 $M_C = 1.2\text{cm}$，介于表 5-58 中左侧 1.0cm 与 1.5cm 两个大栏之间。对于独立冒口补缩和冒口颈取上限的情况，先对 $M_C = 1.0\text{cm}$ 栏中的 M_N 和 M_R 进行求解。由于 Q_R 值介于 20kg/cm^3 和 40kg/cm^3 两档之间，需要插值求解，可利用例 1 的算法求出 $M_N = 0.335\text{cm}$，$M_R = 1.38\text{cm}$。再对 $M_C = 1.5\text{cm}$ 栏中的 M_N 和 M_R 进行求解，方法同上，得出 $M_N = 0.445\text{cm}$，$M_R = 1.92\text{cm}$。最后再对两种情况下求解出的结果进行插值，得出 $M_N = 0.38\text{cm}$，$M_R = 1.60\text{cm}$。

3. 内压控制法

灰铸铁件在凝固过程中所产生的石墨膨胀对补缩液产生内压，根据该内压对收缩的补偿程度不同，内控压冒口可分为加压冒口、减压冒口和无冒口。内控压冒口的种类及其应用范围如图 5-40 所示。冒口的标准形状和尺寸如图 5-41 所示。

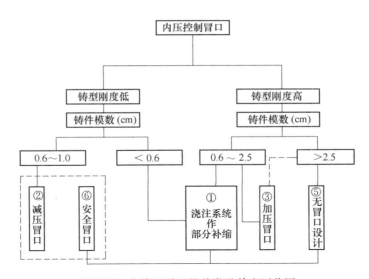

图 5-40　内控压冒口的种类及其应用范围

（1）加压冒口　加压冒口是指冒口只补缩铸件的液态收缩，液态收缩完成后，其冒口颈在石墨化膨胀刚刚开始时就完全凝固封闭，通过石墨膨胀来补偿铸件的二次收缩。冒口只需要补偿液态收缩，该收缩约占铁液总量的 5% ~6%，还需要补偿少量的凝固收缩。

1）冒口体积的计算是根据加压冒口的补缩原理来进行的。由于加压冒口只补偿铸件的液态收缩，故冒口的有效体积所能提供的液态补缩量应大于铸件加冒口的液态收缩。考虑到其他综合因素的影响，为了使计算简化，对接近共晶成分的铸铁，冒口的有效体积取值为铸件体积的 5%；对于碳当量较低的铸铁，冒口的有效体积取值为铸件体积的 6%。

2）冒口颈尺寸在其模数求解出来之后即可获得，冒口颈的模数可由图 5-42 确定。图 5-

42 中 M_K 为关键部位模数，简称关键模数。符合关键部位的条件是：该部位的体积膨胀量能抵消所有更厚部位的液态收缩量，直到更厚部位开始石墨化膨胀为止。更厚部位一般是指需要由冒口直接或间接补缩的厚大热节。所谓间接补缩是指冒口位于该热节的相邻部位。

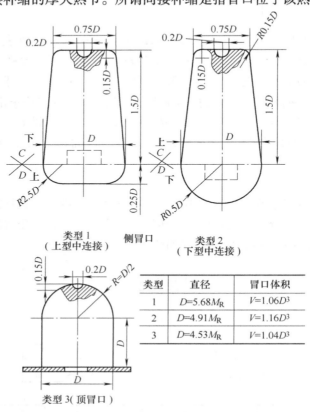

类型	直径	冒口体积
1	$D=5.68M_R$	$V=1.06D^3$
2	$D=4.91M_R$	$V=1.16D^3$
3	$D=4.53M_R$	$V=1.04D^3$

图 5-41　冒口的标准形状和尺寸

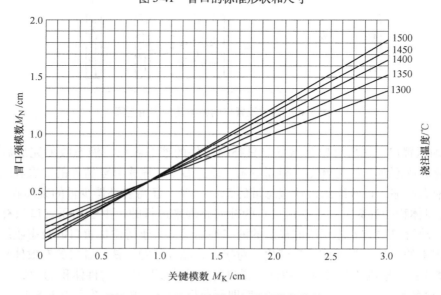

图 5-42　加压冒口颈模数与关键模数的关系

冒口颈应尽量避免来自冒口或热节的热影响,其长度至少应为其截面最小尺寸的 4 ~ 5 倍。因加压冒口只补缩液态收缩,故可以在铸件大部分位置上放置,可以选择避开热节,以免影响冒口颈的凝固时间,还可以把一个大冒口由两个或多个小冒口代替,以对壁厚不均或模数不等的铸件部位进行补缩。

当铸件的关键模数 $M_K < 0.48cm$ 时,内浇道可起到冒口颈的作用,直浇道和浇口杯可起到冒口的作用。此时,实质上是用浇注系统充当加压冒口,无须另外再设置冒口。

3)冒口的有效补缩距离在加压冒口设计中是无限大的,因为冒口只对液态补缩产生作用,这时冒口对所有范围内的铸件都具有补缩作用,不受距离的约束。之后由石墨的膨胀所产生的内压来补偿二次收缩,同样不受距离的约束。这时冒口颈已经凝固,石墨的膨胀可以产生铸件的内压。

4)应用条件主要包括两个方面:一个是铸型方面,另一个是铁液方面。铸型方面要求铸型要有足够的刚度,以免由于石墨化膨胀压力导致型壁向外位移,使铸件内压降低,产生缩孔和缩松。加压冒口主要用于壁厚较薄的铸件,对于湿型等低刚度铸型,其模数应小于 0.4cm。对于干型等高刚度铸型,其模数应小于 2cm。铁液方面要求铁液具有较高的冶金质量,化学成分要符合牌号的要求,杂质含量要少,按奥氏体—石墨系统进行凝固的倾向应较大。另外一个关键点是浇注温度,该温度的大小将影响加压冒口的成败,其波动范围应控制在小于 25℃。

(2)减压冒口　减压冒口即控制压力冒口。对于低刚度铸型,为了防止石墨化膨胀所产生的内压过大而引起铸型胀大,应使冒口颈在铸铁石墨化膨胀阶段继续提供补缩液并持续一段时间以后再凝固封闭。在这一持续时间内,一部分铁液由铸件反馈至冒口,以卸除部分石墨膨胀所产生的内压,使得冒口颈封闭后剩余的石墨化膨胀产生的内压力既足以补偿二次收缩,又不至于由于内压过大而引起型腔胀大导致缩松等缺陷。

1)冒口的体积与模数可根据图 5-43 来选取。同加压冒口一样,减压冒口的模数 M_R 主要与铸件的关键模数 M_K 和铁液的冶金质量有关。当冶金质量好时,可按图 5-43 中曲线 2 选取 M_R;反之,按图 5-43 中曲线 1 选取 M_R。一般情况可选取两曲线的中点来确定 M_R。冒口

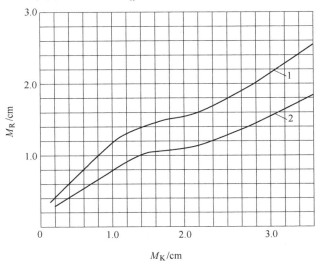

图 5-43　冒口模数与铸件的关键模数之间的关系

1—冶金质量好　2—冶金质量不好

模数确定后,即可按图 5-41 选定冒口的类型、各部分尺寸和体积。冶金质量的评级由规定试样的金相组织来判别,试样是厚度为 25.4cm,$M = 0.79cm$ 的 Y 形试样。金相判别是以 $1mm^2$ 面积上的石墨数作为判定依据,见表 5-59。

表 5-59 铁液的冶金质量评判标准

石墨球个数/(个/mm²)	< 90	90 ~ 150	> 150
冶金质量等级	差	中	好

冒口的有效体积,即高于铸件最高点部分的冒口体积,应大于铸件需要补缩的体积,该体积可由图 5-44 确定,据此可校核冒口体积是否可保证圆满补缩。

2)冒口颈的模数计算可根据两端为非散热面的特点,尽可能使冒口颈的长度短一些,可将冒口颈的设计简化为计算短颈面的二维模数,冒口颈模数 $M_N = 0.67M_R$。冒口模数求出后,根据冒口模数与冒口尺寸的关系,可求出冒口的尺寸。

3)减压冒口的有效补缩距离的含义与传统冒口不同,减压冒口的有效补缩距离不是冒口能够输送补缩铁液补充到收缩部位而获得的铸件最大致密度的距离,而是由凝固部位向冒口回填铁液所能达到的最远距离。该距离按图 5-45 选取。该距离以外的区域或部位,在石墨化膨胀过程中会使该区域内压过大,引起铸型长大,产生缩松等缺陷。该距离与铸件的模数与铁液的冶金质量有关,模数越大,铁液冶金质量越高,该距离就越长。

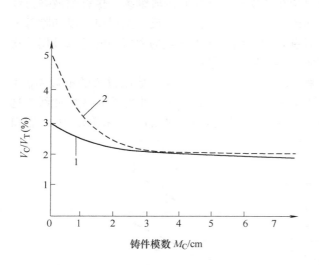

图 5-44 需要补缩的金属液量与铸件模数的关系
1—冶金质量好 2—冶金质量不好

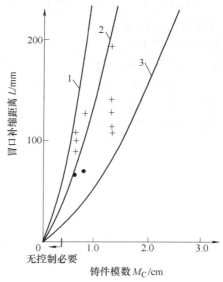

图 5-45 铁液输送距离与冶金质量及铸件模数的关系
1—冶金质量好 2—冶金质量中等
3—冶金质量差

冒口的有效补缩距离还受铸件两相邻部位壁厚差的影响。当由较厚壁厚处(模数为 $M_厚$)向相邻较薄壁厚处(模数为 $M_薄$)输送铁液时,应保证 $M_厚/M_薄 \geq 0.8$,才能保证厚处可通过薄处向冒口回填铁液,否则就需要在厚壁处另设冒口补缩。

4)应用条件主要是指铁液的冶金质量和被补缩处铸件的模数。应采用高冶金质量的铁液，浇注温度选择 1370～1427℃，并快速浇注，浇注速度可按表 5-60 选取。

表 5-60　减压冒口铸件的浇注速度

铸件重量/kg	0.5	5	45
浇注速度/(kg/s)	0.3	1.3	4.5

注：上述速度为单个铸件的速度，如果为一箱多件浇注，则浇注速度应与表中速度相匹配。

　　减压冒口适合用于湿型中铸件模数 $M_C=0.48～2.5cm$ 的铸件，其湿型表面硬度大于 85 即可。

　　减压冒口必须采用暗冒口，最好是大气压力冒口。内浇道应尽量通过冒口；内浇道应尽量薄，其截面长度至少应为截面宽度的 4 倍。

　　（3）无冒口工艺　无冒口工艺是加压冒口的进一步发展。只要能够保证铁液浇入铸型后马上发生石墨化膨胀，即可完全靠"自补缩"补偿二次收缩，因而不需要冒口。

　　考虑到实际生产中可能会出现生产条件的波动，为了使补缩更加可靠，可以在铸件重要部位（一般为热节处）安放小的冒口，称之为安全冒口，其体积为铸件体积的 2%。安全冒口与铸件之间以细冒口颈相连，冒口颈模数仍按加压冒口的冒口颈设计方法选定，如图 5-41 所示，冒口颈形状可取圆柱形。采用无冒口设计时应满足下列条件：

　　1）铁液冶金质量高，即析出石墨倾向大。

　　2）铸件模数大，平均模数应在 2.5cm 以上。当铁液冶金质量较高的时候，模数可以相应减少。

　　3）采用高强度、大刚度铸型，例如采用干型、自硬砂型、树脂砂型等。上下箱之间要用螺栓、卡钩等器具牢固锁紧。

　　4）采用低温浇注，浇注温度控制在 1300～1350℃。

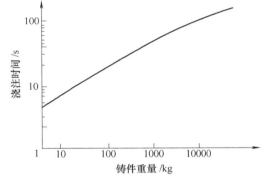

图 5-46　铸铁件的浇注时间

　　5）采用快浇，浇注时间按图 5-46 确定。该图适用于球墨铸铁件，对于灰铸铁件，可是当降低浇注时间。快浇而又没有明冒口时，必须采用直径为 20mm 的出气孔。

　　6）采用小的扁薄内浇道，分散引入金属液，其厚度一般为 13～16mm，宽度和长度为厚度的 4 倍，截面以矩形为佳。

5.2.2　球墨铸铁件的冒口设计

　　球墨铸铁的凝固特征与灰铸铁有一定的不同，主要体现在球墨铸铁件的凝固温度区间较大，因而粥状凝固倾向较大，则容易产生分散缩松。球墨铸铁件的冒口设计方法与灰铸铁类似，分为三种方法：经验比例法、收缩模数法和内压控制法。

　　1. 经验比例法

　　经验比例法属于传统冒口设计方法，包括比例法和经验法。

　　（1）比例法　比例法是根据冒口的尺寸与被补缩处铸件的热节圆直径成正比进行冒口设计的。球墨铸铁件的冒口尺寸见表 5-61。冒口颈尺寸的求解可参考下一小节经验法来进行。

表 5-61　球墨铸铁件的冒口尺寸　　　　　　　　　　（单位：mm）

明冒口	侧冒口	半球状冒口	环形冒口
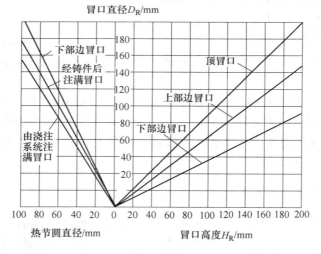			
$D_R = (1.2 \sim 3.5)T$	$D_R = (1.2 \sim 3.5)T$	$H_R = (1.5 \sim 4.0)T$	$H_R = (0.5 \sim 1.0)H_C$
$H_R = (1.2 \sim 3.5)D_R$	$H_R = (1.2 \sim 1.5)D_R$	$D_R = 2H_R$	$b_R = (1.2 \sim 2.5)T$
$B = (0.4 \sim 0.7)D_R$	$A = (0.8 \sim 0.9)T$	$\alpha = 30° \sim 40°$	α 取值：当 $H_R = 0.5H_C$ 时，$\alpha =$
$h = (0.3 \sim 0.35)D_R$	$S_1 = (0.8 \sim 1.2)T$	$\phi = 25 \sim 35$	$30°$；当 $H_R = 0.8H_C$ 时，$\alpha = 45°$；
	$L = (0.3 \sim 0.35)D_R$	$R = (0.25 \sim 0.4)$	当 $H_R = H_C$ 时，$\alpha = 60°$
	$h = (0.4 \sim 0.5)D_R$		
	$R = (0.5 \sim 0.7)D_R$		

注：1. 一般壁厚的铸件取 $D_R = T + 50 \text{mm}$。
　　2. 圆柱体、立方体等形状铸件取 $D_R = (1.2 \sim 1.5)T$。

（2）经验法　图 5-47 所示为计算冒口尺寸的列线图。根据图 5-47 可求得冒口尺寸，铸件成品率为 60% ~ 80%。一般冒口颈的长度可根据冒口的直径来选取，见表 5-62。

图 5-47　计算冒口尺寸的列线图

表 5-62　球墨铸铁冒口颈的长度　　　　　　　　　　（单位：mm）

冒口直径 D_R	< 60	60 ~ 120	> 120
冒口颈长度	$D_R/3$	$D_R/4$	$D_R/5$

对于明侧冒口和暗侧冒口，其冒口颈尺寸可分别参考图 5-48 和图 5-49。

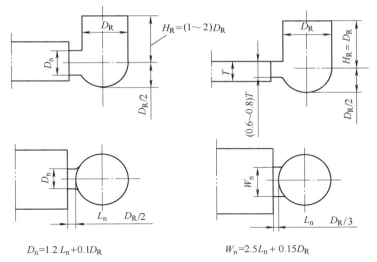

$D_n = 1.2 L_n + 0.1 D_R$　　　　　　　　　$W_n = 2.5 L_n + 0.15 D_R$

图 5-48　明侧冒口颈的比例尺寸

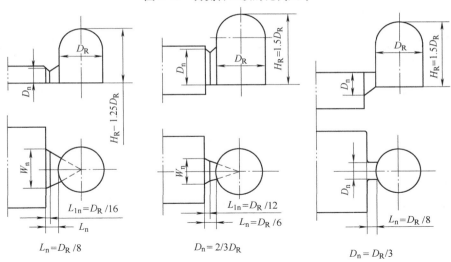

$L_n = D_R /8$　　　　　　　　$D_n = 2/3 D_R$　　　　　　　　$D_n = D_R /3$

图 5-49　暗侧冒口颈的比例尺寸

对于重量小于 15kg 的球墨铸铁铸件，其暗侧冒口尺寸见表 5-63。

表 5-63　小型球墨铸铁件的暗侧冒口尺寸

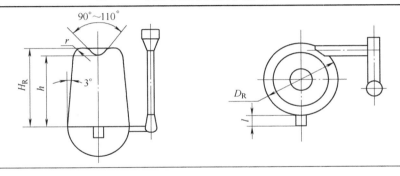

（续）

铸件重量/kg	D_R	H_R	h	r	上箱内冒口体积/kg
≤0.5	30	43			21.6
>0.5~0.8	35	50			36.1
>0.8~1.2	40	58			57.4
>1.2~1.6	45	66	58	6	87
>1.6~2.0	50	70	60	6	111.9
>2.0~2.5	55	78	68	8	157.5
>2.5~3.2	60	81	71	8	197.4
>3.2~4.3	65	89	78	10	249.8
>4.3~5.5	70	94	82	10	309.3
>5.5~7.5	75	100	87	12	384.5
>7.5~10.0	80	105	92	14	454.5
>10.0~12.5	85	113	100	14	552
>12.5~15.0	90	117	103	16	644.8

注：1. 冒口高度至少比铸件高度大 50mm。
　　2. 表中"铸件"项考虑为原铸件重量的 1.2 倍。
　　3. 冒口颈截面面积分为 2~4cm² 和 5~10cm² 两种，较大铸件取上限；冒口颈长度 l 为 7~12mm（小件）和 15~20mm（较大件）。
　　4. 冒口底部的保险窝应比冒口颈深 10mm 以上。
　　5. 冒口 D_R 应比铸件热节大 10~20mm。一个冒口补缩两个铸件时，D_R 放大到 1.5 倍。

适合于高压阀门铸件的法兰处暗冒口，其直径 $D_R = KT$，式中 T 为法兰厚度，K 为经验系数，K 可由图 5-50 确定。冒口的其他尺寸可由图 5-51 确定。

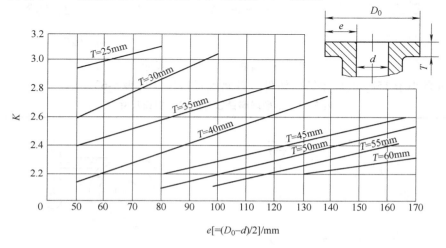

图 5-50　经验系数 K 的确定

2. 模数法

模数法是根据冒口、冒口颈和铸件之间的模数关系进行冒口设计的方法。冒口颈的尺寸由下列方程计算：

$$D_R = 4.6 M_C + B \tag{5-51}$$

$$M_N = (0.7 \sim 0.8) M_C \tag{5-52}$$

$$L = (0.25 \sim 0.3) D_R \tag{5-53}$$

式中　D_R——冒口直径（cm）；

M_C——铸件模数（cm）；

M_N——冒口颈模数（cm）；

L——冒口颈长度（mm）；

B——经验系数，当采用侧冒口，并且铁液经过冒口充入型腔时，B 取 $2.5 \sim 3.5$，上限适用于快浇，下限适用于慢浇。

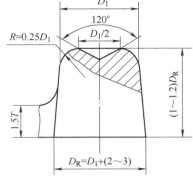

图 5-51　冒口尺寸

冒口颈的模数求解出来后还要根据冒口颈截面的形状来确定冒口颈截面的尺寸，截面的具体形状可采用梯形、圆形或正方形，形状确定之后，即可计算出冒口颈截面尺寸。

球墨铸铁件的冒口尺寸如图 5-52 所示，冒口高度应高于铸件高度。冒口设计时，应注意铸件成品率宜控制在 70% 左右，不得大于 80%。

为了设计方便，将相关计算结果列于表 5-64 和图 5-53。根据铸件的模数 M_C 就可以从表 5-64 和图 5-53 中直接查出冒口的直径 D_R 和冒口颈的截面尺寸。

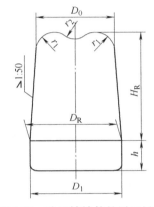

图 5-52　球墨铸铁件的冒口尺寸

表 5-64　球墨铸铁件的冒口尺寸　　　　　　（单位：cm）

铸件模数 M_C	冒口直径 D_R		冒口颈截面尺寸 a	
	慢浇时	快浇时	正方形或圆形	$2a \times a$ 矩形
0.50	4.8	5.8	1.4 ~ 1.6	1.1 ~ 1.2
0.55	5.0	6.0	1.5 ~ 1.8	1.2 ~ 1.3
0.60	5.3	6.3	1.7 ~ 1.9	1.3 ~ 1.4
0.65	5.5	6.5	1.8 ~ 2.1	1.4 ~ 1.6
0.70	5.7	6.7	2.0 ~ 2.2	1.5 ~ 1.7
0.75	6.0	7.0	2.1 ~ 2.4	1.6 ~ 1.8
0.80	6.2	7.2	2.2 ~ 2.5	1.7 ~ 1.9
0.85	6.4	7.4	2.4 ~ 2.7	1.8 ~ 2.1
0.90	6.6	7.6	2.5 ~ 2.9	1.9 ~ 2.2
0.95	6.9	7.9	2.7 ~ 3.0	2.0 ~ 2.3
1.00	7.1	8.1	2.8 ~ 3.2	2.1 ~ 2.4
1.05	7.3	8.3	2.9 ~ 3.4	2.2 ~ 2.5
1.10	7.6	8.6	3.1 ~ 3.5	2.3 ~ 2.6
1.15	7.8	8.8	3.2 ~ 3.7	2.4 ~ 2.8
1.20	8.0	9.0	3.4 ~ 3.8	2.5 ~ 2.9

（续）

铸件模数 M_C	冒口直径 D_R		冒口颈截面尺寸 a	
	慢浇时	快浇时	正方形或圆形	$2a \times a$ 矩形
1.25	8.3	9.3	3.5~4.0	2.6~3.0
1.30	8.5	9.5	3.6~4.2	2.7~3.1
1.35	8.7	9.7	3.8~4.3	2.8~3.2
1.40	8.9	9.9	3.9~4.5	2.9~3.4
1.45	9.2	10.2	4.1~4.6	3.0~3.5
1.50	9.4	10.4	4.2~4.8	3.2~3.6
1.55	9.6	10.6	4.3~5.0	3.3~3.7
1.60	9.9	10.9	4.5~5.1	3.4~3.8
1.65	10.2	11.2	4.6~5.3	3.5~4.0
1.70	10.3	11.3	4.8~5.4	3.6~4.1
1.75	10.6	11.6	4.9~5.6	3.7~4.2
1.80	10.8	11.8	5.0~5.8	3.8~4.3
1.85	11.0	12.0	5.2~5.9	3.9~4.4
1.90	11.2	12.2	5.3~6.1	4.0~4.6
1.95	11.5	12.5	5.5~6.2	4.1~4.7
2.00	11.7	12.7	5.6~6.4	4.2~4.8
2.05	11.9	12.9	5.7~6.6	4.3~4.9
2.10	12.2	13.2	5.9~6.7	4.4~5.0
2.15	12.4	13.4	6.0~6.9	4.5~5.2
2.20	12.6	13.6	6.1~7.0	4.6~5.3
2.25	12.8	13.8	6.3~7.2	4.7~5.4
2.30	13.1	14.1	6.4~7.4	4.8~5.5
2.35	13.3	14.3	6.6~7.5	4.9~5.6
2.40	13.5	14.5	6.7~7.7	5.0~5.8
2.45	13.8	14.8	6.8~7.8	5.1~5.9
2.50	14.0	15.0	7.0~8.0	5.3~6.0

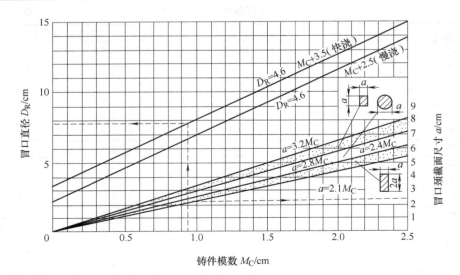

图 5-53　按铸件模数设计冒口直径和冒口颈截面尺寸的列线图

　　球墨铸铁件冒口的有效补缩距离 L 可用来确定补缩冒口的数量，L 的大小与铸件的结构、铸型条件、浇注条件等因素有关。

　　湿型条件下浇注球墨铸铁板件和杆件时，冒口的有效补缩距离可由表 5-65 确定。

表 5-65　湿型球墨铸铁件冒口的有效补缩距离

板件		杆件	
垂直浇注	水平浇注	有端部冷却效应	无端部冷却效应
$6.0 \sim 6.5T$	$4.5T$	$6.8T$	$3.5 \sim 4.5T$

注：1. T 为铸件壁厚。

　　　2. 板件壁厚范围为 $6.3 \sim 50.8 \mathrm{mm}$。

　　干型条件下浇注球墨铸铁板件和杆件时，冒口的有效补缩距离 $L = (6 \sim 6.5)T$。

　　对于法兰盘类铸件，冒口的有效补缩距离 $L = nT$，n 的取值由图 5-54 确定。

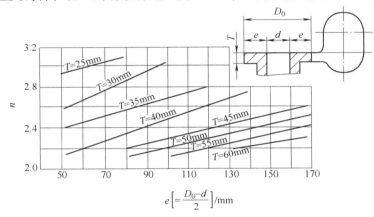

图 5-54　计算球墨铸铁件冒口有效补缩距离 L 的经验系数 n

　　也可以由表 5-66 查得球墨铸铁件的补缩距离。

表 5-66　球墨铸铁件的补缩距离　　　　　　　　　　　（单位：mm）

铸件厚度或热节圆直径 T	水平补缩（湿型）			垂直补缩（壳型）
6.35		31.75		
12.70	$101.6 \sim 114.3$	101.6	88.9	88.9
15.86			127	
19.05				133.4
25.40	$101.6 \sim 127$	114.3	127	165.1
38.10	$139.7 \sim 152.4$			228.6
50.80		228.6		

注：表中三组水平补缩（湿型）数据是在不同条件下通过试验获得的。

3. 收缩模数法

　　同灰铸铁件一样，收缩模数法也可以用于球墨铸铁件的冒口设计。前文铸铁件设计中所定义的收缩模数计算公式（5-42）、冒口模数计算公式（5-43）和冒口颈模数计算公式（5-

44）都适用于球墨铸铁件的冒口设计。球墨铸铁件模数法独立冒口设计参数表见表5-67。

表5-67　球墨铸铁件模数法独立冒口设计参数表

M_C/cm	Q_m/(kg/cm³)	f_1	f_2	f_3	M_S/cm	$M_{颈}$/cm	M_R/cm
	2	1.11	0.84	1.1	0.42	0.15~0.21	0.51
	5	1.18	0.83	1.2	0.41	0.15~0.21	0.59
	10	1.26	0.81	1.3	0.40	0.14~0.20	0.66
0.5	20	1.42	0.77	1.3	0.38	0.13~0.19	0.71
	40	1.59	0.70	1.4	0.35	0.12~0.17	0.78
	60	1.70	0.63	1.5	0.31	0.11~0.16	0.80
	80	1.86	0.57	1.5	0.28	0.10~0.14	0.80
	2	1.13	0.72	1.1	0.72	0.25~0.36	0.89
	5	1.22	0.70	1.2	0.70	0.25~0.35	1.03
	10	1.30	0.69	1.3	0.69	0.24~0.34	1.16
1.0	20	1.49	0.65	1.3	0.65	0.23~0.33	1.26
	40	1.68	0.59	1.4	0.59	0.21~0.30	1.44
	60	1.80	0.54	1.5	0.54	0.19~0.27	1.44
	80	1.97	0.48	1.5	0.48	0.17~0.24	1.43
	2	1.15	0.61	1.1	0.91	0.32~0.46	1.16
	5	1.26	0.60	1.2	0.90	0.31~0.45	1.35
	10	1.35	0.58	1.3	0.88	0.31~0.44	1.54
1.5	20	1.56	0.56	1.3	0.83	0.29~0.42	1.69
	40	1.77	0.50	1.4	0.75	0.26~0.38	1.87
	60	1.90	0.45	1.5	0.68	0.24~0.34	1.95
	80	2.10	0.41	1.5	0.62	0.22~0.31	1.94
	2	1.19	0.52	1.1	1.03	0.36~0.52	1.35
	5	1.30	0.51	1.2	1.02	0.36~0.51	1.59
	10	1.41	0.50	1.3	0.99	0.35~0.50	1.83
2.0	20	1.64	0.47	1.3	0.94	0.33~0.47	2.02
	40	1.87	0.43	1.4	0.85	0.30~0.43	2.24
	60	2.02	0.39	1.5	0.77	0.27~0.39	2.34
	80	2.23	0.35	1.5	0.70	0.24~0.35	2.34
	2	1.22	0.44	1.1	1.10	0.38~0.55	1.48
	5	1.35	0.43	1.2	1.08	0.38~0.54	1.76
	10	1.48	0.42	1.3	1.06	0.37~0.53	2.03
2.5	20	1.73	0.40	1.3	1.00	0.35~0.50	2.26
	40	1.99	0.36	1.4	0.91	0.32~0.45	2.53
	60	2.14	0.33	1.5	0.82	0.29~0.41	2.64
	80	2.37	0.30	1.5	0.74	0.26~0.37	2.65

（续）

M_C/cm	Q_m/(kg/cm³)	f_1	f_2	f_3	M_S/cm	$M_颈$/cm	M_R/cm
3.0	2	1.26	0.37	1.1	1.12	0.39~0.56	1.56
	5	1.41	0.37	1.2	1.10	0.39~0.55	1.87
	10	1.55	0.36	1.3	1.08	0.38~0.54	2.17
	20	1.83	0.34	1.3	1.02	0.36~0.51	2.44
	40	2.11	0.31	1.4	0.93	0.32~0.46	2.74
	60	2.28	0.28	1.5	0.84	0.29~0.42	2.87
	80	2.53	0.25	1.5	0.76	0.27~0.38	2.83

4. 内压控制法

内压控制冒口的种类和应用范围如图 5-55 所示。冒口的标准形状与尺寸如图 5-41 所示。与灰铸铁件相同，球墨铸铁件的内控压冒口设计方法同样分为加压冒口、减压冒口和无冒口三种设计方法。由于与灰铸铁件的设计方法及参数均相同，可参照，故在此不再赘述。

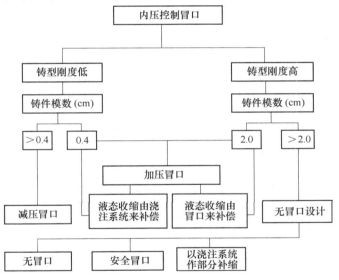

图 5-55　内压控制冒口的种类和应用范围

5.2.3　可锻铸铁件的冒口设计

可锻铸铁铁液的化学成分处于亚共晶范围，其凝固过程中体收缩率较大，并且不发生石墨膨胀，因而无自补缩能力，凝固时的体收缩主要依靠冒口来补缩。可锻铸铁件冒口及其补缩更接近于铸钢件冒口。

可锻铸铁件多为中小件，一般以机器造型情况居多，因而为了便于造型，多采用暗侧冒口，而且广泛采用内浇道通过侧冒口的浇冒口结构来加强冒口的补缩作用。冒口的结构多为顶面呈下凹球面，或为120°的倒锥形，以形成大气压力，进一步提高补缩效率。有时冒口底部也凹进形成球面，具体结构见表 5-68。其他形状的暗侧冒口尺寸见表 5-69。

冒口颈截面形状应根据铸件与冒口颈连接处的形状来确定，一般采用圆形或腰圆形，冒口颈长度一般为 5 ~ 10mm。

可锻铸铁冒口的有效补缩距离一般为铸件壁厚的 4 ~ 5 倍。管接头类铸件的暗侧冒口尺寸可由表5-70查得。

表 5-68　可锻铸铁件的暗侧冒口尺寸　　　　　　　　（单位：mm）

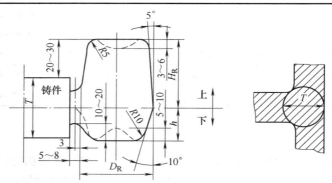

冒口直径 D_R	冒口高度			冒口颈截面面积与被补缩热节圆面积之比
$D_R = (2.2 ~ 2.8) T$	上	$H_R = 1.5 D_R$	$H_R = D_R$	$(1 ~ 1.5):1$
	下	$h = 0.25 D_R$	$h = 0.5 D_R$	

注：1. 表中 T 为壁厚或热节圆直径。
    2. 当冒口与热节距离很近或被补缩部分较集中时，D_R/T 的比值取偏低的倍数；反之，则取偏高的倍数。若热节与冒口之间相隔一块壁厚均匀的铸件局部结构，则应将这个局部的壁厚加大（相当于补贴），使其厚度略大于冒口颈，此时冒口直径应取偏高的倍数。
    3. 暗冒口下部高度也可以按冒口颈底面再往下伸出 10 ~ 20mm。
    4. 当一个暗冒口补缩两个热节时，该暗冒口的直径应比表中数据增大 1.1 ~ 1.2 倍；当一个暗冒口补缩两个以上热节时，暗冒口的直径应比表中数据增大 1.1 ~ 1.3 倍。
    5. 当确定的暗冒口高度低于铸件最高处时，应将暗冒口高度适当提高，一般应高出铸件 20 ~ 30mm，以免铸件顶部产生缩松。

表 5-69　可锻铸铁件其他形状的暗侧冒口尺寸　　　　　　（单位：mm）

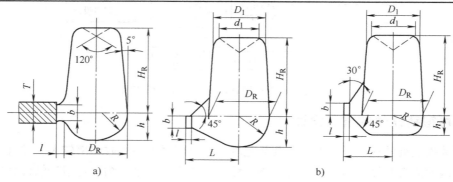

a) 中小件冒口　　b) 大件冒口

D_R	D_1	d_1	H_R	h	h_1	l	L	R
60	50	40	75	30	18	4	50	30
75	65	40	100	37.5	20	4	60	37.5
90	75	50	120	45	28	5	80	45

注：图a中冒口的尺寸关系：$D_R = (3 ~ 5) T$，$H_R = (1.25 ~ 1.5) D_R$，$h = (0.25 ~ 0.3) H_R$，$b = (0.7 ~ 0.8) T$，$l = 3 ~ 6mm$。

表 5-70　管接头类可锻铸铁件的暗侧冒口尺寸　　　　　　（单位：mm）

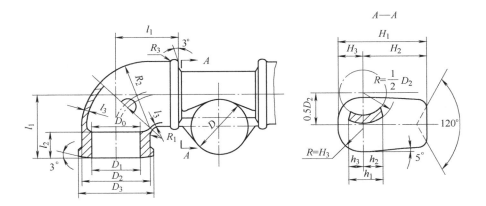

铸件										冒口						
D_0	D_1	D_2	D_3	R_1	R_2	R_3	l_1	l_2	l_3	D	H_1	H_2	H_3	h_1	h_2	h_3
	10	17.1	20.1	4	17.1	1.5	20.1	8.5	2.2	12 ~ 16	19	15	4	8	4	4
	13.5	20.6	23.6	4	20.6	1.5	23.1	9.5	2.2	12 ~ 16	24	19	5	10	5	5
	16.3	25.7	28.7	5	25.7	1.5	26.2	11	2.5	12 ~ 16	26	20	6	12	6	6
21.6	22.4	31.2	34.7	5	31.2	1.7	31.2	12.5	2.5	30	46	34	12	16	9	7
27.2	28	38.3	41.8	6	38.3	1.7	35.2	14	2.7	32	50	36	14	20	12	8
35.7	36.7	47.3	51.3	6	41.3	2	42.3	16	3	34	56	40	16	25	15	10
41.5	42.6	54.3	58.4	7	54.3	2	48.5	18	3.5	36	63	45	18	28	16	12
52.8	54	66.4	71.4	7	66.4	2.5	55.3	19	3.8	40	70	50	20	34	20	14
68.3	69.7	82.5	81.5	8	82.5	2.5	65.4	22	4	44	85	60	25	38	22	16
81	82.5	96.1	101.6	8	96.1	2.7	74.4	24	4.5	48	93	65	28	42	24	18
101.2	105.4	120.1	127.3	9	120.7	3.2	90.5	28	4.5	54	110	80	30	50	28	22
130.4	132.3	141.4	154.4	10	147.4	3.5	110.7	30	5	62	130	95	35	58	34	24
155.3	157.3	174.2	181.8	10	174.2	3.7	125.8	32	5.5	70	150	110	40	68	40	28

　　可锻铸铁件的冒口设计也可以通过模数法来进行，Heine H. J. 和 Peacock R. A. 等通过实验研究，应用冒口与铸件的体积比（即 V_R/V_C）、模数比（即 M_R/M_C）、铸件体积的平方与铸件表面积比（即 V_C^2/A_C），建立了可锻铸铁件冒口和冒口颈的设计曲线，如图 5-56 和图 5-57 所示。

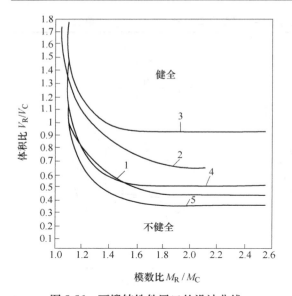

图 5-56　可锻铸铁件冒口的设计曲线
1—适用于带有 1 个顶冒口的无芯可锻铸铁件
2—适用于带有 1 个侧冒口的有芯可锻铸铁件
3—适用于带有 1 个侧冒口的无芯可锻铸铁件
4—适用于带有 1 个侧冒口的 2 个无芯可锻铸铁件
5—适用于带有 1 个侧冒口的 2 个有芯可锻铸铁件

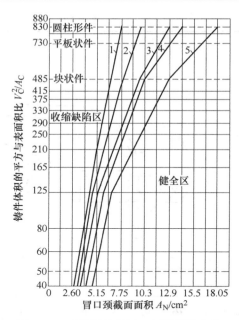

图 5-57　可锻铸铁件冒口颈的设计曲线
1—圆形和正方形　2—矩形（宽：厚 = 1.5:1）
3—矩形（宽：厚 = 2:1）　4—矩形（3:1）
5—矩形（4:1）

5.3　有色合金铸件的补缩系统设计

有色合金主要是铝合金、铜合金、镁合金、钛合金和锌合金等。按有色合金的使用重量来看，铝合金、铜合金、锌合金和镁合金居前四位，如果折算成体积，镁合金居第三位，并且在未来，镁合金的应用量将呈较大的增长趋势。

5.3.1　铝合金铸件的补缩系统设计

铝合金由于其密度小、塑性高，具有良好的导电性能，表面有致密的氧化膜，因而具有较强的抗弱介质腐蚀性能，进而得到广泛的应用。目前所应用的铝合金铸件中，大中型铸件主要是采用砂型铸造，小型铸件主要是采用压铸。

1. 铸造铝合金的铸造性能与物理性能

铝合金铸件在凝固收缩时无膨胀现象，更接近于铸钢件，因而其冒口设计方法接近铸钢件的冒口设计。铸造铝合金的铸造性能见表 5-71，物理性能见表 5-72。

表 5-71　铸造铝合金的铸造性能

合金种类	材料牌号	收缩率（%）		流动性/mm		抗热裂性		气密性	
		线收缩	体收缩	700	750	浇注温度/℃	裂环宽度/mm	试验压力/MPa	试验结果
Al-Si	ZL101	1.1 ~ 1.2	3.7 ~ 3.9	350	385	713	无裂纹	0.5	裂，不漏
	ZL101A	1.1 ~ 1.2	3.7 ~ 3.9	350	385	713	无裂纹	0.5	裂，不漏
	ZL102	0.9 ~ 1.0	3.0 ~ 3.5	420	460	677	无裂纹	1.68	裂，不漏

（续）

合金种类	材料牌号	收缩率（%）		流动性/mm		抗热裂性		气密性	
		线收缩	体收缩	700	750	浇注温度/℃	裂环宽度/mm	试验压力/MPa	试验结果
Al-Si	ZL104	1.0 ~ 1.1	3.2 ~ 3.4	360	395	698	无裂纹	1.03	裂，不漏
	ZL105	1.15 ~ 1.2	4.5 ~ 4.9	344	375	723	7.5	1.23	裂，不漏
	ZL105A	1.15 ~ 1.2	4.5 ~ 4.9	344	375	723	7.5	1.23	裂，不漏
	ZL106	1.2 ~ 1.3	6.2 ~ 6.5	360	400	730	12	0.6	漏水
	ZL114	1.1 ~ 1.2	4.0 ~ 4.5	345	380	715	无裂纹	1	裂，不漏
	ZL116	1.1 ~ 1.2	4.0 ~ 4.6	340	380	710	无裂纹	1	裂，不漏
Al-Cu	ZL201	1.3		165		710	37.5	0.6	漏水
	ZL201A	1.3		165		710	37.5		
	ZL202	1.25 ~ 1.35	6.3 ~ 6.9	240	260	720	14.5	0.85	裂，不漏
	ZL203	1.35 ~ 1.45	6.5 ~ 6.8	163	190	746	35	1.0	漏水
	ZL204A	1.3		155		710	37.5		
	ZL205A	1.3		245		710	25		
	ZL206	1.1 ~ 1.2		285		710	25 ~ 27.5		
	ZL207	1.2		360		700	不开裂		
Al-Mg	ZL301	1.30 ~ 1.35	4.8 ~ 5.0	325		755	22.5	0.7	漏水
	ZL302	1.0 ~ 1.3	6.7						
	ZL303	1.25 ~ 1.30		300		720	16	1	裂，不漏
Al-Zn	ZL401	1.2 ~ 1.4	4.0 ~ 4.5	良	良		良		较差
	ZL402						中		中

表 5-72 铸造铝合金的物理性能

合金种类	材料牌号	密度/(g/cm³)	固相线及液相线温度/℃	合金种类	材料牌号	密度/(g/cm³)	固相线及液相线温度/℃
Al-Si	ZL101	2.68	557 ~ 613		ZL201	2.78	548 ~ 650
	ZL101A	2.68	557 ~ 613		ZL201A	2.83	548 ~ 650
	ZL102	2.65	577 ~ 600		ZL202	2.80	
	ZL104	2.63	557 ~ 596		ZL203	2.80	548 ~ 650
	ZL105	2.71	546 ~ 621	Al-Cu	ZL204A	2.81	544 ~ 633
	ZL105A	2.71	546 ~ 621		ZL205A	2.82	544 ~ 633
	ZL106	2.73	552 ~ 596		ZL206	2.90	542 ~ 631
	ZL107	2.80	516 ~ 604		ZL207	2.80	
	ZL108	2.68			ZL209	2.82	544 ~ 633
	ZL109	2.71	538 ~ 566	Al-Mg	ZL301	2.55	452 ~ 604
	ZL110	2.89			ZL303	2.60	550 ~ 650
	ZL111	2.71	552 ~ 596	Al-Zn	ZL401	2.95	545 ~ 575
	ZL114A	2.68	557 ~ 613		ZL402	2.81	570 ~ 615
	ZL116	2.66	557 ~ 596				
	ZL117	2.65					

2. 冒口设计

砂型铸造时，铝合金铸件的冒口一般采用明顶冒口，特殊情况下也可采用暗冒口。各种铝合金铸件用冒口的尺寸见表 5-73～表 5-80，冒口的补缩距离见表 5-81，采用热节圆法计算冒口尺寸见表 5-82。

表 5-73　小型铝合金铸件用圆柱明形冒口的尺寸　　（单位：mm）

D_R	D_1	D_2	H_R	h
40	35	55	70	
50	45	60	80	
60	55	70	100	5
70	65	80	120	

表 5-74　小型铝合金铸件用缩颈圆柱明形冒口的尺寸　　（单位：mm）

D_R	D_1	D_2	H_R	R
26	35	55	70	5
40	45	60	80	6
40	55	70	100	7
50	65	80	120	8

表 5-75　小型铝合金铸件用缩颈腰形冒口的尺寸　　（单位：mm）

A	B	C	D_R	E	F	H_R	R
20	40	30	50	40	60	80	5
30	60	45	70	55	80	100	6
40	80	52	90	65	100	120	7
50	100	65	110	80	120	140	8

表 5-76　铝合金铸件用圆柱形扁颈明冒口的尺寸　　（单位：mm）

D_{R1}	D_{R2}	A	B	H_R	h	R
60	75	25	50	100	25	20
70	90	30	60	120	25	20
90	110	40	70	140	30	25
110	130	50	90	170	32	25
140	160	70	120	200	35	25

注：1. $A = 0.9 d_C$，d_C 是铸件与冒口连接处热节的内切圆直径。

　　2. 允许按 R 做出冒口根颈。

表 5-77　铝合金铸件用腰形明冒口的尺寸　　　　　　（单位：mm）

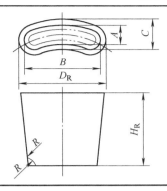

A	B	C	D_R	H_R	R
40	80	60	90	120	6
50	100	75	120	150	6
60	120	90	140	150	6
70	150	100	180	150	8
80	180	120	220	200	8
100	200	140	250	220	8

注：1. $A = 0.9d_C$，d_C 是铸件与冒口连接处热节的内切圆直径。

　　2. 允许按 R 做出冒口根颈。

表 5-78　铝合金铸件用长方形明冒口的尺寸　　　　　　（单位：mm）

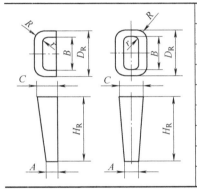

A	B	C	D_R	H_R	r	R
15	80	40	100	120	3	8
18	90	40	110	120	3	10
20	100	50	120	150	5	10
22	120	50	140	150	5	15
25	140	55	160	150	5	15
30	160	60	180	150	8	15
35	180	70	200	200	8	20
40	200	80	200	220	10	20

注：$A = d_C$，d_C 是铸件与冒口连接处热节的内切圆直径。

表 5-79　铝合金铸件用圆柱形扁颈明冒口的尺寸　　　　　　（单位：mm）

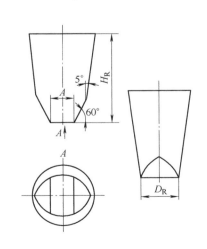

D_R	A	H_R
45	20	150 ~ 200
50	25	150 ~ 200
55	25	150 ~ 200
60	30	200
65	35	200
70	35	200 ~ 250
75	40	200 ~ 250
80	40	250
85	45	250
90	45	250
95	50	250 ~ 300
100	55	300
105	55	300
110	60	300
115	60	300
120	65	300

注：1. 此冒口主要适用于长法兰部位。

　　2. H_R 不是冒口的浇注高度，而是为拔出冒口方便而设计的工艺高度，浇注高度应小于 H_R。

表 5-80　铝合金铸件用暗侧冒口的尺寸　　　　　　　　　　（单位：mm）

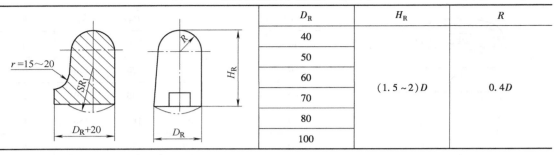

D_R	H_R	R
40		
50		
60	$(1.5 \sim 2)D$	$0.4D$
70		
80		
100		

注：当冒口底面采用 SR_1 球面时，可取 $SR_1 = D_R$。

表 5-81　铝合金铸件用冒口的补缩距离

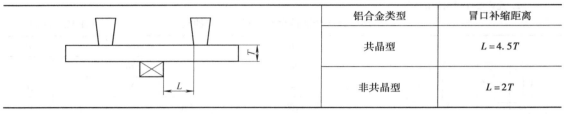

铝合金类型	冒口补缩距离
共晶型	$L = 4.5T$
非共晶型	$L = 2T$

表 5-82　采用热节圆法计算冒口尺寸

冒口名称	示　图	冒口尺寸
圆柱形铸件的顶冒口	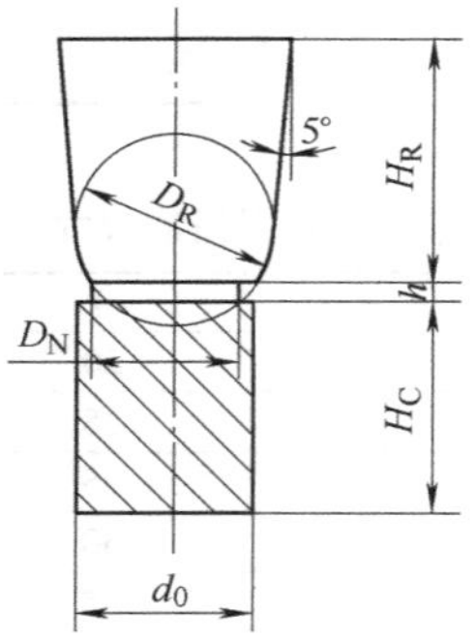	1）$D_R = 1.2d_0$ 2）$H_R = (1.2 \sim 1.5)D_R$ 或 $H_R = (1.4 \sim 1.8)d_0$ 3）冒口侧面斜度为 1:10，或单侧 5° 4）h 为冒口根部的切割余量，一般取 $h = 5 \sim 8mm$ 5）为了便于切割冒口，可将冒口根部的切割余量处做成缩颈，并取 $D_N = 0.9d_0$
	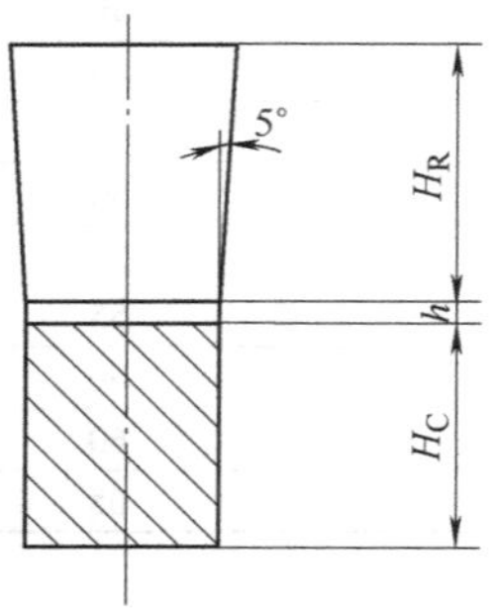	1）冒口侧面斜度为 5° 2）冒口其他尺寸的设计原则同第一种冒口

（续）

冒口名称	示　图	冒口尺寸
矩形截面铸件的顶冒口	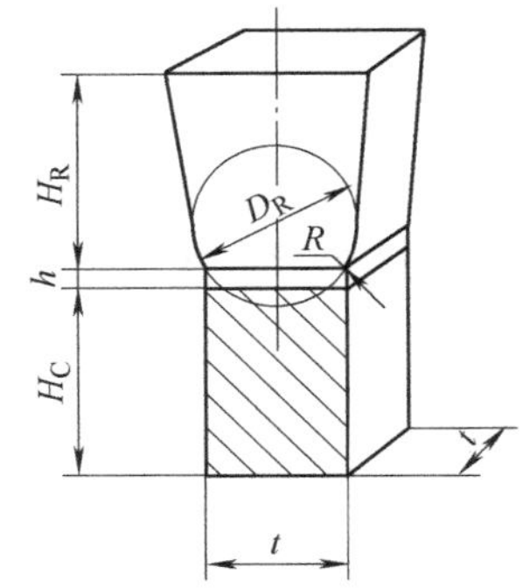	1）设计冒口的原则同第一种冒口，其中以 t 代替 d_0 2）如果冒口的水平截面为细长形时，可参照第二种冒口的设计原则 3）冒口的棱角处应倒角
T 形热节处的明冒口	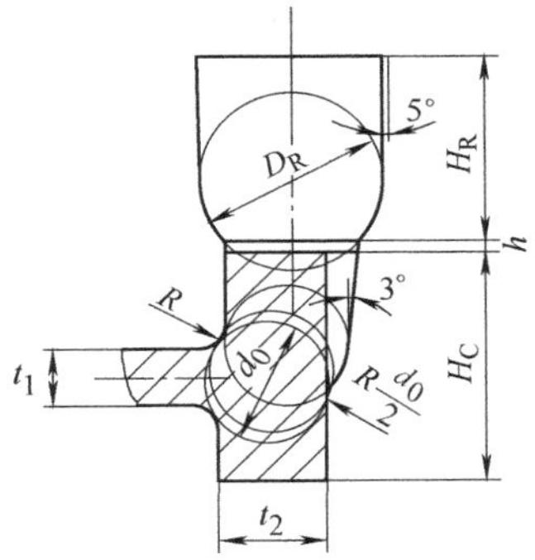	1）用绘图法绘制出热节以上铸壁的补贴，图中 t_1、t_2 分别为铸件壁厚和幅板厚 2）冒口设计方法同第一种冒口 3）如果冒口的水平截面为细长形时，可参照第二种冒口的设计原则
十形热节处的明冒口	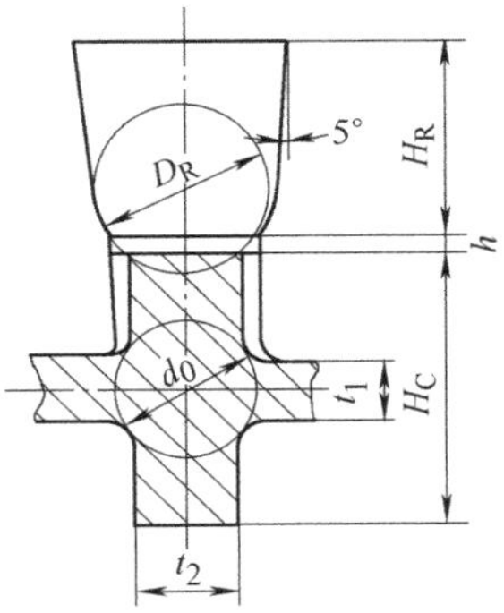	1）用绘图法绘制出热节以上铸壁的补贴，图中 t_1、t_2 分别为铸件十形热节处壁厚 2）冒口设计方法同第一种冒口 3）如果冒口的水平截面为细长形时，可参照第二种冒口的设计原则

（续）

冒口名称	示　图	冒口尺寸
L 形热节处的明冒口	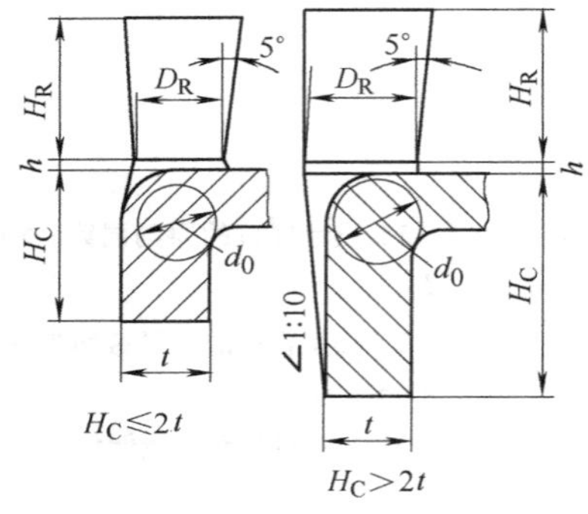 　$H_C \leqslant 2t$　　　$H_C > 2t$	1）冒口设计方法同第二种冒口 2）当铸件上有补贴时，应以去除补贴的热节内切圆为计算依据设计冒口
套缘处的明冒口	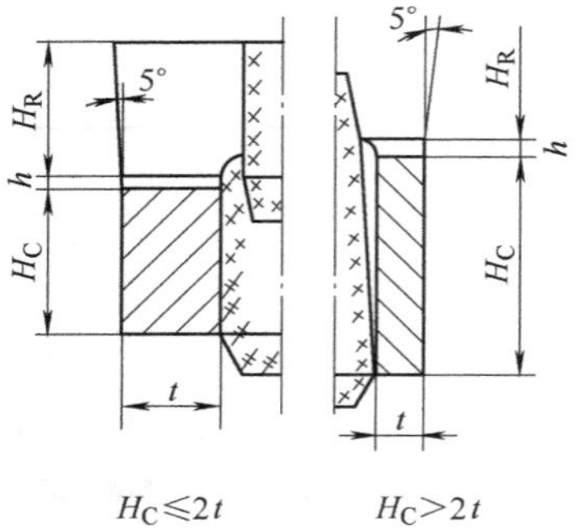 　$H_C \leqslant 2t$　　　$H_C > 2t$	1）冒口设计方法同第二种冒口 2）图示冒口为环形件的顶冒口，对于直径较大的套缘，冒口应根据其补缩距离采用两个及以上的明冒口，以节约铝液，提高铸件成品率
法兰处的明冒口	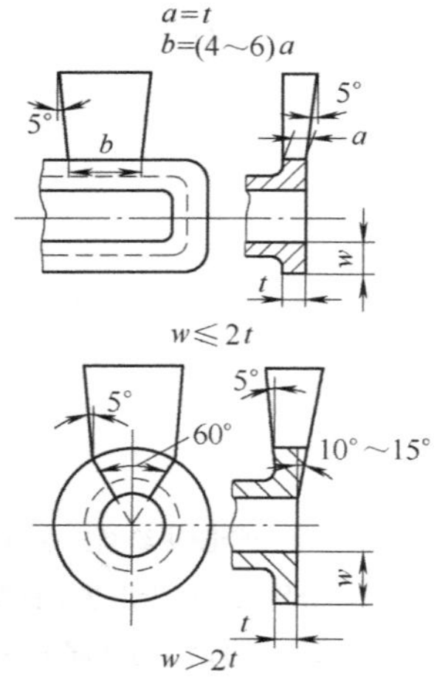	1）冒口设计方法同第二种冒口 2）铸件厚度 t 等于该处热节圆直径 3）w 为铸件法兰的径向宽度

注：H_C 为铸件高度；H_R 为冒口高度；D_R 为冒口根部直径；a 为冒口宽度；b 为冒口长度；t 为铸件厚度；d_0 为热节圆直径；h 为切割余量；D_N 为冒口颈直径。

5.3.2　铜合金铸件的补缩系统设计

铜合金可分为锡青铜、铝青铜、铅青铜、磷青铜、黄铜、铅黄铜、硅黄铜等。不同种类的铜合金其凝固特征不同，如锡青铜的结晶范围宽，呈粥状凝固；铝青铜和黄铜的结晶范围较窄，呈层状凝固。合金的凝固方式将直接影响其铸件冒口的设计。

1. 铸造铜合金的铸造性能和物理性能

铸造铜合金的铸造性能见表 5-83，物理性能见表 5-84。

表 5-83　铸造铜合金的铸造性能

合金种类	材料牌号	收缩率（%）		流动性/mm	熔炼温度/℃	浇注温度/℃	
		线收缩	体收缩			壁厚＜30	壁厚≥30
纯铜		2.32	6.9				
锡青铜	ZCuSn3Zn8Pb6Ni1	1.45		40～55	1200～1250	1130～1180	1100～1130
	ZCuSn3Zn11Pb4	1.60		50～65	1200～1250	1130～1180	1100～1130
	ZCuSn5Pb5Zn5	1.60		40	1200～1250	1130～1180	1100～1140
	ZCuSn6Pb6Zn3	1.46～1.59		40	1200～1250	1130～1180	1100～1140
	ZCuSn8Zn4	1.54		54	1200～1250	1130～1180	1100～1140
	ZCuSn10Pb1	1.44		50	1150～1200	1060～1100	1020～1150
	ZCuSn10Zn2	1.4～1.5		21	1200～1250	1150～1200	1120～1150
	ZCuSn10Pb5				1150～1200	1140～1200	1120～1150
铝青铜	ZCuAl7Mn13Zn4Fe3Sn1	2.2		125		1060～1080	1040～1060
	ZCuAl8Mn13Fe3	1.9		80		1060～1080	1050～1070
	ZCuAl8Mn13Fe3Ni2	2.0		85		1060～1080	1040～1060
	ZCuAl9Mn2	1.7		48		1160～1200	1100～1140
	ZCuAl9Fe4Ni4Mn2	1.8		70		1150～1180	1140～1150
	ZCuAl10Fe3	2.5		80		1120～1160	1090～1120
	ZCuAl10Fe3Mn2	2.4		70		1160～1200	1120～1160
	ZCuAl10Fe4Ni4	1.8		75		1150～1180	1130～1160
	ZCuAl10Fe4Mn3Pb2	1.7				1100～1180	
	ZCuAl11Fe7Ni6Cr1					1150～1250	
黄铜	ZCuZn16Si4	1.65		60	1100～1150	1040～1080	980～1040
	ZCuZn24Al5Fe2Mn2	2.0			1100～1160	1050～1080	1020～1050
	ZCuZn25Al6Fe3Mn2	1.8		47	1100～1160	1030～1050	980～1020
	ZCuZn26Al4Fe3Mn3	2.0			1100～1160	1050～1080	1020～1050
	ZCuZn31Al2	1.25		57	1120～1180	1080～1120	1000～1080
	ZCuZn33Pb2	2.2			1120～1160	1040～1070	1000～1040
	ZCuZn35Al2Mn2Fe3	2.1		83	1100～1150	1030～1050	960～1020
	ZCuZn38	1.8		65	1120～1180	1060～1100	980～1020
	ZCuZn38Mn2Pb2	2.1		83	1100～1150	1020～1040	980～1020
	ZCuZn40Pb2	2.23		60	1100～1150	1030～1060	980～1020
	ZCuZn40PbMn2	1.7		83	1100～1150	1020～1040	980～1020
	ZCuZn40PbMn3Fe1	1.5		70	1100～1160	1020～1040	980～1020

（续）

合金种类	材料牌号	收缩率（%）		流动性/mm	熔炼温度/℃	浇注温度/℃	
		线收缩	体收缩			壁厚<30	壁厚≥30
白铜	ZCuNi10Fe1				1350~1400	1280~1320	1230~1280
	ZCuNi15Al11Fe1	1.56			1300~1350	1220~1280	1200~1250
	ZCuNi20Sn4Zn5Pb4	1.40			1350~1400	1260~1320	1220~1280
	ZCuNi25Sn5Zn2Pb2				1380~1430	1300~1360	1260~1320
	ZCuNi30Nb1Fe1	1.82			1420~1480	1350~1400	1290~1350
	ZCuNi30Be1.2	1.8			1320~1380	1220~1300	1200~1280
	ZCuNi30Cr2Fe1Mn1	1.8			1380~1430	1300~1350	1250~1300

注：黄铜中的熔炼温度应为精炼温度。

表5-84　铸造铜合金的物理性能

合金种类	材料牌号	密度/(g/cm³)	固相线及液相线温度/℃	合金种类	材料牌号	密度/(g/cm³)	固相线及液相线温度/℃
纯铜	ZCu99.7	8.94	1064.4~1082.7	黄铜	ZCuZn16Si4	8.32	821~917
	ZCu99.5	8.94	≈1082.7		ZCuZn24Al5Fe2Mn2	7.85	899~940
	ZCuFe0.1P0.01	8.94	≈1082		ZCuZn25Al6Fe3Mn3	7.70	885~922
	ZCuFe1P0.3Zn0.3	8.87	1078~1084		ZCuZn26Al4Fe3Mn3	7.85	898~941
锡青铜	ZCuSn3Zn8Pb6Ni1	8.80	837~1004		ZCuZn31Al2	8.50	923~971
	ZCuSn3Zn11Pb4	8.64	837~976		ZCuZn33Pb2	8.55	888~915
	ZCuSn5Pb5Zn5	8.83	853~1009		ZCuZn35Al2Mn2Fe1	8.50	860~882
	ZCuSn6Zn6Pb3	8.82	≈976		ZCuZn38	8.43	899~906
	ZCuSn8Zn4	8.78	854~1000		ZCuZn38Mn2Pb2	8.50	885~900
	ZCuSn10P1	8.76	831~1000		ZCuZn40Pb2	8.50	888~900
	ZSn10Zn2	8.73	854~1000		ZCuZn40Mn2	8.50	866~881
	ZSn10Pb5	8.85	≈980		ZCuZn40Mn3Fe1	8.50	855~875
铝青铜	ZCuAl7Mn13Zn4Fe3Sn1	7.4	944~980	白铜	ZCuNi22Zn13Pb6Sn4Fe1	8.80	960~1100
	ZCuAl8Mn13Fe3	7.5	950~980		ZCuNi10	8.94	1099~1149
	ZCuAl8Mn13Fe3Ni2	7.50	949~987		ZCuNi5Al11Fe1	8.45	1068~1077
	ZCuAl9Mn2	7.60	1048~1061		ZCuNi20Sn4Zn5Pb4	8.85	1108~1142
	ZCuAl9Fe4Ni4Mn2	7.64	1040~1060		ZCuNi25Sn5Zn2Pb2	8.85	1140~1180
	ZCuAl10Fe3	7.45	1039~1047		ZCuNi30Nb1Fe1	8.94	1171~1237
	ZCuAl10Fe3Mn2	7.50	1040~1045		ZCuNi30Be1.2	8.60	1065~1155
	ZCuAl10Fe4Ni4	7.52	1037~1054		ZCuNi30Cr2Fe1Mn1	8.80	1170~1200
	ZCuAl10Fe4Mn3Pb2	7.7	1040~1045				
	ZCuAl11Fe7Ni6Cr1	7.6	1050~1070				

2. 冒口设计

（1）冒口的补缩距离　各种铜合金铸件用冒口的补缩距离见表 5-85，铜合金铸件用各种形状冒口的补缩距离见表 5-86。

表 5-85　各种铜合金铸件用冒口的补缩距离

合金类型（质量分数）	铸件形状	末端区长	冒口区长	补缩距离
锡锌青铜（Sn8%,Zn4%）	板状件	$4T$	0	$4T$
	杆状件	$10\sqrt{T}$		$10\sqrt{T}$
铝铁青铜（Al9%,Fe4%）	杆状件	$5.5T$	$3T$	$8.5T$
锰铁黄铜（Cu55%,Mn3%,Fe1%）	杆状件	$5T$	$2.5T$	$7.5T$

注：1. 表中数据是在干型、水平浇注条件下测出的。

2. T 为板或杆的厚度。

表 5-86　铜合金铸件用各种形状冒口的补缩距离

示　图	铝青铜、黄铜冒口		锡青铜冒口	
	普通冒口	发热冒口	普通冒口	发热冒口
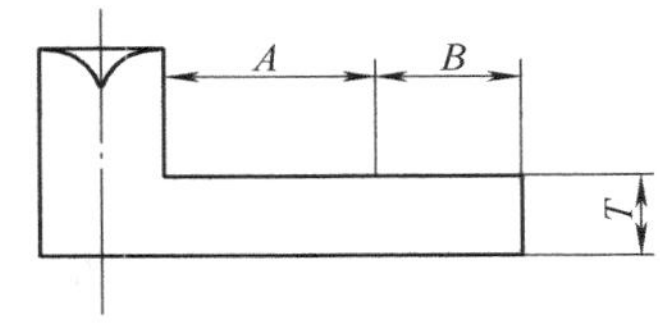	$A+B=4.5T$	$A+B=5T$	$A+B=3.5T$	$A+B=4.5T$
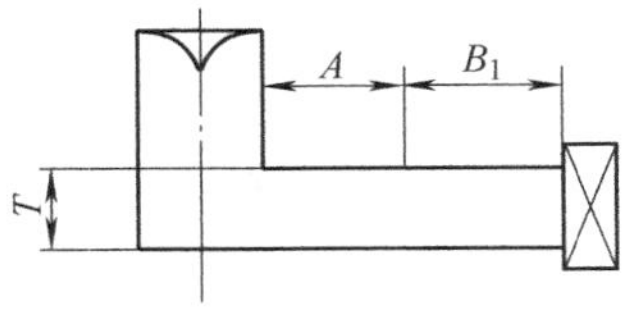	$A+B_1=4.5T+0.5T$	$A+B_1=0.5T+0.5T$	$A+B_1=3.5T+50\text{mm}$	$A+B_1=4.5T+50\text{mm}$
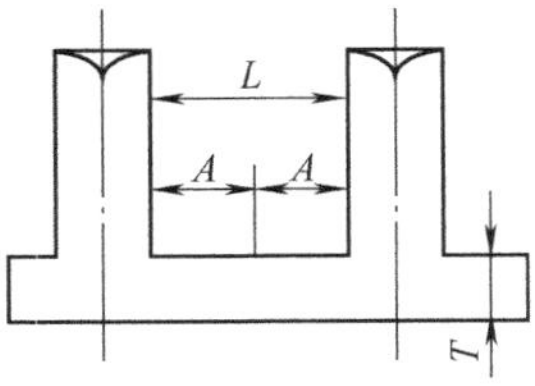	$2A=4T$	$2A=5T$	$2A=3T$	$2A=4T$
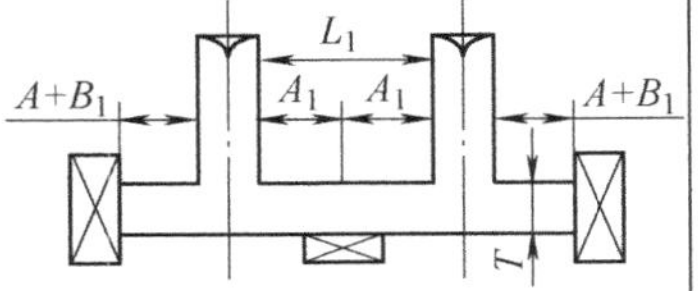	$2A_1=10T$ $A+B_1=5T$	$2A_1=11T$ $A+B_1=5.5T$	$2A_1=4T$ $A+B_1=3.5T+50\text{mm}$	$2A_1=5T$ $A+B_1=4.5T+50\text{mm}$
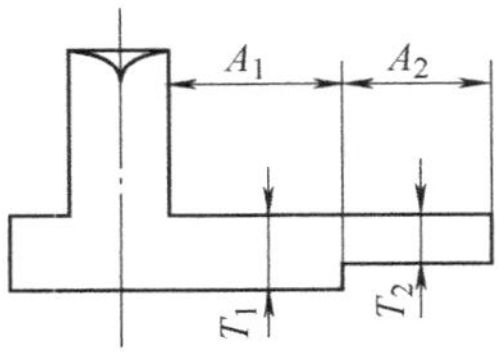	$A_1=3.5(T_1-T_2)$ $A_2=3.5T_2$	$A_1=3(T_1-T_2)+T_2$ $A_2=3.5T_2$	$A_1=3.5(T_1-T_2)$ $A_2=3T_2$	$A_1=3(T_1-T_2)+T_1$ $A_2=3.5T_2$

（续）

示 图	铝青铜、黄铜冒口		锡青铜冒口	
	普通冒口	发热冒口	普通冒口	发热冒口
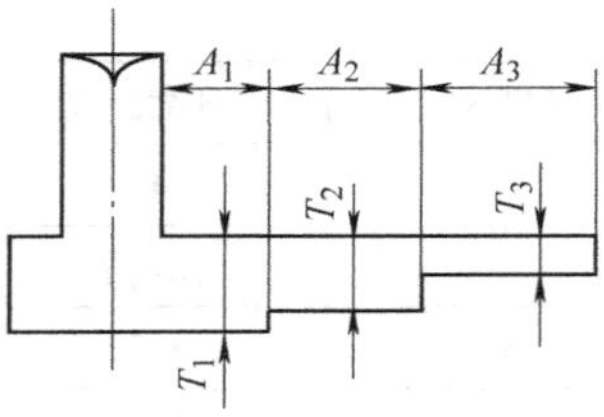	$A_1 = 3.5(T_1 - T_2)$ $A_2 = 3.5(T_2 - T_3)$ $A_3 = 3.5T_2$	$A_1 = 3(T_1 - T_2) + T_1$ $A_2 = 3.5(T_1 - T_3)$ $A_3 = 3.5T_2$	$A_1 = 3.5(T_1 - T_2)$ $A_2 = 3.5(T_2 - T_3)$ $A_3 = 3T_2$	$A_1 = 3.5(T_1 - T_2) + T_1$ $A_2 = 3.5(T_1 - T_3)$ $A_3 = 3T_2$

3. 冒口尺寸计算

采用热节圆法计算冒口尺寸见表5-87，各种铜合金铸件的冒口尺寸见表5-88~表5-90。

表5-87 采用热节圆法计算冒口尺寸

冒口名称	示 图	冒口尺寸	
		锡青铜和磷青铜	铝青铜和黄铜
圆柱形铸件的顶冒口	见表5-82	$D_R = 1.2d_C$ $H_R = (1.5 \sim 2.0)d_C$ $h = 5 \sim 8mm$	$D_R = (1.3 \sim 1.5)d_C$ $H_R \geqslant 2d_C$ 当 $D_R < 100mm$ 时，$H_R = 1.5D_R$ 当 $D_R = 100 \sim 200mm$ 时，$H_R = 1.3D_R$ 当 $D_R > 200mm$ 时，$H_R = D_R$
矩形截面铸件的顶冒口	见表5-82	$D_R = 1.2b$ $H_R = (1.5 \sim 2.0)b$ $h = 5 \sim 8mm$ 冒口长度为 l	计算方法圆柱形铸件的顶冒口，以 b 取代 d_C
T形热节处的明冒口	见表5-82	$D_R = 1.2d_C$ $H_R = (1.5 \sim 2.0)d_C$ $h = 5 \sim 8mm$ 补贴设计方法：上滚热节圆，至垂直壁，上引切线，外斜3°至铸件顶部。计算冒口时，d_C 可取加补贴后的热节圆直径	$D_R = (1.3 \sim 1.5)d_C$ 当 $D_R < 100mm$ 时，$H_R = 1.5D_R$ 当 $D_R = 100 \sim 200mm$ 时，$H_R = 1.3D_R$ 当 $D_R > 200mm$ 时，$H_R = D_R$
易割冒口	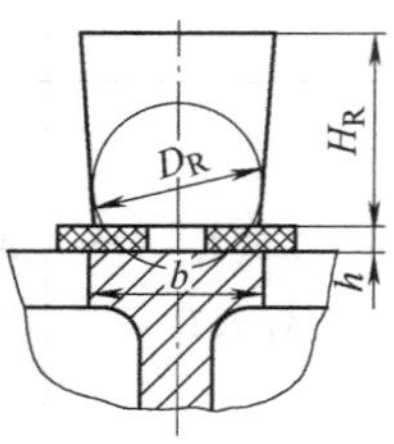	$D_R = 1.2b$ $H_R = (1.5 \sim 2.0)b$ $h = 5 \sim 8mm$ 缩颈面积为冒口根部截面面积的40%左右，h 为隔片厚度	$D_R = (1.3 \sim 1.5)b$ H_R 的计算同 T 形热节处的明冒口

（续）

冒口名称	示　图	冒口尺寸	
		锡青铜和磷青铜	铝青铜和黄铜
轮和套类铸件的冒口		1）轮类铸件（$\phi > H_C$） 当 $\phi > 500$mm，$H_C > 150$mm 时 $T_R = 1.5 T_C$ $H_R = (1.5 \sim 2.0) T_R$ $H_R \leqslant 150$mm $h = 5 \sim 8$mm 2）套类铸件（$\phi < H_C$） $T_R = 1.5 T_C$ $H_R = (1.5 \sim 2.0) T_R$ $H_R = 70 \sim 150$mm $h = 5 \sim 8$mm	

注：h 为切割余量，D_N 为冒口颈直径，H_C 为铸件高度。

表 5-88　锡青铜套类铸件的冒口尺寸　　　　　　　（单位：mm）

铸件有效高度 H	冒口高度 h		浇道芯座宽度 e	示　图
	$\delta_C < 30$	$\delta_C > 30$		
150 ~ 250	60	80	30 ~ 35	
250 ~ 340	70	90	40 ~ 45	
340 ~ 500	80	100	45 ~ 50	
500 ~ 800	100	120	50 ~ 60	
800 ~ 1000		170	60 ~ 80	
1000 ~ 1500		250	80 ~ 100	
1500 ~ 2000		300	≈ 100	

注：δ_C 为铸件厚度。

表 5-89　黄铜和铝青铜阀门铸件的明冒口尺寸　　　　　（单位：mm）

示　图	铸件尺寸		冒口尺寸	
	ϕ	b	D_R	K
	105 ~ 125	13 ~ 14	40	35
	135 ~ 150	14 ~ 16	46	38
	175 ~ 190	27 ~ 30	54	42
	205 ~ 220	19 ~ 26	60	45
	225 ~ 246	22 ~ 36	66	50
	250 ~ 270	22 ~ 39	72	55
	295 ~ 305	25 ~ 45	78	60
	332 ~ 345	27 ~ 40	90	65
	355 ~ 375	32 ~ 55	100	70
	414 ~ 435	38 ~ 59	110	75
	480 ~ 515	45 ~ 63	140	80

注：$\phi \geqslant 480$mm 的数据也可用于锡青铜铸件。

表 5-90　锡青铜阀门铸件的暗冒口尺寸　　　　　　　　　（单位：mm）

示　图	铸件尺寸		冒口尺寸			
	ϕ	b	D_R	H_R	K	h
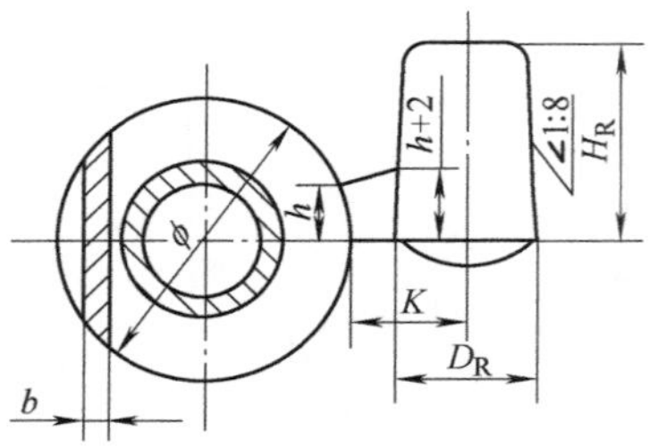	95 ~ 105	12 ~ 13	36	60	25	15
	115 ~ 135	13 ~ 14	42	80	30	20
	155 ~ 170	14	48	90	35	25
	170 ~ 190	14 ~ 19	54	100	40	30
	205 ~ 225	14 ~ 19	60	120	45	35
	240 ~ 255	14 ~ 21	66	140	50	40
	270 ~ 300	15 ~ 22	72	160	50	45
	300 ~ 310	17 ~ 25	78	180	55	45
	325 ~ 340	16 ~ 27	86	190	55	50
	350 ~ 365	16 ~ 28	92	200	60	55
	380	18 ~ 30	98	210	60	55
	430 ~ 450	19 ~ 32	104	230	65	60

4. 提高冒口补缩效率及补缩效果的工艺措施

提高冒口补缩效率及补缩效果的工艺措施见表 5-91。

表 5-91　提高冒口补缩效率及补缩效果的工艺措施

工艺措施	示　图
尽量使冒口与冷铁配合使用，以加大温度梯度，建立顺序凝固条件	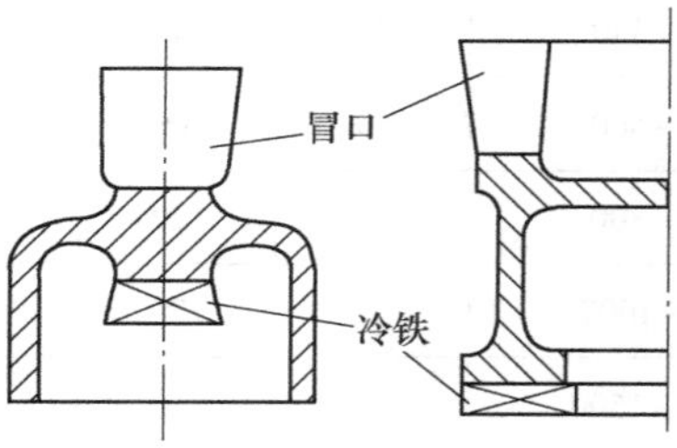 冒口　冷铁
选择有助于加强冒口作用的浇注系统，例如，内浇道从冒口底部引入，并设在铸件较厚部位，矮小实心铸件采取冒口顶注工艺方案	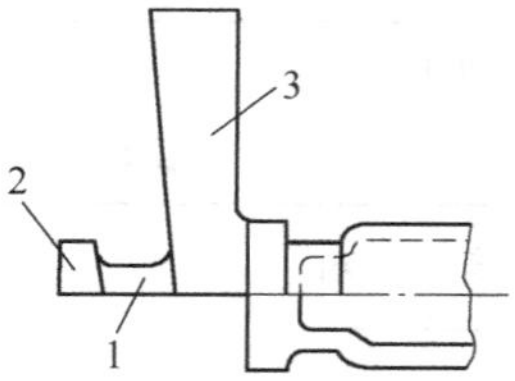 1—内浇道　2—横浇道　3—边冒口
采用底注浇注系统时，在顶冒口处设置补浇浇道，见图 a、b，或直接采用补浇冒口的工艺措施，见图 c，从而提高冒口内金属液温度。补浇开始时间应选在金属液上升至冒口高度的 1/3 时开始，并沿冒口壁面注入，以防止搅动金属液，使渣和氧化皮冲入铸件型腔	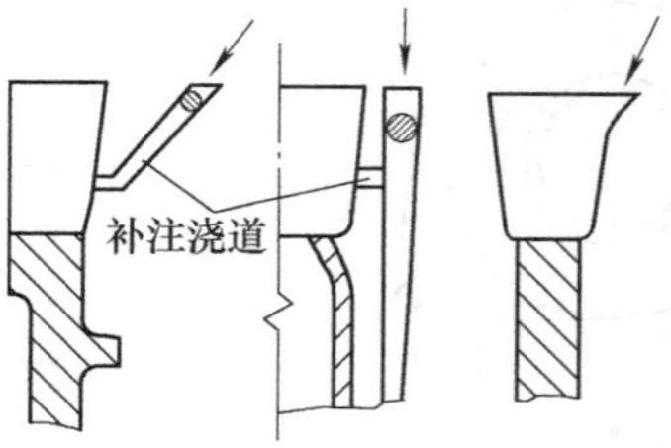 补注浇道　a)　b)　c)

（续）

工 艺 措 施	示　　图
采用缝隙式浇注系统时，尽量使冒口与缝隙相通，相通处的缝隙厚度应大于下部，甚至与冒口直径相同，必要时还可以在浇道对面型壁处放冷铁或冷却筋，使激冷和补缩作用更好	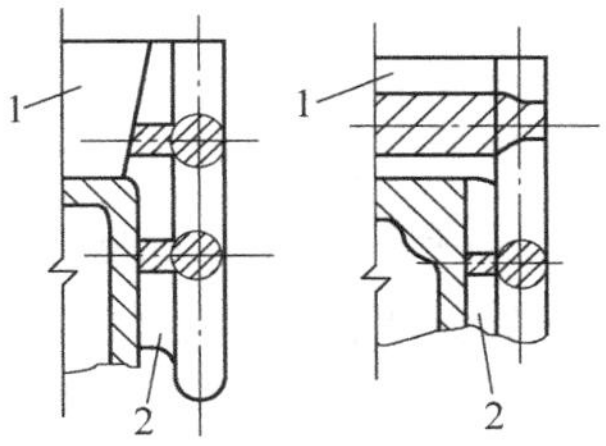 1—冒口　2—缝隙
同时应用几个冒口时，将暗冒口与明冒口相通，以利于保温和补缩	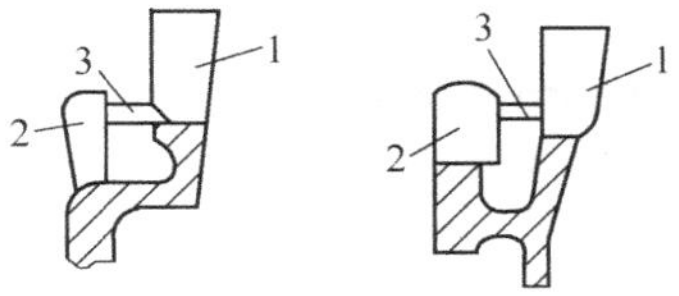 1—冒口　2—暗冒口　3—通道
必要时采用工艺补贴的方法，保证顺序凝固	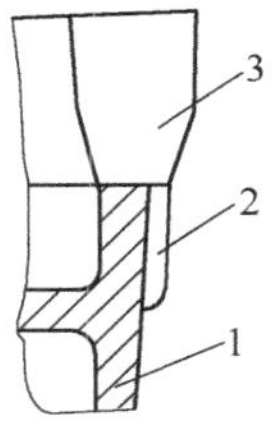 1—铸件　2—工艺补贴　3—冒口
采用保温冒口，提高冒口的模数，延长凝固时间，提高冒口效率	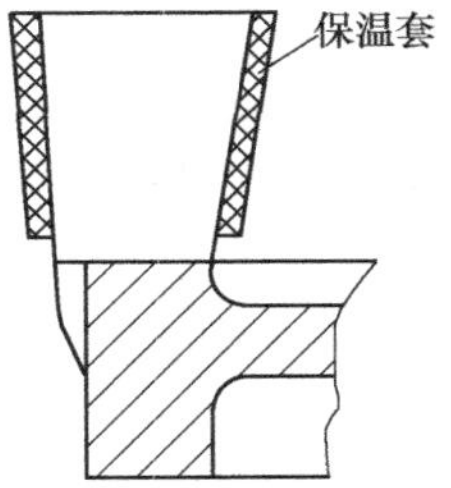 保温套

　　另外，应严防冒口中部出现飞翅以及冒口顶面金属液的溢出。飞翅会使金属液迅速凝固成薄片，像暖器片一样迅速散热，对冒口产生激冷作用，不利于冒口效率的提高。冒口顶部金属液的溢出会使冒口顶面随凝固的下降产生严重的阻碍作用，降低冒口效率。

第6章 冷铁设计

冷铁是控制铸件凝固,加速铸件局部冷却速度的激冷物。在铸造工艺设计及生产中,冷铁往往与浇注系统和冒口配合使用。各种铸造合金都或多或少地使用冷铁,甚至连熔模铸造也有使用冷铁的情况,其中以铸钢件使用居多,灰铸铁和球墨铸铁件使用较少。

6.1 冷铁的分类、作用及使用材料

1. 冷铁的分类方法

冷铁的分类方法见表6-1。

表6-1 冷铁的分类方法

分 类 方 法	冷 铁 名 称
按冷铁的放置位置	内冷铁、外冷铁
按冷铁的激冷方式	直接冷铁、间接冷铁
按冷铁的形状	普通冷铁、成形冷铁
按冷铁与铸件的结合方式	熔焊型、非熔焊型

2. 冷铁的作用

1)形成与冒口相配合的补缩区域,加强区域内的顺序凝固,扩大冒口的补缩范围,防止缩孔、缩松的产生。

2)控制或加速被激冷部位的冷却速度,有利于防止铸件变形、热裂和偏析,细化被激冷部位铸件的表面组织和基体组织,提高该部位的力学性能。

3)形成人工末端区,分割凝固区域。

4)从铸件内部或外部进行激冷,消除该区域局部热节,以防止该热节处产生缩孔、缩松等缺陷。

5)控制局部区域的冷却速度,进而控制该区域的凝固次序,实现顺序凝固。

3. 冷铁用材料

一般来说,具有一定的激冷能力,不与铸件发生反应的物质都可以用作冷铁材料,实际上主要是指导热能力或蓄热能力较强的物质。表6-2为几种材料的热物理数据,可供工艺设计时参考。

表6-2 几种材料的热物理性能

材料	温度/℃	密度/(kg/dm³)	比热容/[J/(kg·℃)]	热导率/[W/(m·℃)]	蓄热系数/[J/(m·℃)]	热扩散率/(m²/s)
铜	20	8.93	385.2	392	3.67	1.14×10^{-4}
铝	300	2.68	941.9	273.8	2.52	1.1×10^{-4}

（续）

材料	温度 /℃	密度 /(kg/dm³)	比热容 /[J/(kg·℃)]	热导率 /[W/(m·℃)]	蓄热系数 /[J/(m·℃)]	热扩散率 /(m²/s)
铸铁	20	7.2	669.9	37.2	1.34	7.78×10^{-6}
钢	20	7.85	460.5	46.5	1.3	1.28×10^{-5}
	1200	7.5	669.9	31.5	1.26	6.3×10^{-6}
石墨	20	1.56	1356.5	112.8	1.55	9.54×10^{-4}
镁砂	1000	3100	1088.6	3.5	0.344	1.03×10^{-6}

适宜作为冷铁的材料包括：型钢、铸钢、铸铁、铜、铝、石墨等。冷铁材料选用的原则是符合工艺参数的需要，如激冷速度、蓄热能力等；制作简单，成本低廉，制作周期短。

型钢冷铁适合于一些形状规则的冷铁，如矩形、圆饼形、圆柱形冷铁。常用型材直接加工而成。其优点是加工工作量少，复杂程度低，因而制作成本低，周期较短，可反复使用。

铸钢和铸铁冷铁适合于成形冷铁，其制成后的工作表面直接形成铸件的表面，同样可以反复使用。但是在造型过程中要注意冷铁与设置冷铁部位的位置对应，如果两者错位会造成铸件表面形状不符合设计要求。为防止上述情况发生，可以将模样或芯盒表面放置成形冷铁处涂上不同于模样或芯盒颜色的油漆，并且在涂漆处标注出冷铁的序号。

铜质冷铁导热快，蓄热能力强，常用于需要剧烈激冷或快速凝固的场合。用于铸钢件和铸铁件时，应注意防止冷铁与铸件熔焊。另外，铜的价格相对较高，会增加生产成本。

铝质冷铁的热导率比钢和铁大，激冷能力强，制造便利，成本低，周期短。缺点是铝的熔点较低，容易与铸件熔焊在一起，使用寿命较短，不利于反复使用。

石墨冷铁的激冷能力与石墨的晶体结构有很大的关系，有较强的激冷能力，与铝和铜铸件不发生反应，不生锈，重量轻。缺点是强度较低，容易破损，影响反复使用寿命。

金属质冷铁在使用之前应进行喷砂处理，有时在合型时，其表面还要涂刷醇基涂料。铸件落砂后应注意冷铁的分离与回收，以便于回用，降低生产成本，缩短生产周期。

（1）铸钢件用冷铁材料　一般可选用铸钢、型钢和铸铁冷铁，石墨冷铁有时也可以使用，但是应注意使用石墨冷铁容易引起局部铸件表面增碳。由于铸钢件的浇注温度较高，因此对于铸件壁厚较大的情况，应使用低碳钢铸钢冷铁或低碳型钢冷铁，也可以使用与铸件同质的铸钢冷铁。对于壁厚较薄的部位，可使用的冷铁材料较多，一般多采用铸铁冷铁，以便于准备制作。内冷铁一般使用型钢制作，如对于圆形内冷铁可以使用圆钢。

（2）铸铁件用冷铁材料　铸铁件使用冷铁应注意避免引起局部白口化。一般可选用铸钢、型钢和铸铁冷铁，个别情况下也可以使用石墨冷铁。一般多采用铸铁冷铁。

（3）有色合金铸件用冷铁材料　一般可选用铸钢、型钢和铸铁冷铁，石墨与铝和铜不发生反应，因而有时根据需要可选用石墨冷铁。

6.2　外冷铁

外冷铁是指设置在铸件表面以外并与铸件表面直接接触的冷铁，造型时冷铁放置在模样的外表面上，或放置在芯盒里，造型后，冷铁就固定在铸型或芯子内了。外冷铁可分为直接外冷铁和间接外冷铁。冷铁的背部一般都焊有钉子、钩子、吊攀或钢筋铁丝等，以加强冷铁在铸型或芯子中的固定，如图 6-1 所示。落砂后一般都要回收外冷铁，以便于反复使用。

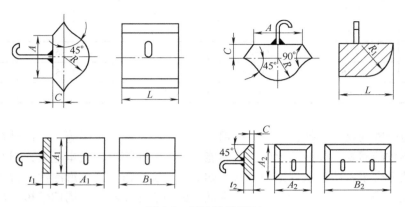

图 6-1　外冷铁的固定

6.2.1　直接外冷铁

直接外冷铁是指冷铁的工作面直接与铸件接触的冷铁。该类冷铁的特点是激冷作用强，形状多为六面体，圆柱体也常使用，根据工艺需要，经常制成成形冷铁使用。

1. 普通冷铁的设计

普通冷铁一般用作消除热节、形成末端，其厚度 $\delta(\text{mm})$ 按公式 $\delta = 34\lg T - 30$ 计算，可近似地简化为 $\delta = (0.6 \sim 0.7)T$ 来计算，其中 T 为被激冷处热节圆直径或铸件壁厚。冷铁厚度与浇注温度以及铸件壁厚之间的关系如图 6-2 所示。铸件合金种类与外冷铁的关系见表 6-3。金属液的过热度对冷铁的激冷能力产生影响，每过热 100℃，对应的外冷铁厚度应增加 30%。

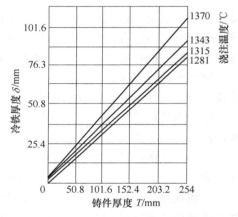

图 6-2　冷铁厚度与浇注温度
以及铸件壁厚之间的关系

表 6-3　铸件合金种类与外冷铁厚度的关系

适用合金	冷铁厚度 δ	适用合金	冷铁厚度 δ
一般灰铸铁件	$(0.25 \sim 0.35)T$	铸钢件	$(0.3 \sim 0.8)T$
质量要求较高灰铸铁件	$0.5T$	铜合金件	$(0.6 \sim 1.0)T$
球墨铸铁件	$(0.3 \sim 0.8)T$	轻合金件	$(0.8 \sim 1.0)T$
可锻铸铁件	$1.0T$		

注：T 为铸件热节圆直径。

工艺设计中常常使用查表法进行设计，见表 6-4 和表 6-5。外冷铁之间一般都需要一定的间隔或距离，见表 6-6。

表 6-4　板形外冷铁尺寸　　　　　　　　　　（单位：mm）

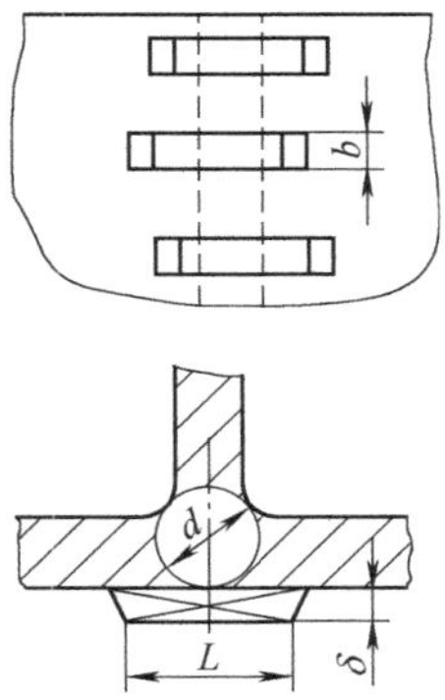 热节直径 d	15	20	25	30	40	50	60	80	100
冷铁厚度 δ	10	14	18	20	25	30	40	50	60
冷铁宽度 b	$(1.5 \sim 2.0)d$								
冷铁长度 L	$3d$				$2.5d$			$2d$	

注：热节圆直径 >80 时，应尽量放置内冷铁

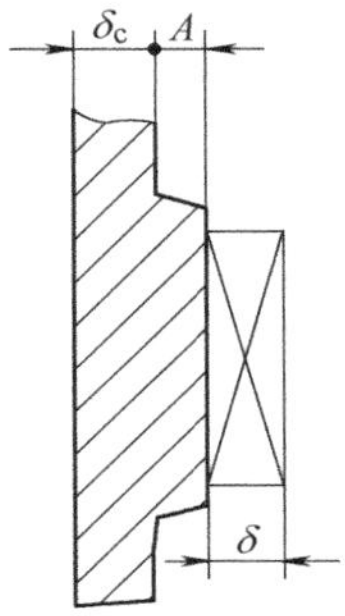 A	15	20	25	30	35	40	50	60	70
$A/\delta_C \leqslant$	1.25				1.1			0.75	
δ/A	$0.6 \sim 0.8$				$0.7 \sim 0.9$			$0.8 \sim 1.0$	
δ	10	14	18	20	25	30	40	50	60

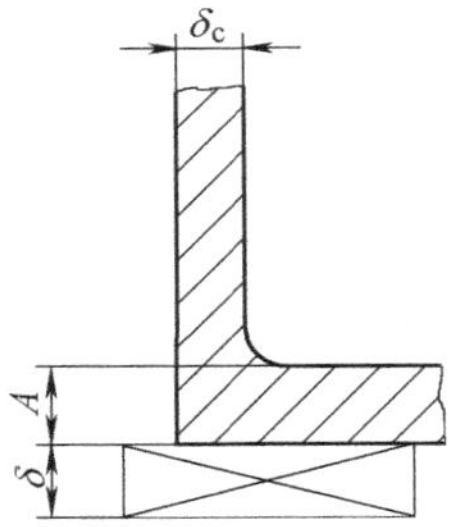 A	15	20	25	30	35	40	50	60	70
$A/\delta_C \leqslant$	2.3				2.0			1.7	
δ/A	$0.6 \sim 0.8$				$0.7 \sim 0.9$			$0.8 \sim 1.0$	
δ	10	14	18	20	25	30	40	50	60

表 6-5　常用外冷铁尺寸　　　　　　　　　　（单位：mm）

示　图	热节处尺寸			外冷铁尺寸		
	a	b	T	d	B	L
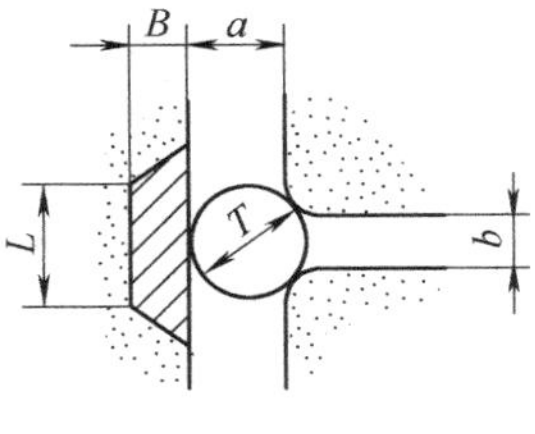	<20	>20			$(0.5 \sim 0.6)a$	$(2.5 \sim 3)b$
	<20	>20			$(0.5 \sim 0.6)a$	$(2 \sim 2.5)b$
	>20	>20			$(0.6 \sim 0.8)a$	$(2.5 \sim 3)b$
	>20	>20			$(0.6 \sim 0.8)a$	$(2 \sim 2.5)b$

（续）

示　图	热节处尺寸			外冷铁尺寸		
	a	b	T	d	B	L
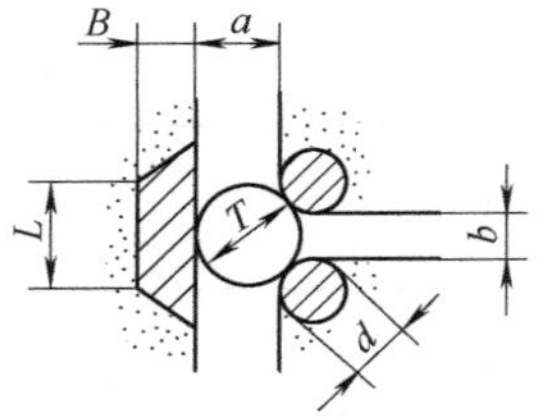	<20	>20		$(0.4\sim0.5)T$	$(0.4\sim0.5)a$	$(2.5\sim3)b$
	<20	<20		$(0.3\sim0.4)T$	$(0.4\sim0.5)a$	$(2\sim2.5)b$
	>20	>20		$(0.4\sim0.5)T$	$(0.5\sim0.6)a$	$(2.5\sim3)b$
	>20	<20		$(0.3\sim0.4)T$	$(0.5\sim0.6)a$	$(2\sim2.5)b$
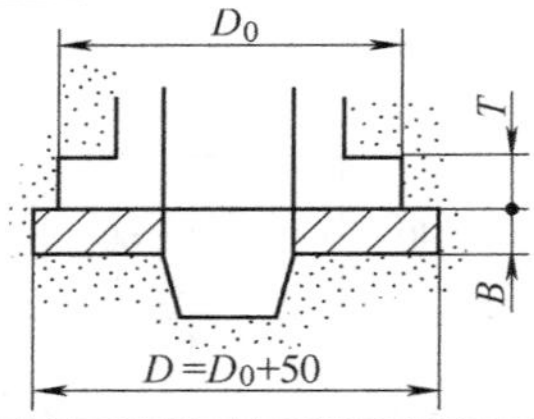			<20		$(0.4\sim0.5)T$	
			$20\sim40$		$(0.5\sim0.6)T$	
			>40		$(0.6\sim0.8)T$	
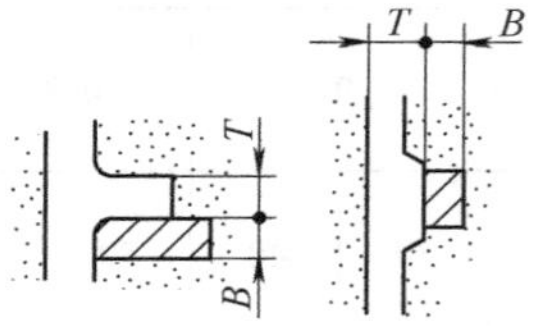			<20		$(0.5\sim0.6)T$	
			$20\sim40$		$(0.6\sim0.8)T$	
			>40		$(0.8\sim1.0)T$	
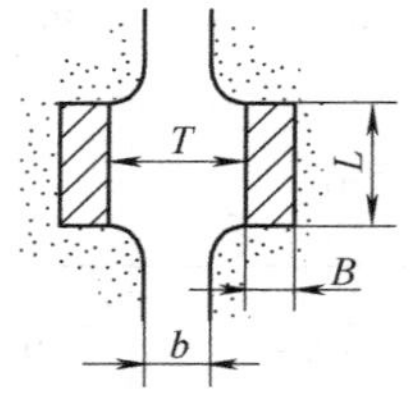			$40\sim70$		$(0.3\sim0.4)T$	$(2.5\sim3)T$
			$>70\sim90$		$(0.4\sim0.5)T$	$(2\sim2.5)T$
			>90		$(0.5\sim0.6)T$	$(1.0\sim2.0)T$
					$(0.6\sim0.7)T$	

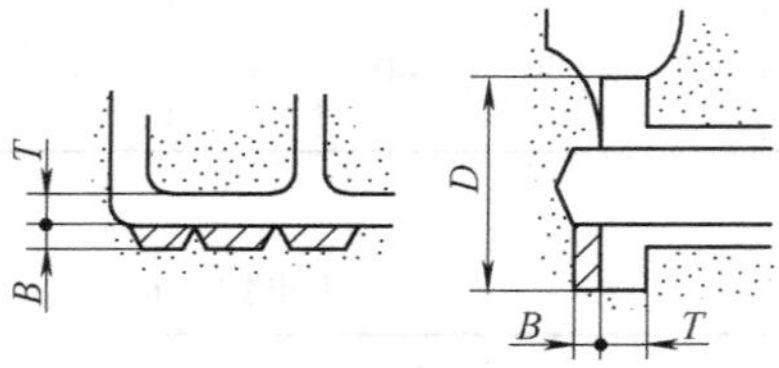

表 6-6　外冷铁长度和间距

冷铁形状	直径或厚度/mm	长度/mm	间距/mm
圆柱形	<25	$100\sim150$	$12\sim20$
	$25\sim45$	$100\sim200$	$20\sim30$
板形	<10	$100\sim150$	$6\sim10$
	$10\sim25$	$150\sim200$	$10\sim20$
	$>25\sim75$	$200\sim300$	$20\sim30$

2. 消除转角处缺陷用冷铁

铸件的转角或交汇处由于铸件的凝固收缩以及该处的凝固速度较慢，因而往往成为热裂纹的发生源，有时也容易引起铸件的变形以及缩孔和缩松等缺陷。采用冷铁来消除上述铸造缺陷是最为适宜的工艺方法。消除转角处缺陷用冷铁见表6-7，多采用圆钢外冷铁。

表 6-7　消除转角处缺陷用冷铁

示　　图	热节尺寸/mm		冷铁直径/mm
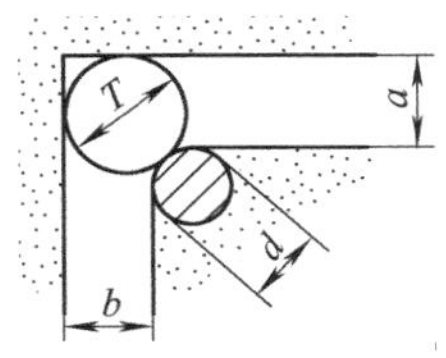	< 25	< 25	$(0.5 \sim 0.8)T$
	> 25	> 25	$(0.5 \sim 0.8)T$
	< 25	> 25	$(0.4 \sim 0.6)T$
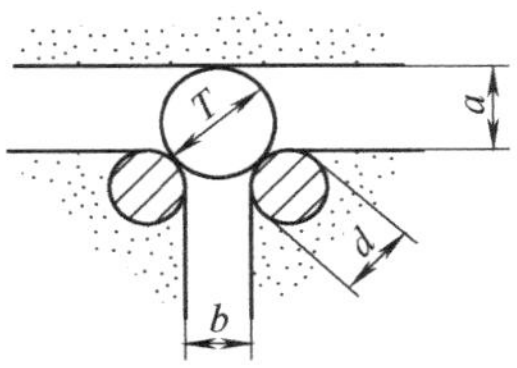	< 20	> 20	$(0.5 \sim 0.6)T$
	< 20	< 20	$(0.3 \sim 0.4)T$
	> 20	> 20	$(0.5 \sim 0.6)T$
	> 20	> 20	$(0.3 \sim 0.4)T$
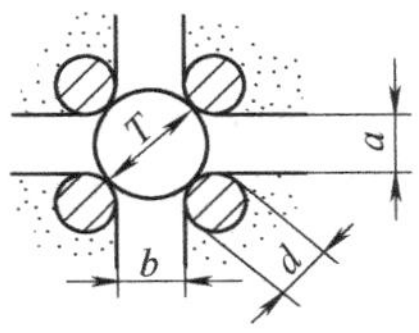	$a = b$		$0.75a$
	$a > 1.8b$		$1.0a$
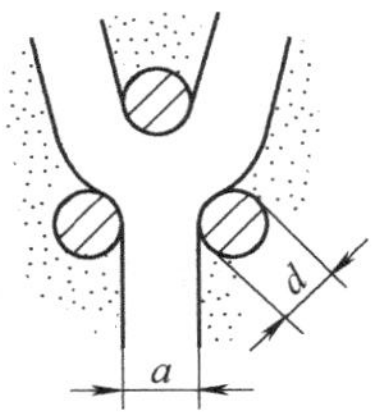			$(0.5 \sim 0.67)a$
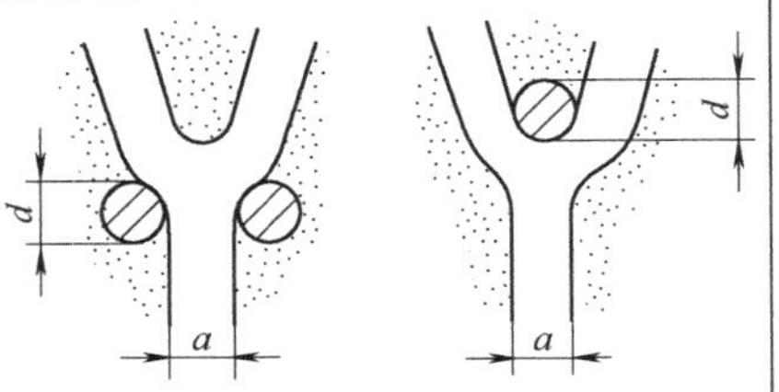			$1.0a$

3. 模数法设计冷铁

模数法设计冷铁是根据冷铁与激冷部位以及相邻部位凝固区域热量传递的平衡关系而建立的，假定设置冷铁部位的铸件体积为 V_0，并且假定与这一部位邻接的铸件的体积为 V_r，$V_0 > V_r$。为了使 V_0 部位铸件获得致密组织，其凝固时间应小于 V_r 部位的凝固时间。两相邻部位体积差所产生的热量需要由冷铁来吸收，因此有下式：

$$G_c = (V_0 - V_r)\rho \frac{(L + \Delta H)}{t_c c} \tag{6-1}$$

式中　G_c——所需冷铁的重量（kg）；

　　　V_0——设置冷铁部位的铸件体积（dm^3）；

　　　V_r——与设置冷铁铸件处相邻部位铸件体积（dm^3）；

　　　ρ——合金液密度（kg/dm^3）；

　　　L——凝固潜热（J/kg）；

　　ΔH——合金液过热热量（J/kg）；

　　　t_c——凝固结束时冷铁的温度（℃）；

　　　c——比热容[J/（kg·℃）]。

为了计算方便，对 $V_0 - V_r$ 做如下处理：

$$V_0 - V_r = \frac{V_0 - V_r}{V_0}V_0 = \frac{M_0 - M_r}{M_0}V_0 \tag{6-2}$$

将式（6-2）代入式（6-1），整理后有：

$$G_c = \frac{\rho(L + \Delta H)}{t_c c}V_0 \frac{M_0 - M_r}{M_0} \tag{6-3}$$

式中　M_0——设置冷铁部位的铸件模数（cm）；

　　　M_r——与设置冷铁相邻部位铸件的模数（cm）。

假定钢液浇注到铸型后的温度（即与冷铁接触时的温度）为1550℃，凝固结束时冷铁的温度为600℃，此时激冷与凝固区域达到热平衡，所需冷铁的重量可由式（6-3）计算，具体过程为

$$G_c = \frac{\rho(L + \Delta H)}{t_c c}V_0 \frac{M_0 - M_r}{M_0} = 7.4V_0 \frac{M_0 - M_r}{M_0} \tag{6-4}$$

根据式（6-4）就可进行冷铁的计算了，图6-3是根据式（6-4）计算所得的，由该图即可计算冷铁的重量。需要说明的是以上计算是建立在前文所述条件下的，如果铸件合金的种类、浇注温度以及凝固结束时冷铁的温度等条件发生变化，则可根据新的条件重新建立类似式（6-4）的关系式和类似图6-3的冷铁重量计算图。

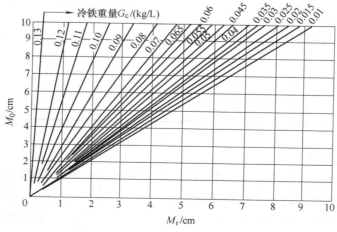

图6-3　冷铁重量与铸件模数的关系

6.2.2 间接外冷铁

间接外冷铁是指冷铁与铸件之间敷设一层薄砂的外冷铁。间接外冷铁与直接外冷铁的区别是增加了隔砂层，因而可以减慢、减缓激冷。在某些情况下，激冷能力的降低可以减少热裂纹、变形等缺陷的产生。对于灰铸铁及球墨铸铁，间接冷铁还可以防止铸件激冷部位产生白口。

1. 附着措施

附着在冷铁表面的薄砂容易剥落，为了使隔砂层附着牢固，应在冷铁的挂砂表面处钻些小孔或加工出凹槽，如图 6-4 所示。

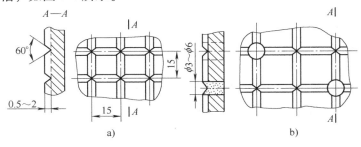

图 6-4   间接外冷铁敷砂表面的凹槽和钻孔

2. 激冷程度控制

挂砂层厚度对激冷效果有很大的影响，如图 6-5 所示。图 6-5 中坐标 K 为表面扩大系数，含义是冷铁的激冷作用等价于铸件散热表面积的扩大，即 K 为等价铸件散热面积与实际铸件散热面积的比值。由图 6-5 可见，隔砂层厚度为 $40 \sim 50mm$ 时，间接冷铁失去激冷能力，以 $5 \sim 15mm$ 时的激冷效果最佳。间接外冷铁厚度与挂砂厚度见表 6-8。

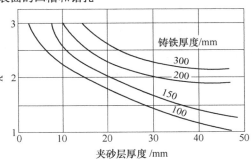

图 6-5   间接外冷铁的表面扩大系数 K

表 6-8   间接外冷铁厚度与挂砂层厚度

示 图	冷铁厚度 δ	挂砂层厚度 δ'
	$\delta = (1.0 \sim 1.4) T$	$\delta' = 20 \sim 30mm$
	$\delta = (0.8 \sim 1.2) T$	$\delta' = 10mm$

（续）

示　图	冷铁厚度 δ	挂砂层厚度 δ'
	$\delta = 0.5T$	$\delta' = 10\text{mm}$

注：T 为铸件被激冷处热节圆直径或铸件厚度。

利用间接冷铁激冷效果的影响因素可以由暗冷铁组形成梯度激冷，通过控制挂砂层厚度达到控制激冷效果，进而实现顺序凝固。图 6-6 所示为采用直接和间接冷铁形成的梯度激冷。端部 1# 冷铁是直接冷铁，根据直接冷铁的计算方法，取冷铁的厚度 $\delta_1 = 70\text{mm}$，由表 6-6 取冷铁长度为 120mm，宽度为 90mm。2# 冷铁为间接冷铁，由表 6-8 中第三例取冷铁厚度 $\delta_2 = 50\text{mm}$，挂砂层厚度取 10mm，冷铁的长度取 120mm，宽度取 90mm。3# 冷铁也是间接冷铁，其激冷效果要低于 2# 冷铁，根据图 6-5 取挂砂层厚度为 20mm，其尺寸：长度为 120mm，厚度 $\delta_3 = 50\text{mm}$，宽度为 90mm。以上梯度激冷的实例可用于超长平板件，如水轮机大叶片，其长度较长，远远超过冒口的有效补缩距离，采用上述方法可以取代增加冒口的方案，并可使铸件获得致密组织。

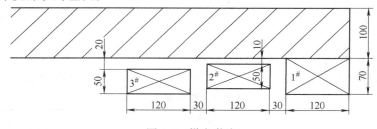

图 6-6　梯度激冷

6.3　内冷铁

内冷铁是指放置在铸型型腔内或芯子内，铸后与铸件熔为一体的起激冷作用的激冷体。有时铸件中的某一热节部位远离设置冒口处，如果设置冒口，该热节还不够大，常常采用设置冷铁的方法来解决。由于内冷铁深入铸件内部，可以激冷外冷铁无法到达的部位，因而起到外冷铁无法达到的激冷效果。

由于内冷铁放置于铸件内部，所以内冷铁表面必须清洁，不能有油污、锈斑、水气和表面缺陷。在使用前应对冷铁的表面进行处理，常用酸洗和喷砂等方法处理冷铁表面，必要时可对表面进行喷铝、镀锡或其他表面防锈处理。内冷铁应在组芯、合型时装入铸型或芯子中。如果是干型，冷铁可在合型时装入；如果是湿型，装入内冷铁的铸型或芯子必须在 3 ~

4h 内浇注，否则铸件容易产生气孔。

内冷铁按冷铁与铸件的结合方式可分为熔焊内冷铁和不熔焊内冷铁，按冷铁的组合形状可分为螺旋内冷铁和栅格内冷铁。

6.3.1　熔焊内冷铁

熔焊内冷铁是指冷铁外表面被高温钢液熔融，凝固后与铸件熔合在一起的内冷铁。熔焊内冷铁一般用于铸后不需要去除冷铁的铸件，有时也用于铸后需要用机械加工去除的部位，这时往往希望被激冷部位获得致密并得到晶粒细化的组织。

1. 材质

熔焊内冷铁的材质一般采用与铸件相同的材质，或者采用相近的材质。对于铸钢件和铸铁件一般可使用相同材质的冷铁，也可以使用低碳钢，如 ZG230-450、ZG270-500、ZG310-570 等铸钢件可用 $w(C)$ 为 0.10% ~ 0.20% 的碳素钢型材做内冷铁，如 20 圆钢。青铜和黄铜可用同材质的铜合金做内冷铁，例如可从同质铸件上截取铸筋或表面致密的浇冒口做冷铁。对于要求不高但又厚实的铸件如砧子、锤头、垫铁和平衡铁等，为了降低成本可利用同质铸件的浇道棒做内冷铁。

2. 模数法设计内冷铁

在铸件的被激冷部位，设置冷铁后凝固时间缩短，相当于铸件该部位的模数变小。假如激冷前铸件该部位的模数为 M_0，被激冷后铸件的模数为 M_r，为实现顺序凝固，被激冷部位应该比邻近部位的模数 M_P，则 $M_r = (0.83 ~ 0.91) M_P$。假定一般铸钢件的固相线温度是 1450℃，根据经验，只有当内冷铁的温度上升至 1485℃ 以上时，才能与铸件焊合。浇注后钢液向冷铁释放热量，并使冷铁表面熔化，热源由钢液温度下降和凝固潜热的释放所提供，则钢液释放的总热量 $H_{re}(J)$ 为

$$H_{re} = \rho \Delta V \left(\frac{L}{3} + \Delta H \right) = \rho (V_0 - V_c - V_r) \left(\frac{L}{3} + \Delta H \right) \tag{6-5}$$

式中　ρ——钢液的密度（kg/dm³）；

　　　L——钢液的凝固潜热（J/kg）；

　　　ΔH——钢液的过热热量（J/kg）。

钢液释放的这一热量等于冷铁吸收的热量，当内冷铁与铸件发生焊合时，内冷铁的温度首先应上升到固相线温度，大约为 1450℃，然后继续升温，表层熔化，与铸件焊合在一起。内冷铁与铸件熔焊所需热量为 $H_{ab}(J)$，其计算表达式为

$$H_{ab} = \rho_c V_c (1450c + 0.5L) \tag{6-6}$$

式中　ρ_c——内冷铁密度（kg/dm³）；

　　　c——内冷铁比热容 [J/(kg·K)]。

根据激冷区域的热平衡原理，有：

$$\rho (V_0 - V_c - V_r) \left(\frac{L}{3} + \Delta H \right) = \rho_c V_c (1450c + 0.5L) \tag{6-7}$$

假设 $\rho = \rho_冷$，则

$$V_c = \frac{\left(\frac{L}{3} + \Delta H \right)(V_0 - V_r)}{\left(\frac{L}{3} + \Delta H \right) + (1450c + 0.5L)} = \frac{\frac{L}{3} + \Delta H}{1450c + \frac{5}{6}L + \Delta H} V_0 \frac{M_0 - M_r}{M_0}$$

令 $f = \dfrac{\dfrac{L}{3} + \Delta H}{1450c + \dfrac{5}{6}L + \Delta H}$，则

$$V_c = fV_0 \frac{M_0 - M_r}{M_0} \tag{6-8}$$

$$G_c = fV_0\rho \frac{M_0 - M_r}{M_0} \tag{6-9}$$

系数 f 是钢液充型温度的函数，表 6-9 给出了钢液在不同充型温度时的 f 值。

表 6-9　钢液在不同充型温度时的 f 值

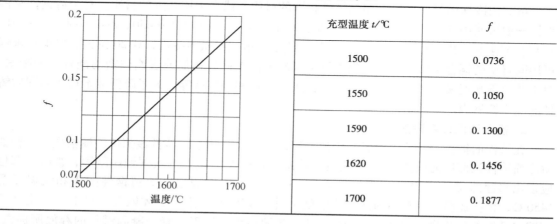

充型温度 $t/℃$	f
1500	0.0736
1550	0.1050
1590	0.1300
1620	0.1456
1700	0.1877

图 6-7 所示为利用式（6-9）计算得出的简易计算图。由该图通过钢液的充型温度和 M_0/M_r 值即可求出右侧纵坐标轴上标示出的被激冷部位单位体积铸件所需的内冷铁重量，乘以被激冷部位铸件的体积，即可获得所需内冷铁的重量。

图 6-8 为所示为熔焊内冷铁尺寸的简易计算图，由该图可直接求出内冷铁的直径或其他尺寸。

熔焊内冷铁的尺寸还可以由公式来计算，计算公式为

$$\rho_m = \frac{1000}{t_V} \tag{6-10}$$

$$d = \frac{100M_r^{1.8}}{\rho_m} \tag{6-11}$$

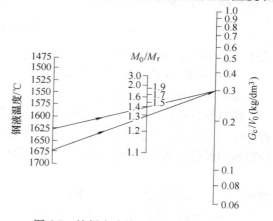

图 6-7　熔焊内冷铁重量的简单计算图

式中　ρ_m——钢液低于 1700℃ 时内冷铁焊合时间的延长系数；

d——如图 6-8 所示的内冷铁尺寸（mm）；

t_V——钢液高于 1450℃ 的温度差（℃），即钢液温度与 1450℃ 的温度差。

由式（6-10）和式（6-11）整理成一个计算公式为

$$d = 0.1t_V M_r^{1.8} \tag{6-12}$$

根据上式，可由铸件被激冷后的模数 M_r 及浇注温度即可计算出冷铁的尺寸 d。

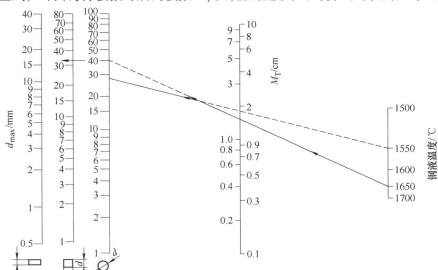

图 6-8　熔焊内冷铁尺寸的简易计算图

3. 经验法设计内冷铁

内冷铁重量 G_c（kg）可按如下经验公式计算：

$$G_c = KG \tag{6-13}$$

式中　G——铸件或被激冷热节部位铸件的重量（kg）；

　　　K——冷铁比（%），即内冷铁占铸件被激冷部位铸件的重量百分比，见表 6-10。

表 6-10　内冷铁的冷铁比和直径

铸 件 类 型	K（%）	内冷铁直径 d/mm
小型铸件，或者铸件要求高。防止因激冷使铸件力学性能大幅降低	2~5	5~15
中型铸件，或铸件中不太重要的部位，如凸肩等	6~7	15~19
大型铸件，对熔化内冷铁非常有利，如床座、锤头、砧子等	8~10	19~30

注：1. 对实体铸件，如砧子等，内冷铁按总重量计算，在其他情况下，按放置冷铁部位重量计算。

　　2. 如果流经内冷铁处的金属液多，取上限；反之则取下限。

冷铁比的大小直接影响铸件的质量，因此应控制在一定的数值范围。冷铁比的大小可按铸件热节处的模数来选定，如图 6-9 所示。

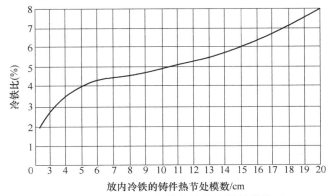

图 6-9　冷铁比与相应铸件热节处模数的关系

对于 L 形、T 形和 X 形热节中心，可使用圆钢内冷铁，冷铁尺寸可参照图 6-10 和表 6-11 设计。

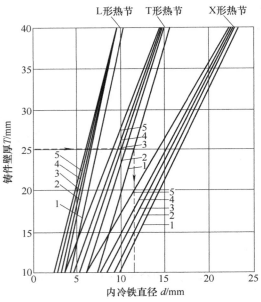

图 6-10　T、L、X 形热节处内冷铁尺寸

表 6-11　热节与内冷铁尺寸

		T/mm	d/mm	冷铁比（%）		
T 形 或 X 形 热 节		30	4 ~ 7	1 ~ 3		
		40	5 ~ 10	1 ~ 3		
		50	6 ~ 12	1 ~ 3		
		60	7 ~ 15	1 ~ 3		
		70	9 ~ 17	1 ~ 3		
		80	10 ~ 20	1 ~ 3		
		90	12 ~ 23	3 ~ 5		
		100	13 ~ 25	3 ~ 5		
待 加 工 孔		D/mm	10	30	40	50	60	80
		d/mm	6 ~ 10	12 ~ 15	16 ~ 20	21 ~ 25	26 ~ 30	35 ~ 40

6.3.2　不熔焊内冷铁

不熔焊内冷铁是指冷铁外表面在被激冷处高温钢液凝固后不与铸件熔合在一起的内冷铁。不熔焊内冷铁一般用于铸造后需要由加工去除的部位，如加工内孔。

1. 材料

不熔焊内冷铁用材料与熔焊内冷铁材料基本相同。

2. 模数法设计内冷铁

不熔焊内冷铁的模数法设计同样也是从激冷部位换热的角度出发建立热平衡关系式。假设固相线温度为1450℃，冷铁的表面被钢液加热到固相线温度，由此建立热平衡关系式为

$$G_c = f_r V_0 \rho \frac{M_0 - M_r}{M_0} \tag{6-14}$$

式中　f_r——系数，是钢液充型温度的函数，$f_r = \dfrac{L + \Delta H}{tc + L + \Delta H}$，各符号含义同前文，数值可由表 6-12 查得。

表 6-12　不熔焊内冷铁系数取值

充型温度 t/℃	f_r
1500	0.216
1550	0.242
1650	0.275
1700	0.310

式（6-14）中其他符号与前文相同，图 6-11 所示为利用该式计算得出的简易计算图。利用该图，可简便地求出不熔焊内冷铁的重量。

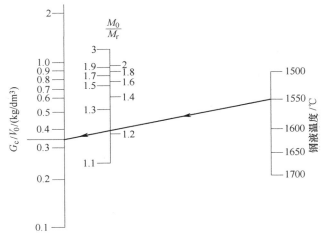

图 6-11　不熔焊内冷铁重量的简易计算图

根据前文熔焊内冷铁的计算推导，冷铁表面升温至1450℃，但是不熔化，推得不熔焊内冷铁的计算公式为

$$d_{max} = 0.2 t_V M_r^{1.8} \tag{6-15}$$

图 6-12 所示为根据式（6-15）计算得出的简易计算图。利用该图，可简便地求出不熔焊内冷铁的尺寸。

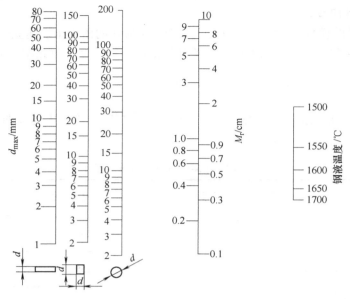

图 6-12　不熔焊内冷铁尺寸的简易计算图

3. 经验法

根据生产实践经验可以采用简便的方法计算不熔焊内冷铁。图 6-13 所示示例是常见的内冷铁使用情况，可按下式计算：

$$d = (0.4 \sim 0.5)D \qquad (6-16)$$

式中　d——内冷铁直径（mm）；

　　　D——加工孔直径（mm）。

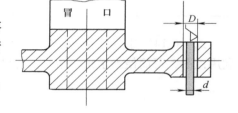

图 6-13　加工孔中的圆钢内冷铁

加工孔中圆钢内冷铁的尺寸见表 6-13，T 形和 X 形接头热节处圆钢内冷铁的尺寸见表 6-14。

表 6-13　加工孔中圆钢内冷铁的尺寸

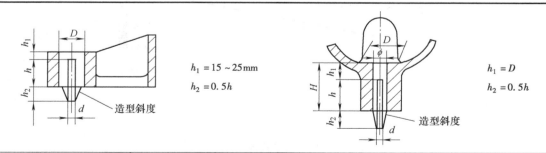

加工内孔孔径 D/mm	40	50	60	80	100
内冷铁直径 d/mm	16 ~ 20	20 ~ 25	25 ~ 30	35 ~ 40	40 ~ 50

注：1. 当 $D > 80$ mm 时，最好不要放内冷铁，改为芯子铸出，或在加工孔上放冒口。

　　2. 当被补缩加工孔的 $H > \phi$，并且大于程度较大时，可采用冒口下放内冷铁方案，如表中右图所示。

表 6-14 T 形和 X 形接头热节处圆钢内冷铁的尺寸

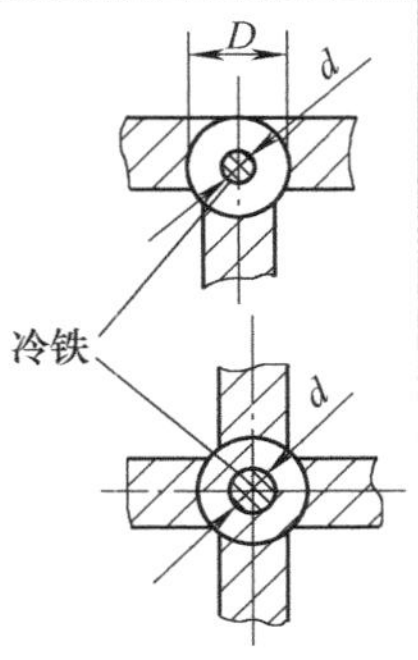

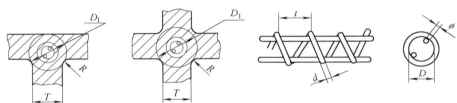

	热节圆直径 D/mm	30	40	50	60	70		80	90	100
	内冷铁直径 d/mm	6 ~ 10	10 ~ 20	12 ~ 16	16 ~ 20	18 ~ 22	12 ~ 16	16 ~ 18	10 ~ 18	12 ~ 20
	内冷铁根数	1	1	1	1	1	2	2	3	3

注：同一热节内放多根内冷铁时，安放冷铁之前应将冷铁点焊在一起。

6.3.3 螺旋内冷铁

螺旋内冷铁是指将钢丝缠绕成螺旋状，中心放置圆钢铁芯制成的冷铁。螺旋内冷铁主要用于 T 形和 X 形热节处。螺旋形内冷铁的尺寸见表 6-15。

表 6-15 螺旋形内冷铁的尺寸

热节直径 D_1/mm	冷铁尺寸/mm					冷铁比 （%）
	螺旋内径 D	钢丝直径 d	螺旋间距 t	铁芯直径 ϕ	铁芯数	
20	10	1 ~ 1.5	6 ~ 9	3	1	3.5
30	10	2 ~ 2.5	6 ~ 15	4	1	3.65
40	20	2 ~ 2.5	6 ~ 15	4	1	2.88
50	25	3 ~ 4	15 ~ 22	6	1	3.9
60	25	3 ~ 4	15 ~ 22	6	2	3.7
70	40	3 ~ 4	15 ~ 22	6	2	3.3
80 ~ 90	40	5 ~ 6	30 ~ 38	8	2	4 ~ 3.1
100	50	5 ~ 6	30 ~ 38	10	2	3.6
110	50	5 ~ 6	30 ~ 38	12	2	3.6
120 ~ 130	60	5 ~ 6	30 ~ 38	12	2	3.27 ~ 2.8
140 ~ 150	60	5 ~ 6	30 ~ 38	12	3	3.2 ~ 2.8

6.3.4 栅格内冷铁

对于厚大的铸件，其内部可以使用栅格内冷铁，以避免铸件内部出现缩孔和缩松缺陷。砧座及栅格内冷铁如图 6-14 所示，栅格内冷铁的尺寸见表 6-16。

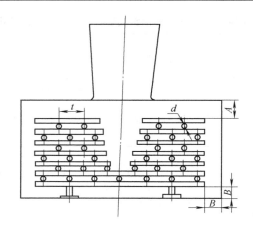

图 6-14　砧座及栅格内冷铁

表 6-16　栅格内冷铁结构与尺寸

热节直径 D/mm	圆钢直径 d/mm	圆钢随位置间距 t/mm			冷铁与铸型边界距离/mm				冷铁比 （%）
		上	中	下	非加工面		加工面		
					A	B	A	B	
150	10 ~ 12	50	50	50	40	30 ~ 48	60	40 ~ 60	1.0 ~ 1.4
200	12	80	70	60	50	36 ~ 48	60	48 ~ 60	1.5 ~ 1.8
300	16	90	80	70	75	48 ~ 64	80	64 ~ 80	2.0 ~ 2.5
400	16	150	110	80	80	48 ~ 64	80	64 ~ 80	2.8 ~ 3.2
500	16 ~ 20	200	150	100	100	48 ~ 80	100	64 ~ 100	3.3 ~ 3.5
600	16 ~ 22	240	180	120	120	48 ~ 80	120	64 ~ 100	3.6 ~ 5.0
800	16 ~ 25	270	190	120	160	48 ~ 80	160	64 ~ 100	4.5 ~ 6.0
1000	20 ~ 28	300	200	130	200	60 ~ 100	200	80 ~ 125	5.0 ~ 6.5
>1000 ~ 2000	25 ~ 30	350	250	150	0.2D	75 ~ 100	0.2D	100 ~ 125	5.5 ~ 7.0

注：当采用石灰石砂造型时，为了防止胀箱或者缩沉，可将冷铁与铸型的距离减小 1/3 ~ 1/2。

第7章　典型铸件铸造工艺设计实例

7.1　铸钢件铸造工艺设计实例

铸钢件的特点是熔点高，体收缩率和线收缩率较大，流动性较其他合金要低一些，因此铸钢件的工艺设计过程中应考虑上述特点，避免因此产生的缺陷，从而获得健全的铸件。

7.1.1　高压气缸下半部铸造工艺设计

该高压气缸是某大型船用主动力装置用气缸，材料牌号为 ZG20CrMo-Ⅱ，净重 1150kg，尺寸公差等级为 CT14 级，需要做水压试验，试验压力为 6.0MPa。高压气缸下半部如图 7-1 所示。

1. 铸造工艺方案及工艺参数设计

根据铸件的结构，以铸件的中分法兰面作为分型面，铸件放置于下型。纵向大中心孔用砂芯生成，法兰面的上端放置明冒口，底部用冷铁形成人工末端。线收缩率：沿砂芯中心线方向为 1.8%，其余两轴向均为 1.5%。机械加工余量按 GB/T 6414—1999 选取。合金的体收缩率为 4.98%。

图 7-1　高压气缸下半部

2. 冒口设计

铸件的毛重经计算为 1460kg，设置 4 个腰形明冒口，采用热节圆法进行冒口设计。铸件热节为 122mm，补缩区铸件重量为 365kg，材料的体收缩率为 4.98%，预算的冒口加上其补缩区域铸件所需要的补缩量为 29.1kg，查表 5-35，为了保险起见，将计算的补缩量乘以一个安全系数，本例中取 2，在表中确定冒口尺寸 a 为 230~240mm，最后确定冒口尺寸为 470mm×235mm×353mm。为了提高冒口效率，浇注后期，在冒口顶面撒保温覆盖剂。

3. 浇注系统设计

采用开放式浇注系统，根据现有生产条件，钢包包孔直径为 ϕ60mm，直浇道为 ϕ70mm，末端内浇道为 ϕ50mm。

4. 冷铁设计

根据铸件的壁厚以及冷铁所起作用，确定六种冷铁的尺寸，其中 1#~4# 冷铁各 1 块，位于气缸的底部内表面，起人工末端的作用，尺寸为：宽度均为弧长 50mm，长度和高度如图 7-2 所示。5# 冷铁位于隔板法兰的左立面，起消除该法兰热节的作用，形状为扇形，长度为 110mm，厚度为 30mm，外弧尺寸为 120mm，内弧尺寸为 50mm，共计 6 块。6# 冷铁位于隔板法兰的右立面，同样起消除该法兰热节的作用，长度为 50mm，厚度为 15~25mm，外弧尺寸为 85mm，内弧尺寸为 50mm，共计 3 块。

5. 其他参数汇总

毛重：1460kg，总重：2430kg，铸件成品率：60%。高压气缸下半部的铸造工艺图如图7-2～图7-4所示，铸造工艺的三维效果图如图7-5～图7-6所示。

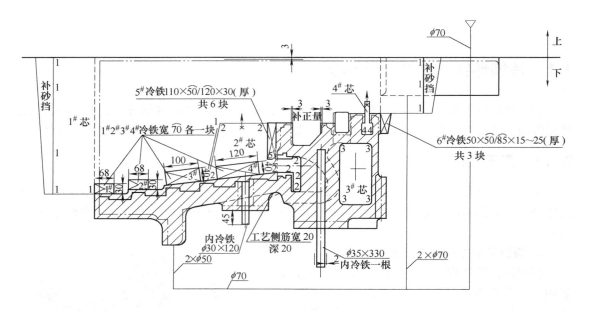

图 7-2　高压气缸下半部的铸造工艺图一

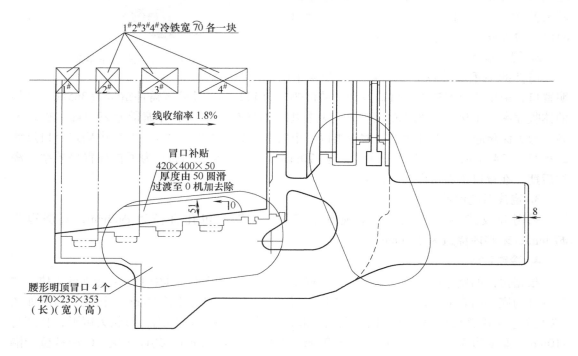

图 7-3　高压气缸下半部的铸造工艺图二

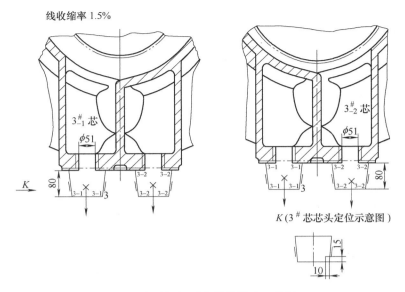

线收缩率 1.5%

图 7-4　高压气缸下半部的铸造工艺图三

图 7-5　高压气缸下半部的铸造
工艺三维效果图一

图 7-6　高压气缸下半部的铸造
工艺三维效果图二

7.1.2　摇臂铸造工艺设计

摇臂是超临界汽轮机中再热系统的操控零部件，工作于高温场合，因而采用耐热钢，其材料牌号是 ZG15Cr2Mo1，属于低合金耐热钢。要求铸件具有良好的表面质量和内部质量。型砂为碱性酚醛树脂砂。

1. 铸造工艺方案及参数的设计和选取

摇臂的铸造工艺图如图 7-7 所示。

在以往的生产过程中，曾经采用过与图 7-7 中 A—A 剖面，即右图相平行、位于铸件中部的分型面，分型面两边对称的工艺方案，如图 7-8 所示。该方案的冒口为边冒口，结果产生大量的气缩孔，采用图 7-7 所示工艺方案后，缺陷消除了。为了避免曲面分型，设置 2# 芯，芯头设置间隙和斜度，以利于下芯和合箱。

材料的体收缩率取 4.7%，线收缩率取 1.8%，尺寸公差等级取 CT14 级，机械加工余量的选取结果见图 7-7 所示工艺图。

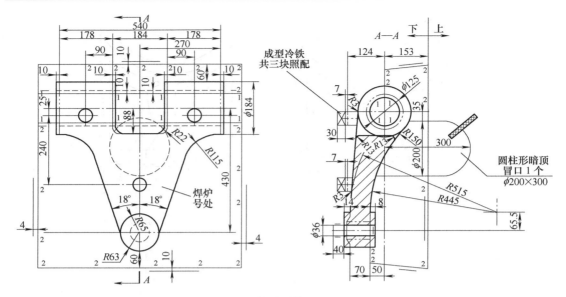

图 7-7　摇臂的铸造工艺图

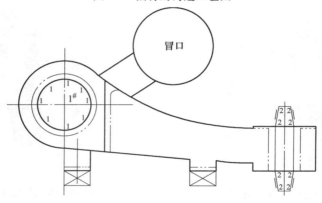

图 7-8　摇臂的旧铸造工艺方案

2. 铸件体积和重量的计算

铸件体积和重量的计算采用 Auto CAD 软件进行，结果如下：体积为 15.76dm³，重量为 123.7kg，考虑到保险系数，铸件的毛重取 130kg。

3. 冒口的计算

冒口下铸件的热节为 95mm，选取冒口的类型为高度/直径 = 1.5 的圆柱形暗冒口，选取热节圆法冒口设计方法，假定铸件 + 冒口的液量收缩量为 8.72kg，查表 5-29，确定冒口的直径为 φ195mm，该冒口的重量为 57.5kg。进行冒口的核算，毛重 + 冒口重 = 181.2kg，液量收缩量 = 181.2kg × 0.047 = 8.52kg，查表 5-29，该冒口合适。为了保险，将冒口尺寸放大一档，最后的冒口尺寸为 φ200mm × 300mm，冒口重量为 61.5kg。

4. 总重的计算

浇注系统重量约 11kg，则累计重量为 130kg + 61.5kg + 11kg = 202.5kg，浇注总重应留有一定的富余量，可将该浇注总重 × 1.05 = 202.5kg × 1.05 = 212.6kg，最后浇注总重取值为

215kg。

5. 冒口的校核

总的体收缩量为 215kg × 0.047 = 10.1kg，冒口的补缩效率 η 为 10.1/61.5 = 0.164，即 16.4%，冒口效率值在合适的范围内，冒口大小可行。

实际生产中，按该设计工艺进行了铸造生产，铸件无缩孔缩松缺陷。摇臂的铸造工艺效果图如图 7-9 所示。为了提高铸件的表面质量，2# 芯靠铸件侧以及铸型的靠铸件侧采用碱酚醛树脂铬矿砂做面层。

图 7-9 摇臂的铸造工艺效果图

7.1.3 调节阀阀盖铸造工艺设计

该铸件与汽轮机主汽阀配合使用，工作温度为 537℃ 左右，因而其材料牌号为 ZG15Cr1Mo1V，属于低合金耐热钢，尺寸公差等级为 CT14。由于是高温高压件，故需要进行超声波检测及打压，因而对铸件内部质量要求较高，设计浇冒口时要考虑该情况。调节阀阀盖铸造工艺图如图 7-10 所示。

1. 铸造工艺方案及参数的设计和选取

如图 7-10 所示，铸件为回转体件，最大热节集中在尺寸 $\phi500$mm 处，根据铸件的具体结构采用立浇，为了便于造型，采用平作，即平作立浇。根据顺序凝固的需要，将冒口连接部位的尺寸加大，以使冒口与铸件之间的补缩通道畅通。冒口可以选择球形冒口，以提高冒口效率，节约冒口覆盖剂的使用量。工艺参数主要是加工余量，查表 2-6 ~ 表 2-10，确定加工余量数值。

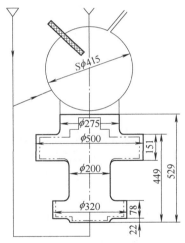

2. 模数计算

主要是 449mm 尺寸线以下部位模数与其上部圆柱体模数的匹配，尺寸线以下即 449mm 范围内的铸件模数经计算为 $M_1 = 5.7$cm，令 449mm 尺寸线以上铸件模数为 M_2，模数放大系数选取 1.2，则 $M_2 = 1.2 \times M_1 = 1.2 \times 5.7$cm =

图 7-10 调节阀阀盖铸造工艺图

6.84cm，$M_2 = d/4$，则 $d = 4M_2 = 4 \times 6.84$cm = 27.36cm，最后取该部位的直径为 275mm。

3. 铸件的重量

经过计算得到铸件的重量为 375kg。

4. 冒口的计算

铸件的体收缩率经计算取 $\varepsilon = 5\%$，冒口对应铸件的模数为 $M_2 = 6.84$cm，冒口的模数 $M_R = (1.0 \sim 1.2) \times 6.84$cm，取 6.84cm。查表 5-16，最接近的 M_R 为 6.83cm，按该档查得冒口的直径为 410mm，能够补缩的铸件体积为 845kg，大于铸件的 375kg，冒口的补缩量足够大。从模数上考虑，将冒口的尺寸上调一档，取冒口直径为 415mm。

7.1.4　47MW 联合循环汽轮机阀壳体铸造工艺设计

该铸件是锅炉产生的过热蒸汽进入汽轮机所经过的第一个工件，工作温度为 475℃，工作压力为 3.95MPa，属于高温高压件。铸件的材料牌号为 ZG20CrMo，净重为 1600kg，尺寸公差等级为 CT14 级，要求磁粉和超声波检测，要求打压试验，试验压力为 5.93MPa，保压时间为 10min。主汽阀壳体结构及无损检测要求如图 7-11 所示。

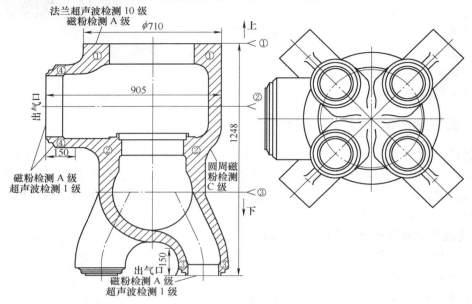

图 7-11　主汽阀壳体结构及无损检测要求

1. 铸造工艺方案及参数设计

按以往的生产惯例浇注位置如图 7-11 所示，即采用立式浇注位置方案，设有三个分型面，如图上中①、②、③处。大法兰面朝上，四个小出气口朝下。该方案的优点是建立自上而下的凝固顺序，符合顺序凝固原则，压头较大，利于补缩。缺点是补缩距离较长，中间不利于放置冒口，容易产生缩松。如果②处热节用冷铁激冷消除，那么激冷程度的控制变得比较难，当激冷程度大的时候，将造成补缩通道阻断，影响其下部区域的补缩。当激冷程度较小的时候，热节处容易出现缩松。该工艺方案还有一个弊端，就是分型面过多，容易造成错型进而引起尺寸偏差，同时造型、合型和模样及芯盒制造工时较多。根据铸件的结构最后选用卧式浇注位置工艺方案，如图 7-12 所示。该方案以水平中心线为分型面，④热节处的出气孔朝下，①、②、③热节处放置冒口，分型面平面与分芯面平面合二为一，可减少分型面数量，减少错型，减少制造工时，简化制造。

2. 冒口设计

设置三种类型四个冒口，分别位于热节①、②、③部位上，其中③处热节上放置 2 个冒口，其余位置各放 1 个冒口。所设置冒口还兼顾合型后检查铸型与砂芯的配合尺寸。以热节圆法和模数法进行冒口设计，以液量补缩法进行冒口的校核。

（1）1# 冒口　热节 $T = 150\text{mm}$，模数 $M_C = 4.02\text{cm}$，冒口尺寸为 340mm × 230mm ×

415mm，冒口模数 M_R =7.4cm，冒口与对应热节比例系数为1.53，模数放大系数为1.84。

（2）2#冒口　热节 T =142mm，模数 M_C =4.48cm，冒口尺寸为 330mm × 220mm × 500mm，冒口模数 M_R =10.02cm，冒口与对应热节比例系数为1.56，模数放大系数为2.28。

（3）3#冒口　热节 T =58mm，模数 M_C =1.96cm，冒口尺寸为 φ180mm × 463mm，冒口模数 M_R =21.22cm，冒口与对应热节比例系数为3.1，模数放大系数为2.28。

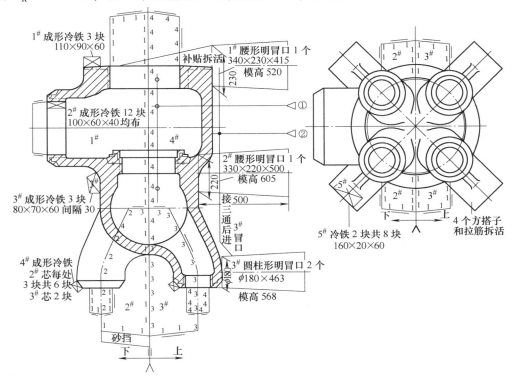

图 7-12　新工艺方案

通过液量补缩法校核，上述三种冒口对所补缩的三个区域均具有足够的补缩液量，不会因冒口参数小而引起冒口根部及项链部位产生缩孔。

3. 浇注系统设计

采用开放式浇注系统，并采用上升速度法进行设计。首先根据表 4-61 查得钢液在铸型中的最小上升速度为 25mm/s，采用漏包浇注，钢包出钢孔直径为 60mm，直浇道孔径为 70mm，钢液的实际上升速度为 53.4mm/s，大于 25mm/s，符合表 4-61 的规定，设计可用。浇注系统的布局如图 7-12 所示，各浇道孔径均为 70mm。为了便于生产，将各浇道设在上型。为了提高冒口效率和补缩效果，设置冒口专用浇注系统。浇注时，先从 1#浇口杯浇注，待钢液完全充满铸件，进入冒口底部有一定的高度，约 100mm 时，停浇，钢包转到 2#浇口杯继续浇注，至冒口高度的 2/3 处时，开始向冒口内钢液的上表面撒冒口保温覆盖剂。

4. 补贴和冷铁的设计

从 1#冒口下部的热节处开始至该处法兰的底部设置补贴，考虑到补缩距离较长，底法兰的端面设置冷铁，则上述补贴的结束位置可选在设置冷铁处的上端。补贴的上端为最厚处，其厚度为115mm。其他热节如①、②、③、④等处，或者是热节的下部，采用冷铁来处理，1#热节的下部侧面，采用 3 块尺寸为 110mm × 90mm × 60mm 的成形冷铁形成人工末端。2#热节的下型底部放置 3 块 80mm × 70mm × 60mm 的成形冷铁形成人工末端，冷铁之间的间隔是 30mm。3#热节位于四个小出气孔的端部，上型的两处出气孔的顶端放置冒口，该两处的底部各放 1 块成形冷铁，在下型的两个出汽孔的端部各放一圈冷铁各 6 块，总共 8 块，尺寸为 160mm × 70mm × 60mm。4#热节位于大出汽孔的端部，可放置一圈冷铁，尺寸为 100mm × 60mm × 40mm。

5. 其他参数

铸件的线收缩率为 1.5%，毛重为 1740kg，浇注总重为 2760kg，铸件成品率为 63%。根据当时工厂的具体情况和条件，型砂采用石灰石砂，表面刷醇基刚玉涂料，明冒口顶面放保温覆盖剂。

6. 检验及结果分析

采用新的卧式浇注方案一批浇注两件，清理后进行磁粉和超声波检测，未发现铸造缺陷问题。水压试验压力为 5.88MPa，保压时间为 30min，未发现渗漏和减压等现象，经粗加工和精加工后无缺陷暴露，质量满足设计要求。上述结果表明，新型卧式浇注工艺方案合理，可实现对铸件热节的补缩，冒口设计合理，铸件成品率较高，木材消耗量、木模制造工时、造型和合型工时等都有一定程度的降低，铸件成品率有一定的降低，这是由于补缩及冒口设置所导致，明冒口要求各个冒口的高度必须一致，导致 2# 和 3# 冒口的冒口效率降低，尤其是 3# 冒口。两种工艺方案的对比见表 7-1。

表 7-1　两种工艺方案的对比

对比项目	木材耗量/m³	制模工时/h	造型工时/h	合型工时/h	铸件成品率(%)
立式浇注方案	8.1	1800	82	102	67
卧式浇注方案	5	1380	50	80	63

7.1.5　喷嘴室铸造工艺设计

该工件是汽轮机中高压蒸汽进入气缸的初始端部件，属于高温高压件，采用耐热钢，其材料牌号是 ZG15Cr2Mo1。

1. 铸造工艺方案及参数的设计和选取

根据该工件的结构，分型面和浇注位置的选取如图 7-13 所示。进气口的上圆柱面设置腰形暗顶冒口 1 个，并命名为 1# 冒口，在喷嘴断面上设置 2 个腰形暗顶冒口，命名为 2# 冒口。内腔由两半砂芯形成，砂芯沿中分面分芯。加工余量的选取结果如图 7-13 所示。

2. 铸件体积和重量的计算

铸件体积和重量同样采用 AutoCAD 软件的统计功能进行计算，结果如下：体积为 81.94dm³，重量为 643.2kg，考虑到保险系数，铸件的毛重取 650kg。

3. 冒口的设计

1# 冒口下热节为 76mm，考虑到内侧为封闭圆芯，散热易饱和，该热节取 80mm。2# 冒口下热节为 94mm，取 100mm。将铸件的体积沿 364mm 尺寸线的一端为界，划分为两部分，分别由两种规格的冒口进行补缩。区域 1 和区域 2 分别对应冒口 1 和冒口 2，其重量分别为

161.56kg、488.44kg。根据比例法，冒口 1 和冒口 2 分别预选为 120mm 和 150mm。根据铸件的结构确定两种冒口的几何参数均为 1:1.5:1.5，重量分别为 21.8kg 和 42.6kg。

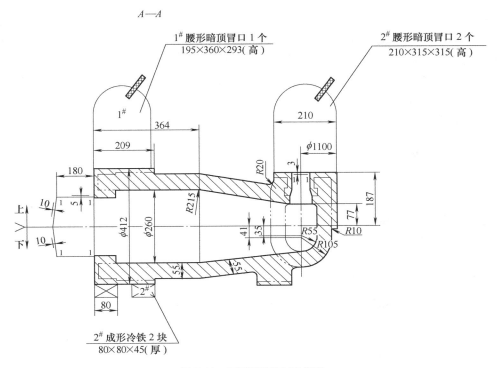

图 7-13　喷嘴室铸造工艺图

经过冒口尺寸的反复计算，最终确定 1# 和 2# 冒口的尺寸分别为 360mm × 195mm × 293mm 和 315mm × 210mm × 315mm，对应的冒口重量为 131kg 和 116kg。

4. 总重的计算

浇注系统重量为 21kg，累计重量为 650kg + 21.8kg + 42.6kg × 2 + 21 = 778kg，取浇注重量为 790kg。该工艺的铸件成品率为 650/790 = 0.822，即 82.2%，过高，需要重新设计冒口尺寸。经过重算后的累计重量为 650kg + 131kg + 116kg × 2 + 21kg = 1034kg，取总重为 1050kg。

5. 冒口的校核

冒口 1 补缩体系的核算，体收缩量为（161.56kg + 131kg）× 0.047 = 13.75kg，冒口的补缩效率 η 为 13.75/131 = 0.105，即 10.5%，冒口可用。

冒口 2 补缩体系的核算，体收缩量为（488.44kg ÷ 2 + 116kg）× 0.047 = 16.93kg，冒口的补缩效率 η 为 16.93/116 = 0.146，即 14.6%，冒口可用。

最终的喷嘴室铸造工艺图如图 7-13 所示，工艺效果图如图 7-14 所示。

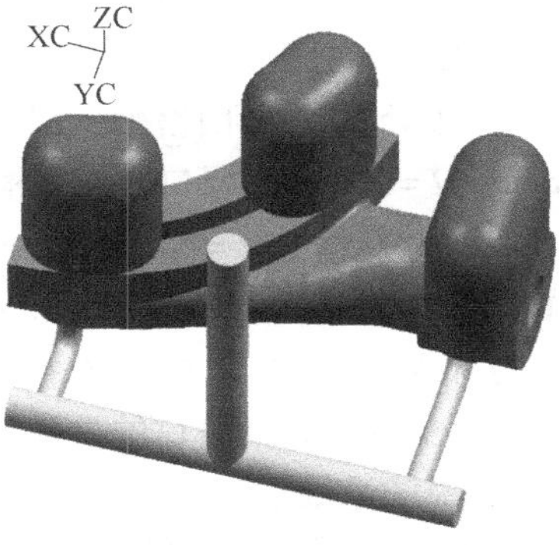

图 7-14　喷嘴室铸造工艺效果图

7.2　铸铁件铸造工艺设计实例

　　铸铁件可分为灰铸铁件、球墨铸铁件和可锻铸铁件等。灰铸铁在凝固过程中会出现片状石墨的析出，石墨的密度远低于铁合金，进而导致合金在凝固期间的膨胀，这一特点对铸件的工艺设计产生影响。球墨铸铁与灰铸铁类似，球墨铸铁也会在凝固过程中出现石墨膨胀，同样会对工艺设计产生影响。可锻铸铁与前两种铸铁相比，最大的不同是以亚稳态晶系凝固，生成珠光体和莱氏体组成的白口组织，其牌号按其组织形态可分为黑心可锻铸铁、白心可锻铸铁和珠光体可锻铸铁。

7.2.1　自动关闭器外壳铸造工艺设计

　　自动关闭器外壳（见图7-15）的材料牌号为HT200，精加工净重为365kg，需要进行水压试验，最高试验压力为4.9MPa。该铸件主要用于汽轮机的调节系统中，各个腔室均需要做水压试验，对铸件质量要求较高。

1. 铸件的工艺方案设计

　　铸件外形尺寸为1100mm×780mm×620mm，除了法兰厚度较大外，壳体壁厚均为20mm，铸件形状比较复杂，其内腔如图7-16所示。分型面位于两个中心轴所处平面。经铸造工艺参数设计后，确定铸件的毛重为410kg。铸件的线收缩率为0.8%。

图 7-15　自动关闭器外壳

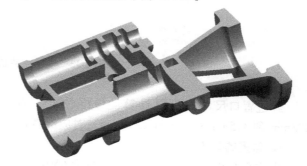

图 7-16　自动关闭器外壳的内腔

2. 冒口的安放及设计

　　根据铸件的结构确定冒口的安放位置，如图7-17所示。由该图可见，设置两个冒口，一个位于大法兰的顶部，另一个位于长中心轴所处桶形体外圆凸出体的端部。大法兰处的热节为70mm，该处冒口采用比例法设计，由图5-37查得冒口尺寸 $D=90$ mm，根据表5-49，应选 $d=55$ mm，$D=90$ mm 的冒口，但是根据该生产企业的冒口尺寸系列，选取了与上述冒口相当的冒口，其尺寸规格是 $d=50$ mm，$D=100$ mm，$H=150$ mm。凸出体处的热节为50mm，由图5-37查得冒口尺寸 $D=75$ mm，根据表5-49，应选 $d=45$ mm，$D=75$ mm 的冒口，根据该生产企业的冒口尺寸系列，选取了与上述冒口相当的冒口，其尺寸规格是 $d=40$ mm，$D=80$ mm，$H=200$ mm。经计算，两冒口的重量分别为：法兰处冒口10.4kg，凸出体处冒口10.7kg。

3. 浇注系统设计

　　采用封闭式浇注系统。根据铸件的结构，选择在铸件的一侧设置直浇道，通到分型面附近的上部，接通到横浇道，设四道内浇道接入铸件，如图7-18所示。采用公式法进行浇注系统设计。首先是浇注时间的计算，按浇注总重小于 500kg 的铸件计算，$S_1 = 2.2$，则 $t = S_1 \sqrt{G} = 2.2 \sqrt{500}$s $= 49.2$s。由表 4-5 中查得 $\mu = 0.60$（干型），按表 4-6 进行修正，修正后 $\mu = 0.65$。平均压头 $H_p = 500\text{mm} - 335\text{mm} = 165\text{mm}$，即 $H_p = 0.165\text{mm}$，根据公式（4-1）有：

$$A_{\min} = \frac{G}{0.31 \times 10^5 \mu t \sqrt{H_p}} = \frac{500}{0.31 \times 10^5 \times 0.65 \times 49.2 \times \sqrt{0.165}}\text{m}^3 = \frac{5}{4027}\text{m}^3 = 1.242 \times 10^{-3}\text{m}^3$$

即 $A_{\min} = 12.42\text{cm}^2$。因为是封闭式浇注系统，故内浇道为最小面积处。内浇道设计为梯形内浇道，其尺寸为：上边长为 26mm，下边长为 30mm，高为 11mm，共 4 道。横浇道也为梯形内浇道，其尺寸为：上边长为 22mm，下边长为 32mm，高为 35mm，共 2 道。根据现有生产条件，直浇道取 $\phi 45\text{mm}$。

4. 工艺输出

铸件毛重为 410kg，总重为 500kg，铸件成品率为 82%，模样 1 个，芯盒 4 副。其铸造工艺图如图 7-17 所示，铸造工艺效果图如图 7-18 所示。

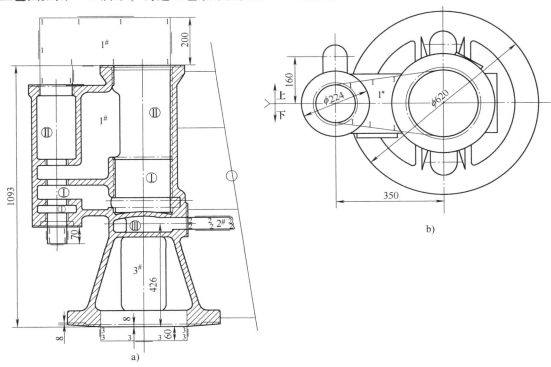

图 7-17　自动关闭器外壳铸造工艺图
a）主剖视图　b）侧视图

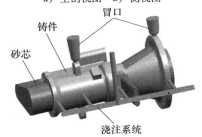

图 7-18　自动关闭器外壳铸造工艺效果图

7.2.2　桥规铸造工艺设计

桥规铸件的材料牌号为 HT150，属于小批量生产。铸件的成品被用于间隙的测量，最大尺寸为 960mm×300mm×60mm，大部分壁厚为 20mm，铸件毛重为 25kg。桥规铸件的 3D 效果图如图 7-19 所示。

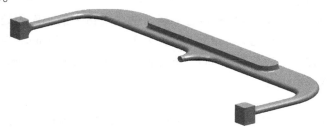

图 7-19　桥规铸件的 3D 效果图

1. 铸造工艺方案设计

根据铸件的结构，选取将铸件处于卧式的浇注位置，分型面位于主壁厚中心部位，两侧对称。如图 7-20 所示，采用一型两件，图中上部条形凸台为打炉号及其他文字处，冒口位于该凸台的顶面。该铸件属于薄壁小件，采用明冒口补缩，并采用缩颈冒口，以利用其石墨膨胀，实现铸件自补缩。U 形的端部两方台的顶面各设置一道出气孔，共四道，以利于充型过程中的流动和排气，避免因排气不畅而产生气孔。

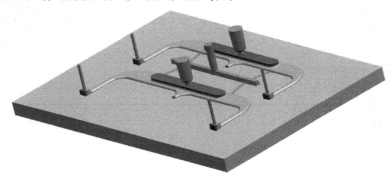

图 7-20　型板上模样及浇注系统布置简图

2. 冒口设计

铸件被补缩处热节为 40mm，采用缩颈明冒口。按表 5-48 中明顶冒口的设计方法进行冒口设计，查得冒口与铸件热节的比例系数为 0.75～0.9，取 0.75，则冒口的尺寸为 40mm×0.75＝30mm。

3. 浇注系统设计

桥规铸造工艺图如图 7-21 所示。

采用封闭式浇注系统，浇注总重为 70kg，采用公式法计算阻流面积，浇注时间 t 的计算，按铸件浇注总重小于 500kg 的情况，主壁厚为 20mm，查表 4-3 得 $S_1 = 2.2$，$t = S_1 \sqrt{G} =$

$2.2 \times \sqrt{70}\text{s} = 18.4\text{s}$。由表 4-5 查得，$\mu = 0.60$，由表 4-6 进行修正，最后选取 $\mu = 0.50$。平均压头 $H_P = 200\text{mm} - 0.5\text{mm} \times 30\text{mm} = 185\text{mm}$，即 $H_P = 0.185\text{m}$。根据式（4-1）有：

$$A_{min} = \frac{G}{0.31 \times 10^3 \mu t \sqrt{H_P}} = \frac{70}{0.31 \times 10^3 \times 0.5 \times 18.4 \times \sqrt{0.185}} \text{m}^2 = 5.7 \times 10^{-4} \text{m}^2$$

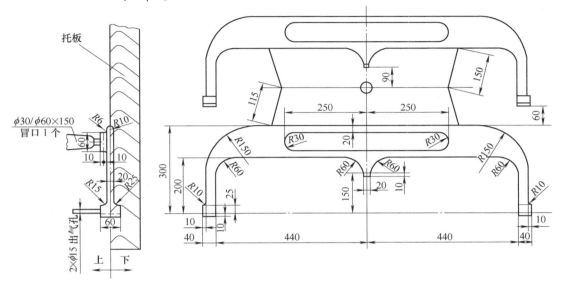

图 7-21　桥规铸造工艺图

即 $A_{min} = 5.7\text{cm}^2$。阻流截面在内浇道处，因此每道内浇道的面积为 $5.7\text{cm}^2/4 = 1.43\text{cm}^2$，据此以及生产企业的生产习惯，设计出内浇道的截面尺寸为：$21\text{mm}/19\text{mm} \times 7\text{mm}$。横浇道的截面面积为：$A_{横} = 1.4 \times 2 \times 1.4\text{cm}^2 = 3.92\text{cm}^2$，截面尺寸为 $24\text{mm}/16\text{mm} \times 20\text{mm}$；取 $A_{横} = 4\text{cm}^2$。直浇道的截面面积为：$A_{直} = 1.4 \times 4 \times 1.2\text{cm}^2 = 6.72\text{cm}^2$，最后取直浇道截面尺寸为：$\phi35\text{mm}$，$A_{直} = 9.6\text{cm}^2$。

4. 其他铸造工艺参数

顶面、侧面的加工余量分别为 10mm。铸件收缩率为 0.8%，起模斜度为 1∶30。浇注 2h 后打型，铸件成品率为 71.4%。桥规合型工艺图如图 7-22 所示。

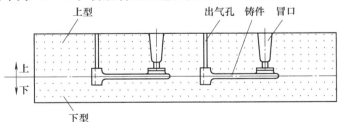

图 7-22　桥规合型工艺图

7.2.3　曲轴铸造工艺设计

曲轴是各类发动机的功率传输部件，车用和船用汽油机以及柴油机基本上都使用球墨铸铁曲轴作为动力传输部件。这是因为球墨铸铁具有良好的疲劳强度，弹性模量是一般灰铸铁的两倍。加入 Cu 和 Mo 后，其性能接近热处理后钢材的性能，而又节省了热处理工序，铸造性能优于铸钢，所以球墨铸铁材质的曲轴占曲轴的绝大部分，少部分采用锻钢。

曲轴（见图 7-23）的材料牌号一般为 QT600-3、QT700-2，甚至更高。属于少品种大批量生产，根据该结构特点和生产批量，确定采用壳型热芯盒铸造方法。

1. 铸造工艺方案设计

可能采用的工艺方案有：平作平浇、平作立浇、立作立浇、平作平浇立冷等。一般中小型曲轴铸件多采用平作立浇和平作平浇方案；大型曲轴铸件多采用平作平浇的方案，或采用平作平浇立冷的方案。对于中小型曲轴，根据铸件的结构可采用一型两铸，共用一套浇注系

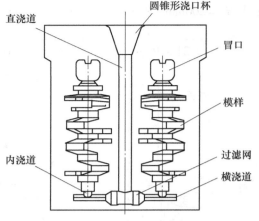

图 7-23　曲轴及浇注系统

统的工艺方案，如图 7-23 所示。对于大型曲轴可采用一型一铸，平作立浇或平作平浇立冷的浇注方式，如图 7-24 所示。

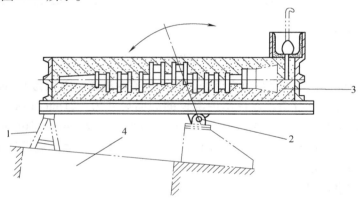

图 7-24　大型曲轴结构及浇注系统
1—横梁托架　2—铰链　3—砂箱和铸型　4—地坑

2. 浇注系统设计

曲轴的浇注方式有底注式、顶注式、阶梯式和过滤网底注式加反向冒口等，如图 7-25 所示。底注式浇注系统充型平稳、排气顺畅，但是不利于自下而上的顺序凝固，对于中小型曲轴可以采用。顶注式浇注系统符合顺序凝固要求，上部金相组织粗大，易球化衰退。充型时因铁液落差大，造成铁液对型壁和芯的冲刷严重，铁液飞溅氧化，充型不稳，导致铸件产生夹渣和铁豆等缺陷。过滤网底注式加反向冒口如图 7-25d 所示，该方式类似底注式浇注系统，过滤网的设置使充型更平稳，缺点是不利于顺序凝固，反向冒口的设置与底注式浇注系统相辅相成，但是与重力场的作用不一致，浇注系统比较复杂。阶梯式浇注系统可形成顺序凝固，但是需要各内浇道的面积比得当，适合于大型曲轴。根据上述浇注系统的特点以及对铸件的影响，对于汽车用曲轴选择底注式浇注系统较为适宜。

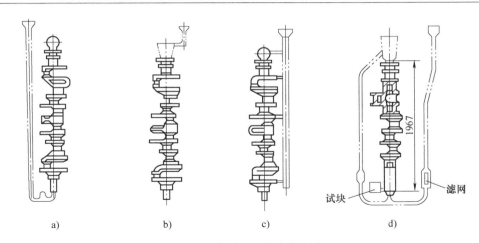

图 7-25　曲轴的几种浇注方式

a) 底注式　b) 顶注式　c) 阶梯式　d) 过滤网底注式加反向冒口

6100 汽车曲轴的材料牌号为 QT600-3，铸件的重量为 44.6kg，采用底注式浇注系统，如图 7-23 所示。铸件的壁厚为 1.15cm，查表 4-3 得 $S_1 = 2.2$，则浇注时间为 $t = S_1 \sqrt{G} = 2.2 \sqrt{44.6}$ s = 14.7s。查表 4-5 得 $\mu = 0.6$，查表 4-6 进行修正，修正后 $\mu = 0.5$。$H_p = 170$mm -60mm $= 110$mm，则由式（4-1）有：

$$A_{min} = \frac{G}{0.31 \times 10^5 \mu t \sqrt{H_p}} = \frac{44.6}{0.31 \times 10^5 \times 0.5 \times 14.7 \times \sqrt{0.11}} m^2 = \frac{44.6}{0.7557} \times 10^{-5} m^2 = 5.9 \times 10^{-4} m^2$$

即 $A_{min} = 5.9$cm^2，则取内浇道尺寸为：两道 20mm × 15mm。浇注系统的截面面积比查表 4-9，取 $\Sigma A_内 : \Sigma A_横 : \Sigma A_直 = 1 : 1.25 : 1.5$，则横浇道尺寸为：一道 20mm × 40mm，直浇道尺寸为：一道 ϕ30mm。浇注系统的结构与布局如图 7-23 所示。

3. 冒口的设计

根据图 7-23 的方案，顶冒口可设计成球形冒口或圆柱形明冒口，按模数法进行冒口的设计，铸件临近冒口颈处的模数为 $M_C = 2.2$cm，查表 5-64 有 $D_R = 126$mm。由表 5-49 查得：$d = 75$mm，$D = 125$mm，$h = 35$mm，$H = 450$mm。

4. 其他铸造工艺情况

采用一个壳型两个曲轴铸件，一型多壳的方法，如图 7-26 所示。为了改善曲轴的组织形态，获得较高的珠光体含量，采用加快铸型的冷却速度的方法，包括：壳型与砂箱之间用铁丸充填，控制铁丸充入砂箱前的温度，确保在其充填铸型时的温度低于 30℃。前打箱，将曲轴在砂箱内的冷却时间由 70~80min 减少到 30~40min。对于尺寸较大、壁厚较大的铸件的装型数减少，如每箱 5 型改成每箱 3 型。

两半壳型采用胶粘的方法合型，为了提高型壳的粘接强度，防止石墨膨胀引起的胀壳，将型

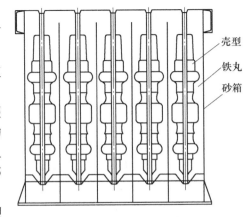

图 7-26　壳型装箱示意图

壳的涂胶工艺由点状涂胶改为槽形涂胶，并设计了涂胶专用夹具，如图 7-27 所示。

图 7-27　涂胶专用夹具

图 7-23 所示浇注系统的挡渣能力较弱。因此，在直浇道的底部横浇道上设置过滤网，设置在底部的优点是铁液的压头较大，设置在横浇道上的优点是铁液不直接冲击过滤网，以免冲击过滤网，同时对过滤网的通过率较高。

7.3　有色合金件铸造工艺设计实例

与钢铁材料相比，有色合金的特点是冶炼过程易氧化，合金熔化温度相对低一些，体收缩率和线收缩率要比铸钢要低一些，因而其工艺设计也有所不同。

7.3.1　第 Ⅱ 级混合室盖铸造工艺设计

第 Ⅱ 级混合室盖是某动力装置中的零部件，其材料牌号是 ZL102。型砂为碱性酚醛树脂砂。

1. 铸造工艺方案及参数的设计和选取

根据该铸件的结构特点，将最大圆面置于中分面，将铸件整体置于下型，冒口置于上型，浇冒口合一，以利于补缩和提高冒口效率。为了避免浇不足和憋气等缺陷，在浇冒口的对称部位设置出气孔。

该铸件材料的体收缩率选取 3%，线收缩率选取为 1.0%，根据 GB/T 6414—1999，尺寸公差等级选取 CT12 级，机械加工余量均取 3mm。第 Ⅱ 级混合室盖的铸造工艺方案如图 7-28 所示。

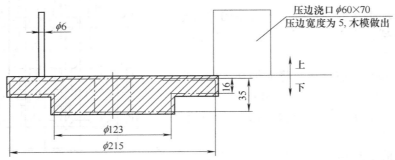

图 7-28　第 Ⅱ 级混合室盖的铸造工艺方案

2. 铸件体积和重量的计算

体积的计算结果为 1.054dm³。合金的密度为 2.65kg/dm³，则铸件的毛重为 2.793kg，取 3kg。

3. 冒口的计算

根据比例法，该铸件的最大热节是 41mm，取系数为 1.5，则冒口的直径为 60mm。冒口参数选取为：直径:高 = 1:1.2，明冒口，上覆盖保温覆盖剂，则冒口的重量为 0.4kg。冒口设计为压边冒口，这样既满足补缩需要，又减少冒口根部清理和打磨工作量。

4. 总重的计算

浇注系统重量约 0.2kg，则累计重量为 3kg + 0.4kg + 0.2kg = 3.6kg，浇注总重应留有一定的富余量，取浇注总重为 4kg。

5. 冒口的校核

总的体收缩量为 4kg × 0.03 = 0.12kg，冒口的补缩效率 η 为 0.12/0.4 = 0.3，即 30%，考虑到浇冒口合一，浇注后，冒口顶面要放置保温覆盖剂，尽管补缩效率较高，仍可以获得致密铸件。

其铸造工艺效果图如图 7-29 所示。按上述工艺进行铸造生产，铸件无缩孔、缩松缺陷。

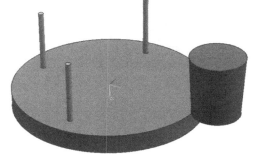

图 7-29　第Ⅱ级混合室盖铸造工艺效果图

7.3.2　外壳铸造工艺设计

该铸件的材料牌号为 ZCuSn5Pb5Zn5，净重为 10.5kg，铸造后需要打压，压力为 0.6MPa，保压时间为 10min。外壳如图 7-30 所示，外形尺寸为：210mm × 240mm × 200mm，除了法兰厚度较大外，壳体壁厚均为 20mm。铸件形状比较复杂，其内腔结构如图 7-31 所示。

图 7-30　外壳

图 7-31　外壳的内腔结构

1. 铸造工艺方案设计

外壳铸造工艺图如图 7-32 所示。加工余量按 GB/T 6414—1999 选取，均为 4mm。法兰上的几个通孔采用铸死的方法处理。铸件的毛重为：17kg。

2. 冒口设计

根据铸件的结构和尺寸，设置明顶冒口 1 个，冒口下的热节为 32mm。按比例法设计冒口，系数为 1.5，则冒口宽度为 32mm × 1.5 = 48mm。1[#]冒口的结构与尺寸如图 7-33 所示。冒口的重量为：19.8kg。

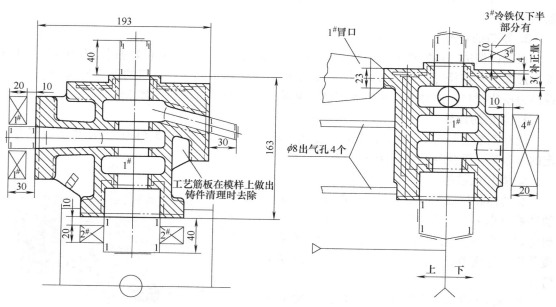

图 7-32　外壳铸造工艺图

a）横剖视图　b）纵剖视图

3. 浇注系统设计

锡青铜合金结晶温度区间宽易产生缩松，易氧化产生氧化渣，因此为了挡渣采用半封闭式浇注系统，并以中间注入方式浇注。由表 4-78 选取浇注系统各组元的截面面积比为：$\Sigma A_{直}$: $\Sigma A_{横}$: $\Sigma A_{内}$ = 1.2 : (1.5 ~ 2) : 1，查表 4-79 有 $\Sigma A_{内}$ = 3.6cm²。根据现有生产条件，最后确定浇注系统为：直浇道 ϕ25mm，横浇道 20mm/16mm × 25mm，内浇道 20mm/18mm × 10mm。浇注系统的布局如图 7-32 所示。

4. 冷铁设计

由于铸件的质量要求较严格，法兰上要钻孔，因而在法兰面及末端法兰面设置外冷铁。

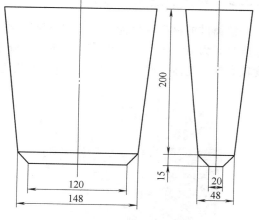

图 7-33　1[#]冒口结构与尺寸

将冷铁设置成间接冷铁，主要是考虑以下原因：①直接冷铁的激冷面与铸件直接接触容易产生气孔；②避免铜液与冷铁直接接触在充型及凝固过程中产生皱褶等缺陷。冷铁及其尺寸如图 7-34 所示，厚度均为 20mm。

5. 其他工艺参数

线收缩率为 1.5%，模样 1 个，芯盒 1 副，每箱放置 1 个铸件。加工余量全部为 4mm，芯头斜度为 1:5，未标注间隙为 1mm。毛重为 17kg，总重为 35kg。型砂采用铬铁矿砂，以增加冷却速度。

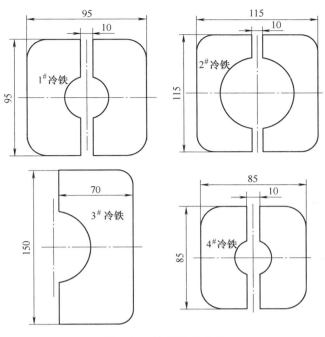

图 7-34　冷铁及其尺寸

第8章　特种铸造工艺

特种铸造是除砂型铸造以外的其他铸造方法，包括：熔模铸造、陶瓷型铸造、石膏型铸造、消失模铸造、金属型铸造、壳型铸造、压力铸造、低压铸造、差压铸造、真空吸铸、挤压铸造、离心铸造和连续铸造等。本章主要介绍陶瓷型铸造、消失模铸造和金属型铸造。

8.1　陶瓷型铸造

陶瓷型铸造又称肖氏铸造，是在砂型铸造和熔模铸造基础上发展起来的，在发展过程中又不断地被后人改进，具有尺寸精度高、铸件表面粗糙度值低等优点。陶瓷型铸造是用一层或整个铸型的陶瓷层或陶瓷型代替砂型铸造中的面层或整个砂型铸型，其他工序与砂型铸造相似的铸造方法。

8.1.1　陶瓷型铸造的分类、工序过程及应用

1. 陶瓷型铸造的分类

陶瓷型铸造分类方法见表8-1。整体陶瓷型铸造是指全部用陶瓷浆料制造铸型；复合陶瓷型铸造是指铸型的面层用陶瓷浆料制成，背层用型砂或金属制成。背层也称为底套，陶瓷型的底套有砂套和金属套两种。

表 8-1　陶瓷型铸造分类方法

分 类 依 据	具体陶瓷型铸造方法的名称
按陶瓷占铸型的比例	整体陶瓷型铸造、复合陶瓷型铸造
按背层材料或底套材料	砂套陶瓷型铸造、金属套陶瓷型铸造

整体陶瓷型铸造操作相对简单，但是由于全部使用价格较高的陶瓷浆料，使得制造的成本相对较高，铸型容易开裂，适用于生产小型铸件。复合陶瓷型铸造使用价格低廉的砂型做底套，或者使用可反复使用的金属底套，可降低制造成本，所制陶瓷型不易开裂，透气性好，常用于中型和大型铸件的制造。砂套适用于单件和小批量生产，金属套适用于大批量生产。

2. 工序过程

陶瓷型铸造使用传统耐火材料做陶瓷材料，使用硅酸乙酯的水解液做黏结剂，经过制浆、灌料、胶凝、硬化、起模、焙烧等工序制成铸型。下面分别对整体陶瓷型铸造和复合陶瓷型铸造两种方法加以说明。

（1）整体陶瓷型铸造　其造型工序流程如图8-1所示。图8-1a所示工序包括两部分，一是模样制造，另一是将模样固定到型板上。图8-1b所示工序是将砂箱固定到型板上。图8-1c所示工序是对砂箱中灌入陶瓷浆料。图8-1d所示工序是灌浆后的胶凝和固化。图8-1e所示工序是固化后的起模，要注意起模时不要等到完全硬化，应该在浆料固化至具有一定的

弹性，尚未完全硬化时起模。图 8-1f 所示工序是铸型的焙烧，可以先采用喷烧的方法去除浆料中的乙醇，然后再进行焙烧。

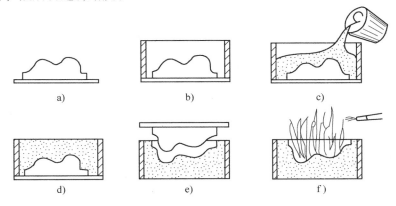

图 8-1　整体陶瓷型的造型工序流程

a) 模样及型板　b) 准备灌浆　c) 灌浆　d) 胶凝　e) 起模　f) 焙烧

（2）复合陶瓷型铸造　其造型工序流程如图 8-2 所示。图 8-1a 所示是准备砂套造型工序，将底套模样和砂箱固定到型板上，准备砂套造型。图 8-1b 所示是砂套造型工序，将型砂充填到砂箱中舂实并固化。图 8-1c 所示是灌浆工序。图 8-1d 所示是翻箱起模焙烧工序，首先要进行翻箱，然后起出铸件模样，最后进行喷烧和焙烧。图 8-1e 所示是合型工序。

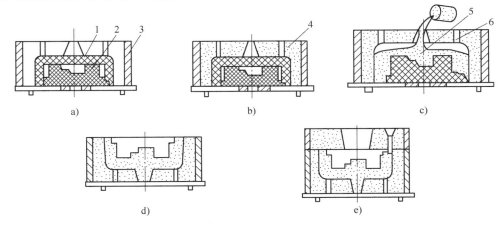

图 8-2　复合陶瓷型的造型工序流程

a) 准备砂套造型　b) 砂套造型　c) 灌浆　d) 翻箱起模焙烧　e) 合型

1—底套模样　2—铸件模样　3—砂箱　4—砂套　5—陶瓷浆料　6—排气孔

3. 陶瓷型铸造的应用

1）所生产的铸件尺寸精度高，尺寸公差等级为 CT5 ~ CT7。陶瓷型铸型的热稳定性好，浆料用陶瓷粉的粒度较小，铸型表面粗糙度值较低，因而生产的铸件表面粗糙度值较低，表面粗糙度值 Ra 范围是 3.2 ~ 12.5μm。

2）陶瓷型铸造的适用范围包括各种合金，如铸钢、铸铁、铸造高温合金、铸造铜合金、铸造铝合金等。铸件的重量和尺寸没有限制，只要企业生产条件允许的铸件都可以。

3) 适合于单件小批量铸件的生产，不适合于大批量铸件的生产。

8.1.2 陶瓷型铸造工艺设计

陶瓷型铸造工艺设计除常规的工艺设计外，还包括模样及其使用材料、耐火材料、黏结剂、其他辅助材料、浆料制备及灌浆、焙烧等方面的设计。

1. 常规的工艺设计

常规的工艺设计包括工艺设计方案、工艺参数设计、芯子设计、浇注系统设计、冒口设计、补贴设计、冷铁设计等方面，与砂型铸造相比，基本相同。不同之处为加工余量设计。由于尺寸精度以及工艺方法的变化，加工余量的数值有一定的变化。表 8-2 为陶瓷型铸造的加工余量，表 8-3 为常用的陶瓷型铸造铸钢件的尺寸精度。

表 8-2　陶瓷型铸造的加工余量　　　　　　　　　（单位：mm）

加工面间最大尺寸	加工方法		有浇冒口的平面	分型面
	磨　削	抛　光		
≤40	0.2 ~ 0.3	0.15	1.5	1.0
>40 ~ 100	0.3 ~ 0.4	0.20	2.0	2.0
>100 ~ 250	0.4 ~ 0.5	0.30	2.5	2.0 ~ 3.0
>250 ~ 400	0.5 ~ 0.7	0.40	3.0 ~ 3.5	3.0 ~ 4.0

表 8-3　常用的陶瓷型铸造铸钢件的尺寸精度

铸件基本尺寸/mm	尺寸公差等级	尺寸公差数值/mm
≤50	CT5	0.50
>50 ~ 100	CT6	0.70
>100 ~ 200	CT6	0.90
>200 ~ 300	CT7	1.50
>300 ~ 400	CT7	1.60
>400	CT8	2.60

2. 模样

陶瓷型铸造模样包括底套模样和铸件模样。底套模样是指采用复合陶瓷型铸造时，需要制造的灌浆外轮廓用模样。两种模样所使用的材料包括：木材、树脂、泡沫聚苯乙烯、金属和硅橡胶等。随着新技术的出现，3D 打印也开始用于陶瓷型铸造模样。

木材属于廉价模样材料，采用传统的制造方法加工制成，制造成本较低，生产周期短，所制铸件的尺寸精度和表面质量都相对低一些。

石膏模样的制作方法与熔模铸造用石膏压型的制作方法相似，其工作表面可涂一层聚氨酯保护塑料膜。此类模样的成本低廉，制造工序比木模复杂一些，制作方便，尺寸精度比木模要好一些，但是使用寿命比较低。

泡沫聚苯乙烯模样的优点是价格低廉，制作简便，重量轻，可以不用考虑起模问题；既可以采用机器塑模，又可以采用手工制模。缺点是表面粗糙度不够理想，可以采用在模样的表面刷涂料的方法加以改进。涂料的配制方法是有机玻璃 1 质量份 + 氯仿 20 ~ 40 质量份,配制成溶液,涂刷于模样表面。

金属模样主要用于尺寸精度和表面质量都要求较高的铸件,适合于大批量生产,模样使用寿命长,不易损坏。模样表面还可以通过抛光和镀铬来降低表面粗糙度值。

硅橡胶模样主要用于铸造青铜等合金艺术铸件。

底套模样用于复合陶瓷型铸造中陶瓷模外形的制造,铸件模样用于陶瓷型生成铸件的形状。模样的尺寸精度应高于铸件的尺寸精度,模样各部位的尺寸精度见表 8-4。模样的表面粗糙度值应低于铸型的表面粗糙度值,不使用分型剂和使用分型剂时模样和铸型的表面粗糙度见表 8-5 和表 8-6。

表 8-4　模样各部位的尺寸精度

模 样 部 位	尺寸公差等级
零件不需要加工的自由表面	IT9 ~ IT11
零件需要加工的表面	IT8 ~ IT9
零件不需要加工,而由铸件直接保证的工作面	无精度等级要求

表 8-5　不使用分型剂时模样和铸型的表面粗糙度　　　　　　　　（单位：μm）

模样的表面粗糙度 Ra	铸型的表面粗糙度 Ra
5.4 ~ 5.7	6.0 ~ 6.8
2.86 ~ 2.87	3.0 ~ 3.2
1.57 ~ 1.72	2.10
0.80 ~ 1.20	1.74 ~ 1.98
0.48 ~ 0.65	1.79 ~ 1.87

表 8-6　使用分型剂时模样和铸型的表面粗糙度　　　　　　　　（单位：μm）

模样的表面粗糙度 Ra	铸型的表面粗糙度 Ra
5.9 ~ 6.0	1.7 ~ 1.8
3.8 ~ 4.1	1.64 ~ 1.22
1.8 ~ 1.69	1.20 ~ 1.65
0.95 ~ 0.85	1.07 ~ 1.67
0.45 ~ 0.48	0.98 ~ 1.60

3. 底套

底套包括金属套和砂套,对于批量较大的铸件可使用金属套。金属套陶瓷型铸造类似于金属型铸造,只不过隔了一层陶瓷层,可加快铸件的冷却速度,节省砂套的制造工时及材料消耗,但是同时也由于金属套的制造而提高了制造成本。砂套一般采用水玻璃砂制造,可采用水玻璃硅砂、水玻璃石灰石砂、水玻璃酯硬化硅砂等。上述砂套具有强度高、透气性好、制作简便等优点。底套上应设 $\phi30 \sim \phi50mm$ 的灌浆孔和 $\phi10mm$ 左右的排气孔。对于单件及小批量生产的较大铸件,辅助模样可由铸件模样上粘贴的黏土层或橡胶层形成。该黏土层或橡胶层的厚度即为陶瓷浆料层的厚度。陶瓷浆料层厚度的设计可根据铸件的大小及合金种类的不同而确定，见表8-7。具有一定批量的生产时，应制造专用的底套模样。

表8-7　陶瓷型的灌浆厚度　　　　　　　　　（单位：mm）

合 金 种 类	中 小 件	大 件
铸造铝合金	5～7	8～10
铸铁、铸造铜合金	6～8	8～12
铸钢	8～10	10～15

4. 陶瓷浆料用原辅材料

（1）耐火材料　耐火材料是浆料中的骨干材料，应具有足够的耐火度、热化学稳定性、低的线胀系数，以及合理的粒度分布。常用的耐火材料包括：硅砂、刚玉、锆砂、铝-硅系耐火材料等。

几种耐火材料的化学成分和性能分别列于表8-8和表8-9。

表8-8　常用耐火材料的化学成分

名　　称	化学成分（质量分数，%）				
	Al_2O_3	SiO_2	ZrO_2	Fe_2O_3	$CaO+MgO$
硅砂	<2.0	>97		<0.5	
刚玉砂	>97	<0.25		<0.15	
棕刚玉	>94.5				
煤矸石	41～46	54～51		1～1.5	0.4～0.8
铝矾土	>80			0.8～1.4	0.7～0.4
莫来石	>67				
锆砂	<0.3	<33	>645	<0.4	

表8-9　常用耐火材料的性能

名　　称	化学性质	莫氏硬度	颜色	热导率/[W/(m·K)]	熔点/℃	密度/(g/cm³)	线胀系数/10⁻⁶K⁻¹
熔融石英	酸性	7	白色	1.951[1]	1713	2.65	0.5
电熔刚玉	两性	9	白色	12.560[1]	2045	3.95～4.02	8.6
棕刚玉	两性	7～8	棕色		1900	3.95～4.02	8.6
煤矸石		5～6	黑灰色		1700～1900	2.62～2.65	5.0
铝矾土		6～7	灰色到棕黄色		≈1800	3.2～3.4	5～5.8
莫来石	两性	6～7	灰色到棕黄色	1.214[1]	1800	2.8～3.1	5.4
高岭石熟料	弱酸性	5	灰色到棕黄色		1700～1900	2.4～2.6	5.0
锆砂	弱酸性	7～8	白色到棕黄色	2.094[2]	2430	4.7～4.9	4.6
ZrO_2	碱性	7～8	白色		2600	5.7	6.0

注：线胀系数为0～1200℃时线胀系数的平均值。

① 为400℃时的热导率。

② 为1200℃时的热导率。

Al_2O_3 的表头所对应的数值中线胀系数/$10^{-6}K^{-1}$

　　耐火材料的粒度及其分布对陶瓷型浆料中耐火材料与黏结剂的比例（即粉液比）有很大的影响，而粉液比又直接影响到陶瓷型的收缩值、变形和致密度。浆料中耐火材料的比例提高，即粉液比提高，使陶瓷型的表面更致密，表面粗糙度值则变小，同时陶瓷浆料在灌浆后凝固中的尺寸收缩也变小，所制陶瓷型的尺寸变化也变小，陶瓷型的强度提高。图 8-3、图 8-4 所示分别为陶瓷型耐火材料的加入量与尺寸变化率和强度之间的关系。实验证明，粒度分散的耐火材料所形成的铸型紧实度较大，在浆料配置时，耐火材料的临界加入量相对较高，即能够获得的粉液比较大，如图 8-5 所示。

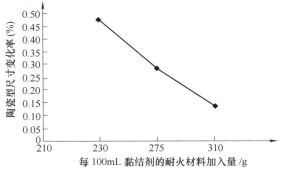

图 8-3　陶瓷型耐火材料加入量
与尺寸变化率的关系

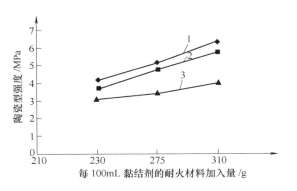

图 8-4　陶瓷型耐火材料加入量
与强度的关系

1—高温强度　2—残留强度　3—常温强度

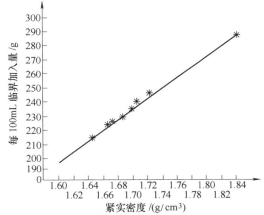

图 8-5　耐火材料紧实度与临界加入量的关系

　　（2）黏结剂　陶瓷型铸造常用的黏结剂为硅酸乙酯的水溶液，但是随着技术的发展，硅溶胶作为一种陶瓷型黏结剂正逐步取代制备工艺复杂、存放周期短、有污染和成本高的硅酸乙酯水溶液。

　　1）硅酸乙酯一般要经过水解后使用。水解反应是指硅酸乙酯与水及溶剂乙醇通过盐酸催化而发生的反应，水解后得到的硅酸胶体溶液就是硅酸乙酯水解液。硅酸乙酯只有经过水解反应才能具有黏结能力。国外铸造厂家可在市场上购买到硅酸乙酯水解液，可以直接使用。我国硅酸乙酯水解液还未市场化，只有硅酸乙酯 32 和硅酸乙酯 40 两种产品有售，生产企业需要自行进行水解。为了保证质量，需要对硅酸乙酯的水解过程进行规范。表 8-10 为两种硅酸乙酯的技术要求及性能特点。表 8-11 为水解配料计算。

表 8-10　两种硅酸乙酯的技术要求及性能特点

项　　目		硅酸乙酯 32	硅酸乙酯 40
化学成分(质量分数,%)	SiO₂	32.0 ~ 34.0	40.0 ~ 42.0
	HCl	< 0.04	< 0.015

（续）

项 目		硅酸乙酯 32	硅酸乙酯 40
密度/(g/cm³)		0.97 ~ 1.0	1.04 ~ 1.07
运动黏度/(m²/s¹)		≤1.6×10⁻⁶	(3 ~ 5)×10⁻⁶
结构组成		以单乙酯为主	主要是四乙酯和五乙酯
平均相对分子质量		248	835
分子构型		线型	线型和枝化
水解反应		硅酸乙酯 40 的水解温度比硅酸乙酯 32 的低,水解平稳,易于控制	
水解性能		硅酸乙酯 40 的水解液稳定性优于硅酸乙酯 32。加入相同数量催化剂时,硅酸乙酯 40 的凝胶时间短,故其综合性能优良	
陶瓷型强度/MPa	常温强度	3.46	2.96
	高温强度	5.00	3.88
	残留强度	3.36	4.37

表 8-11 水解配料计算

操作名称	计 算
计算加水量 B	水解 1kg 硅酸乙酯所需加水量 B(g)计算如下 $$B = 400Ma$$ 式中 M—置换 $1mol$—OC_2H_5 所需的 H_2O 摩尔数 a—硅酸乙酯中—OC_2H_5 的质量分数(%) M 的数值由工艺人员事先选定,一般为 0.25 ~ 0.75mol,M 与陶瓷型强度的关系如图 8-6 所示,a 值如下 硅酸乙酯中 SiO_2 与—OC_2H_5 质量分数的关系 <table><tr><td>SiO_2 的质量分数(%)</td><td>—OC_2H_5 的质量分数(%)</td></tr><tr><td>28.8</td><td>86.5</td></tr><tr><td>30.0</td><td>85.1</td></tr><tr><td>31.0</td><td>84.0</td></tr><tr><td>32.0</td><td>82.6</td></tr><tr><td>33.0</td><td>81.5</td></tr><tr><td>34.0</td><td>80.2</td></tr><tr><td>35.0</td><td>79.0</td></tr><tr><td>36.0</td><td>77.9</td></tr><tr><td>37.0</td><td>77.6</td></tr><tr><td>38.0</td><td>75.4</td></tr><tr><td>39.0</td><td>74.2</td></tr><tr><td>40.0</td><td>72.9</td></tr><tr><td>41.0</td><td>71.8</td></tr><tr><td>42.0</td><td>70.6</td></tr><tr><td>43.0</td><td>69.3</td></tr></table>

（续）

操作名称	计　算
计算乙醇加入量 C	$$C = \frac{1}{\rho_{Z}}\left[1000\left(\frac{S}{S'}-1\right)-B\right]$$ 式中　C—乙醇加入量(mL) 　　　S—原料硅酸乙酯中 SiO_2 的质量分数(%) 　　　S'—水解液中 SiO_2 的质量分数(%) 　　　ρ_{Z}—乙醇的密度(g/cm³)
实际加水量 B'	使用工业乙醇时,由于工业乙醇含水,故实际加水量 B' 为 $$B' = B - CC_{水}$$ 式中　B—计算中总的加水量(mL) 　　　$C_{水}$—工业乙醇中水的体积分数(%),一般为 2.3%
计算盐酸加入量 D	$$D = \frac{Gb'-1000b}{\rho_{盐}C_{盐}}$$ 式中　D—盐酸加入量(mL) 　　　G—水解液的总重量(g) 　　　b'—水解液中盐酸的质量分数(%) 　　　b—原料硅酸乙酯中盐酸的质量分数(%) 　　　$\rho_{盐}$—盐酸的密度(g/cm³) 　　　$C_{盐}$—盐酸的质量分数(%),一般为 35.4%
其他附加物计算	附加物是以原硅酸乙酯为基础计算的,如每千克原料硅酸乙酯加 4~5mL 醋酸

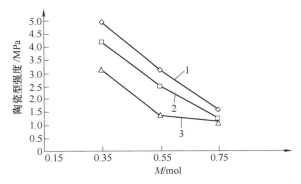

图 8-6　水解液加水量与陶瓷型强度的关系
1—高温强度　2—残留强度　3—常温强度

　　硅酸乙酯的水解工艺及其特点与应用见表 8-12。最常使用的方法是一次水解法。水解后的水解液在室温,即 18~25℃ 下封存 24h 后使用。封存时间又称陈化时间,其对陶瓷型强度的影响如图 8-7 所示。

表 8-12　硅酸乙酯水解工艺及其特点与应用

工艺方法	工 艺 要 求	特点与应用
一次水解	将乙醇和水全部加入水解器中，然后加入盐酸和醋酸，在不断搅拌的情况下，以细流加入硅酸乙酯。水解温度应进行控制。对于硅酸乙酯 32，应控制在 40～50℃；对于硅酸乙酯 40，应控制在 32～42℃。加完硅酸乙酯后继续搅拌 30～60min，出料待用	工艺简单，操作方便，水解液质量稳定，应用较广
二次水解	加入质量分数为 15%～30% 的乙醇，在搅拌情况下，交替加入 1/3 原硅酸乙酯和 1/3 配制好的酸化水，保持水解液温度控制在 38～52℃。重复上述步骤两次，加完后继续搅拌 30min。最后加入混有醋酸的剩余乙醇，继续搅拌 30min	工艺简单，型壳强度较高，应用广泛
综合水解	将乙醇和原硅酸乙酯全部加入涂料搅拌机中，在搅拌状态下加入耐火材料用量的 2/3，强烈搅拌 3～5min（1500～3000r/min）。然后加入酸化水，温度不超过 60℃，搅拌 40～60min。冷却到 34～36℃，加入剩余耐火材料，继续搅拌 30min，除气 30min	水解和涂料配制一次完成，陶瓷型强度比一次水解时高 0.5～2 倍，但工艺复杂，需专用搅拌装置，应用不广泛

2）硅溶胶是由无定性二氧化硅的微小颗粒分散在水中而形成的稳定胶体，外观呈清淡乳白色。目前硅溶胶作为一种陶瓷型黏结剂正逐步取代制备工艺复杂、存放周期短、有污染和成本高的硅酸乙酯水解液。

硅溶胶的 SiO_2 含量、Na_2O 含量、密度、pH 值以及胶粒直径等参数是其主要物化参数。SiO_2 含量越高，密度越大，则硅溶胶中胶体含量就越高。Na_2O 含量和 pH 值反映了硅溶胶以及所制浆料的稳定性。黏度将影响所配浆料的粉液比，黏度低的硅溶胶可配制成高粉液比的浆料，所制陶瓷型的表面粗糙

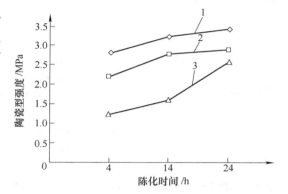

图 8-7　陈化时间对陶瓷型强度的影响
1—高温强度　2—残留强度　3—常温强度

度值较低，强度较高。胶粒直径越大，溶胶稳定性就越好，但凝胶结构中胶粒接触点就越少，凝胶不致密，陶瓷型强度就低。硅溶胶的技术要求见表 8-13。

表 8-13　硅溶胶的技术要求

牌 号	化学成分（质量分数,%）		物理性能				稳定期
	SiO_2	Na_2O	密度 /(g/cm³)	pH 值	运动黏度 /(mm²/s)	胶粒直径 /nm	
GRJ-26	24～28	≤0.3	1.15～1.19	9～9.5	≤6	7～15	≥1 年
GRJ-30	29～31	≤0.5	1.20～1.22	9～10	≤8	9～20	

（3）辅助材料　辅助材料包括催化剂、分型剂和透气剂。

1）催化剂是为了缩短硅酸乙酯浆料的凝胶时间而加入的助剂。目前我国大多采用碱性催化剂。国外大多采用有机催化剂。陶瓷型铸造常用催化剂见表 8-14。无机催化剂型陶瓷型的起模时间短，操作较为不便；有机催化剂则可以使陶瓷型在一个较长的时间范围内都可以

进行起模，并提高了陶瓷型强度，从而大大改善起模性能。催化剂对陶瓷型强度的影响如图 8-8 所示。为了使浆料搅拌均匀并便于灌浆，大件的结胶时间应控制在 8～15min，中小件的结胶时间应控制在 4～6 min。

表 8-14　陶瓷型铸造常用催化剂

催化剂种类	名　　称
无机催化剂	$Ca(OH)_2$、MgO、NaOH、CaO、$Mg(OH)_2$、Na_2CO_3
有机催化剂	醇胺、环已胺、甲基胺等

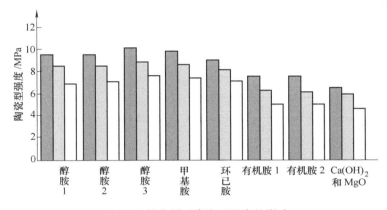

图 8-8　催化剂对陶瓷型强度的影响
■—高温强度　▨—残留强度　□—常温强度

2）分型剂是为了防止陶瓷浆料黏附在铸件模的表面上，造成起模困难而严重影响表面质量，从而在铸件模上涂刷的脱模能力较强的助剂。由于硅酸乙酯水解液或者硅溶胶对铸件模的黏附能力比较强，如果模样表面不涂刷分型剂，极容易造成起模困难并且损坏陶瓷型和模样，影响铸件的表面质量，因此必须使用分型剂。目前使用较多的分型剂有：上光蜡、石蜡、变压器油、凡士林、润滑脂、硅油、树脂漆和聚苯乙烯液等。不同种类的分型剂对陶瓷型表面质量的影响见表 8-15，其中聚苯乙烯液的涂覆性最好，所制陶瓷型表面质量好，同时具有可任意调节黏度、涂层均匀、成膜快、脱模效果好、一次涂膜可多次使用等优点。其次是各种树脂漆，其脱模作用保持时间较长，可作为半永久型分型剂，但是应使树脂漆膜充分干燥，否则浆料中的乙醇会使漆层泡涨、剥落，破坏模样的表面质量。润滑脂太稠，难以涂刷均匀。硅油虽有脱模效果，但是不易干燥成膜，灌浆时容易被浆料冲掉，从而降低铸型表面的表面质量。

表 8-15　不同种类的分型剂对陶瓷型表面质量的影响

分型剂种类	表面粗糙度 $Ra/\mu m$	分型剂种类	表面粗糙度 $Ra/\mu m$
润滑脂	5.1	树脂漆	3.9
硅油	5.5	聚苯乙烯液	1.9

3）透气剂是为了增加陶瓷型的透气性而添加的材料，可分为两种：一种是在喷烧或焙烧时能烧掉，从而使陶瓷型形成细微空隙而增加透气性的材料，如松香、糊精、糖浆酚醛树

脂等；另一种是在分解时能放出气体而在陶瓷浆料中形成小气孔的材料，如碳酸钡、过氧化氢等。

5. 底套的制作

当铸件的批量较小时，底套模可以不必做出，采用在铸件模上黏附一层黏土或橡胶来代替，所黏附黏土或橡胶层的厚度即为陶瓷层的厚度。陶瓷型的厚度、灌浆孔直径和出气孔直径可由表8-16来确定。通常采用水玻璃硅砂或者水玻璃石灰石砂来制作底套，水玻璃的模数为2.4。型砂的硬化可采用二氧化碳或有机酯硬化。底套用水玻璃砂的配比见表8-17。型砂的混制及硬化工艺与砂型铸造相同。

表8-16　陶瓷型灌浆层的厚度和灌浆孔直径

铸件的合金种类及大小		灌浆层厚度/mm	灌浆孔直径/mm	出气孔直径/mm
铸铝	中小件	5 ~ 7	35 ~ 50	10 ~ 15
	大件	8 ~ 10		
铸铁和铸钢	中小件	6 ~ 8		
	大件	8 ~ 12		
铸铜	中小件	8 ~ 10		
	大件	10 ~ 15		

表8-17　底套用水玻璃砂的配比

硬化方法	型砂粒度/目		水玻璃加入量(质量分数,%)	膨润土加入量(质量分数,%)
	20 ~ 40	12 ~ 20		
二氧化碳硬化	50	50	7 ~ 8	1 ~ 2
有机酯硬化	50	50	4 ~ 5	有机酯加入量0.3 ~ 0.4

6. 浆料制备

我国常见的陶瓷浆料有：硅石浆料、锆石浆料、高岭石浆料、铝矾土浆料和刚玉浆料。

（1）陶瓷浆料　其配方见表8-18 ~ 表8-20。

表8-18　陶瓷浆料配方一

浆料名称	耐火材料筛号及加入量/g				硅酸乙酯水解液加入量/mL	催化剂加入量/(g/100mL)	应用范围
硅石浆料	筛号270	筛号50 ~ 100	筛号30 ~ 50		40	Ca(OH)₂0.2 ~ 0.4	中大件
	55	30	15				
锆石浆料	筛号270	筛号100 ~ 200	筛号20 ~ 40		25 ~ 35	Ca(OH)₂0.35	中大件
	65	25	10				
煤矸石浆料	筛号270	筛号200	筛号70 ~ 100	筛号30 ~ 60	31 ~ 35	Ca(OH)₂0.1 ~ 0.2, MgO1 ~ 2	中大件
	30	30	30 ~ 40	10 ~ 5		有机催化剂 2 ~ 10mL	中大件
铝矾土浆料	筛号270	筛号200	筛号70 ~ 100	筛号30 ~ 60	31 ~ 35	Ca(OH)₂0.1 ~ 0.2, MgO1 ~ 2	大件
	30	30	30 ~ 40	10 ~ 5		Ca(OH)₂0.4 ~ 0.6	中小件

（续）

浆料名称	耐火材料筛号及加入量/g				硅酸乙酯水解液加入量/mL	催化剂加入量/(g/100mL)	应用范围
	W28	筛号320	筛号180	筛号60			
刚玉浆料	50		30	20	37 ~ 40	Ca(OH)₂0.45	中小件
	25	25	30	20		Ca(OH)₂0.40	
		50	30	20	40	Ca(OH)₂0.35	大件

注：1. 为了提高陶瓷浆料的透气性，可在100g耐火材料中加0.3g过氧化氢。

　　2. 为了防止陶瓷开裂可加入质量分数为10%的甘油硼酸溶液，如每100mL水解液加入质量分数为3% ~ 5%的甘油硼酸溶液。

　　3. 煤矸石和铝矾土两种浆料使用硅酸乙酯40水解液。

　　4. W28是磨料行业的粒度标准。

　　5. 催化剂加入量是指100mL硅酸乙酯水解液中加入的量（g）。

表 8-19　陶瓷浆料配方二

浆料名称	耐火材料筛号及加入量/g					硅酸乙酯水解液加入量/mL	催化剂(CaO)加入量/(g/100mL)
硅石浆料	筛号50 ~ 100			筛号100 ~ 200		30 ~ 35	0.6 ~ 0.7
	50			50			
锆石浆料	筛号50 ~ 100		筛号100 ~ 200		筛号140 ~ 270	25 ~ 30	0.6 ~ 0.7
	30		40		30		
铝矾土浆料	筛号70			筛号100		30	0.6 ~ 0.7
	70			30			
刚玉加铝矾土浆料	刚玉砂			铝矾土砂			
	筛号70	筛号150	筛号240	筛号70	筛号100	25 ~ 30	0.6 ~ 0.7
	30	20	10	20	20		
	30	20	20	10	20	25 ~ 30	0.6 ~ 0.7

注：1. 催化剂如果换成MgO，则加入量为表值的2倍。

　　2. 催化剂如果换成甘油硼酸溶液，加入量为每100mL加入3 ~ 5mL。

表 8-20　陶瓷浆料配方三

浆料名称	耐火材料筛号及加入量/g			硅溶胶加入量/g	活性剂加入量/g	催化剂加入量/g
硅石浆料	筛号≥100			JN-30		NH₄Cl
	320g			100mL		6 ~ 7mL
	筛号50 ~ 100		筛号140 ~ 270	12 ~ 25	0.10 ~ 0.20	CaO
	50		50			0.6 ~ 0.7
锆石浆料	筛号50 ~ 100	筛号100 ~ 200	筛号140 ~ 270	13 ~ 25	0.15 ~ 0.25	CaO
	30	30	40			0.7 ~ 0.8

（续）

浆料名称	耐火材料筛号及加入量/g					硅溶胶加入量/g	活性剂加入量/g	催化剂加入量/g
铝矾土浆料	筛号 70			筛号 100		13 ~ 25	0.10 ~ 0.20	CaO 0.6 ~ 0.7
	60			40				
刚玉加铝矾土浆料	刚玉砂			铝矾土砂		13 ~ 25	0.15 ~ 0.25	CaO 0.7 ~ 0.8
	筛号 70	筛号 150	筛号 240	筛号 70	筛号 100			
	20	30	10	20	20			
	20	30	20	15	15			

注：1. 催化剂如果用 MgO，用量加倍。

　　2. 活性剂用离子型，否则用量加倍。

　　3. 必要时加入正辛醇做消泡剂，加入量为硅溶胶质量的 0.05% ~ 0.2%。

（2）浆料的配制工艺　硅酸乙酯浆料的配制工艺是先将耐火材料与催化剂混合均匀，然后将其他附加物加入到水解液中，将水解液倒入容器中。将混制好的粉体逐渐倒入水解液容器，倒入的同时不断搅拌。手工操作时应戴上乳胶手套。

硅溶胶浆料的混制工艺是在搅拌器的搅拌下，将催化剂慢慢地加入到硅溶胶中，待所搅拌硅溶胶中无明显浑浊现象为止。然后，向其中加入耐火粉料，待全部耐火材料加入后加快搅拌速度。最后，搅拌约 10min 后立即进行灌浆。

7. 灌浆和起模

灌浆前应将铸件模或底套模涂刷分型剂，干燥至可用状态。浆料的黏度随着搅拌过程的持续而不断增加，两者的关系如图 8-9 所示。当浆料的黏度开始增大时，即图 8-9 中曲线到达 B 点时，应该立即灌浆。注意灌浆之前，浆料应处于搅拌状态，无粉料沉淀现象。灌浆的开始点不宜过迟，以免浆料的流动性降低，影响铸件轮廓的清晰度。

结胶时间可用催化剂的加入量来调整，小件可控制在 4 ~ 6min，大中件可控制在 8 ~ 15min。灌浆时砂箱应轻微振动，以改善浆料的流动性，使浆料中的气泡易于上浮，不附着在模样上。

当浆料固化尚处于弹性状态时就应起模，此时用砂型硬度计（B 型）测量浆料的硬度，硬度值为 80 ~ 90。一般起模时间约等于两倍的结胶时间。起模过早，浆料的固化会不完全，强度较低，陶瓷型容易出

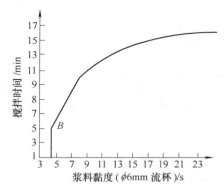

图 8-9　搅拌时间与浆料黏度之间的关系

现大量裂纹而报废；起模太迟，浆料已经无弹性，容易拔坏铸型。起模时不允许上下敲击模样，若需要较大的起模力，最好设计专用的起模装置，以便使模样平稳取出。

8. 焙烧及浇注清理

起模后，应立即用喷烧设备喷烧铸型表面，使铸型中的乙醇燃烧，均匀地挥发掉，防止陶瓷型收缩变形，形成大的裂纹。喷烧工艺还将对陶瓷型的尺寸变化率和强度产生影响，如

图 8-10 和图 8-11 所示。

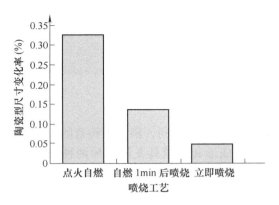

图 8-10　陶瓷型喷烧工艺与尺寸变化率的关系

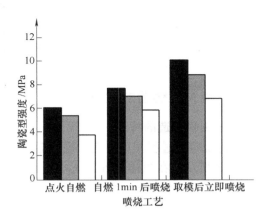

图 8-11　陶瓷型喷烧工艺与强度的关系

■—高温强度　▨—残留强度　□—常温强度

　　焙烧的目的是要提高铸型的强度，同时去除铸型中的残余乙醇、水分和少量的有机物，并使胶体脱水。陶瓷型的焙烧工艺见表 8-21。陶瓷型的焙烧温度与强度之间的关系如图 8-12 所示。

表 8-21　陶瓷型的焙烧工艺

合金种类	焙烧温度/℃	保温时间/min	预热温度/℃
铸钢	>600	30~60	100~200 或以上
铸铁	>500	30~60	100~200 或以上
铸铝和铸铜	350~450	30~60	100~200 或以上

　　合型工序及操作与砂型铸造相同。陶瓷型一般采用热型浇注，对于流动性比较好的铸件，浇注时型温为 100℃或以上；对于流动性不好的铸件，浇注时型温为 200℃或以上。陶瓷型的型温或者是浇注前的预热可利用焙烧后的余温直接浇注，这样可以节省能源。为了防止脱碳，可于合型前在铸型内表面喷涂一层薄薄的酚醛树脂 + 乙醇溶液（两者的质量比为 1:2~1:4），但是不能有大滴滴在铸型表面，以免铸件产生气孔。也可以在铸型表面熏一层炭黑，熏的方法是用石蜡燃熏或用乙炔焊枪喷熏。也可以采用在氮气保护下浇注。

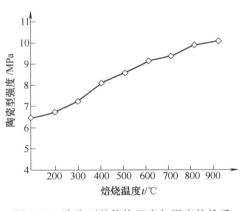

图 8-12　陶瓷型的焙烧温度与强度的关系

　　铸件的清理与砂型铸造相同，打箱时铸件的温度应小于 200℃。

8.2　消失模铸造

　　消失模铸造（LFC）又称为汽化模铸造（EPC），是指用泡沫聚乙烯代替普通模样，以燃烧、熔化、汽化、溶解等方法。使模样从铸型内消失的铸造方法。铸型无分型面，用耐火性能好的粉体或浆体材料造型。狭义上是指泡沫聚乙烯模样在干砂耐火材料中进行的真空造型。相对而言，将泡沫聚乙烯模样在有黏结剂的砂型中的造型称为实型铸造。广义上将上述两种统称为实型铸造。1956 年美国的 H. F. Shroyer 提出了采用泡沫塑料模样铸造的技术并获得了专利。初期的模样采用聚苯乙烯加工而成，经过多次改进形成目前的生产模式，并于 20 世纪 80 年代在世界范围内得到迅速的发展。

8.2.1 消失模铸造的特点及应用

1. 消失模铸造的特点

与传统铸造过程相比，消失模铸造在生产工序上有很大的不同，消失模铸造的工序流程如图 8-13 所示。在模样制造上，可分为泡沫板材加工成形和用模具发泡成形两种方式。在铸型上，不需要黏结剂，可节约相应的材料费用，节省配砂、混砂、固化或焙烧等工序，增加了密封和抽真空等工序；减少了合型工序，铸件的清理和旧砂的回用更加便捷，不需要对旧砂进行破碎；工装方面，需要专用砂箱，需要抽真空系统。总体而言，整个生产过程有一定程度的简化，具体的技术特点如下：

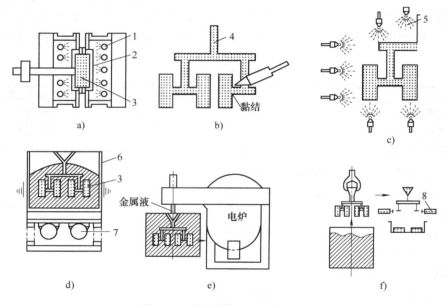

图 8-13　消失模铸造的工序流程
a) 模样成形　b) 模样组装　c) 喷涂涂料　d) 振动造型　e) 浇注　f) 落砂清理
1—蒸汽管　2—型腔　3—模样　4—浇注系统　5—涂料　6—砂箱　7—振动台　8—铸件

1) 铸件尺寸精度高。这是由消失模的特点所决定的，无分型面、无砂芯、无芯头和芯座决定了无错型、无飞边、无内孔尺寸偏差，起模斜度极小意味着尺寸和壁厚更加精确，整体模样意味着铸件相互间的尺寸的一致性比较好，减少了型芯配合中产生的尺寸偏差。消失模铸造的尺寸精度为 CT7 ~ CT10，高于砂型铸造 3 ~ 4 个级别。铸件的表面粗糙度值 Ra 可达 3.2 ~ 12.5μm，高于普通的木模砂型铸造。起模斜度很小，仅为 0.5° ~ 1.0°。

2) 生产率提高。与砂型铸造相比，消失模铸造在模样的制造、铸型的制作和工序过程等方面发生重大变化。消失模铸造无须配砂、混砂、制芯，造型的方式也有较大的变化，打型、落砂和清理也大为简便，可实现一型多组和串铸等方式，生产率大大提高。

3）绿色生产。型砂中无黏结剂，采用干砂造型，无黏结剂污染。落砂容易，无须处理砂中的黏结剂，无须破碎旧砂，减少了清理的工作量，降低了噪声、粉尘量和固体废弃物的排放。

4）技术及制造简捷。可以由泡沫构件粘贴组合成高度复杂的结构，对于孔、洞以及刮砂的结构可以便捷直接地铸出，减少了制作芯子和芯盒的环节。简化了模样的制造，简化了造型过程，减少了合芯与合型过程，降低了劳动强度。减少了模样、芯盒及砂箱的堆放，节约了生产面积。

5）投资及制造成本少。砂处理系统减少，主要是减少了旧砂处理和混砂处理系统。模样的投资也减少，泡沫材料的价格远低于木材的价格，并且节省了木模的维修成本。工装方面也大为简化，如芯骨、浇注系统等均节省掉。合型和合芯所需的材料与工装也被省掉。型芯砂的损耗大大减少，旧砂回收率高达95%。节省了黏结剂的消耗，总的投资成本和运行成本都比较低。

2. 消失模铸造的应用

常用的铸造合金（如铸钢、铸铁、铸铝和铸铜等）都可以采用消失模铸造。就铸件的结构而言，消失模铸造特别适合于生产形状复杂、需要较多的复杂形状砂芯铸成的铸件，如汽车发动机缸体、缸盖、进气歧管等。此外，还广泛用于曲轴、凸轮轴、变速器壳体、离合器壳、阀体、电动机壳体、轮毂、制动盘、磨球、耐磨衬板以及艺术品等铸件的生产。我国消失模铸造生产的铸件中绝大部分是铸铁件和铸钢件，铝合金铸件的产量极少。在欧美发达国家中，铝合金铸件占据了主导地位。

8.2.2 模样

模样是消失模铸造的关键因素，模样的优劣直接影响铸件的表面质量、化学成分、制造成本、铸件的尺寸等方面，因此必须对模样的材料及制造进行规范。

1. 模样材料及其技术要求

模样材料为泡沫塑料，由于其种类较多，性能也各异，因此需要根据其性能进行材料的选择，以满足铸造要求。

（1）模样材料的具体要求

1）汽化温度和发气量低，减少浇注时的烟气雾。

2）汽化迅速、完全、残留物少，以便于在浇注时迅速分解汽化，减少夹杂物在铸件中的残留。

3）制得的模样密度小，强度和表面刚性好，以便于模样在制造、搬运和干砂充填过程中不被损伤，确保模样尺寸和形状的稳定。

4）品种规格齐全，可适应不同材质及结构铸件的制模需要。

5）珠粒均匀，结构致密，加工性能好，价格低廉，以保证在加工过程中不脱珠粒，表面光洁。

（2）模样材料　目前用于消失模铸造的泡沫材料主要有：聚苯乙烯泡沫塑料（即EPS）、聚甲基丙烯酸甲酯泡沫塑料（即EPMMA）、聚甲基丙烯酸甲酯-聚苯乙烯共聚树脂泡沫塑料（即STMMA）等，见表8-22。

聚苯乙烯泡沫塑料具有密度低、汽化迅速、易加工成形、所制模样的表面粗糙度值较低、残留物少、资源丰富和便宜等优点，是消失模铸造中最常用的模样材料，表 8-23 为 EPS 材料的物理和力学性能，表 8-24 为国产 EPS 材料的珠粒规格。

表 8-22 消失模材料

名称	英文缩写	强度	发气量	主要热解产物	价格	应用
聚苯乙烯	EPS	最大	最小	毒性芳香烃较多，单质碳较多	最便宜	最广
聚甲基丙烯酸甲酯	EPMMA	小	大	小分子气体多，单质碳少	贵	较广
共聚物	STMMA	小	较大	小分子气体较多，单质碳少	贵	较广
聚丙烯	PP	小	大	小分子气体较多，单质碳少	贵	研究阶段
聚亚烃基碳酸酯	PAC	小	大	小分子气体较多，单质碳少	贵	研究阶段

表 8-23 EPS 材料的物理和力学性能

项 目	性能指标	项 目	性能指标
抗压强度(形变10%时的压缩应力)/MPa	0.11 ~ 0.14	吸水性/(kg/m³)	≤1.0
抗拉强度/MPa	0.27 ~ 0.37	热导率/[W/m·K]	≤0.041
弯曲断裂负荷/MPa	0.25 ~ 0.30	水蒸气透过系数/[g/(Pa·m·s)]	≤4.5
密度/(kg/dm³)	0.016 ~ 0.019	热变形温度/℃	75
尺寸稳定性(%)	≤3.0	冲击弹性(%)	28

表 8-24 国产 EPS 材料的珠粒规格

型号	目数/目	粒径/mm	主要质量指标
301A	13 ~ 14	1.2 ~ 1.6	
301	15 ~ 16	0.9 ~ 1.43	密度：1.03g/cm³
302A	17 ~ 18	0.8 ~ 1.0	堆积密度：0.6g/cm³
302	19 ~ 20	0.71 ~ 0.88	发泡剂的质量分数：6% ~ 8%
401	21 ~ 22	0.6 ~ 0.8	残留单体的质量分数 < 0.1%
402	23 ~ 24	0.25 ~ 0.60	水的质量分数 < 0.5%
501	25 ~ 26	0.20 ~ 0.40	

STMMA 是专门用于消失模铸造模样材料的可发性共聚树脂珠粒，比 EPS 具有更卓越的铸造性能，主要用于生产阀门、管件、汽车配件及各种工程机械配件等。在适用性方面，尤其适用于球墨铸铁件和结构较为复杂铸件。它与 EPS 相比有两大优点：①降低了铸件的碳缺陷，包括铸钢件的表面增碳、碳烟；②降低了铸件表面粗糙度值。STMMA 的主要技术指标见表 8-25。

表 8-25 STMMA 的主要技术指标

型号规格	挥发量(质量分数,%)≥	粒径/mm	预发泡密度/(kg/m³)
STMMA-1	7	0.6 ~ 0.9	19
STMMA-2	7	0.45 ~ 0.6	19
STMMA-3A	7	0.4 ~ 0.55	20
STMMA-3	7	0.35 ~ 0.50	21
STMMA-4	6	0.25 ~ 0.35	23

EPMMA 是针对采用 EPS 生产低碳钢或球墨铸铁时容易产生增碳和炭黑等缺陷而研发的，但是 EPMMA 的发气量和发气速度都比较大，浇注时容易产生反喷。三种材料的性能对比见表 8-26。

表 8-26 EPS、EPMMA 和 STMMA 的性能对比

项 目	EPS	EPMMA	STMMA
裂解性能	苯环结构，裂解相对较难	介于两者之间	链状结构，容易裂解
碳含量（质量分数,%）	92	60	69.6
比热容/[J/(g·K)]	1.6	1.7	
分解热/(J/g)	−912	−842	
玻璃态转变温度/℃	80~100	105~110	
珠粒萎缩温度/℃	110~120	140~150	100~105
汽化初始温度/℃	275~300	250~260	≈140
大量汽化温度/℃	400~420	370	
汽化终了温度/℃	460~500	420~430	
热解度/(J/g)	648	578	

（3）发泡材料的选用　铝合金铸件、铜合金铸件和灰铸铁件，以及对增碳无特殊要求的碳的质量分数大于 0.4% 的铸钢件，可用 EPS 材料。对于铸件表面对增碳要求比较严格的低碳铸钢件，最好选用 STMMA 材料。对表面增碳特别严格的低碳合金钢铸件，可选用 EPMMA 材料。

球墨铸铁件易产生"亮碳"缺陷，应选用 STMMA 材料。对于表面粗糙度值要求较低的薄壁灰铸铁、球墨铸铁和铸钢件，可选用 STMMA 材料。

珠粒粒径可根据模样的厚度和大小来选择，模样的厚度或大小越小，所选的珠粒粒径应越小。根据实际生产经验，珠粒粒径越小，预发泡倍率越低，所制模样的密度就越大，相应的对应关系见表 8-27。生产中可根据模样壁厚和大小来选取珠粒粒径尺寸。

表 8-27 珠粒粒径大小与模样壁厚以及密度的对应关系

珠 粒 情 况			预发泡倍率	预发后泡沫	模样最小壁厚	模样密度
粒度级别	目数	粒径/mm	K 值范围	粒径/mm	/mm	/(kg/m³)
超细	48~50	0.2~0.3	28~30	0.8~1.2	3	26~28
细	35~48	0.3~0.4	30~32	1.2~1.8	4	24~26
小号	27~35	0.4~0.6	32~34	1.8~2.5	5	22~24
中号	28~35	0.6~0.8	34~36	2.5~3.2	7	20~22
大号	20~28	0.8~1.0	36~38	3.2~3.9	9	18~20

2. 模样的制造

模样的制造可分为两种情况：一种是采用发泡板材进行加工制造，另一种是采用模具进行发泡制造。板材的加工制造与木模类似，以电热丝或者车床、铣床、刨床、锯床等机床进行加工，或者用手工工具进行加工，然后胶合组装成所需模样。该方法适用于单件、小批量

铸件的生产。

模具发泡法制造模样的工艺过程为：珠粒→预发泡→干燥→发泡成形→模样。

（1）预发泡　为了获得密度低、泡孔均匀、表面光洁的模样，必须将珠粒于模样成形之前进行预发泡。预发泡主要包括真空预发泡和蒸汽预发泡两种方法。

1）真空预发泡装置如图 8-14 所示。工艺流程为：加热预发泡筒→加料、搅拌→抽真空→喷水雾→停止抽真空→卸料→预发珠粒熟化。筒体带夹层，中间通蒸汽或用油加热，加热介质不直接接触珠粒。筒体内加入待预发的原始珠粒，加热搅拌后抽真空，然后喷水雾化冷却定型。珠粒的发泡是真空与加热双重作用的结果。预热温度和时间、真空度的大小和抽真空时间是影响预发泡质量的关键因素，必须进行优化组合，表 8-28 为推荐数据。过高的夹套蒸汽压和过长的预热时间都会造成预发珠粒过度预发，发泡剂损失太多，降低后续成形发泡模样的质量。

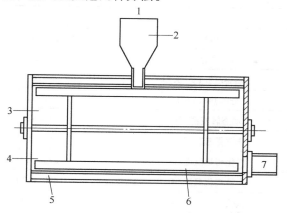

图 8-14　真空预发泡装置

1—珠粒入口　2—加料斗　3—加水　4—抽真空
5—双层壁加热膨胀室　6—搅拌叶片　7—卸料口

表 8-28　真空预发泡工艺参数

发泡材料	加料量/g	预热时间/min	夹套蒸汽压/MPa	预发密度/(kg/m³)
EPMMA		2 ~ 5	0.15 ~ 0.20	20 ~ 25
STMMA	500	2 ~ 5	0.12 ~ 0.18	20 ~ 22
EPS		1 ~ 3	0.10 ~ 0.12	16 ~ 24

2）蒸汽预发泡是目前使用较多的预发泡方法。实践证明，蒸汽是获得低密度预发泡的最好介质。间歇式蒸汽预发泡是目前使用较多的蒸汽预发泡法，图 8-15 所示为间歇式蒸汽预发法工艺流程。珠粒从上部加入，高压蒸汽从底部进入，开始预发泡。筒体内的搅拌器不停地转动，当预发泡珠粒的高度达到光电管的控制高度时，自动发出信号，停止进气并卸料，预发泡过程结束。蒸汽预发泡工艺参数见表 8-29。

表 8-29　蒸汽预发泡工艺参数

发泡材料	预热温度/℃	蒸汽压力/MPa	预发泡时间/s	珠粒密度/(kg/m³)
EPS	95 ~ 100	0.010 ~ 0.020	40 ~ 50	16 ~ 24
STMMA	100 ~ 105	0.030 ~ 0.040	80 ~ 100	20 ~ 22
EPMMA	110 ~ 116	0.030 ~ 0.035	60 ~ 70	20 ~ 25

（2）预发珠粒熟化　刚刚预发的珠粒不能立刻用来在模具中进行二次发泡及成形。这主要是因为预发珠粒从预发装置中取出后有一个激冷的过程，造成蒸汽和发泡剂的冷凝，泡孔内形成一定的真空度，此时预发珠粒弹性不足，流动性差，不利于充填模具型腔，如果马

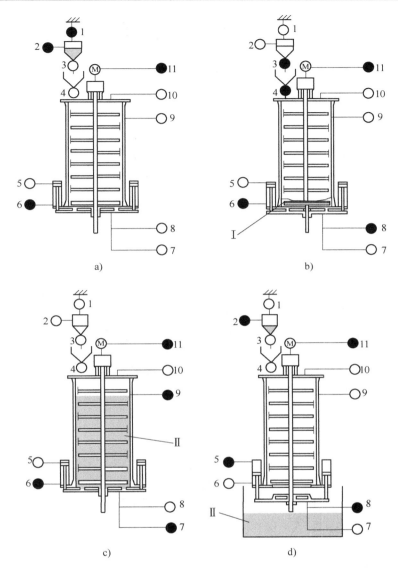

图 8-15　间歇式蒸汽预发法工艺流程

a）称量　b）加料　c）珠粒加热膨胀　d）卸料

Ⅰ—预发泡前的珠粒　Ⅱ—预发泡后的珠粒

1—称重传感器　2—原始珠粒加入称重斗　3—原始珠粒放入中间斗　4—加料阀门

5—气缸上进气阀　6—气缸下进气阀　7—蒸汽阀　8—排水阀　9—光电料位传感器

10—排气阀　11—搅拌电动机

注：图中圆圈涂黑表示该电器元件处于工作状态。

上进行发泡成形，珠粒压扁后就不会再复原回弹。在这种情况下，需要进行熟化处理。熟化处理就是将预发后的珠粒在干燥的室内或干燥设备中放置或者处理一定的时间，让空气渗入泡孔中，使残余发泡剂和水分蒸发扩散，泡孔内外压力平衡、恢复弹性，以便于最终发泡成形。最佳熟化温度为 20～25℃。温度过高，发泡剂的损失增大；温度过低，减慢了空气的渗入和发泡剂的扩散速度。最佳熟化时间取决于熟化前预发泡珠粒的湿度和密度，表 8-30

为水的质量分数小于2%时EPS预发泡珠粒的熟化时间。STMMA预发泡珠粒的熟化时间一般为8~24h。熟化一般在熟化仓中进行，熟化仓的容积一般为1~5m³，采用塑料网或不锈钢网制成，如图8-16所示。熟化仓应置于干燥并且通风良好的场地。珠粒的输送一般不能用塑料管道，而是采用金属管道，管道带有接地导线接地。

表8-30　EPS预发泡珠粒的熟化时间

堆密度/(kg/m³)	15	20	25	30
最佳熟化时间/h	48~72	24~48	10~30	5~25
最小熟化时间/h	10	5	2	0.5

（3）发泡成形　这里主要是指预发泡并熟化的珠粒在模具中的发泡成形，最终要形成与模具内腔相一致的整体模样，这也是成形发泡的目的。发泡成形根据加热方式的不同，可分为蒸缸成形和压机气室成形两种方法。

1）蒸缸成形法也称为手工成形法，成形过程是将模具安装好，然后将熟化好的珠粒由加料枪填满模具型腔，再放入到蒸缸内，通入蒸汽并控制和调整好压力和温度，发泡成形完毕后将已成形的模样及模具整体从蒸汽缸中取出，冷却定形、脱模。蒸缸成形装置如图8-17所示，成形的特点是膨胀速度较慢，时间较长，如厚度为7~30mm的模样，加热时间为3~5mm。蒸汽压力见表8-31。蒸缸成形法中模具的组合与拆卸需要手工操作，生产率低，不适合大批量生产。

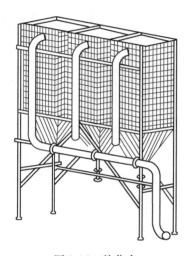

图8-16　熟化仓

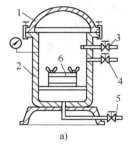 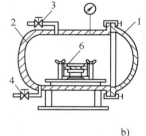

a) b)

图8-17　蒸缸成形装置

a) 立式　b) 卧式

1—缸盖　2—缸体　3—进气阀　4—排气阀　5—排空阀　6—模具　7—冷却水箱

表8-31　蒸缸成形法的蒸汽压力

模样材料	EPS	STMMA	EPMMA
蒸汽压力/MPa	0.10~0.12	0.11~0.15	0.15~0.18

2）压机气室成形法也称为机模成形法，分为立式和卧式两种，如图8-18所示。立式成形机的开模方式为水平分型，模具对开，分为上模和下模。其特点为：①模具拆卸和安装方便；②模具内便于安放嵌件或活块；③易于手工取模；④占地面积小；⑤在工艺方面可获得

低密度的模样，成形时间短，工艺稳定，模样的质量较好。

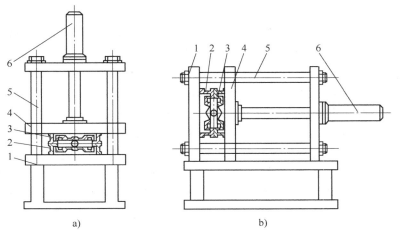

图 8-18　成形机示意图

a）立式成形机　b）卧式成形机

1—固定工作台　2—固定模　3—移动模　4—移动工作台　5—导杆　6—液压缸

卧式成形机的开模方式为垂直分型，模具对开，分为左模和右模。其特点为：①模具的前后和上下空间开阔，可灵活设置气动抽芯机构，便于制作具有多抽芯的复杂模样；②模具中的水和气排放顺畅，有利于泡沫模样的脱水和干燥；③生产率高，易于实现程控自动化；④结构较复杂，价格较高。其工艺过程如图 8-19 所示。

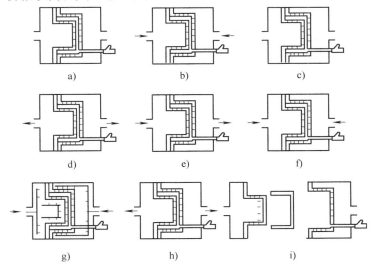

图 8-19　卧式成形机的工艺过程

a）闭模　b）预热模具　c）加料　d）固定模通蒸汽　e）移动模通蒸汽

f）固定模和移动模同时通蒸汽　g）水冷却　h）真空冷却　i）脱模

3）发泡成形的工艺过程包括：预热、填料、加热、冷却和脱模。

预热：在模具安装完毕并合模之后进行，预热温度为 100℃，使模具均温和干燥。

填料：打开固定模和移动模气室的出气口，用压缩空气加料器由加料口把预发泡珠粒吹入模腔内，待珠粒填满整个模腔后，将加料口用塞子塞住。加料的方法有三种：手工充填、加料枪射料和真空吸料，其中多采用加料枪射料。为保证珠粒能够充满模腔，一方面模具上的排气孔要设置合理，另一方面加料枪上的压缩空气压力应保证在 0.2 ~ 0.3MPa。

加热：预发珠粒填满模腔后，通入蒸汽，其温度约为 120℃，压力为 0.1 ~ 0.15MPa，保压时间视模壁厚度而定，范围从几十秒至几分钟。加热后珠粒的膨胀填补了珠粒间的空隙，珠粒表面熔化并相互黏结在一起，形成平滑的表面。

冷却：模样在出模前必须进行冷却，以抑制出模后继续长大，即抑制第三次膨胀。通过冷却使模样温度降至发泡材料软化点以下，模样转至玻璃态，硬化定形，使模样的形状和尺寸得以固定。冷却方法有水冷和真空冷却两种。水冷是指用冷却水通入模具，使模具冷却至脱模温度，即模具温度冷却到 40 ~ 50℃ 或以下。水冷后可采用真空冷却方法继续冷却，先放掉冷却水，然后开启真空泵，使模样进一步冷却，同时能减少模样中水分等的含量。

脱模：首先是开模，然后根据模具设计的要求确定起模的方式，如机械起模、水汽叠加起模或者是真空吸盘起模。

模样的熟化是指模样从模具中取出时含有质量分数为 6% ~ 8% 的水分，存在 0.2% ~ 0.4% 的收缩，容易产生气孔、反喷和尺寸及形状的变化，需要将模样放入 50 ~ 70℃ 的烘干室中强制干燥 5 ~ 6h，达到稳定尺寸和去除水分的目的。

对于形状和结构比较复杂的铸件，当采用分块制造时，熟化后还需要将分块模样粘接成一体。所使用的胶粘剂分为两大类：热熔胶和冷粘胶。粘接方式有手工粘接和机械粘接。手工粘接适合简单结构铸件中小批量的生产。机械粘接是采用自动粘接机进行粘接，适合于结构复杂铸件的大批量生产。

3. 模具的设计与制造

模具的设计与制造是影响发泡模样质量的重要因素，其中模具的设计关系到模具的结构、模具的工作效率，是最为重要的因素。发泡模具可分为蒸缸模具和压机气室发泡模具。

（1）对模具的要求

1）确保模样尺寸精确，表面粗糙度值低，圆角过渡良好，分型面错位少、皮缝少。

2）安装和拆卸容易，操作方便，利于模样的取出。

3）加料口设计合理，利于珠粒充满模腔。

4）通气孔布置合理，利于蒸汽的引入和冷凝水等的排出。

5）模具的壁厚及其上的加强筋设计要合理，以满足打压时具有足够的强度和刚度。

6）型腔尺寸的线收缩率设计合理，以保证最终生成模具的尺寸精度。

（2）模具材料　模具材料应具有良好的导热性、耐蚀性、强度和刚度，以保证所制模样尺寸的稳定。一般选用铝合金。

（3）铸造工艺设计　铸造工艺设计包括确定合理的工艺方案、适宜的加工余量和起模斜度，进行合理的浇冒口设计及模样分块设计。

（4）模具的基本构造　模具包括底板、内型腔和外模框三大主要结构和相应的加料、顶杆和气塞三个辅助系统。

（5）配件　配件包括加料枪和顶杆。加料枪可分为手工加料枪和自动加料枪两种。前者使用较多，主要配置在普通成形机上；后者主要为自动成形机配套，效率也比前者高。常用加料枪的规格见表 8-32。顶杆常用于自动成形机的模具中，普通成形机的模具常常省略。

顶杆可使模具具有更高的生产率，并使模样平稳地脱模而不致断裂和损坏，减轻劳动强度。

表 8-32　常用加料枪的规格

加料枪号码	1#	2#	3#	4#
加料枪口径/mm	30	20	14	8

（6）模具制造的工艺程序

1）审图。就是对需要制模的铸件图样进行工艺审查，看看铸件结构是否合理，是否符合工艺性，有没有必要进行结构、加工面、清砂口等方面的改动。

2）设计。既包括上文所述的铸造工艺设计，又包括模具分型面、抽芯、加料系统、顶出机构等方面的设计。

3）制作模具的母模。对于一些无法用机械加工方法生成的曲面，需要用铸造方法生成，则需要制作模具母模，由模具母模铸造翻制出发泡模具。制作模具母模时，应考虑母模的铸造收缩率、必要的加工余量等。

4）精加工。铸造出的模具毛坯以及直接由型材加工的模具需要进行精加工，以加工至最终尺寸。

5）装配、试模。

8.2.3　涂料

与砂型铸造相似，消失模铸造中涂料可以防止铸件粘砂，降低铸件表面粗糙度值，阻止金属液渗入铸型。不同之处在于消失模铸造中涂料是涂覆于模样表面的。消失模铸造涂料还可以提高模样表面的强度和刚度，防止模样在搬运、填砂和振动过程中变形和破坏。

1. 涂料的组成与原料

消失模铸造用涂料一般由耐火材料、黏结剂、载体、悬浮剂、表面活性剂和其他辅助添加剂组成。

（1）耐火材料　耐火材料是涂料中的骨干材料，决定了涂料的耐火度、化学稳定性和绝热性。常用的耐火材料包括：刚玉、锆砂、硅砂、铝矾土、氧化镁、高岭土熟料等。表 8-33 为常用耐火材料的物理和化学性能。

表 8-33　常用耐火材料的物理和化学性能

耐火材料	化学性能	熔点/℃	密度/(g/cm³)	线胀系数/10^{-6}℃$^{-1}$	热导率/[W/m·K]
刚玉	中性	2000 ~ 2050	3.8 ~ 4.0	8.6	5.2 ~ 12.5
锆砂	弱酸性	< 1948	3.9 ~ 4.9	4.6	2.1
硅砂	酸性	1713	2.65	12.5	1.8
铝矾土	中性	1800	3.1 ~ 3.5	5 ~ 8	
高岭石	中性	1700 ~ 1790	2.62 ~ 2.65	5.0	0.6 ~ 0.8
氧化镁	碱性	2800	3.6	14	2.9 ~ 5.6
硅藻土	中性		1.9 ~ 2.3		0.14
石墨	中性	> 3000	2.25	2	13.7
滑石粉	碱性	800 ~ 1350	2.7	7 ~ 10	
云母	弱碱性	750 ~ 1100			
珠光粉	中性	1700	3.3		

根据铸件的具体材质来选用具体的耐火材料，这是因为铸件的材质不同，其熔点以及铸件与涂料之间的化学稳定性也不相同。表 8-34 为耐火材料与铸件材质的匹配情况。

表 8-34　耐火材料与铸件材质的匹配

铸件材质	耐 火 材 料										
	刚玉	锆砂	氧化镁	棕刚玉	硅砂	高铝矾土	高岭土	硅藻	滑石粉	珠光粉	云母
铸钢	A	A	A	B	B	C	C	C	C	C	C
铸铁	C	C	C	A	A	A	A	C	C	D	D
铸铝	C	C	C	C	C	C	C	A	A	D	D

注：A 表示常用，B 表示有时用，C 表示基本上不用，D 表示与其他耐火材料配合使用。

耐火材料的粒度和分布对涂料的透气性有很大的影响，粒度越大，粒度分布越集中，粒形越趋近球形，涂料的透气性就越高。图 8-20 所示为在加入相同黏结剂的条件下，两种耐火材料的粒度与所配制涂料透气性的关系。由图 8-20 可见，随着耐火材料粒度的增大，两种涂料的透气性都升高，升高的速度不同。

耐火材料的粒度和分布对涂料的悬浮性也有较大的影响，粒度越大，涂料的悬浮性就越差。因此，耐火材料粒度和级配的选择应兼顾到涂料的悬浮性和透气性，使其具有良好的综合性能。

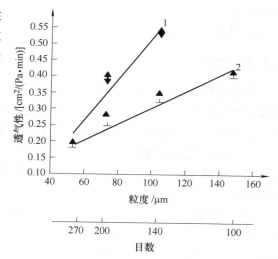

图 8-20　两种耐火材料的粒度与所配制
涂料透气性的关系
1—氧化铝粉涂料　2—硅石粉涂料

（2）黏结剂　黏结剂是为了使涂料中的其他组分黏结在一起，提高涂料层的强度，并使涂料能牢固地黏附在发泡模样表面上的助剂。涂料用黏结剂可分为无机黏结剂和有机黏结剂，前者的使用温度较高，后者的使用温度低一些。无机黏结剂包括：膨润土、水玻璃、硅溶胶、磷酸盐、硫酸盐，以上均为亲水型黏结剂。有机黏结剂分为亲水型和憎水型。亲水型包括：糖浆、纸浆废液、糊精、淀粉、聚乙烯醇（PVA）、聚醋酸乙烯乳液、水溶性酚醛树脂、聚丙烯酸（VAE）、苯丙乳液。憎水型包括：沥青、煤焦油、松香、酚醛树脂、桐油、合脂油、硅酸乙酯、聚乙烯醇缩丁醛。亲水型用于水基涂料，憎水型用于醇基涂料。一些憎水型黏结剂经过处理也可用于水基涂料。常用的黏结剂有：膨润土、硅溶胶、酚醛树脂、聚乙烯醇缩丁醛、聚醋酸乙烯乳液。

（3）载体　载体又称为溶剂或载液，主要作用是使耐火材料颗粒分散在其中，使涂料中其他组分溶解于其中，形成便于涂覆的浆状或较稀的膏状涂料。常用的载体有水和有机溶剂。消失模铸造中使用较多的是水基涂料。大多数有机溶剂都能使泡沫模样受到侵蚀或溶解，乙醇的使用量也较多。模样用水基涂料涂刷后一般需要放置数小时至一昼夜，使其干燥。也可以使用低于 60℃ 的热源进行烘烤或吹热风加速干燥。

（4）悬浮剂　悬浮剂是赋予涂料一定的黏度，以阻缓耐火材料颗粒下沉，使耐火材料尽可能有效悬浮的溶剂。悬浮剂的加入可使涂料黏度增加，有效地放置沉降和分层，并具有适当的流变性。悬浮剂主要有两种：一种是水基涂料悬浮剂，另一种是醇基涂料悬浮剂。

1）水基涂料悬浮剂主要包括：膨润土、凹凸棒黏土、羟甲基纤维钠（CMC）、海藻酸钠、聚乙烯醇、糖浆、木质素磺酸钙、黄原胶和聚丙烯酰胺（PAM）等。

2）醇基涂料悬浮剂主要包括：有机改性膨润土、聚乙烯醇缩丁醛（PVB）、钠基膨润土、锂基膨润土、凹凸棒黏土、海泡石、累托石、SN 悬浮剂等。

（5）辅助添加剂　辅助添加剂包括表面活性剂、消泡剂和防腐剂。

1）表面活性剂是用来改善涂料对泡沫模样表面的浸润渗透能力，降低涂料的表面张力的助剂。表面活性剂具有亲水和亲油的性质，其分子一般由两种性质不同的原子基团组成：一种是非极性的亲油（疏水）的基团，另一种是极性的亲水的基团。两个基团分处于分子的两端，形成不对称结构，是既能亲油又能亲水的双亲分子。亲水疏水平衡值（HLB 值）常作为选择表面活性剂的依据，以衡量亲水部分与亲油部分在总的乳化性质中的贡献。HLB值越高，表示亲水性就越高，反之则亲油性就越高。

按照表面活性剂亲水团的性质可将表面活性剂划分为阴离子型、阳离子型和非离子型，以及两性表面活性剂。常见的阴离子型表面活性剂有羟酸盐、硫酸酯盐、磺酸盐和磷酸酯盐四大类，具体的试剂有扩散剂 N、亚甲基双萘磺酸钠（NNO）、十二烷基苯磺酸钠。

阳离子型表面活性剂大多为有机胺类化合物，铸造生产中应用较少，但是烷基季铵盐 $[RN^+(CH_3)_3Cl^-]$ 可用来制备有机膨润土。

非离子型表面活性剂不受 pH 值和电解质的影响，在涂料中应用较多，水基涂料中常用的有聚乙烯醚类化合物（JFC）、烷基酚与环氧乙烷缩合物（OP-10）等。具体试剂有 OP-4、OP-7、OP-10、高级脂肪醇聚氧乙烯醚、T-80（吐温-80）等。

2）消泡剂是为了消除涂料生产或贮存时由于稀释或搅拌产生气泡而添加的助剂。常用的消泡剂有正丁醇、正戊醇、正辛醇。加入量一般为涂料的 2%，不宜多加。

3）防腐剂是为了防止水基涂料产生发酵、腐败和变质添加的助剂。常用的防腐剂有麝香草酚（百里酚）、五氯萘酚、五氯酚钠、苯甲酸钠和甲醛水溶液（福尔马林）。加入量一般为涂料的 0.02% ~0.04%。

2. 涂料的配制与使用

涂料的配制包括两方面的内容：各种原辅材料的选择及配比确定，涂料的配制工艺及现场控制。

（1）原辅材料的选择　耐火材料的选择主要依据铸件的材料种类和铸件的大小。铸钢件的浇注温度较高，要选用耐火度高的耐火材料。对于壁厚较大的铸钢件，可选用锆石粉或白刚玉做耐火材料。对于中小型铸钢件，可选用棕刚玉、铝矾土或硅石粉做耐火材料，或者以锆石粉为主，加入一部分莫来石粉。对于高锰钢铸件可选用镁砂粉或镁橄榄石粉，不宜选用硅石粉，以免形成 $MnOSiO_2$ 粘砂。对于大型铸铁件，要选用锆石粉与以鳞片石墨为主的耐火材料。对于中小型铸铁件可选用土片状石墨、铝矾土、硅石粉、镁砂粉等耐火材料，还可以添加一定量的云母、硅灰石、黑曜石，以改善涂层的高温透气性。对于铝合金铸件，可选用滑石粉、云母粉、蛭石粉。为了保证涂层的高温透气性，所选的耐火材料应有合理的粒度级配。如某耐火材料中，100 目的颗粒约占 12%，小于 270 目的颗粒占 25% ~28%。

（2）原辅材料的配比　根据涂料的用途，可分为铸钢用涂料、铸铁用涂料、铸造铜合金用涂料和铸造铝合金用涂料四种；根据涂料中的载体，可分为水基涂料和醇基涂料两大类。表8-35为消失模铸造水基涂料配比，表8-36为消失模铸造醇基涂料配比，表8-37为实型铸造水基涂料配比，表8-38为实型铸造醇基涂料配比。

表8-35　消失模铸造水基涂料配比（质量份）

耐火材料	悬浮剂	黏结剂	载液	助剂	用途
铝矾土 60~70 云母 30~40	膨润土 3~4 黄原胶微量	VAE8~10 黏土 6	水适量	JFC 适量 消泡剂适量 防腐剂适量	铸铁件
铝矾土 60 片状石墨 40	膨润土 4~6	白乳胶 2 糖浆 2	水适量	JFC 适量 消泡剂 0.02	铸铁件
莫来石 200 目 72 硅灰石 100 目 8 锂辉石 8	膨润土 2~3 CMC0.5	水溶性酚醛树脂 8	水适量	JFC 适量 消泡剂 0.02 防腐剂适量	铸铁件
黑曜石（或珍珠岩）25 锆石粉 23 土片石墨 20 硅石粉 32	膨润土 2~3 黄原胶微量	聚乙烯醇（固态）2.0	水适量	JFC 适量 消泡剂微量 防腐剂适量	铸铁件
微细硅石粉（$\phi 5\mu m$）80 石墨粉 20	钠膨润土 3 黄原胶微量	硫酸镁水化合物 5	水 40	表面活性剂微量 消泡剂微量 防腐剂微量	铸铁件
黑曜石粉 80 石墨粉 20	钙膨润土 3 黄原胶微量	硫酸镁水化合物 5	水 40	表面活性剂微量 消泡剂微量 防腐剂微量	铸铁件
白云母 24 硅石粉 56 石墨 20	钙膨润土 3~5 黄原胶微量	醋酸乙烯酯 7.5	水 40	表面活性剂微量 消泡剂微量 防腐剂微量	铸铁件
硅石粉 70 云母粉 30	膨润土 1.5 凹凸棒土 1	白乳胶 8 黄原胶微量	水适量	消泡剂微量 表面活性剂微量	铸铁件
铝矾土 70 云母 30	膨润土 1.5 凹凸棒土 1	黏结剂 8	水适量	表面活性剂微量 消泡剂微量	铸铁件
棕刚玉 100	CMC0.3 SN8	白乳胶 3 硅溶胶 6	水适量	表面活性剂微量 消泡剂微量 防腐剂微量	铸铁件 铸钢件
球形耐火骨料 140~200 目 20 200~280 目 80	黄原胶 0.15 钠膨润土 2	丙烯酸酯胶 9	水适量	六偏磷酸钠微量 T-80 微量	大型 铸铁件
锆石粉 100	钠膨润土 2.5	白乳胶 2.5	水适量	石油磺酸 0.05~0.1	铸钢件

（续）

耐火材料	悬浮剂	黏结剂	载液	助剂	用途
硅石粉 96 滑石粉 4	膨润土 4 CMC4	白乳胶 3 硅溶胶 6	水适量	碳酸钠 0.1 脱壳剂 0.1	中小型 铸钢件
棕刚玉 100	悬浮剂 8 CMC2.0	白乳胶 3 硅溶胶 6	水适量	JFC 适量	铸钢件
镁橄榄石粉 98 滑石粉 2	膨润土 2.0 CMC2.0	白乳胶 3 硅溶胶 6	水适量	碳酸钠 0.1	高锰钢 铸件
硅藻土 30 珠光粉 40 云母 30	凹凸棒土 2 CMC0.3	白乳胶 2 硅溶胶 9	水适量	JFC0.03	铝合金 铸件
硅藻土 40 珠光粉 60 云母 40	CMC0.3 凹凸棒土 2 PAM10	硅溶胶 9 白乳胶 2	水适量	JFC0.03	铝合金 铸件
堇青石 100	膨润土 2.7 CMC0.5 ~ 1	黏结剂 1.5 ~ 2	水适量	$Na_3P_3O_3$1 ~ 3	铝合金 铸件
镁砂粉 30 ~ 50 珠光粉 20 ~ 40 云母粉 30	CMC0.1 ~ 0.8	白乳胶 1 ~ 5	水适量	阻燃剂 $SF_6$0.3 ~ 20 吸附剂 1 ~ 6	镁合金 铸件

表 8-36　消失模铸造醇基涂料配比（质量份）

耐火材料	悬浮剂	黏结剂	载液	助剂	用途
硅石粉 65 ~ 80 铝矾土 20 ~ 35	有机膨润土 2 ~ 4	PVB0.2 ~ 0.4 酚醛树脂 3	乙醇 60 ~ 75	OP-4 微量	碳素钢铸件
锆石粉 65 ~ 80 铝矾土 20 ~ 35	有机膨润土 1.5 ~ 3.5	PVB0.2 ~ 0.4 酚醛树脂 3	乙醇适量	OP-4 微量	大型合金钢铸件
刚玉粉 65 ~ 80 铝矾土 20 ~ 35	有机膨润土 2 ~ 4	PVB0.2 ~ 0.4 酚醛树脂 3	乙醇适量	OP-4 微量	大型合金钢铸件
镁砂粉 65 ~ 80 铝矾土 20 ~ 35	有机膨润土 2 ~ 4	PVB0.2 ~ 0.4 酚醛树脂 3	乙醇适量	OP-4 微量	高锰钢铸件
铬铁渣 100 （高铬刚玉）	有机膨润土 2 ~ 3	酚醛树脂 2 ~ 3 PVB0.2 ~ 0.4	乙醇适量	OP-4 微量	高锰钢铸件
土状石墨 65 ~ 80 片状石墨 20 ~ 35	有机膨润土 2 ~ 4	PVB0.2 ~ 0.4 酚醛树脂 3 ~ 5	乙醇适量	OP-4 微量	铸铁件
刚玉粉 33 ~ 60 铝矾土 33 ~ 53 土状石墨 7 ~ 14	有机膨润土 2 ~ 4	PVB0.2 ~ 0.4 酚醛树脂 2 ~ 4	乙醇适量	OP-4 微量	大型铸铁件
铝矾土 66 ~ 84 土状石墨 8 ~ 17 片状石墨 8 ~ 17	有机膨润土 2 ~ 4	PVB0.2 ~ 0.4 酚醛树脂 3 ~ 5	乙醇适量	OP-4 微量	铸铁件

注：应采用高纯度乙醇或甲醇做载液，以保证挥发干燥。

表 8-37　实型铸造水基涂料配比（质量份）

耐火材料	悬浮剂	黏结剂	载液	助剂	用途
铝矾土 78～88 土状石墨 12～22	活化膨润土 3～5	糖浆 2～3	水适量	JFC 微量	铸铁件
铝矾土 10 土状石墨 60～70 片状石墨 20～30	活化膨润土 4～6	糖浆 3～4	水适量	JFC 微量	铸铁件
铝粉膏 82 细黄砂 18	活化膨润土 4～6 CMC1.5	水玻璃 2～4	水适量	JFC 微量	铸铁件
硅石粉 20～30 铝粉膏 70～80	活化膨润土 4～6	VAE 适量	水适量	木质素磺酸钙 适量	铸铁件
硅石粉 12 铝粉膏 88	活化膨润土 2～3	纸浆废液适量	水适量		铸铁件
硅石粉 10 土状石墨 80 片状石墨 10	活化膨润土 4～6	VAE 适量	水适量	石棉纤维 适量	铸铁件
锆石粉 8 土状石墨 65 片状石墨 27	活化膨润土 3～5	纸浆废液适量	水适量	JFC 微量	铸铁件
锆石粉 100	活化膨润土 1.5	纸浆废液适量	水适量	JFC 微量	铸钢件
锆石粉 88 刚玉粉 12	活化膨润土 3	白乳胶 1 纸浆废液适量	水适量	JFC 微量	铸钢件
锆石粉 100	活化膨润土 2～3	纸浆废液适量	水适量	洗涤剂 0.5	铸钢件
锆石粉 100	活化膨润土 1.5～2 CMC 适量	白乳胶 2.0～2.5	水适量	石油磺酸 0.05～0.1	铸钢件

表 8-38　实型铸造醇基涂料配比（质量份）

耐火材料	悬浮剂	黏结剂	载液	助剂	用途
铝矾土 60～70 土状石墨 20～25 片状石墨 10～15	有机膨润土 2～3	酚醛树脂 4～6 PVB0.3	乙醇 50～65	OP-4 微量	铸铁件
刚玉粉 35～55 铝矾土 35～57 土状石墨 8～10	有机膨润土 1～3	酚醛树脂 3～5 PVB0.2～0.3	乙醇 50～65	OP-4 微量	高要求 铸铁件
铝矾土 50 土状石墨 35 片状石墨 15	有机膨润土 1～3	酚醛树脂 4～6 PVB0.3	乙醇适量	OP-4 微量	铸铁件
土状石墨 76 片状石墨 24	有机膨润土 2～4	酚醛树脂 5 45～80 胶 10	汽油适量	OP-4 微量	铸铁件

（续）

耐火材料	悬浮剂	黏结剂	载液	助剂	用途
硅石粉 66~83 铝矾土 17~34	有机膨润土 1~3	酚醛树脂 3~5 PVB0.2~0.4	乙醇 58~75	OP-4 微量	碳素铸钢件
锆石粉 66~83 铝矾土 17~34	有机膨润土 1~3	酚醛树脂 2~4 PVB0.2~0.4	乙醇 55~70	OP-4 微量	合金铸钢件
刚玉粉 66~83 铝矾土 17~34	有机膨润土 1~3	酚醛树脂 3~5 PVB0.2~0.4	乙醇 58~75	OP-4 微量	合金铸钢件
铝矾土 17~34 镁砂粉 66~83	有机膨润土 1~3	酚醛树脂 3~5 PVB0.2~0.4	乙醇 58~75	OP-4 微量	高锰钢铸件
硅石粉 100	有机膨润土 1~3	PVB 适量 电木漆 10~20	乙醇 100	硼酸 20~24	铸钢件
锆石粉 100	有机膨润土 1~3	酚醛树脂 3 45~80 胶 15	汽油 30	OP-4 微量	铸钢件
锆石粉 100	有机膨润土 1~3	酚醛树脂 2~4 松香 1	乙醇 适量	OP-4 微量	铸钢件
滑石粉 100	有机膨润土 1~3	PVB 适量 酚醛树脂 0.2~0.4	乙醇 适量	OP-4 微量	有色合金铸件

（3）涂料的配制工艺

1）原材料的预处理：涂料的配制时，大多数原辅材料可以直接用来配制，但是有一些原辅材料需要进行预处理。膨润土在配制水基涂料时需要提前浸泡，方法是 1 质量份膨润土加 10 质量份水，至少浸泡 24h，然后搅拌，转速最好超过 1000r/min，搅拌后即支撑浆料。CMC 等水溶性高分子化合物在使用前也需要按 $w(CMC):w(水)=1:(20~30)$ 的比例浸泡 24h 以上，制成胶状溶液备用。

2）配制工艺：有搅拌、球磨+搅拌、碾压成膏状+搅拌三种工艺方法。其中后两种工艺混制的涂料的涂刷性较好。以不流淌性表示涂料的涂挂性，表 8-39 为不同混制工艺对涂料不流淌性的影响。碾压成膏状再稀释的涂料不流淌性好的原因是碾压使耐火材料、黏结剂和添加物之间充分接触，相互扩散，形成小而不结实的絮状物。而直接搅拌的涂料其黏结剂不易均匀分散在涂料中。一般情况下，钢铁铸件涂料的耐火材料偏粗，碾压或球磨时间不宜过长，以 3~5h 为宜。时间过长，则会使耐火材料破碎而影响涂料的透气性。

表 8-39　不同混制工艺对涂料不流淌性的影响

混制工艺	流淌量/g	流淌时间/s	涂片重量/g
碾压成膏状再稀释	0.10	45	3.68
直接搅拌	1.20	180	0.79

一般的配制工艺流程是：预处理→将膨润土、CMC 和水放入分散机中搅拌成浆→加入耐火材料继续搅拌→依次加入黏结剂、表面活性剂、消泡剂和防腐剂继续搅拌→搅拌均匀→

复合研磨。

（4）涂料配制的现场控制　控制指标有涂料的黏度、密度、附着量、涂层的厚度、附着性、涂挂性、沉降性、干燥龟裂和涂料的 pH 值。

1）涂料的黏度：可以用 BH 型黏度计测量，一般选用 4 号杯，其容积为 100mL，孔径为 4mm。

2）涂料的密度：反映了涂料的稀稠程度，通常采用密度计或波美度计来进行测量。

3）涂料的附着量：将尺寸为 $\phi 60mm \times 43mm$ 的发泡成形泡沫试样放入测定过黏度的涂料中浸渍 2 次，然后放置 24h，测定其重量，该重量减去原泡沫模样的重量即为涂料的附着量。

4）涂层的厚度：把浸渍过的、放置 24h 后的涂层从泡沫模样上剥离下来，用卡尺测量厚度。

5）涂料的附着性：将有涂料层的试样放置 24h 后，用摇振式筛机（10 号筛孔）振动 3min，测定涂料的剥离和损耗量。

6）涂料的涂挂性：观察浸渍时涂料在泡沫试样表面的塌落现象。

7）沉降性：将涂料置入 200mL 容器内，经一定时间测定其固体部分的沉降速度。

8）干燥龟裂：观察 24h 后泡沫试样表面涂层的龟裂情况。

9）涂料的 pH 值：通常采用 pH 试纸或 pH 计进行测定。

（5）涂料的使用方法　包括涂料的涂挂和干燥。

1）涂料的涂挂或者是涂刷方法有刷涂法、浸涂法、喷涂法、淋涂法。刷涂法是最简单和最常用的一种方法，在单件和小批量生产中被广泛使用。一般使用掸笔类软刷，涂刷时触变性涂料在刷子剪切力作用下变稀，涂料容易流动。涂刷时应保证有足够的涂层厚度，并完全覆盖泡沫模样表面。在容易粘砂的部位要刷两次，并且等第一次涂层干后才能刷第二次。第一次刷涂时涂料要稀一些，第二次刷涂料要稠一些。

浸涂法是用人工将泡沫模样压入涂料槽中，经过一定时间后从槽中取出，等流淌下多余的涂料后，将模样挂在干燥架上。涂料槽的另一端装有搅拌叶轮，使涂料始终处于被搅拌状态，不会产生沉淀。

喷涂法是使涂料在一定压力下呈现雾状、细小液滴状或粉状喷射到模样表面而形成涂层的方法。该方法效率高，适用于机械化流水线生产，也适合大型模样，可获得表面无刷痕、厚度较均匀的涂层。

淋涂法是一种低压浇涂方法，是用泵将涂料压送至出淋涂嘴后浇到模样表面的涂覆方法。多余的涂料则流入位于模样下方的槽中继续使用。淋涂法生产率高，涂层无刷痕，表面粗糙度值低，涂料浪费少，环境污染小。但是涂层厚度不易控制，要求涂料流动性好。

2）涂料的干燥和固化：涂料在涂刷后需要进行干燥，干燥方法有自然干燥和加热干燥两种方法。当采用加热烘干时，应注意烘干温度宜控制在 50℃ ±5℃，烘干时间为 2 ~ 10h。也可以在自然环境中干燥，尤其是在日光下进行干燥。烘干时应注意：模样要合理放置和支撑，以防止模样变形。涂料必须干透。干燥后模样应放置在湿度较小的地方，以防止吸潮。

8.2.4　型砂与造型及浇注

消失模铸造用原砂主要为硅砂，可适用于一般中小型铸件，并且适用于普通铸钢、部分合金钢、铸铁和有色合金铸件。当铸件的壁厚较大，如壁厚大于 50mm，或者对于一些类型的合金钢如高锰钢，可使用特种砂来代替硅砂，如铬矿砂、橄榄石砂、刚玉砂和锆砂等。

1. 原砂的技术指标

原砂的技术指标包括化学成分、颗粒组成、含水量、含泥量和砂温等。

（1）原砂的化学成分　对于普通碳素铸钢、灰铸铁及有色合金铸件，可选用 SiO_2 的质量分数为 87% ~95% 的原砂，对于低合金铸钢或者一部分合金钢铸件，可选用 SiO_2 的质量分数为 90% ~98% 的原砂。

（2）原砂的颗粒组成　包括原砂的砂粒大小、均匀度、颗粒形状和表面状况。原砂的粒度和形状对消失模铸造的质量有较大的影响。粒度影响铸型的透气性，透气性影响泡沫模样分解物的排除。高质量消失模铸件必须在透气性良好的铸型中获得，但是砂粒的粒度过大容易出现粘砂、铸件表面粗糙等缺陷。常用的粒度级别为 30 ~70 目，并且应集中在相邻的两个筛号，以免由于级配造成透气性下降。砂粒的形状以圆形为最好，圆形砂容易获得好的流动性和紧实性。

（3）原砂的含水量　理想的干砂是不含水分的，但是由于大气的湿度和凝结作用，原砂不可避免地含有微量水分。砂中水分的存在会造成很多铸造缺陷，因此应限制原砂中水分的含量，其质量分数应小于 1%。

（4）型砂的含泥量　含泥量的存在会降低铸型的透气性，而消失模铸造应比普通砂型铸造具有更高的透气性，所以要求原砂中的含泥量尽量小，其质量分数应小于 3%。可选用水洗砂。

（5）原砂的灼烧减量　灼烧减量是干砂性能的一个重要参数，反映了型砂中砂粒上沉积的模样残留物及有机物的含量。型砂灼烧减量高到一定程度会降低干砂的流动性，同时降低干砂的透气性，因此要限制其数值，一般控制在 0.25% 以下。

（6）砂温　干砂温度过高，会使模样软化，产生变形。因此，必须严格控制砂温，一般不得超过 60℃。大量生产的消失模车间应在旧砂回收及再生系统中配置砂冷却器，以控制干砂的温度在回送到造型工段时低于 50℃。

2. 加砂

由砂斗向砂箱内添加型砂的方式有三种：软管人工加砂、螺旋给料加砂和雨淋式加砂。加砂过程中，干砂中含有一定量的砂尘，在加砂和紧实过程中要进行抽风除尘。

（1）软管人工加砂　也称为柔性加砂，在砂斗的底端接软管，采用人工控制的软管加砂。可人工控制型砂落差，不损坏模样及涂层，设备简单，操作方便。但是加砂的均匀性和加砂的速度都受到一定的限制，常用于生产率要求不高或用来补砂的场合。

（2）螺旋给料加砂　砂斗底端安装螺旋给料器，实现对砂箱的具体部位定量加砂。但是其落差不能随机调整。

（3）雨淋式加砂　加料斗的底部设有定量料箱，由多孔闸板控制型砂的通过，可由改变漏砂孔面积的大小来改变砂的流量。型砂通过闸板后流入砂箱。加料箱尺寸与砂箱尺寸基本相近，加砂均匀，对模样及涂层的冲击力小，效率高，适合少品种大批量生产，也适合在生产流水线上使用。

3. 振动紧实

消失模铸造不能用舂砂和震实的方法来紧实，一般是由振动来紧实，最好在填砂过程中交替进行。振动一般是在振动台上进行的，美国 Vulcan 的一维振动台如图 8-21 所示。

振动台有一维振动台和三维振动台。前者的特点是空气弹簧和橡胶弹簧联合使用，砂箱与振动台之间无锁紧装置，振动是垂直进行的，设备简单实用，成本不高。后者的特点是可形成三个方向上的振动，砂箱需要固定在振动台上，可实现一至三维振动的转换，成本比一维振动台要高些。

填砂过程中要特别小心，力求均匀，以免碰坏模样及涂层。每填 100 ~ 300mm 时，振动一段时间，再填下一层砂。型砂不能冲着模样填充，应冲着砂箱壁，再慢慢往中间填砂。切忌只往一个方向填砂，或将型砂一下子倒入砂箱内，这样模样会产生变形，甚至被压垮。特别难填的部位，应由人工辅助充填。对于模样上的长孔、深孔、盲孔和死角区的填砂，最好先在其中预填含黏结剂的型砂，并捣实或加放冷铁，必要时可开设填砂工艺孔，捣实后再用泡沫填上，并用胶带封好。顶部吃砂量在使用负压的条件下不能低于 200mm，特殊时不能低于 50mm。

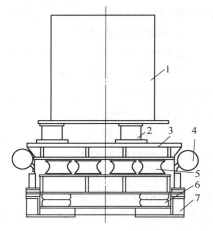

图 8-21　美国 Vulcan 的一维振动台
1—砂箱　2—导向柱　3—台面
4—振动电动机　5—橡胶弹簧
6—空气弹簧　7—底座

冷铁在特殊情况下可以使用，埋型时贴着模样一起埋入砂中即可。如果可能，最好将冷铁固定在砂箱上，以免振动时产生位移。

抽气棒可以在埋型时插入型砂中，但是须支撑在砂箱上，目的是增加深腔、内孔的抽气能力，提高该部位的真空度。

振动频率为 50 ~ 60Hz 时，振幅为 0.5 ~ 1.5mm 比较合适，振动加速度为（1 ~ 2）g。振动时间控制在 30 ~ 60s 即可。

4. 真空抽气系统

真空抽气系统如图 8-22 所示。真空泵的选择主要是抽气量大，对真空度的要求并不高。水浴罐的作用是除去被抽气体中的灰尘与颗粒。气罐的作用是维持系统中的真空度，减少由于浇注等工序产生的真空波动。

消失模铸造需要在真空下进行。真空系统可将砂箱内的空气抽走，砂箱内外的差压使干砂固定，防止冲砂和铸型溃散以及型壁移动，将泡沫模样热解过程中产生的热解产物吸出，可避免或减少铸件的气孔、夹渣和夹砂等缺陷。

真空度的大小是消失模铸造的重要工艺参数，通常系统的真空压力为 920 ~ 980kPa，即负压 -20 ~ -80kPa。对于铸钢及铸铁件，保压时间可由下式进行计算：

$$t = KM^2 \tag{8-1}$$

式中　　t——保压时间（min）；

　　　　M——铸件模数（cm）；

　　　　K——凝固系数，对于铸钢件，$K = 2.8$，对于铸铁件，$K = 0.0075T_{浇} - 5$［$T_{浇}$ 为浇注温度（℃）］。

5. 浇注

与砂型铸造的区别是浇注过程中伴有泡沫模样的熔融、汽化和燃烧，比砂型铸造要复杂

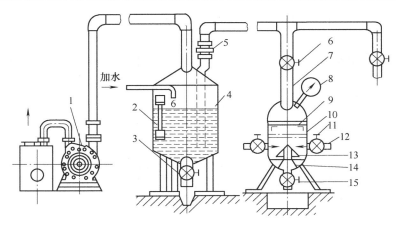

图 8-22　真空抽气系统

1—真空泵　2—水位计　3—排水阀　4—水浴罐　5—球阀　6—止回阀
7—管道　8—真空表　9—滤网　10—滤砂与分配罐　11—截止阀（多个）
12—进气管（多个）　13—挡尘罩　14—支托　15—排尘阀

得多。完善的消失模浇注工艺应该是浇注温度、浇注速度和浇注方法等要素的合理组合。

（1）浇注温度　由于泡沫模样的热解属于吸热反应，需要消耗金属液的热量，因此，浇注温度应比砂型铸造要高 30~50℃。同时，浇注温度的提高还有利于减少铸件的渗碳、皱皮等缺陷。浇注温度还与铸件的复杂程度有关，铸件越复杂，壁厚越薄，浇注温度就越高。表 8-40 是几种合金消失模铸造的浇注温度。

表 8-40　几种合金消失模铸造的浇注温度

合金种类	铸钢	球墨铸铁	灰铸铁	铸造铝合金	铸造铜合金
浇注温度/℃	1450~1700	1380~1450	1360~1420	780~820	1200~1500

（2）浇注速度　应采用慢—快—慢的浇注速度。浇注初始阶段，模样汽化较快，采用慢速浇注，以防止产生反喷。金属液充满直浇道后，应加快浇注速度，以使铸件尽快充满，从而避免型壁坍塌和浇不足。浇注后期应慢浇，以防止金属液外溢，利于补缩。

（3）浇注方法　真空度在一定范围内的提高，有利于提高金属液的流动性，增强充型能力。同时还可以加快热解产物的排出，减少铸件气孔、夹渣等缺陷。但是真空度不宜太高，太高容易产生渗透和粘砂。表 8-41 为浇注时砂箱内的真空度。

表 8-41　浇注时砂箱内的真空度

合金种类	铸钢	铸铁	铸造铝合金
真空度/kPa	950~970	960~980	980~1000

浇注过程不能中断，必须保持金属液连续地注入，直到铸型全部充满，以免产生冷隔等缺陷。为了防止浇注中的反喷，应采取以下措施：

1）模样密度应控制在 0.016~0.022g/cm³。模样要干燥，上涂料后要干燥，以减少含气量和发气量。

2）增加涂料的透气性，调整好涂层的厚度，以 0.5 ~ 1.0mm 为宜，便于模样裂解后气体逸出。

3）型砂粒度控制在 20 ~ 40 目为宜，使粒度级配集中，增加透气性，加强砂箱的有效抽气。

4）如果可能，将浇冒口做成空心结构，以减少模样的发气。

8.2.5　落砂清理及砂处理系统

铸件浇注后要进行冷却、翻箱、落砂、浇冒口切割、焊补、打磨、热处理和抛丸、旧砂的回收及处理等工序。其中多数工序与砂型铸造相同，不同的工序包括：翻箱和旧砂的回收及处理。

1. 冷却

冷却须在砂箱中进行。与砂型铸造相比，铸件的散热情况有所不同，除顶面外，四周处于密闭状态，对铸件的散热产生屏蔽作用。打箱时间的确定可参考砂型铸造，并适当增加。

2. 翻箱落砂清理

对于单件小批量生产，可采用非流水线生产，砂箱在造型、浇注和落砂等不同工序之间的转移可由起重机来执行。对于大批量生产，可以采用流水生产线方式进行，浇注冷却后可将砂箱沿生产线轨道转移至落砂机处，再由翻箱倾倒机将砂箱倾倒，使其中的铸件和型砂一并倒入落砂机进行落砂。也可采用振动式落砂机，由于没有黏结剂，落砂过程要简单得多，省去了振动破碎过程。铸件的清理也大大简化，飞边和毛刺大大减少，主要是浇冒口的切割。

3. 旧砂的回收及处理

由于采用干砂，无黏结剂，无水分，因此旧砂的处理相对简化了许多。其工序包括：落砂→筛分→除尘→磁选→冷却→输送至储砂斗。消失模铸造砂处理系统如图 8-23 所示。

旧砂处理系统的两大核心任务是降温和除尘。降温是为了使旧砂的温度降至低于 50℃，以免接下来填砂时烫坏泡沫模样。旧砂的降温是在冷却床中进行的，冷却床可分为立式和卧式两种。采用立式冷却床可使破碎、磁选和筛分置于其上方，形成塔式结构，节省占用场地面积。

除尘器可分为干式和湿式两大类，其中干式除尘器的应用更为广泛。干式除尘器可分为旋风除尘器和布袋除尘器。旋风除尘

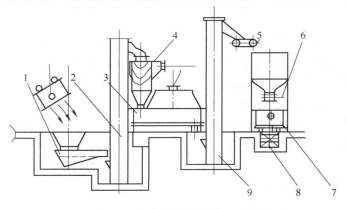

图 8-23　消失模铸造砂处理系统

1—振动输送筛砂机　2、9—斗提机　3—水冷式沸腾冷却床　4—风选机　5—传送输送机　6—气动加砂门　7—真空砂箱　8—三维振动台

器是利用切向进入除尘器的尘粒与器壁产生剧烈摩擦而沉降，在重力的作用下沉入底部，气体从上部流出，实现尘气分离。布袋除尘器是利用过滤布袋使尘粒留下，气体通过，但是时间长了布袋会被尘粒堵塞或填满，需要经常清理。旋风除尘的主要优点是结构简单，造价

低廉，维修方便，常用来作为初级除尘设备使用。布袋除尘器是目前效率最高、使用最广的干式除尘器；缺点是阻力损失较大，对气流的湿度有一定的要求，另外，气流温度受过滤布袋材料耐高温性能的限制。实践表明，采用旋风除尘加布袋除尘的二级除尘方式效果比较理想。

8. 2. 6　消失模铸造工艺设计

消失模铸造的工艺设计步骤与砂型铸造差别不大，只是省去了分型、砂芯和合型等工序，相应的工艺设计也随之省去。下面介绍消失模铸造工艺设计的具体步骤。

1. 铸件工艺审查

要检查所要铸造的铸件结构是否合理，工艺性是否符合消失模铸造生产，如铸件的结构是否具有可充填性、是否具有抗变形性等。由于没有分型面，有些妨碍起模的部位可以免去活块或增设砂芯，起模斜度也大大减小，因此在工艺审查中可以不必因为上述原因而更改铸件结构。顺序凝固的原则在工艺审查中仍然是需要考虑的问题。审查中如果需要改动铸件结构或铸件表面的处理方式（如表面是否加工等），那么应与需方及时沟通，以解决相应的问题。

1）铸件结构的可充填性是指型砂在振动紧实过程中充填到模样周围或内腔中死角部位的能力。如果无法使型砂填入型腔或者无法在死角处紧实型砂，就必须考虑更改铸件结构。在铸件结构不能进行更改的情况下，可考虑将该处死角中的结构预先用树脂砂预制好，紧实前预埋到模样的相应位置。

2）铸件结构的抗变形性是指模样在加工制作、挂涂料、搬运、造型、振实和抽真空过程中，保持形状和尺寸稳定的能力。为了防止模样变形，可以考虑使用抗弯强度高的泡沫材料，但是更重要的是从铸件的结构入手提高模样的抗变形能力。必要时可增设工艺加强筋、拉筋、工艺支撑结构等，其中一些工艺加强结构可在铸后切割掉，切割处切痕可以采用电弧气刨或砂轮处理平整。还可以考虑根据模样结构制作金属框架，将模样置于框架中，一同埋箱，铸后倒箱取出，反复使用。

2. 工艺方案设计

工艺方案设计具体内容包括：是否采用流水线生产、震实方法、型砂的种类及粒度与粒度组成、泡沫模样所用泡沫材料、一型多件的布局和组合、浇注位置、浇注系统的结构和布局，以及引入铸型的方式、冒口冷铁的设置位置、真空度的选择等。由此可见，很多内容与消失模铸造方法有关。工艺方案的设计还应该考虑经济效益，考虑提高铸件成品率，提高生产率，如何设计理想的群铸组合。

3. 工艺参数设计

工艺参数设计包括加工余量、起模斜度、最小铸出孔、铸造线收缩率等，与砂型铸造相比，参数的项数有所减少，如分型负数等。

（1）最小壁厚和最小铸出孔　可获得比砂型铸造更小的最小壁厚和最小铸出孔，见表8-42。在凸台和凹坑方面，不用专门设置芯子，只需在泡沫模样模具的设计上体现即可。

（2）铸造线收缩率　模具设计时，需要考虑双重收缩，即金属材料的凝固收缩和模样材料在成形过程中的收缩。模样材料的收缩由具体的模样材料确定，采用 EPS 时线收缩率为 0.5% ~ 0.7%，采用共聚树脂 STMMA 时为 0.2% ~ 0.4%。各种铸造合金的线收缩率与砂型铸造相近，可参照表 8-43 选取。

表 8-42　消失模铸件的最小壁厚和最小铸出孔直径

合金种类	铸造铝合金	铸铁	铸钢
最小壁厚/mm	2 ~ 3	4 ~ 5	5 ~ 6
最小铸出孔直径/mm	4 ~ 6	8 ~ 10	10 ~ 20

表 8-43　各种铸造合金的线收缩率

合金种类		铸钢	灰铸铁	球墨铸铁	铸造铝合金
线收缩率（%）	自由收缩	1.8 ~ 2.0	0.9 ~ 1.2	1.2 ~ 1.5	1.8 ~ 2.0
	受阻收缩	1.6 ~ 1.8	0.6 ~ 1.0	0.8 ~ 1.2	1.6 ~ 1.9

（3）加工余量　尺寸精度要高于砂型铸造，介于砂型铸造和熔模铸造之间，可参考 GB/T 6414—1999 来选取。选取时，需要明确铸件的生产批量和铸件的材料种类等因素。

（4）起模斜度　主要考虑的是泡沫模样从模具中取出这一情况，无须考虑填砂、造型等过程。模样的制作过程中，模样与模具之间有一定的摩擦阻力，在模具设计时一般可设置 $0.5°$ 的起模斜度。当使用 EPS 模样时，由于该材料具有一定的弹性，对于小型铸件可以不用考虑设置起模斜度。

起模包括三种方式，分别为增大壁厚法、增减壁厚法和减小壁厚法，如图 8-24 所示。增大或者减小壁厚中的增减量应符合壁厚公差的规定。起模斜度的具体数值可由表 8-44 查得。

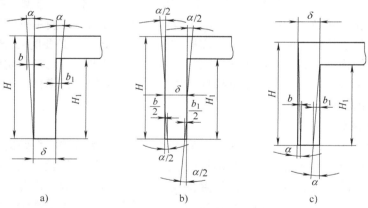

图 8-24　泡沫模样的起模方式
a）增大壁厚法　b）增减壁厚法　c）减小壁厚法

表 8-44　泡沫模样的起模斜度

模样高度 H/mm	≤20	>20 ~ 50	>50 ~ 100	>100 ~ 200	>200 ~ 300	>300 ~ 500
起模斜度/mm	0.5	0.5 ~ 1.0	1.0 ~ 1.5	1.5 ~ 2.0	2.0 ~ 2.5	2.5 ~ 3.0
起模角度	1°30′	45′ ~ 2°	45′ ~ 1°	30′ ~ 45′	20′ ~ 45′	20 ~ 30′

（5）吃砂量　选择砂箱时，应考虑吃砂量。铸型只有在具备一定厚度吃砂量的情况下，抽真空后才能具有足够的强度。吃砂量过小容易造成铸件在浇注过程中崩箱和跑火，因此在

能够保证铸型具有强度的前提下，吃砂量应尽可能小，以具有好的经济性。表 8-45 为常用合金铸件的吃砂量。

表 8-45　常用合金铸件的吃砂量

铸件材料种类	铸钢件	铝合金和铜合金铸件	铸铁件
吃砂量/mm	70 ~ 120	80 ~ 150	100 ~ 150

4. 浇冒口系统设计

浇冒口系统设计的许多方面与砂型铸造类似，但是由于方法的不同，消失模铸造还具有其特殊性。

（1）浇注系统　设计时应采用空心浇道以减少发气量。对于质量要求特别高的铸件，可以采用耐火陶瓷管做直浇道，以减少金属液反喷。泡沫浇注系统的对接有两种方式：平面粘接和镶嵌对接。平面粘接采用胶粘剂粘接，镶嵌对接采用过盈配合或锥度配合镶嵌对接。可以采用非泡沫质浇口杯，为了防止夹渣等缺陷，可以在浇口杯下设置过滤网。消失模铸造的浇注系统压力应比砂型铸造大一些，以便于加快热解产物的排出，平衡阻碍金属液流动的气体反作用力。

（2）冒口　多为暗冒口，可以多使用球形冒口，以提高冒口的补缩效率。冒口可做成空心结构，以减少发气量和增碳量，减少模样材料的浪费。

5. 冷铁和补贴设计

冷铁在特殊需要的情况下使用，填埋时与放置冷铁处表面相贴，并一起埋入。必要时应将冷铁固定在砂箱上，以避免振动时发生位移。

补贴的设计与砂型铸造相同，在泡沫模样上做出即可。

6. 模样模具的设计

泡沫模样的模具设计需要考虑收缩率、模具中模样的数量、充料口结构、抽芯方法、镶块结构和出气等因素。具体的设计内容包括：模具工艺参数选择、模具的薄壳结构、抽芯机构、镶块机构、模具的出气机构和模具的充料口结构等。

（1）模具材料　一般选用具有一定的耐热性和不易生锈的材料，以适应蒸汽加热和喷水冷却的循环工作环境。表 8-46 给出了模具材料的选用。

表 8-46　模具材料的选用

模具部位	材料	材 料 牌 号
型腔模块	锻造铝合金	2B50-T6、2A70-T6、2A80-T6（Al-Mg-Si 合金）
抽芯模块	铸造铝合金	ZL101A、ZL108、ZL301
汽室模框	铸造铝合金	ZL102、ZL104
	铸铁	QT400-15、HT250
模板、底板	轧制铝板	2A12（Al-Mg-Si 合金）
销、导杆	不锈钢、黄铜	

（2）模具工艺参数选择　模具工艺参数是基于模样的尺寸来确定的基本参数，包括加工余量、线收缩率、起模斜度等。

（3）模具的薄壳结构　模具的薄壳结构是指模具型腔的背面形状按照工作面来设计，以确保模具壁厚均匀的一种结构。当采用锻造铝合金时，模具型腔壁厚的取值为 8～10mm；采用铸造铝合金时，模具型腔壁厚的取值为 10～12mm。随形的薄壳结构是发泡工艺所要求的，当蒸汽对模具进行加热时，要求温度在数十秒内由 80～90℃ 上升到 120～130℃，使泡沫珠粒二次发泡胀大，并充分融合，形成平整的表面。当冷却水对模具的背面进行冷却时，同样要求模具在数十秒内由 120～130℃ 迅速下降到 80～90℃，使泡沫在模具中冷却定型。只有薄壳模具才能满足快速加热和快速冷却的工艺要求。

模具的薄壳结构有两种形式：完全随形结构和不完全随形结构，如图 8-25 所示。前者是指模具背面的形状完全随型腔工作面而变化，模具壁厚均匀一致。后者是指模具的背面形状不完全随型腔工作面变化，背面不需要进行精细加工的结构。对于较大的模具，考虑到模具壁面的刚度，需要设置支撑柱或加强筋，以增加模具的刚度和强度。

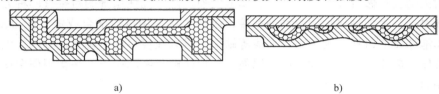

a)　　　　　　　　　　　　　　　　　b)

图 8-25　模具的薄壳结构
a）完全随形结构　b）不完全随形结构

（4）芯块及抽芯机构　对于局部不易起模之处，可设计芯块和抽芯机构，使泡沫模样在一副模具中整体做出。这样既保证了泡沫模样的精度，又能省去粘合工序。

抽芯芯块可分为外抽芯和内抽芯两大类，如图 8-26 所示。外抽芯常用于形成泡沫模样上的水平孔洞或不易起模的局部外形。内抽芯主要用于不易起模的局部内腔。抽芯机构主要有手动抽芯和气动抽芯两种形式。

（5）模具的镶块设计　模具的镶块分为凸模镶块和凹模镶块。凸模上的镶块可设计成与模板分开结构，加工后再连接成整体。这样可以便于凸模的型面加工，便于镶块放入模具中，便于检查壁厚和模具的装配及调整，同时有利于在凸模镶块与模板之间开设排气槽。凸模模板、凸模与凸模镶块如图 8-27 所示。

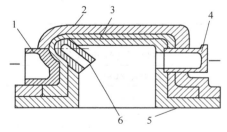

图 8-26　外抽芯和内抽芯结构
1—形成局部外抽芯　2—凹模　3—模样　4—形成
串孔抽芯　5—凸模　6—形成局部内腔抽芯

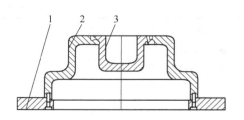

图 8-27　凸模模板、凸模与凸模镶块
1—凸模模板　2—凸模　3—凸模镶块

凹模的凸起部位也应设计成镶块，以便于在型腔表面安装透气塞。如果镶块形状简单，可先机械加工，安装好透气塞后，再同模具本体连在一起。如果镶块形状复杂，可与模具本体一起进行数控加工，加工完毕后，拆卸下来安装透气塞，最后装配到模具中。凹模的镶块结构如图 8-28 所示。

（6）模具的出气机构 模具型腔面加工完成后，须在整个型腔面上开设透气孔、透气塞、透气槽等结构，使模具具有较高的透气性，达到发泡工艺对透气性的要求。

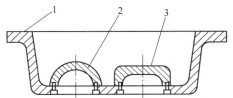

图 8-28 凹模的镶块结构
1—凹模 2、3—镶块

1）透气孔的大小和布置：透气孔的直径一般为 $\phi0.4 \sim \phi0.5\text{mm}$，过小则不易加工，过大则影响美观。透气孔的通气面积为模具型腔表面总面积的 $1\% \sim 2\%$。在 $100\text{mm} \times 100\text{mm}$ 的模具型腔表面上应均匀布置 $200 \sim 400$ 个 $\phi0.5\text{mm}$ 的孔，即孔间距为 $3 \sim 6\text{mm}$。在具有大平面的模具型腔面上通常嵌入成形透气塞。透气孔的间距和结构如图 8-29 所示。

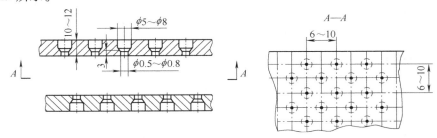

图 8-29 透气孔的间距与结构

2）透气塞的形式和大小：透气塞有铝质和铜质两种材质，有孔点式、缝隙式和梅花式等几种形式。主要规格有 $\phi4\text{mm}$、$\phi6\text{mm}$、$\phi8\text{mm}$、$\phi10\text{mm}$ 和 $\phi12\text{mm}$。透气塞的通气面积约占模具型腔表面总面积的 $1\% \sim 2\%$。在 $100\text{mm} \times 100\text{mm}$ 的模具型腔表面上如果要安装 $\phi8\text{mm}$ 的孔点式透气塞，该透气塞上有 $\phi0.5\text{mm}$ 的通气孔，应均匀布置 $6 \sim 8$ 个。透气塞的安装尺寸见表 8-47。

表 8-47 透气塞的安装尺寸 （单位：mm）

透气塞直径	$\phi4$	$\phi6$	$\phi8$	$\phi10$
安装尺寸	10	14 / 14	25 / 25	30 / 30
透气塞种类		孔点式	缝隙式	梅花式

8.2.7　砂箱的设计

消失模铸造用砂箱与砂型铸造用砂箱的结构有很大的不同，如图 8-30 所示。

1. 箱体

箱体一般由厚度为 5 ~ 8mm 的钢板焊接而成，并用槽钢或角钢加强。根据铸件的结构特点和生产方式，可将箱体设计成正方形、长方形或圆柱形，其中圆柱形砂箱最利于砂粒在箱内的流动。

2. 底座

底座由槽钢或角铁加钢板等焊接而成。对于生产线方式生产用砂箱，底座还需要与传输系统配套，如加装行走车轮。底座应具有足够的强度和刚度，以承载砂箱与铸件，并保证砂箱在吊装、填砂、抽真空、浇注等使用过程中不变形及完好。

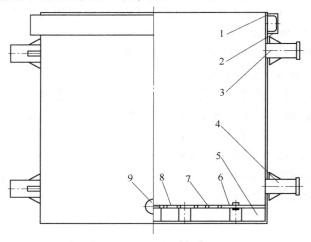

图 8-30　消失模铸造用砂箱的结构
1—钢板　2—加强筋　3—吊轴　4—翻转轴　5—真空室
6—支撑套　7—筛网　8—保护板　9—抽气口

3. 真空室

真空室按结构可分为底抽式真空室、侧抽式真空室和双层结构式真空室，如图 8-31 所示。

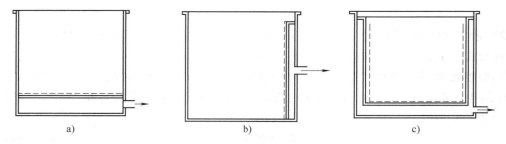

图 8-31　消失模铸造用砂箱的抽气方式
a）底抽式　b）侧抽式　c）双层结构式

1）底抽式真空室结构简单，制作容易，维修方便，可满足一般生产需要。抽气时真空度沿高度方向有一梯度，呈底部高、上部低的趋势，单方向抽气。

2）侧抽式真空室设在砂箱的一个或两个侧面，其优点与底抽式相类似，铸型在横向形成一个真空梯度。真空室筛网容易堵塞和损坏，需经常检查维护，以防砂粒进入真空室。

3）双层结构式真空室排气面积大，排气速度快，真空度上下均匀，浇注时排气更为通畅，砂箱刚度好。但是制作费用高，侧面的真空筛网易损坏，需经常检查维护，以防砂粒进入真空室。

4. 定位固定装置

定位固定装置位于砂箱底部，用于砂箱与振动台或反转机构之间的定位与固定，以便于砂箱在振动、翻箱过程中能与驱动体固定牢靠。定位固定装置应具有较高的强度和刚度，结构简单，易于定位或夹紧和固定。

8.3　金属型铸造

金属型铸造是指将金属液浇入金属材料制成的铸型中，并利用金属液自身重力充型在铸型中凝固而获得铸件的成形方法，属于永久型铸造类成形方法之一。由于不需要造型，可减少大量造型及辅助工时，节省了砂处理和造型生产面积，同时改善了生产条件。

8.3.1　金属型铸造的特点及应用

1. 金属型铸造的特点

金属型铸造的工艺过程与砂型铸造有一定的区别，主要体现在铸型方面，由此产生不同的特点。

（1）优点　金属型铸造的优点主要体现在组织、性能、尺寸精度、生产率和材料的消耗等方面。

1）金属型的热导率和热容量都较大，使得充型后的金属液冷却速度较快，凝固后可获得较致密的组织，还可以获得较细的晶粒度。因此，金属型铸造的铸件的力学性能也比砂型铸造高；同时还由于表层组织的致密，从而使铸件的耐蚀性提高。

2）由于金属型的表面粗糙度值较低，尺寸精度较高，因而所制铸件的表面粗糙度值也相应较低，Ra 一般为 $6.3 \sim 12.5 \mu m$，Ra 最好可达 $3.2 \mu m$。尺寸精度方面，一般为 CT7 ~ 9，轻合金铸件可达 CT6 ~ 8。铸件的斜度和加工余量都可以相应减少，质量稳定，铸件的废品率较低。

3）利于机械化生产，尤其适合于中小件的批量生产，缩短了打箱时间，使生产率提高。

4）可节约型砂的使用，节约相应的造型材料、生产场地、生产设备、生产人员和生产工时，缩短生产环节和周期。同时减少了粉尘和有害气体，改善了生产环境。

5）冷却速度快，减少了冒口尺寸，提高了铸件成品率，减少了缩孔、缩松的产生倾向。

（2）缺点　金属型铸造的缺点体现在以下几个方面。

1）金属型本身无透气性，必须采用特定的排气措施，以导出型腔、金属液以及砂芯中的气体。

2）金属型无退让性，铸件凝固时容易产生裂纹和变形，不适用于热裂倾向大的合金。

3）所生产铸件的最小壁厚受到影响：铝合金件为 $2.2 \sim 3.5 mm$，镁合金件和青铜件为 4mm，铸铁件为 5mm，铸钢件为 7mm。浇注过程中，更容易出现冷隔、浇不足等缺陷，铸铁件容易出现白口现象。

4）金属型的一次性制造成本比较高，准备时间较长。所生产铸件的结构不宜太复杂，铸件的尺寸不宜太大。只有当大批量生产时，该方法的成本优势才能体现。例如磨球的生产，有很多种类型的专用金属型，已经形成固定的生产模式，生产率极高，用砂量也很少。

2. 金属型铸造的应用

（1）应用合金的种类　除热裂倾向较大的合金不宜采用金属型铸造外，所有其他的铸造合金都可以采用金属型铸造，特别是铝合金和镁合金。

（2）应用铸件的种类　金属型铸造适合于结构不太复杂的中小型铸件，如气冷式发动机气缸盖、液压泵壳体、机匣、齿轮、平衡轴、带轮、接头、三通、磨球、磨段和排气管等。

就铸件的生产规模而言，金属型铸造适合于大批量生产。对于航空航天领域的铸件，由于对铸件质量的要求要高于对铸件批量和成本的要求，往往采用金属型铸造。

8.3.2　金属型铸造工艺设计

金属型铸造工艺设计包括铸造工艺方案的设计、铸造工艺参数的设计、浇注系统设计、冒口设计、型芯设计、涂料等。

1. 铸造工艺方案设计

铸造工艺方案设计包括浇注位置的设计、分型面的选择、基准面的选择、浇冒口位置的设置等方面。

（1）浇注位置的设计　铸件浇注位置的设计原则见表8-48。

表8-48　铸件浇注位置的设计原则

设计原则	图　例	
	不合理	合理
便于安放浇注系统，保证金属液平稳充满铸型	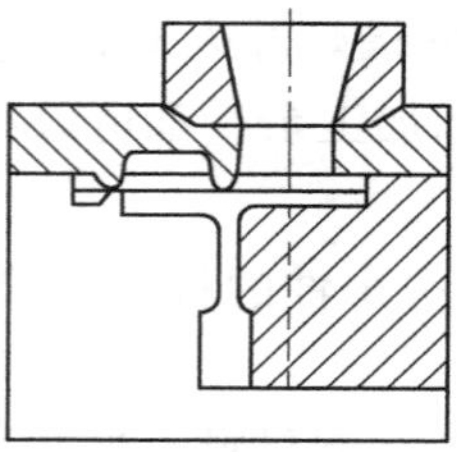	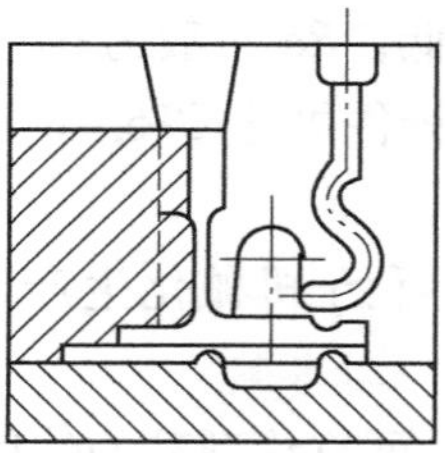
便于金属液按顺序凝固，保证补缩	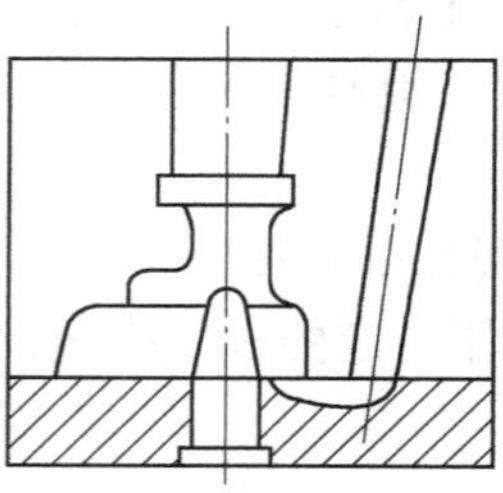	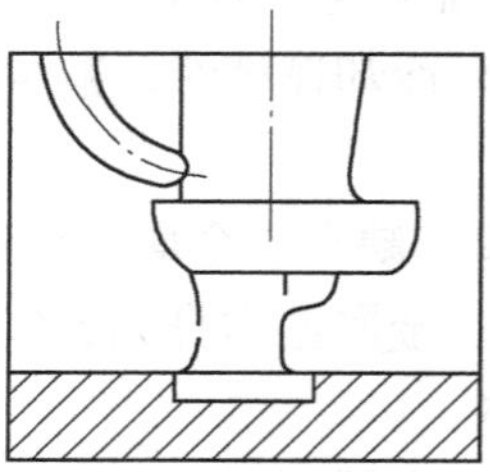
芯及活块的数量应尽可能少，安装方便，抽芯或清理容易	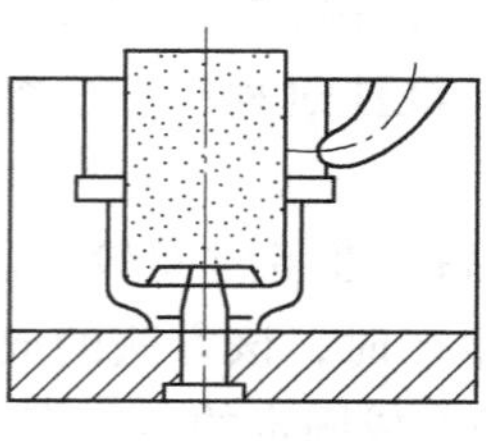	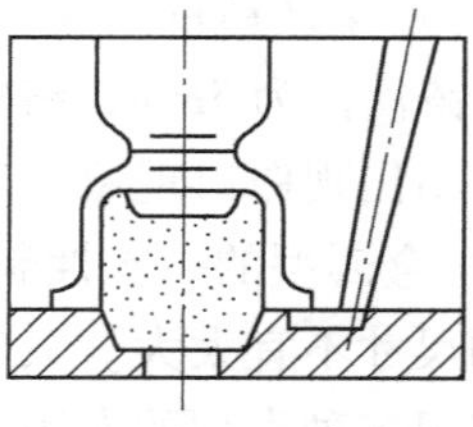

（续）

设计原则	图　例	
	不合理	合理
力求铸件内部质量均匀一致，盖状及碗状类铸件可水平安放	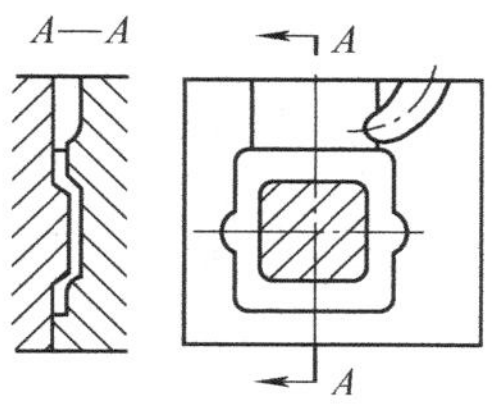	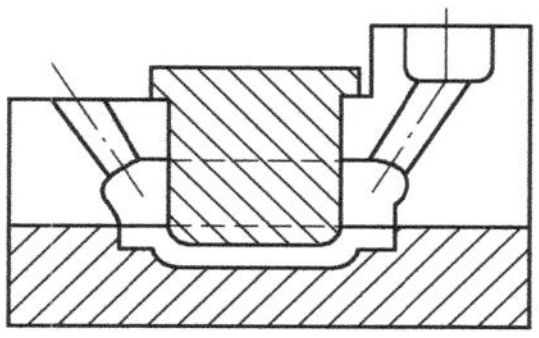
便于铸件取出，不至于拉裂和变形	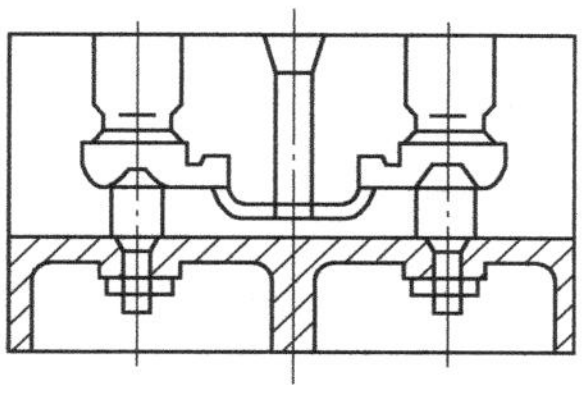	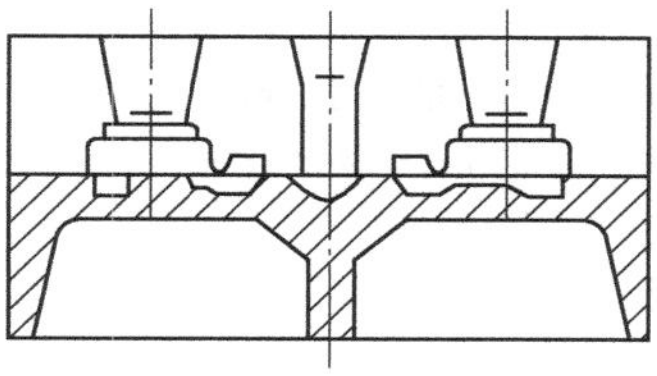

（2）分型面的选择　分型面的设计原则见表 8-49。

表 8-49　分型面的设计原则

设计原则	图　例	
	不合理	合理
简单铸件的分型面应尽量选在铸件的最大端面上	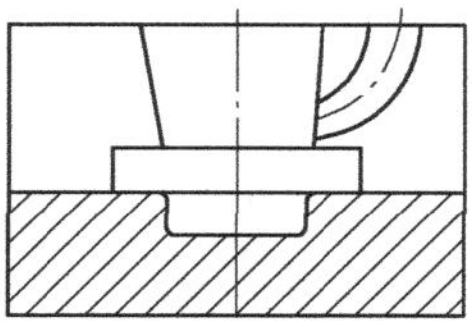	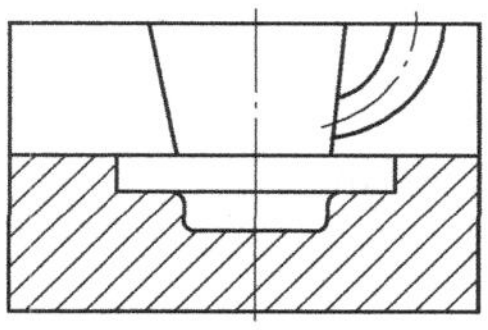
低矮的盘形或筒形铸件的分型面应尽量不选在中心轴上	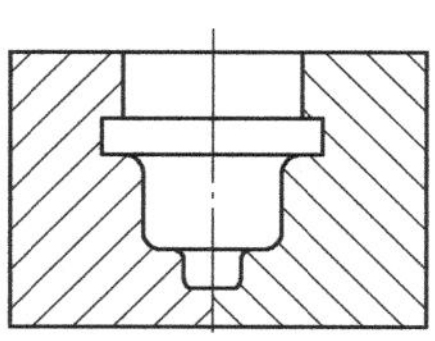	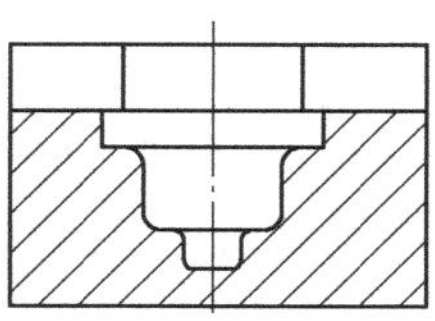
分型面应尽可能地选在同一个平面上	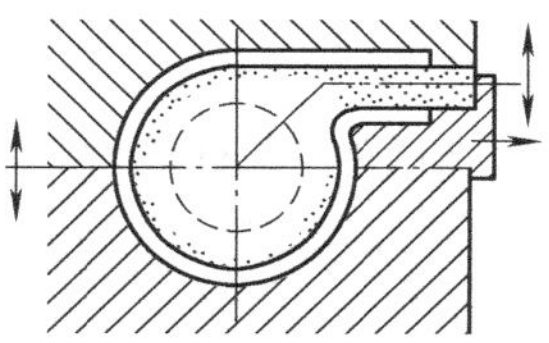	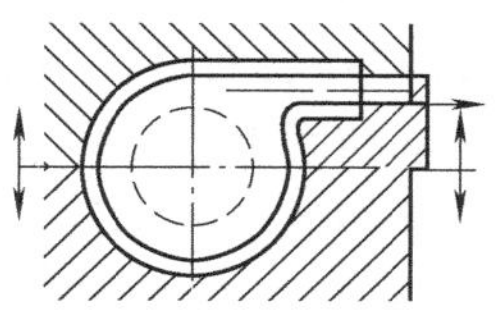

（续）

设计原则	图 例	
	不合理	合理
应保证铸件分型方便，尽量少用或不用活块	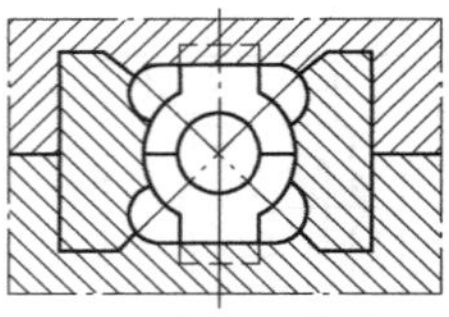	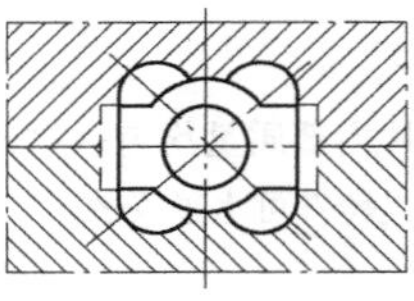
分型面应尽量使铸件避免做出铸造斜度，而且易于取出铸件	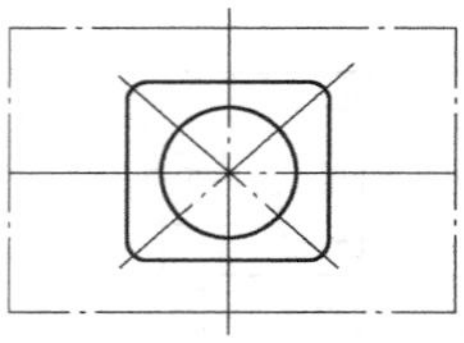	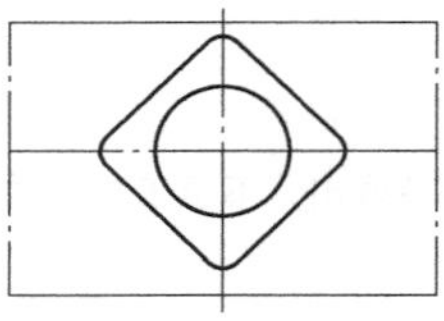
分型面应尽量不选在铸件的基准面上，也不要选在精度要求高的表面上	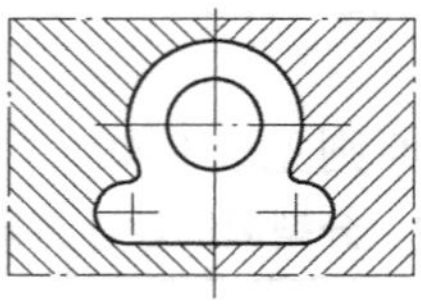	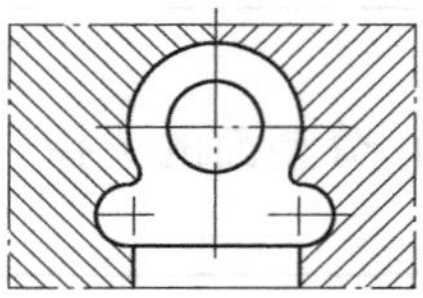
应便于安放浇冒口，并且便于气体从铸型中排出	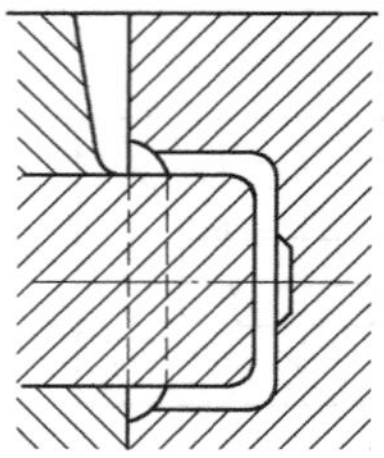	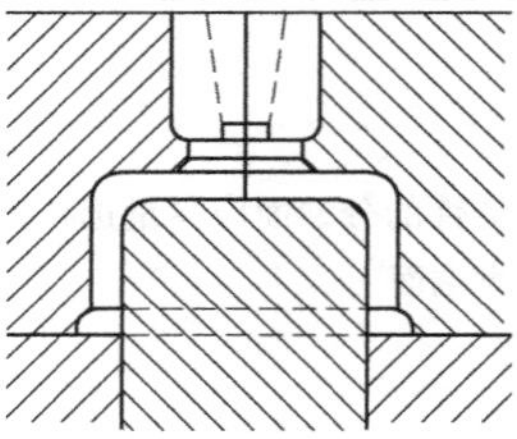

（3）基准面的选择　基准面也称为基面，决定铸件各部分相对的尺寸和位置，通常与铸件的机械加工基准面相一致。基准面的选择有如下原则：

1）非全部加工的铸件应尽量取非加工面作为基准面。因为加工面在加工过程中尺寸会因加工公差而变动，这样将影响相对尺寸位置，并且铸件经过加工后，去掉的加工余量不便检查，而非加工面就不存在这一问题。

2）选取非加工面作为基准面时，应选尺寸变动最小、最可靠的面作为基准面。用活块生成的铸件外表面最好不要选作为基准面。

3）基准面上应尽可能平整、光洁，最好不要有浇冒口残余和飞边、毛刺等。

4）全部加工的零件，应取加工余量最小的表面作为基准面，以保证机械加工时不至于因加工余量不够而造成零件报废。

5）所选的基准面，应使尺寸检查方便，最好选取较大的平面作为基准面，尽量避免选取曲面或有铸造斜度的面作为基准面。

图 8-32 所示的活塞尾部端面可选为基准面。

（4）浇冒口位置的设置 一般将冒口设于铸件的顶部，冒口为明冒口。浇注系统有时采用预制陶瓷管。

2. 铸造工艺参数的设计

铸造工艺参数包括加工余量、铸造斜度、工艺余量、铸造圆角和线收缩率等。

（1）加工余量 与砂型铸造相比，金属型铸造的加工余量可以适当减少，可参考 GB/T 6414—1999《铸件尺寸公差与机械加工余量》来选取。

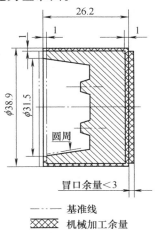
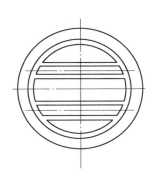

图 8-32 活塞铸件及基准面

（2）铸造斜度 铸造斜度是指为了便于从芯盒中取出型芯或者从金属型中取出铸件，在铸造工艺设计过程中给铸件添加的斜度。各种铸造合金金属型铸造的铸造斜度见表 8-50。

表 8-50 各种铸造合金金属型铸造的铸造斜度

铸件表面性质	铸钢	铸铁	铸造铝合金	铸造镁合金
外表面	1° ~ 1°30′	1°	0°30′	≥1°
内表面	>2°	>2°	0°30′ ~ 2°	≥2°

（3）工艺余量 为了保证铸件的顺序凝固而将铸件的某一局部加大，这种超过了机械加工余量的额外厚度称为工艺余量，如图 8-33 所示。工艺余量的大小可根据铸件的实际结构尺寸来确定。

（4）铸造圆角 铸件的棱角处应以圆角过渡，以免在其附近产生裂纹，铸铁件应避免尖角处产生白口。一般棱角处的圆角半径 R（mm）可按以下经验公式计算：

$$R = \frac{A+B}{4} \sim \frac{A+B}{6} \qquad (8-2)$$

式中 A、B——以圆角连接的铸件相邻两处壁厚（mm），如图 8-34 所示。

对于铸铁件，为了避免铸件的局部出现白口，可在棱角处设置圆角，铸件圆角半径 R（mm）可按下式计算：

$$R = \frac{2\delta_1}{\sqrt{\delta_2}} \qquad (8-3)$$

式中 δ_1——圆角处金属型壁厚（mm）；

δ_2——圆角处铸件壁厚（mm）。

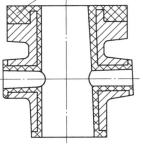

图 8-33 工艺余量

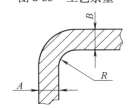

图 8-34 铸件的圆角连接

（5）线收缩率　根据铸件的结构、合金的种类等因素的影响，准确地估计或预设铸件的线收缩率比较难，在工艺设计时应在尺寸上给模样、型腔和型芯留有一定的修正余地。一般是形成铸件外形的尺寸，应取较大值；形成铸件内腔、孔洞或者是由芯子构成的内部结构等尺寸，应取较小值。金属型铸造时不同合金的线收缩率见表8-51。

表8-51　金属型铸造时不同合金的线收缩率

合金种类	铸钢	铸铁	铸造铝合金	铸造锡青铜	铸造硅黄铜
线收缩率 ε（%）	1.5 ~ 2.0	0.8 ~ 1.0	0.6 ~ 0.8	1.3 ~ 1.5	2.2

（6）最小型壁壁厚　金属型的型壁壁厚应有一个适宜的壁厚值，其最低值应有一个限度，这样才能保证铸型的强度和刚度。金属型铸造的最小型壁壁厚见表8-52。

表8-52　金属型铸造的最小型壁壁厚

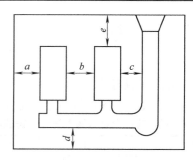

尺寸名称	型腔外缘至金属型外缘之间的壁厚	型腔之间壁厚	直浇道与型腔之间的壁厚	型腔下缘至金属型底面的壁厚	型腔上缘至金属型顶面的壁厚
视图中对应符号	a	b	c	d	e
尺寸/mm	25 ~ 30	>30，小件 10 ~ 20	10 ~ 25	30 ~ 50	40 ~ 60

（7）铸后开型时间　类似于砂型铸造的打箱时间，铸件在金属型中的导热要快于砂型，蓄热系数及蓄热能力也远大于砂型，因此开型时间要普遍短于砂型铸造的打箱时间。表8-53给出了不同合金铸件在不同铸型中的凝固时间，可供开型时参考。

表8-53　不同合金铸件在不同铸型中的凝固时间

合金种类	铸造碳钢	灰铸铁	可锻铸铁	铸造铝合金	铸造黄铜
砂型中凝固时间/min	2.04	0.82	0.96	0.31	0.592
金属型中凝固时间/min	0.21	0.25	0.10	0.07	0.148

3. 浇注系统设计

金属型铸造的浇注系统具有冷却快、排气和排渣条件差、浇注位置受到限制等特点。设计中应确保合金液平稳、无冲击地进入型腔，按设定的时间完整地充满型腔；应按顺序充填铸型，以便能排气，以及排出熔化与浇注过程中所产生的夹渣；应有利于顺序凝固，以便于铸件获得充分的补缩；应结构简单，体积小，便于铸型的开合、取件，以及浇冒口的清除。

（1）浇注系统的形式　浇注系统的形式主要包括顶注式、底注式、中间注入式和缝隙式。对于中小件，一般采用单一形式的浇注系统；对于大件，可以采用单一形式，有时也可以综合多种形式同时采用。具体采用哪种浇注系统形式，可由以下经验方法来确定。

1）当 $H/L<1$（式中的 H 表示铸件浇注位置中的高度尺寸，L 表示铸件浇注位置中的最大宽度尺寸）时，可以采用顶注式浇注系统。顶注式浇注系统的优点是：简化金属型结构，有利于顺序凝固，可以大流量充型以缩短充型时间，浇道金属耗量少，切割冒口简单。缺点是：不利于排气、排渣，铸件易氧化、夹渣，充型时金属液流动不平稳，容易出现飞溅和冲刷铸型。顶注式浇注系统可应用于简单的矮铸件、高度小于 80mm 的镁合金铸件、高度小于 100mm 的铝合金铸件。金属型铸造顶注式浇注系统的结构如图 8-35 所示。

2）当 $H/L>1$ 时，可以采用底注式浇注系统。底注式浇注系统的优点是：充型平稳，利于气体排出，浇道可以设计成特定的形式以挡渣排渣，浇道设计在铸件的心部时，可减小铸型尺寸。缺点是：温度场不利于顺序凝固。底注式浇注系统可应用于各种尺寸铸件。对于工艺性不好的铸件可以采取下列措施：调整工艺余量，合理设计浇注系统，使铸件尽可能上厚下薄；对于较大的铸件，当合金液达到冒口高度的 1/3 时，改成从冒口处补浇合金液，至浇慢。金属型铸造底注式浇注系统的结构如图 8-36 所示。

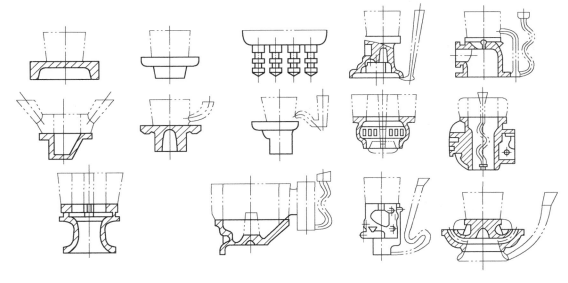

图 8-35　金属型铸造顶注式浇注系统的结构　　　图 8-36　金属型铸造底注式浇注系统的结构

3）当 $H/L≈1$ 时，可以采用中间注入式浇注系统。中间注入式浇注系统的优点是：充型平稳，可避免涡流和冲刷型壁，能够获得比较合理的温度分布，浇冒口切割方便。缺点是：不能完全避免金属液流对铸型的冲击和飞溅。中间注入式浇注系统可应用于高度约 100mm，外形特殊（如两端与四周都有厚大的安装边），不便于采用其他浇注方式的情况。金属型铸造中间注入式浇注系统的结构如图 8-37 所示。

4）缝隙式浇注系统的优点是：合金液自下而上逐渐进入铸型，流动平稳，挡渣和排气效果好，能防止铸件氧化夹渣；铸型热场分布合理，利于补缩。其缺点是：切割冒口困难。缝隙式浇注系统适用于质量要求高，高度较大的筒形与板状铸件，如活塞、轮毂、气缸套和板等。金属型铸造缝隙式浇注系统的结构如图 8-38 所示。

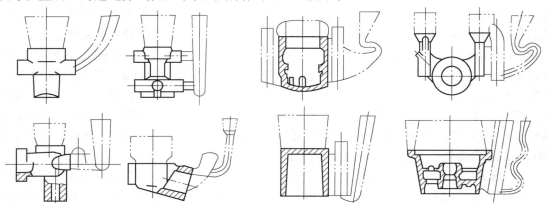

图 8-37　金属型铸造中间注入式
浇注系统的结构

图 8-38　金属型铸造缝隙式浇注系统的结构

（2）浇注系统的计算　由于金属型具有较强的激冷作用，设计时在不引起紊流的前提下，要尽可能缩短金属液的充型时间。一般金属型铸造的浇注时间比砂型铸造要缩短 20% ~40%。浇注系统的计算程序是：先计算浇注时间，然后再计算最小截面面积，最后按比例计算各组元的截面面积。

1）浇注时间的计算有两种方法：一种是根据砂型铸造的计算方法来计算，计算出的时间减少 20% ~40%；另一种是根据金属型的上升速度法来计算。

金属型上升速度法是根据铸件的浇注位置高度 H 与金属液在金属型中的平均速度来确定浇注时间的。对于铝、镁合金铸件，金属液在金属型中的平均速度 v_m（cm/s）计算公式为

$$v_m = \frac{3 \sim 4.2}{\delta} \tag{8-4}$$

式中　δ——铸件的平均壁厚（cm）。

浇注时间 t（s）由下式来计算：

$$t = \frac{H}{v_m} \tag{8-5}$$

式中　H——铸件的浇注位置高度（cm）。

2）浇注时间确定后即可求解浇注系统的最小截面面积 A_{min}（cm²），由下式计算：

$$A_{min} = \frac{G_C}{\rho v_m' t} = \frac{(3 \sim 4.2) G_C}{\rho v_m' H \delta} \tag{8-6}$$

式中　G_C——铸件的重量（g）；

ρ——金属液的密度（g/cm³）；

v_m'——流经浇道最小截面金属液的平均速度（cm/s）。

浇注时，为了防止金属液在流经浇注系统的最小截面产生较大的涡流，卷入气体，氧化等，破坏浇注系统的挡渣作用，一般 v_m' 不能太大，对于镁合金液，$v_m' < 130$cm/s；对于铝合金液，$v_m' < 150$cm/s。

3）各组元的截面面积可根据铸件的大小和种类来确定。镁、铝合金浇注时，为了防止金属液在充型时出现飞溅和二次氧化形成氧化渣，需要降低金属液进入型腔时的流速，故常采用开放式浇注系统，此时浇注系统中最小截面面积的组元应是直浇道，因此有如下关系：

对于大型铸件（>40kg）：

$$A_直 : A_横 : A_内 = 1 : (2 \sim 3) : (3 \sim 6) \tag{8-7}$$

对于中型铸件（20～40kg）：

$$A_直 : A_横 : A_内 = 1 : (2 \sim 3) : (2 \sim 4) \tag{8-8}$$

对于小型铸件（<20kg）：

$$A_直 : A_横 : A_内 = 1 : (1.5 \sim 3) : (1.5 \sim 3) \tag{8-9}$$

如果浇注系统中无横浇道，则可取

$$A_直 : A_内 = 1 : (0.5 \sim 1.5) \tag{8-10}$$

式中 $A_直$、$A_横$、$A_内$——直浇道、横浇道和内浇道的截面面积。

内浇道的厚度一般应为铸件连接处对应壁厚的50%～80%，对于薄壁件，可比铸件壁厚小2mm。内浇道的宽度一般为内浇道厚度的3倍以上。

内浇道的长度：小型铸件一般应为10～12mm，中型铸件为20～40mm，大型铸件为30～60mm。

浇注钢铁材料时，常采用封闭式浇注系统，此时浇注系统中的最小截面面积的组元是内浇道，各组元截面面积的比例关系为

$$A_内 : A_横 : A_直 = 1 : (1.05 \sim 1.25) : (1.15 \sim 1.25) \tag{8-11}$$

内浇道长度一般应小于12mm。

有色合金浇注时，为了防止直浇道内自由降落的金属液产生飞溅现象，可将直浇道做成如图8-39所示的结构。对于较高的铸件可采用蛇形直浇道，或者在直浇道的末端设置节流器。为了挡渣还可以在浇注系统中设置过滤网、集渣包。

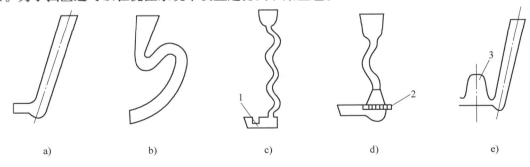

图 8-39 不同形状浇注系统及直浇道底部的挡渣

a）倾斜状直浇道 b）鹅颈状直浇道 c）蛇形直浇道 d）底部过滤网 e）底部集渣包

1—节流器 2—过滤网 3—集渣包

4. 冒口设计

暗冒口在补缩时，无大气压力作用，故补缩的压力比较小，影响补缩效果。因此，冒口的类型多为明冒口。由于金属型铸造中铸型的非破坏性，在设计分型面时，应考虑冒口的出型问题。

对于灰铸铁件，一般不使用冒口。对于铝、镁合金铸件，冒口的直径一般为所补缩铸件

热节直径的 1.5~2 倍。球墨铸铁和可锻铸铁件冒口的直径一般为所补缩铸件热节圆直径的 1.2 倍，冒口的高度一般为铸件热节圆直径的 1.25 倍，冒口颈的直径一般为铸件热节圆直径的 0.3~0.5 倍。

　　为了延缓冒口中金属液的凝固速度，提高冒口的补缩效果和补缩效率，金属型铸造中使用金属冒口时，可在冒口的内表面涂刷绝热性能好且厚度较大的涂料，也可以用砂芯或冒口套形成冒口。对于球墨铸铁和可锻铸铁，内浇道与横浇道之间的集渣包也可以起到冒口的作用，见图 8-39e。

　　如果热节处的内腔用砂芯形成，则可在外壁设置冒口的同时，在内壁设置冷铁以形成人工末端，增大冒口的补缩效果，如图 8-40 所示。

5. 型芯设计

　　为了形成铸件的孔洞，必须使用型芯。金属型铸造中的型芯包括两种类型：一种是金属抽芯；另一种是砂芯，也可以用中空的壳芯代替实心的砂芯。

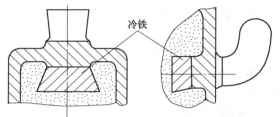

图 8-40　冷铁及与冒口的联合补缩

　　（1）金属型芯的结构及抽芯机构设计

　　金属型芯主要是形成形状简单的内腔和孔洞，由于铸后要从铸件中顺利取出，所以要求形成抽芯体的表面粗糙度值较低，Ra 一般不大于 3.2μm。芯头与芯座之间的间隙应适当，可取间隙配合为 H12/h12。

　　1）芯头尺寸和抽芯结构。为了保持芯子的稳定，需要设计适宜的芯头尺寸和抽芯结构。金属型铸造中金属型芯的结构特点与尺寸见表 8-54。

表 8-54　金属型铸造中金属型芯的结构特点与尺寸

名称	图　例	结构特点与尺寸
上芯	a)　　　　　　　　b) a) 机动抽芯　　b) 手动撬杆抽芯	结构简单，操作方便，不便于设置明冒口，只能设置暗冒口 $L = (0.2~1.0)d$，$d < 200mm$ $H = 5~15mm$ $D = d + (10~20)mm$ $D_1 = D + (14~20)mm$
侧芯	a)　　　　　　　　b) a) 机动抽芯　　b) 手动撬杆抽芯	侧面抽芯不如上抽芯方便，为了防止芯子尺寸变动，芯头的定位部分应加长，配合间隙应尽可能小 $L = (0.3~2.0)d$，$d < 200mm$ $H = 5~15mm$ $D = d + (6~10)mm$ $D_1 = D + (14~20)mm$

（续）

名称	图　例	结构特点与尺寸
下芯	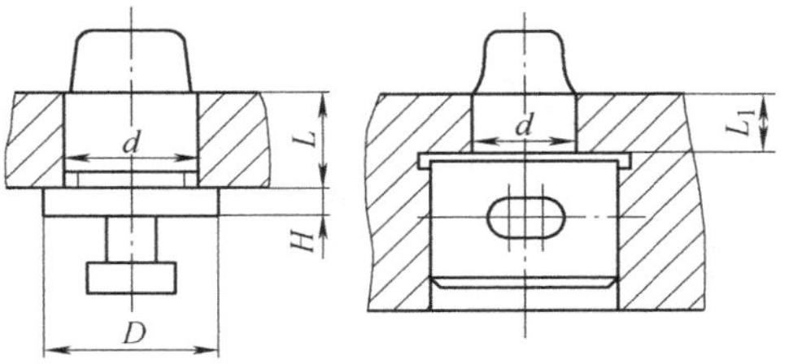 a)　　　　　　b) a）机动抽芯　　b）偏心轮抽芯	结构简单，操作方便，尺寸稳定 $L = (0.3 \sim 2.0)d$，$d < 200mm$ $H = 5 \sim 15mm$ $D = d + (10 \sim 20)mm$ $L_1 > 10mm$
组合芯	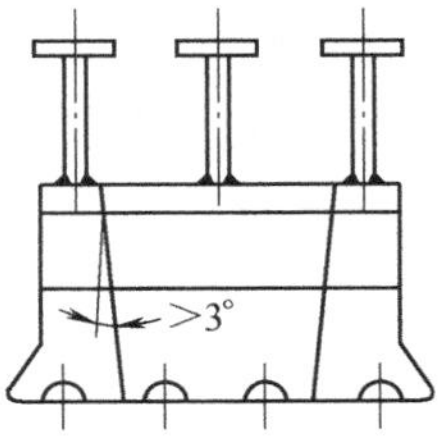	当铸件内腔形状阻碍金属芯抽出时，可以设计组合金属芯，分片取出
固定式芯	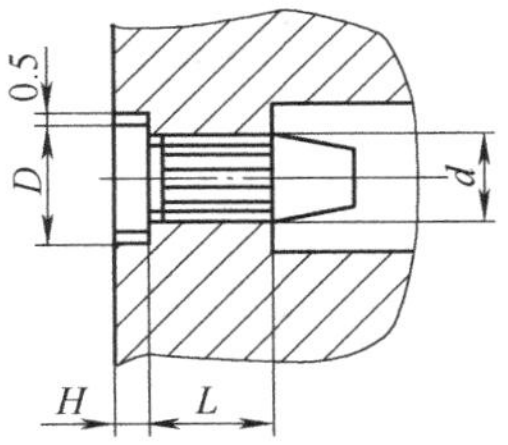	芯子和型体紧配合，不需要单独抽芯 $L = (0.1 \sim 0.6)d$ $H = 5 \sim 15mm$ $D = d + (3 \sim 6)mm$
大型芯	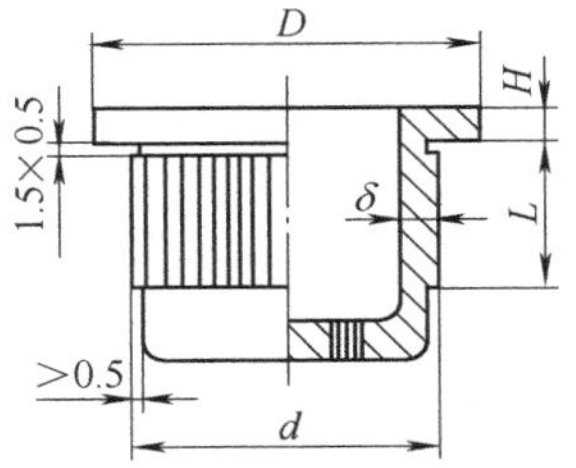	当金属芯直径超过 50mm 时，可以做成空心，壁厚一般为 12 ~ 30mm $L = (0.1 \sim 0.2)d$，$d > 200mm$ $H = 10 \sim 20mm$ $D = d + (12 \sim 30)mm$

注：d 值大，L 取下限；d 值小，L 取上限。也可以根据金属型尺寸决定。

　　2）抽芯力的计算。抽芯力的计算是抽芯机构的设计中比较关键的环节，但是尚无精确的解析计算方法，实际工程设计中还是由经验值确定的，如图 8-41 所示。

　　3）金属型芯的定位。为了保证芯子的准确安放，防止抽芯时芯子转动，需要设置定位机构。型芯的定位方式主要有两种，一种是圆柱销定位，另一种是方键定位，如图 8-42、图 8-43 以及表 8-55（参照图 8-42）、表 8-56（参照图 8-43）所示。

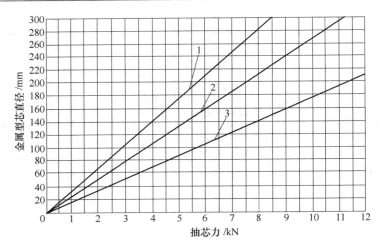

图 8-41　铝合金铸件的抽芯力与金属型芯直径的关系

1—型芯的铸造斜度为3°　2—型芯的铸造斜度为2°　3—型芯的铸造斜度为1°

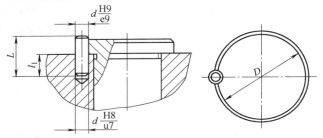

图 8-42　圆柱销定位

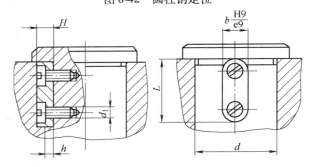

图 8-43　方键定位

表 8-55　圆柱销定位的相关尺寸　　　　　　　　　　　（单位：mm）

D	d		L	l_1
	公称尺寸	极限偏差（H8）		
≤50	10	+0.0220 0	25	15
>50 ~ 100	12	+0.0270 0	25	15
>100 ~ 160	16		30	20
>160 ~ 250	20	+0.0330 0	40	25
>250 ~ 320	25		50	30
>320 ~ 500	30		60	35

表 8-56　方键定位的相关尺寸　　　　　　　　　（单位：mm）

d	b		L	H	h	d_1
	公称尺寸	极限偏差（e9）				
≤100	16	−0.032 −0.075	30	8	4	M6
>100～160	20	−0.040 −0.092	40	10	5	M8
>160～250	25		50	12	6	M10
>250～320	30		60	16	8	M10
>320～500	40	−0.050 −0.112	80	20	10	M12

（2）砂芯及壳芯设计　根据工艺需要，有时要在金属型中设置砂芯，该砂芯的芯盒结构、芯砂配比和混制与捣打工艺都与砂型铸造相同。同样，所用壳芯的制造与壳型铸造相同。砂芯和壳芯的结构与特点见表 8-57。芯头与金属型芯座间配合间隙 δ 见表 8-58。

表 8-57　砂芯和壳芯的结构与特点

结构类型	图　例	特　点
垂直插入式	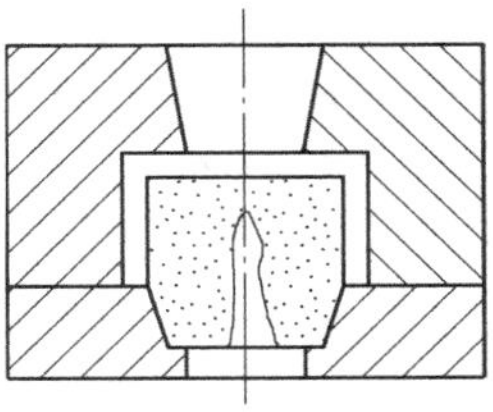	一端有芯头，垂直插入金属型内，操作方便，位置尺寸容易控制，应用较广。当芯子受到较大浮力时，芯头与芯座应有锁紧装置，防止砂芯浮起
垂直插入式，上芯被夹紧	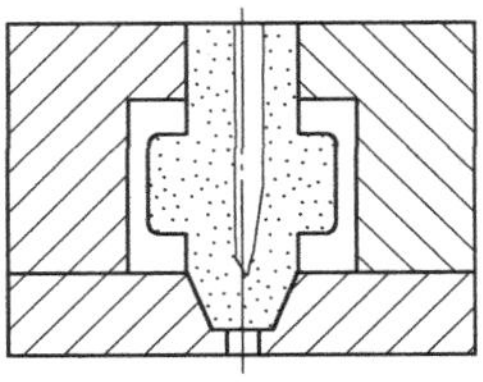	两端有芯头，一端插入下半型，另一边由两半型夹紧，定位可靠，尺寸准确，排气性好，但受铸件结构限制，不便设置明冒口。各种尺寸铸件均可采用
带有直浇道的砂芯	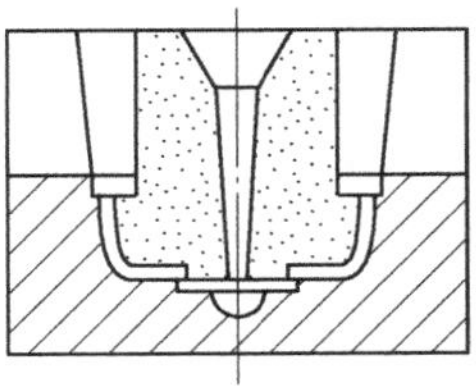	砂芯直接放入下半型，左右半型合型夹紧芯头，直浇道由砂芯形成，金属型结构简单，操作方便。适用于大型薄壁件
砂芯或壳芯与金属芯组合	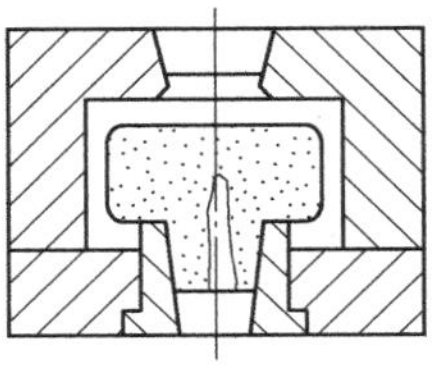	铸件法兰盘处厚大部位由金属型生成，加速冷却，防止缩松，砂芯或壳芯插入金属芯中，形成组合型芯。铸件质量高，同时也节约砂芯

（续）

结构类型	图　例	特　点
悬挂式	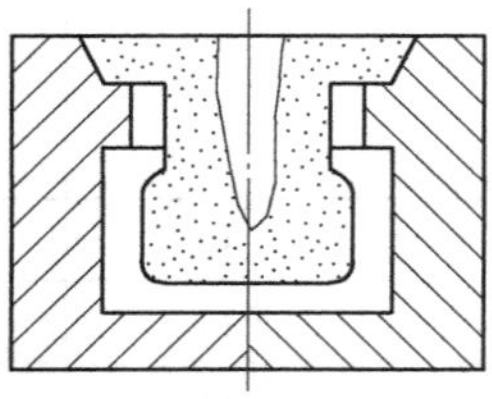	金属型合型后再装入砂芯或壳芯，操作方便，排气性好，芯子安装位置不容易检查，浇注时应放压铁，防止芯子上浮
单边悬挂式	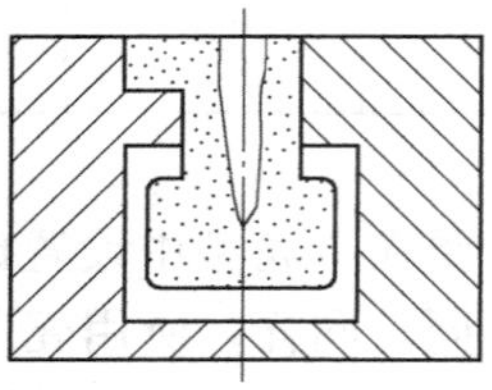	芯子先插入其中一半铸型内，另一半铸型在合型后压紧芯头，不需要压铁。合型时芯子容易移动，尺寸不稳定
横插式	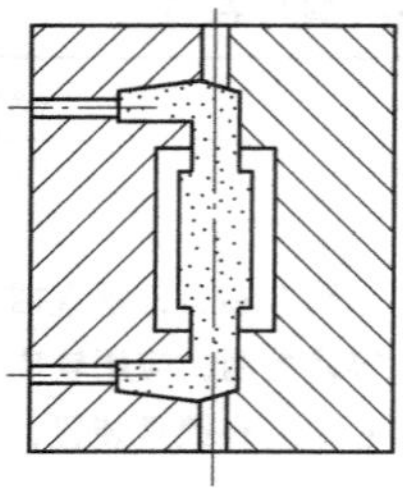	两端有芯头，同时插入一半铸型内，另一半铸型在合型后压紧芯头，操作方便，尺寸稳定。砂芯结构复杂，壳芯吹制工艺差
水平式	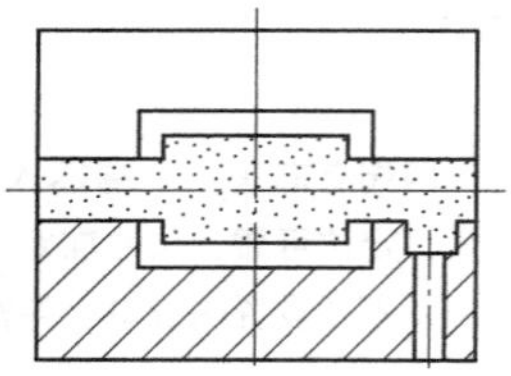	两端有芯头，一端插入下半型定位芯座，左右半型合型后夹紧芯头，防止砂芯上浮，位置准确，芯子稳固
悬臂横插式	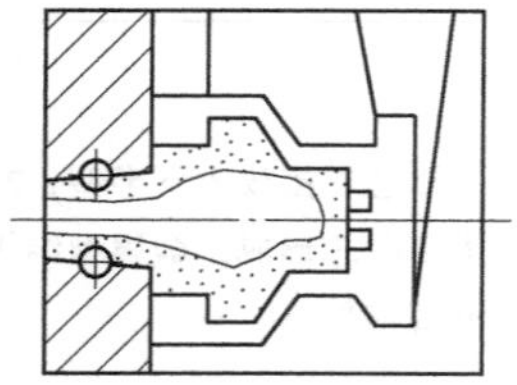	芯头插入侧半型内，用两个插销紧固，壳芯呈悬臂状态，尺寸不稳定，精度差，该情况砂芯不宜采用
悬臂直插式	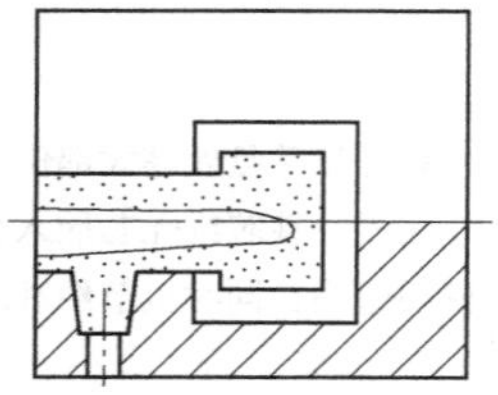	芯头一端插入下半铸型，另一端呈悬臂状态，左右半铸型合型压紧芯头。型芯受到的浮力较大，只适用于小型刚性好的型芯

（续）

结构类型	图　例	特　点
水平直插式	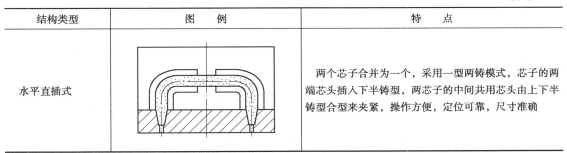	两个芯子合并为一个，采用一型两铸模式，芯子的两端芯头插入下半铸型，两芯子的中间共用芯头由上下半铸型合型来夹紧，操作方便，定位可靠，尺寸准确

表 8-58　芯头与金属型芯座间配合间隙 δ　　　　（单位：mm）

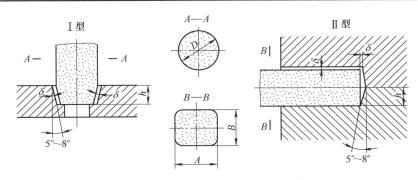

D 或 $\dfrac{A+B}{2}$	h			
	$\leqslant 25$	$25 \sim 50$	$50 \sim 100$	> 100
	δ			
$\leqslant 50$	0.15	0.25	0.5	1.0
$> 50 \sim 150$	0.15	0.25	0.5	1.0
$> 150 \sim 300$	0.25	0.5	1.0	1.0
$> 300 \sim 500$		1.0	1.0	1.5
> 500		1.5	1.5	2.0

6. 涂料

涂料是为了保护金属型型腔表面，调节涂覆部位的冷却速度且改善铸件表面质量而涂刷于金属型型腔表面的耐火材料层。

（1）涂料的组成　涂料由耐火材料、黏结剂、载体和其他添加物组成。

1）耐火材料。有色合金涂料用耐火材料包括：氧化锌、白垩粉、滑石粉、二氧化钛、氧化镁、石棉粉和石墨粉等。钢铁材料用耐火材料包括：硅石粉、镁砂粉、耐火砖粉、铬铁矿粉、石墨粉和耐火黏土等。

2）黏结剂。黏结剂包括水玻璃、黏土、水泥、糖浆、纸浆废液油类等。

3）载体。一般都使用水作为载体，但是有时铜合金铸造时常使用矿物油，如全损耗系统用油和润滑油等。

4）其他添加物。加入硼酸可以防止轻金属氧化，加入石棉粉或硅藻土可高效地提高涂料的绝热性能，加入石墨粉或滑石粉可减轻铸件自铸型中取出时的摩擦阻力，加入硅铁粉可防止铸铁件的白口。铸铁和铸钢铸造时，可加入表面合金化元素；铝、镁合金铸造时，可用硅酸钡来提高涂层的塑性。

表8-59为铝、镁合金金属型铸造涂料的配比，表8-60为灰铸铁金属型铸造涂料的配比，表8-61为铸钢金属型铸造涂料的配比，表8-62为铸铜金属型铸造涂料的配比。

表8-59　铝、镁合金金属型铸造涂料的配比

合金类型	配比（质量份）									用　途
	氧化锌	白垩粉	氧化钛	石棉粉	滑石粉	石墨粉	硼酸	水玻璃	水	
铝合金	9~11							4~6	余量	厚壁中小件
	6	5	3					5	余量	铸件表面要求较高
	4		9			9		7	余量	大型厚壁件
	5~7		11~13	11~13				9~11	余量	薄壁件
						10~20		4~6	余量	斜度较小的芯面，型腔局部厚大处
		8~15	9~14					5~9	余量	浇冒口系统
镁合金		10				5		3	余量	大型铸件
						8	3	3	余量	一般铸件
	10					5		3	余量	铸件表面要求较高
		5				10	3	3	余量	中小型铸件
		5			5		3	3	余量	中小型铸件
		2~5		10~30				2~5	余量	浇冒口系统

注：1. 余量为热水。

2. 有时可用水玻璃将石棉纸粘在冒口型腔表面。

3. 浇注镁合金前，在型面上喷5%~10%（质量分数）的硝酸水溶液。

表8-60　灰铸铁金属型铸造涂料的配比

序号	配比（质量份）						用途
	耐火材料	黏结剂		表面活性剂	添加剂	载体	
1	石墨粉 10~15	黏土 10~15	水玻璃 5~7	0.5		水余量	型腔表面
2	耐火砖粉35	黏土25	水玻璃15		硅石粉25	水适量	浇冒口
3	石墨粉 28~63	黏土 30~70		烟子 23~52	碳酸钠 0.5~2	水适量	型腔表面

表8-61　铸钢金属型铸造涂料的配比

序号	配比（质量份）				载体	用途
	耐火材料	黏结剂				
1	刚玉粉30~40	硼酸0.7~0.8	水玻璃5~9		水余量	型腔表面
2	硅石粉61~66	黏土4	糖浆15	重油0.2~0.3	水余量	型腔表面

（续）

序号	配比（质量份）			用途
	耐火材料	黏结剂	载体	
3		沥青在汽油中的溶液		型腔表面
	沥青 25		汽油余量	
4		全损耗系统用油 100		型腔表面
5		脱水焦油 100		型腔表面

表 8-62　铸铜金属型铸造涂料的配比

序号	配比（质量份）			用途
	粉体	其他添加物	载体	
1	石墨 4		全损耗系统用油 96	型腔表面
2		石蜡 50	全损耗系统用油 50	型腔表面
3		松香 80	乙醇 20	型腔表面
4	烟子或石墨 14	松香 28	汽油 58	型腔表面
5		全损耗系统用油 100		型腔表面

（2）原材料准备　粉料应进行干燥。石棉、滑石粉应在 1000℃ 左右焙烧以去除结晶水，氧化锌、白垩粉和石墨粉应在 150 ~ 200℃ 温度区间烘烤，以去除水分和夹杂物。水玻璃模数应为 2.4 ~ 3.0，密度应为 1.45 ~ 1.55g/cm³。

（3）混制工艺　对于铝合金铸件，先把水玻璃溶解于 60 ~ 80℃ 的热水中，然后再把已经干混均匀的粉料加入，搅拌均匀即可。

对于镁合金铸件，先把硼酸溶解于沸水中，水玻璃稀释，然后向液体中放入粉料进行充分搅拌，再把硼酸水趁热加入搅拌均匀，冷却到 30℃ 以下，最后进行过滤，之后即可使用。

对于铜合金铸件，先将松香碾碎，倒入乙醇中，搅拌至全部溶解。如果涂料中要加入烟子，则将破碎好的松香溶入汽油，然后将松香汽油溶液以细流注入盛烟子的桶中，搅拌均匀即可。

涂料配制后应尽快使用，放置时间越短越好，一般应以 24h 为限，不宜久放以免变质。为了延长放置时间，可加入防腐剂，如百里酚、五氯苯酚、苯甲酸钠和甲醛水溶液等，加入量一般为涂料质量的 0.02% ~ 0.04%。

（4）涂刷　在涂覆之前，应清理金属型，然后将干净的金属型预热至 160 ~ 200℃，最好采用喷涂的方式涂覆，以保证涂层的均匀。涂层的厚度一般为 0.5mm，但是应注意特殊部位涂层的厚度：浇冒口的涂层厚度为 0.5 ~ 1.0mm，如果必要可涂至 4mm；铸件厚大部分的型腔表面的涂层厚度为 0.05 ~ 0.2mm；铸件薄壁部分型腔表面的涂层厚度为 0.2 ~ 0.5mm；铸件上的凸台、筋及壁的交界处，为了加快冷却，可将喷好的涂料刮去。

8.3.3　覆砂金属型铸造

覆砂金属型铸造又称为铁型浮砂铸造，是指在金属型的表面覆盖一层 3 ~ 8mm 厚或者更厚的覆砂层而进行的铸造。

1. 铸造工艺的特点及造型

用于覆砂层的型砂有普通铸造型砂、自硬砂、树脂砂和覆膜砂等。一般采用人工的方式进行覆砂层的制造，故生产率较低，适用于小批量生产。但是由于铸型的绝大部分是由金属型构成的，型砂的用量相对于砂型铸造而言，不论是工作量还是所制铸件的质量及尺寸精度都有良好的效果。

（1）造型　造型可分为手工造型和射砂造型。

1）手工造型与陶瓷型铸造的砂套造型相类似。将混制好的型砂填充到模样与金属型之间捣实，或者在金属型上预置一定量的型砂，手工预紧实后用模样下压来进行终紧实。该法生产率低，但是操作方便，对设备的要求低。

2）射砂造型用型砂主要是覆膜砂。射砂前将金属型与模样合好，再将模板和金属型加热至200~300℃，射砂机的射砂压力为0.2~0.6MPa，压缩空气将覆膜砂吹入空腔中，在模板与金属型热量作用下，覆膜砂固化并黏结在金属型上，制得所要的覆砂金属型。射砂造型如图8-44所示。模板与金属型合型前须喷涂脱模剂。模板可用燃气或电热加热，金属型在连续生产中的第一次需要加热，第二次及以后利用浇注后的余热即可。

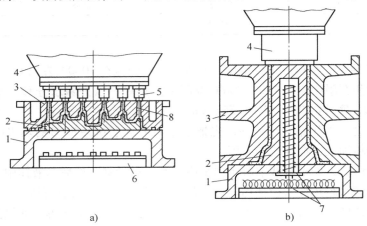

图 8-44　射砂造型
a）通过射砂孔射砂　b）通过模样与金属型之间间隙射砂
1—模板　2—模样　3—金属型　4—吹砂头　5—吹嘴　6—燃气加热器　7—电加热器　8—进砂孔

（2）覆砂用金属型结构　如图8-45所示，覆砂用金属型包含密合带和进砂孔。密合带的结构如图8-45b所示。当金属型的长度小于1000mm时，图8-45b中密合带宽度 B 为30mm；当金属型的长度为1000~1500mm时，密合带宽度 B 为50mm；当金属型的长度大于1500mm时，密合带宽度 B 为75mm。为了使射砂并固化后的型砂能够与金属型粘连在一起，可以在密合带内壁上或者金属型面上做出一些类似燕尾槽的结构，并在槽的侧面配以适当的斜度。密合带可以起防止覆砂层松散的作用。

进砂孔的结构及示例尺寸如图8-45c所示。进砂孔应设在针对模样凸出处的型壁上。当模样中各部分的高低落差不大时，进砂孔之间的距离为150~250mm。

上述进砂孔匹配厚壁金属型，其壁厚可达40mm。采用厚壁金属型的优点是金属型工作时温度比较稳定，并能积蓄足够的热量供射砂后树脂砂固化用。但是在生产小型铸件时，也可以用壁厚较薄的金属型。

为了将射砂前空腔中的气体以及射砂时代入的气体排出，可在金属型的分型面上开缝隙式排气沟槽。这些沟槽的外端与集气的较大凹槽相连，如图 8-45a 所示。如果排气沟槽无法联通金属型的外缘，可在型上做出专门的排气通孔。在金属型的深凹处，可用排气塞将气体引出型外。排气孔和槽的最小出口面积约为进砂孔总面积的 20%。

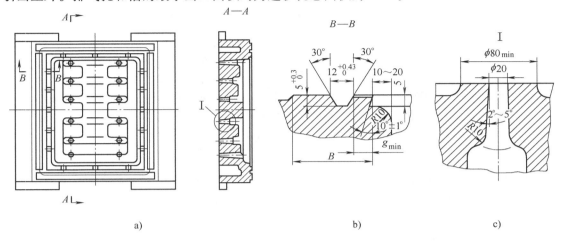

图 8-45　覆砂用金属型结构
a）金属型结构　b）B—B 剖视面及型框上的密合带　c）I 处放大及进砂孔

（3）清理　浇注后进行开箱、落砂，金属型上的残砂可用间歇吹压缩空气的方法清除。进砂孔中的残砂可用顶杆从铸型背面向内顶出。为了减轻顶砂的阻力，可在进砂孔侧壁上做出斜度，必要时在射砂前，在进砂孔的侧壁上涂抹一些滑石粉、白垩粉、硅石粉或石灰的水基悬浮液。

2. 覆砂金属型铸造的应用

覆砂金属型铸造可用于铸钢件、灰铸铁件、可锻铸铁件、球墨铸铁件和各种有色合金铸件。上述合金使用金属型覆砂铸造，主要是因为如下优点：

1）型壁具有较大的刚度。抗胀箱的能力比较强，对于球墨铸铁和灰铸铁可以提高石墨膨胀补缩效果，减小冒口尺寸，甚至实现无冒口铸造。

2）表面粗糙度值低。所铸铸件的表面粗糙度与金属型或覆砂金属型的表面有着密切的关系。覆砂型的表面粗糙度值低于普通砂型表面，因此，所铸铸件的表面粗糙度值低于甚至远低于砂型铸造的铸件。

3）可提高铸件的冷却速度并能调节冷却速度。金属型和覆砂金属型的冷却速度要高于普通砂型铸造，有利于铸件的补缩和致密度的提高，并可以细化铸件表面晶粒。还可以通过覆砂层厚度来调节铸件的冷却速度，实现顺序凝固。

4）铸件的尺寸精度较高，可以减少加工余量，提高铸件成品率，从而降低生产成本。

8.3.4　金属型的设计

金属型设计的合理与否直接关系到所生产铸件的质量、劳动强度和生产成本。设计的依据包括：零件图、生产批量、铸件的技术条件等。

1. 金属型的材料

金属型的各部位及机构用材料见表 8-63。

表 8-63　金属型的各部位及机构用材料

部位及机构	材料牌号	热处理状态	应　用
型体	HT150、HT200	时效	结构简单的大中小型金属型型体
	45 钢	30~35 HRC	各种结构的大中小型金属型型体
型芯、活块、型腔、镶块	HT200	时效	结构简单的大中小型金属型芯、活块、镶块
	45 钢	30~35HRC	一般结构的金属型芯、活块、镶块
	3Cr2W8V	30~35HRC	细长金属型芯、薄片及形状复杂的组合型体、型芯，片状活块和镶块
	5CrMnMo		
排气塞、激冷块	45 钢		一般排气塞
	纯铜 T1		起激冷作用的排气塞、激冷块
受力件	45 钢、T8A	45~50 HRC	顶杆、导柱、定位销、复位杆
底板、顶杆板	HT200、45 钢	灰铸铁须时效	大型铸件用 HT200，小件用 45 钢
常用标准件和附件	Q235、30 钢		螺钉、螺栓、手柄、垫圈、底座等
型体	ZL105	阳极氧化	批量不大且需要快速投产，要求氧化层深度为 0.3mm
耐磨件	20 钢、25 钢	渗碳，40~45HRC	轴、样板。渗层深度为 0.8~1.2mm
	45 钢	淬火，33~38HRC	齿轮、齿条、手把、锁扣、定位销、连杆、轴拉杆等
弹簧类	65Mn、50CrVA		

2. 金属型的结构

金属型的结构按分型面可分为：整体式、水平分型式、垂直分型式和复合分型式。

（1）整体式　如图 8-46 所示，无分型面，结构简单铸件在一半铸型内成形，尺寸精度好。对于图 8-46a，可以把铸型的手把做成转轴，并由转轴安装在支架上，铸件凝固后可旋转 180°，使铸件和砂芯或覆砂层一起落下，铸型转正后复位后可进行下一个铸造循环。

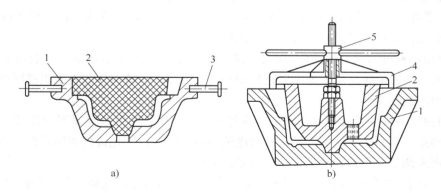

图 8-46　整体式金属型结构

a）水平转轴式　b）含抽芯及取芯机构

1—金属型　2—型芯　3—转轴　4—支架　5—扳手

图 8-46b 所示结构中含有抽芯机构——支架和扳手,可以在铸造后从金属型中取出型芯。

（2）水平分型式　由上下两半金属型组成,分型面处于水平状态,如图 8-47 所示。该图中浇注系统位于铸件的中心部位,浇注时液态金属在铸型中的流程短,铸件和铸型中的温度分布比较均匀,不易变形,适合于高度不大的圆筒、薄壁轮状件、圆盘和平板类铸件。由于分为上下两半铸型,浇注系统在上半中往往由砂芯来形成,以免铸件出型困难。

水平分型式铸型制造方便,但是铸件外形不能太复杂,上半铸型的装卸以及铸件的取出都比较复杂,不易实现机械化。图 8-47 中采用摇落式下型结构,使操作得到较大的改善。

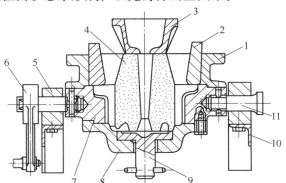

图 8-47　水平分型式金属型
1—上半金属型　2—半金属环　3—浇口杯　4—砂芯
5—轴坐　6—手柄　7—下半金属型　8—型底
9—顶杆　10—角钢　11—转轴

（3）垂直分型式　分型面位于铸型浇注位置的垂直方位,如图 8-48 所示。

两半铸型的开合可以是直线运动,如图 8-48a 所示。对于小些的金属型,可采用手工开合;对于稍大的金属型,须安装到造型机上,借助机器上的动力进行开合。

两半铸型也可采用旋转开合,即将分型面的一边做成合页轴式,另一边旋转开合,如图 8-48b 所示。在小型铸件生产时常采用旋转开合的铸型,手工操作较简便。

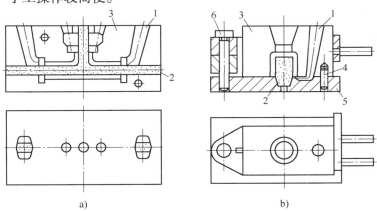

a)　　　　　　　　　　b)

图 8-48　垂直分型式金属型
a）铸型直线开合　b）铸型旋转开合
1—浇道　2—砂芯　3——半铸型　4—定位销　5—底板　6—心轴

垂直分型式金属型易于设置冒口,冒口的中心轴与分型面重合,开型时不会阻碍铸件从型中取出,操作方便,易于机械化,但是有时不利于芯子和镶块的安放。

（4）复合分型式　复合分型式包含多种分型方式,可以同时既有水平分型面,又有垂直分型面,甚至还有倾斜分型面和圆柱面或球面分型面。具体采用哪种方式取决于铸件的结构。复合分型式金属型可用于生产形状复杂的铸件。图8-49所示为手工操作的铸造铝合金轮毂用复合分型式金属型,其中3和7两型块垂直分型,同时它们又与1和4两型块组成水平分型。为防止从上浇道浇注时铝合金液飞溅,浇注前可执手柄5上抬铸型,使铸型整体向另一侧倾斜,浇注过程中逐渐将铸型转平。

3. 金属型中的功能机构

金属型中的功能机构包括:定位、导向和锁紧装置,顶出机构,加热和冷却装置,排气设置和抽芯机构。

(1)定位装置　定位装置是为了使合型过程和合型后两半铸型或其他两部分之间不发生错位而设置的机构。定位机构一般设置在两半铸型之间、铸型与镶块之间、铸型与芯头之间、铸型与底板之间。一般常使用定位销来定位,偶尔也使用止口进行定位,如图8-50所示。

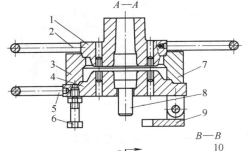

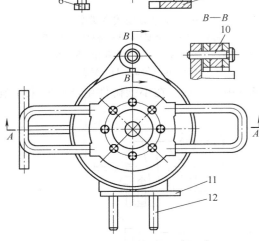

图8-49　复合分型式金属型

1—上半型　2—手柄　3—左半型　4—下半型　5—手柄
6—支承螺钉　7—右半型　8—顶杆　9—固定板
10—轴　11—锁扣　12—手柄

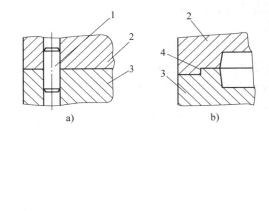

图8-50　金属型的定位

a)定位销定位　b)止口定位
1—定位销　2—上半型　3—下半型　4—止口

定位销的安装,要求是在金属型的一个半型上采用紧配合,而在另一个半型上采用间隙配合。考虑到定位销的工作条件,如经常受热等,常采用H8或H9配合,即一半为H8/S7,呈过盈配合,另一半为H8/S9,呈间隙配合。定位销的尺寸及极限偏差见表8-64,其材料为45钢,热处理硬度为33～38HRC。

带台阶的导销与衬套的尺寸及极限偏差见表8-65和8-66,其材料为45钢,热处理硬度为40～45HRC。

圆头定位销常用于铰链式金属型,其尺寸见表8-67,其材料为45钢,热处理硬度为33～38HRC。

表 8-64　定位销的尺寸及极限偏差　　　　　　　　（单位：mm）

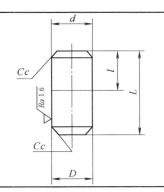

D		d		L	l	c
公称尺寸	极限偏差（S7）	公称尺寸	极限偏差（f9）			
≤6	+0.031 +0.019	≤6	-0.010 -0.040	20	8	1
>6~10	+0.038 +0.023	>6~10	-0.013 -0.049	25	10	1.5
>10~16	+0.046 +0.028	>6~16	-0.016 -0.059	30	12	2

表 8-65　导销的尺寸及其极限偏差　　　　　　　　（单位：mm）

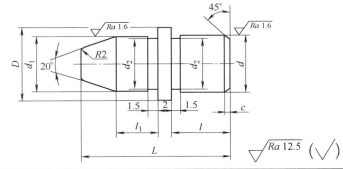

d		d_1		d_2	D	L	l	l_1	c
公称尺寸	极限偏差 （S7）	公称尺寸	极限偏差 （f9）						
10	+0.038 +0.023	10	-0.013 -0.035	9	12	30	13	10	1.5
10~18	+0.046 +0.028	10~18	-0.015 -0.048	12	15	35	17	10	1.8
				15	18	45	22	12	2
20	+0.056 +0.050	20	-0.020 -0.053	19	22	55	25	16	2.5

表 8-66　衬套的尺寸及其极限偏差　　　　　　　　（单位：mm）

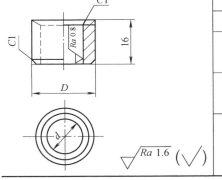

d		D	
公称尺寸	极限偏差（H9）	公称尺寸	极限偏差（f9）
10	+0.036 0	15	-0.016 -0.059
10~18	+0.043 0	18	
		22	-0.020 -0.072
20	+0.052 0	26	

表 8-67　圆头定位销的尺寸　　　　　　　　（单位：mm）

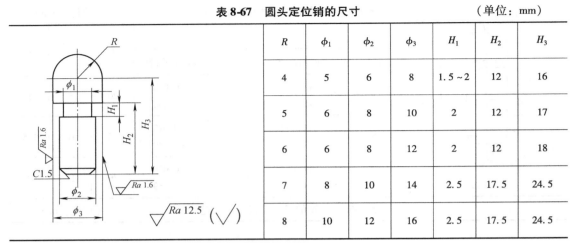

R	ϕ_1	ϕ_2	ϕ_3	H_1	H_2	H_3
4	5	6	8	1.5~2	12	16
5	6	8	10	2	12	17
6	6	8	12	2	12	18
7	8	10	14	2.5	17.5	24.5
8	10	12	16	2.5	17.5	24.5

（2）导向装置　动型的导向机构如图 8-51 所示。

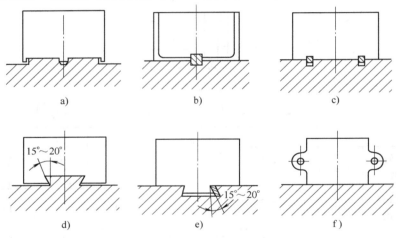

图 8-51　动型的导向机构

a）凹槽导向　b）单键槽导向　c）双键槽导向　d）燕尾槽导向　e）燕尾槽导向　f）导向杆导向

（3）锁紧装置　锁紧装置是指合型后使两半铸型或多半铸型及构件锁紧的装置。铸型合型后需要锁紧，以免铸型的半型之间发生跑火或位移，防止金属型的翘曲和变形。锁紧装置可分为插销锁、斜销锁、偏心锁、摩擦锁、套钳锁和楔销锁等。

1）偏心锁是使用最多的锁紧机构，可分为铰链式偏心锁和对开式偏心锁。铰链式偏心锁及其构件如图 8-52 和图 8-53 所示，相关的尺寸见表 8-68 和表 8-69。其材料均为 45 钢，热处理后硬度均为 33～38HRC。该类装置使用及制造都很方便，缺点是由于偏心手把经常转动，其上面的螺纹容易磨损，需要时常修理，故只适合于铸件批量不大的小型金属型。

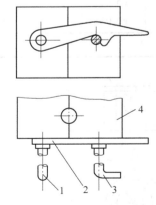

图 8-52　铰链式偏心锁

1—手把　2—锁扣　3—偏心手把　4—金属型

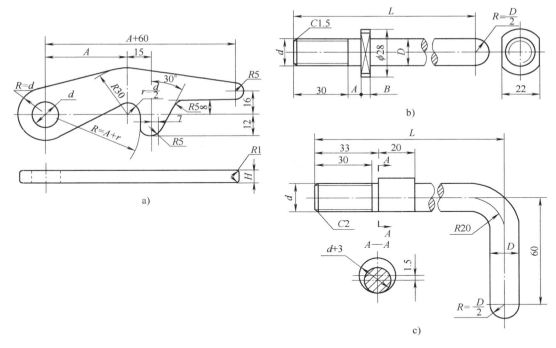

图 8-53　铰链式偏心锁的构件

a）锁扣　b）直手把　c）L形手把

表 8-68　铰链式偏心锁的锁扣尺寸（图 8-53a）　（单位：mm）

d	A	H
16.2	50	6
	60	8
	80	
18.2	60	10
	80	
20.2	80	12

表 8-69　铰链式偏心锁的手把尺寸（图 8-53b、c）　（单位：mm）

d	D	L	A	B
M16	16	160	8	5
M18	18	190	12	6
M20	20	220	16	8

对开式偏心锁及其构件如图 8-54 和图 8-55 所示，其相关的尺寸见表 8-70～表 8-72。其材料均为 45 钢，热处理后硬度均为 35～40HRC。

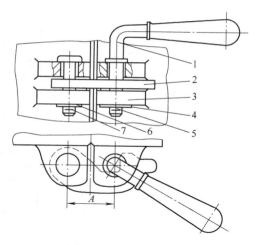

图 8-54　对开式偏心锁
1—手把　2—锁扣　3—型耳　4—垫圈　5—开口销　6—垫圈　7—轴销

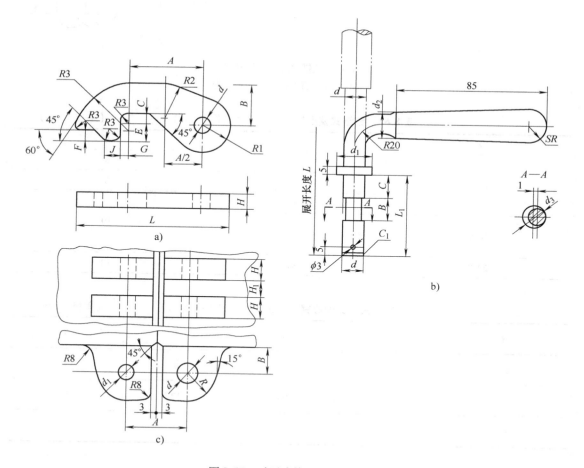

图 8-55　对开式偏心锁的构件
a) 锁扣　b) 手把　c) 型耳

表 8-70 对开式偏心锁的锁扣尺寸 （单位：mm）

A	L	d	R_1	R_2	R_3	B	C	E	F	G	H	J
40	88	10.5	16	20	30	25	6	10	6	4.5	10	9
50	112	12.5	18	27	48	33	8	13	7	6.5	12	10
60	136	12.5	24	33	48	40	10	17	9	7.5	15	13

表 8-71 对开式偏心锁的手把尺寸 （单位：mm）

d	L	L_1	C	B	SR	d_1	d_2	d_3
12	187	48	14	13	10	20	14	10
16	207	63	19	15	12	24	18	14
18	217	67	19	18	13	26	20	16

表 8-72 安装对开式偏心锁的型耳尺寸 （单位：mm）

A	H	H_1	R	d	d_1	B
40	15	11	20	12.5	10.5	18
50	20	13	20	16.5	12.5	20
60	20	16	24	18.5	12.5	26

2）摩擦锁是利用 Y 形手把的横挡内侧面与带斜度的凸耳之间的摩擦力和尺寸差来锁紧金属型的。其结构、构件及尺寸如图 8-56～图 8-59 和表 8-73～表 8-76 所示。其材料均为 45 钢，热处理后硬度均为 33～38HRC。摩擦锁结构简单，使用方便，常用于中小型金属型。

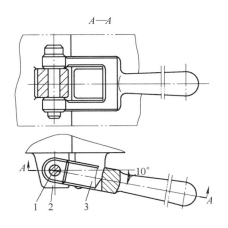

图 8-56 摩擦锁
1—锁子 2—半型的凸耳 3—摩擦紧固手把

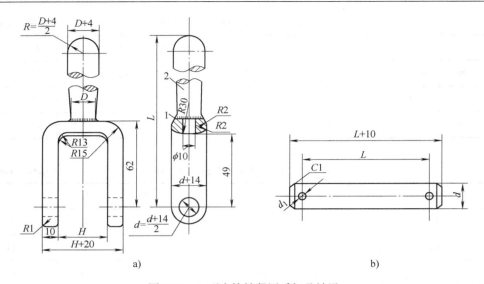

图 8-57　A 型摩擦锁紧固手把及销子

a）手把　b）销子

1—摩擦块　2—手柄

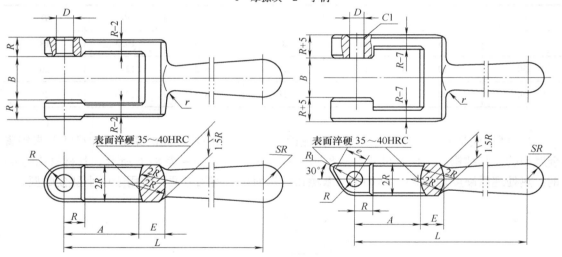

图 8-58　B 型摩擦锁紧固手把

图 8-59　C 型摩擦锁紧固手把

注：要求同图 8-58。

注：1. 叉头不得歪扭，保证孔 D 上下同轴。

2. 未注倒角均按（1~1.5）×45°，未注圆角 $R3~R5$。

表 8-73　A 型摩擦锁紧固手把的尺寸　　　　　　（单位：mm）

H	d		L	D
	公称尺寸	极限偏差（H8）		
21	12	+0.033 0	150	16
31			160	18
46	14	+0.039 0	170	20

表 8-74　销子尺寸　　　　　　　　　（单位：mm）

公称尺寸	d			L	d_1
	极限偏差				
	h8	f9			
12				33	2.5
				38	
				48	
				58	
	0 −0.027	−0.016 −0.059		75	3
				80	
14				90	
				100	
				110	
				120	

表 8-75　B 型摩擦锁紧固手把的尺寸　　　　　　（单位：mm）

金属型尺寸	A	B	D	R	E	L	r
200×200	40	25.4	10	10	15	120	5
350×350	50	40.4	12	12	17	160	5

表 8-76　C 型摩擦锁固紧手把的尺寸　　　　　　（单位：mm）

金属型尺寸	A	B	D	SR	E	L	r	e	R_1
200×200	40	25.4	10	10	15	120	5	14	3
350×350	50	40.4	12	12	17	160	5	16	4

3）套钳锁又称为螺旋锁，在一半金属型上设置凸耳及转轴，以链接套钳的转动端，在另一半金属型上设置凸耳，以使套钳的活动端套在其上，用手柄和螺杆将套钳的活动端固定在凸耳上，从而使两半金属型得以紧固。其结构、构件及尺寸如图 8-60 ~ 图 8-62 和表 8-77 ~ 表 8-82 所示。其材料均为 45 钢。套钳锁的特点是能承受很大的力，工作可靠，使用中无须特殊维护，但操作较费时，适用于大中型金属型。当金属型的长度或高度 > 250 ~ 300mm 时，每边可设置第二个套钳锁。

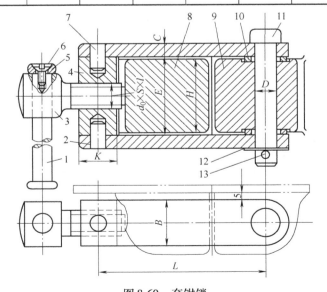

图 8-60　套钳锁
1—手柄　2—夹板　3—螺杆　4—平板　5—挡块　6—螺钉
7—销钉　8、9—凸耳　10—垫圈　11—转轴　12—垫片　13—开口销

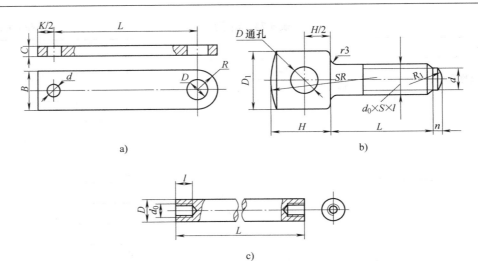

a)

b)

c)

图 8-61　夹板、螺杆和手柄

a) 夹板　b) 螺杆　c) 手柄

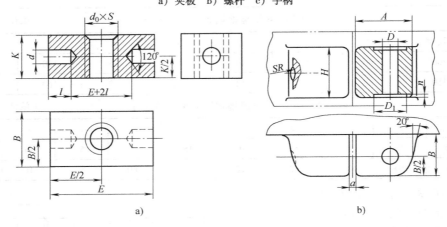

a)

b)

图 8-62　平板和凸耳

a) 平板　b) 凸耳

表 8-77　套钳锁尺寸　　　　　　　　　　　　　　（单位：mm）

铸型规模	L	$d_0 \times S \times l$	D	E	H	C	K	B
中型	130	T20×4×45	16	78	75	10	30	35
大型	150	T26×8×60	20	103	100	12	40	45

表 8-78　夹板尺寸　　　　　　　　　　　　　　（单位：mm）

铸型规模	L	K	C	D 公称尺寸	D 极限偏差（H8）	d 公称尺寸	d 极限偏差（f7）	R	B
中型	130	30	10	16	+0.027 0	13	−0.016 −0.034	17.5	35
大型	150	40	12	20	+0.033 0	16	−0.016 −0.034	22.5	45

表 8-79　螺杆尺寸　　　　　　　　　　　（单位：mm）

铸型规模	$d_0 \times S \times l$	d	n	R_1	D_1	D	SR	H	L
中型	T20×4×45	15.5	6	15	34	15	25	32	65
大型	T26×8×60	17	8	20	40	20	30	35	85

表 8-80　手柄尺寸　　　　　　　　　　　（单位：mm）

铸型规模	d_0	l	D	L
中型	M8	15	15	200
大型	M10	20	20	250

表 8-81　平板尺寸　　　　　　　　　　　（单位：mm）

铸型规模	$d_0 \times S$	d 公称尺寸	d 极限偏差（f7）	l	K	B	E
中型	T20×4	13	-0.016 -0.034	20	30	35	78
大型	T26×8	16	-0.016 -0.034	25	40	45	103

表 8-82　凸耳尺寸　　　　　　　　　　　（单位：mm）

铸型规模	D 公称尺寸	D 极限偏差（H8）	A	B	H	a	SR	D_1	n
中型	16	$+0.027$ 0	38	45	75	8	20	50	2.5
大型	20	$+0.033$ 0	42	55	100	8	25	54	3.5

4）楔销锁主要用于垂直分型铰链式金属型，是利用圆锥形的楔销插入由两半铸型构成的销孔时产生的胀紧力使两半铸型锁紧的。其结构如图 8-63 所示，楔销的尺寸见表 8-83。

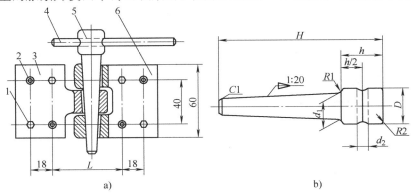

图 8-63　楔销锁及楔销

a）楔销锁　b）楔销

1—螺栓　2—圆柱销　3—左锁扣　4—手柄　5—楔销　6—右锁扣

表 8-83　楔销的尺寸　　　　　　　　（单位：mm）

d_1	d_2		D	h	H
	公称尺寸	极限偏差（H8）			
14	10	+0.027	22	24	110
18	15	0	26	28	130

（4）铸件的顶出机构　一般的金属型都要设置顶出机构。在设计顶出机构之前，应该先确定开型以后铸件驻留的位置，一般有以下情况：

1）综合分型的金属型。铸件由两半型及底座成形，或设有下部型芯，开型后铸件驻留在底座中。

2）垂直分型的金属型。当生产批量较小时，可使铸件驻留在固定的半型中；当生产批量较大时，可使铸件驻留在移动的半型中。

3）水平分型的金属型。当有大的上半型芯时，铸件可驻留在上半型中，取上半型时，同时将把铸件的砂芯带下，然后敲击浇冒口取下铸件。一般情况下都使铸件驻留在下半型中。

铸件驻留位置的设计，一般是利用型芯、镶块、活块及浇注系统使铸件浇注后驻留在合适的位置，甚至不设置专门的顶出机构就可以方便地从铸型中取出铸件。使铸件在指定位置驻留的方法见表 8-84。

表 8-84　使铸件在指定位置驻留的方法

图　　例	说　　明
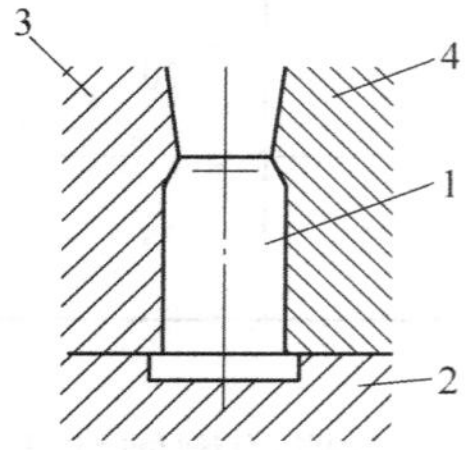 1—铸件　2—底座　3—左半型　4—右半型	设法将铸件的一部分设计在金属型底座内，开型后铸件驻留在底座
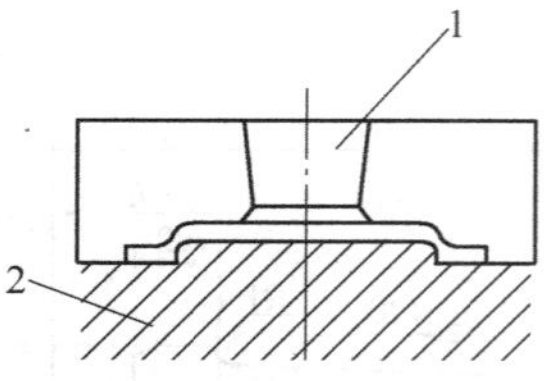 1—铸件　2—底座	金属型底座有凸入铸件内的成形部分，开型后铸件驻留在底座。适合于内型低、简单、斜度大的铸件
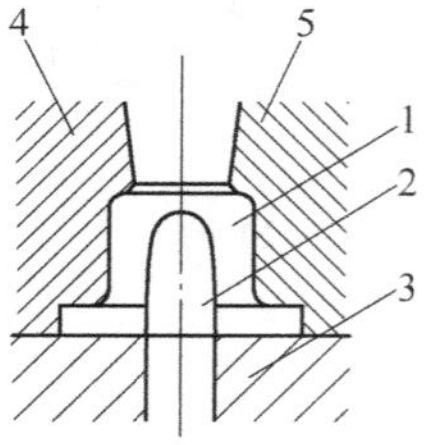 1—铸件　2—金属芯　3—底座　4—左半型　5—右半型	用底部金属芯固定铸件底座。适用于有金属芯的铸件

（续）

图　例	说　明
1—铸件　2—金属芯	利用侧面金属芯固定铸件于侧面
1—浇道　2—铸件　3—底座	利用浇道固定铸件
1—铸件　2—镶块　3—底座　4—左半型　5—右半型	利用镶块固定铸件
1—铸件　2—型芯　3—底座　4—左半型　5—右半型	利用砂芯或壳芯固定铸件
1—工艺凸块	利用工艺凸块配合浇道固定铸件
1—铸件　2—砂芯　3—镶块	将砂芯安装在镶块上固定铸件

（续）

图 例	说 明
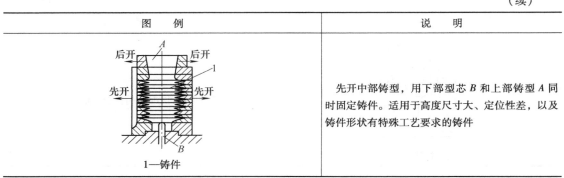 1—铸件	先开中部铸型，用下部型芯 B 和上部铸型 A 同时固定铸件。适用于高度尺寸大、定位性差，以及铸件形状有特殊工艺要求的铸件

顶杆位置的选择应使铸件均匀顶出，防止铸件产生变形及其他一些缺陷。常见的顶出机构见表 8-85。当受热膨胀时，为了使顶杆不会因膨胀而卡死在顶杆孔中，顶杆与孔之间应有一定的间隙，一般可采用 H12/h12 配合。

表 8-85　常用的顶出机构

类型	图 例	说 明
敲击顶出机构	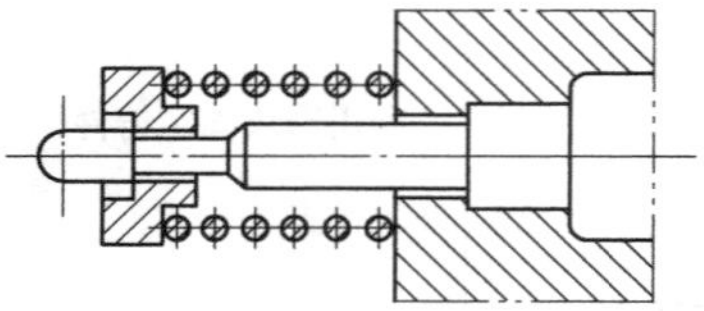	敲击顶杆，将铸件顶出，利用弹簧复位。适用于简单小型铸件
偏心轴顶出机构	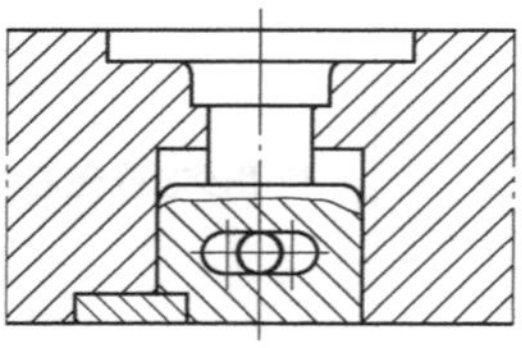	利用偏心轴推动顶杆顶出铸件，顶出距离一般在 20mm 以内，顶出力小。适用于顶出距离短的简单铸件
半型移动顶出机构	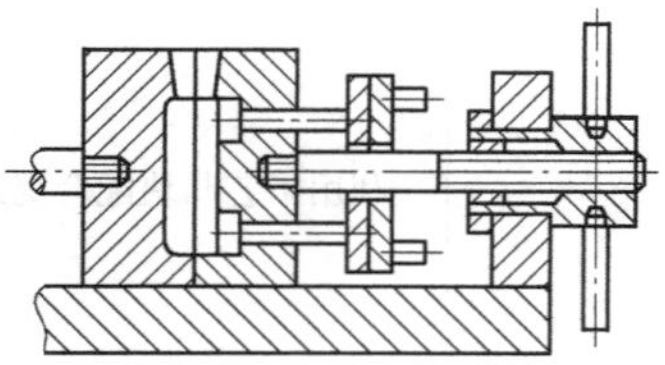	顶出机构随金属型移动。当顶杆板碰上螺杆支架时，顶出机构停止运动；当金属型继续做开型运动时，铸件被顶出
半型固定顶出机构	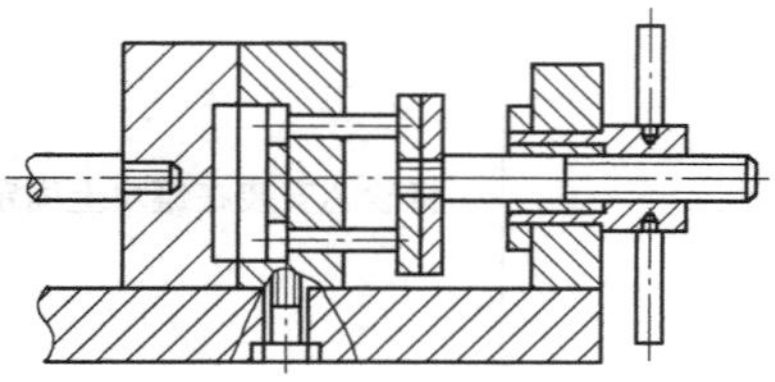	装有顶出机构的半型固定在铸造机的平台上，顶出机构和另一半铸型装在铸造机的安装板上，靠铸造机的开合型机构顶出铸件

（续）

类型	图　例	说　明
浮动顶杆顶出机构	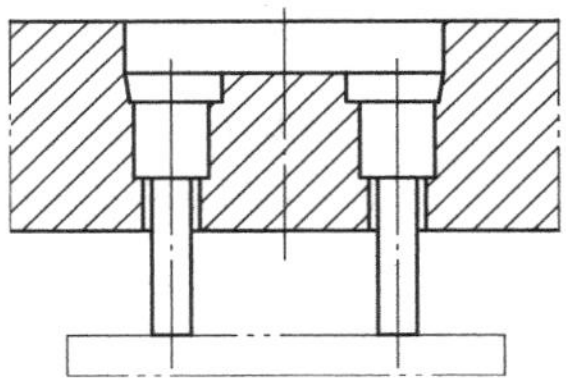	在金属型的下半型上装上浮动顶杆，利用铸造机上的抽芯机构向上运动来推动顶杆即可顶出铸件

　　（5）加热和冷却装置　金属型铸造中，由于工艺需要往往要对金属型进行加热，如每个班次开始生产时和首件生产时需要对铸型进行加热，以去除铸型及抽芯表面吸附的水分，利于充型，减轻金属液对铸型的热冲击。金属型的加热方法见表 8-86。

表 8-86　金属型的加热方法

加热方法	图　例	特　点
箱式电炉加热	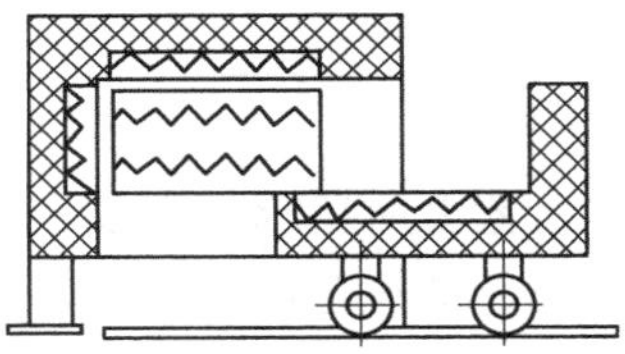	采用可移除底盘的箱式电炉，将金属型放入电炉中加热。金属型结构简单，成本低，型温均匀，加热效果好；但是生产过程中加热困难，型内温度分布不易控制。适用于多品种中小型金属型加热
固定式电加热器加热	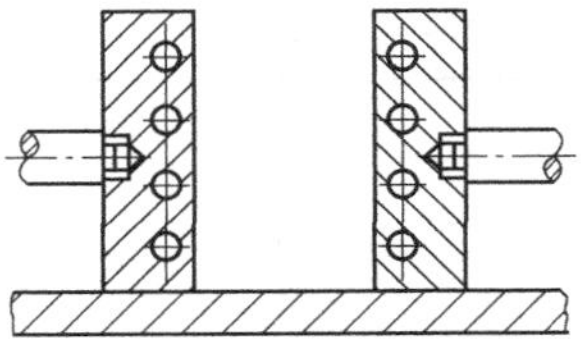	在金属型铸造机的安装板上设置电加热器，金属型安装在铸造机上加热。金属型结构简单，成本低，加热方便，在生产过程中容易补充加热，型温容易控制；但是热效率低，不安全。适用于中小型金属型加热
移动式电加热器加热	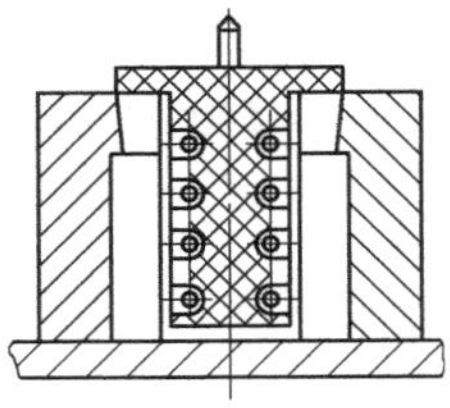	加热器置于两半型之间加热，金属型结构简单，成本低，加热方便、安全；但是热效率低，型温不均匀，补充加热时必须停止浇注。适用于单一分型面的各种尺寸的金属型
直接式电加热器加热	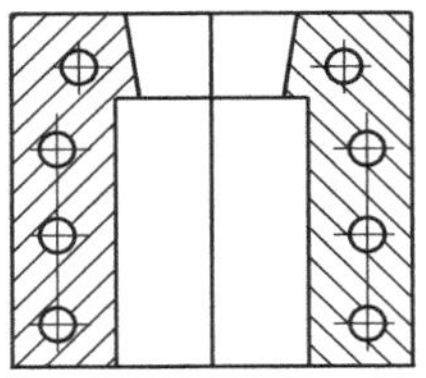	金属型中设置电加热元件，可直接对金属型加热。热效率高，使用方便，型温容易控制；但是金属型体积增大，成本高，不安全。适用于大批量生产的大型金属型

（续）

加热方法	图　例	特　　点
煤气加热	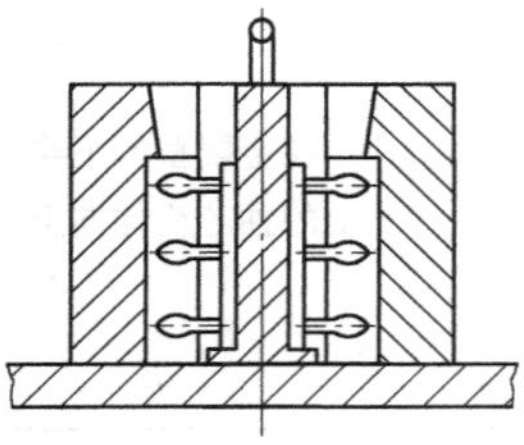	用煤气等可燃气对铸型加热，使用方便、快捷、经济；但是型温不易控制。可移动式加热器适用于各种尺寸的金属型，固定式加热器适用于大型金属型
用金属液加热	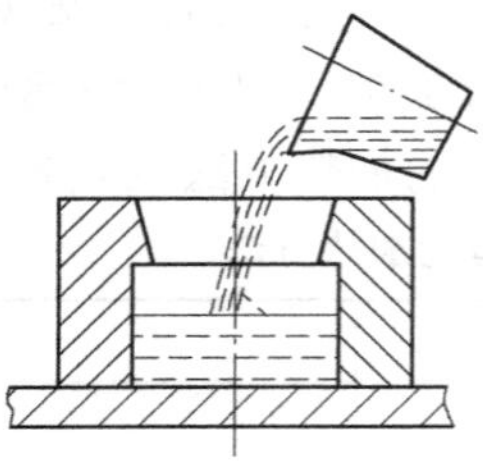	用金属液连续浇注一定数量的铸件来提高金属型的工作温度，加热方便，速度快；但不安全，金属型寿命短。只适用于生产过程中的补充加热

　　在连续生产时，金属型的温度可能会超过工艺上所要求的温度，如果浇注前金属型的温度过高，会导致铸件质量下降、降低劳动生产率、加速金属型的损坏等；同时由于铸件结构的要求，有时需要金属型不同部分具有不同的冷却速度。因此，有时需要对金属型进行冷却。金属型的冷却方法见表8-87。

表8-87　金属型的冷却方法

图　例	冷却装置	设计要点	特点及应用
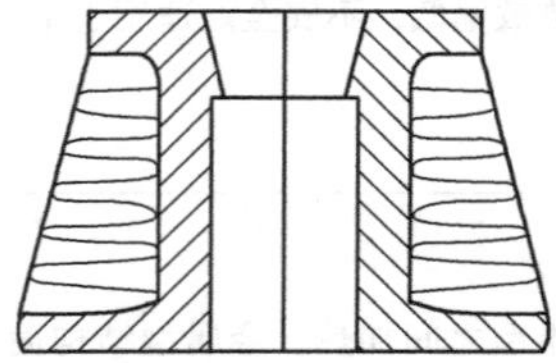	在金属型的背面设置散热片或散热刺。散热片或散热刺越多，散热面积就越大，散热效果就越好	由金属型大小设计散热片厚度，可选 4～12mm，片间距等于或稍大于片的厚度。散热刺的平均直径为 10～30mm，间距为 30～40mm，其高度都不应超出金属型的外轮廓	散热效率较低，一般金属型都可以应用
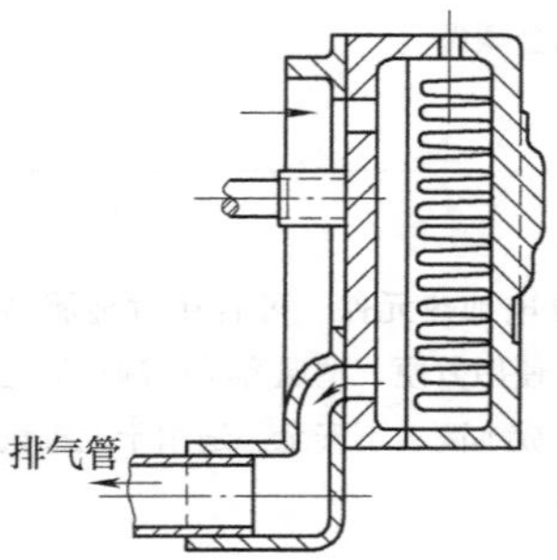	加速空气流动，增加金属型的散热对金属型内通气，由空气的流动形成铸型的强制冷却	金属型背面设置封闭外壳，内部通冷却空气，设置进气和出气口，通压缩空气或用抽气机抽气。该方法可与第一种方法结合使用，如图例所示	制造、使用不太方便，冷却作用太强，易使金属型产生太大的内应力，降低铸型寿命

（续）

图 例	冷却装置	设计要点	特点及应用
出口 进水	利用冷却水来加快金属型散热	将金属型背面设置进出水孔，与冷却室连接。温度升高时，通水冷却，效果比较好，但应避免冷却速度太快而使金属型寿命降低。适用于铜合金铸件	制造和使用比较复杂，冷却作用极强，易使金属型产生较大的内应力，降低铸型使用寿命
出口 进口	设置冷却水槽	进水口位于水槽的较低位置，出水口位于水槽的较高位置，金属型放置于水槽中。浇注时水槽中的冷却水保持流通	冷却效果好，铸件质量高；但是制造和实用程序相对复杂，频繁快冷会降低铸型寿命。适用于铜合金

（6）排气设置 金属型不像砂型那样透气，它是依靠排气系统来排除型腔内的气体的。排气系统的缺失或设计不当会使所生产铸件产生冷隔、浇不足和憋气等缺陷。设计金属型时必须考虑排气系统。排气方法一般有以下几种：

1）排气孔。排气孔是直径为 $\phi1 \sim \phi5mm$ 的通孔，一般设置在冒口的顶部、铸件的顶部或最后充满的部位。排气孔的面积应等于或大于浇注系统组元中的最小截面面积和。图 8-64 所示为四种排气孔的结构。

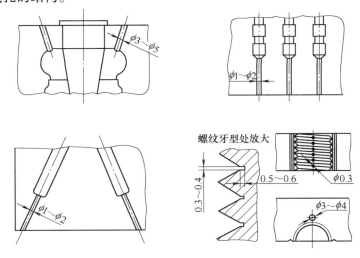

图 8-64 排气孔的结构

2）排气槽。在分型面、活块、镶块、金属芯座等结合面上开设排气槽，目的是能够迅速排出型腔中的气体，同时还能阻止金属液的流入。根据不同的合金种类，排气槽的截面尺寸有一定的限制，对于铸钢和铸铁件，排气槽的高度一般为 0.25mm；对于铝、镁合金铸件，排气槽的高度一般为 0.5mm。排气槽的结构如图 8-65 所示。

3）排气塞。排气塞是用 45 钢或铜制成的圆柱体，其表面上开有排气槽，安装于金属型的排气通孔中，其一端与型腔表面齐平，常设置在铸型易集气的凹坑处、加强筋上、大平面上。排气塞包括 A 型、B 型和 C 型三种类型，如图 8-66 所示。A 型排气塞的尺寸见表 8-88。B 型排气塞的尺寸为：$D = 15mm$、$20mm$，$L = 15mm$、$20mm$、$30mm$、$40mm$、$50mm$，$h = 0.5mm$。C 型排气塞的尺寸为：$D = 25mm$、$30mm$，$L = 25mm$、$30mm$、$40mm$、$50mm$，$h = 0.5mm$。排气塞的安装如图 8-67 所示。

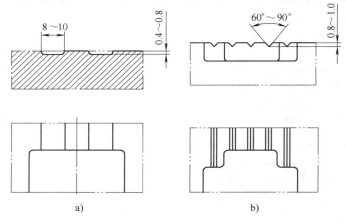

图 8-65　排气槽

a）扁缝形排气槽　b）三角形排气槽

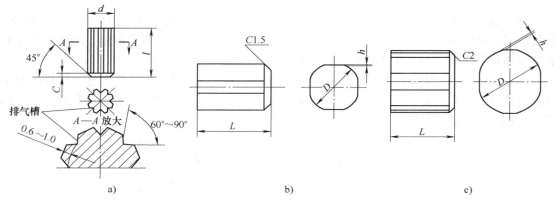

图 8-66　排气塞

a）A 型排气塞　b）B 型排气塞　c）C 型排气塞

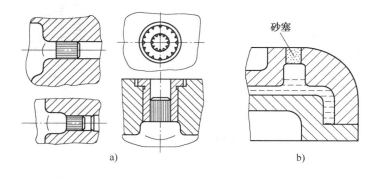

图 8-67　排气塞的安装

a）金属排气塞　b）砂芯排气塞

表 8-88　A 型排气塞的尺寸　　　　　　　　　（单位：mm）

d		l	气槽数/个	C
公称尺寸	极限偏差（Z8）			
3 ~ 4	+ 0.053	10	4	0.2
4 ~ 6	+ 0.035		6	0.8
6 ~ 10	+ 0.064 + 0.042	12	8	1
10 ~ 14	+ 0.070 + 0.050	16	12	
14 ~ 18	+ 0.087 + 0.060		16	1.6
18 ~ 24	+ 0.106 + 0.072	20	20	

（7）抽芯机构　抽芯机构包括撬杆抽芯、拉杆抽芯、螺杆抽芯、偏心轮抽芯、齿条-齿轮抽芯、蜗杆-蜗轮抽芯和气动及液压抽芯等。

1）撬杆抽芯一般是用手工撬芯的。机构中除了有定位台阶以外，还需要设计辅助台阶，以便于安放撬杆。撬杆抽芯机构如图 8-68 所示。撬杆抽芯适用于起模斜度不大、长度较短的简单型芯。

2）螺杆抽芯是利用螺母与螺杆的原理获得较大的轴向力来抽芯的。抽芯特点是机构简单，可获得较大的轴向拉力，抽芯平稳、可靠，没跳动。螺杆抽芯机构及把手如图 8-69 所示。螺杆抽芯适用于抽拔较长而受包紧力较大的抽芯。螺杆的材料为 45 钢，经淬火后使用，淬火后硬度为 33 ~ 38HRC。

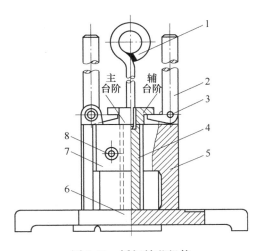

图 8-68　撬杆抽芯机构
1—提手　2—撬杆　3—轴　4—金属芯
5—右半型　6—底座　7—左半型　8—手柄

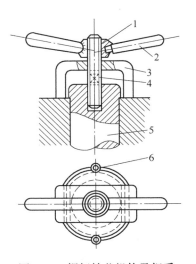

图 8-69　螺杆抽芯机构及把手
1—螺母　2—手柄　3—压块
4—螺杆　5—型芯　6—销钉

3）偏心轴抽芯是利用手柄驱动偏心轴转动使机构产生位移，带动型芯移动而完成抽芯的。其特点是结构简单，使用方便，适合于抽拔位于金属型底部的型芯，应用较广。缺点是型芯上下运动时，会产生轻微的旋转。偏心轴抽芯机构如图 8-70 所示。偏心手柄与手柄如图 8-71 所示，偏心轴如图 8-72 所示。偏心手柄和偏心轴的尺寸见表 8-89，手柄的尺寸见表 8-90。偏心轴的材料为 25 钢，渗碳深度为 0.8 ~ 1.2mm，淬火硬度为 40 ~ 45HRC。手柄的材料为 45 钢，淬火硬度为 33 ~ 38HRC。

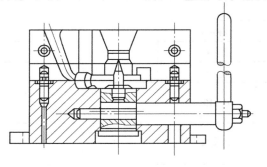

图 8-70　偏心轴抽芯机构

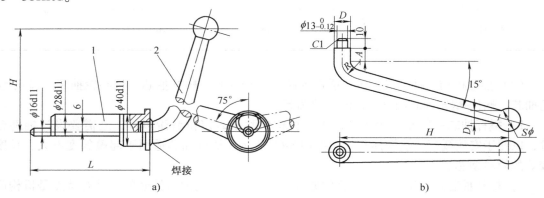

图 8-71　偏心手柄与手柄

a）偏心手柄　b）手柄

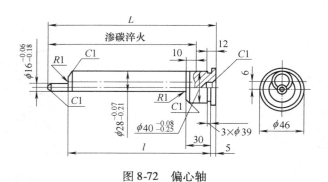

图 8-72　偏心轴

表 8-89　偏心手柄（见图 8-71a）和偏心轴（见图 8-72）的尺寸　（单位：mm）

L	140	160	180	200	250
H	250	300		360	
l	110	130	150	170	220

表 8-90　手柄（见图 8-71b）的尺寸　　　　　（单位：mm）

H	D	Sφ	D₁	A	R
150	20	20	15		20
200	24	24	18	10	22
250					
300	30	30	20	30	30
360					

4）偏心轮抽芯是利用偏心轮所产生的顶出位移使型芯顶出的，主要用于上型中型芯或侧芯的抽取。偏心轮抽芯机构如图 8-73 所示。偏心轮卡及手柄如图 8-74 所示，偏心卡及型芯部位如图 8-75 所示。偏心轮及叉形，偏心轮的尺寸见表 8-91，偏心轮卡的主要尺寸见表 8-92。偏心轮的材料为 45 钢，淬火硬度为 40 ~ 45HRC。

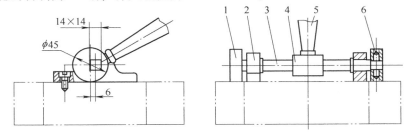

图 8-73　偏心轮抽芯机构

1—偏心轮　2—支架　3—轴　4—连接管　5—手柄　6—圆柱销

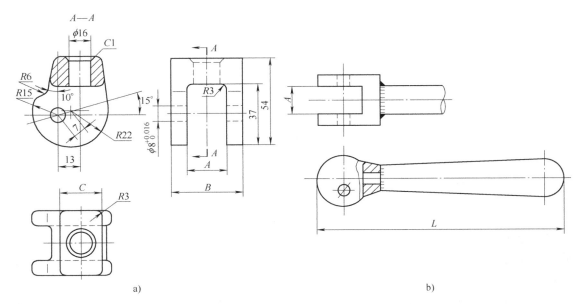

a)　　　　　　　　　　　　　　　　　b)

图 8-74　偏心轮及手柄

a）偏心轮　b）手柄

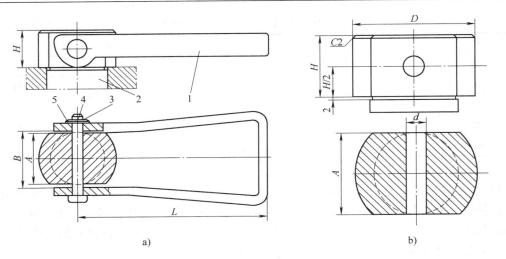

图 8-75　偏心轮卡及型芯部位

a）偏心轮卡的安装　b）安装偏心轮卡的型芯部位

1—偏心轮卡　2—型芯　3—销　4—开口销　5—垫圈

表 8-91　偏心轮及手柄（见图 8-74）的尺寸　　（单位：mm）

A	L	B	C
22	200	42	28
32	300	56	30

表 8-92　偏心轮卡的主要尺寸　　（单位：mm）

A	B	C	H	L	l	t	h	D 或 d 公称尺寸	D 或 d 极限偏差（H8）	R	r
40	41	80	36	160	40	8	22	12		23	18
60	61	100	40	200	60	10	25	16	+0.027 0	26	20
80	81	120	44	240	80	12	28	16		28	22

5）齿条-齿轮抽芯是利用两者之间的传动关系，将旋转力转化为齿面的法向驱动力驱动机构进行抽芯的。其特点是抽芯比较平稳，抽芯距离大，省力，但是结构比较复杂。该机构适用于抽拔金属型底部或侧部的型芯，不适合抽拔上部型芯。气缸盖齿条-齿轮抽芯机构如图 8-76 所示。

6）蜗杆-蜗轮抽芯是利用两者之间的传动关系，将蜗杆的旋转力转化为蜗轮的旋转力，再由蜗轮的旋转力转化为螺杆的轴向拉力来驱动抽芯的。其特点是抽芯力极大，可用于造型机上抽拔较大的型芯。蜗杆-蜗轮抽芯机构如图 8-77 所示。

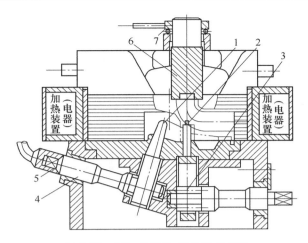

图 8-76　气缸盖齿条-齿轮抽芯机构

1—喷油嘴金属芯　2—进排气道金属芯组合　3、4—齿轮轴　5—手柄
6—冒口金属芯　7—螺杆抽芯机构

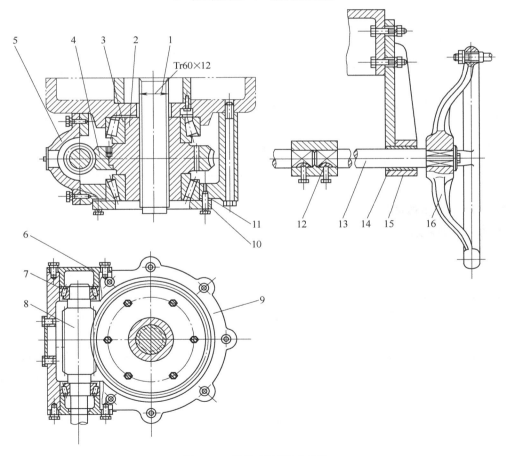

图 8-77　蜗轮-蜗杆抽芯机构

1—螺杆　2—蜗轮环　3—轴承　4—蜗轮　5—盖　6—压环　7—轴承　8—蜗杆　9—壳体
10—圆环　11—垫片　12—套　13—轴　14—衬套　15—支架　16—手轮

8.3.5　金属型铸造机

金属型铸造机是金属型铸造的核心装置，可以大幅度提高铸件的生产率，改善工人的工作环境，减轻工人的劳动强度。

1. 金属型铸造机的分类

金属型铸造机的分类见表 8-93。

表 8-93　金属型铸造机的分类

类别		特　　点	开型力/N	应用范围
按用途分类	专用金属型铸造机	一般用于生产一种产品，机体与金属型设计成一个整体，容易调整，使用方便，生产率高。缺点：设计周期长，成本高	不限	大型复杂的、需要多种操作程序和大量生产
	通用金属型铸造机	用于同一类型不同尺寸的金属型，简化了金属型结构，设计制造周期短，成本低	不限	多品种批量生产，最适合于航空航天领域
按动力分类	手动金属型铸造机	手工操作，结构简单，制造方便。缺点：劳动强度大，开型力小	1000～5000	简单的中小型和小批量生产
	气动金属型铸造机	利用压缩空气作动力，操作维护方便，劳动强度低。缺点：开（合）型力小，运动不平稳	5000～20000	简单的中小型和批量生产
	电动金属型铸造机	利用电动机传动，操作方便，运动周期准确。缺点：结构复杂，成本高	>10000	复杂的、批量或大批量生产
	液压金属型铸造机	利用液压传动，体积紧凑，运动平稳，操作方便。缺点：有噪声，成本高	>10000	适用于各种复杂的和批量或大批量生产

2. 手动金属型铸造机

手动金属型铸造机用手工操作机械动作，实现铸型的开合、简单的装芯、抽芯和顶出等动作。该类铸造机的结构简单，制造方便，但是劳动强度大，开型力小，一般为 5000～10000N，运动平稳，适用于简单的中小型铸件的小批量生产。手动铸造机可分为倾斜金属型浇注台、杠杆式金属型铸造机、齿条式金属型铸造机、螺杆式金属型铸造机。

（1）倾斜金属型浇注台　倾斜金属型浇注台用来安装金属型进行倾斜浇注，如图 8-78 所示。

（2）杠杆式金属型铸造机　杠杆传动结构简单，使用可靠、方便，但是比较费力，要求金属型导向装置具有较大的刚性，一般只适用于小型金属型。其曲柄连杆结构如图 8-79 所示。扳动手柄所需要的力 F（N）按式（8-12）计算。

$$F = \frac{F_{阻} L_2 \sin(\alpha + \beta)}{L_1 \cos\beta} \tag{8-12}$$

式中　$F_{阻}$——使动型移动所需克服的阻力（N）；

L_1、L_2——连杆的长度（mm）；

α、β——夹角（°）。

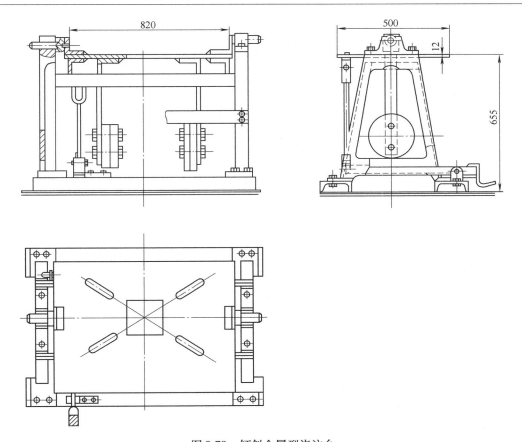

图 8-78 倾斜金属型浇注台

（3）齿条式金属型铸造机 齿条式金属型铸造机用于开合式金属型，使用方便，传动迅速，开合行程较长，工作效率高，适用于中小金属型。但是由于铸造机锁紧力小，采用时，金属型应设计锁紧装置，以防胀型。可倾斜齿条式金属型铸造机如图 8-80 所示。该类铸造机具有左右开型和下抽芯及顶出机构，并可倾斜浇注。

齿条式金属型铸造机开合型所需力 F（N）可按下式计算：

$$F = \frac{F_{阻} d}{2L} \qquad (8-13)$$

式中 $F_{阻}$——使金属型移动所需克服的阻力（N）；

　　　d——齿轮直径（mm）；

　　　L——扳动齿轮手柄的长度（mm）。

（4）螺杆式金属型铸造机 螺杆式金属型铸造机制造简单，调整方便，容易控制开合型位置，省力，锁紧力大，可省去金属型锁紧装置，不需要

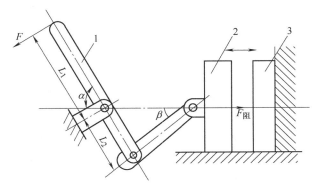

图 8-79 杠杆式金属型铸造机的曲柄连杆结构
1—手柄 2—动型 3—定型

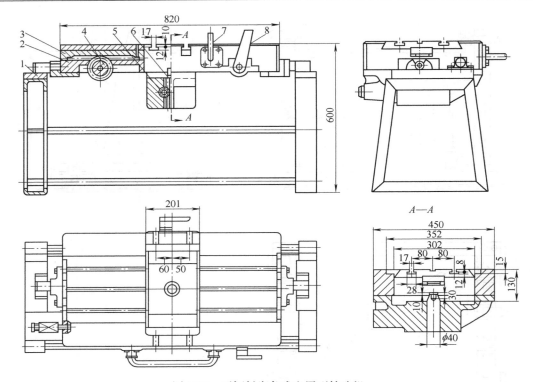

图 8-80　可倾斜齿条式金属型铸造机

1—机架　2—平台　3—滑板　4、5—齿轮　6—齿条　7、8—手柄

特殊维护。其缺点是需要两人操作，劳动强度大，速度慢，生产率低。但是可以设计成电动机传动，图 8-81 ~ 图 8-83 所示为三种手动螺杆式金属型铸造机。该类铸造机的安装尺寸如图 8-84 和表 8-94 所示。

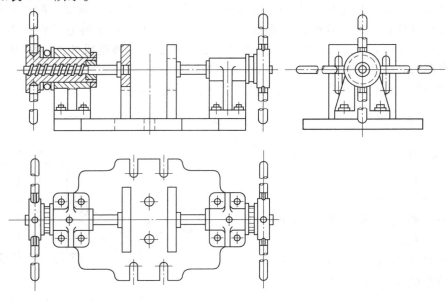

图 8-81　手动螺杆式金属型铸造机一

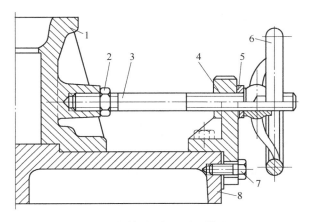

图 8-82　手动螺杆式金属型铸造机二

1—金属型　2—螺母　3—螺杆　4—支架　5—垫圈　6—手轮　7—螺栓　8—底座

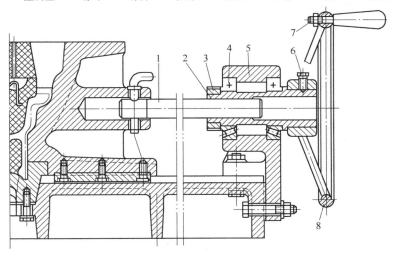

图 8-83　手动螺杆式金属型铸造机三

1—螺杆　2—轴套　3—螺母　4—滚动轴承　5—支架　6—螺栓　7—手柄　8—手轮

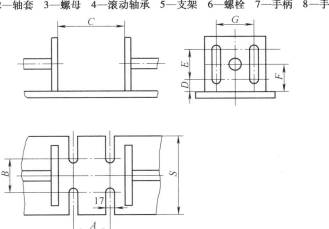

图 8-84　手动螺杆式金属型铸造机的安装尺寸

表 8-94　手动螺旋式金属型铸造机的安装尺寸　　　　　　（单位：mm）

A	B	C	D	E	F	G	S
150	340	70 ~ 510	70	120	100	170	500
100	232	50 ~ 510	60	160	150	170	420
80	210	90 ~ 400	40	120	100	110	380
100	320	80 ~ 560	60	140	150	170	450
100	200	60 ~ 400	50	130	115	170	400

注：表中最后一行尺寸的铸造机具有倾斜机构。

3. 气动金属型铸造机

气动金属型铸造机利用压缩空气为动力，借助气缸、活塞机构完成金属型的开合、型芯的抽拔以及铸件的顶出等动作。该类铸造机的优点是：压缩空气来源方便，一般的车间及厂房都具备，费用较低；气缸等设备对材料及制造精度要求比较低，设备较为简单，成本低；介质即压缩空气清洁，管道不堵塞，维护简单；设备使用安全，无防爆问题，便于实现过载自动保护。缺点是如果铸型较大，铸件结构复杂，则所需气缸的尺寸很大，相应的机器设备则比较庞大，机器动作在阻力较大时速度较慢，但是当阻力较小时，如开型时铸件松动后，将以极快的速度拉开铸型，容易或有可能撞坏设备，难于准确地控制和调节工作速度。图8-85 所示为可倾斜气动金属型铸造机，其技术参数见表 8-95。其优点是：左右开型，下抽芯，顶出机构由三个气缸代替手工操作，气缸的行程由限位螺母控制，合型位置准确可靠；金属型采用斜销连接，装卸方便；浇注平台可以倾斜浇注，通用性大，可代替手动造型机，降低劳动强度，提高生产率。缺点是：气缸压力变化大，运动不平稳，不适合型腔复杂的金属型铸造。

表 8-95　可倾斜气动金属型铸造机的技术参数

合型力(压缩空气压力为 0.4MPa)/N	12500
开型力(压缩空气压力为 0.4MPa)/N	12000
抽芯力(压缩空气压力为 0.4MPa)/N	12000
金属型最大外形尺寸(长×宽×高)/mm	340×260×200
金属型最小外形尺寸(长×宽×高)/mm	200×100×130
金属型底板尺寸(长×宽×高)/mm	300×200×20

4. 液压金属型铸造机

可倾斜液压金属型铸造机如图 8-86 所示，其左右开型和下抽芯三个驱动液压缸，分别由三个控制阀控制。合型距离由调整螺母来调整和限位，全部机构都设置在铸造机平台上，平台可做 40°倾斜，以实现铸型的倾斜转动浇注。该类铸造机的特点是结构紧凑，操作方便，劳动强度低，生产率高，通用性大，适用于中小型金属型浇注。典型的可倾斜式液压金属型铸造机的技术参数见表 8-96，相关的金属型尺寸见表 8-97。

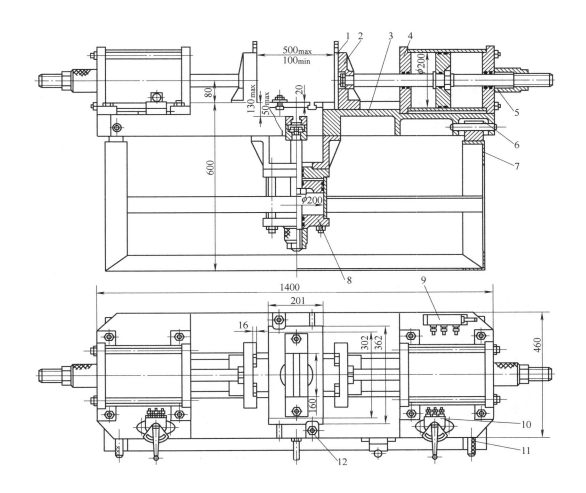

图 8-85　可倾斜气动金属型铸造机

1—斜销　2—金属型安装板　3—平台　4—气缸　5—限位螺母　6—转轴
7—机架　8—抽芯液压缸　9—汇流管　10—控制阀　11—插销　12—压板

5. 电动金属型铸造机

电动金属型造型机的优点是通过按钮操作，使用方便，运动周期准确；其缺点是需要变速机构，设备相对复杂一些，造价高。电动金属型铸造机主要用于大型金属型。

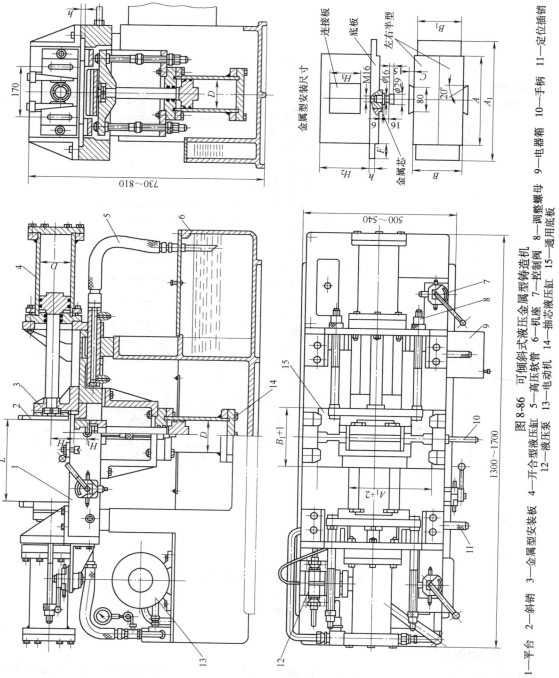

图 8-86　可倾斜式液压金属型铸造机

1—平台　2—斜销　3—金属型安装板　4—开合型液压缸　5—高压软管　6—机座　7—控制阀　8—调整螺母　9—电器箱　10—手柄　11—定位插销
12—液压泵　13—电动机　14—抽芯液压缸　15—通用底板

表 8-96　可倾斜式液压金属型铸造机的技术参数

编号	液压缸直径 D/mm	液压缸中心高 H/mm	工作压力 /MPa	开型力 /N	合型力 /N	抽芯力 /N	倾斜角度 /(°)	型芯安装板距离 H_1/mm		左右半型安装板距离 L/mm	
								最小	最大	最小	最大
1	100	60	2.5	15000	18000	15000	40	20	140	80	480
2		80									
3	120	80		22000	22000	22000		40	140	160	660
4		120									

注：表中尺寸代号如图 8-86 所示。

表 8-97　可倾斜式液压金属型铸造机的金属型尺寸　　　　　（单位：mm）

编号	金属型外形尺寸						金属型底板尺寸				连接板尺寸	
	最小			最大			A_1	B_2	h	F	C	H_2
	A	B	H_2	A	B	H_2						
1	200	80	100	340	260	150	360	200	15	>30	15	80
2			130			200						100
3	240	160	130	380	340	200	400	280	20	>50	20	100
4			200			300						150

注：表中尺寸代号如图 8-86 所示。

第 9 章　铸造工艺装备设计

9.1　模样与模板

模样是铸造过程中最重要的工装，其质量的优劣将直接影响铸件的几何形状、尺寸精度、表面质量、生产率和经济性。因此，为了获得良好的铸件质量，模样应具有足够的强度、刚度、尺寸精度和良好的表面质量，还应该具有使用方便、制造简单和成本低廉等特点。

9.1.1　模样

1. 模样的分类

模样的分类及特点和适用范围见表 9-1。

表 9-1　模样的分类及特点和适用范围

模样类型		特　点	适　用　范　围
按模样材质分类	木模样	重量轻，易加工，廉价，但是强度低，易吸潮变形和损伤，尺寸精度和表面质量都略低一些	单件、小批量生产，手工造型
	菱苦土模样	易加工，变形小，不吸潮，硬度较高，成本低，表面质量和尺寸精度高于木模样	单件、小批量生产，手工造型，尤其适用于曲面结构的模样
	铝合金模样	重量轻，易加工，表面质量和尺寸精度高，耐腐蚀，但是强度不如钢铁，不耐磨	批量和大批量生产，机器造型，中小件
	铸铁模样	加工后表面质量高，强度及硬度高，耐磨。但是密度大，易生锈，不易加工	大批量生产，机器造型
	铜合金模样	易加工，表面光滑，耐腐蚀，耐磨，但材料成本高	精度要求较高的薄、小模样，筋板、活块
	塑料模样	重量轻，制作简便，表面光洁，强度及硬度较高，耐腐蚀，易复制，成本低，但较脆，不能加热	批量生产，特别适用于形状复杂、难以加工的模样
	泡沫模样	重量轻，制作简便，但较贵，表面不光洁，一般压力下不变形，一次性使用	单件、小批量生产，特别适用于形状复杂、难以加工的模样
	组合模样	两种或两种以上材料组合而成，可使局部耐磨，或者强度高，或提高局部表面质量	局部有特殊要求的模样
按模样结构分	整体模样	制作方便，可避免因模样分开而引起的模样损坏或变形、错型	形状简单铸件，小批量生产
	分开模样	模样沿分型面分开，制成上下半或多个分型面模	绝大部分铸件
	刮板	以特定的刮板或旋转轴来刮砂成形，制模简单，但是造型较麻烦，生产率低	单件、小批量生产，铸件外形呈规则体或旋转体
	骨架模样	铸件截面形状简单，但不能用刮板模样，模样表面不易加工	单件、小批量生产，尺寸较大铸件

2. 模样材料的选择

常用的模样材料包括木材、菱苦土、金属、塑料、泡沫塑料，另外，可根据工艺或生产需要采用多种材料制成的组合式模样。

1）木材一般可选用干燥的红松，当铸件的尺寸精度要求较高时，使用柚木、柏木或椴木。为了节约生产成本，可以使用拆迁房屋时所产生的旧房梁和屋脊等旧木材，这样既可以节约成本，木材的干燥性又很好，木模不易变形，但是应注意将木材中的钉子全部起出，以免损坏加工工具。未经干燥的木材应进行干燥处理，干燥方法包括自然干燥和人工干燥。干燥后木材中水的质量分数应小于12%。木模按其结构和质量要求分为三个等级：一级木模要求结构牢固，不易变形，易损部位要局部加固，适用于尺寸精度要求高的大批量生产的铸件；二级木模要求结构牢固，做出内圆角，易损部位应适当加固，适用于对尺寸有一定要求、成批生产的铸件；三级木模尺寸和精度要求都不高，适用于单件、小批量生产的铸件。

2）金属模样用材料包括铝合金、灰铸铁、球墨铸铁、铸钢和铜合金等。常用金属模样材料的特点及应用见表9-2。

表 9-2　常用金属模样材料的特点及应用

材料种类	材料牌号	密度 /（g/cm³）	应 用 范 围	使用寿命/次
铝合金	ZL201	2.81	模样、芯盒、模板、烘干底板、浇冒口模样	90000～130000 5000（手工）
	ZL102			
	ZL104			
灰铸铁	HT150	6.8～7.1	模板框、大尺寸整铸模板、模样、模底板、芯盒等	200000～300000
	HT200	7.2～7.3		
球墨铸铁	QT500-7	7.3	复杂形状的模样、漏模板	200000～300000
铸钢	ZG230-450	7.8	模样、芯头、出气孔等	
钢材	Q235			
	45		定位销、销套、芯盒夹紧零件	
铜合金	ZCuZn40Mn3Fe1	8.5	复杂的小模样及活块	200000～300000
	ZCuZn35Al2Mn2Fe1			
	ZCuSn5Pb5Zn5	8.8		
	ZCuSn10Pb5			

3）塑料主要是使用环氧树脂玻璃钢。塑料模样制造、维修简单，表面光洁，不吸潮、不腐蚀，变形小，质轻，耐磨，寿命长，成本仅为金属模样的20%～50%。但是塑料模样导热差，不能加热，不宜在型砂周转快、砂温高的流水线上使用。树脂的硬化剂有毒性。塑料多用于制作批量生产的中小模样。

4）泡沫塑料主要是使用聚苯乙烯泡沫塑料（EPS）。泡沫塑料模样由聚苯乙烯颗粒经预发泡、干燥、发泡成形等工序后制成，也可以泡沫板作原材料，直接进行加工制造而成。模样制成后，可在造型时埋于型腔之中，浇注时模样遇金属液后迅速汽化，留下的空间由金属液充填，形成铸件；也可以在造型后将埋于铸型中的模样连同铸型在预硬化后进窑进行焙烧，在铸型强化的同时，模样也汽化消失，简单清理模样消失后铸型中的残余物后，即可获得所需型腔。

泡沫塑料模样一般用于单件生产，造型方法一般采用微震法。其优点是：如果对铸型抽真空，则可以不用黏结剂，简化了造型，节约了黏结剂，型砂的损耗也大大减少，易实现机械化、自动化生产。其缺点是：模样只能用一次，模样易变形。泡沫塑料模样多用于不舂砂的实型铸造、磁丸铸造。

5）菱苦土粉料的粒度为 140 ~ 220 目，其化学成分为：$w(MgO) > 80\%$，$w(CaO) < 2.5\%$，$w(SiO_2) < 2.5\%$，$w(其他) < 15\%$。卤水中 $w(MgCl_2) > 43\%$，波美度一般不低于 18。木屑的粒度应小于 1mm。模料是由菱苦土、卤水和木屑组成，分层配制，其配比与具体的层数有关，见表 9-3，其中面层为模样的最外层，第一层为最里层。

表 9-3　菱苦土模料配比（体积份）

层数	菱苦土粉	木屑	卤水
第一层	100	250 ~ 400	等于前两者体积之和
第二层	100	200	
面层	100	100	100

菱苦土模料的硬化主要是按以下反应式进行：

$$MgO + MgCl_2 + H_2O \rightarrow 2Mg(OH)Cl \tag{9-1}$$

反应生成物碱性氯化镁的硬度高，膨胀变形小，并能牢固地将木屑及其自身粘在骨架上，形成菱苦土模样。

菱苦土模样的制作：菱苦土模料要附着在木质或钢质骨架和肋板上，骨架要具有足够的刚度。涂覆模料之前，要将骨架和肋板浸透以增加黏结力。模料的混制应在室温（即 20 ~ 30℃）下进行，混制好以后应在 1 ~ 3h 内用完。第一层涂覆时，不能拍得过实，以免变形，距离模表面留出 4 ~ 5mm，以便涂覆第二层模料。第二层应在第一层硬化后才能涂覆，一定要保持与木框平齐，以便于修理。为了增加黏结力，保持表面光滑，涂抹时要把浆漫出来。第一层和第二层做好后，可进行面层的涂抹，抹光压平后，进行干燥，干燥时间冬季为三个昼夜，夏季为一个昼夜。凝固初期至硬化期间，所制模样具有良好的加工性能，可进行模样的修整。最后对模样进行涂装。

3. 模样结构设计

模样结构设计主要分为木模结构设计和金属模结构设计。总的设计原则是在满足铸造工艺要求的前提下，便于加工制造、节约工时和成本。

（1）木模的结构设计　木模的结构包括木、菱苦土复合模样的结构，与木模的种类和方式相关，如整体模、分开模、刮板模。结构设计时，还需要考虑铸件的大小、批量和形状。一般均采用空心结构，采用框架、端面或支撑面作为支撑结构，对于复杂的曲面结构可以用菱苦土作为外层。圆柱体与圆柱形明冒口的木模结构如图 9-1 所示。

（2）金属模的结构设计　金属模的结构设计包括壁厚的设计、加强筋的布局及尺寸、模样的圆角半径、模样的活块、固定和定位等。

1）壁厚的设计。除少部分较小的模样采用实心结构外，尺寸大于一定的限度时，一般均采用空心结构，这一尺寸限度为 50mm × 50mm × 30mm。在保证模样强度和刚度的前提下，

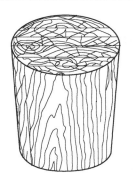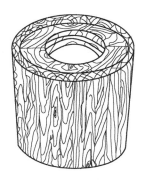

图 9-1　圆柱体与圆柱形明冒口的木模结构

尽可能使壁厚薄一些，以减轻模样的重量、减少模样用料。对于平均轮廓尺寸大于 150mm 的模样，内部设加强筋。金属模样的壁厚和加强筋的结构按图 9-2 和图 9-3 选取。

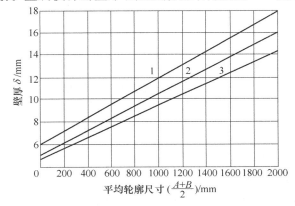

图 9-2　金属模样的壁厚

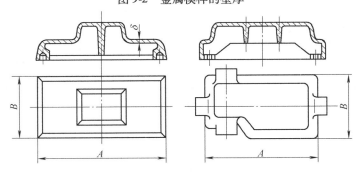

图 9-3　加强筋的结构

金属模样的壁厚还可以由下式计算：

$$\delta = a(1 + 0.0008L) \tag{9-2}$$

式中　δ——金属模样的壁厚，其值取整数（mm）；

　　　a——系数，模样材料为铝合金时取 6，模样材料为铸铁或铸铜时取 5；

　　　L——模样的平均轮廓尺寸（mm），$L = (A + B)/2$。

高压造型用模样的壁厚应比图 9-2 和式（9-2）所得值大 50% ~ 100%，并采用落地式，具体取值见表9-4。

表 9-4 高压造型用模样和模底板的厚度及加强筋尺寸 （单位：mm）

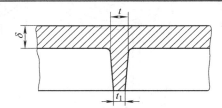

模底板平均轮廓尺寸	铝 合 金			铸 铁			铸 钢		
$(A+B)/2$	δ	t	t_1	δ	t	t_1	δ	t	t_1
≤500	20	15	12	15	15	12	10	10	8
>500~750	22	18	14	18	18	14	14	14	12
>750~1000	25	20	16	20	20	16	16	16	14
>1000~1500	30	25	21	23	23	18	20	20	16

2）模样中加强筋的布置及间距尺寸见表9-5。加强筋的厚度与斜度见表9-6。

表 9-5 模样中加强筋的布置及间距 （单位：mm）

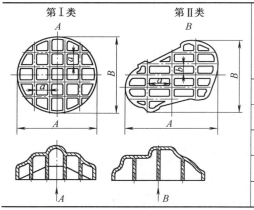

模样平均轮廓尺寸 $(A+B)/2$	第Ⅰ类 a	第Ⅱ类					
		$A/B=1.25$		$A/B=1.5$		$A/B=2.0$	
		a	b	a	b	a	b
250~500	160	140	175	130	195	105	210
>500~750	200	180	225	160	240	135	270
>750~1100	250	220	275	200	300	170	340
>1100~1500	320	280	350	260	390	215	430
>1500~2000	400	360	450	320	480	270	540

表 9-6 加强筋的厚度与斜度 （单位：mm）

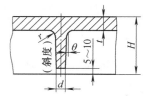

模样厚度	t	7	8	9	10	11	12	13	14	15	16
筋厚度	d	6	6	7	8	8	10	10	10	12	12
铸造圆角半径	r	5	5	5	6	6	6	8	8	8	10
筋斜度	模样高度 H	<100			100~200			>200			
	模样斜度 θ	1°30′			1°			0°30′			

3）模样的非工作表面圆角半径见表 9-7。

表 9-7　模样的非工作表面圆角半径　　　　　（单位：mm）

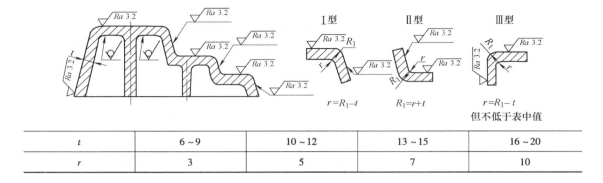

$r = R_1 - t$　　　　$R_1 = r + t$　　　　$r = R_1 - t$
但不低于表中值

t	6 ~ 9	10 ~ 12	13 ~ 15	16 ~ 20
r	3	5	7	10

4）模样的活块结构见表 9-8。

表 9-8　模样的活块结构

活块名称	图　例	结构设计要点	应用情况
燕尾连接活块		1）燕尾与槽的滑脱面斜率的确定：活块的长度 < 50mm 时，取 1/10；活块的长度 > 50mm 时，取 1/12 2）燕尾与槽间的配合采用 H9、f9（间隙配合）	侧面活块，如突缘、搭子等
滑销连接活块		直径较大的冒口和有方向要求的模样活块要用两个滑销，并将活块内部做成空心，以减轻重量；有时采用销套来提高使用寿命和精度	用于起模前取出的活块，而且具有反向起模斜度的活动部位，如直浇道、冒口
榫连接活块		定位部可在活块上，也可做在模样上	起模前取出的活块，如冒口等

5）固定和定位。模样一般用螺栓固定于模板上，固定时需要对模样与模板之间进行定位。模样在模板上的固定方式见表9-9，紧固方法见表9-10和表9-11。按模样轮廓尺寸选取螺钉规格和间距见表9-12。

表 9-9　模样在模板上的固定方式

放置方式	装　配　图　例
平放式	
镶嵌式	

注：镶嵌式增加了模板的加工工时和工作量，只用于模样要求定位稳固，或有下凹模样情况，或者是模样太薄、易产生变形的情况。

表 9-10　模样在单面模板上的紧固方法　　　　　　　　（单位：mm）

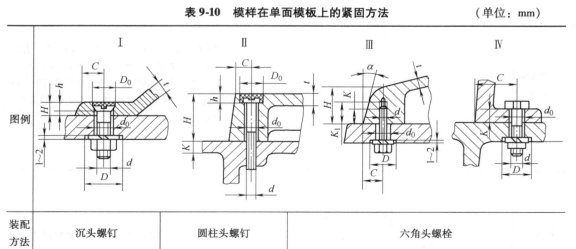

装配方法	沉头螺钉		圆柱头螺钉		六角头螺栓			
d	M6	M8	M10	M12	M14	M16	M18	M20
d_0	7	9	11	13	15	17	20	22
D	12～18	16～20	20～24	30	30	36	42	42

（续）

装配方法	沉头螺钉		圆柱头螺钉		六角头螺栓			
D_0	10~13	13~16	16~20	20~25	24~28	26~32	29~36	32~40
$K_{铁}$	9	12	15	18	20	22~24	26	30
$K_{铝}$	12	16	20	≤24	≤28	≤30	≤36	≤40
K_1	$K_1 = K + (3~10)$							

注：1. 表中数值仅供参考，未列出尺寸数据，设计时自行决定。

　　2. K 的下标表明被紧固模样的材质。

　　3. 表图中其他符号的含义见表 9-13。

表 9-11　模样在双面模板上的紧固方法

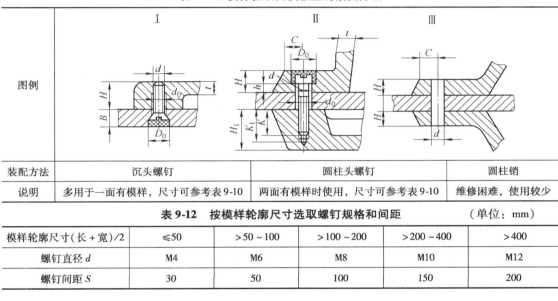

图例	Ⅰ	Ⅱ		Ⅲ
装配方法	沉头螺钉	圆柱头螺钉		圆柱销
说明	多用于一面有模样，尺寸可参考表 9-10	两面有模样时使用，尺寸可参考表 9-10		维修困难，使用较少

表 9-12　按模样轮廓尺寸选取螺钉规格和间距　　　　　　　（单位：mm）

模样轮廓尺寸(长+宽)/2	≤50	>50~100	>100~200	>200~400	>400
螺钉直径 d	M4	M6	M8	M10	M12
螺钉间距 S	30	50	100	150	200

　　模样在模板上的定位必须准确，以免造成分型面处的错型。一般是以模板上的导向销和定位销为定位基准，如图 9-4 所示。模样在模板上的定位方式见表 9-13。

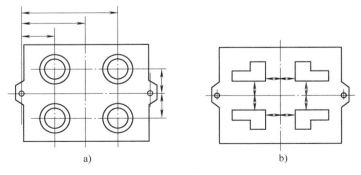

图 9-4　单面模板的基准线

a）合理　b）不合理

表 9-13　模样在模板上的定位方式

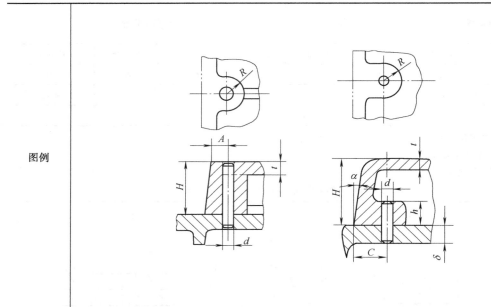

图例	（见图）	
装配方法	定位销穿过模样并装配在模板上	定位销穿过模板并装配在模样上
应用范围	$t = 6 \sim 20mm$	$t = 6 \sim 10mm$
	$H \leqslant 6t$	$H > 6t$；$C = （2 \sim 6）d$
	R 取 $1.5 \sim 2d$	R 取 $（1.5 \sim 2d）d$；$\alpha \leqslant 45°$
	A 可取 $\geqslant R$	$h \geqslant \delta$（模板厚）
	d 可取 $0.75t$	d 可取 $0.75t$

9.1.2　模板

　　模板一般由模底板、模样、浇冒口系统模、定位装置、固定装置等装配而成，也可以做成整体结构。Z2310 造型机装配式单面模板如图 9-5 所示，一般与造型机配合使用。

1. 模板的分类

　　常用模板的种类见表 9-14。

2. 模底板的结构

　　模底板是承载模样、浇冒口系统模、定位装置、固定装置等元件的底板，可分为单面模底板和双面模底板。单面模底板（见图 9-6）只能在一面安装模样、浇冒口系统模等。双面模底板（见图 9-7）是将模底板的两个面均安装上模样、浇冒口系统模等，造型时分别对应上半型和下半型。模底板上应具有与砂箱定位用的定位销，与造型机连接用的凸耳，转运用的吊轴手把，翻转式造型机用的模底板还应有固定砂箱用的机构或凸耳等。

　　通常模底板的外轮廓应与砂箱的尺寸相匹配，模底板的高度和模板框的高度还应该满足造型机的设备要求，如砂箱＋模底板的高度应与造型机的工作台至压头底面之间的距离相匹配。

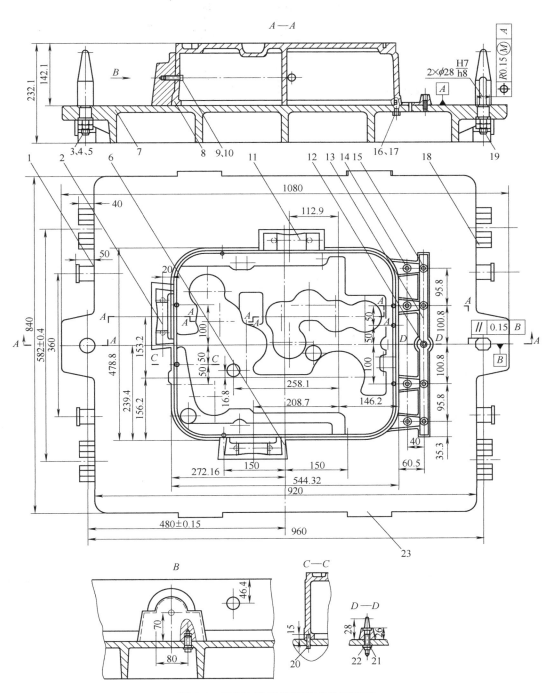

图 9-5　Z2310 造型机装配式单面模板

1—钢把　2—芯Ⅰ芯头　3—A 型定位销　4—垫圈　5、9、16—螺栓　6—芯Ⅲ芯头　7—模底板　8—铝模样
10、21—弹簧垫圈　11—芯Ⅱ芯头　12—直浇道滑动销钉　13—浇注系统　14、15—沉头螺钉　17—垫圈
18—紧固台耳　19—B 型定位销　20—圆柱销　22—六角螺母　23—固定砂箱用的楔形紧固耳

表 9-14　常用模板的种类

类别			特　点	材质	应用造型机	适用范围
垂直分型用模板			垂直分型无箱射压造型机专用模板，装在机前的称为反压模板，装在机后的称为正压模板。按机器要求设计模板尺寸	铸钢、铸铁	ZZ415、ZZ416、DISA-MATIC2010、2013 等	大批量生产，小铸钢件
水平分型用模板		双面模板	模板两面都有模样，能同时造出上、下型，主要用于无箱造型，分为平面模板和曲面模板两种	普通造型机用铸铝、高压造型机用铸钢、铸铁	Z145A、射压高压造型机、水平分型无箱造型机	大批量生产，小件
	普通单面模板	顶杆式	两半模样分别安装在上、下模板上，为单面模板，模板直接固定在造型机工作台上。顶杆直接顶起砂箱实现起模。模板上留有顶杆孔	铸铁、铸钢	Z145A、Z148B 等造型机	大批量生产，小件
		顶框式	顶杆通过顶框实现造型机的起模。要求模底板高度大于或等于顶框高度	铸铁、铸钢	Z2410 等造型机	大批量生产，中件
		漏模式	模板上套装一块漏模板，其内孔形状和模样外轮廓一致，起模时漏模板相对向上运动，顶起砂箱。可用于起模困难的铸件	铸铁、铸钢	各种普通造型机均可	批量生产，起模困难的铸件
		翻转式	紧砂后，砂型和模板一起翻转180°，起模，砂型在下，模板在上，不易损坏铸型。适于制作上半型或中、大型砂芯。要求模板上设有卡紧砂箱的机构	铸铁、铸钢模板，铸铝或铸铁芯盒	Z236（制芯机）、Z2310、Z2520 等造型机	大批量生产，中大件铸型或砂芯
	快换单面模板	普通式	模板装在模板框内或顶面，模板框固定在造型机工作台上。更换模板省时、省力	木、塑料、铸铝、铁、钢等	水平分型普通造型机、高压造型机、气冲造型机	各种批量生产，中、小件
		组合式	模板框内可配置多块小模板块，可组合各种小铸件的生产，可任意更换其中一块或几块模板块，实现多品种铸件的生产	铸铝、铸铁、铸钢	气动微震造型机、高压造型机、气冲造型机	小批量多品种生产，小件

（1）模底板的基本尺寸　单面模底板的基本尺寸由所选造型机和已定砂箱的内轮廓尺寸决定。

1）模底板的平面尺寸：A_0 和 B_0 分别等于砂箱的内轮廓尺寸 A 和 B 加上分型面上，砂箱两凸边的宽度 b，如图9-8a 所示，尺寸关系为：$A_0 = A + 2b$，$B_0 = B + 2b$。顶框式造型机的模底板以顶框内尺寸 A_1 和 B_1 为准，如图9-8b 所示，模底板比顶框小 4~5mm，尺寸关系为：$A_0 = A_1 - (4 \sim 5)\,\mathrm{mm}$，$B_0 = B_1 - (4 \sim 5)\,\mathrm{mm}$。

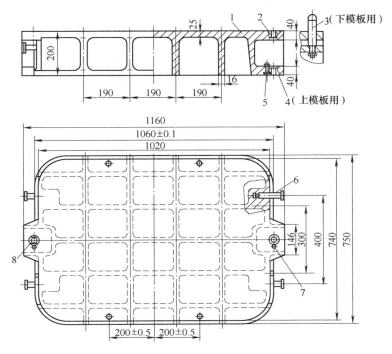

图 9-6　直接定位的单面模底板

1—模底板　2、4—销套　3—定位销　5、7—螺钉压板　6—手把　8—椭圆销套

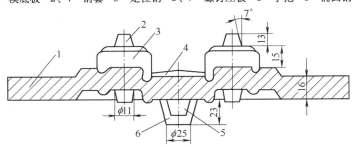

图 9-7　整铸式双面模板

1—模底板　2—芯头　3—模样　4—内浇道　5—横浇道　6—直浇道座

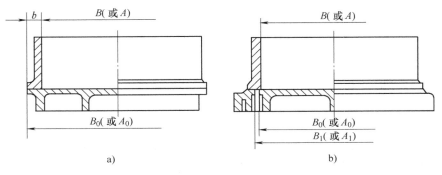

图 9-8　模底板与砂箱或模板框内尺寸的关系

a）一般造型机模底板　b）顶框式造型机模底板

2）模底板的高度：图 9-6 上视图中尺寸 200mm 即为模底板的高度 H。对于普通平面式模底板，当模板材料为铸铝时，$H = 30 \sim 90mm$；当模板材料为铸铁时，$H = 80 \sim 150mm$。对于普通凹面式模底板，H 可根据模样凹进去的深度决定。对于模样较高的情况，可采用双层销耳的模板，$H > 100mm$。确定 H 值时，还要考虑造型机的要求。

顶杆式造型机用模底板高度设计时，应使模底板分型面略高于顶杆上端，模底板上的模样高度应小于起模行程 $5 \sim 10mm$，如图 9-9 所示。

顶框式造型机用模底板高度设计时，应考虑与造型机所带标准顶框相适应，顶框与模底板工作面的极限偏差如图 9-10 所示。在大批量生产的条件下，进行顶框设计，其高度要规格化，种类不能太多，以使顶框具有互换性，从而减少顶框数目。顶框的高度一般可取 100mm、120mm、150mm 三种，模底板的高度也相应地取 100mm、120mm、150mm 三种。

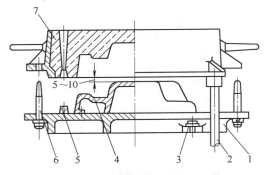

图 9-9　顶杆式造型机起模示意图
1—模底板　2—顶杆　3—紧固螺钉　4—模样
5—横浇道　6—定位销　7—上砂箱

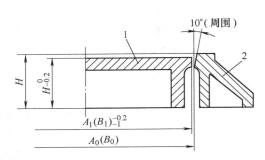

图 9-10　顶框与模底板工作面的极限偏差
1—模底板　2—顶框

转台式造型机用模底板高度可参考图 9-11。图 9-11 中，A 为起模行程，H_1 为回转后机台台面间距离，H_2 为转轴到机台台面间距离，$h_箱$ 为砂箱高度，h_1 为模底板高度，$h_托$ 为砂箱托砂板高度，$h_样$ 为模样的最大高度，h 为模底板、砂箱和砂箱托板高度的总和。模底板的最大高度为

$$h_{1max} = H_1 - (h_样 + h_箱 + h_托 + 20mm)$$
$$(9-3)$$

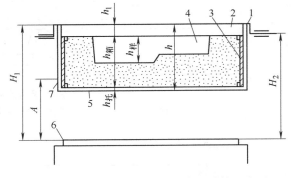

图 9-11　转台式造型机上模板高度计算示意图
1—转台　2—模底板　3—砂箱　4—模样
5—砂箱托板　6—受台台面　7—夹紧机构

式（9-3）括号中 20mm 是为了保证起模后砂型离开模板时不与模样顶面相刮碰而设置的距离。模底板的最小高度为

$$h_{1min} = H_1 - A - (h_样 + h_箱 + h_托 + 20mm) + 30mm \qquad (9-4)$$

式（9-4）括号中，30mm 是为了保证起模时造型机不至于发生震击而设置的距离。

翻台式造型机用模底板高度 H（见图 9-12）的设计应满足下式：

$$H = H_1 - (h_样 + h_箱 + h_垛 + h_托) - (5 \sim 10mm) \qquad (9-5)$$

式中　$h_垛$——砂型高出分型面的砂垛高度（mm）。

5～10mm——为防止起模后砂型与模样刮碰而设置的距离。

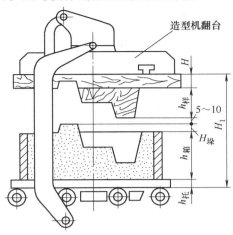

图 9-12　翻台式造型机翻台起模示意图

（2）模底板的壁厚和加强筋　模底板的壁厚和加强筋的厚度见表 9-15。模底板与加强筋间距见表 9-16。

表 9-15　模底板的壁厚和加强筋的厚度　　　　　　　　（单位：mm）

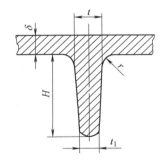

模底板平均轮廓尺寸 $(A_0 + B_0)/2$	铸铝			铸铁			铸钢		
	δ	t	t_1	δ	t	t_1	δ	t	t_1
≤500	10～20	12～14	8				8	10	8
>500～750	12～14	14～16	10	14	16	12	10	12	10
>750～1000	14～16	16～18	12	16	18	14	12～14	14	12
>1000～1500	16～20	18～22	14	18	20	16	14～16	16	14
>1500～2000				22	24	20	18	20	16
>2000～2500				25	28	22	22	24	22
>2500～3000				28	30	24	25	27	23
>3000				30	32	26	28	30	26

表 9-16　模底板与加强筋间距 （单位：mm）

模底板平均轮廓尺寸：$(A_0 + B_0)/2$		≤500	>500 ~ 750	>750 ~ 1000	>1000 ~ 1500	>1500 ~ 2000	>2000 ~ 2500	>2500 ~ 3000	>3000
K	铸铁	300	300	300	350	400	450	450	500
	铸钢		300	400	400	450	500	500	500
K_1	铸铁		250	300	300	350	400	400	400
	铸钢		250	300	300	400	400	450	450

3. 模板与砂箱之间的定位

模板与砂箱之间的定位分为直接定位和间接定位。

（1）直接定位　直接定位是指将定位销直接安装在模底板上。

（2）间接定位　间接定位是指定位装置安装在模板框上，模板与模板框之间另有定位。显然间接定位法多了一次定位误差，为防止铸件错型超差，模底板和模板框之间的定位精度要高，定位销孔中心距偏差应小于 ±0.03mm。快换模板和组合模板多用间接定位法，以简化模板结构，使模板轻巧，便于更换和存储。模板与砂箱间的定位如图 9-13 所示。

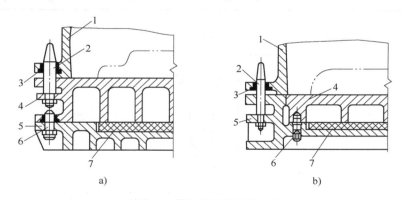

图 9-13　模板与砂箱间的定位
a）直接定位　b）间接定位
1—砂箱　2—定位销　3—销套　4—模底板　5—模板框　6—定位销　7—加热元件

（3）定位销与销套的配合　大批量生产一般采用 H8/d8，批量生产一般采用 H9/d9，单件小批量生产采用 H10/d10。根据砂箱名义尺寸的大小，定位销及销套的名义直径可分别选用 20mm、25mm、30mm、35mm、40mm 等。模板与砂箱间的定位元件如图 9-14 所示。

4. 模底板上的搬运设施

模底板上的搬运设施包括：吊轴、手柄和手把。

（1）吊轴　吊轴可以与模底板一起整铸，称为整铸式吊轴；也可以采用铸接或者焊接方式生成，称为铸接式或铸焊式吊轴。整铸式吊轴的结构和尺寸见表 9-17，铸接式吊轴的结构和尺寸见表 9-18。

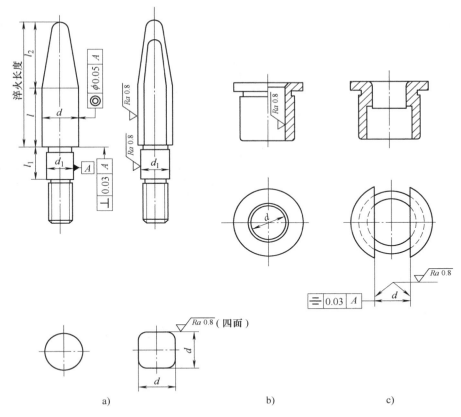

图 9-14　模板与砂箱间的定位元件

a）定位销、导向销　b）圆套　c）椭圆套

表 9-17　整铸式吊轴的结构和尺寸　　　　　　　　　　（单位：mm）

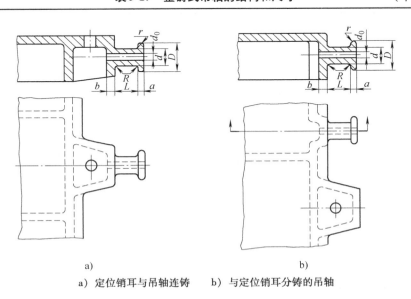

a）　　　　　　　　　　　　　　　　b）

a）定位销耳与吊轴连铸　　b）与定位销耳分铸的吊轴

（续）

吊轴允许负荷/kN	d	d_0	D	a	b	L	r	R
≤2.5	30	12	51	9	12	25~35	3	8
≤5	45	18	76	14	15	35~55	5	11
≤9	60	24	102	18	18	50~70	6	15
≤15	80	32	136	24	22	65~95	8	20
≤25	100	40	160	30	30	80~120	10	25
≤35	120	48	190	36	40	95~145	12	30

表 9-18　铸接式吊轴的结构和尺寸　　　　　　　　（单位：mm）

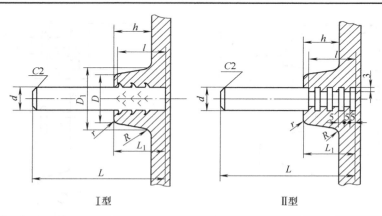

吊轴允许负荷/kN	d	d_1	D	L	l	h	R	r
≤2	30	60	50	80	40	30	8	3
≤4	40	80	60	90	45	35	10	4
≤10	45	120	65	130	65	50	12	5
≤17.5	60	150	90	175	90	75	15	6
≤30	80	180	120	230	115	95	20	8
≤50	100	220	150	285	145	125	25	10

（2）手柄　对于平均尺寸小于 500mm 的小型底板，可以不设吊轴和手柄，必要时可设手把。手柄一般用圆钢加工而成，一般在模底板加工之后装配。手柄分为铸接式手柄和可拆卸式手柄两种。铸接式手柄的结构和尺寸见表 9-19，可拆卸式手柄的结构和尺寸见表 9-20。

表 9-19　铸接式手柄的结构和尺寸　　　　　　　　（单位：mm）

Ⅰ型　　　　　　　　　　Ⅱ型

$d \times L$	L_1	L	l	h	D	D_1	R	r
20×L	35	135~160	25	25	40	50	5	3
25×L	40	140~190	30	30	50	60	5	3

注：L 可根据实际情况选取，但尾数应为 0 或 5。

表 9-20　可拆卸式手柄的结构和尺寸　　　　　　　　　　（单位：mm）

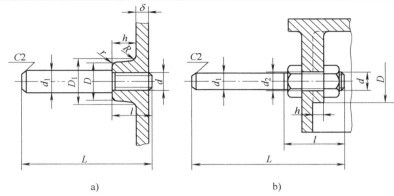

a)　　　　　　　　　　　　　　　　　b)

a）拧入式　b）螺母紧固式

$d \times L$	拧 入 式								螺母紧固式					
	d_1	L	l	h	D	D_1	R	r	d_1	L	l	h	d_2	D
$M20 \times L$	24	140 ~ 170	40	25	40	50	5	3	20	165 ~ 200	65	12	21	40
$M24 \times L$	28	145 ~ 200	45	30	50	60	6	4	24	175 ~ 220	75	15	26	50

注：L 可根据实际情况选取，但尾数应为 0 或 5。

5. 模底板在造型机工作台上的安装

一般采用紧固耳进行模底板在造型机工作台上的安装。铸铁模底板紧固耳的结构和尺寸见表 9-21，铸钢模底板紧固耳的结构和尺寸见表 9-22。

表 9-21　铸铁模底板紧固耳的结构和尺寸　　　　　　（单位：mm）

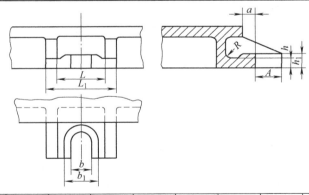

模底板平均轮廓尺寸：$(A_0 + B_0)/2$	h	h_1	a	A	L	L_1	b	b_1	R	紧固耳数
≤500	20		8	30	50	70	15	25	10	4
>500 ~ 750	22		8	30	50	70	15	25	10	4
>750 ~ 1000	24	$h + 5$	12	35	60	80	18	35	10	6 ~ 8
>1000 ~ 1500	26		12	35	70	90	22	40	12	8
>1500 ~ 2500	28		14	40	80	110	25	40	12	8
>2500 ~ 3000	30		16	50	90	120	28	50	15	8 ~ 10

表 9-22　铸钢模底板紧固耳的结构和尺寸　　　　　　　　　（单位：mm）

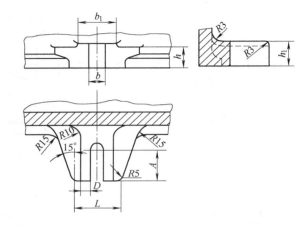

模底板平均轮廓尺寸：$(A_0 + B_0)/2$	h	h_1	A	L	b	b_1	D	R	紧固耳数
≤750	22	25	35	50	15	35	10	10	4
>750～1000	25	30	45	70	18	42	12	10	4
>1000～1500	30	35	45	85	22	50	14	12	8
>1500～2000	35	40	50	110	25	57	16	14	8
>2000～3000	40	45	60	120	28	64	18	16	8
>3000～4000	45	50	60	130	32	72	20	18	10
>4000～5000	50	60	70	140	36	86	25	20	10

9.2　芯盒

9.2.1　芯盒的类型与材料

　　芯盒是制造芯子的专用模具，芯盒设计的合理与否将影响到芯子及铸件的质量、芯盒材料的消耗和制芯的操作。芯盒的设计应满足下列要求：①芯盒材料和结构应与生产批量相适应；②具有足够的强度、刚度和耐磨性，以保证芯盒达到使用寿命；③确保砂芯的几何形状和尺寸精度；④有利于安放芯骨、开设气道等；尽可能减轻芯盒质量；⑤能满足制芯设备的装配和操作要求；⑥简化芯盒的制造工艺，减少加工工时，降低制造成本。

　　一般芯盒有三种分类方法，即按材料分类、按制芯方法分类和按结构及分盒方法分类。按材料分类可分为金属芯盒、木质芯盒或木＋菱苦土芯盒、塑料或高分子复合板芯盒、金木结构芯盒。按制芯方法分类可分为手工制芯用芯盒和机械制芯用芯盒，其中机械制芯还可以进一步分为振动制芯、压力制芯、高压制芯、射砂制芯、热芯盒制芯、冷芯盒制芯、壳芯盒制芯和自硬砂制芯等。芯盒用材料的特点与应用见表 9-23，芯盒的结构及分盒方法见表 9-24。

表 9-23　芯盒用材料的特点与应用

材料牌号	特　点	应用
ZL101A、ZL102	不生锈，表面粗糙度值低，易加工，重量轻	中小型芯盒
ZL104、ZL201		
HT150、HT200	强度和硬度高，耐磨性好，价格低廉	大型芯盒

表 9-24　芯盒的结构及分盒方法

结构及分盒方法		结　构　图	特　点
整体式	敞开式	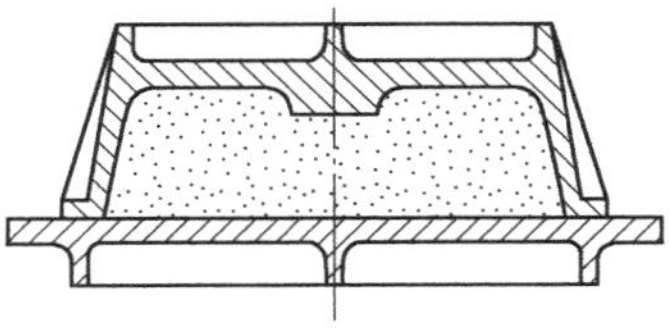	结构简单，精度高，操作方便，用于简单砂芯
	脱落式	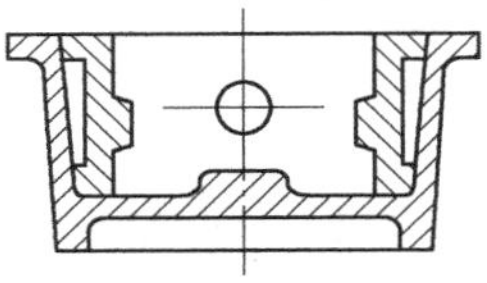	用于周围或大部分结构都需要拆活的砂芯。精度较差，适用于复杂结构的砂芯
垂直对开式		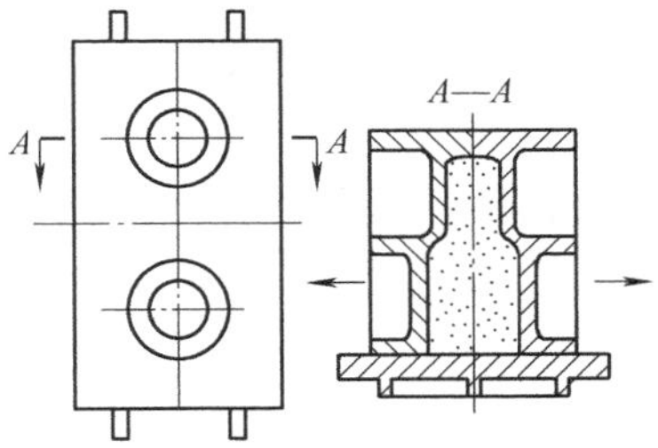	左右两半之间设有定位、夹紧装置，垂直方向填砂和紧实，砂芯支撑底面即为填砂口和紧实芯砂的外口，砂芯底面坐于芯盒底板
水平对开式		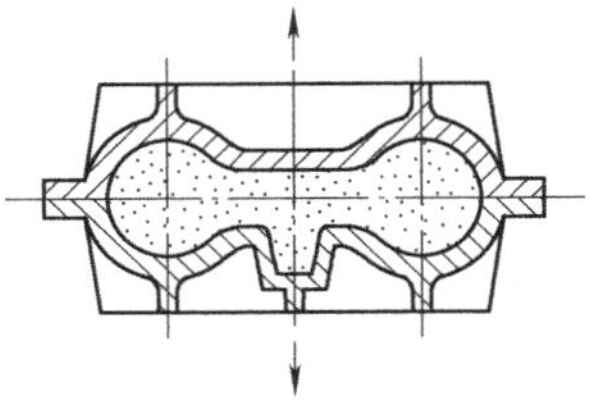	芯盒由上下两半组成，相互间设有定位、夹紧装置。砂芯的支撑面为其中一型腔表面，砂芯平卧在成形烘干板上，适用于平面分盒或曲面分盒的砂芯，需用填砂板
敞开脱落式		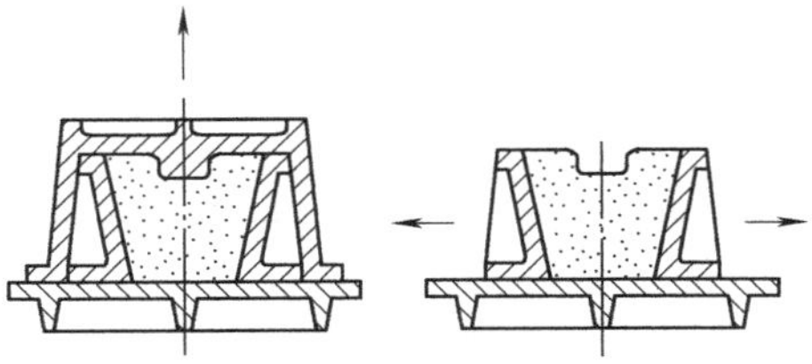	芯盒内设有侧壁活块，芯盒与侧活块的配合面均带有斜度，填砂面与支撑面同面。填砂、紧实后翻转180°，向上脱出芯盒，活块与砂芯留在底板上，再沿水平方向移出活块。适用于形状复杂，具有平整宽大的填砂面，并且侧面有阻碍脱芯的结构

（续）

结构及分盒方法	结　构　图	特　　点
多向开盒式	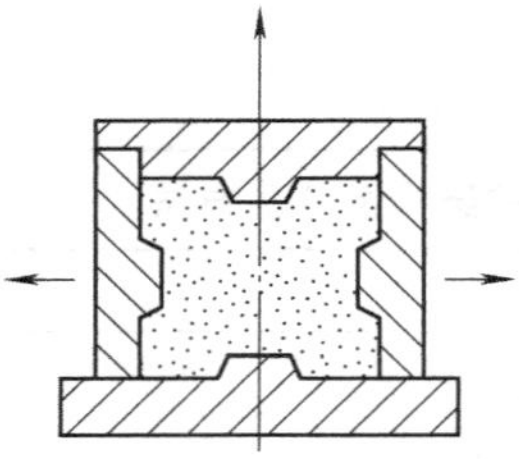	芯盒由多块型壁组成。型壁之间应有定位及固定装置。出芯时，一次解除相互间的固定，移出各型壁，砂芯坐落于底板上。应用于形状复杂、各型面都有影响起模的结构

9.2.2　芯盒的结构设计

芯盒的结构设计包括：分盒面设计，壁厚、加强筋和边缘的设计，活块和镶块的设计，定位和夹紧装置的设计，起吊装置的设计等。

1. 分盒面设计

分盒面设计得合理与否将影响砂芯的质量，制芯工时及效率，芯盒的用料消耗及制作工时。分盒面设计时应考虑以下几个原则：

1）应有较大的敞开面，以便于填砂、紧砂、放芯骨、开设排气道，以及出芯操作。

2）烘干或固化时，应有大平面支撑，尽量避免用成形烘干底板，以简化工装。

3）应使芯盒结构简单，便于制作。

4）分盒面应尽量采用平面分盒，特殊情况下根据结构和工艺需要，可以采用曲面分盒。

2. 壁厚、加强筋和边缘的设计

壁厚的大小主要取决于芯盒的平均尺寸，芯盒壁厚见表9-25。

表9-25　芯盒壁厚　　　　　　　　　　　　　　　（单位：mm）

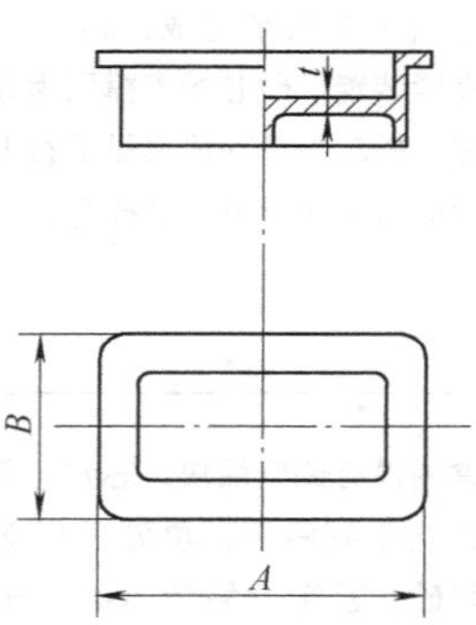

芯盒平均轮廓尺寸 $(A+B)/2$	芯盒壁厚 t	
	铝合金铸件	铸铁件
≤300	6~8	6
>300~500	8~10	7~8
>500~800	10~12	10
>800~1250	12~14	12

加强筋设置在芯盒的外壁，是为了增加芯盒的刚度，同时也便于安放手柄，在工作台上放置平稳。芯盒加强筋的数量和尺寸见表9-26。

表 9-26　芯盒加强筋的数量和尺寸　　　　　　　　（单位：mm）

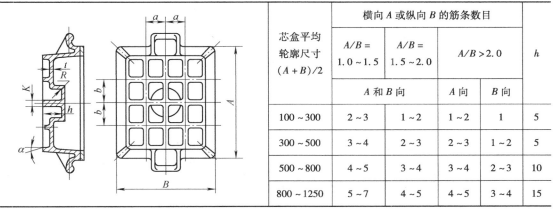

芯盒平均轮廓尺寸 $(A+B)/2$	横向 A 或纵向 B 的筋条数目				h
	$A/B=$ $1.0\sim1.5$	$A/B=$ $1.5\sim2.0$	$A/B>2.0$		
	A 和 B 向	A 和 B 向	A 向	B 向	
$100\sim300$	$2\sim3$	$1\sim2$	$1\sim2$	1	5
$300\sim500$	$3\sim4$	$2\sim3$	$2\sim3$	$1\sim2$	5
$500\sim800$	$4\sim5$	$3\sim4$	$3\sim4$	$2\sim3$	10
$800\sim1250$	$5\sim7$	$4\sim5$	$4\sim5$	$3\sim4$	15

注：1. 比较高的筋可设有斜度，斜度一般为 $0.5°\sim1.5°$。

　　2. 筋高可根据芯盒的形状和大小来确定，一般可取成下底齐平。

　　3. 加强筋的厚度可取芯盒壁厚的 $0.8\sim1$ 倍。

　　4. 铸造圆角 R 可取 $3\sim10$mm。

　　设计边缘时，应使边缘的厚度比芯盒的壁厚加厚一些，以增加芯盒的强度和刚度。为了防止边缘磨损，可以在木质或铝质芯盒边缘的填砂面和刮砂面镶上钢板，以增加该部位的耐磨性，钢板可用 30 钢，用沉头螺钉固定在边缘上。边缘的结构类型与尺寸见表 9-27。

表 9-27　边缘的结构类型与尺寸　　　　　　　　（单位：mm）

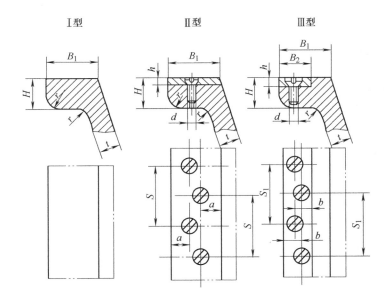

芯盒壁厚 t	B_2	B_1	H	r	h	b	a	S	S_1	沉头螺钉规格
7	12	20	12	3	3	6	10	100	100	M5×10
8	12	22	12	3	3	6	11	100	100	M5×10

（续）

芯盒壁厚 t	B_2	B_1	H	r	h	b	a	S	S_1	沉头螺钉规格
9	15	25	15	3	3	7.5	12.5	100	100	M5×10
10	20	30	15	5	3	10	8	70	100	M6×12
11	20	30	15	5	3	10	8	70	100	M6×12
12	20	35	20	5	3	10	8	60	100	M6×14
13	20	35	20	8	3	10	8	60	100	M6×14
14	25	40	25	8	3	12.5	10	60	100	M6×14

注：1. Ⅰ型适用于铸铁件；Ⅱ型适用于铝合金铸件；Ⅲ型如果为手工紧砂耐磨片，则应靠近芯盒的外缘。

2. 耐磨片的材料为30钢。

3. 应防止耐磨片翘曲。除了用2~3个沉头螺钉紧固外，另配有钻孔铆钉加固。

3. 活块和镶块的设计

芯盒中妨碍砂芯取出的部位应做成活块，活块与芯盒之间可用钉、定位销、榫和燕尾槽等定位。活块按其与芯盒之间的固定方式可分为：滑座式、燕尾槽式和定位销式；按制芯时的起出工序点可分为：出芯前起出的活块和出芯后起出的活块；按活块的几何结构特征可分为环形活块、凸台活块等；对于棒状活块还可以按端部的固定分为：两端固定活块和悬臂活块；按与芯盒的组合方式可分为脱落式芯盒内衬活块和敞开式芯盒分盒面处预起活块。

（1）销式活块　活块由设置在芯盒上的销式定位结构约束活块的位置，必要时可在销上设置止退或止动装置，如图9-15所示。该类活块放入芯盒后，为了防止紧砂时活块被舂砂力挤出，还需要使用止退销或止退螺栓来固定。该类活块适用于芯盒侧面有凹陷结构的情况，在砂芯出盒前取出。

（2）出盒后取下的活块　该类活块是在制芯前安装在芯盒内，砂芯出盒后，从砂芯上取下，如图9-16所示。在图9-16a中，由于砂条较细窄，在砂芯出盒过程中容易损坏，所以在该砂条的四周，设置了托护活块，砂芯出盒时连同该活块一起出盒，待砂芯在芯盒底板上安放好后取下。在图9-16b中，在砂芯紧实后，砂芯连同活块一起出盒，在芯盒底板上安放好，固化后即可取下。

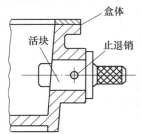

图9-15　销式活块及定位结构

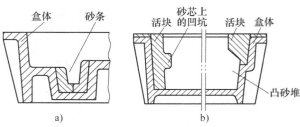

图9-16　出盒后取下的活块

a）托护活块　b）侧面活块

（3）脱落式芯盒内衬活块　脱落式芯盒内衬活块如图9-17所示。活块随砂芯一起出盒，出盒后再分别将对应侧壁的板状活块沿相应的方向起出。

（4）镶块　镶块是指镶装在芯盒型壁上，并且预先加工好的块状结构。制芯时先将镶块放入芯盒安装就位，然后开始制芯。出芯时镶块与砂芯一同出盒，然后从砂芯中取出。

4. 定位和夹紧装置的设计

芯盒常用定位销、止口等装置来定位，手工制芯芯盒常用 U 形钢筋钉夹紧，机器制芯芯盒常用标准元件来定位，如螺栓与螺母、铰链、偏心销，还有凸耳和活节等。

（1）定位销、套定位　其结构分为螺母紧固式和过盈配合式两种。定位销、套用 45 钢制成，并淬硬至 45～50HRC。其结构和尺寸见表 9-28 和表 9-29。

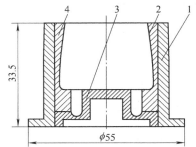

图 9-17　脱落式芯盒内衬活块
1—套框　2、4—左右垂直可分的
半圆芯盒壁　3—底座

表 9-28　芯盒定位销的结构和尺寸　　　　　　　　　　（单位：mm）

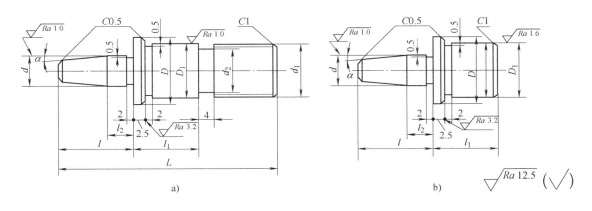

a）螺母固定式（Ⅰ型）　　　b）过盈配合式（Ⅱ型）

d	D_1		d_1	d_2	D	L		l		α		l_1		l_2
Ⅰ、Ⅱ型	Ⅰ型	Ⅱ型	Ⅰ型	Ⅰ型	Ⅰ、Ⅱ型	Ⅰ型		Ⅰ、Ⅱ型		Ⅰ、Ⅱ型		Ⅰ型	Ⅱ型	Ⅰ、Ⅱ型
						长销	短销	长销	短销	长销	短销	长销	短销	
$8^{-0.040}_{-0.076}$	$16^{+0.025}_{+0.007}$	$16^{+0.034}_{+0.023}$	M16×1.5	13	20	65	50	30	15	3°	5°	16	18	6
$10^{-0.040}_{-0.076}$	$16^{+0.025}_{+0.007}$	$16^{+0.034}_{+0.023}$	M16×1.5	13	20	70	60	35	20	3°	5°	16	20	8
$12^{-0.050}_{-0.093}$	$20^{+0.020}_{+0.008}$	$20^{+0.041}_{+0.028}$	M20×1.5	17	24	80	65	40	25	3°	5°	20	22	10

注：定位销直径根据芯盒的平均轮廓尺寸 $(A+B)/2$ 选取：当 $(A+B)/2 \leqslant 300$mm 时，$d=8$mm；当 $(A+B)/2=300\sim 500$mm 时，$d=10$mm，当 $(A+B)/2 \geqslant 500$mm 时，$d=12$mm。

表 9-29 芯盒定位销套的结构和尺寸　　　　　　　　（单位：mm）

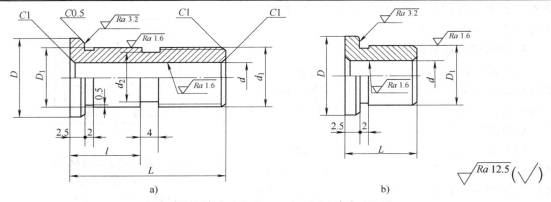

a）螺母固定式（Ⅰ型）　　b）过盈配合式（Ⅱ型）

d	D_1		d_1	d_2	D	L		l
Ⅰ、Ⅱ型	Ⅰ型	Ⅱ型	Ⅰ型	Ⅰ型	Ⅰ、Ⅱ型	Ⅰ型	Ⅱ型	Ⅰ型
$8^{+0.036}_{0}$	$16^{+0.025}_{+0.007}$	$16^{+0.034}_{+0.023}$	M16×1.5	13	20	35	15	16
							30	
$10^{+0.036}_{0}$	$16^{+0.025}_{+0.007}$	$16^{+0.034}_{+0.023}$	M16×1.5	13	20	35	20	16
							35	
$12^{+0.043}_{0}$	$20^{+0.029}_{+0.008}$	$20^{+0.041}_{+0.028}$	M20×1.5	17	24	42	25	20
							40	

（2）止口定位　止口定位是在相互接触的两个开盒面上设置相互匹配的凹凸台阶，使两半芯盒沿着凹凸的台阶形成的子母扣定位，如图 9-18 所示。

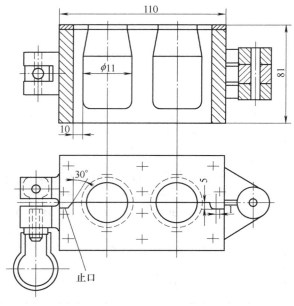

图 9-18　芯盒的止口定位结构

（3）碟形螺母-铰链夹紧装置 该装置的特点是简易、可靠，夹紧迅速，适用于小型芯盒。其结构和尺寸如图9-19和表9-30所示。

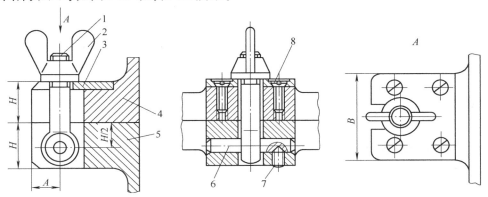

图9-19 碟形螺母-铰链夹紧装置
1—活节螺栓 2—蝶形螺母 3—垫片 4—上半芯盒
5—下半芯盒 6—圆柱销 7—锥端固定螺钉 8—沉头螺钉

表9-30 碟形螺母-铰链夹紧装置的尺寸 （单位：mm）

基本尺寸			名称	活节螺栓	蝶形螺母	垫片	圆柱销	沉头螺钉	开槽锥端固定螺钉
H	A	B	标准号	GB/T 798	GB/T 62		GB/T 119	GB/T 68	GB/T 71
15		35		M8×35	M8	45×35	6×35	M5×12	M5×12
20	12	40	规格	M10×45	M10	45×35	8×40	M6×16	M6×18
25		45		M12×55	M12	45×35	10×45	M6×16	M6×18

（4）铰链卡板式夹紧装置 该装置的特点是锁紧力较大，装卡便捷迅速，可用于较大的芯盒。其结构和尺寸如图9-20和表9-31所示。

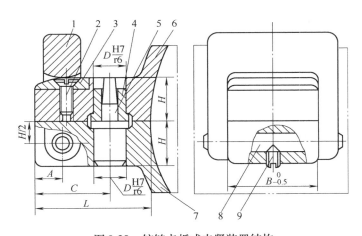

图9-20 铰链卡板式夹紧装置结构
1—手把 2—沉头螺钉 3—垫片 4—定位销套 5—定位销
6—上芯盒 7—下芯盒 8—圆柱销 9—螺钉

表 9-31　铰链卡板式夹紧装置的尺寸　　　　　　　（单位：mm）

平均尺寸	主要尺寸						导套 D		件号	1	2	3	4	5	6	7
	L	B	C	A	H		定位	导向	名称	见图 9-20						
									数量	1	2	1	1	1	1	1
≤200	55	40	36	12.5	20		15	18	规格	40	M6×16	40	8×15	8×40	8×60	M6×10
													8×25	8×50		
>200~300	65	60	42	15	25		18	20		60	M6×20	60	10×15	10×40	10×84	M8×10
													10×25	10×50		
>300~400	80	80	50	18	30		20	25		80	M8×25	80	12×20	12×45	13×108	M10×15
													12×30	12×60		
>400~630	90	100	58	20	35		25	30		100	M8×25	100	15×20	15×45	16×130	M12×15
													15×30	15×60		

注：平均尺寸是指芯盒外形轮廓的平均尺寸。

（5）芯盒凸耳加紧装置　该装置是利用螺栓-螺母夹紧装置将上下芯盒的凸耳夹紧来加紧芯盒的。其特点是夹紧力较大，可用于大型芯盒。其结构和尺寸如图 9-21 和表 9-32 所示。

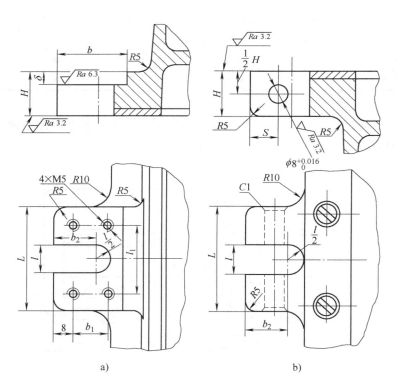

图 9-21　芯盒凸耳加紧装置结构

a）下半芯盒凸耳　b）上半芯盒凸耳

表 9-32　芯盒凸耳加紧装置尺寸　　　　　　　　（单位：mm）

结构形式	l	l_1	L	b	b_1	b_2	S	H	δ
关节式	11	26	42	30	14	18	12	20	5.5
	13	32	52						
铰链式	11	25	40	30	14	16	15	18	6
	13	28	45	34	18			20	

注：关节式与图 9-20 所示装置类似。

5. 起吊和翻盒装置的设计

起吊和翻盒装置包括：手柄、吊轴、手把、吊耳、孔和凸筋等，其结构与特点见表 9-33。

表 9-33　起吊和翻盒装置的结构与特点

装置名称	图　　例	特点与应用
整铸凸耳	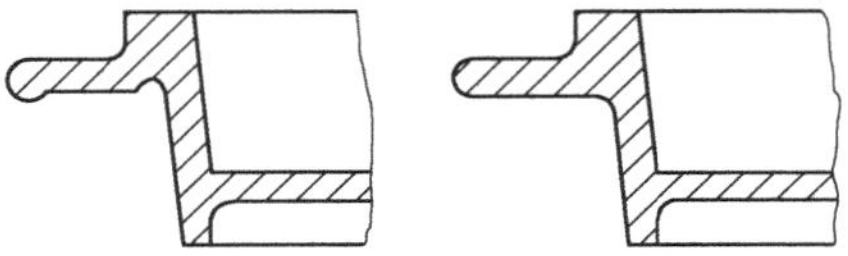	结构简单，适用于需要翻转的小型芯盒
凸筋和孔	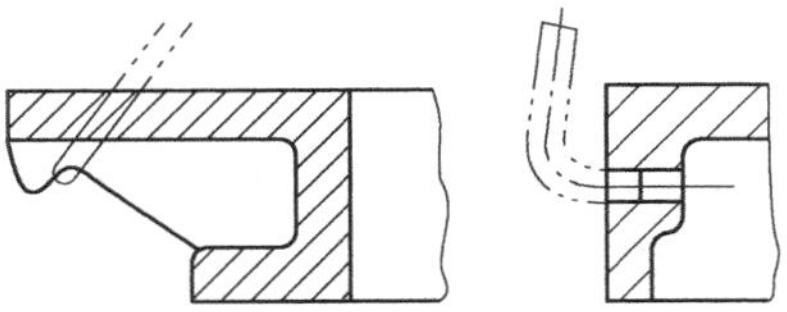	结构简单，制造容易，可用于起重机搬运的机器翻转芯盒
吊耳	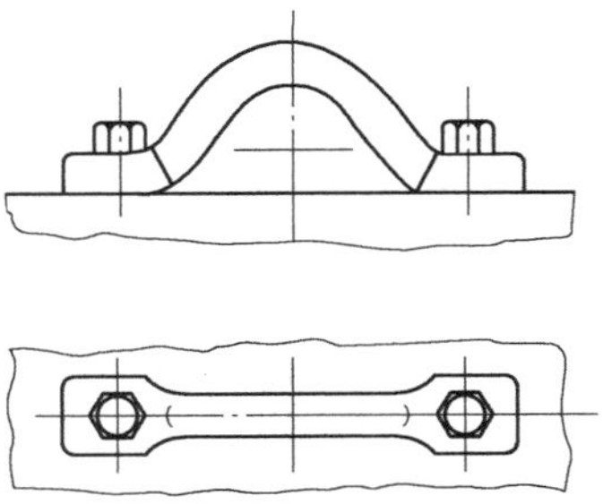	吊耳不影响芯盒的加工，可在加工后安装。用于机器翻转的大中型芯盒
铸接手把	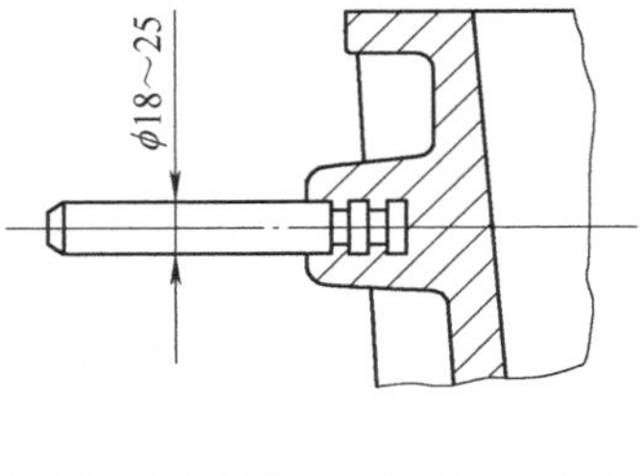	连接牢固，翻转及搬运方便，用于手工制芯用中型芯盒

（续）

装置名称	图　　例	特点与应用
铸接或整铸吊轴	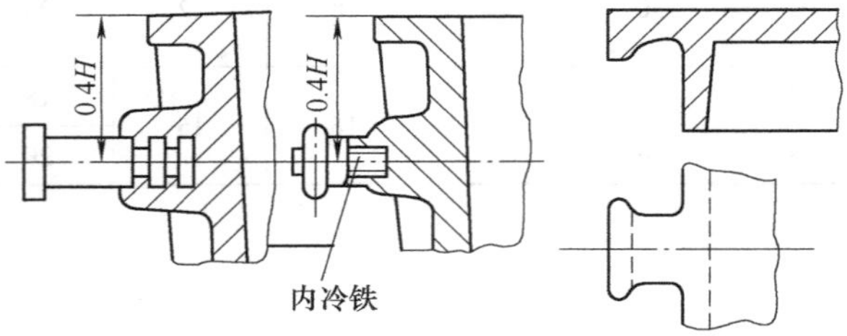 0.4H　　0.4H　内冷铁	连接牢固，吊轴耐磨性好，用于起重机搬运的大中型芯盒
可拆卸手把	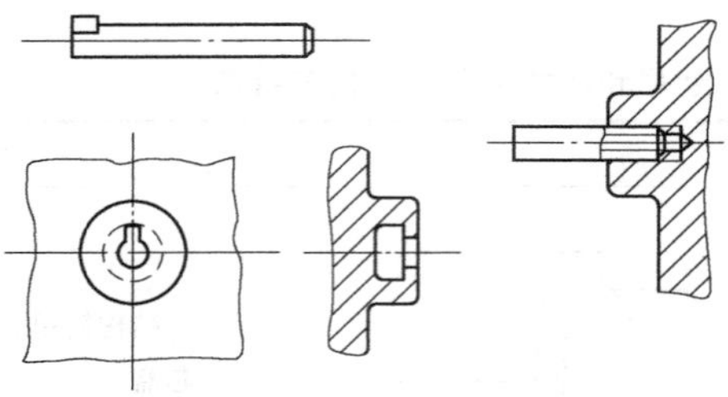	手把拆卸方便，用于手工或机器制芯的芯盒

9.3　砂箱

　　砂箱是将铸型承载于其中的特定工装，是将所承载铸型搬运和翻转的工具，由箱壁、箱耳、法兰、吊环、吊轴、加强筋（箱带）和排气孔等构成。

9.3.1　砂箱的分类与特点

　　砂箱的分类与特点见表 9-34。

表 9-34　砂箱的分类与特点

分类方法	砂箱名称	特　　　点
按使用的性质分类	通用砂箱、专用砂箱	前者可供不同的铸件使用，尺寸系列化，多为矩形，可节约工装及制造工时，提高生产率；后者可针对具体的铸件及工艺设计形状、布置筋板
按造型方法分类	手工造型砂箱、机器造型砂箱	前者可适应各种类型、尺寸的铸件，后者应与相应的造型机相配套
按制造和装配方法分类	整铸式砂箱、焊接式砂箱和装配式砂箱	整铸式砂箱可使用各种金属材料，砂箱强度高，耐用性好，经得起撞击、落砂振动和造型振动，可用于手工造型和机器造型。焊接式砂箱制造简单、周期短，轻便，常用于单件简易临时砂箱。装配式砂箱尺寸大小具有可调节性，多用于单件小批量大型铸件生产，也可以用于手工造型脱落式砂箱
按制造材料分类	木质砂箱、铝质砂箱、铸铁砂箱、球墨铸铁砂箱、铸钢砂箱和型材焊接砂箱	木质砂箱制造容易，重量轻，寿命短，用于小件、单件小批量生产。金属砂箱强度高，耐用，既可以用于手工造型，又可以用于机器造型

（续）

分类方法	砂箱名称	特点
按形状分类	矩形砂箱、筒形砂箱、圆形砂箱、异型砂箱	可根据铸件的形状选择砂箱的形状，矩形砂箱多用于通用砂箱。其他形状砂箱多用于专用砂箱，可节约型砂用量
按搬运方式分类	手抬式砂箱、起重机式砂箱、生产线用砂箱	前者多采用轻质材料做成，尺寸较小，多用于单件小批量生产。后者应与造型机相匹配，用于生产线使用。起重机式砂箱一般用于手工造型，较大铸件的生产

9.3.2 砂箱的基本构成与设计

1. 砂箱的尺寸

砂箱的尺寸一般用内框的长度 A、宽度 B 和高度 H 来表示，也称为砂箱的名义尺寸。专用砂箱的内框尺寸主要取决于铸件、砂芯及芯头、浇冒口系统、冷铁和附铸试样等的布置与尺寸，同时还要考虑吃砂量的大小。

（1）吃砂量 吃砂量是指铸型内腔表面至砂箱内壁、顶面和底面德距离，还包括型腔之间型砂的厚度、芯骨至砂芯表面、模样至箱带之间的砂层厚度。模样的最小吃砂量见表9-35，模样与浇注系统之间的吃砂量见表9-36，模样与模样之间的吃砂量见表9-37，模样到箱带之间的吃砂量见表9-38。

表 9-35 模样的最小吃砂量 （单位：mm）

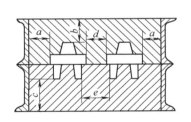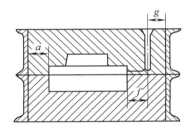

铸件重量 /kg	最小吃砂量						砂箱平均尺寸 $(A+B)/2$
	a	b	c	d 或 e	f	g	
≤5	20	30	40	30	30	20	≤400
>5~10	20	40	50	40	30	20	
>10~25	30	50	60	50	30	30	400~700
>25~50	40	60	70	60	40	40	
>50~100	50	70	90	70	40	50	700~1000
>100~250	60	80	100	100	50	60	
>250~500	70	100	120		60	70	1000~2000
>500~1000	80	125	150		70	80	
>1000~2000	90	150	180		80	90	2000~3000
>2000~3000	100	175	210		100	100	

（续）

铸件重量 /kg	最小吃砂量						砂箱平均尺寸 (A+B)/2
	a	b	c	d 或 e	f	g	
>3000~4000	125	200	250		125	125	3000~4000
>4000~5000	150	225	280		150	150	
>5000~10000	175	250	310		175	175	>4000
>10000	200	300	350		200	200	

注：1. 芯头处的尺寸 a 可以减小到 0~60mm。

2. 尺寸 b、c 的确定还必须考虑箱带高度，以保证砂箱有足够的刚度和寿命。

3. A 和 B 分别为砂箱内框的长度和宽度。

表 9-36　模样与浇注系统之间的最小吃砂量　（单位：mm）

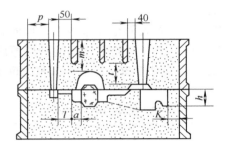

吃砂量	砂箱内尺寸 ≤1000×1000	>1000×1000	铸件壁厚 a		内浇道最小长度 l　铸件重量/kg						壁高 h	铸件与箱壁距离 K　铸件重量/kg			
					<25	25~50	50~100	100~250	250~500	>500		<50	50~150	150~300	>300
t	15	20	≤10	干型	30	40	45				≤25	35	40	45	50
				湿型	50	50	55								
p	<100	100~120	>10~25	干型	40	45	50	55			>25~50	40	45	50	55
				湿型	55	55	60	60							
m	40~80	100~300	>25~50	干型	45	50	55	60	65		>50~100	50	55	60	65
				湿型	60	60	65	70	75						
			>50~80	干型			55	65	70	75	>100~250	60	65	70	75
				湿型		60	70	70	75	80					
			>80	干型			65	70	75	80	>250	70	75	80	85
				湿型			75	80	80	80					

注：1. 如果用明冒口，上液面高出砂箱时，每高出 100mm，m 应增加 10~20mm。

2. 芯头的吃砂量可以减少，个别芯头较长时（横芯头）可以不留吃砂量。

表9-37 模样与模样之间的吃砂量 （单位：mm）

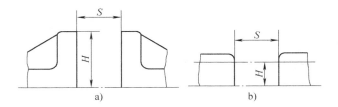

模样高度 H	8	10	15	20	25	30	35	40	50	60	70	90	100
模样间距 S	15	18	20	22	24	26	28	32	35	38	40	45	50

表9-38 模样到箱带之间的吃砂量 （单位：mm）

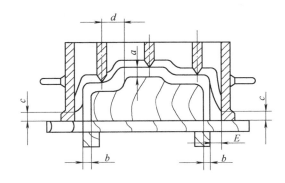

砂箱尺寸 $(A+B)/2$	模样到箱带的间距（不小于）		
	a（顶部）	b（侧部）	c（底部）
≤750	15~20	20~25	25~30
>750~1250	20~25	25~30	30~35
>1250~2000	25~30	30~35	35~40
>2000~2500	30~35	35~40	40~45
>2500	35~40	45	45~50

注：1. 箱带不随模样的通用砂箱也可参照此表。

2. 当箱带强度不够时，允许芯头到箱带距离小于所给数值的 1/3~1/2。

3. 当箱带横切模样时，E 值不小于风冲头直径 +30~50mm。

4. d 一般取 30~40mm，箱带距浇冒口距离一般应大于 40mm。

（2）通用砂箱的尺寸 通用砂箱主要用于手工造型和普通机器造型，一般采用起重机搬运，其大小应能够适应各类铸件造型的需要。通用砂箱的尺寸见表9-39。

表 9-39　通用砂

长度 A	200	250	300	350	400	450	500	550	600	650	700	750	800	900	1000	1100	1200	1400	1500	1600	1800	2000
300		●	●																			
350		●		●																		
400		●	●		●																	
450		●		●		●																
500			●		●		●															
550			●		●	●																
600						●	●		●													
650					●					●												
700				●					●													
750					●					●												
800							●				●											
900							●			●		●										
1000													●	●	●							
1100													●	●	●							
1200									●				●		●		●					
1400														●								
1500															●		●		●			
1600																						
1800														●			●				●	
2000																	●		●		●	
2200																						
2400																						
2500																			●		●	●
2600																				●		●
2800																				●		
3000																			●			●
3250																						
3500																					●	
3750																						
4000																						●
4500																					●	
5000																						
5500																						
6000																						
6500																						
7000																						
7500																						
8000																						

箱的尺寸

（单位：mm）

度 B												高度 H														
2200	2400	2500	2600	2800	3000	3250	3500	3750	4000	4500	5000	100	125	150	175	200	250	300	350	400	450	500	550	600	700	800
													●	●												
														●		●										
												●		●		●										
														●												
													●	●		●										
															●	●										
														●		●										
														●		●										
															●	●	●									
																●	●	●								
																●	●									
																●	●									
																●	●	●								
																●	●	●								
																●	●									
																	●		●							
																	●	●	●							
																	●	●	●							
																	●	●	●	●						
	●																		●	●	●	●				
																						●	●			
			●																		●	●	●			
		●			●															●		●				
				●			●														●		●			
		●			●			●													●	●		●		
		●																			●	●	●			
		●			●			●													●	●				
					●				●													●	●	●		

2. 砂箱及配套构件材料

砂箱及配套构件的材料见表 9-40。

表 9-40 砂箱及配套构件的材料

名称	选用的材料牌号		热处理要求
	手工及机器造型用砂箱	脱箱造型用砂箱	
砂箱	HT150、HT200、QT400-15、QT500-10、QT600-3、ZG230-450、ZG270-500	ZL104、ZL202、ZL203、ZL204A	退火或自然时效
定位销	45、20	ZCuSn10Pb5	45 钢，淬火 40～45HRC；20 或 20Cr 钢，淬火 50～55HRC
定向、导向销套	45、20、20Cr	箱耳、手柄、手柄架等用 ZCuSn10Pb5，滑块、滑座、箱筋用 20 钢或 Q235 钢	
紧固箱销	45		
箱销用楔	Q235、20		
手柄及吊轴			锻后退火

3. 砂箱壁

砂箱壁由主壁、上法兰、下法兰、加强筋、出气孔等结构体构成，其结构如图 9-22 和图 9-23 所示。铸铁和铸钢砂箱的箱壁断面尺寸分别见表 9-41 和表 9-42。

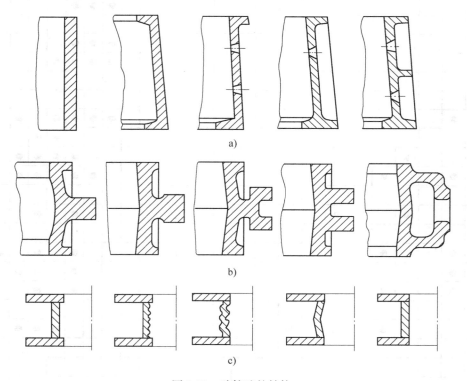

a)

b)

c)

图 9-22 砂箱壁的结构

a）普通砂箱 b）高压造型整铸式砂箱 c）焊接式砂箱

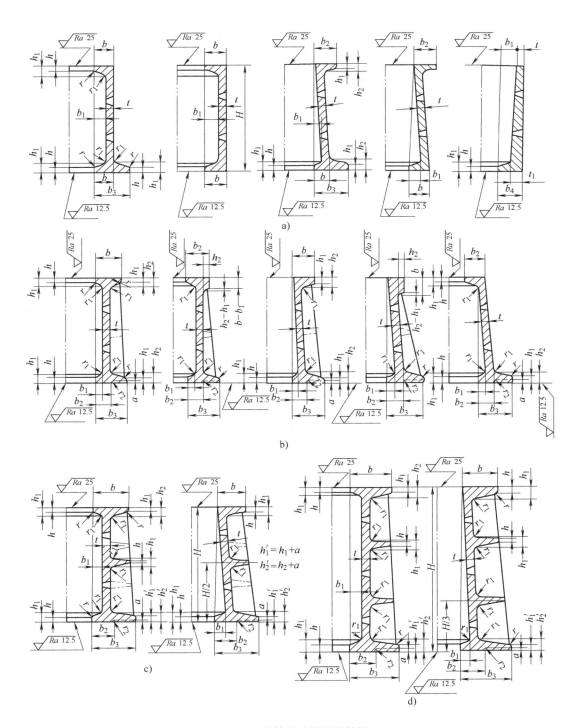

图 9-23 整铸式砂箱壁的结构

a) 用于高度 <200mm, 内框平均尺寸 <700mm 的砂箱　b) 用于高度 <400mm, 机器造型 $(A+B)/2=500\sim$
2500mm, 手工造型 $(A+B)/2=500\sim3500$mm 的砂箱　c) 用于高度为 $450\sim600$mm, 机器造型 $(A+B)/2=$
$500\sim3500$mm, 手工造型 $(A+B)/2=500\sim3500$mm 的砂箱　d) 用于高度为 $700\sim1000$mm 的砂箱

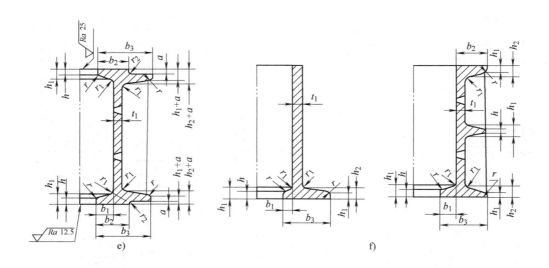

图 9-23 整铸式砂箱壁的结构（续）

e）高度＜600mm 的中箱断面 f）高度＜600mm 的地坑造型砂箱断面

表 9-41 铸铁砂箱的箱壁断面尺寸　　　　　　　　　　　　（单位：mm）

砂箱尺寸 $(A+B)/2$	砂箱高度 H	断 面 尺 寸											
		t	t_1	b	b_1	b_2	b_3	b_4	h	h_1	h_2	a	r_1	r_2
≤500	≤200	8～12	12	18	8	22	32	20	8	8	10		3	3
	＞200～400	12		30	8	25	40		10			7	3	5
＞500～750	≤200	12	15	22	10	28	38	25	10	12	15		5	8
	＞200～400	15		40	10	30	55		12			7	5	8
	＞400～600	15		50	12	40	70		12			10	8	12
＞750～1000	≤400	15	20	50	12	40	70	—	12	20	25	10	8	12
	＞400～600	18	22											
＞1000～1500	≤400	22	28	65	15	50	90	—	15	25	30	10	10	15
	＞400～600	25	30											
＞1500～2000	≤400	28		95	20	60	120	—	20	30	35	15	12	20
	＞400～600	30	38											
	＞600～1000	32	40											

注：1. 表中尺寸代号见图 9-23。

　　2. 球墨铸铁砂箱箱壁断面尺寸比铸铁砂箱断面尺寸小，比铸钢砂箱断面尺寸大。

　　3. 当落砂采用手工方式时，除专设有锤击突块外，箱壁断面各处尺寸应扩大 10% 左右。

表 9-42　铸钢砂箱的箱壁断面尺寸　　　　　　　　　　（单位：mm）

砂箱尺寸 $(A+B)/2$	砂箱高度 H	断 面 尺 寸												
		t	t_1	b	b_1	b_2	b_3	b_4	h	h_1	h_2	a	r	r_1	r_2
≤500	≤200	8	10	16	8	18	28	18	8	10	12		3	3	
	>200~400	8		25	8	20	35		10	12	15	7	3	3	3
>500~750	≤200	8	12	20	10	22	32	22	10	12	15		3	5	
	>200~400	10		30	10	25	40		10	12	15	7	3	5	3
	>400~600	10		30	10	25	40		10	12	15	7	3	5	3
>750~1000	≤400	10	15	35	12	35	60		10	15	20	10	5	8	5
	>400~600	12	18	35	12	35	60		10	15	20	10	5	8	5
>1000~1500	≤400	15	20	50	15	45	75		12	20	25	10	8	12	5
	>400~600	18	22	50	15	45	75		12	20	25	10	8	12	5
>1500~2500	≤400	20		75	20	60	110		15	25	30	15	10	15	8
	>400~600	22	28	75	20	60	110		15	25	30	15	10	15	8
	>600~1000	25	30	75	20	60	110		15	25	30	15	10	15	8
>2500~3500	≤400	25		100	25	70	140		20	30	35	15	12	20	8
	>400~600	28	32	100	25	70	140		20	30	35	15	12	20	8
	>600~1000	30	35	100	25	70	140		20	30	35	15	12	20	8
>3500~5000	450~600	35		130	30	80	190		25	35	40	20	15	25	10
	>600~1000	38	42	130	30	80	190		25	35	40	20	15	25	10

注：表中尺寸代号见图 9-23。

4. 砂箱箱筋及过渡圆角

砂箱箱筋及过渡圆角的尺寸见表 9-43。

表 9-43　砂箱箱筋及过渡圆角的尺寸　　　　　　　　　　（单位：mm）

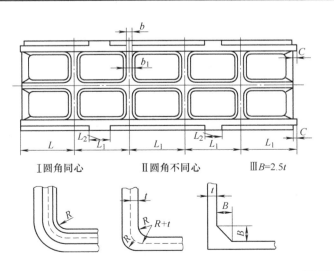

Ⅰ 圆角同心　　　　Ⅱ 圆角不同心　　　Ⅲ $B=2.5t$

（续）

砂箱尺寸 $(A+B)/2$	L	L_1	L_2	C	铸铁砂箱			铸钢砂箱		
					R	b	b_1	R	b	b_1
≤500					20			30		
>500~750					40			50		
>750~1000	150	300~500	80	5	40	12	18	60	10	16
>1000~1500	150	500~600	80	10	60	15	25	80	12	20
>1500~2500	200	500~600	100	10	80	20	30	100	15	25
>2500~3500	250	600~800	100	15	100	25	35	130	20	30
>3500~5000	350	600~800	120	30	120	30	40	160	25	35
>5000~7500	400	700~900	140	20				200	30	40

注：L、L_1 的确定，要考虑到箱把、箱耳、箱带等的分布。

5. 砂箱的定位及紧固

砂箱的定位装置包括箱耳、箱销及销套。紧固方法及装置包括重力紧固法、弓楔箱卡、螺栓箱耳式箱卡、螺栓框钳式箱卡和专用紧固装置。

（1）箱耳　箱耳主要用于砂箱之间的定位，中小型砂箱的定位箱耳结构和尺寸见表9-44。与吊轴整铸在一起的箱耳尺寸见表9-45。

（2）箱销及销套　合箱销的类型和尺寸见表9-46。合箱销套分为定位销套和导向销套，其结构和尺寸见表9-47。

（3）重力紧固法　重力紧固法包括自重法、压铁法。自重法是利用上箱的重量来紧固砂箱，以防止抬箱、跑火等现象的发生，一般适合于镁合金和铝合金的铸造。对于砂箱的平均尺寸大于2500mm 的情况，经计算核对后可以采用自重法紧固。压铁法包括压铁重量的计算和形状的设计。压铁重量的计算见前文2.3.12节。压铁的形状设计和使用可分为两种情况：即手工造型和机器造型。手工造型压铁一般设计成长条形的矩形块，可相互间通用；机器造型用压铁是为了提高生产率，往往针对特定的铸件，其形状设计应考虑铸件的工艺要求、浇冒口位置、压铁的搬运和运输，以及铸型的排气等因素。

（4）弓楔箱卡　弓楔箱卡的结构和尺寸见表9-48。

（5）螺栓箱耳式箱卡　螺栓箱耳式箱卡主要用于大中型砂箱的小批量生产，以及手工造型大砂箱。紧固砂箱用螺栓以及对应箱耳的结构和尺寸见表9-49。

表 9-44　箱耳的结构和尺寸

（单位：mm）

砂箱尺寸 $(A+B)/2$	定位销直径	M 铁	M 钢	F 铁	F 钢	R	N	H	H_1	a	b	c	h	R_1	R_2	定位销套 $D(H7)$	定位销套 D_1	I型定位销套 $D(H7)$	I型定位销套 D_1	II定位销套 $D(H7)$	II定位销套 D_1	d (H11)	d_1 (H11)
$250\sim500$	20	75	60	85	70	220	40	25	60	5	15	4	15	25	10	$28^{+0.028}_{0}$	36	$30^{+0.028}_{0}$	38	$36^{+0.027}_{0}$	44	$20^{+0.140}_{0}$	$18^{+0.120}_{0}$
$500\sim750$	20	75	70	100	80	200	50	25	60	6	15	4	20	30	15	$28^{+0.028}_{0}$	36	$30^{+0.028}_{0}$	38	$36^{+0.027}_{0}$	44	$20^{+0.140}_{0}$	$18^{+0.120}_{0}$
	25	75	70	100	80	200	50	30	80	6	20	4	20	30	15	$35^{+0.027}_{0}$	45	$38^{+0.027}_{0}$	48	$42^{+0.027}_{0}$	50	$25^{+0.140}_{0}$	$20^{+0.140}_{0}$
$750\sim1000$	25	85	75	120	90	170	50	30	80	6	20	4	20	30	20	$35^{+0.027}_{0}$	45	$38^{+0.027}_{0}$	48	$42^{+0.027}_{0}$	50	$25^{+0.140}_{0}$	$20^{+0.140}_{0}$
	30	85	75	120	90	170	50	35	90	6	25	5	25	30	20	$40^{+0.027}_{0}$	50	$45^{+0.027}_{0}$	55	$50^{+0.027}_{0}$	60	$30^{+0.140}_{0}$	$25^{+0.140}_{0}$
$1000\sim1250$	30	100	90	150	100	160	55	35	90	8	25	5	25	35	25	$40^{+0.027}_{0}$	50	$45^{+0.027}_{0}$	55	$50^{+0.027}_{0}$	60	$30^{+0.140}_{0}$	$25^{+0.140}_{0}$
	30	100	90	150	120	160	55	35	90	8	25	5	25	35	30	$40^{+0.027}_{0}$	50	$45^{+0.027}_{0}$	55	$50^{+0.027}_{0}$	60	$30^{+0.140}_{0}$	$25^{+0.140}_{0}$
$1250\sim1500$	35	115	90	175	120	160	55	40	100	8	25	5	30	35	30	$45^{+0.027}_{0}$	55	$50^{+0.027}_{0}$	60	$60^{+0.03}_{0}$	70	$35^{+0.170}_{0}$	$30^{+0.140}_{0}$
$1500\sim2000$	35	125	100	200	140	160	60	40	100	8	30	5	30	35	30	$45^{+0.027}_{0}$	55	$50^{+0.027}_{0}$	60	$60^{+0.03}_{0}$	70	$35^{+0.170}_{0}$	$30^{+0.140}_{0}$
>2000	40	125	100	200	140	160	60	45	100	8	35	6	30	40	30	$50^{+0.027}_{0}$	60	$55^{+0.03}_{0}$	65	$70^{+0.03}_{0}$	80	$40^{+0.170}_{0}$	$35^{+0.170}_{0}$

注：相关的定位销套，I、II型导向销套的相关尺寸，请对照表9.47。

表 9-45　与吊轴整整铸在一起的箱耳尺寸

（单位：mm）

砂箱尺寸$(A+B)/2$	砂箱高度H	材质	d	d_0	D	B	E	F	H_1	h	b	e	l	a	M	r	r_1	r_2	每个吊轴的允许载荷/kN
≤500	<400	铸钢	30	10	60	80	90	70	70	20	15	35	30	10	50	12	3	8	5
		铸铁	40	15	70	90	100	80	70	20	20	30	30	12	50	15	3	8	4.5
>500~750	<400	铸钢	30	10	60	80	100	90	80	25	20	30	40	10	60	20	3	8	5
		铸铁	50	20	90	100	120	100	80	25	25	25	55	15	60	25	5	10	7.5
	450~600	铸钢	50	20	90	100	100	90	80	25	25	30	35	15	60	20	5	10	15
		铸铁	40	25	100	120	125	150	80	25	20	35	53	15	80	25	5	10	10.5
>750~1000	<400	铸钢	60	15	70	90	150	160	85	25	25	30	70	20	80	25	5	10	9.5
		铸铁	60	25	100	110	125	150	80	25	25	35	45	25	80	30	5	10	10.5
	450~600	铸钢	60	25	100	120	150	160	85	25	30	30	65	20	80	30	8	15	21.5
		铸铁	80	30	130	150	150	170	90	25	30	30	80	30	100	35	8	15	19
>1000~1500	<400	铸钢	60	25	100	110	160	200	90	25	40	30	100	30	100	40	8	15	21.5
		铸铁	90	35	140	150	200	170	90	25	30	30	70	30	100	35	8	15	24
	450~600	铸钢	90	35	140	160	160	200	90	25	40	30	95	35	100	40	10	15	48
		铸铁	120	45	180	200	200	250	95	30	40	35	135	30	120	45	10	15	43
>1500~2500	<400	铸钢	100	40	160	170	240	250	95	30	40	35	130	35	120	45	10	20	6
	450~600	铸钢	140	50	220	230	240	250	95	30	40	35	130	35	120	45	12	20	7.5
	>600~1000	铸钢	160	50	250	260	240	250	95	30	40	35	125	40	120	45	12	20	16

注：1. $H_2=(0.55\sim0.6)H$。当 $H<150\text{mm}$ 时，$H_2=0.5H$。
2. H_1、h 尺寸点线只用于下箱。
3. 吊链吊运砂箱，轴颈长度 l 对于 $<1000\text{mm}$ 的砂箱应为表中数值的 1.5 倍。

表 9-46　合箱销的类型和尺寸

（单位：mm）

插销

座销

a)　b)　c)　d)　e)

公称尺寸	d(h9) 经验尺寸 大量生产	成批生产	极限偏差	R	D	d_0	插销 L	插销 L_1	d_1 经验尺寸	d_1 极限偏差	d_0	l	座销 L_1	座销 L
20	19.90	19.80	0 / −0.045	8	30	19	60、80、100、120、140	120、160、200、250	17.9	−0.12	17	25	90、100、125、150、175	175、200、225、250
25	24.88	24.75		10	35	24	70、80、100、120、140、160	120、160、200、250、300、350	19.9		19	30	100、125、150、175、200	220、225、250、300、325、350
30	29.85	29.7		12	40	29	80、100、120、140、160、200	160、200、250、300、350、400	24.8	−0.14	24	35	125、150、175、200、250	225、250、300、325、350、400、450、500
35	34.83	34.65		14	45	34	100、120、140、160、200、250	200、250、300、350、400、450、500	29.8		29	35	150、175、200、250、300	250、300、325、350、400、450、500
40	39.80	39.60		16	50	39	100、120、140、160、200、250	200、250、300、350、400、450、500	34.8	−0.17	34	40	175、200、250、300、350	300、325、350、400、450、500

注：1. 根据生产经验，销子直径小于 30mm 时按 d10 加工，大于 30mm 或在单件小批量生产时，按 c11 加工。
2. 根据某厂经验，销子按公称尺寸加工，合箱时稍偏大，合箱时容易卡住，可根据下列经验公式将其适当缩小，表中 d(h9) 栏同时列出了公称尺寸，可酌情选用。
3. 表中 L_1、L 值可根据合箱要求选用，其值可供参考。
4. 材料为 20 钢，表面渗碳淬火硬度为 50~55HRC；材料为 45 钢，淬火硬度为 40~45HRC。

表 9-47　合箱销套的结构和尺寸　　　　（单位：mm）

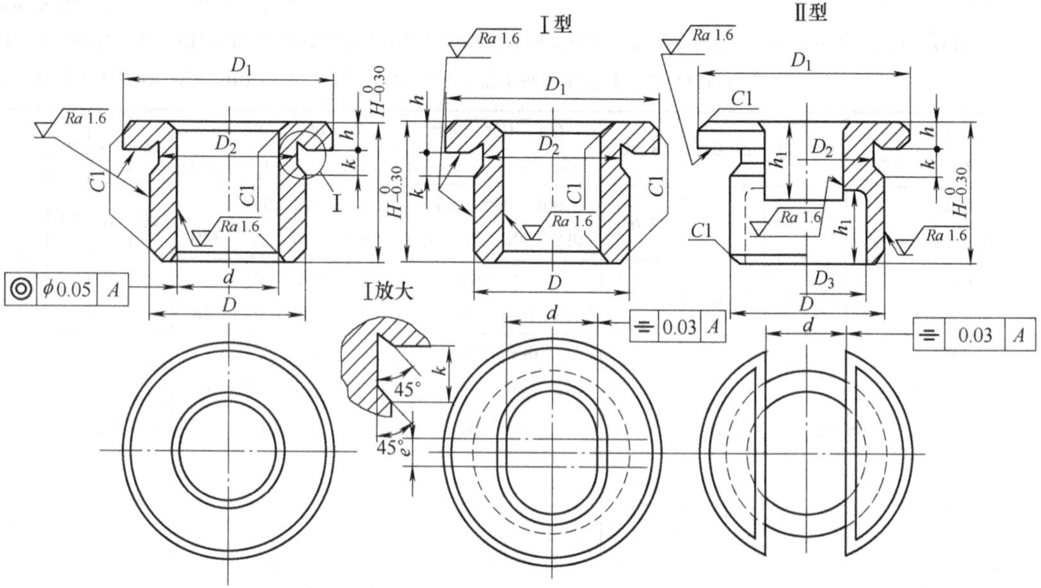

规格	d	H	h	k	定位销套 / 定位销 D	D1	D2	I型导向销套 D	D1	D2	e	II型导向销套 D	D1	D2	D3	h1
20	$20^{+0.045}_{0}$	25	4	3	$28^{+0.042}_{+0.028}$	$36^{-0.2}_{-0.5}$	27	$30^{+0.042}_{+0.028}$	38	29	4	$36^{+0.052}_{+0.035}$	44	35	27	14
25	$25^{+0.045}_{0}$	30	4	3	$35^{+0.052}_{+0.035}$	$45^{-0.2}_{-0.5}$	34	$38^{+0.052}_{+0.035}$	48	37	4	$42^{+0.052}_{+0.035}$	50	41	33	16
30	$35^{+0.045}_{0}$	35	5	3	$40^{+0.052}_{+0.035}$	$50^{-0.2}_{-0.5}$	39	$45^{+0.052}_{+0.035}$	55	44	6	$50^{+0.052}_{+0.035}$	60	49	40	19
35	$35^{+0.017}_{0}$	40	5	3	$42^{+0.052}_{+0.035}$	$55^{-0.2}_{-0.5}$	44	$50^{+0.052}_{+0.035}$	60	49	6	$60^{+0.065}_{+0.045}$	70	59	48	21
45	$45^{+0.017}_{0}$	45	6	3	$50^{+0.052}_{+0.035}$	$60^{-0.2}_{-0.5}$	49	$55^{+0.065}_{+0.045}$	65	54	6	$70^{+0.065}_{+0.045}$	80	69	58	24

注：
1. d 与 D 圆中心线对称度误差 <0.03mm。
2. 销套另加压板等固定装置时，D 可选 n6 或 m6 配合。
3. II 型导向销套的上部切口处在压入销孔时易变形，I 型导向销套不易变形。
4. 销套材料为 20 钢，表面渗碳淬火硬度为 50~55HRC；材料为 45 钢，淬火硬度为 40~45HRC。
5. 镶入深度 H 适用于铸软件，铸钢件可减少 5mm，铝合金铸件可加大 5mm。

表 9-48 弓楔箱卡的结构和尺寸 （单位：mm）

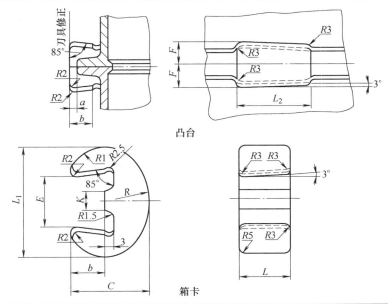

凸台

箱卡

规格	砂箱尺寸	砂箱	箱卡尺寸								凸台尺寸				楔形
$E \times L$	$(A+B)/2$	高度 H	E	L	L_1	C	K	R	R_1	R_2	F	b	L_2	a	台数
41×45	≤400	100~200	41	45	75	38	20	65	17	3	25	15	75	5	2
48×55			48	55	90	44	20	90	20		29	18	80		
58×60	>400~500	100~300	58	60	110	52	22	95	22	5	35	20	100	5~8	4
73×65	>500~750	100~400	73	65	130	64	27	110	27		43	25	120	10~13	4
	>750~1000	150~400													
83×70		400~500	83	70	150	70	45	130	30		49	30		10~20	

注：箱卡的材料牌号为 HT200 或 QT450-5。

表 9-49 紧固砂箱用螺栓以及对应箱耳的结构和尺寸 （单位：mm）

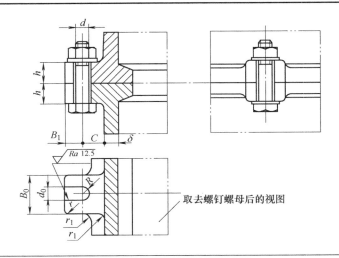

取去螺钉螺母后的视图

（续）

砂箱尺寸 $(A+B)/2$	六角螺栓 d	六角 螺母	垫圈 规格	连接箱耳尺寸							
				d_0	C	B	B_1	h		r	r_1
								铸钢	铸铁		
250 ~ 500	M16 × 90	M16	16	18	35	60	25	25	30	3	8
500 ~ 750											
500 ~ 750	M20 × 100	M20	20	22	45	70	30	30	35	5	10
750 ~ 1000											
1000 ~ 1250	M24 × 120	M24	24	26	50	85	35	35	40	8	15
1250 ~ 1800											
1250 ~ 1800	M30 × 100	M30	30	32	60	100	42	40	45	10	20

（6）螺栓框钳式箱卡　螺栓框钳式箱卡包括弓形钳箱卡和框钳箱卡，其结构和尺寸见表 9-50。

表 9-50　螺栓框钳式箱卡的结构和尺寸　　　（单位：mm）

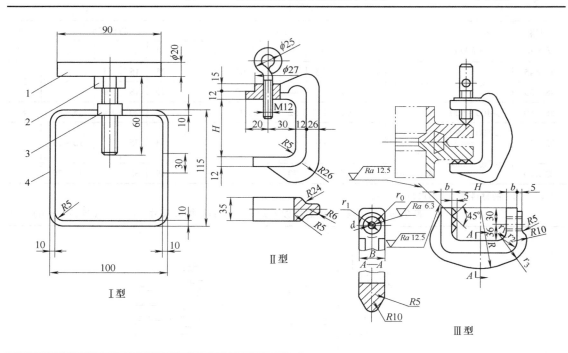

箱卡规格		b	d	R	r_0	r_1	r_2	r_3
B	H							
35	80	12	M12	100	18	10	25	35
	100	12	M12	100	18	10	25	35
40	80	15	T20 × 4	100	20	10	25	35
	100	15	T20 × 4	100	20	10	25	35

（续）

箱卡规格		b	d	R	r_0	r_1	r_2	r_3
B	H							
45	150	20	T20×4	200	23	10	30	40
	180	20	T20×4	300	23	10	30	40
	220	25	T30×6	500	23	15	40	60
50	250	25	T30×6	600	25	15	40	60
	280	30	T30×6	700	25	15	45	65
	320	30	T30×6	800	25	15	45	65

注：1. Ⅰ型用于小型砂箱。Ⅱ、Ⅲ型卡体材料为 ZG270-500 和 QT450-10，顶尖可用 45 钢，尖部按实际需要进行淬火。

2. 卡高 H 可根据实际需要决定。

6. 搬运和翻箱装置

搬运和翻箱装置包括手把、吊环、吊轴、吊把等。

（1）手把及吊轴　手把结构简单，主要用于小型砂箱，其结构和尺寸见表 9-51。整铸式吊轴的结构和尺寸见表 9-52。镶铸式吊轴的结构和尺寸见表 9-53 和表 9-54。

表 9-51　手把的结构和尺寸　　　　（单位：mm）

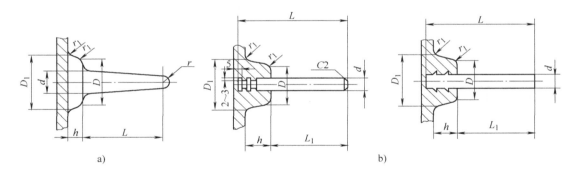

a)　　　　　　　　　　　　b)

砂箱结构	整 铸 式				镶 铸 式				
内框尺寸 $(A+B)/2$	≤500		>500~750		≤400	>400~500		>500~750	
d	40	45	50	55	20	25	25	30	30
D	60	65	75	85	50	60	60	70	70
D_1	75	80	90	110	60	70	70	85	85
L	110	110	120	120	135	150	170	175	200
L_1					100	110	130	125	150
h	10	10	15	15	30	35	35	40	40
r	16	18	20	22					
r_1	5	5	5	5	8	8	8	8	8

表 9-52 整铸式吊轴的结构与尺寸

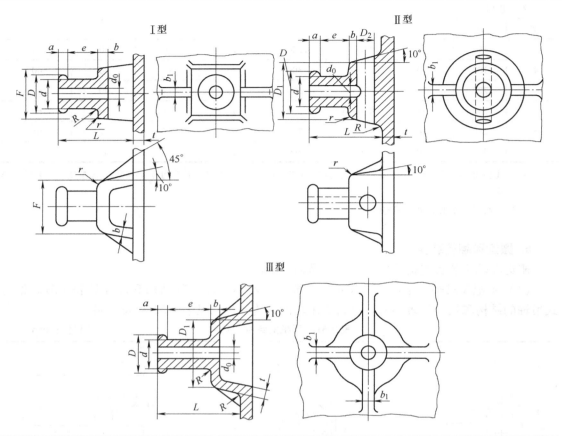

吊轴允许载荷/kN		吊轴的结构尺寸/mm										
铸钢	铸铁	d	d_0	D	a	b	e	F	D_1	D_2	R	R
≤4.5	≤2.5	30	12	60	10	10	35 ~ 70	80	80		10	5
≤10	≤5	45	18	80	15	15	45 ~ 85	100	100		10	5
≤17.5	≤9	60	22	100	20	20	55 ~ 100	120	120		10	8
≤30	≤15	80	33.5	120	25	25	70 ~ 120	140	140	50	15	8
≤60	≤25	100	42	150	30	30	80 ~ 140	160	170	60	15	10
≤85	≤35	120	48	170	30	30	90 ~ 150	180	190	70	15	10
≤110	≤45	140	56	190	40	40	110 ~ 160	200	210	80	20	15
≤150	≤55	160	64	210	40	40	120 ~ 180	220	230	90	20	15

注:1. L 根据结构要求决定。

    2. 筋厚 $b_1 = (0.8 ~ 1.0)t$,t 为壁厚。

    3. 结构 I 和 II 可结合定位箱耳来选择。

    4. 吊轴分箱面的高度等于 $0.55H$,H 为砂箱高度。

    5. 结构 III 类砂箱,对于直径 $d = 30mm$、$45mm$、$60mm$ 的吊轴,在铸造时,$d_0 = 12mm$、$18mm$、$22mm$ 的孔内放内冷铁;对于直径 $d = 80mm$、$100mm$、$120mm$、$160mm$ 的吊轴,在铸造时,$d_0 = 33.5mm$、$42mm$、$48mm$、$56mm$、$64mm$ 的孔内镶铸直径为 $25mm$、$32mm$、$40mm$、$48mm$、$50mm$ 的钢管。

表 9-53　镶铸式吊轴的结构和尺寸　　　　　　　　　　　（单位：mm）

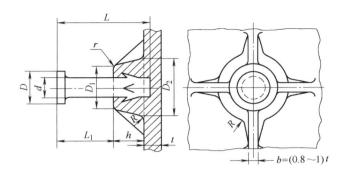

吊轴允许负荷 /kN	砂箱材料	吊轴规格 $d \times L$	L_1	h	D_1	D_2	D	t	R	r
≤4.5	铸铁	30×130	45	35	65	70	50	10	8	3
		30×180								
	铸钢	30×130	40	30	60	65	50	10	8	3
		30×180								
≤10	铸铁	45×160	70	60	90	100	65	10	10	5
		45×210								
	铸钢	45×160	60	50	82	90	65	10	10	5
		45×210								
≤17.5	铸铁	60×200	90	80	120	135	90	15	15	6
		60×250								
	铸钢	60×200	80	70	110	120	90	15	15	6
		60×250								
≤30	铸铁	80×295	120	105	160	180	120	20	20	8
		120×245								
	铸钢	80×245	105	90	145	160	120	20	20	8
		80×295								

表 9-54　镶铸式吊轴的结构和尺寸　　　　　　　　　　　（单位：mm）

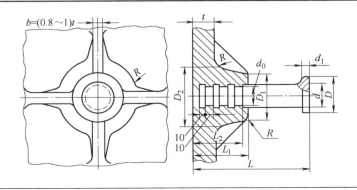

（续）

砂箱尺寸 $(A+B)/2$	砂箱 高度	吊轴允许 负荷/kN	d	d_0	D	D 展 开长	d_1	L	L_1	L_2	D_1	D_2	R
750 ~ 1500	<300	≤1.2	50	40	70	190	10	175	60	40	100	115	15
		≤20	60	50	90	236	15	200	80	60	120	135	15
	≥300	≤28	70	60	100	267	15	250	120	80	130	150	20
>1500 ~ 2000	<300	≤28	70	60	100	267	15	250	120	80	130	150	20
	≥300	≤35	80	70	110	298	15	300	150	100	150	175	25
>2000 ~ 2500	<300	≤35	80	70	110	298	15	300	150	100	150	175	25
	≥300	≤45	90	80	120	330	15	320	150	100	170	200	30
>2500 ~ 3500	<400	≤45	90	80	120	330	15	320	150	100	170	200	30
	≥400	≤60	100	90	130	361	15	320	150	100	170	220	35
>3500 ~ 4000	<400	≤60	100	90	130	361	15	320	150	100	170	220	35
	≥400	≤80	120	110	150	444	15	350	175	120	230	270	40
>4000	<400	≤110	140	130	180	503	20	350	185	140	250	280	45
	≥400	≤150	160	150	210	503	25	375	185	140	280	320	50

（2）吊耳、吊环和吊把　吊耳的结构和尺寸见表9-55，吊环的结构和尺寸见表9-56。吊耳、吊环和吊把常用于大中型砂箱，以便于翻箱。相应的吊环和吊轴芯的结构和尺寸见表9-57。整铸式翻箱吊把的结构和尺寸见表9-58。

表9-55　吊耳的结构和尺寸　　　　　　　　　（单位：mm）

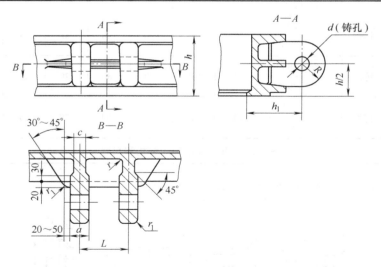

砂箱内框平均尺寸 $(A+B)/2$	砂箱高度 h	吊　耳							
		d	L	R	a	h_1	c	r	r_1
2500 ~ 3500	250 ~ 400	55	200	100	80	250	50	15	8
	>400 ~ 700	65	200	120	80	250	50	15	8

（续）

砂箱内框平均尺寸 $(A+B)/2$	砂箱高度 h	吊　耳							
		d	L	R	a	h_1	c	r	r_1
>3500 ~ 4500	300 ~ 400	65	210	120	90	310	60	15	8
	>400 ~ 800	75	210	140	90	310	60	20	10
>4500 ~ 5000	350 ~ 400	75	220	140	100	320	70	20	10
	>400 ~ 800	85	220	160	100	320	70	20	15

注：1. 砂箱吊耳对称放置。

　　2. d 孔内分别设置直径为 50mm、60mm、70mm 和 80mm 的圆钢内冷铁，材料为 Q235A。

表 9-56　吊环的结构和尺寸　　　　　　　（单位：mm）

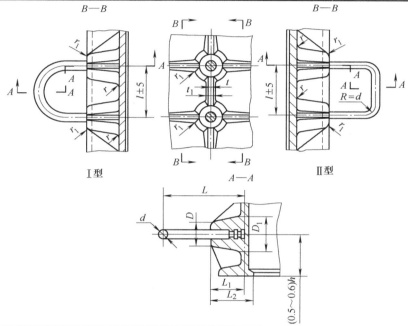

砂箱内框平均尺寸 $(A+B)/2$	吊轴允许负荷 /N	砂箱高度 h	吊　环										
			d	D	D_1	L		L_1	L_2	l	t	t_1	r	r_1
						I	II							
1000 ~ 1500	≤14112	150 ~ 400	40	100	110	280	230	100	125	200	20	25	10	8
>1500 ~ 2500	≤20580	200 ~ 600	50	110	120	300	255	110	135	200	25	30	15	10
>2500 ~ 3500	≤35280	250 ~ 400	60	130	130	370	305	145	165	250	30	40	15	10
		400 ~ 700	60	130	130	370	305	145	165	250	30	40	15	10
>3500 ~ 4000	≤40180	300 ~ 400	70	150	150		345	160	185	300	35	45	15	10
		400 ~ 800	70	150	150		345	160	185	300	35	45	20	15
>4000 ~ 5000	≤61740	350 ~ 600	80	160	160		370	170	205	350	40	50	20	15
		400 ~ 800	80	160	160		370	170	205	350	40	50	20	15
>5000	≤79380	400 ~ 800	90	210	210		420	185	210	400	40	50	25	20

表 9-57　吊环和吊轴芯的结构和尺寸　　　　　　　　　　　　　（单位：mm）

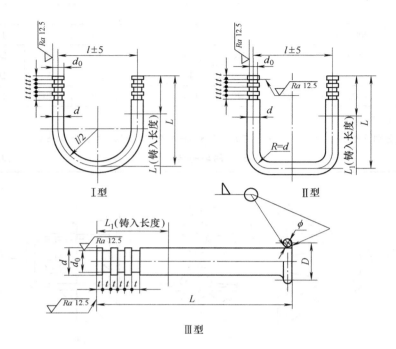

Ⅰ型

Ⅱ型

Ⅲ型

d			d₀	L			L₁			l			t	φ	吊环展开长度		D 展开长度	铸入槽数
Ⅰ	Ⅱ	Ⅲ		Ⅰ	Ⅱ	Ⅲ	Ⅰ	Ⅱ	Ⅲ	Ⅰ	Ⅱ	Ⅲ			Ⅰ	Ⅱ		
40	40		34	280	230		100	100		200	200		8	5	674	626	141	
50	50		44	300	255		110	110		200	200		10	10	714	667	188	
60	60	60	52	370	305	200	145	145	75	250	250		10	10	883	808	220	2
	70		62		345			160			300		10	10		930	251	
	80	80	70		370	250		170	100		350		10	10		1021	283	
		90	80			280			130				10	10			314	
100	100		90		420	300		185	150		400		10	15		1154	361	
	120	110				340			160				15	15			393	3
	140	120				400			180				15	20			424	

注：1. 吊轴、吊环的材料为 15 钢或 Q235A。

　　2. b≤70mm 的吊轴、吊环的铸入部分也可以打倒刺。

表 9-58　整铸式翻箱吊把的结构和尺寸

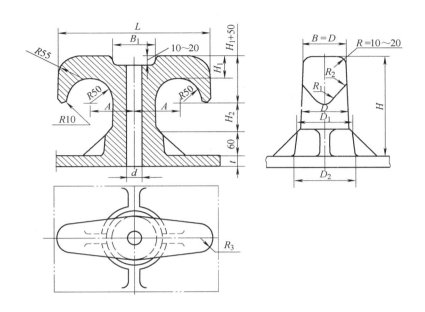

吊轴允许载荷 /kN	吊把结构尺寸/mm										
	D	d	H_1	H_2	H	B_1	D_1	D_2	L	A	R_n
≤7.5	40	15	30	50	190	60	60	80	280	70	15
≤12.5	50	20	35	50	195	60	70	90	290	75	18
≤17.5	60	25	40	60	210	70	80	100	300	80	20
≤22.5	70	30	45	60	215	70	90	110	310	85	23
≤30	80	32	50	60	220	80	100	120	320	90	25
≤45	90	35	55	70	235	80	110	130	330	95	28
≤60	100	40	60	70	240	100	120	140	340	100	30
≤70	110	42	65	80	255	100	130	150	350	105	33
≤85	120	45	70	80	260	110	140	160	360	110	35
≤95	130	48	75	80	265	120	150	170	370	115	38
≤110	140	50	80	80	270	130	160	180	380	120	40

注：1. 砂箱材质为铸钢，未注铸造圆角 $R = 10 \sim 20$mm，$R_n = R_1$、R_2、R_3。

　　2. t 为砂箱壁厚，其数值见表 9-41 和表 9-42。

7. 箱带

箱带一般设置在盖箱和底箱上，中箱根据需要可局部设置箱带。箱带的布置和尺寸见表 9-59，结构和尺寸见表 9-60，通用砂箱的箱带高度见表 9-61。对于通用砂箱，盖箱箱带的布置常常因为明冒口的位置而发生变化，与冒口冲突的位置要将箱带切割掉，而对于无冒口的位置，当该处无箱带时，为了保证砂箱的强度和刚度，需要采用焊接的方法将箱带补焊上，或采用螺栓连接的组合箱带。

表 9-59　箱带的布置和尺寸　　　　　　　　　　　　　（单位：mm）

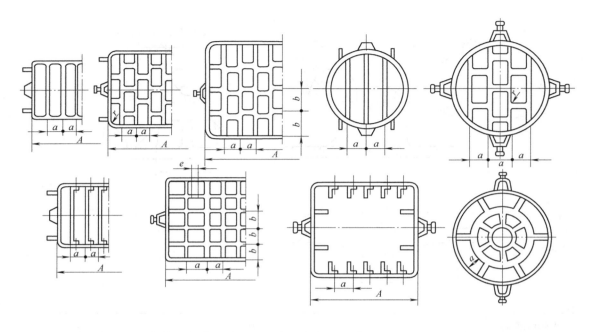

砂箱平均尺寸 $(A+B)/2$	a	b	r		e
			铸铁砂箱	铸钢砂箱	
≤500	100~200		6	5	
>500~750	120~150	120~200	8	5	
>750~1000	150~200	150~250	12	10	15
>1000~1500	200~250	200~300	15	10	15
>1500~2500	250~300	250~350	20	15	20
>2500~3500	300~350	300~400	25	20	20
>3500~5000	400~450	400~550		25	30
>5000~7500	500~650	500~650		25	30

注：1. 确定箱带的布置时，要考虑浇冒口的位置，确保吃砂量不小于30mm。

　　2. 可以取 $b=(1~2)a$。

　　3. 抛砂机造型用砂箱，a 和 b 相应地要放大。

　　4. 大中型砂箱最好采用棋盘式箱带，或交错丁字形箱带，以减缓铸造应力，防止变形裂纹。

　　5. 大中型砂箱，即 $(A+B)/2>1500$mm，在砂箱四角箱带上开设收缩断口 e，以防箱角缩裂，断口一般设 2~4 道。

表 9-60　箱带的结构和尺寸　　　　　　　　　　　（单位：mm）

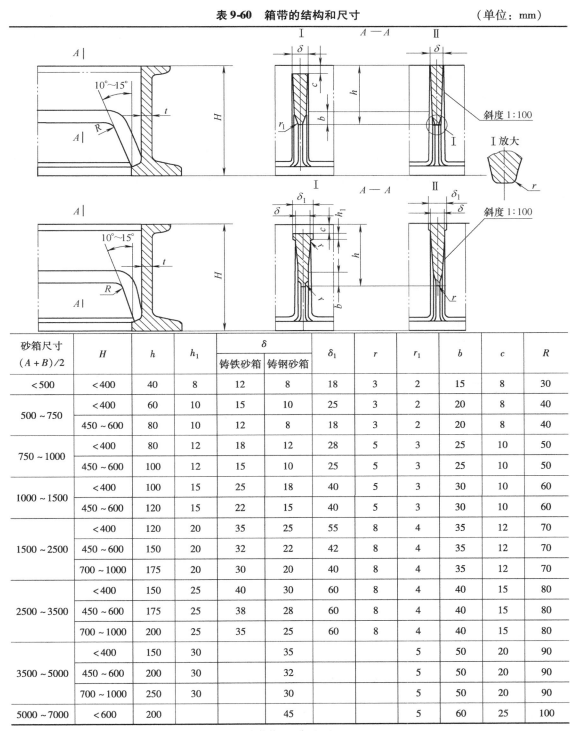

砂箱尺寸 $(A+B)/2$	H	h	h_1	δ		δ_1	r	r_1	b	c	R
				铸铁砂箱	铸钢砂箱						
<500	<400	40	8	12	8	18	3	2	15	8	30
500~750	<400	60	10	15	10	25	3	2	20	8	40
	450~600	80	10	12	8	18	3	2	20	8	40
750~1000	<400	80	12	18	12	28	5	3	25	10	50
	450~600	100	12	15	10	25	5	3	25	10	50
1000~1500	<400	100	15	25	18	40	5	3	30	10	60
	450~600	120	15	22	15	40	5	3	30	10	60
1500~2500	<400	120	20	35	25	55	8	4	35	12	70
	450~600	150	20	32	22	42	8	4	35	12	70
	700~1000	175	20	30	20	40	8	4	35	12	70
2500~3500	<400	150	25	40	30	60	8	4	40	15	80
	450~600	175	25	38	28	60	8	4	40	15	80
	700~1000	200	25	35	25	60	8	4	40	15	80
3500~5000	<400	150	30		35			5	50	20	90
	450~600	200	30		32			5	50	20	90
	700~1000	250	30		30			5	50	20	90
5000~7000	<600	200			45			5	60	25	100

注：1. 最小 h 数值参考本表选取，不得小于表中数值，一般取（0.25~0.3）H。

　　2. 铸铁砂箱允许用拧合箱带（钢板、轧材、高强度铸铁），为减轻重量和增强衔砂能力，箱带可做出减轻孔，δ_1 可不做。

　　3. 部分数据可参考下式确定，$\delta=(0.8~1)t$，$\delta_1=(1.2~1.5)t$，$c=t$。当 $t>15$mm 时，$c=15~25$mm。

表 9-61　通用砂箱的箱带高度　　　　　　　　　（单位：mm）

砂箱高度 H	200	250	300	350	400	450	500	600	700	800	900
箱带高度 h	60	75	90	100	115	130	150	160	180	200	250

注：铸钢砂箱强度较大，为了增加砂箱的适用范围，h 的取值可以为：当 $H < 350\mathrm{mm}$ 时，$h = 40\mathrm{mm}$；当 $H < 500\mathrm{mm}$ 时，$h = 50\mathrm{mm}$；当 $H = 800\mathrm{mm}$ 时，$h = 60\mathrm{mm}$。

8. 排气孔

排气孔的形状一般为圆形和腰圆形。对于铸造砂箱，可直接铸出排气孔；对于焊接或组合式砂箱，可以采用机械加工或者气割方法做出排气孔。砂箱壁排气孔的布置和尺寸见表9-62。

表 9-62　砂箱壁排气孔的布置和尺寸　　　　　　　　　（单位：mm）

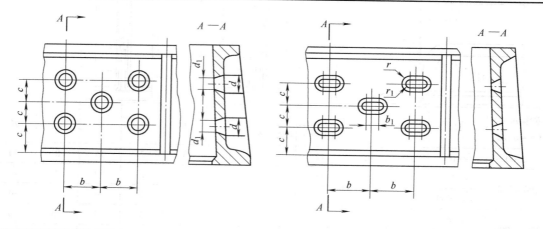

砂箱内框的平均尺寸 $(A+B)/2$	d	d_1	r	r_1	c	b	b_1
≤500	20~30	15~25	8~10	6~8	40~60	60~80	3
>500~750	20~30	15~25	10~15	8~12	50~70	80~120	10
>750~1000	20~30	15~25	10~15	8~12	50~70	80~120	10
>1000~1500	25~30	20~30	13~18	10~15	60~85	120~160	15
>1500~2000	25~30	20~30	13~18	10~15	60~85	120~160	15
>2000~2500	33~48	25~40	13~18	10~15	60~85	120~160	15
>2500~3000	33~48	25~40	18~25	15~20	65~100	130~180	20
>3000~3500	40~55	30~45	18~25	15~20	65~100	130~180	20
>3500~4000	40~55	30~45	18~25	15~20	65~100	130~180	20
>4000~4500	45~60	35~50	25~30	20~25	75~125	150~200	25
>4500~5000	45~60	35~50	25~30	20~25	75~125	150~200	25
>5000	45~60	35~50	25~30	20~25	75~125	150~200	25

第 10 章　铸造工艺新技术

10.1　铸件凝固过程的数值模拟

铸件凝固过程的数值模拟以离散数学为基础，以特定的学科或专业应用理论为依据，其中包括传热学、流体力学、缩孔缩松理论、应力分析理论和微观组织分析理论，以计算机语言、实体造型和图形处理系统软件为载体，通过数值计算来模拟铸件凝固的微观和宏观过程和现象。

凝固过程的数值模拟不同于传统的工艺设计模式，其主要的作用是对凝固过程中可能出现的各种过程和缺陷进行预测，如温度场、缩孔、缩松、热裂和组织等，并且可以直观地查看凝固中某些过程的进程，如温度场、充型过程、组织演化等，为铸件质量的提高，以及进行宏观和微观深层次研究提供了新的可视的、定量化的手段。

10.1.1　铸件凝固温度场的数值模拟

温度场的数值模拟是以傅里叶（Fourier）导热微分方程为基础，采用数值计算的方法进行求解的。

1. 凝固过程的传热学基础

凝固过程的传热可分为三种方式：传导传热、对流传热和辐射传热。导热分析的研究最终归结为求解傅里叶方程，其数学表达式如下：

$$\rho c_p \frac{\partial T}{\partial t} = \frac{\partial}{\partial x}\left(\lambda \frac{\partial T}{\partial x}\right) + \frac{\partial}{\partial y}\left(\lambda \frac{\partial T}{\partial y}\right) + \frac{\partial}{\partial z}\left(\lambda \frac{\partial T}{\partial z}\right) + Q \tag{10-1}$$

式中　ρ——密度（g/cm^3）；

c_p——比定压热容[$J/(kg \cdot K)$]；

T——温度（K）；

t——时间（s）；

λ——热导率[$W/(m \cdot K)$]；

x、y、z——坐标（m）；

Q——内热源，按下式计算：

$$Q = \rho L \frac{\partial f_s}{\partial t} \tag{10-2}$$

式中　L——熔化潜热（J/kg）；

f_s——固相率。

根据导热微分方程式（10-1）可进行传热解析。导热微分方程式（10-1）的求解主要有两种方法：解析法和非解析法。

解析法是以假定和近似处理为前提，通过误差函数进行求解的。该方法在方程的求解过程中会受到很多限制，即使是一维传热，在一系列的假定处理后，计算会变得复杂，至于形状很复杂的铸件基本上无法计算。但是，解析法毕竟是将温度或凝固层厚度作为时间的函数形式给出的，能够较清晰地揭示凝固过程的规律，仍有研究的理论价值。

非解析法包括：图解法、电模拟法和数值模拟法。借助于计算机，数值模拟法得以迅速发展，目前成为非解析计算的主要算法，几乎完全代替其他的非解析法。

2. 数值模拟计算方法

常用的温度场数值计算方法有三种：有限单元法（FEM）、边界元法（BEM）和有限差分法（FDM），其中有限差分法是三种方法中最常用的方法。

（1）有限单元法　有限单元法是一种近似计算方法，是由古典的变分计算演变而来的。最初用于求解弹性力学问题，20 世纪 50 年代中期用于工程结构，目前广泛应用于铸件凝固的温度场、应力场计算。

有限单元法求解温度场的具体过程包括：

1）铸件实体的离散化，即将铸件的几何体离散，或者称为剖分，形成由单元体组成的体系。单元体的形状就三维体系而言，可以是四面体或者是六面体；就二维体系而言可以是三角形或者是四边形。离散后单元与单元之间由单元的节点相互连接起来，连接后铸件就变成了由大量单元体以一定的方式连接而成的离散几何体，因而有限元分析计算所获得的结果是近似的。

2）单元体的变分是依据变分原理进行的，变分后形成单元体特性数据矩阵。

3）单元体的总体合成利用边界条件和初始条件把各个单元体按原来的结构重新连接起来，形成整体线性方程组，从而得到整体的特性矩阵和特性阵列。

4）求解未知场的具体量值是根据方程组的特点以特定的计算方法进行，通过计算解出未知场的具体量值。

有限单元法求解温度场具有如下特点：

1）离散的任意性。如图 10-1 所示，在三维系统中采用四面体，在二维系统中采用三角形单元，系统的边界或界面处可获得比有限差分法更接近实际铸件表面的界面或边界，单元的划分具有任意性，可根据精度的需要，温度的变化幅度来剖分单元，确定单元的大小。对于界面或边界处，可根据界面的曲率变化来剖分，确定具体的单元及其大小。

2）可便利地实现温度场与应力场的偶合计算。有限元法起源于力学计算，对于应力场的计算可以便捷地进行，因而可以用有限元法进行上述两场的计算，实现该两场的偶合。对于有限差分法，只能进行温度场计算。由于算法的原因，该方法无法进行应力场的计算。这样在计算时，

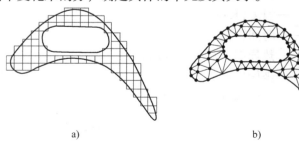

图 10-1　有限单元法与有限差分法的单元剖分对比
a）有限差分法的单元剖分　b）有限单元法的单元剖分

还需要由有限元法进行应力场计算，然后才能进行两场的偶合。

（2）边界元法　边界元法是由边界积分法发展起来的一种计算方法，在原理上与以往的计算方法不同。边界元法通过对区域的边界或界面进行离散，对控制方程施加拉格朗日变

换，求出变换后的温度场，最后用拉格朗日逆变换求出原始温度场的数值解。

与前两种方法相比，边界元法的主要优点是将问题的维数降低，从而降低了内存的占用量。该方法的缺点是计算公式及过程比较复杂，计算时间较长，因而限制了人们的使用，目前人们很少使用该方法进行温度场计算及凝固模拟。

（3）有限差分法　有限差分法是目前最为广泛应用的数值计算方法，是将式（10-1）中的微分项用差分项代替，用有限个网格节点代替连续的求解域，推导出含有离散点上有限个未知的差分方程组，将微分方程问题转化为代数问题，最后求解差分方程组以获得微分方程的数值近似解。根据差分格式的不同，有限差分法可分为显式差分格式、隐式差分格式和交替方向隐式差分格式。此外又可划分为向前差分、向后差分和中心差分。

差分是微分的近似，两者的关系可由式（10-3）来描述。

$$\frac{dy}{dx} = \lim_{\Delta x \to 0} \frac{\Delta y}{\Delta x} = \lim_{\Delta x \to 0} \frac{f(x+\Delta x) - f(x)}{\Delta x} \tag{10-3}$$

式中　dy、dx ——函数及自变量的微分；

$\dfrac{dy}{dx}$ ——函数对自变量的导数，又称为微商；

Δy、Δx ——函数及自变量的差分；

$\dfrac{\Delta y}{\Delta x}$ ——函数对自变量的差商。

对于一阶导数，三种差分的相互关系如图 10-2 所示，计算公式如下：
向前差分为

$$\left(\frac{dT}{dx}\right)_i^t \approx \frac{T_{i+1,j,k}^t - T_{i,j,k}^t}{\Delta x} \tag{10-4}$$

向后差分为

$$\left(\frac{dT}{dx}\right)_i^t \approx \frac{T_{i,j,k}^t - T_{i-1,j,k}^t}{\Delta x} \tag{10-5}$$

中心差分为

$$\left(\frac{dT}{dx}\right)_i^t \approx \frac{T_{i+1,j,k}^t - T_{i-1,j,k}^t}{2\Delta x} \tag{10-6}$$

温度对时间的向前差分为

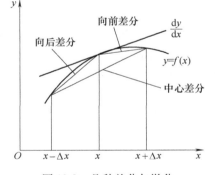

图 10-2　几种差分与微分

$$\left(\frac{\partial T}{\partial t}\right)_{i,j,k}^t = \frac{T_{i,j,k}^{t+1} - T_{i,j,k}^t}{\Delta t} \tag{10-7}$$

对于二阶导数，可以进行推导，推导后得向后差分公式如下：

$$\left(\frac{d^2 T}{dx^2}\right)_i^t \approx \frac{T_{i+1,j,k}^t - 2T_{i,j,k}^t + T_{i-1,j,k}^t}{(\Delta x)^2} \tag{10-8}$$

差分代替微分后，式（10-1）转化为以下向前差分式：

$$\rho c_p \frac{T_{i,j,k}^{t+\Delta t} - T_{j,i,k}^t}{\Delta t} = \lambda \frac{T_{i+1,j,k}^{t+\Delta t} - 2T_{i,j,k}^{t+\Delta t} + T_{i-1,j,k}^{t+\Delta t}}{(\Delta x)^2} + \lambda \frac{T_{i,j+1,k}^{t+\Delta t} - 2T_{i,j,k}^{t+\Delta t} + T_{i,j-1,k}^{t+\Delta t}}{(\Delta y)^2} +$$

$$\lambda \frac{T_{i,j,k+1}^{t+\Delta t} - 2T_{i,j,k}^{t+\Delta t} + T_{i,j,k-1}^{t+\Delta t}}{(\Delta z)^2} \tag{10-9}$$

式（10-4）～式（10-9）中，单元体及对应的坐标体系如图 10-3 所示。

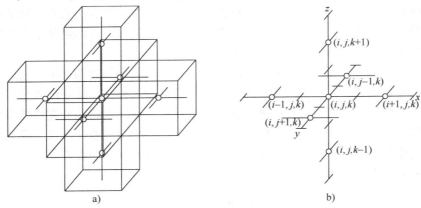

图 10-3　三维系统中单元与坐标及节点

a）单元及节点　b）对应坐标轴上的节点

3. 凝固潜热的处理

金属及合金在凝固过程中，潜热的释放使传热的性质发生改变，增加了凝固传热的复杂性，这也是金属凝固与一般传热过程的区别所在。对于凝固过程前热的处理，可将其视为具有内热源的导热问题。潜热的处理方法包括：温度回升法、等效比热法和热焓法，其中前两种是常用的潜热处理方法。

（1）温度回升法　将金属凝固时释放的潜热折算成同等热量所产生的温度回升，并逐步补偿或释放到相应的单元中，使按常规冷却的单元因获得温度补偿而保持在相变温度，直到潜热释放完毕。温度补偿处理过程的冷却曲线如图 10-4 所示。

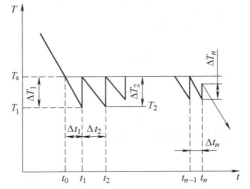

该方法适用于纯金属、共晶合金或者凝固范围很窄的合金。具体计算过程为：当单元的温度降到熔点 T_S 时，假定单元 e 的体积为 ΔV_e，所释放的潜热为

$$\Delta Q_e = \rho L \Delta V_e \qquad (10\text{-}10)$$

折算成等值传热所降温度为 ΔT_e，则

$$\Delta T_e = \Delta Q_e / (\rho c \Delta V_e) = L/c \qquad (10\text{-}11)$$

根据温度回升法有

$$\Delta T_e = \Delta T_1 + \Delta T_2 + \cdots + \Delta T_n \qquad (10\text{-}12)$$

式（10-12）中，ΔT_1 为时间步长 Δt_1 内的单元"1"在常规冷却时产生的温度下降。当最后一个时间步长 Δt_n 的回升温度折算后，潜热即处理完毕。

图 10-4　温度补偿处理过程的冷却曲线

（2）等效比热法　将结晶潜热折算成比热容叠加到合金的实际比热容中，叠加后的比热容作为合金结晶温度区间的修正值比热容，即把结晶区间的比热容与结晶潜热综合考虑成一种比热容，即等效比热容，以此处理结晶温度区间的凝固。

等效比热法适用于具有凝固温度区间的合金，将其定义为 c_e，单元 i 在结晶温度区间内，单位体积、单位时间内固相率的增加率为 $\dfrac{\partial f_s}{\partial t}$ 对应潜热释放量为 $\rho L \dfrac{\partial f_s}{\partial t}$，考虑潜热释放的

导热微分方程为

$$\rho c_p \frac{\partial T}{\partial t} = \lambda \left(\frac{\partial^2 T}{\partial x^2} + \frac{\partial^2 T}{\partial y^2} + \frac{\partial^2 T}{\partial z^2} \right) + \rho L \frac{\partial f_S}{\partial t} \qquad (10\text{-}13)$$

而 $\dfrac{\partial f_S}{\partial t} = \dfrac{\partial f_S}{\partial T} \dfrac{\partial T}{\partial t}$，并令

$$c_e = c_p - L \frac{\partial f_S}{\partial T} \qquad (10\text{-}14)$$

则(10-13)式可以整理转换为

$$\rho c_e \frac{\partial T}{\partial t} = \lambda \left(\frac{\partial^2 T}{\partial x^2} + \frac{\partial^2 T}{\partial y^2} + \frac{\partial^2 T}{\partial z^2} \right) \qquad (10\text{-}15)$$

式（10-15）中的 c_e 可由式（10-14）确定，由该式可见，关键是求 $\dfrac{\partial f_S}{\partial T}$。而 $f_S = \dfrac{T - T_L}{T_S - T_L}$，

因此，$\dfrac{\partial f_S}{\partial T} = \dfrac{L}{T_S - T_L}$，所以有：

$$c_e = c_p - L \frac{\partial f_S}{\partial T} = c_p + \frac{L}{T_L - T_S} \qquad (10\text{-}16)$$

式中　T_L——液相线温度。

（3）热焓法　热焓法主要是通过热焓变换来处理式（10-1）。当考虑凝固相变时，合金的热焓为

$$H = H_0 + \int_{T_0}^{T} c_p \mathrm{d}T + (1 - f_S)L \qquad (10\text{-}17)$$

式中　H——热焓；

　　　T_0——基准温度；

　　　H_0——基准温度时的热焓。

由式（10-17）对温度求导可得

$$\frac{\partial H}{\partial T} = c_p - L \frac{\partial f_S}{\partial T} \qquad (10\text{-}18)$$

$$\frac{\partial H}{\partial t} = \frac{\partial H}{\partial T} \frac{\partial T}{\partial t} = \left(c_p - L \frac{\partial f_S}{\partial T} \right) \frac{\partial T}{\partial t} \qquad (10\text{-}19)$$

经上述变换后，傅里叶方程式可变为

$$\rho \frac{\partial H}{\partial t} = \frac{\partial}{\partial x} \left(\lambda \frac{\partial T}{\partial x} \right) + \frac{\partial}{\partial y} \left(\lambda \frac{\partial T}{\partial y} \right) + \frac{\partial}{\partial z} \left(\lambda \frac{\partial T}{\partial z} \right) \qquad (10\text{-}20)$$

当采用显式差分格式对上式进行离散后，可以直接求出下一时刻的热焓值，然后根据式（10-17）可以求出下一时刻所对应的温度值。

假设合金的 c_p 为常数，结晶潜热在凝固区间均匀释放，合金的固相率与温度呈线性关系：

$$f_S = \frac{T_L - T}{T_L - T_S} \qquad (10\text{-}21)$$

则可得

$$\frac{\partial H}{\partial t} = \left(c_p - L\frac{\partial f_S}{\partial T} \right)\frac{\partial T}{\partial t} = c_p\left(1 + \frac{L}{(T_L - T_S)c_p} \right)\frac{\partial T}{\partial t} \qquad (10\text{-}22)$$

对上式进行离散后可直接由下一时刻的热熔值来计算所对应的温度值。

采用热熔法处理结晶潜热时，可适用于纯金属和共晶合金，也适用于具有凝固温度区间的合金。对于具有固定熔点 T_m 的纯金属或共晶合金，其热熔表达式如下：

当 $T < T_m$ 时为

$$H = H_0 + \int_{T_0}^{T} c_p \mathrm{d}T \qquad (10\text{-}23)$$

当 $T = T_m$ 时为

$$H = H_0 + \int_{T_0}^{T_m} c_p \mathrm{d}T + L \qquad (10\text{-}24)$$

当 $T > T_m$ 时为

$$H = H_0 + \int_{T_0}^{T_m} c_p \mathrm{d}T + L + \int_{T_m}^{T} c_p \mathrm{d}T \qquad (10\text{-}25)$$

4. 导热方程的定解条件

特定温度场的描述需要确定凝固过程的具体条件，只有当具体条件表征充分时，导热微分方程才能有定解。上述条件也称为导热方程的定解条件，包括两个方面，即初始条件和边界条件。

（1）初始条件　初始条件是指所计算体系在时间为 0 时刻的温度分布。根据对初始条件的简化和处理方法的不同可以分为下面几种方法。

最简单的初始条件处理方法是假定铸型的初始温度为常数，即室温。铸件内部的初始温度为浇注温度。铸件-铸型界面处的初始温度则采用特殊方法进行处理，主要有：实测法、解析法、逼近法等几种方法。

为了避免对充型过程中强制对流和凝固过程中高温液体金属自然对流的模拟计算，初始温度场经常是从浇注结束后某一时刻开始，取该时刻的铸件铸型温度场作为初始条件，该方法适用于快浇大中型铸件的砂型铸造。

目前比较理想的初始条件处理方法是流动传热偶合模拟计算法，该方法考虑了流动对温度场的影响，实现了边浇边凝这一过程的处理，是目前最接近实际凝固的处理方法。

（2）边界条件　边界条件按传热学的分类方法可分为三类，即第一类边界条件、第二类边界条件和第三类边界条件。

1）第一类边界条件也称为 Dirichlet 边界，是指给定了传热系统边界上各点的温度值的边界。边界温度 T_w 的表达式为

$$T_w = f(s, t) \qquad (10\text{-}26)$$

式中　s——位置参量，也可以表示为 x、y、z；

$\quad\quad t$——时间。

也就是说，边界温度 T_w 是位置 s 和时间 t 的函数。对于非稳态导热问题，该类边界条件也可以是给定温度为传热系统边界上空间位置与时间的函数。该类边界条件中最简单的形式就是给定边界温度保持不变，即 $T_w =$ 常数。

2）第二类边界条件也称为 Neumann 边界，是指给出传热系统边界上各点的沿边界法向量的热流密度。

$$\lambda \frac{\partial T}{\partial n}\bigg|_{w} = q(s,t) \tag{10-27}$$

对于非稳态导热问题，该类边界条件也可以是给定热流密度为边界上空间位置与时间的函数。该类边界条件中最简单的形式是给定边界上的热流密度保持定值，即 q_w = 常数，应用较为广泛的是绝热边界条件，此时 $q_w = 0$。

3）第三类边界条件称也为 Robin 边界，给出传热系统边界上各点处沿法线方向的热流密度与边界温度的线性关系。

$$\lambda \frac{\partial T}{\partial n}\bigg|_{w} = h(T_w - T_f) \tag{10-28}$$

式中　h——边界上的换热系数；

　　　T_w——边界温度；

　　　T_f——环境温度。

对于非稳态导热过程，h 和 T_f 均可为时间的函数。

（3）实际边界情况　实际铸件凝固过程中的边界情况要复杂得多，大多不仅仅是上述三类边界条件中的一种，往往是多种边界条件的复合，具体情况包括：冒口上表面直接与空气、铸件与铸型、铸件 + 铸型与大气、冒口上表面 + 冒口覆盖剂与环境等边界。

1）对于上述第一种情况，即冒口上表面直接与空气换热，可认为是辐射散热，其换热边界条件可表示为

$$-\lambda \frac{\partial T}{\partial n}\bigg|_{w} = \varepsilon\sigma(T_w^4 - T_f^4) \tag{10-29}$$

式中　ε——辐射体黑度，表明该物体接近黑体的程度；

　　　σ——辐射系数常数。

实际应用时，常采用线性化处理进行简化，从而使该类边界条件具有与对流换热边界条件类似的形式，即

$$-\lambda \frac{\partial T}{\partial n}\bigg|_{w} = h_r(T_w - T_f) \tag{10-30}$$

式中　h_r——辐射换热系数，其计算公式为

$$h_r = \varepsilon\sigma(T_w^2 + T_f^2)(T_w - T_f) \tag{10-31}$$

对于瞬态导热问题，在采用式（10-30）计算辐射换热系数时，表面温度 T_w 可近似采用前一时刻的温度值进行近似，简化的同时会产生一定的误差。

实际导热处理时，物体表面经常同时存在着对流和辐射两种换热，这时边界条件为

$$-\lambda \frac{\partial T}{\partial n}\bigg|_{w} = (h_c + h_r)(T_w - T_f) \tag{10-32}$$

2）对于第二种情况，即铸件与铸型之间的换热，可分为紧密接触型界面和非紧密接触型界面。紧密接触型界面就是铸件与铸型之间紧密贴紧，不产生间隙。相互贴紧的两个表面具有相同的温度，在这种情况下，在某一温度下的热导率可按下式处理：

$$\lambda = \frac{2\lambda_1\lambda_2}{\lambda_1 + \lambda_2} \tag{10-33}$$

式中　λ_1——铸件的热导率；

λ_2——铸型的热导率。

实际上在绝大多数情况下，铸件与铸型的界面是非紧密接触型界面。该类界面在铸件与铸型之间存在一个气隙，因而铸件表面与铸型表面的温度是不同的。该类界面的热导率可按下式处理：

$$\lambda = \cfrac{1}{\cfrac{1}{2\lambda_1} + \cfrac{1}{2\lambda_2} + \cfrac{R}{\Delta l}}$$ （10-34）

式中　R——气隙的热阻；

　　　Δl——边界单元的两节点间的间距。

3）对于上述第三种情况，即铸件+铸型与大气之间的换热，在不同的铸造条件下处理方法也相对不同。当采用金属型铸造时，由于铸型的外表面温度较高，一般考虑铸型外表面与大气间发生自然对流和热辐射，系统的边界可按两种换热复合后的换热来处理。当采用砂型铸造时，铸型的外表面的温度相对较低，该界面的辐射换热可以忽略不计，只考虑自然对流换热。

5. 材料的热物理性能数据

铸造相关材料包括铸件材料、铸型材料、冷铁材料、大气、保温冒口材料和保温补贴材料等。材料的热物理性能参数包括：热导率、比热容、密度和相应的界面换热系数等。热物理性能参数对模拟的精度具有较大的影响，材料的热物理性能数据又受温度等因素的影响。

材料的热物理性能参数一般均通过测试求得，由测试结果进行传热的反问题处理，也就是数学上的方程反演，处理后获得一系列与温度相对应的热物理性能参数。对于所得到的热物理性能参数往往需要经过数学处理方可使用。常用的方法有：常数法、线性或多项式拟合法、插值法等方法。常数法就是将温度处理成一个或者是几个区间，在每个区间内，材料的热物理性能参数被处理成常数；线性或多项式函数法就是采用回归或者拟合的方法把原始的热物理性能参数处理成线性的或者多项式数学函数，温度是自变量，热物理性能参数是温度的函数；插值法就是利用数学插值原理对每两点间的热物理性能参数进行插值计算，得到相应的热物理性能参数值。

凝固过程所涉及的材料很多，对此往往采用建立热物理性能参数数据库的方法来解决。可按材料的类别如钢、铜、铸铁等，或按材料的性质如金属材料、造型材料、保温材料进行分类存储和提取。

在凝固模拟计算中，往往需要先知道热物理性能参数然后求解温度场。当热物理性能参数为温度的函数时，又需要先确定温度再求解热物理性能参数。因此，实际模拟中常对热物理性能参数的求解做简化处理，如以上一时间步长计算的温度为参照计算出初步的热物理性能参数，以此初步的热物理性能参数计算本时间步长的温度场，再以此温度场计算本时间步长的热物理性能参数，以此热物理性能参数计算出的温度场即为本时间步长的最后温度场。

10. 1. 2　铸件缩孔和缩松的预测

铸件在凝固过程中由于液态收缩和相变收缩的存在，使得铸件在凝固过程中产生缩孔和缩松。缩孔和缩松主要是从分布和形态上进行划分，缩孔的分布比较集中，其尺寸相对较大，数量较少；缩松的分布相对较分散，其尺寸相对较小，数量较多。影响铸件缩孔和缩松形成的因素很多，金属或合金的性质方面主要有：凝固区域的宽窄、形成熔体的黏度等；工艺方面主要有：浇注温度、浇注速度、浇冒口的设置、冷铁的材质和排布，以及保温冒口、保温补贴等因素。由于缩孔和缩松的产生机理不同，在计算上有时应分别进行处理。

1. 缩孔的预测

缩孔是铸件凝固过程中产生的收缩缺陷，一般在铸件的冒口和内部热节较大的位置处生成。早期的缩孔预测的方法有等温曲线法、等固相率曲线法和等效液面收缩量法，进一步发展为动态孤立熔池法、多热节即缩即补法和动态多熔池等效液面收缩量法。

（1）动态孤立熔池法　该方法认为铸件的凝固过程中存在多个封闭的熔池，缩孔的形成局限于各个封闭的孤立熔池，即每个孤立的熔池对应一个缩孔。在凝固进程中需要进行动态多熔池的搜索，判定各个未凝固区域。根据熔池中各单元的固相率分析该区域缩孔的大小及分布，具体过程如下：

1）孤立熔池的判定是在某一时刻 t_n 进行的，通过凝固固相率对全部凝固域进行判别，确定全部域中孤立熔池的个数和孤立域中单元所处状态。

2）封闭熔池的等效液面收缩量法是将等效液面收缩法用于各个孤立熔池，并假定金属液补缩仅考虑液相向固相转变时的体积收缩，不考虑热胀冷缩影响；当单元的固相率达到临界固相率时，该单元即丧失补缩能力。

孤立熔池等效液面收缩量的计算方法如下：

①单元从液相变为固相时的凝固收缩率 β 的计算公式为

$$\beta = \frac{\rho_s - \rho_L}{\rho_L} \tag{10-35}$$

②i 单元从 $t-\Delta t$ 时刻到 t 时刻的体积收缩量为

$$\Delta V_i = \beta(\Delta f_{Li}) V_i \tag{10-36}$$

③如果从 $t-\Delta t$ 时刻到 t 时刻，P 号熔池中有 n 个单元发生液固转变，则 P 号熔池总的体收缩量为

$$\Delta V_p = \sum_{i=1}^n \Delta V_i = \beta(\sum_{i=1}^n \Delta f_{Li}) V_i \tag{10-37}$$

式中　V_i——单元体积；

　　　Δf_{Li}——单元 i 的液相率变化值；

　　　ΔV_i——单元 i 的体积收缩量。

④P 号熔池最高液面（假设为第 n 层），该层中固相率 f_{Si} 小于临界流动固相率 f_{SC} 的单元之和为 V_n，有两种可能出现，其一是当 $V_n > \Delta V_P$ 时，液面仍处在第 n 层，对于 f_{Si} 小于 f_{SC} 的各个单元，其单元液量减少，单元液量体积为

$$V_{in} = V_{in} - \frac{\Delta V_p}{N_n} \tag{10-38}$$

式中　N_n——第 n 层 f_{Si} 小于 f_{SC} 的单元个数；

　　　V_{in}——第 n 层 i 单元液体体积。

其二是当 $V_n < \Delta V_P$ 时，则第 n 层 f_{Si} 小于 f_{SC} 的单元变成空单元，液面下降至第 $n+1$ 层，该层的固相率 f_{Si} 小于 f_{SC} 的单元，其金属液量进一步减少，$n+1$ 层单元液量变为：

$$V_{in+1} = V_{in+1} - \frac{\Delta V_p - V_n}{N_{n+1}} \tag{10-39}$$

　　如果第 n 层和第 $n+1$ 层中可用于补缩的液体之和不足以补缩，则液面将下降至第 $n+2$ 层，处理方法与前文类似。

　　⑤其余熔池处理方法重复③~④中的步骤。

　　（2）多热节即缩即补法　该方法是根据各个单元在某一时刻所处的液固状态来计算各单元在各时间步长的收缩量，然后进行综合，以预测缩孔的产生。多热节即缩即补法主要包括以下三个过程：

　　1）多热节判断，就是判断铸件凝固过程中被分割的热节数目、大小和位置，在此基础上进行收缩量计算和补缩。所做的判断是在温度场分析的基础上进行，通过分析判断出被完全凝固区域所隔离开的孤立热节，并对各孤立热节内的收缩分别进行补缩，各孤立热节之间没有补缩关系，如图 10-5 所示。

　　铸件在凝固过程中，存在三种区域：即图 10-5 中的 Ⅰ ~ Ⅲ 区，区域 Ⅰ 为可流动区域，其固相率 f_S 小于临界流动固相率 f_{SC}。区域 Ⅱ 为不能流动而又没有完全凝固的区域，其固相率 f_S 大于临界流动固相率 f_{SC}，同时又小于 1。区域 Ⅲ 为完全凝固区域，其固相率 f_S 等于 1。临界流动固相率 f_{SC} 是指在固相和液相共存阶

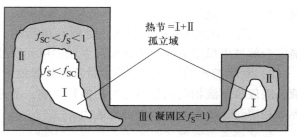

图 10-5　多热节示意图

段，可以流动的最大固相率，是随合金的材质和凝固性质的变化而变化，一般为 $0.5 \sim 0.8$。在凝固过程中具有相同的补缩通道的孤立域称为热节，其范围如图 10-5 中区域 Ⅰ 和相应的区域 Ⅱ。

　　2）收缩量的计算，就是根据图 10-5 中区域 Ⅰ 和相应的区域 Ⅱ 所组成的孤立域的收缩量之和，首先要判断出孤立域，然后对每个孤立热节内所有单元在第 m 时间步长内的体积收缩量进行计算：

$$\Delta V^m = \Sigma_{i=1}^n \ (\ \Delta V_{Si}^m + \Delta V_{Li}^m)\tag{10-40}$$

式中　ΔV^m——孤立域总体收缩量；

ΔV_{Si}^m 和 ΔV_{Li}^m——单元 i 的凝固收缩量和液态收缩量，分别由式（10-41）和式（10-42）计算；

　　　n——孤立热节内未凝固的单元总数。

$$\Delta V_{Si}^m = \beta \Delta f_{Si}^m V_i\tag{10-41}$$

$$\Delta V_{Li}^m = \alpha_{SL}(1 - f_{SL}^{m-1})(T_i^{m-1} - T_i^m) V_i\tag{10-42}$$

式中　β——合金的凝固体收缩系数；

　　　α_{SL}——合金的液态体收缩系数；

　　　f_{Si}^m——单元 i 在第 $m-1$ 时间步长的固相分数；

　　　Δf_{Si}^m——单元 i 在第 m 时间步长内固相率的增加量；

　　　V_i——单元 i 的体积。

　　3）补缩单元，是指当单元的固相率低于一个临界值 f_{SC} 时，该单元仍具有流动能力，可以进行补缩，属于补缩单元。图 10-5 中只有孤立热节中区域 Ⅰ 中的单元具有补缩能力。各热节的收缩由各热节中的区域 Ⅰ 类单元进行补缩。

　　缩孔预测的步骤是：首先要进行动态判断孤立热节，计算每个时间步长内各孤立热节的

收缩量。当收缩后从冒口中最高点开始向下逐层查找可以流动的单元，判断其中心，然后从中心开始补缩，再依次向外进行补缩。采用变化的临界流动固相率（用 f_{SCD} 表示）来判断补缩，其值从 $0 \sim f_{SC}$ 不断增大。每个时间步长处理的收缩量用一个临界流动固相率增量 Δf_{SCD} 来控制，当 Δf_{SCD} 取较小值（如 $\Delta f_{SCD} < 0.01$）时，就基本上实现了即缩即补。

2. 缩松的预测

铸件凝固过程中的缩松预测主要是通过缩松判据来实现的，缩松判据一般是以描述枝晶域内液体流动阻力的达西定律为依据进行推导而来的。

1）新山英辅（Niyama）判据是目前使用较为广泛的判据，其表达式为

$$\frac{G}{\sqrt{v_c}} > C_N \tag{10-43}$$

式中　G——所判别区域的局部温度梯度（℃/cm）；

　　　v_c——冷却速度（℃/min）；

　　　C_N——临界值 $[℃^{\frac{1}{2}}/(cm \cdot min^{\frac{1}{2}})]$。

研究表明，C_N 值随铸件的大小而变化，大件取 $1.1℃^{\frac{1}{2}}/(cm \cdot min^{\frac{1}{2}})$，小件取 $0.8℃^{\frac{1}{2}}/(cm \cdot min^{\frac{1}{2}})$。该判据考虑了凝固过程中枝晶间液体流动的压力损失，表达式简单易用，具有一定的准确性，因而得到广泛的应用。

该方法的缺点是没有考虑到合金成分的影响，并且临界值具有量纲，而且量纲含义不明确，因而许多研究人员都考虑对该方法进行修正，主要是在合金成分的影响、枝晶间的流动及压力损失等方面。

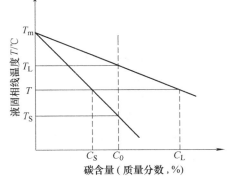

图 10-6　二元合金相图的液固相线温度与成分关系

2）$(v_c/G)H$ 法是根据达西定律推导出来的。二元合金相图的液固相线温度与成分关系如图 10-6 所示。其物理含义为枝晶的生长速度大于某一临界值 K_C 时，其枝晶间产生的阻力会阻碍液态金属的充填，从而产生缩松。具体地说，如果判别式 $(v_c/G)H > K_C$，则该单元将会出现缩松。判别式中的 H 由下式确定：

$$H = \frac{(T_m - T)(T_L - T_S)}{(T - T_S)(T_m - T_L)} \left(\frac{T_L - T_S}{(1 - \beta)(T - T_S)} - 1 \right) \tag{10-44}$$

式中　T_m——A 组元的熔点；

　　　T_L——成分为 C_0 合金的液相转变温度；

　　　T_S——成分为 C_0 合金的固相转变温度；

　　　β——合金的体收缩率。

该判别式中的临界值 K_C 为 15cm/min，可根据铸件的质量等级进行适当地调整，质量等级要求较高的铸件，K_C 可适当减少，反之增高。该方法由于考虑了合金性质方面的因素，更具科学性和通用性。

3）时间梯度法的缩松判别式为 $G_\tau/\tau^n > K_C$。式中，n 为指数，其实验值一般为 $1/2 \sim 2/3$。该缩松判别式的含义是，在铸件的任何部位，当缩松判据左端的计算值大于其临界值 K_C

时，该部位就不会产生缩松。

　　该方法同 $G/\sqrt{v_c} \leqslant K_C$ 法一样没有考虑液态金属静压力的影响。当铸件内液态金属静压力不同时，其临界值应取不同值。因此，在同一铸件内的不同部位其临界值应取不同值，且其临界值是液态金属静压力的函数。这样就使问题变的复杂化。若在同一铸件内的不同部位取相同的临界值，则使预测的准确性大大降低。因此，要设法将液态金属静压力的影响引入缩孔缩松判据，使其临界值与液态金属静压力无关，既其临界值大小与铸件的几何形状和部位无关。为此建立了含压力影响因子的缩松判据关系式，即 $p_0^{2(1-n)} \dfrac{G_\tau}{\tau^n}$ 法，其中 P_0 为液态金属或合金的静压力，G_τ 为时间梯度，τ 为凝固时间。

　　4）$\dfrac{G}{\sqrt{v_c}} < A \dfrac{\sqrt{\Delta T}}{\sqrt{D_L}}$ 判据法是由清华大学贾宝仟提出的。该判据考虑了枝晶的生长，将两相区内的流动处理成多孔介质中的渗流问题。应用该判据时，将金属材料和铸型材料的物理性能参数和凝固工艺数据代入，即可求解。其特点是考虑了金属结晶区间的大小、溶质分配系数和物理性能参数等因素的影响。该判据中：A 是与枝晶形态相关的修正系数，ΔT 为液相线与固相线之间的温度差，D_L 为液态金属中溶质的扩散系数。该方法进一步改进后演变为

$$\frac{G}{\sqrt{v_c}} = \sqrt{\frac{\eta f_1 \rho_1}{K} \frac{\Delta T}{\Delta p - m\Delta T g / B}} \qquad (10\text{-}45)$$

式中　　η——液相黏度系数；

　　　　f_1——液相分数；

　　　　ρ_1——液相密度；

　　　　K——溶质平衡分配系数；

　　　　ΔT——液相线与固相线之间的温度差；

　　　　Δp——枝晶间液相压力差；

　　　　m——液相线斜率；

　　　　g——重力加速度；

　　　　B——物理性能常数。

　　考虑液态金属静压力 P_0 影响的 $G/\sqrt{v_c}$ 法和时间梯度法，即 $P_0 G/\sqrt{v_c}$ 法和 $p_0^{2(1-n)} \dfrac{G_\tau}{\tau^n}$ 法。前一种方法的关系式为 $P_0 G/\sqrt{v_c} \leqslant K_C$，也就是说当关系式成立时，所判别的单元将会产生缩松。后一种方法的关系式为 $p_0^{2(1-n)} \dfrac{G_\tau}{\tau^n} > K_C$，其含义是当关系式成立时，所判别的单元将不会产生缩松。

10.1.3　铸造充型过程的数值模拟

　　液态金属或合金的充型过程是铸造成形的第一个阶段，也是对铸件的成形质量具有较大影响的一个阶段，浇注系统设计得合理与否将对铸件的质量产生影响。充型及浇注过程中产生的具体缺陷有：浇不足、冷隔、冲砂、粘砂、包砂、起皮和夹渣等。因而通过铸造流动与

充型过程数值模拟来观察和研究浇注系统设计的合理性，以及研究流动与充型对铸件质量的影响具有十分重要的意义。铸造流动与充型过程数值模拟也为初始温度场的处理提供了更为合理的方法。

1. 充型过程的数学及流体力学基础

通常情况下气体和液体被称为流体，严格意义上讲，流体是一种在微小剪应力作用下会发生连续变形的物质。其充型阶段的流动属于带有自由表面黏性不可压缩非稳态流动，包含着动量传递、质量传递和能量传递，要完整地描述其流动、充型和传热状态和过程，其控制方程需要符合动量守恒、质量守恒和能量守恒定律。型腔充填过程中流动现象的数值模拟，首先是求解这一非稳态过程中流体流动的控制方程组，也就是 Navier-Stokes 方程、连续方程及能量方程，以此建立模拟计算的数理模型。

1）流体的性质包括压缩性与热胀性、黏性，流体还可以分为理想流体、牛顿流体和非牛顿流体。

流体的压缩性与热胀性是指流体在压缩和受热时会分别产生体积缩小和体积增大的特征。流体的黏性是指当流体的流层之间出现相对位移时，不同流动速度的流层之间所出现的切向黏性力，可由牛顿黏性定律来表述：

$$\tau_{yx} = -\eta \frac{\mathrm{d}u_x}{\mathrm{d}y} \tag{10-46}$$

式中　τ_{yx}——切应力，其中第一个下标 y 表示切应力的法线方向，第二个下标 x 表示切应力的方向；

　　　η——常数，表示流层间出现相对流速时的内摩擦特性，称为流体的动力黏度系数。

将流体的动力黏度系数 η 除以流体的密度，则得到流体的运动黏度系数 ν。理想流体是 Pascal 在 1663 年提出的概念，是指内部无摩擦力、无黏性的流体，既不能承受拉力也不能承受切力，只能传递压力，只能在压力下流动，是不可压缩的。牛顿流体是指在流动时，黏性力与速度之间的关系符合牛顿黏性定律的流体。其他在流动过程中黏性力与速度之间的关系不符合牛顿黏性定律的流体称为非牛顿流体。

2）黏性流体流动的基本方程包括连续性方程、动量守恒方程和能量守恒方程。连续性方程实质上体现了流动过程中的质量守恒，既适合于理想流体，又适合于黏性流体，其表达式为

$$\frac{\partial \rho}{\partial t} = -\left(\frac{\partial \rho u}{\partial x} + \frac{\partial \rho v}{\partial y} + \frac{\partial \rho w}{\partial z} \right) \tag{10-47}$$

式中　u、v、w——速度在三个轴向上的分量；

　　　ρ——流体的密度。

对于不可压缩的流体，其 $\dfrac{\partial \rho}{\partial t} = 0$，则（10-46）式可变化为

$$\frac{\partial u}{\partial x} + \frac{\partial v}{\partial y} + \frac{\partial w}{\partial z} = 0 \tag{10-48}$$

式（10-47）就是铸造过程模拟中通常使用的连续性方程。

动量守恒方程体现了流体在流动过程中的动量守恒，可以用 Navier-Stokes 方程来描述。这里将充型过程中的液态金属视为三维非稳态、不可压缩牛顿流体，则有：

$$\frac{\partial u}{\partial t} + u\frac{\partial u}{\partial x} + v\frac{\partial u}{\partial y} + w\frac{\partial u}{\partial z} = -\frac{1}{\rho}\frac{\partial p}{\partial x} + g_x + \nu\,\nabla^2 u \qquad (10\text{-}49)$$

$$\frac{\partial v}{\partial t} + u\frac{\partial v}{\partial x} + v\frac{\partial v}{\partial y} + w\frac{\partial v}{\partial z} = -\frac{1}{\rho}\frac{\partial p}{\partial y} + g_y + \nu\,\nabla^2 v \qquad (10\text{-}50)$$

$$\frac{\partial w}{\partial t} + u\frac{\partial w}{\partial x} + v\frac{\partial w}{\partial y} + w\frac{\partial w}{\partial z} = -\frac{1}{\rho}\frac{\partial p}{\partial z} + g_z + \nu\,\nabla^2 w \qquad (10\text{-}51)$$

式中　u、v、w——速度向量在 x、y、z 方向上的分量；

　　　　p——压力；

　　　　t——时间；

　　　　ρ——流体密度；

　　　　ν——运动黏度；

　　g_x、g_y、g_z——重力加速度在 x、y、z 方向上的分量，实际上 g_x 和 g_y 均为 0；

　　　　∇^2——拉普拉斯算子。

能量守恒方程反映了在浇注过程中流体与铸型热交换的规律，体现了充型和凝固过程中的能量守恒，当流体不可压缩时，在直角坐标系下方程的表达式为

$$c\rho\frac{\partial T}{\partial t} + c\rho u\frac{\partial T}{\partial x} + c\rho v\frac{\partial T}{\partial y} + c\rho w\frac{\partial T}{\partial z} = \lambda\,\nabla^2 T + Q \qquad (10\text{-}52)$$

式中　c——流体的比热容；

　　　　ρ——流体密度。

能量守恒方程和动量守恒方程一般可以分别求解，即先求出速度和压力分布，然后再利用能量守恒方程求出温度分布。

3）初始条件和边界条件　与温度场一样，流场的求解也需要定解条件。流场的定解条件也是初始条件和边界条件，只有在给定上述两个条件的情况下，才能使流场具有唯一解。

初始条件是求解非定常流动时的必要条件，需要给出初始时刻的速度分布和温度分布。铸件的充型过程是非定常流动，因此需要给定初始条件才能进行金属液流动速度场和压力场的求解过程。如果是求解流场时耦合温度场计算，则还要给出初始的温度场分布。

边界条件是指流体在运动的边界上运动参数应该满足的条件，包括固壁界面条件、液-液及液-气界面条件。

固壁界面条件包括多种情况，无滑移条件是指当黏性流体流过不动的固体壁面时，其法向速度应当等于零，并且切向速度也等于零，这种情况也属于无黏附条件。

当固体壁面在流体中运动时，黏附于固体壁面的流体质点的速度等于固体壁面的速度。

当固体壁面是多孔介质时，有流体穿过壁面，则切向速度为零，而法向速度等于流体穿过壁面的速度。

温度边界条件是需要给出固体壁面上的温度，通常认为与固体壁面接触的流体质点与固体壁面上的温度相同。

对于液-液及液-气界面，如果两种介质交界面互不渗透，而且又不发生分离的连续性条件，则在交界面处的法向速度相等。对于黏性流体的两种介质交界面处，切向速度和温度也应该相等，而在理想流体中交界面处切向速度和温度可以不等。

在自由表面处的边界条件，自由表面是液-气两相介质的交界面，其动力学边界为：如

果气体介质具有常值压力 p_0，则应力向量的法向和切向分量符合：$p_{nn} = -p_0$，$p_{nt} = 0$。

2. 铸件充型数值模拟方法

铸件充型数值模拟方法主要是采用有限差分法或有限单元法来求解质量守恒方程、连续性方程、动量守恒方程，以获得流场的解。上述方程均为非线性偏微分方程，求解过程比较复杂，问题主要有两个方面：一方面是液态金属流动过程中存在着自由表面，需要确定自由表面的位置和形状；另一个方面是压力场的求解，目前尚无可以使用的明显方程，实际求解过程也比较费时，为此需要研究人员在流体力学、数学、计算机科学等学科和领域进行综合处理，在模型和算法等方面进行改进和提高。

1）自由表面的处理在目前主要有两个方法：MAC 方法和 VOF 方法。MAC 方法即标志网格法（Mark and Cell），也称为示踪粒子法，属于有限差分法中的原始变量法，是 1965 年美国 Los Alamos 国家实验室的 Harlow 和 Welch 提出的。在 Euler 矩形网格上建立了 Navier-Stokes 方程的差分格式，在网格的格子中设标志点，标志点不具有质量，于初始时刻设置在有流体的格子中，以后在流场中随流体运动，用来跟踪自由表面的粒子。流体的运动是通过用一个个标志点的移动来实现的。在单向流问题中，标志点不参与力学量的计算过程，只表明自由表面的位置、形状和流体运动的过程。在多向流问题中，标志点参与力学量的计算，同时还给出不同介质的界面位置。在显式或图形输出时，把标志点集合体的边缘视为自由表面，求解流体的基础方程时，距标志点群边缘最近的网格或单元边界视为自由表面。该方法的一个突出优点是能够生动地描述带有自由表面的液流的流态演化过程，不受单元形状的限制，能圆滑地表示自由表面，并可同时显式流体内部的流态，可以处理任意变形问题。

VOF 方法即体积函数法（Volume of Fluid），同样是由美国 Los Alamos 国家实验室的研究人员提出的。首先需要定义一个流体体积函数 F，当 $F = 1$ 时，表示满网格，网格处于流体域内；当 $F = 0$ 时，为空网格，表示网格内没有流体；当 $0 < F < 1$ 时，表示网格内有流体，但没有充满，是边界网格。自由表面的位置是通过求解液相体积分数的传输方程来确定的，即

$$\frac{\partial F}{\partial t} + u \frac{\partial F}{\partial x} + v \frac{\partial F}{\partial y} + w \frac{\partial F}{\partial z} = 0 \tag{10-53}$$

通过求解每个单元中的液相体积分数，就可确定自由表面的位置和形状。VOF 法的优点是减少了自由表面计算的工作量，由于 VOF 法追踪的是网格中的流体体积，而非跟踪自由表面流体质点的运动（如 MAC 法、SMAC 法和边界元法），因此可以处理自由面重入等非线性现象。其缺点是比较难用于非正交网格，当单元尺寸大时，自由表面形状精度低，式（10-53）在离散格式上容易造成很大的假扩散问题，致使计算结果出现所谓的界面模糊现象，即在某一方向上充满单元（$F = 1$）与空单元（$F = 0$）之间存在大量的自由表面单元（$0 < F < 1$），这种自由表面单元越多，界面模糊现象越严重。

2）压力场的处理可采用 SIMPLE 方法，该方法是求解压力连续方程的半隐式方法，是计算非定域、不稳定速度场的一种分离式求解方法。分离式解法的关键是如何求解压力场，或者在假定了压力场后如何改进它。实际计算中主要是通过迭代法进行求解，特点是压力场和速度场同时迭代。

由于求解压力场极为耗时，计算量相当大，因而在实际应用中研究人员在压力场-速度场的迭代方法上，在稀疏矩阵方程组的求解方面进行有效的改进，如基于 SIMPLE 方法的

SIMPLER 方法。SIMPLEC 法是 SIMPLE 法的改进，它与 SIMPLE 法的区别在于速度校正公式的不同，目的是提高计算的收敛性。CG 法（Conjugate Gradient Methods）也称为共轭梯度法，在迭代求解大型稀疏矩阵方程组时具有很好的收敛性。SCGS 法是对单元中的速度变量采用同样的处理方式，避免了 SIMPLE 法中的近似压力场和压力修正方程，提高了计算速度。API 法（Adaptive Pressure Iteration）是在原有的 SOLA 法的基础上提出的一种压力修正方法，在 SOLA 法迭代减慢时，用较为准确的压力猜测值可以加快迭代收敛的速度。

10.2　铸造工艺 CAD 技术

计算机辅助设计（CAD）、计算机工程分析（CAE）和计算机辅助制造（CAM）等计算相关技术正成为铸造业新的技术热点，而铸造工艺 CAD 技术更是铸造工作者研究的重点，并成为学科研究的技术前沿和最为活跃的研究领域。

10.2.1　铸造工艺 CAD 的内容

铸造工艺 CAD 所涉及的范围，从广义上讲，包括了数值模拟及其工艺设计内容在内的设计和计算体系；从狭义上讲，铸造工艺 CAD 仅包括铸造工艺设计方面的相关内容。在本节中，主要对铸造工艺设计体系的各个环节进行论述。就铸造凝固数值模拟与铸造工艺设计系统两者而言，既有交叉，也有不同之处。交叉之处在铸件的前后处理方面，即铸件的实体信息、二维和三维图形方面；不同之处在两者的性质方面，铸造凝固数值模拟是对铸件的凝固进程所做的展示和分析，是对凝固过程中缺陷的性质和程度而进行的预测；铸造工艺设计系统是对铸件的工艺设计的各个环节和因素而进行的，是不可替代的。

铸造工艺 CAD 系统的内容应该包括工艺方案的确定、冒口的设计、浇注系统的设计、冷铁的设计、补贴的设计、芯子的设计、铸筋和排气系统的设计，以及工艺参数的设计等内容。铸造工艺 CAD 技术实现的前提是：铸件图样的计算机管理，就目前而言，大部分企业都实现了计算机图样管理，其中一部分企业安装了工程图形软件系统，这为铸造工艺 CAD 技术的研究和发展打下良好的基础。通过工程图形软件系统软件的二次开发，使铸造工艺 CAD 得以实现。

10.2.2　铸造工艺 CAD 的实现模式

1. 实现环境

铸造工艺 CAD 需要一个应用环境，即需要一个三维系统软件平台来实现，该类软件平台提供实体造型、图形处理和显示，以及软件的二次开发等功能。目前常用的实体造型和图形处理三维系统软件有 AutoCAD、UG、ProE、Solid edge、I-DEAS、MDT、CATIA 和 Solid-Works 等。

2. 图样或铸件实体的输入

铸件生产企业可根据客户的情况确定铸造工艺的设计方式，如果客户只提供纸质图样，为了简化设计，可采用人工方式进行工艺设计，尤其是单件小批量生产。但是对于实现或者采用 CAD 的企业，可以采用将纸质图样信息转化成电子图样或三维实体的方法来进行输入。对于提供电子图样的客户，可以直接利用该图样信息，这样可节省图样的输入过程。

3. 铸造工艺的输出

可根据企业的具体情况和习惯，采用前面第 2 章介绍的方法进行铸造工艺输出。

4. 交互界面

铸造工艺设计系统属于二次开发软件，需要在上述图形及工程系统软件上建立二级子菜单，由该菜单嵌入各工艺设计软件，需要时调用。各工艺软件体系具有各自的独立性，同时相互间又有一定的关联，呈树枝状结构。独立系统中又划分成不同的功能模块，如冒口设计子系统下又分为不同的功能模块，如补缩距离计算、模数计算、冒口的校核等。

5. 设计模式

采用 CAD 方法进行铸造工艺设计，总体上看，一般均采用交互式，即人工与计算机辅助相结合的方式。根据程序软件开发的程度，人工部分所占比例或多或少，目前的 CAD 软件多数是进行某一局部或细节的设计与计算。计算机在工艺设计过程中主要发挥的作用如下：

（1）图形或几何结构的输出或显示作用　可利用图形系统软件的显示功能将铸件或已设计出的结果进行二维或三维显示，同时还可以进行任意角度、任意位置的剖切，以显示断面形状或结构。输出功能除上述以外还有一个重要作用，就是将整体铸造工艺进行系统输出，有两种方式：一种是打印输出，将图形及信息以纸质图样进行工艺输出，工人操作时持图样进行；另一种输出方式是采用显示屏输出，不需要将图样及相关信息打印，直接在显示屏上输出，更加方便，工人在操作时可在屏幕上获取相关信息，可以任意放大，任意旋转，任意剖切。后一种输出方式适合于现场环境较好的工厂或车间。

（2）计算功能　这是计算机的长项，尤其是计算量巨大的情况，如迭代、矩阵计算等，实现人工无法进行的工作，并且速度快。对于迭代和矩阵的计算，还可以采用迭代加速法和稀疏矩阵计算法进行提速。对于简单计算，可在具体的二次开发程序中直接调用执行。

（3）数据库功能　数据库功能有三层含义：一层是存储经验数据，一层是图形库，另一层是存储铸件信息、设计和计算结果信息等。经验数据设计时作为基础数据供程序处理具体的工艺设计使用，包括原理、公式和经验数据和表格等。图形库包括铸件、芯子、冒口、浇注系统、冷铁、出气道和辅助工装等。设计和计算结果包括设计和计算结果信息、统计信息和原始铸件信息，以及工艺设计输出信息等。

（4）智能推理功能　例如根据生产大纲确定铸造方法，进行工艺方案的智能决策，利用人工神经网络分析铸件缺陷。这部分比较难，目前涉及智能设计及制造方面的研究相对比较少。

（5）统计功能　这部分功能使用最多，可用于统计铸件的毛重、浇注总重、浇冒口重量、局部热节或几何体体积或重量。这部分功能往往与数据库功能结合使用。

10.2.3　铸造工艺 CAD 系统的组成与构建

铸造工艺 CAD 针对铸造工艺设计的各个环节需要制定不同的解决方案，就目前而言完全自动的铸造工艺设计系统是不可能的，还需要针对铸造工艺设计的具体步骤设计独立的子系统加以解决，再由各个子系统组合构成整体程序设计系统。其算法及设计内涵仍然以前面第 2 章 ~ 第 8 章的设计思想为主导。

1. 铸造方法及铸造方案的设计

这部分设计主要还是以人工的方式进行，在目前还不能以人工智能来代替大脑进行这部分工作。铸造方法的选择与确定，主要包括选择砂型铸造还是特种铸造。如果选定砂型铸造，那么还要确定是选择机器造型还是人工造型，是选择湿型还是干型，是选择实模造型还是刮板造型等。对于特种铸造，要确定是选择压铸还是精密铸造，还是离心铸造等，这一工作需要深厚的专业基础，只能由人工的方法来完成，计算机只能进行一些辅助工作。

铸造工艺方案的设计首先是根据铸件的结构、尺寸和材料牌号进行分析，以人工方式确定工艺方案。铸造工艺方案包括分型面的选定、浇注位置的确定、补缩区域的划分和冒口的摆放、浇注系统的设置、砂芯的设置，甚至还包括砂箱和每箱件数的选择等。铸造工艺人员可以交互式方式进行铸造工艺方案的确定，可以利用工程图形软件系统中所具有的功能进行铸件的结构分解、截面图的观察，观察铸件的起模情况和是否钩砂，必要时可对所分解的结构体进行重量的计算，以作为工艺方案设计的依据。

分型面的设计，是由人工确定分型面。设计时根据铸件的结构、造型条件等因素，确定合理的分型面。确定后绘制到工艺图中。

补缩区域的划分和冒口的排放可根据补缩距离的计算结果和铸件的结构来进行，划分的结果可直接在显示屏上看到，并可以直接进行修改。

2. 铸造工艺参数的设计

这部分工作主要依托数据库及相关程序来进行，例如加工余量的设计可根据前面第2章所述原则进行，将与加工余量相关的几组数据列入数据库，如铸件的尺寸公差等级、RMA、铸件的基本信息和铸件的具体尺寸等，根据加工余量的计算原则和方法进行调用和计算，确定余量值。其他铸造工艺参数如：起模斜度、最小铸出孔、铸件线收缩率、分型负数、反变形量等，其计算与处理原则加工余量相同或类似。

3. 芯子的设计

与铸造工艺方案设计一样，这部分工作主要是以人工的方式进行，由人工的方式确定是否设置芯子，是否分芯，并确定芯子的边界及编号等。上述环节确定后，可手动绘制于工艺图或工艺卡中。芯子长度可借助计算机处理，根据造型方法、芯子的尺寸、芯子的摆放位置可以由计算机确定芯头的长度、芯头斜度和芯头间隙。定位结构以及排气结构可由人工设计，手动绘制于工艺图或工艺卡中。

4. 浇注系统的设计

浇注系统是工艺设计的重要内容，设计及计算理念应遵从前面第4章所述原则与方法，流动模拟不能代替工艺设计。根据浇注系统的设计内容，可针对不同的合金分为铸钢、铸铁、有色合金等不同的合金类型进行开发。浇注系统的基本组元可从图形库中调用相关铸造工艺符号进行标注。浇注系统的布局和结构类型可根据设计需要由人工方式绘制到工艺图或工艺卡中。

各种合金浇注系统浇注时间的计算、各组元横截面面积的计算，可根据第4章的公式法、经验法、大孔出流法、上升速度法、图表法等设计和计算方法编程，并作为核心设计模块。设计结果的校核可以采用前面所述液面上升速度校核法、剩余压头校核法和铸件成品率校核法进行。

5. 补缩系统的设计

补缩系统的设计是铸造工艺设计的核心内容，分为冒口和补贴两大部分，可根据三维系统软件提供的二次开发系统进行开发。冒口的基本要素可借助于数据库进行存储和调用，包括冒口的类型、尺寸规格、模数及热节参数等。冒口的计算根据冒口的设计方法以及已知的铸件信息可分为：冒口有效补缩距离的计算、铸件体收缩率的计算、各种设计方法的冒口计算与设计、各种合金的冒口计算与设计、补贴的计算与设计等，可根据各环节的计算和设计原则利用二次开发工具进行编程和开发。

冒口的补缩区域划分可采用人工的方式进行，可借助工程图形软件系统，在图形状态下进行。该项工作完成后，可以确定冒口的数量。利用系统软件的统计功能，计算出各补缩区域的铸件体积和重量。这部分工作进行过程中，可以调用相关冒口有效补缩距离计算软件或程序，获得计算数据。

冒口设计和计算完成后，可利用冒口库及相关图形生成系统，根据计算或设计结果生成相应规格的冒口，放置到铸件的相应位置。

将冒口设计结果中冒口的重量、类型等数据存储于数据库中，以便于汇总时调用。同时将各设计出的冒口实体及安放位置并入到铸件的三维实体中，最后将冒口设计结果落实到最终工艺文件中。

6. 冷铁的设计

根据不同种类冷铁的设计方法进行系统的二次开发，其中包括：普通外冷铁的设计、模数法外冷铁的设计、间接外冷铁的设计、熔焊内冷铁的设计、非熔焊内冷铁的设计、螺旋内冷铁的设计和栅格内冷铁的设计等。计算机多数是进行计算，图形的处理多以人工方式为主，特殊处理同样是以人工方式为主，如间接外冷铁中的附着措施等。

10.3　强制冷却技术在铸造中的应用

强制冷却技术是指人为地形成一个冷却系统，通过向这一系统循环输入冷却介质，使铸件凝固体系加速冷却的相关技术。铸件在凝固过程中，常常需要控制凝固速度以实现顺序凝固，而强制冷却是最为有效的控制手段。该技术是对铸件和铸型提供快速散热，控制铸件凝固的重要手段。在铸件制造过程中，常常选择强制冷却来提高凝固系统与环境的换热系数，减少铸件局部凝固时间，减少铸型的持续过热时间等。通过强制冷却可以提高厚壁铸钢件的凝固速度和冷却速度，从而细化铸件的晶粒，改善其性能；可以提高厚大断面大型球墨铸铁件的冷却速度，从而减少球化衰退、石墨畸变、共晶团粗大、石墨漂浮和元素偏析等缺陷，获得理想的石墨组织形态；可以消除或减小铸件的局部热节，以防止缩孔、缩松和裂纹等缺陷的产生；可以减少型芯砂的过热度和持续时间，从而减少铸型和砂芯的烧结，防止铸型和砂芯的粘砂等缺陷；可以加快铸件的冷却速度，缩短生产周期，提高铸件的生产率。

10.3.1　强制冷却技术的原理及其方式

强制冷却技术包括两个方面，即传热学方面和工艺方面。传热学方面，根据传热学原理，热量的传递有三种基本方式，分别为：导热、热对流和热辐射，强制冷却属于对流换热的范畴。工艺方面包括强制冷却系统的结构、工装、介质和参数。

1. 强制冷却的传热学方面

强制冷却换热主要是对流换热，而对流换热是指由于流体内部各部分之间发生相对位移而传递热量的现象。根据流体运动产生的原理，对流换热可分为自然对流换热和受迫对流换热两种方式，强制冷却属于受迫对流换热方式。当流体流经壁面的运动是由外界力的作用而引起时，流体与壁面间的对流换热称为受迫对流换热。这里所说的外界力既包括风等的自然界驱动力，也包括人工产生的人工机械力。换热介质为风、水和雾等。对流换热的计算是根据牛顿公式来进行的，即

$$Q = A\alpha\Delta t \tag{10-54}$$

式中　Q——对流换热的热流量（W）；

$\quad A$——壁面换热面积（m^2）；

$\quad \Delta t$——流体与壁面之间的温度差（℃）；

$\quad \alpha$——对流换热系数 $[W/(m^2 \cdot ℃)]$。

换热系数 α 的大小反映了对流换热的强弱，强制冷却就是通过增大换热系数 α 来提高对流换热的热流量 Q，从而提高冷却效果。换热系数 α 是把影响对流换热的一切因素都考虑在内的一个调节系数，是各种影响因素的函数，这些影响因素包括流体种类、流体速度、温度、热物性值、壁面温度、散热面积、形状和位置等。

1）对流换热现象可以由流体动力学方程和热量传递方程来描述。在动力相似和热相似的条件下，根据分析流体动力学方程（如连续性方程、Navier-Stokes 方程）、热量传递方程（如流体导热微分方程）和对流换热方程，用相似转换法求得有关相似准则，它们有：Nusselt 准则、Prandtl 准则、Grashof 准则和 Reynolde 准则。强制冷却多属于管内受迫对流换热，少数情况属于流体外掠散热体的受迫对流换热。

Reynolde 准则即为雷诺准则，是以流体运动相似准则为前提，并具有动力相似的特性，也就是说在相似的流场内，流体受着同样种类的力，且对应力的方向相同，各对应力之比值为常数。因此，在流场中各种力与其合力所组成的力的多边形应相似。Reynolde 准则为

$$Re = vl/\nu \tag{10-55}$$

式中　v——流体运动速度（m/s）；

$\quad l$——流体流经的换热区域的距离（m）；

$\quad \nu$——运动数据库功能系数（m^2/s）。

Reynolde 准则反映了流体流动时惯性力与内摩擦力的相对大小，当 Re 数大时，说明惯性力作用大，流态往往呈紊流；当 Re 数小时，说明内摩擦力作用大，流态往往呈层流。所以说，Reynolde 准则是一个表征黏性流体运动情况的准则，可以用它来判断流体流动的状态。

Grashof 准则考虑了浮力、介质的内摩擦力，根据两者动力相似原理，推导出的 Grashof 关系式如下：

$$Gr = \frac{1}{\eta^2}\rho_0^2\beta_T g L^3 \Delta T \tag{10-56}$$

式中　η——黏度系数；

$\quad \rho_0$——流体平均温度为 T_m 时的密度；

$\quad \beta_T$——流体由温度引起的体积膨胀系数；

　　L——流体流动方向横断面的半宽度；

　　ΔT——冷壁和热壁之间的温度差。

　　Grashof 准则关系式是一个表征自然对流速度的准则，可以将其看成是水平温差引起的自然对流的驱动力，Gr 数的大小反映了自然对流的趋势，Gr 数大，则自然对流倾向较大，反之，自然对流的倾向则较小。

　　Prandtl 准则关系式如下：

$$Pr = \nu/\alpha \tag{10-57}$$

式中　ν——运动黏度系数；

　　　　α——热扩散率。

　　Prandtl 准则关系式是一个表征流体物性对流体内部温度场影响的准则。Pr 数大的流体必定是导温能力弱而黏度大的流体，如油类；Pr 数小的流体必定是导温能力强而黏度小的流体，如液态金属。

　　Nusselt 准则关系式如下：

$$Nu = \alpha l/\lambda \tag{10-58}$$

式中　λ——热导率［W/(m·℃)］。

　　Nusselt 准则关系式是一个表征放热强度和边界层中温度场之间关系的准则。Nu 数的大小反映了一种流体在不同情况下的对流换热的强弱程度。

　　当换热为管内受迫对流换热时，在一般情况下，对流所伴随的自然对流很小，可以忽略。Gr 数即 Grashof 准则可以不必考虑。因而受迫对流换热的准则函数关系式为

$$Nu = f(Re, Pr) \tag{10-59}$$

式中　Re——Reynolde 准则数；

　　　　Pr——Prandtl 准则数。

　　当流体在管内受迫对流换热时的准则方程分为三种情况，见表 10-1。

表 10-1　流体在管内受迫对流换热时的准则方程

流动状态	准则方程式	适用范围
层流	$Nu_f = 1.86 Re_f^{0.33} Pr_f (d_e/l)^{0.33} (\mu_f/\mu_w)^{0.14}$	$Re_f < 2200$，并且 $Pr_f > 0.6$
过渡区	$Nu_f = C Pr_f^{0.43} (Pr_f/Pr_w)^{0.25}$	$Re_f = 2200 \sim 10^4$
紊流	$Nu_f = 0.023 Re_f^{0.8} Pr_f^{0.4} \varepsilon_l \varepsilon_R \varepsilon_t$	$Re_f = 104 \sim 1.2 \times 105$，$Pr_f = 0.7 \sim 120$

注：1. 下标 f 表示定性温度为流体的平均温度，下标 w 表示定性温度为换热面的平均温度。

　　2. d_e 为管道的当量直径。

　　3. ε_l 为管长修正系数，ε_R 为曲率修正系数，ε_t 为温差修正系数，见表 10-2。

　　4. C 为与 Reynolde 准则数相关的修正系数，见表 10-3。

表 10-2　ε_l、ε_R 和 ε_t 修正值

管长修正系数 ε_l	换热管的长度 l 与当量直径 d_e 之比 $l/d_e < 50$ 时，应考虑管长修正	ε_l 值的计算可根据图 10-7 进行
曲率修正系数 ε_R	对弯管，应考虑修正，管道的弯曲半径为 R	对于空气 $\varepsilon_R = 1 + 1.77 d_e/R$ 对于液体 $\varepsilon_R = 1 + 10.3 (d_e/R)^3$

（续）

温差修正系数 ε_t	壁面温度与流体温度之差较大时，应考虑温差修正	气体被加热时 $\varepsilon_t = (T_f/T_w)^{0.5}$ 气体被冷却时 $\varepsilon_t = 1.0$ 液体被加热时 $\varepsilon_t = (\mu_f/\mu_w)^{0.11}$ 液体被冷却时 $\varepsilon_t = (\mu_f/\mu_w)^{0.25}$

表 10-3 与 Reynolde 准则数相关的修正系数 C

$Re_f \times 10^3$	2.2	2.5	3.0	4.0	5.0	6.0	7.0	8.0	9.0	10.0
C	2.2	4.9	7.5	12.2	16.5	20	24	27	30	33

2）传热系数 α 可采用准则方程来计算，计算过程分为三步：

第一步，根据对流换热条件正确地选取准则方程式，也就是说要求被选用的准则方程式的应用范围与所研究的对流换热现象相一致。

第二步，根据准则方程式所要求的参数和定性值，查出有关准则的物理量。

第三步，将定形尺寸及有关物理量等代入相应的准则式中，由所选定的准则方程式求得换热系数 α。

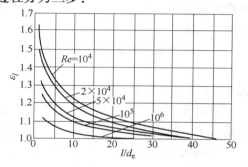

图 10-7 管长修正系数 ε_l 值的曲线求解

2. 强制冷却的工艺方面

强制冷却技术的实施需要工艺及其工装来控制和实现。强制冷却工艺设计和计算的内容包括：强制冷却系统的结构和方式、冷却介质、实施程序和工艺参数等。强制冷却工装设计主要是将工艺设计的结果转化成具体的零件或部件，工装设计的内容包括强制冷却系统的结构、尺寸、制造方法和零件的装配组合等。

（1）强制冷却系统的结构和方式 强制冷却系统一般包括冷却器、冷却介质循环系统和冷却介质。冷却器就是与铸件或铸型进行热交换的元件，一般设置在铸型的内表面，与铸件直接接触，或设置在铸型的内部，与铸件之间隔一层挂砂，类似于暗冷铁的作用。冷却器按其设置的位置可分为外置式强制冷却系统和内置式强制冷却系统。外置强制冷却系统的结构如图 10-8 所示，由该图可见，冷却器是由一组热交换元件组成的，见图 10-8 中件 6。该冷却系统由图中件 1、2、3、4、5 和 6 组成，其冷却介质是水和空气。根据凝固进程先引入空气，然后再引入水。水由系统的顶部引入，见图 10-8b 中标注"注水"字样的箭头所指处。空气由左下图示部位，即左侧底部引入。内置强制冷却系统的结构示意图如图 10-9 所示。强制冷却系统的冷却器、冷却介质循环系统和冷却介质均在图 10-9 中 4 内，冷却器由一圆柱形钢管构成，其内部是冷却介质循环系统，由两根细钢管引入，形成往复式流动。冷却介质为空气。

（2）冷却介质 一般的冷却介质是水和空气，还包括雾，也就是水与气的混合体。冷却介质的选择取决于铸件需要激冷的热交换强度，热交换强度的不同，所选取的冷却介质也不同。需要较强热交换的情况可选择水作为冷却介质，需要一般强度的热交换情况可选空气作为冷却介质，介于两者之间的情况，可选雾作为冷却介质。

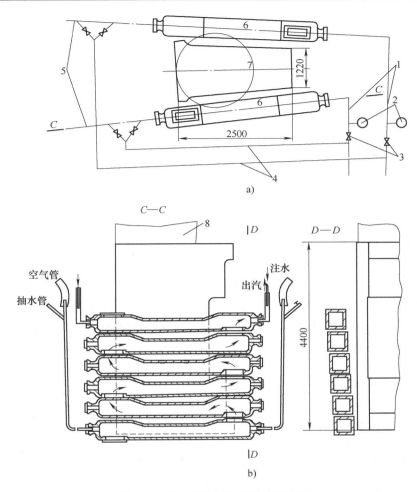

图 10-8　外置式强制冷却系统示意图

1—空气导入管　2—压力表　3—阀门　4—预备空气导入管

5—抽水管　6—冷却器　7—铸件（砧座）　8—冒口

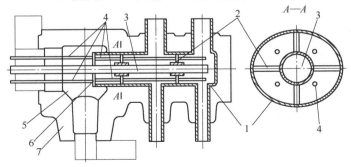

图 10-9　内置式强制冷却系统示意图

1—钢质外壳　2—支架　3—排气道　4—冷却器　5—外芯　6—排气过渡装置　7—铸件外轮廓

（3）雾的生成　需要一定的装置将水和空气生成雾，雾化装置一般由以下几部分构成：水入口、空气入口、混合室、扩散室和喷嘴等。图 10-10 所示为典型的雾化装置。

（4）多喷嘴阵列式强制冷却　以上是单喷嘴的强制冷却情况，对于强制冷却面积比较大的情况，可以采用多喷嘴阵列式强制冷却方式进行。对于四喷嘴阵列式强制冷却，其强冷换热界面处的换热系数由下式计算：

$$h_{c\text{-}4} = 0.2284 + 0.2141\rho_1 c_p Q + 0.003812 Q \Delta T_s \tag{10-60}$$

式中　$h_{c\text{-}4}$——四喷嘴阵列换热系数；

ρ_1——液体密度；

c_p——液体比热容；

Q——喷雾体积流量；

ΔT_s——冷却表面过热度。

图 10-11 所示为一种多喷嘴阵列式强制冷却装置及冷却表面的情况。影响喷雾冷却系统换热性能的因素很多，其中的关键因素有：冷却剂性质、介

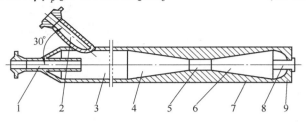

图 10-10　雾化装置

1—空气入口　2—水入口　3—混合室　4—收缩室　5—混合喉管段　6—扩散段　7—嘴体　8—喷雾出口　9—喷头

质流量、喷嘴高度和倾斜角度、热源表面特性和液滴特性等。冷却的强度可以由质量流量、喷嘴入口压力和喷雾腔压力等因素的增加而改善，而热源表面的温度均匀性只能由大的质量流量和高的喷嘴入口压力加以改善。图 10-11 所示的三种散热情况中，散热面水平向上时的强制冷却效果最差，散热面垂直于重力方向的情况次之，散热面水平向下的强制冷却效果最好。

（5）强制冷却的实施程序和工艺参数　实施程序是指根据凝固进程而改变的控制强制冷却程度的程序，是与工艺参数密切相关的。当冷却介质为单介质时，通过介质的压力和流量来调控；当冷却介质为双介质时，除对压力和流量进行调节，还要控制介质的比例和转换；当冷却介质为水雾时，除了要控制介质的流量，还需要控制水雾中水分的含量。工艺参数就是冷却介质喷出前的压力和喷射流量，还包括总的冷却时间和每种冷却介质相应的冷却时间。

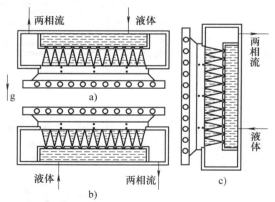

图 10-11　多喷嘴阵列式强制冷却装置及冷却表面的情况

a）散热面水平向上　b）散热面水平向下　c）散热面垂直

（6）强制冷却系统的工装　强制冷却系统中各个组成部分和相应的辅助设施均需要一定的零件和材料制造而成，那么这一零件和材料体系就是强制冷却系统的工装。通过强制冷却的工艺设计我们得到了系统的结构、形状和大小，而工装设计就是将这些要素以及相关的辅助设施进行再设计，确定相关的制造方法和工艺流程。具体地说，工装设计包括冷却器、冷却介质循环部分和冷却介质导入部分的零件设计和制造工艺设计，还包括强制冷却系统与其他结构的相互联系，如支架、固定装置等。

10.3.2　强制冷却技术的计算和应用实例

在铸件的设计和制造中，设计人员可利用强制冷却技术来解决采用冷铁或其他方法所无

法解决的问题，从而实现顺序凝固、避免球化衰退，以及防止型芯砂持续过热和烧结。下面以具体的实例进行说明。

1. 大型厚壁铸钢件

大型厚壁铸钢件容易产生型芯砂烧结、晶粒粗大和缩孔缩松等缺陷，强制冷却技术的应用可起到不可替代的作用，从而提高铸件的质量和生产率，下面以 600MW 汽轮机高压主汽调节阀阀体的制造和强制冷却技术的应用和计算为例进行说明。600MW 汽轮机高压主汽调节阀阀体是大型火电汽轮机组中第一个接受高压过热蒸汽的零部件，工作温度为 537℃，承受压力为 16.7MPa，属于高温高压件，因而对其内部质量要求较高。

（1）铸件的工艺性分析　阀体的材料牌号为 ZG15Cr2Mo1，铸件的最大外轮廓尺寸为 2604mm × 1458mm × 1280mm，粗加工后净重为 14315kg，属于大型铸钢件。铸件结构及其无损检测要求如图 10-12 所示。由图 10-12 可见，该阀体属于厚壁半封闭回转体铸件。五区七处为 0级缺陷区，四区五处为 5 级缺陷区，其余全为 6级缺陷区，由此可见，对铸件的要求较严格。

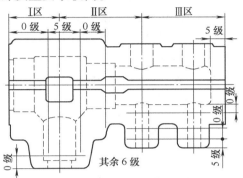

图 10-12　铸件的结构及其无损检测要求

经过分析和研究，归纳出阀体的工艺设计和制造难点包括以下几点：①阀体椭圆形内孔呈半封闭形状，四周是厚壁；②凝固期间芯子必须长时间承受高温钢液的灼烧和浸蚀，既要防止粘砂，同时又要保持芯子具有良好的溃散性、不烧结；③由于凝固时间较长，基体组织中晶粒粗大，对其力学性能极为不利，等等。从上述几点来看，采用冷铁，其冷却能力不足，容易形成热饱和，采用强制冷却技术是必然的选择。

（2）铸件的强制冷却工艺设计　根据铸件的结构特点和工艺需要，采用内置式强制冷却。强制冷却系统的结构可根据铸件内孔的结构来设计。冷却器的外形结构见图 10-9 中 4，为圆柱形结构。冷却介质循环系统结构如图 10-13 所示，为往复式结构。利用介质的受迫流动，使换热充分进行，利于制造。冷却介质为压缩空气。

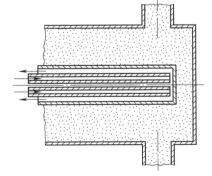

（3）强制冷却系统的工装设计　其内容包括冷却器的零件和装配设计、导流管及其支架的设计、冷却器的固定装置设计等。设计结果如图 10-9 所示。

（4）强制冷却工艺计算　图 10-14 所示为强制冷却系统及其外部的温度分布。工艺计算的目的是求解出强制冷却的冷却强度，并进行相应的定量计算。假定图 10-14 中砂芯外壳表面温度 T_1 为 1450℃，内冷壁表面温度 T_4 为 700℃，$\delta_1 = 0.018m$，$\delta_2 = 0.38m$，$\delta_3 =$

图 10-13　冷却介质循环系统结构

0.0045m。其中，δ_1 为砂芯外套钢管厚度，δ_2 为砂芯厚度，δ_3 为冷却器外套钢管厚度。根据传热学原理有：

$$R = R_1 + R_2 + R_3 = \frac{\delta_1}{\lambda_1 A_1} + \frac{\delta_2}{\lambda_2 A_2} + \frac{\delta_3}{\lambda_3 A_3} \qquad (10\text{-}61)$$

式中　　　　R——热阻（℃/W）；

R_1、R_2、R_3——温度 T_1、T_2、T_3 处对应的热阻（℃/W）；

δ_1、δ_2、δ_3——厚度（见图 10-14）（m）；

λ_1、λ_2、λ_3——温度 T_1、T_2、T_3 处对应的热导率［W/(m·℃)］；

A_1、A_2、A_3——温度 T_1、T_2、T_3 处对应的截面面积（m²）。

影响 T_2 的主要因素是 δ_2 范围内砂芯的厚度和热导率的大小，而 T_4 除了受 R_1、R_2 和 R_3 的影响外，还在很大程度上受冷却介质的种类、流速、温度等因素的影响。由相关资料查得：$\lambda_1 = 31.6$W/(m·℃)，$\lambda_2 = 1.7$W/(m·℃)，$\lambda_3 = 29.3$W/(m·℃)。由能量守恒定律有：

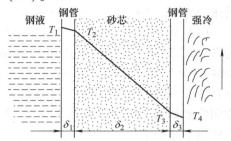

图 10-14　强制冷却系统及其外部的温度分布

$$q = \frac{\Delta T}{AR} = \frac{T_1 - T_4}{\dfrac{\delta_1}{\lambda_1} + \dfrac{\delta_2}{\lambda_2} + \dfrac{\delta_3}{\lambda_3}} \qquad (10\text{-}62)$$

式中　q——比热流量（W/m²）。

将前面所给的已知条件代入式（10-62）中，计算后得出 $q = 3344.44$W/m²，即冷却管所通过的比热流量为 3344.44W/m²。对于强制冷却壁，由 Nusselt 准则有：

$$\alpha = Nu_f \lambda_f / d \qquad (10\text{-}63)$$

式中　Nu_f——Nusselt 准则数；

d——冷却管内径（m），取 $d = 0.99$m；

α——传热系数［W/(m²·℃)］；

λ_f——空气的热导率［W/(m·℃)］，取 $\lambda_f = 2.92 \times 10^{-2}$W/(m·℃)。

由于冷却器壁面的换热处于平衡状态，因此有：

$$q = \alpha \Delta T \qquad (10\text{-}64)$$

由式（10-63）和式（10-64）两式联立并整理得

$$Nu_f = qd/(\lambda_f \Delta T) \qquad (10\text{-}65)$$

冷却管进气口处空气温度为 $T' = 15$℃，出气口处温度为 $T'' = 110$℃，平均温度 $T_5 = 62.5$℃，冷却管内外温差为 $\Delta T = 636.3$℃，由式（10-64）计算并代入式（10-65），得 $Nu_f = 17.82$。

根据流体在管内受迫对流换热的准则方程有：

$$Nu_f = 0.023 Re_f^{0.8} Pr_f^{0.4} \varepsilon_l \varepsilon_t \qquad (10\text{-}66)$$

式中　Re_f——雷诺（Reynelde）准则数；

Pr_f——普朗特（Prandtl）准则数；

ε_l——管长修正系数，$\varepsilon_l = 1.08$；

ε_t——温差修正系数，$\varepsilon_t = (T_t/T_w)^{0.5} = 0.302$。

根据相关资料，查得 $Pr_f = 0.696$；空气的运动黏度系数 $\nu_f = 19.26 \times 10^{-6}$m²/s。由式

（10-66）　计算得 $Re_f = 19878.4$。由雷诺准则有：

$$Re_f = vd/v_f \tag{10-67}$$

式中　v——冷却介质（空气）的流速（m/s）。

　　由实验测得，采用 20mm 钢管单管送风时，$v_1 = 1.6\text{m/s}$；双管送风时，$v_2 = 3.7\text{m/s}$，接近理论计算值。因此确定，在铸件凝固期间采用双管送风，凝固后冷却降温期间采用单管送风。根据计算机凝固模拟计算，铸件全部凝固时间为 12h。确定强制冷却工艺为：从浇注结束后，立即开始双管送风，连续送风 10h，然后改为单管送风，再送风 8h，之后结束强制冷却。

　　采用上述强制冷却工艺，所生产的 600MW 汽轮机高压主汽调节阀。开箱清理后观察，内腔主芯部位基本无粘砂。粗加工后，经无损检测检测，满足图样对铸件的质量要求。这说明强制冷却工艺设计基本合理，冷却程度适度，达到了预期的目的。图 10-15 所示为粗加工后的阀体外观图。

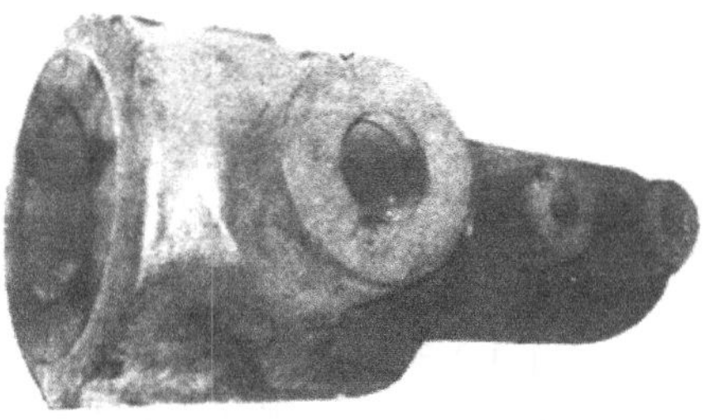

图 10-15　粗加工后的阀体外观图

2. 厚大断面大型球墨铸铁件

　　厚大断面大型球墨铸铁件由于凝固速度缓慢，易造成铸件内部元素偏析、球化衰退、石墨畸变、共晶团粗大、石墨漂浮等缺陷。采用冷铁往往因为冷却能力有限，达不到所需的激冷强程度，必然要采用强制冷却技术。下面以乏燃料容器的制造和强制冷却技术的应用为例进行说明。乏燃料容器是存储和运输核废料的承载容器，在我国对乏燃料容器的市场需求潜力巨大。乏燃料容器在我国无制造先例，对质量和安全性要求较高，从而对制造产生一定的难度。乏燃料容器罐体重为 25000kg，如图 10-16 所示，图 10-16b 所示扇形体为模拟试验件。由图 10-16 可见，铸件壁厚较大，属于厚大断面大型球墨铸铁件，还可看到铸件，尤其是内孔的散热条件极为恶劣，因而铸件容易发生球化衰退等缺陷，必须采用强制冷却。

　　（1）试验及模拟方法　由于铸件属于回转体，呈轴对称，故取断面的 1/4 扇形台体进行模拟，模拟件及其强制冷却系统见图 10-17。铸件的四个平截面可视为绝热面，采用绝热砖形成绝热环境，外圆表面采用挂砂冷铁，内圆表面采用石墨冷铁，中心处为冷却器。

　　（2）强制冷却系统　图 10-18 所示为强制冷却系统的结构。由该图可以看到，系统位于铸件的中心，也就是内孔中。冷却器呈圆柱形，位于内孔的中轴线上，空气循环系统为往复式系统，其结构见图 10-18 中 1 和 2 的相对组合。冷却介质为空气。

　　（3）强制冷却的实施　从铁液浇注后开始送风，并且在图 10-17 所示点 I～V 处进行测温，浇注后 6min，入口处温度为 30℃，出口处温度为 35℃，说明换热已经达到一定的程度。40min 后，出口处温度一直保持在 40℃，说明此时的换热已经达到稳定状态。此时，石墨冷铁内

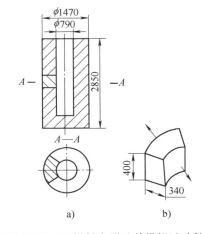

图 10-16　乏燃料容器及其模拟试验件
a）模拟件在罐体容器中的位置　b）模拟铸件

外侧温度差为30℃，至共晶凝固结束后，石墨冷铁内外侧温度差降为10℃。说明石墨冷铁具有一定的导热能力，受内挂砂层，也就是石墨与强制冷却系统之间挂砂层的影响，从铸件向内部强制冷却系统导热的能力具有一定的局限。石墨冷铁在10min时，外壁温度为900℃，在有强制冷却条件下，开始了稳定导热过程，内外温度差为140℃；至120min时，停止强制冷却，内外温度差就趋于0。这说明石墨冷铁的蓄热能力小，所以必须采用强制冷却来提高热导率。当浇注后40min时，铸件外圆处的挂砂冷铁的外侧温度为80℃，内侧温度为360℃，由测量数据得知，在整个共晶凝固期间，这两个测温点的温度差一直保持在100~200℃，说明挂砂冷铁在整个凝固期间一直具有很强的导热和蓄热能力。

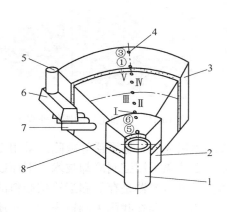

图 10-17　模拟铸件及其强制冷却系统
1—挂砂冷铁　2—石墨冷铁　3—冷却器　4—测温孔
5—直浇道　6—横浇道　7—内浇道　8—铸型

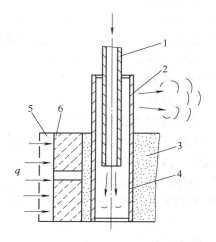

图 10-18　强制冷却系统的结构
1—空气导入管　2—空气导出管　3—铸型
4—冷却器　5—型腔　6—石墨冷铁

　　（4）试验结果分析　根据模拟铸件的五个点的温度曲线，可以确定这五个点的凝固时间。靠近挂砂冷铁处的V点的凝固时间为30min，靠近石墨冷铁处的Ⅰ点的凝固时间为40min，Ⅱ点的凝固时间为110min，Ⅲ点的凝固时间为130min，Ⅳ点的凝固时间为100min。由凝固时间的比较，可以发现由铸件外圆方向即挂砂冷铁方向的散热要比由铸件内孔方向的散热大些。铸件内的球化情况与位置的对应关系如图10-19所示，由图可见，球化情况最好的是V，也就是距挂砂冷铁最近的那一侧，其次是靠近石墨那侧，中心部位的球化情况相对来说稍差些。由此可以确定，在该试验条件下，凝固时间在2h左右，铸件球化情况良好。

　　通过模拟试验件的生产，获得了相应的数据和试验结果，即外挂砂冷铁具有很强的冷却能力，可以对铸件的外层壁厚进行冷却，凝固时间能够控制在所要求的范围内。中心石墨冷铁和强制冷却系统由于石墨的蓄热能力小，其导热能力相对金属而言要低些，还由于挂砂层导热和蓄热能力的制约，对铸件的内层壁厚的冷却能力略低些，可以通过减薄挂砂层的厚度或者将石墨冷铁换成金属冷铁等措施来解决，从而减少铸件的凝固时间，使之控制在所要求的范围内。

3. 精密铸造中铸件热节的强制冷却

　　精密铸造中冷铁的使用受到制约和限制，无法利用冷铁来控制凝固顺序、消除热节，同

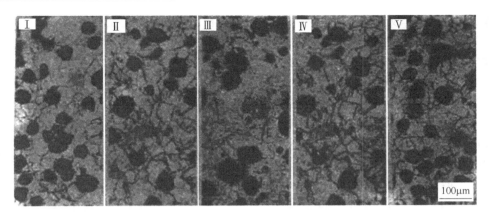

图 10-19　铸件内的球化情况与位置的对应关系

样冒口的使用也在某种程度上受到制约。因此，如果将强制冷却技术用于精密铸造，可以起到冒口和冷铁无法解决的特殊作用。

（1）局部水冷消除热节　局部水冷消除热节用于一些无法使用冒口和冷铁的精密铸件局部，如阀体、三通、四通、叶轮、泵壳、阀盖等。在图 10-20 所示的某阀体精密铸件中标示出的四个部位经常出现缩孔和缩松缺陷。对此在工艺中采用了局部水冷的强制冷却方法。操作过程中有两个难点，一是强制水冷的时间点，另一个是冷却水流量的控制。根

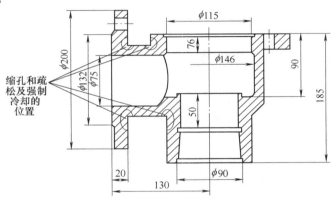

图 10-20　阀体铸件结构及缺陷与强制冷却的位置

据实验研究，获得了适宜的强制冷却工艺参数，生产出了质量合格的铸件。

（2）局部风冷消除热节　水的激冷强度比较高，激冷点位置的精确控制以及激冷强度控制的难度都比较大。采用强制风冷则成为较好的选择，送风量的控制，激冷位置的控制都相对容易一些，水冷的副作用也可以避免，操作也相对简单一些。图 10-21 所示蜗壳铸件在图中标示的部位产生缩松，采用控制点的水冷实现难度较大，因此采用局部风冷来进行强制冷却。根据铸件的结构将蜗壳的厚壁侧口朝下放置，铸件的下部设置强制风冷喷射器对厚壁区以及所示的部位进行强制冷却。可在浇注

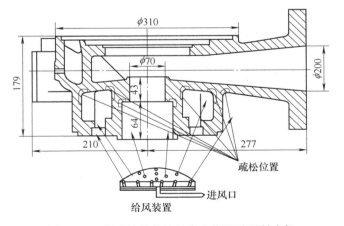

图 10-21　蜗壳铸件的缩松发生位置及强制冷却

后立即送风，至冒口处完全凝固后停风，风量控制在使壳的暗红色变得更暗。

（3）精密铸件内腔的强制冷却　一些铸件含有半封闭的内腔，容易形成热饱和，导致该部位铸件容易产生缩孔和缩松。采用外部风冷往往无法解决问题，这时就需要进行铸件半封闭内腔的强制冷却。图 10-22 所示的叶轮铸件有一个中心孔属于上述情况，当该孔的顶端设置冒口时，中心孔则变成半封闭内孔了。这时可以参考前文所述的实例，在铸件的内孔中设置内置式冷却器，并在制壳时预埋于孔中固定好，如图 10-22 所示。应该注意的是，孔的顶部是冒

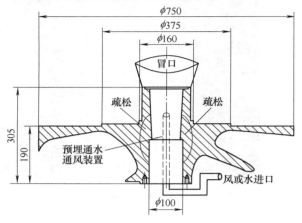

图 10-22　叶轮铸件预置强制冷却器及强冷示意图

口，不需要强制冷却，因此在预埋的喷管上不应有通向冒口的喷口。如果冷却器采用往复式，可将前段离冒口远一些。经过强制冷却，铸件的缺陷大大减少，质量得到提高。

10.4　快速成形技术在铸造中的应用

快速成形（Rapid Prototyping，RP）也称为增材制造（Additive manufacturing，AM），是 20 世纪 80 年代中期发展起来的先进制造技术。所制造的零部件具有材料的多样性、尺寸及其精度的高精确性、结构的复杂性、制造的高自动性及制造的快速性等特点。最大的特点就在于制造的高柔性，无需任何专用工具与工装，由零件的 3D 实体模型直接驱动设备完成零部件的成形制造。

10.4.1　快速成形的原理

快速成形的总的原则是将原材料有序的组织成具有确定外形和一定性能、一定功能的三维实体，即所需要的零部件。概括地讲，快速成形属于增材或者是去材的堆积成形，严格地讲是属于离散、堆积成形。通过离散获得堆积的路径、限制和方式，通过堆积材料而叠加起来形成三维实体，将 CAD、CAM、CNC、精密伺服驱动、光电子和新材料等先进技术集成于一体。首先由 CAD 构造零件的 3D 实体模型，然后进行分层切片，获得各层的堆积区域及轮廓。按照这些区域及轮廓进行堆积，堆积的方法可以是固化一层层的液态树脂，还可以是烧结一层层的粉末材料，或者是喷射源选择性地喷射一层层的黏结剂或热熔材料，形成各个层面，直至堆积成 3D 产品。快速成形与传统加工的区别如图 10-23 所示。

1. 快速成形的工艺过程

快速成形过程如图 10-24 所示，分为以下几个过程：

（1）构造三维模型　需要用三维系统软件设计所制工件的 3D 实体模型，以便于系统进行各类后续操作指令。其中三维系统软件在本章前文中已经做过介绍，在三维实体造型过程中目前已经有三维扫描仪可以使用，该仪器采用非接触式测量，并利用结构光技术、低频脉冲波技术，实现了扫描的快速化、扫描数据的编程化，从而实现了工件实物向工件模型的快

速转化，提高了效率。

（2）三维模型的近似处理 在加工之前需要对一些不规则的自由曲面进行近似处理，最常用的方法是用一系列小的三角形平面来逼近自由曲面。每个三角形用三个顶点坐标和一个法向量来描述。三角形的大小可根据被近似的曲面的曲率来调整，从而得到不同的曲面近似程度。经过上述近似处理，获得三维模型文件，即 STL 格式文件，是由一系列相连的空间三角形组成。典型的三维系统软件或 CAD 软件都有转换和输出 STL 格式文件的接口，但有时输出的三角形会有少量错误，需要进行局部的修改。

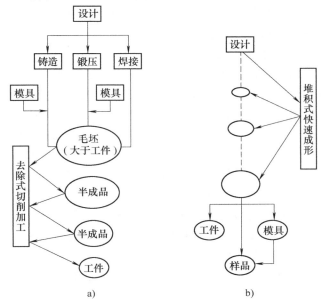

图 10-23 快速成形与传统加工的区别
a）传统加工 b）快速成形

（3）三维模型的切片处理 在加工之前必须从三维模型上沿高度方向一定的间距进行切片处理，以便于提取截面的轮廓。层与层之间的间隔的大小按精度和生产进度要求确定，间隔越小，精度越高，但是生成的时间就越长。切片软件由各软件系统附带，可根据工件的三维模型自动提取所截取断层的轮廓。

（4）截面的加工 根据切片处理的截面轮廓，RP 系统的成形头在截面内按轮廓进行固化树脂、烧结粉末或者喷射黏结剂和热熔材料，得到一层一层的堆积截面。

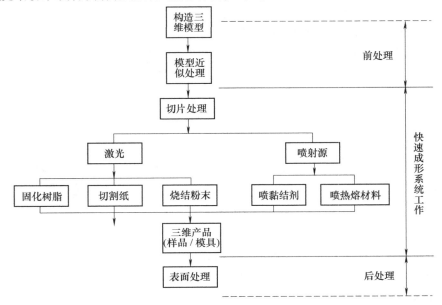

图 10-24 快速成形过程

（5）截面叠加　每层的截面生成后进行成形头的纵向移动，再进行下一层材料的堆积，如此往复直到最终形成所要的 3D 工件。

（6）后处理　对成形产品进行打磨、抛光、涂挂，或者放入焙烧炉中进行烧结（对于陶瓷材料），以形成最终产品。

2. 快速成形的主要成形方法

到目前为止已经有十几种快速成形技术相继产生，可分为两大类：一类是基于激光或其他光源的成形技术，另一类是基于喷射的成形技术。前一类包括：立体光刻（SLA）、分层实体制造（LOM）、选择性激光烧结（SLS）、形状沉积制造（SDM）等；后一类包括：熔积成形（FDM）、3D 打印（3DP）等。下面就几种比较典型的成形方法进行详细说明。

（1）熔积成形（Fused Deposition Modeling，FDM）　熔积成形也称为丝状材料选择性熔覆，其原理如图 10-25 所示。采用热塑成形材料丝为原料，该原料可以是铸造石蜡、尼龙（聚酯塑料）、聚乳酸（PLA）、ABS 塑料，由计算机控制的喷头挤出熔融状态的热塑材料，并在喷头中进行加热和熔化。挤出的材料被选择性地涂覆在原型的每一层，整个模型从基座开始，由下而上逐层生成，最终生成三维产品。该方法的关键是保持半流动成形

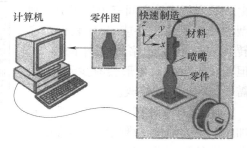

图 10-25　FDM 成形原理

材料刚好在凝固点上，通常控制在高于凝固温度几摄氏度，以保证半流动熔丝材料从喷嘴中挤出，并很快凝固，形成精确的薄层。该方法适合于小塑料件的成形，制件的翘曲变形小，但需要设计支撑结构。为了克服充填式扫描成形时间较长的缺点，可采用多个喷头同时进行涂覆，以提高成形效率。

（2）立体光刻（Stereolithgraphy Apparatus，SLA）　立体光刻是由美国 3D Systems 公司推出的快速成形装置，也称为液态光敏树脂选择性固化或者光固化成形、立体印刷、激光立体造型、光造型等。目前该方法中的光源不再是单一的激光光源了，其他的光源也开始投入应用，如紫外线光、高能量密度可见光等。成形材料为光敏树脂，该类树脂对某些特种光束具有敏感性。该方法可分为自由液面式立体光刻成形和约束液面式立体光刻成形两种。

1）自由液面式立体光刻成形如图 10-26 所示。其成形过程为：液槽中盛满光敏树脂，一定波长的激光光束按计算机的指令在液面上有选择地逐点扫描固化，每层扫描固化后的树脂便形成一个二维图形层。一层扫描后，升降台连基板下降一层，然后进行下一层扫描，同时新固化层是在前一层结合面上进行的堆积和固化。如此往复直至整个成形过程结束。

2）约束液面式立体光刻成形如图 10-27 所示。其成形过程为：光从下面往上照，成形工件倒置于基板上，即最先成形的截面层位于最上方。每层加工完之后光源装置保持不动，z 轴向上移动一层距离，液态树脂充满刚刚移动而腾出的已固

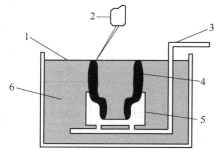

图 10-26　自由液面式立体光刻成形

1—液面　2—激光扫描头　3—升降台
4—工件　5—工件支撑结构　6—液态光敏树脂

化层与底板之间，然后进行下一层的固化。如此往复直至整个成形过程结束。约束液面式方法与自由液面式相比可以提高零件的尺寸精度，无须使用挂平树脂的机构，大大缩短了成形时间。

立体光刻法适合于小件，制成品为塑料制品，表面粗糙度值较低，尺寸精度也较高。缺点是：①需要设计支撑结构，以保证每一个结构尤其是悬空结构能够固定和定位；②成形过程中成形材料有相变发生，翘曲变形较大，也可以通过支撑结构加以改善；③原材料有污染，且使皮肤过敏。

（3）选择性激光烧结（Selected Laser Sintering，SLS）　选择性激光烧结是由美国 Texas 大学 Deckard 于 1986 年提出的思想，并于 1989 年获得第一个 SLS 技术专利，于 1992 年由 DTM 公司推出 Sinterstation2000 系列 SLS 成形机。其原理如图 10-28 所示。其成形过程为：由程控先在基板上铺一层粉末成形材料，然后用滚筒将粉末滚平、压实。每层粉末的厚度均应与切片层相对应。各层粉末在上序进行后，激光束按当前层的切片轮廓选择性地进行烧结，烧结层与基体或上一个烧结层相结合，未被烧结的粉末仍留在原处，起支撑作用。如此往复，直至整个工件成形。选择性激光烧结工艺流程如图 10-29 所示。

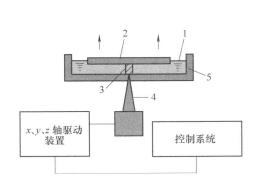

图 10-27　约束液面式立体光刻成形
1—光敏树脂　2—造型平台　3—柱状
固化部位　4—激光束　5—树脂槽

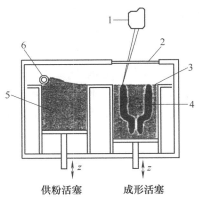

图 10-28　选择性激光烧结原理
1—激光二维扫描头　2—激光窗　3—加工平面
4—生成的工件　5—原料粉末　6—铺粉滚筒

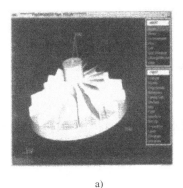

a）

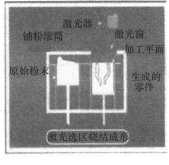

b）

c）

图 10-29　选择性激光烧结工艺流程
a）原型工件数模实体　b）SLS 成形　c）成形工件

SLS法适合于中小型零件的成形，能直接制造出蜡模、塑料、陶瓷和金属制品。零件的翘曲变形比SLA小，但仍需对容易发生变性的部位设计支撑结构。对于实心的零件烧结时间比较长，可烧结覆膜陶瓷粉和覆膜金属粉，然后再进行烧结，以去除其中的黏结剂，并在孔隙中渗入填充物，如铜等。该方法的最大优点是适用材料很广，几乎所有粉末都可以适用，因此可以进行各种材料原型的成形。

（4）分层实体制造（Laminated Object Manufac-turing，LOM）　分层实体制造也称为箔形材料选择性切割，是由Michael Feygin于1984年提出的，并于1985年组建Helisys公司，在1992年推出了第一台商业机型LOM-1015。其成形过程是：根据工件的3D模型，进行实体的切片。纤维箔形材料的底面涂有热敏胶，从最底层开始，送进机构将箔形材料铺上，并用热压辊碾压，使其粘附在基板或已经成形的基体上。激光头进行切割，切出该层的轮廓，然后再进行下一层的成形。如此往复直至整个工件制

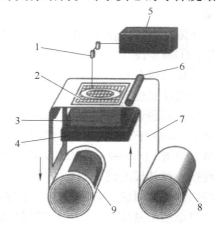

图 10-30　分层实体制造原理
1—x-y定位仪　2—外形及剖面线　3—制成块
4—平台　5—激光器　6—热压滚筒　7—原料片
8—原料卷　9—回收卷

作完成。分层实体制造原理如图10-30所示，成形工艺流程如图10-31所示。加工完成后，需用人工方法将原型工件从工作台上取下，去掉割下的余料，即可获得所要的原型工件，还需要进行抛光、涂漆、干燥，然后才算完工。

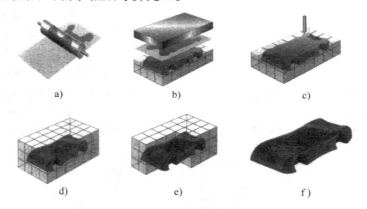

图 10-31　分层实体制造工艺流程
a）铺纸　b）压紧粘合　c）切割轮廓线　d）切割完成　e）剥离　f）完成

分层实体制造适合于大件或中型工件的成形，翘曲变形小，成形时间短，但尺寸精度不高，材料浪费大，且清除余料比较难。

（5）3D打印（Three Dimensional Printing，3DP）　3D打印也称为粉末材料选择性黏结，是麻省理工学院Emanual Sachs等人研制的，后被美国Soligen公司以DSPC（Direct Shell Pro-duction Casting）名义商品化，用以制造铸造用陶瓷壳和芯子。该方法与选择性激光烧结相类似，采用粉末材料成形，如石膏、陶瓷、工业淀粉等。所不同的是粉末不是靠烧结连接起

来的，而是靠喷头将黏结剂印刷在粉末上面。该方法的工艺原理是将粉末由粉末桶送出，再用滚筒将送出的粉末在加工平台上铺上一层很薄的粉末层，喷嘴根据 3D 模型切片后的数据轮廓在轮廓内喷出黏结剂，使粉末黏结。粉末黏结后工作台下降，储料桶上升，刮刀从升高了的储料桶的上方把粉末推至工作平台并把粉推平，再喷黏结剂。如此循环直至原型工件完成。其工艺流程如图 10-32 所示。成形后工件尚完全被埋于粉末中，需要小心地将工件从工作台中取出，再用手持风枪将工件表面上的粉末吹走，然后再进行后续工序。

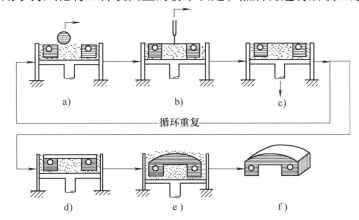

图 10-32　3D 打印工艺流程
a) 铺粉　b) 单层打印　c) 活塞下降　d) 中间阶段　e) 打印最后一层　f) 零件成品

　　3D 打印技术除了可使用上述粉末以外，还可以使用金属粉末、铸造用砂、陶瓷粉末等。打印后还需要进行终处理，包括：表面涂蜡、乳胶或环氧树脂，以提高工件的强度。还可以通过烧结去除工件中的黏结剂，然后在高温下渗入金属，从而提高工件的强度。

10.4.2　快速成形与铸造成形

　　将快速成形这一新兴技术与传统铸造工艺相结合，是铸造技术发展的新途径，提高了铸造生产的柔性，具有积极的意义。快速成形在铸造领域的应用体现在两个方面：一方面是直接用于制造铸型或型壳，称为直接铸造成形；另一方面，是用于生成模样，再用模样间接进行造型、制壳等，称为间接铸造成形。快速成形铸造技术以快速成形代替传统的铸造模式，主要应用于模样的制造上，可实现任意形状、任意结构模样的制造，具有周期短、精度高、快速响应的特点，适合于多品种少批量的生产情况。

10.4.3　直接铸造成形

　　直接铸造成形是指采用快速成形技术制造铸型或型壳，再利用所制铸型或型壳直接进行浇注成形。这一过程也称为无模铸造（Patternless Casting Manufacturing），所对应的传统铸造方法是壳型铸造、陶瓷型铸造、熔模铸造和石膏型铸造，具体的工艺流程如图 10-33 所示。

1. 壳型铸造

　　传统的壳型铸造是在造型机中进行壳型的制造，原料为树脂覆膜砂，利用造型机将壳型进行紧实，然后工作面加热，形成壳型。根据壳型铸造的工艺特点，可以进行壳型铸造的快

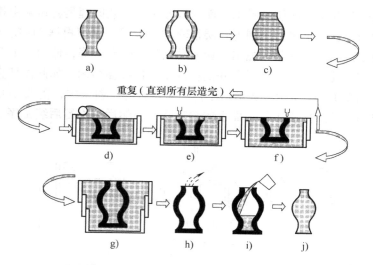

图 10-33　无模铸造快速成形工艺流程

a）零件数模　b）铸型或型壳数模　c）分层生成及扫描路径　d）上表层铺砂
e）喷射黏结剂　f）喷射固化剂　g）成形完毕　h）清除干砂　i）浇注　j）铸件

速成形方法包括：选择性激光烧结（SLS）和3D打印（3DP）。

（1）SLS法　SLS法比较适合进行覆膜砂的壳型成形，原材料同样是树脂覆膜砂，具体的成形过程是：首先将一个零件建立三维实体模型，然后转换成STL文件格式，以便进行CAD模型数据处理。CAD模型数据处理主要包括分层、轮廓编辑等。由于SLS工艺是将铸件分割成一层层的断面进行加工，因此，要用软件对STL文件格式的模型进行切片，以便提取铸件的断面轮廓。将每一片层的数据传到自动成形机上，逐层固化覆膜砂，完成对零件模型的烧结。

在切片过程中，由于断面上一些部位可能暂时处于孤立位置，影响快速成形时这些部位的稳定性，因此要进行加固处理，例如增加一些细柱状或肋状支撑结构，以保证固化时，固化断面均处于稳定状态。还可以采用以下工艺原则来处理这一问题。

1）第一层烧结面积不能太小。如图10-34所示，A点处烧结面积接近零，如果烧结面积太小，由于定位不稳固，受加砂和刮平过程的摩擦作用，容易使已烧结的型砂发生移动甚至脱落，从而影响铸型和芯子的尺寸精度。

2）铸型和芯子要尽量避免"倒梯形"结构，以免翘曲变形。

3）不允许烧结过程中突然出现烧结孤岛现象。SLS成形过程的烧结孤岛如图10-35所示。由于孤岛没有"底部"固定，容易在粉料的刮平过程中发生移动。这种情况在型和芯的整

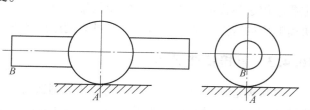

图 10-34　第一层与基面接触面积过小的情况

体烧结时常会出现，此时应考虑铸型和芯子工艺的其他设计方案。

4）要避免悬臂式结构。图10-34所示结构的中间为球体，球体两侧为同心等径圆柱体，

在烧结该圆柱体的过程中，在 B 点，即圆柱体的底部出现悬臂，此时对烧结制件的精度影响较大。由于悬臂处的固定不稳固，除了在悬臂处易发生翘曲变形外，刮平时还容易产生烧结砂块的受力移动，因此，在烧结类似上述结构的铸型或芯子或者制件时，最好在中心线处分为两半，从中心线处即分型或分芯面处开始烧结，该平面直接坐落于基面上。最后由两半铸型或芯子黏结成整体铸型或芯子。

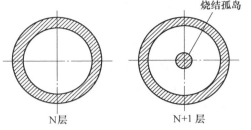

图 10-35　SLS 成形过程的烧结孤岛

SLS 方法中的黏结剂可采用热塑性酚醛树脂，其技术指标见表 10-4，覆膜砂的配比见表 10-5。该配比为基本配比，为了使覆膜砂更适合快速成形，并且改善覆膜砂的使用性能，需要向基本配比中加入改性剂，其配比见表 10-6。

表 10-4　热塑性酚醛树脂技术指标

软化点/℃	游离酚（质量分数，%）	聚合速度/s	常温拉伸强度/MPa	热态拉伸强度/MPa
91	3.1	53	2.1	0.9

表 10-5　覆膜砂的配比

硅砂粒度/目	配比（质量份）				覆膜工艺
	石英砂	树脂	固化剂	润滑剂	
140~200	100	3.5	0.35	0.14	热法

表 10-6　改性剂配比

添加剂名称	聚酰胺	邻苯二甲酸二丁酯	γ-氨基丙基三乙氧基硅烷	苯甲酸
加入量（质量分数，%）	10	3	0.8	1
作用	增强剂	增塑剂	偶联剂	促硬剂

（2）3DP 法　3DP 法与上述 SLS 法相类似，不同之处在于粉末的黏结方式上。3DP 法主要是依靠液态黏结剂进行黏结，采用喷射方法将黏结剂喷射到粉末上，使粉末黏结固化。

型砂对铸件的成形质量有重要的影响，铸造工艺对型砂的要求主要体现在耐火度、化学稳定性、热化学稳定性和经济性等方面，一般采用硅砂。树脂砂工艺对原砂的要求包括：粒度、粒度分布、粒形、含泥量、含水量和 SiO_2 含量。3DP 工艺对原砂的要求除了上述内容外还有一些特殊要求，主要体现在粒度和粒形这两方面。

粒度的选择主要从三个方面考虑：

1）铸件的表面质量。型砂越细，铸型表面就越平整，对金属液的冲刷抗力就越好，因此较细的型砂粒度有利于提高铸件的表面质量。

2）铸型的透气性。型砂的粒度越小，透气性就越低，反之则越大。一般对铸型的透气性有一定的要求，应处于适宜的范围。

3）型砂的黏结强度。型砂的粒度越大，其比表面积就越小，当树脂加入量一定时，砂粒表面包覆的树脂膜就越厚，砂粒之间黏结桥的截面面积也越大，这将使黏结强度增大。但是同时，砂粒越大，一定重量的原砂中颗粒的数量就越少，砂粒之间的接触点就会越少，这又会使型砂的黏结强度下降。一般来说，对于颗粒尺寸小于 0.2mm，即尺寸小于 75 目的原砂，比表面积的影响要大于黏结桥的影响，即在这一粒度级别下，原砂的粒度越大，将会使铸型的强度提高。

综合上述三个方面的考虑，原砂粒度应为 0.15mm，即 100 ~ 120 目。

圆形砂比其他粒形砂能够获得更高的紧实度，砂粒的实际比表面积也较小，能够获得的铸型强度也越高，因此粒形应选用圆形。

树脂砂造型对型砂的其他要求见表 10-7。SiO_2 含量是较为重要的指标，关系到型砂的耐火度、化学稳定性、热化学稳定性等指标，含量越高，上述指标就越好。一般品质较好的天然石英砂都能达到该含量指标，如平潭砂、东山砂、海城砂、大林砂等。

表 10-7　树脂砂造型对型砂的其他要求

项目	含泥量质量分数(%)	含水量质量分数(%)	酸耗值质量分数(%)	微粉含量质量分数(%)	pH 值	SiO_2 含量质量分数(%)
指标	≤0.2	≤0.2	≤5	≤0.5	≤5.5	≥94

黏结剂主要是呋喃树脂，其基本成分是糠醇，可分为糠醇树脂、脲醛呋喃树脂、酚醛呋喃树脂和甲醛呋喃树脂。综合各方面的性能指标和价格，推荐使用酸硬化呋喃树脂。表 10-8 为国内某厂生产的糠醇脲醛树脂的性能指标，树脂的型号是 ZFS3.0N-A-0.4。

表 10-8　糠醇脲醛树脂的性能指标

项目	密度/(g/cm³)	黏度(20℃)/MPa·s	pH 值	游离甲醛含量(体积分数,%)	氮含量(体积分数,%)	抗拉强度(24h)/MPa
指标	1.15 ~ 1.18	18	6.5 ~ 7.5	≤0.2	≤3.0	≥2.2

催化剂也称为固化剂，呋喃树脂的催化剂可选用磷酸、硫酸乙酯、有机磺酸和对甲苯磺酸等。催化剂的不同，除了产生不同的固化速度外，还将导致固化后树脂砂的强度的不同，表 10-9 为各种催化剂与树脂砂型强度的关系。综合考虑上述各种因素，推荐选用对甲苯磺酸作为 3DP 快速成形催化剂，其基本性能指标见表 10-10，该助剂的型号为 GS03。

表 10-9　各种催化剂与树脂砂型强度的关系

催 化 剂		苯磺酸水溶液	对甲苯磺酸水溶液	硫酸乙酯	磷酸
不同固化时间的强度 /MPa	2h	0.75	0.35	0.68	0.18
	24h	1.812	3.09	2.35	2.83

表 10-10　对甲苯磺酸的基本性能指标

项目	密度/(g/cm³)	黏度(20℃)/MPa·s	总酸度(以 H_2SO_4 计,%)	游离硫酸含量(质量分数,%)
指标	1.2 ~ 1.3	10 ~ 30	24 ~ 26	7.0 ~ 10.0

偶联剂加入树脂中可大大提高型壳的强度。对于呋喃树脂，可选用 γ 氨基丙基三乙氧基硅烷作为偶联剂。

3DP 型壳的材料配比见表 10-11。其中黏结剂为呋喃树脂，催化剂为对甲苯磺酸，偶联剂为 γ 氨基丙基三乙氧基硅烷。

表 10-11　3DP 型壳的材料配比

原材料名称	硅砂	黏结剂	催化剂	偶联剂
加入量（质量份）	100	2 ~ 3.5	0.35 ~ 0.4	0.2 ~ 0.3
备注	100 ~ 120 目			占树脂的质量百分比

2. 陶瓷型铸造

传统的陶瓷型铸造是采用陶瓷粉料做骨料，硅酸乙酯水解液做黏结剂，通过凝胶胶连成陶瓷铸型，进行后序处理后即可浇注成形。快速成形技术中可用于陶瓷型铸造的方法包括：3D 打印（3DP）和分层实体制造（LOM）。

（1）3DP 法　陶瓷型铸造法包括两种方式：一种是粉料和黏结剂分离式，将打印层用粉末铺好，喷头按打印层的轮廓信息选择性喷射，使粉末黏结，形成截面层，再进行下一层的打印，直至形成完整工件。该方法所使用的粉料就是通常陶瓷型铸造所使用的粉料，黏结剂也是陶瓷型铸造所使用的黏结剂，不同之处是黏结剂中催化剂所控制的凝胶时间，应根据具体的层间 3D 打印循环周期来进行调整。另一种是浆料式，其原理是选取传统陶瓷型铸造用耐火粉料做骨料，仍选取硅酸乙酯水解液做黏结剂配制浆料，用成形机将配制好的浆料按原型工件的 3D 模型的切片轮廓进行逐层喷涂直至完成成形。

对于前一种方法，即粉料和黏结剂分离式方法，耐火粉料的材料种类、粒度、粒度组成及其他要求与传统陶瓷型铸造基本相同。就其种类而言，包括直接用作与铸件相接触的用来制作浆料的陶瓷粉料，如刚玉粉、锆砂、碳化硅、铝矾土、硅砂、煤矸石等。还包括底套用耐火材料，如硅砂、石灰石砂等。表 10-12 为用于快速成形陶瓷型铸造的一种硅石粉料的粒度组成。

表 10-12　硅石粉的粒度组成

粒径/mm	0.600 ~ 0.300	0.300 ~ 0.150	0.530
质量分数（%）	15	30	55

用于快速成形陶瓷型铸造的黏结剂主要是硅酸乙酯水解液和硅溶胶。与陶瓷型铸造相同，快速成形陶瓷型铸造使用的硅酸乙酯黏结剂为其水解液，其配比见表 10-13。硅溶胶黏结剂浆料的配制与硅酸乙酯类似，可参照第 8 章中的相关内容来配制。

表 10-13　硅酸乙酯水解液的配比

材料名称	硅酸乙酯	无水乙醇	盐酸	蒸馏水
加入量（质量分数,%）	58.1	32.5	0.5 ~ 0.6	8.75

催化剂选用粉末状的 $Ca(OH)_2$ 和 MgO。增稠剂采用有机膨润土和聚乙烯醇缩丁醛，即 PVB 复合添加。

浆料的成分配比见表 10-14。浆料的制备工艺可参照第 8 章中的相关内容。

对于后一种方法，即浆料式方法，要求粉料的粒度更加细小，以免造成喷嘴的堵塞，粉料的粒度为 320 目或以上。浆料的配比及制备工艺可参照第 8 章中的相关内容。

（2）LOM 法　陶瓷材料可选 Al_2O_3 或 ZrO_2，采用轧膜法制备陶瓷片材。下面以氧化铝为例进行说明。Al_2O_3 的纯度可以选 96%，平均粒度为 $2\mu m$，黏结剂为 7%（质量分数）的 PVB，片材厚度为 0.7mm，密度 $2.34g/cm^3$，厚度均匀。

表 10-14 浆料的成分配比

材料名称	硅石粉	催化剂	粉液比/(g/mL)	增稠剂
加入量（质量份）	100	2~3	2~3	1
备注	粒度组成见表 10-12	MgO	硅酸乙酯水解液	有机膨润土

对制备工件进行实体造型，获得格式为 STL 的文件，根据 STL 文件进行工艺编制。然后对模型实体进行分层，生成单层的控制指令，通过数控卡控制硬件的各种动作，加工零件。因为陶瓷片材强度低且脆，所以对陶瓷片材进行单层加工，然后手动黏结、搬运。

陶瓷烧结之前要将坯体中的黏结剂去除，主要的参照依据是材料的热分析结果。脱脂之后进行烧结，其烧结工艺视具体材料而定。图 10-36 所示为 Al_2O_3 陶瓷坯片的 TG-DTA 分析。脱脂工艺在 240~520℃加热时缓慢升温，烧结温度为 1580℃。

陶瓷件烧结后，尺寸要发生变化。LOM 工艺的原料是陶瓷片，陶瓷片通过黏结剂结合在一起，所以尺寸和性能的变化在各个方向是不一样的，表现为各向异性。陶瓷片在烧结过程中，x、y 方向（垂直于厚度 z 方向）的收缩阻力较大，因而收缩比较小。在 LOM 工艺中，层间结合依靠的是有机黏结剂，密度较低，烧结时有机物挥发去除，所以相比单层陶瓷片，烧结后收缩略大。具体结果为：厚度方向

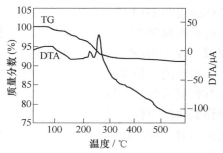

图 10-36 Al_2O_3 陶瓷坯片的 TG-DTA 分析

线收缩率为 34%，单层平面方向线收缩率为 5%，多层平面方向线收缩率为 8%。对所制陶瓷型取样进行三点抗弯强度试验，力学性能表现为各向异性：当载荷方向平行于厚度方向时，陶瓷试样的抗弯强度较低，为 145MPa；当载荷方向垂直于厚度方向时，抗弯强度较高，为 228MPa。这是因为陶瓷片之间的结合力不强所造成的。陶瓷材料烧结前后的密度变化率为 65.4%~97.1%。烧结后的密度不是很高，这也是造成材料抗弯强度不高的原因之一。测定陶瓷材料的维氏硬度，硬度值为 391HVS。

从整个成形过程来看，采用 LOM 法 Al_2O_3 陶瓷型铸造，铸型的强度取决于烧结工艺，适宜的烧结工艺有利于铸型强度的提高。就方法而言，相对于其他快速成形方法，LOM 法具有更高的效率，缺点是有一定的变形，需要以适宜的工艺来加以控制。

3. 石膏型铸造

硅膏型铸造类似于熔模铸造，只是用石膏型代替了熔模铸造的型壳，用 3D 打印方法直接将石膏型打印出来，然后浇注铸件成形。3D 打印原理是将黏结剂喷射在粉末层上，使部分粉末黏结形成截面轮廓。这个过程包括：①液滴的形成；②液滴的喷射和冲击；③液滴的润湿和毛细渗透；④粉末的固化黏结。液滴与粉末平面作用过程如图 10-37 所示。

（1）材料体系 包括合适的粉末材料、与之相匹配的溶液及后处理材料。粉末材料要求颗粒小、均匀，无明显团聚，流动性好，能铺成薄层。在溶液喷射冲击时，材料不产生凹陷、溅散与孔洞，与溶液作用后能很快固化。溶液则要求性能稳定，能长期储存，对喷头无

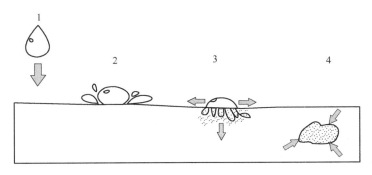

图 10-37　液滴与粉末平面作用过程

腐蚀作用，黏度足够低，表面张力高，以便按预期的流量从喷头中挤出，且不易干润，能延长喷头抗堵塞时间。此外，所使用的材料都应保证无毒、无污染。3D 打印快速成形的粉末材料类型很广，可以是陶瓷、金属、塑料、石膏或复合材料。

对于石膏型，使用的粉末材料主要为石膏粉，具有成形速度快，成形精度和强度高，价格低廉，无毒无污染等优点。可选择高强石膏粉末作为基材。石膏是一种含有半个结晶水的气硬胶凝材料，与水作用时形成二水石膏晶体，随着其中自由水的排除，制件能达到相应的强度。石膏粉的粒度为 200 目，其颗粒的平均直径为 75μm。在 3D 打印快速成形中，需要在石膏粉末中加入一定的添加剂，如黏结剂、速凝剂、分散剂、增强剂等。可选择一定量的聚乙烯醇作为黏结剂，少量无水硫酸钙作为速凝剂，以少量白炭作为分散剂来提高粉末的流动性，在试验中取得了良好的效果。与上述粉末相匹配的是水基溶液，溶液以蒸馏水为主，其中加入少量的黏结剂、增流剂、湿润剂、潜溶剂、表面活性剂等物质。

（2）配比　粉体材料的配比见表 10-15。水基溶液中蒸馏水的质量分数大于 95%，其他成分适量。

表 10-15　粉末材料的配比

组元	石膏粉	聚乙烯醇	白炭
质量分数（%）	83.5	16	0.5

（3）石膏凝固时间的控制　主要取决水机溶液中黏结剂的加入量，如硅溶胶的加入会对石膏的凝固时间产生影响。硅溶胶的加入量与凝固时间的关系如图 10-38 所示。

（4）工艺过程　需要将铺粉厚度、喷头扫描速度、喷射流量等参数进行合理的配置，并与粉末以及溶液的配比相结合，必要时可预先进行工艺试验。

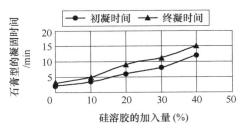

图 10-38　硅溶胶的加入量与凝固时间的关系

10.4.4　间接铸造成形

间接铸造成形是指采用快速成形技术预先生成蜡模或塑料模，再由该类模样制壳或造型生成型壳或铸型，然后再用型壳或铸型进行铸造。间接铸造法包括熔模铸造和砂型铸造。

1. 熔模铸造

用于熔模铸造的快速成形方法有：立体光刻（SLA）、选择性激光烧结（SLS）、熔积成形（FDM）和分层实体制造（LOM）等。采用上述方法进行熔模铸造，与传统方法相比，大部分工序基本相同，不同之处主要是前面几道工序。例如传统的熔模铸造的前几道工序为：压型设计→压型制造→压蜡模→组焊模组→模组表面活化→制壳，采用快速成形方法的前几道工序为：工件的数模造型→快速成形工艺设计→制作蜡模或高分子材料模→模的表面处理→压蜡模→组焊模组→模组表面活化→制壳。还有一个不同的工序，就是上述工序之后的脱蜡工序，蜡模一般采用蒸汽脱蜡，而高分子材料模则需要采用高温加热的方法去除。

（1）制模材料　常用的制模材料见表10-16，表中参考尺寸和扫描精度与快速成形设备的规格相关，不同的设备上述参数有所不同。

表10-16　常用的制模材料

方法	制模材料	模样参考尺寸/mm	扫描精度/mm	层片厚度/μm
SLA	光固化树脂	1000×800×500	±（0.1~0.2）	80~254
SLS	蜡、热塑性树脂粉末	305×305×381	±0.2	60~127
FDM	蜡、ABS树脂、尼龙丝	241×241×254	±0.127	50~254
LOM	专用纸	508×763×508	±0.1	94~188

（2）制模的后处理　快速成形后，原型即模样或蜡模表面比较粗糙，内部空隙较多，需要进行后续处理。后处理工序包括：固化、修补、打磨、抛光和表面强化处理。

对于快速成形（除了LOM）后的原型即模样或蜡模，需要进行表面浸蜡，浸蜡后再进行表面抛磨处理后即可。

对于采用LOM方法制作的原型，可以先清理制造过程中未剔除的小方格废料。对于深腔结构、不通孔、内螺纹、内花键、斜向孔等的废料去除较困难，而且成形过程的温度控制对于该过程也有较大影响，温度过高往往导致热熔胶溢流，渗入切割区造成废料粘连，不易去除，可以采用压缩空气吹掉上述多余物，或手工剥离。对于以蜡料作为支撑材料，以熔点高于成形材料的其他材料，也可以采用加热的方式剥离，可采用蒸汽或热水加热方式使蜡料支撑结构熔化。还可以利用设备的切割装置在多余部位切割出一定密度的网格，以便于剥离。剥离后进行抛光，最后是浸蜡，以提高原型模样的表面质量。

快速成形后的工件表面如果有明显的小缺陷时，应进行修补，可以用热熔塑料、乳胶与细粉料调合成腻子，然后用砂纸或抛光轮进行打磨和抛光。

2. 陶瓷型和石膏型铸造

与熔模铸造相类似，不同之处在于陶瓷型和石膏型铸造还需要制作一个底套模样来限制复合方式铸造的陶瓷层或石膏层的厚度，底套模样在铸件模样制作出来以后，采用简易方法用手工制成，可制成砂型。还有一个不同之处是，不同的造型材料、不同的制模工艺和不同的铸造方法都会对最终的模样、蜡模及铸件产生影响。三种采用快速成形的及其铸造的对比见表10-17。

3. 砂型铸造

砂型铸造可采用快速成形制作模样或芯盒，然后由制作的模样或芯盒进行造型或制芯，最后浇注成形。对于砂型铸造，可采用的快速成形方法包括：立体光刻（SLA）、选择性激光烧结（SLS）、熔积成形（FDM）和分层实体制造（LOM）等。

表 10-17   三种采用快速成形的铸造方法对比

铸造方法	能够铸造的铸件			铸件质量		成形性	脱型或脱壳性
	尺寸	复杂性	壁厚/mm	精度	表面粗糙度 $Ra/\mu m$		
石膏型铸造	特大、大、中、小	高	1 局部 0.5	高	0.8 ~ 3.2	石膏型成形性好，铸件成形性也好	好
熔模铸造	中、小	较高	1.5	高	0.8 ~ 3.2	生产周期长，铸件成形性好	较差
覆膜砂铸造	大、中、小	不高	>2	中	≈6.3	成形工艺简单，铸件成形性好	好

（1）制模材料   对于不同的快速成形方法，间接铸造所使用的制模材料有所不同，见表 10-18。

表 10-18   间接铸造所使用的制模材料及形态

成形方法	SLA	SLS	FDM	LOM
材料形态	液态	粉末	固态丝	纸、箔
材料名称	光固化树脂	高分子粉末、金属粉末	ABS、PE、PP、PVC	纸、塑料 + 黏结剂、陶瓷箔 + 黏结剂

（2）金属模样或芯盒的制造   可采用 SLS 法制造金属模样或芯盒。首先将金属粉末，如不锈钢粉等，进行树脂覆膜，然后烧结成形，在真空炉中进行脱脂处理，在 900℃（不锈钢粉）下进行预烧结，在真空中对预烧结后的模样或芯盒进行渗金属处理，所渗的金属为铜或锌。渗后模样或芯盒的致密度，尤其是工作表面的致密度得到较大的提高，再经过打磨和抛光处理，即可得到所需要的金属模样或芯盒。

（3）模样的线收缩率   所设计的模样应包括两种线收缩率，一种是金属材料的线收缩率，另一种是制模材料的线收缩率，模样的线收缩率应该是两者的叠加。金属材料的线收缩率见表 2-12。制模材料的线收缩在成形过程中一般都能得到释放，快速成形的模样往往就是所需要尺寸的模样，例如 ABS 的线收缩率约为 3.5%，用该材料的粉体采用 SLS 方法进行快速成形，实际上制作出来的模样已经不含 ABS 的收缩了，制作模样时，只需要考虑金属材料的收缩即可。

（4）成形过程   首先要将铸件进行实体造型，生成铸件的模型。如果需方直接提供模型铸件，则这一过程即可省略。然后进行铸造工艺设计，接下来根据工艺设计后的模型实体进行选择，确定哪些部位或实体需要快速成形。如一般冒口都不需要通过快速成形的方式生成，而是预先制造成的标准冒口，造型时直接与快速成形的模样组合。快速成形后的原型模样需要进行后处理，处理后即可用所生成的模样进行造型等后续工序，后续工序即为普通铸造的工序，即造型、制芯、合型、浇注等。间接铸造成形法砂型铸造程序如图 10-39 所示。

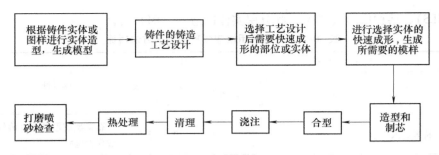

图 10-39　间接铸造成形法砂型铸造程序

（5）特点分析　快速成形模样，可以生成较难成形的曲面和结构，并且保持较为准确的尺寸精度，制造速度较快，代替人工，可减少人为的错误和误差，降低人工费成本。采用高分子材料代替木材，对环境友好，降低材料成本，性能上具有良好的力学性能，能够保证对模样的质量要求。

参 考 文 献

[1] 李弘英，赵成志. 铸造工艺设计[M]. 北京：机械工业出版社，2005.

[2] 全国铸造标准化委员会. GB/T 5611—1998 铸造术语[S]. 北京：中国标准出版社，1998.

[3] Global Casting Magazine. 49th Census of World Casting Production[J]. Modern Casting，2015，(12)：26-31.

[4] 李魁盛. 铸造工艺设计基础[M]. 北京：机械工业出版社，1981.

[5] 全国铸造标准化委员会. GB/T 6414—1999 铸件　尺寸公差与机械加工余量[S]. 北京：中国标准出版社，2000.

[6] 陈化民，赵成志. 47MW 联合循环汽轮机主汽阀壳体的铸造[J]. 铸造，1997，46(2)：32-34.

[7] 李弘英. 铸钢件的凝固和致密度的控制[M]. 北京：机械工业出版社，1985.

[8] 中国机械工程学会铸造分会. 铸造手册：第 5 卷 铸造工艺[M]. 3 版. 北京：机械工业出版社，2011.

[9] 全国铸造标准化委员会. JB/T 2435—2013 铸造工艺符号及表示方法[S]. 北京：机械工业出版社，2013.

[10] Rao P N. Manufacturing Technology[M]. 3rd ed. New York：McGraw Hill，2009.

[11] 全国铸造标准化委员会. GB/T 6060.1—1997 表面粗糙度比较样块　铸造表面[S]. 北京：中国标准出版社，1997.

[12] 全国铸造标准化委员会. GB/T 15056—1994 铸造表面粗糙度　评定方法[S]. 北京：中国标准出版社，1994.

[13] 叶荣茂，李邦盛，徐远跃. 铸造工艺设计简明手册[M]. 北京：机械工业出版社，1997.

[14] 魏兵，袁森，张卫华. 铸件均衡凝固技术及其应用[M]. 北京：机械工业出版社，1998.

[15] 李弘英，赵成志. 用动态模数法求解铸钢件冒口尺寸[J]. 铸造，1994，43(10)：38-39.

[16] 王济洲，周尧和. 借助周界商求解铸钢件冒口尺寸的新方法[J]. 铸造，1995，44(12)：16-19.

[17] 曹挺立. 大型托轮铸造工艺方案的改进[J]. 一重技术，2007(1)：37-38.

[18] 孟庆桂. 铸工实用技术手册[M]. 南京：江苏科学技术出版社，2002.

[19] 朱华寅，王苏生. 铸铁件浇冒口系统的设计与应用[M]. 北京：机械工业出版社，1991.

[20] 中国机械工程学会铸造分会. 铸造手册：第 3 卷　铸造非铁基合金[M]. 3 版. 北京：机械工业出版社，2011.

[21] 曲卫涛. 铸造工艺学[M]. 西安：西北工业大学出版社，1994.

[22] 高广阔，刘景峰，胡金豹，等. 铸态高强度球铁曲轴铸造工艺及材料的研究[J]. 现代铸铁，2011(1)：41-46.

[23] 戴蓓芳. 高速列车用大型铸铝齿轮箱箱体铸造工艺[J]. 铸造，2009，58(9)：968-970.

[24] 林柏年. 特种铸造[M]. 2 版. 浙江：浙江大学出版社，2004.

[25] 中国机械工程学会铸造分会. 铸造手册：第 6 卷　特种铸造. [M]. 2 版. 北京：机械工业出版社，2011.

[26] 戴斌煜. 金属精密液态成形技术[M]. 北京：北京大学出版社，2012.

[27] 王钊，卢德宏，蒋业华，等. 陶瓷型精密铸造的现状及发展方向[J]. 铸造技术，2011，32(9)：1324-1327.

[28] 袁新强，张营堂，杨晓明. 增强快干硅溶胶在铸造领域中的应用[J]. 热加工工艺，2010 39(19)：63-67.

[29] 姜不居. 熔模精密铸造[M]. 北京：机械工业出版社，2007.

[30] 邓宏运，阴世河. 消失模铸造及实型铸造技术手册[M]. 北京：机械工业出版社，2013.

[31] 黄乃瑜，叶升平，樊自田. 消失模铸造原理及质量控制[M]. 湖北：华中科技大学出版社，2004.

[32] 耿浩然，姜青河，亓效刚，等. 实用铸件重力成形技术[M]. 北京：化学工业出版社，2003.

[33] 薛祥, 张跃冰, 田竞, 等. 液态金属静压力对缩孔缩松判据的影响[J]. 铸造, 2003, 52(6): 426-428.

[34] 李荣德, 米国发. 铸造工艺学[M]. 北京: 机械工业出版社, 2015.

[35] 胡汉起. 金属凝固原理[M]. 2版. 北京: 机械工业出版社, 2000.

[36] 孔祥谦. 有限单元法在传热学中的应用[M]. 3版. 北京: 科学出版社, 1998.

[37] 熊守美, 许庆彦, 康进武, 等. 铸造过程模拟仿真技术[M]. 北京: 机械工业出版社, 2004.

[38] 侯华, 毛红奎, 张国伟. 铸造过程的计算机模拟[M]. 北京: 国防工业出版社, 2008.

[39] 贾宝仟, 熊守美, 柳百成. 铸件凝固过程孤立域动态划分及缩孔缩松数值模拟[J]. 铸造技术, 1996 (5): 15-17.

[40] 田学雷, 李光友, 李成栋, 等. 铸钢件缩松判据的改进[J]. 铸造, 2001, 50(6): 346-348.

[41] 荆涛. 凝固过程数值模拟[M]. 北京: 电子工业出版社, 2002.

[42] 康进武, 熊守美, 柳百成. 采用多热节和即缩即补方法预测[J]. 铸造. 2000, 49(8): 478-481.

[43] 贾宝仟, 熊守美, 柳百成. 铸件凝固过程孤立域动态划分及缩孔缩松数值模拟[J]. 铸造技术. 1996, (5): 15-17.

[44] 周光坰, 严宗毅, 许世雄, 等. 流体力学[M]. 2版. 北京: 高等教育出版社, 2000.

[45] 刘瑞祥, 陈立亮, 林汉同等. 铸钢件流动与传热耦合计算数值模拟[J]. 铸造, 1998, 47(6): 18-21.

[46] 王云华, 高志强, 苏华钦. 模拟任意曲线边界型腔充填过程的 SOLA-MAC 方法[J]. 东南大学学报, 1998, 28(4): 113-118.

[47] 薛祥, 周彼德, 糜忠兰. 充型过程中自由表面的数值模拟[J]. 铸造, 1999, 48(12): 19-22.

[48] 潘金亮, 曹东方, 周俊歧. 新型高效喷嘴的工业应用[J]. 石油化工设备, 1998, 27(1): 45-47.

[49] 薛绒, 曹锋, 刘炅辉, 等. 多喷嘴阵列喷雾冷却技术的研究进展[J]. 制冷与空调, 2015, 15(1): 13-17.

[50] 赵成志, 宫景艳, 杨晓慧等. 大型铸件强制冷却的工艺设计[J]. 中国铸造装备与技术, 2000, (4): 31-32.

[51] 赵成志, 吴士平, 尹世滨, 等. 强制冷却在大型铸钢件生产中的应用[J]. 铸造, 1996, (10): 20-22.

[52] 丁霖溥, 任善之, 林瑞, 等. 乏燃料稀土镁球墨铸铁容器模拟生产试验研究[J]. 现代铸铁, 1994, (4): 7-11.

[53] 李秉杰, 张俊平. 精铸件热节部位的强制冷却措施[J]. 特种铸造及有色合金, 2006, 26(3): 174.

[54] 周棣华. 基于实验的铸造用可控强制冷却系统论证[J]. 铸造技术, 2013, 34(6): 738-740.

[55] 赵东方, 张巨成, 庞国星. 激光快速成型砂型铸模用烧结剂的制作和应用[J]. 热加工工艺, 2005 (1): 21-22.

[56] 樊自田, 黄乃瑜, 陈宗孟. 基于选择性激光烧结技术的快速铸造[J]. 特种铸造及有色合金, 1999, 19(5): 7-9.

[57] 袁达, 单忠德, 张人佶, 等. 基于快速原形的陶瓷型喷涂法造型工艺研究[J]. 特种铸造及有色合金, 2002, 22(6): 34-35.

[58] 张宇民, 盛永华, 韩杰才, 等. 氧化铝陶瓷材料快速成形制备工艺[J]. 兵器材料科学与工程, 2002, 25(6): 26-28.

[59] 徐文杰, 王秀峰, 范晓斌. 新型 LOM 技术的误差分析及改善方法研究[J]. 设计与研究, 2009(10): 22-25.

[60] 贺斌, 李显达, 胡平, 等. 基于数值模拟和 3D 打印的热冲压模具随形水道设计制造研究[J]. 机械工程学报, 2013, 49(6): 89-97.